阵列天线优化设计与误差校正

Array Antenna Optimal Design and Error Calibration

王布宏　沈海鸥　李龙军　程天昊　著

U0426058

国防工业出版社

·北京·

内 容 简 介

本书内容按专题分三个部分，共16章。第1章介绍了阵列流形分析的基本概念和全书的结构；第一部分包括第2～第5章，介绍了特殊条件下的阵列流形建模与分析方法；第二部分包括第6～第11章，介绍了典型应用场景下的阵列天线优化设计方法；第三部分包括第12～第15章，介绍了误差校正和误差稳健的阵列信号处理方法；第16章给出了研究工作总结和展望。

本书内容丰富，体系完整，对作者研究团队在阵列信号处理领域的研究成果进行了系统的梳理和总结，可供雷达、通信和导航领域从事阵列天线设计和信号处理的科技人员学习参考。

图书在版编目(CIP)数据

阵列天线优化设计与误差校正/王布宏等著.—北京：国防工业出版社，2023.7
ISBN 978-7-118-12984-7

Ⅰ.①阵… Ⅱ.①王… Ⅲ.①阵列天线—研究 Ⅳ.①TN82

中国国家版本馆CIP数据核字(2023)第112298号

※

国防工業出版社出版发行
(北京市海淀区紫竹院南路23号 邮政编码100044)
北京龙世杰印刷有限公司印刷
新华书店经售

*

开本 710×1000 1/16 **插页** 14 **印张** 24¼ **字数** 433千字
2023年7月第1版第1次印刷 **印数** 1—1500册 **定价** 129.00元

(本书如有印装错误，我社负责调换)

国防书店：(010)88540777 书店传真：(010)88540776
发行业务：(010)88540717 发行传真：(010)88540762

前　言

天线是无线电通信及探测系统的重要组成部分,作为空间信号传输和接收的媒介,天线的性能往往对系统的最终性能影响巨大。伴随着空间通信、遥感遥测、卫星成像以及移动通信等领域的发展和现代信息化战争对高科技武器性能提升的迫切需求,人类对于现代无线电通信及探测系统提出了越来越高的要求,特别是对目标参数估计速度、精度和分辨力的要求日益提高,传统的利用波束机械扫描的参数估计方法,在速度、精度和分辨力上都已经远远无法满足实际应用的需要。

阵列天线通过在空间不同位置设置的天线单元来完成电磁信号的空间发射综合和对空间信源的空域采样。阵列信号处理方法通过对阵列天线快拍数据的分析处理可以实现空间信源高速、高精度和高分辨力的参数估计。阵列流形(Array Manifold)是由天线观测参数空间内(包括各种参数域,如方位、俯仰、频率、极化参数等)所有阵列导向矢量(Steering Vectors)构成的高维非线性矢量空间,它是阵列天线空间响应最本质和最全面的体现,它与单元位置、通道幅相加权、互耦、空间信源相关性和传播环境特性(多径、低角、绕射等)紧密关联,它从根本上决定和制约着阵列天线的方向图性能、栅瓣效应、电扫性能和最终的探测定位性能。特别是,许多经典的模型类阵列信号处理方法(如高分辨波达方向估计方法、低副瓣波束综合方法、空时二维自适应处理方法等)的优良性能通常均是以阵列流形或导向矢量的精确先验已知为前提先验条件的。阵列流形的设计、分析和误差校正对于阵列天线的工程化应用至关重要,一直以来都是阵列信号处理领域备受关注的核心理论和关键技术。

阵列信号处理的本质就是对阵列流形的优化设计与分析利用。本书系统总结、梳理了作者所在研究团队十余年来在阵列设计和误差校正领域的研究成果。全书共分三个部分,从阵列流形的建模分析、优化设计、误差校正到稳健的阵列信号处理算法等方面为读者系统呈现了团队的研究成果和进展。第一部分介绍了特殊条件下的阵列流形建模与分析方法，包括特殊阵列结构（如稀疏阵列、共形阵列等）、典型阵列误差（如互耦、通道幅相不一致、位置扰动等）、信源相干和雷达低角测高环境等四种特殊条件下的阵列导向矢量的建模方法，为天线优化设计和误差补偿奠定了模型理论基础。第二部分介绍了共形天线、稀疏天线、可重构天线以及交错稀疏天线的单元位置和幅相加权的优化设计方法，并结合多输入多输出（Multiple-Input Multiple-Output，MIMO）通信场景介绍了最优天线选择方法，MIMO 雷达场景介绍了收发阵列结构的优化设计方法。第三部分介绍了适用于任何几何结构误差校正的辅助阵元法（Instrumental Sensors Method，ISM），应用于宽带互耦补偿和校正"系统辨识"方法；应用于低角测高环境下的实用化阵列校正准则以及互耦误差稳健的波达方向估计方法。

本书适合作为信息与通信工程、信号与信息处理等相关专业高年级本科生的选修课教材，特别适合作为研究生的专业课教材，同时也可供从事天线系统、雷达、通信和导航等领域的技术人员作为必备的参考书。

参加本书撰写工作的有王布宏、沈海鸥、李龙军、东润泽、程天昊和刁丹玉，全书由王布宏负责统稿，东润泽负责本书校对和文字整理工作。衷心感谢责任编辑牛旭东在本书出版过程中所付出的辛勤劳动。由于篇幅限制，我们在每部分的最后列举了相应的参考文献，供读者拓展阅读。

随着天线形式、信号形式和应用场景的不断更新和发展，阵列信号处理领域的应用需求和研究成果日新月异。需要特别指出的是，本书仅仅系统梳理和总结了作者研究团队在阵列优化设计和误差校正领域公开发表的研究成果，受作者水平和知识面所限，书中难免存在疏漏和不当之处，恳请读者批评指正。

作者

2023 年 3 月

目　录

第二部分 阵列结构优化设计

第三部分 阵列误差校正算法

第1章 绪 论

1.1 引 言

随着卫星通信、雷达、导航、遥感、电子战等技术的发展应用,天线或阵列天线作为无线电系统中电磁波信号的发射及接收设备发挥着十分重要的作用。所谓阵列天线,就是指若干个辐射单元按照一定的规律排列和激励,通过产生特殊的辐射特性来满足预期性能指标的多辐射单元结构[1]。阵列天线能够避免单天线方向性不强、增益不高的缺点,且具有易于实现窄波束、低副瓣、多波束、波束可赋形及可扫描的优势[2-3],在雷达、声呐、通信、导航、电子战和生物医学等领域得到了广泛应用。在阵列天线领域,国内外学者主要围绕阵列的分析和阵列的综合这两方面工作展开研究,这两个问题互为逆问题,同时也是在阵列天线的设计和工程实践中必须要解决的基础问题。对于一个预先给定的阵列天线,根据电磁波的干涉和叠加原理得到该阵列天线的辐射特性,从而确定副瓣电平、主瓣宽度、方向性系数、增益等参数,就属于阵列天线的分析问题。反之,根据预先期望的辐射特性综合出阵列天线的单元总数、各个单元的空间位置分布及激励的幅度和相位分布这四个参数的过程则称为阵列天线的综合问题。阵列天线综合又称为阵列天线设计,它一直是阵列天线研究中的关键问题和难点问题。因此,为了获得预期的性能指标以满足雷达和通信系统对阵列天线的设计要求,寻求更为有效的设计方法对上述参数进行优化具有重要意义与实用价值。

阵列天线的单元简称为阵元,按照阵元的排列方式对阵列天线进行分类,可以将其分为线阵、面阵、共形阵列等形式。线阵是指各个阵元中心排布在一条直线上,其间距可以相等也可以不相等,当间距相等时将其称为均匀线性阵列(Uniform Linear Array,ULA);面阵是指各个阵元中心排布在同一个平面上,按照其排列形状又可分为矩形阵和圆阵等;共形阵列是指阵元排布在飞行器、弹载雷达表面等非平面上的特殊阵列结构。按照方向图的指向对阵列天线进行分类,可分为端射阵、侧射阵和既非端射又非侧射的天线阵。侧射阵是指最大辐射方向指向阵列主轴或阵面垂直方向的天线阵;端射天线阵是指最大辐射方向指向阵列主轴方向的天线阵;既非端射又非侧射的天线阵是指最大辐射方向指向其他方向的天线阵。具体到阵元,其具有多种形式,比较常见的有偶极子天线、环形天线和微带天线等。在实际应用中,往往使用形式和指向相同的阵元,将主要精力放在阵元排布和馈电规则的优化上。

阵列天线的孔径设计就是通过研究阵列天线性能与阵列几何结构之间的关系,对其孔径进行优化设计以获得符合预期的性能指标并满足电子系统的设计需求。目前,均匀线阵已经得到了广泛的研究,但相邻阵元间距太小会导致严重的互耦效应,阵列孔径尺寸太大则会导致系统的造价很高,而非均匀布阵的方法可以避免上述问题[4]。相对于均匀阵列,稀布阵列天线采用不等间隔的阵元排列,相邻阵元的平均间距大于半波长,只需要较少的阵元数目即可获得与均匀满阵相同的分辨率。稀布阵列中较大的阵元间距使得阵元间的互耦影响很小,且天线数量的减少使阵列结构简化,降低了天线系统的复杂程度和成本。随着多输入多输出(Multiple-Input Multiple-Output, MIMO)技术在无线通信领域的快速发展,MIMO 技术在雷达领域也受到了越来越多的关注,并被 E. Fishler 等引入雷达应用中[5]。由此可见,各种新的阵列天线体制正在快速发展中,对阵列天线的孔径进行优化设计具有重要意义。

波达方向(Direction of Arrival, DOA)估计是阵列天线的重要功能之一,自 20 世纪 70 年代以来,以多重信号分类(Multiple Signal Classification, MUSIC)算法[6]为代表的子空间类算法取得了丰硕的研究成果,其原理是首先将数据空间划分为信号子空间和噪声子空间;然后利用子空间之间的正交性进行超分辨谱估计。除 MUSIC 算法外,另一类有代表性的子空间算法是旋转不变子空间(Estimation of Signal Parameters via Rotational Invariance Technique, ESPRIT)算法[7-8]。然而,子空间类超分辨算法的性能依赖于精确的阵列流形建模,当有阵元间互耦、阵元位置误差等形式的阵列误差存在时,其性能将会严重恶化甚至失效。因此,有必要对阵列误差条件下的阵列流形进行精确建模,以对阵列误差进行精准校正。阵列流形从根本上决定着阵列天线的探测定位性能,对阵列流形进行合理的优化设计能够从硬件的角度提升阵列天线的综合性能。此外,获得最终的 DOA 估计结果也需要有效的阵列误差校正算法来进行稳健的阵列信号处理。

综上所述,对特殊条件下的阵列流形进行精确建模是进行阵列结构优化设计与误差校正的基础,阵列流形的优化设计是阵列天线优异探测定位性能的根本保证,阵列流形的误差校正是阵列信号处理算法优良性能的前提,提高阵列信号处理算法对误差的稳健性有助于进一步提升阵列天线的性能。因此,首先对复杂结构与特殊条件下的阵列流形进行建模;然后探究阵列结构的优化设计方法;最后提出阵列误差校正算法以及稳健的阵列信号处理方法。

1.2 阵列流形的基本概念

这里首先简要介绍阵列流形。对于任意几何结构的 N 元阵列,在阵列远场有 $M(N>M)$ 个窄带点信源以平面波入射(波长为 λ_0)。选取第一个阵元为坐标原点,阵列所在的平面为 xOy 平面,建立如图 1.1 所示的坐标系。

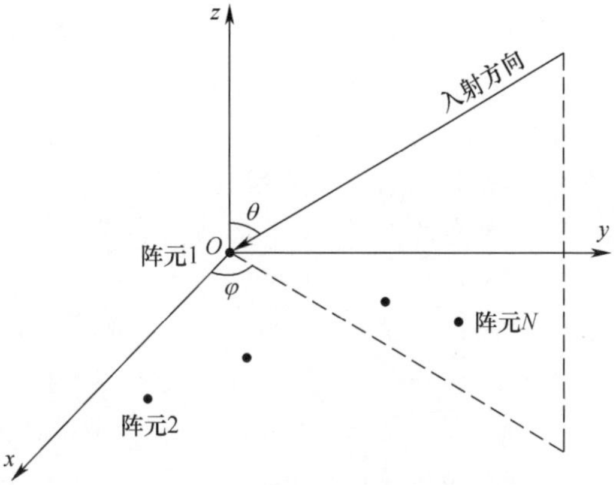

图 1.1 阵列天线接收模型

阵元 n 在 t 时刻的接收信号可以表示为

$$x_n(t) = \sum_{m=1}^{M} s_m(t + \tau_n(\varphi_m, \theta_m)) + n_n(t), \quad n = 1,2,\cdots,N \tag{1.1}$$

式中:$s_m(t)$ 为 t 时刻,信源 m 在坐标原点处产生的复信号;φ_m 和 θ_m 分别为信源 j 的方位角和俯仰角;$n_n(t)$ 为阵元 n 上的噪声,通常假设其独立同分布于均值为零、方差为 σ^2 的高斯分布;$\tau_n(\theta_m, \varphi_m)$ 为信源 m 到达阵元 n 相对于到达坐标原点的时延,可由下式表示:

$$\tau_n(\theta_m, \varphi_m) = \frac{1}{c}\boldsymbol{r}_n \cdot \boldsymbol{v}_m^{\mathrm{T}} \tag{1.2}$$

其中

$$\boldsymbol{r}_n = [\tilde{x}_n, \tilde{y}_n, \tilde{z}_n]^{\mathrm{T}} \tag{1.3}$$

$$\boldsymbol{v}_m = [\sin(\theta_m)\cos(\varphi_m), \cos(\theta_m)\cos(\varphi_m), \sin(\varphi_m)]^{\mathrm{T}} \tag{1.4}$$

式中:“·”为矢量点积;$\boldsymbol{r}_n$ 为阵元 n 的坐标矢量;$\boldsymbol{v}_m$ 为信源 m 的方位矢量。

当阵列与信号满足窄带假设时,接收信号 $x_n(t)$ 可进一步表示为

$$
\begin{aligned}
x_n(t) &= \sum_{m=1}^{M} s_m(t + \tau_n(\theta_m, \varphi_m)) + n_n(t) \\
&= \sum_{m=1}^{M} s_m(t) \mathrm{e}^{\mathrm{j}2\pi f_0 \tau_n(\theta_m, \varphi_m)} + n_n(t)
\end{aligned} \tag{1.5}
$$

为简便起见，对式(1.5)进行矢量化表示：

$$
\boldsymbol{x}(t) = \boldsymbol{A}\boldsymbol{s}(t) + \boldsymbol{n}(t) \tag{1.6}
$$

式中：$\boldsymbol{x}(t) = [x_1(t), x_2(t), \cdots, x_N(t)]^{\mathrm{T}}$ 为接收信号矢量；$\boldsymbol{s}(t) = [s_1(t), s_2(t), \cdots, s_M(t)]^{\mathrm{T}}$ 为信源信号矢量；$\boldsymbol{n}(t) = [n_1(t), n_2(t), \cdots, n_N(t)]^{\mathrm{T}}$ 为噪声矢量；$\boldsymbol{A} = [\boldsymbol{a}(\theta_1, \varphi_1), \boldsymbol{a}(\theta_2, \varphi_2), \cdots, \boldsymbol{a}(\theta_M, \varphi_M)]$ 为阵列流形矩阵，其列矢量 $\boldsymbol{a}(\theta_m, \varphi_m)$ 为第 m 个信号源对应的导向矢量。

对于图 1.1 给出的平面阵列，矩阵 $\boldsymbol{A}$ 的形式由下式表示：

$$
\boldsymbol{A} = \begin{bmatrix}
\mathrm{e}^{\mathrm{j}2\pi f_0 \tau_1(\theta_1, \varphi_1)} & \mathrm{e}^{\mathrm{j}2\pi f_0 \tau_1(\theta_2, \varphi_2)} & \cdots & \mathrm{e}^{\mathrm{j}2\pi f_0 \tau_1(\theta_M, \varphi_M)} \\
\mathrm{e}^{\mathrm{j}2\pi f_0 \tau_2(\theta_1, \varphi_1)} & \mathrm{e}^{\mathrm{j}2\pi f_0 \tau_2(\theta_2, \varphi_2)} & \cdots & \mathrm{e}^{\mathrm{j}2\pi f_0 \tau_2(\theta_M, \varphi_M)} \\
\vdots & \vdots & \ddots & \vdots \\
\mathrm{e}^{\mathrm{j}2\pi f_0 \tau_N(\theta_1, \varphi_1)} & \mathrm{e}^{\mathrm{j}2\pi f_0 \tau_N(\theta_2, \varphi_2)} & \cdots & \mathrm{e}^{\mathrm{j}2\pi f_0 \tau_N(\theta_M, \varphi_M)}
\end{bmatrix} \tag{1.7}
$$

阵列流形矩阵 $\boldsymbol{A}$ 的结构受到阵列结构、阵元模式、阵元间耦合、信号频率等多个因素的共同影响。针对阵列天线，阵列结构是其相对于单个天线独有的自由度，对于不同的阵列结构，其阵列流形矩阵也不尽相同，而阵列流形矩阵又跟阵列的性能息息相关，因此对阵列的结构进行优化设计等价于对阵列流形进行设计，从而提高阵列的各项性能。

1.3 阵列天线优化设计

阵列天线的优化设计又称为阵列天线的综合，它一直是阵列天线研究中的关键问题和难点问题，是现代电子系统设计中的重要环节之一[9-10]。为了获得预期的性能指标以满足雷达和通信系统对阵列天线的设计要求，寻求更为有效的设计方法对旁瓣电平、主瓣宽度、方向性系数、接收与发射增益等参数进行优化组合能够提升阵列的性能，具有重要的研究意义和实用价值。

在阵列天线的优化设计中，优化布阵技术是重要的优化手段之一。天线阵列的优化布阵技术是在研究天线阵列性能与阵列几何结构关系的基础上，对阵列结构进行优化设计，其目的是为获得优良的性能指标，以满足电子系统对天线阵列的设计要求。国内外许多学者针对布阵技术进行了广泛的研究，先后提出了稀疏阵、稀布阵、交错稀疏阵等具有代表性的布阵结构。

等间距阵列可以看作是以阵元间距为优化变量的“距离分布阵”,能够有效减少阵元数目,在不改变主瓣宽度的前提下降低副瓣电平,但会导致天线增益降低。不等间距阵又可分为规则排列阵和非规则排列阵两种。规则排列阵的阵元间距自阵列中心向阵列两边按一定规律增大,且阵元密度的分布相当于对阵元幅度加权,因此又称为“密度加权阵”或“密度锥销阵”。非规则排列阵根据阵列单元稀疏方式的不同,可分为稀疏阵列和稀布阵列两种。稀疏阵列是根据一定的稀疏率从均匀间隔阵列中选取部分阵元而得到的阵列,稀布阵列是用较少的天线单元随机分布在与均匀满阵相同的阵列口径上得到的阵列。对这两者进行比较,稀疏阵的阵元间距通常约束为半波长($\lambda/2$)的整数倍,优化自由度较小。而稀布阵的阵元间距相互不可整除,一般大于 $\lambda/2$,在优化布阵过程中有更大的自由度,相同阵列孔径和阵元数条件下可以获得更优的方向图性能。均匀线阵结构下的稀疏布阵与稀布阵的示意图如图 1.2 所示。

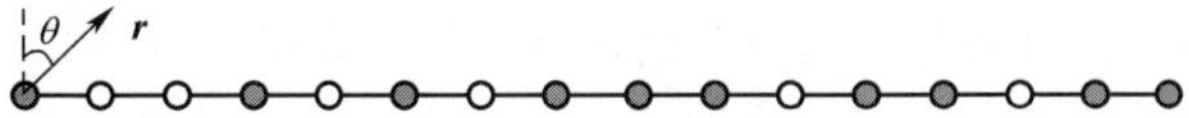

(a) 稀疏直线阵

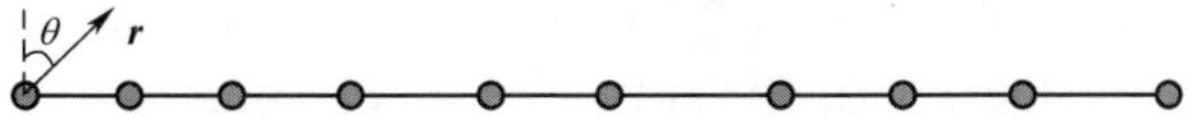

(b) 稀布直线阵

图 1.2　非规则不等间距直线阵的布阵方式

此外,稀疏交错布阵能够实现多功能阵列天线设计,下面对该多功能特性进行具体说明。通过稀疏交错布阵,子阵能够获得与均匀满阵基本一致的物理天线孔径。同时,利用该方法得到的子阵天线方向图性能近似相同,都具有低旁瓣和窄主瓣的特性,有利于实现低信噪比(Signal-to-Noise-Ratio, SNR)条件下的目标探测。平面阵列的交错稀疏优化设计如图 1.3 所示。

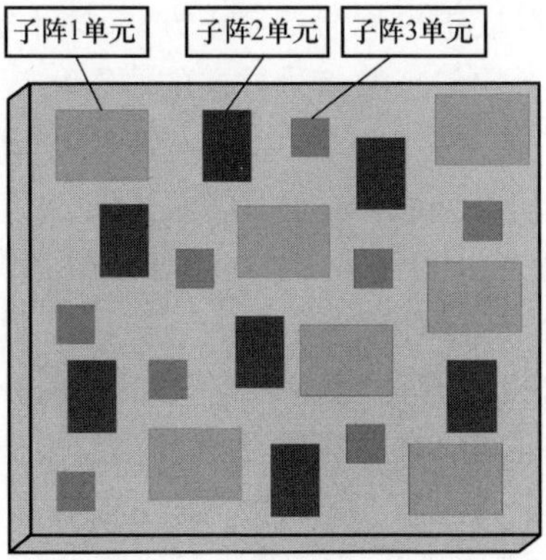

图 1.3　阵列的交错稀疏优化设计示意图

1.4 阵列误差与阵列校正

高速数字信号处理器的不断更新和发展使得人们能够对并行快速算法和次最优算法进行深入研究,从而极大地缓解了高分辨算法应用中存在的实时实现问题。然而,在利用阵列天线进行 DOA 估计的实际工程应用中,包括阵元间幅相误差、阵元间互耦、阵元位置误差在内的阵列误差对阵列天线的性能具有重要的影响。目前,针对阵列误差校正和对误差稳健的 DOA 估计算法的研究还很不完善。各种高分辨 DOA 估计算法依赖对阵列参数模型准确的先验知识,如典型的 MUSIC 算法需要阵列流形的精确信息,ESPRIT 算法虽然避免了阵列流形的校正,但它需要两个特性完全相同的子阵结构等。由于人们对阵列模型已有的先验知识不可避免地存在一定的偏差,这些苛刻的要求在实际应用中往往是无法实现的。此外,各种高分辨的空间谱估计算法对误差的稳健性能很差,对模型误差往往非常敏感,微小的模型扰动往往会带来方位估计性能的急剧恶化。因此,简便而有效的阵列校正方法在实际工程应用中具有重要的意义。如果将阵列误差看作与阵列相关的参数,就可以把阵列校正问题等效为阵列误差参数估计问题,这种基于参数估计的阵列校正算法可以分为有源校正和自校正。

阵列模型误差的有源校正是指在测向系统进行之前,在空间某些精确已知方位设置入射信号对阵列误差参数进行离线标定、计算和估计。随着研究的深入,该领域出现了大量的研究成果,如 Schmidt, R. O. 等基于最大似然算法,利用一系列空间位置精确已知的校准源,完成对阵列的幅相误差、互耦误差和位置误差的求解校正[11]。大量研究表明,有源校正方法能够在变化缓慢的阵列误差条件下取得良好的性能,但需要方位精确的辅助信号源,这将影响超分辨算法的实时处理难度,也增加了测向的复杂度。

阵列模型误差的无源校正也称为自校正方法,即不需要设置辅助信号源,可实时在线完成阵列误差参数与来波信号方向的联合估计。这类算法的研究思路主要分为以下两种:第一种是将 DOA 的估计与阵列扰动参数矩阵的估计结合起来,构造信号参数和扰动误差参数的代价函数,通过迭代来最小化该代价函数进而得到全局最优的参数的估计值;第二种是基于统计量的方法,即根据特殊阵列结构统计量具有的特点,首先对阵列误差进行估计,然后完成阵列校正。最优化函数自校正中最经典的一种算法是 Weiss 和 Friedlander 提出的 WF 自校正算法[12],该方法将正交子空间思想和对误差的最小二乘方法结合起来,实现了阵列互耦、幅相不一致和阵列位置不确定等系数与信号源参数轮流迭代更新。Wylie 等提出了一种最小二乘算法以实现均匀线阵的相位误差自校正[13],为了得到相位误差与DOA的唯一解还增加了约束条件。

1.5 本书的结构与内容安排

本书关注阵列结构优化设计与误差校正中的关键问题,对阵列流形与阵列优化设计进行了分析与展望,在对特殊场景下的阵列流形进行精确建模的基础上,分别为特殊的阵列结构提出相应的优化设计方法,对阵列天线的误差校正方法进行了归纳总结,以期获得阵列结构优化设计与误差校正的综合应用方案。

本章首先对阵列结构优化设计与误差校正中的基础知识进行了介绍,然后给出了本书的内容结构。阵列流形的数学建模是进行阵列天线分析和处理的基础,本书的第一部分即第2~第5章给出了特殊阵列结构与特殊条件下阵列流形建模分析方法。阵列的孔径是决定阵列性能的关键;在本书的第二部分即第6~第11章中将对阵列天线的优化设计进行详细讨论,分不同的阵列天线体制给出相应的优化方法。阵列的误差将使得空间谱估计算法的性能急剧下降,为了获得更好的测向性能,本书的第三部分即第12~第15章将对阵列误差校正问题进行分析。最后,第16章对本书内容进行了总结,并对未来的研究方向进行了展望。

参考文献

[1] 王永良, 陈辉, 彭应宁, 等. 空间谱估计理论与算法[M]. 北京:清华大学出版社, 2004.

[2] 王建, 郑一农, 何子远. 阵列天线理论与工程应用[M]. 北京:电子工业出版社, 2015.

[3] 杨杰. MIMO雷达阵列设计及稀疏稳健信号处理算法研究[D], 西安:西安电子科技大学, 2016.

[4] 郭华. 阵列天线综合及子阵列划分的研究[D], 西安:西北工业大学, 2015.

[5] Fishler E, Haimovich A M, Blum R, et al. MIMO radar: an idea whose time has come[J]. Proceedings of the 2004 IEEE Radar Conference (IEEE Cat No04CH37509). 2004: 71-78.

[6] Schmidt R, Schmidt RO. Multiple emitter location and signal parameter estimation[J]. IEEE Transactions on Antennas & Propagation. 1986, 34(3): 276-280.

[7] Roy R, Paulraj A, Kailath T. ESPRIT—A subspace rotation approach to estimation of parameters of cisoids in noise[J]. IEEE Transactions on Acoustics, Speech, and Signal Processing. 1986, 34(5): 1340-1342.

[8] Roy R, Kailath T. ESPRIT-estimation of signal parameters via rotational invariance techniques [J]. IEEE Transactions on Acoustics, Speech, and Signal Processing. 1989, 37(7): 984-995.

[9] Vertatschitsch E J, Haykin S. Impact of linear array geometry on direction-of-arrival estimation for a single source[J]. IEEE Transactions on Antennas & Propagation. 1991, 39(5): 576-584.
[10] 薛正辉, 李伟明, 任武. 阵列天线分析与综合[M]. 北京:北京航空航天大学出版社, 2011.
[11] Schmidt R O. Multiple emitter location and signal parameter estimation[J]. IEEE Transactions on Antennas & Propagation. 1986,34(3):276-280.
[12] Friedlander B, Weiss AJ. Direction finding in the presence of mutual coupling[J]. IEEE Transactions on Antennas and Propagation. 1991, 39(3): 273-284.
[13] Wylie MP, Roy S, Messer H. Joint DOA estimation and phase calibration of linear equispaced (LES) arrays[J]. IEEE Transactions on Signal Processing. 1994, 42(12): 3449-3459.

第一部分　特殊条件下的阵列流形建模分析方法

阵列流形是由阵列导向矢量构成的高维矢量空间，其由阵列的几何结构、阵元模式、阵元间耦合、波长等因素共同决定。阵列流形的精确建模是进行阵列结构优化设计（稀疏布阵、子阵分割、天线选择等）与阵列信号处理（高分辨DOA估计、方向图综合、空时二维信号处理等）的前提，也是阵列天线探测定位性能的保证。然而，常见的阵列流形建模往往只考虑均匀线阵等典型阵列结构在理想情形下的阵列流形，没有考虑阵列存在误差、相干信号源、共形阵列等特殊阵列结构、低角信号源等特殊情形，因此面临着阵列性能的损失。我们在第一部分首先对特殊条件下的阵列流形建模分析方法展开研究，作为后续部分阵列天线优化设计与稳健阵列信号处理算法的基础。第一部分包含第2～第5章的内容，该部分从特殊的阵列误差、相干信源、特殊阵列结构以及传播条件的角度对阵列流形的建模方法展开全面研究，力求给出统一化的阵列流形模型，为阵列测向性能的提升打下良好基础。

第 2 章　特殊阵列结构的阵列流形建模方法

2.1 引　言

阵列结构是 DOA 估计算法的重要依托，复杂多变的应用背景催生了多样化的阵列结构。阵列流形与阵列的结构有着紧密的联系，但目前较为常用的阵列仍然为均匀线性阵列，阵列流形的建模分析方法与信号处理算法也大多围绕 ULA 展开。对于共形阵列、稀疏阵列等特殊的阵列结构，适用于 ULA 的阵列流形建模分析方法并不能直接进行应用，因此需要为其阵列流形的建模分析展开独立的讨论。本章首先给出均匀线阵、均匀矩形阵和均匀圆阵等常见阵列结构的阵列流形，然后对共形阵列、稀疏阵列等特殊阵列结构的阵列流形分析建模方法展开研究。

2.2 常见阵列结构的阵列流形

本节首先给出均匀线阵、均匀矩形阵、均匀圆阵以及由均匀圆阵演化而来的均匀同心圆阵的阵列流形。均匀线阵接收模型如图 2.1 所示。

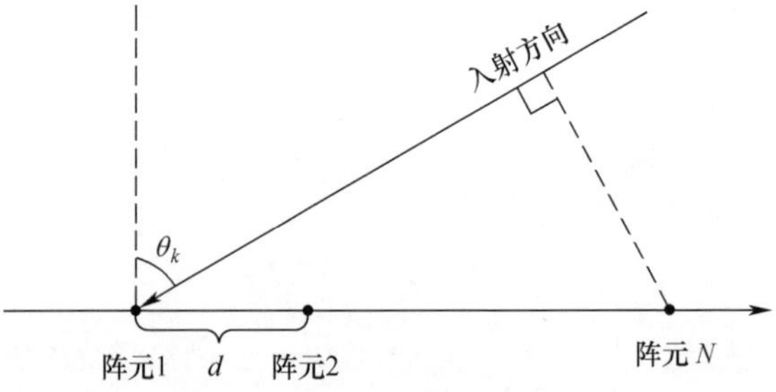

图 2.1　均匀线阵接收模型

对于如图 2.1 所示的均匀线阵，其阵元间距为 d，阵元数为 N，则典型的阵列流形矩阵可以表示为

$$
\boldsymbol{A} = \begin{bmatrix} 1 & 1 & \cdots & 1 \\ e^{-j\phi_1} & e^{-j\phi_2} & \cdots & e^{-j\phi_M} \\ \vdots & \vdots & \ddots & \vdots \\ e^{-j(N-1)\phi_1} & e^{-j(N-1)\phi_2} & \cdots & e^{-j(N-1)\phi_M} \end{bmatrix} \tag{2.1}
$$

式中：$\phi_m = 2\pi d\sin\theta_m / \lambda_0 (m = 1,2,\cdots,M)$。

在空间谱估计中，均匀线阵能够提供 180° 无模糊的方位角信息，但不能对俯仰角进行估计。因此，在需要进行俯仰角与方位角的联合估计时，均匀线阵无法满足需求，这时就需要引入均匀矩形阵及均匀圆阵等二维阵列。

图 2.2 给出了典型的均匀矩形阵示意图，其阵列布置在 xOy 平面上，沿着 x 轴和 y 轴的阵元间距分别为 d_x 和 d_y，则其阵列流形矩阵可表示为

$$
\boldsymbol{A} = \begin{bmatrix} e^{-j\phi_{1\times1,1}} & e^{-j\phi_{1\times1,2}} & \cdots & e^{-j\phi_{1\times1,M}} \\ e^{-j\phi_{1\times2,1}} & e^{-j\phi_{1\times2,2}} & \cdots & e^{-j\phi_{1\times2,M}} \\ \vdots & \vdots & \ddots & \vdots \\ e^{-j\phi_{(u-1)\times(v-1),1}} & e^{-j\phi_{(u-1)\times(v-1),2}} & \cdots & e^{-j\phi_{(u-1)\times(v-1),M}} \end{bmatrix} \tag{2.2}
$$

式中：$\phi_{(u-1)\times(v-1),m} = (u-1)\phi_x(\theta_m,\phi_m) + (v-1)\phi_y(\theta_m,\varphi_m)$，表示第 m 个入射信号在阵元 (u,v) 上的相移；$\phi_x(\theta_m,\varphi_m) = 2\pi d_x\sin\theta_m\cos\varphi_m/\lambda_0$ 与 $\phi_y(\theta_m,\varphi_m) = 2\pi d_y\sin\theta_m\sin\varphi_m/\lambda_0$ 分别为 x 轴与 y 轴上的单位相位差。

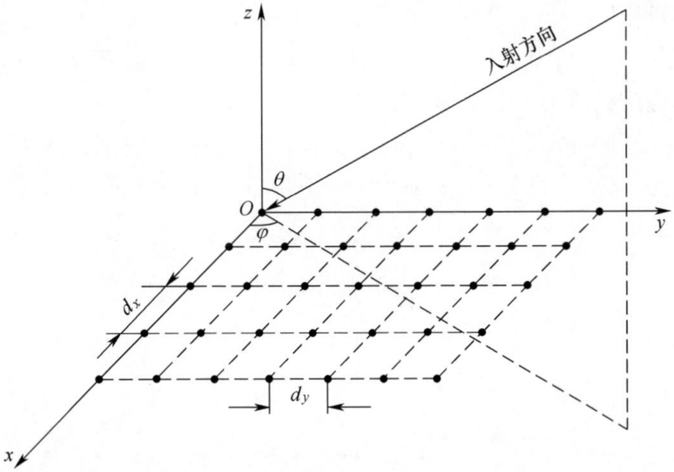

图 2.2　均匀矩形阵接收模型

图 2.3 给出了均匀圆阵的模型，设置圆心为坐标原点，半径为 R，共有 m 个阵元。

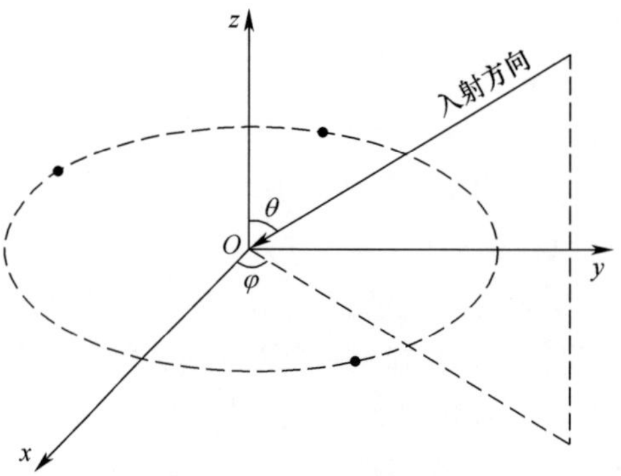

图 2.3　均匀圆阵模型

类似地,对 K 个入射信号 $\boldsymbol{s}(t)$,接收信号为

$$\boldsymbol{x}(t)=\boldsymbol{A}\boldsymbol{s}(t)+\boldsymbol{v}(t),\ \boldsymbol{x}(t)\in\mathbb{C}^{m\times 1} \tag{2.3}$$

其中,阵列流形矩阵为

$$\boldsymbol{A}=[a(\theta_1,\varphi_1),a(\theta_2,\varphi_2),\cdots,a(\theta_K,\varphi_K)] \tag{2.4}$$

导向矢量为

$$\boldsymbol{a}(\theta_k,\varphi_k)=[\mathrm{e}^{-\mathrm{j}\Theta_0(\theta_k,\varphi_k)},\mathrm{e}^{-\mathrm{j}\Theta_1(\theta_k,\varphi_k)},\cdots,\mathrm{e}^{-\mathrm{j}\Theta_{m-1}(\theta_k,\varphi_k)}]^{\mathrm{T}}$$

式中: $\Theta_u(\theta_k,\varphi_k)=2\pi R/\lambda\cos(\varphi_k-2\pi u/m)\sin\theta_k$,表示第 u 个阵元接收信号 $s_k(t)$ 的空间相位。

均匀圆阵的角度估计能力与均匀矩形阵类似,其所需阵元数一般小于均匀矩形阵,相应的处理方法比较简单。

均匀同心圆环阵具有各个圆阵圆心位置相同的特点,因此可看作是由多个同心的均匀圆阵组合而来的,其典型的阵列结构如图 2.4 所示。

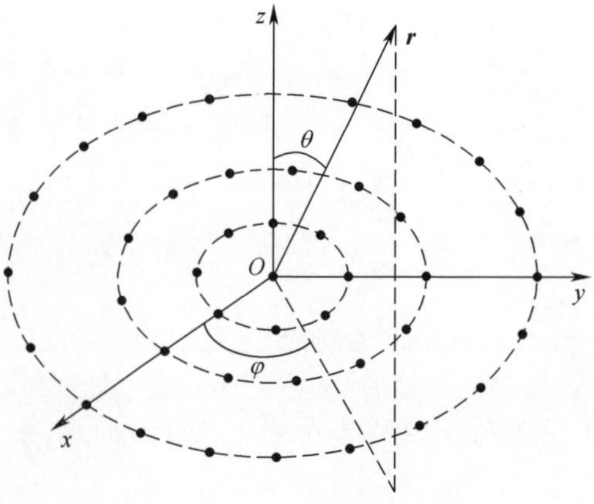

图 2.4　均匀同心圆阵列天线模型

对均匀同心圆阵的阵元位置坐标进行极坐标转换：

$$\begin{cases} x = R\cos(\varphi), ku = \xi\cos(\psi) \\ y = R\sin(\varphi), kv = \xi\sin(\psi) \\ R^2 = x^2 + y^2, \xi^2 = (ku)^2 + (kv)^2 \end{cases} \tag{2.5}$$

对于圆环个数为 M，第 m 个圆环上的阵元数为 N_m 的同心圆阵列天线，其极坐标系下的阵因子可以写为

$$F(\xi,\psi) = \sum_{m=0}^{M} N_m I(R_m,\varphi_n) \sum_{p=-\infty}^{+\infty} \mathrm{J}_{N_m p+k}(R_m\xi)\mathrm{e}^{\mathrm{j}(N_m p+k)\psi} \tag{2.6}$$

式中：$\mathrm{J}_{N_m p+k}(R_m\xi)$ 表示第一类贝塞尔函数，其函数定义为

$$\mathrm{J}_n(x) = \frac{1}{2\pi}\int_{-\pi}^{\pi} \mathrm{e}^{\mathrm{j}(x\sin\theta - n\theta)}\mathrm{d}\theta = \frac{1}{\pi}\int_0^{\pi}\cos(x\sin\theta - n\theta)\mathrm{d}\theta \tag{2.7}$$

根据式(2.6)可知，在极坐标系下，同心圆阵列天线阵元的激励可表示为

$$I(R_m,\varphi_n) = \frac{1}{(2\pi)^2}\int_0^{\infty}\int_0^{2\pi} F(\xi,\psi)\mathrm{e}^{-\mathrm{j}R_m\xi\cos(\psi-\varphi_n)}\xi\mathrm{d}\xi\mathrm{d}\psi \tag{2.8}$$

从式(2.6)和式(2.8)可知，在极坐标系下，同心圆阵列天线单元激励与方向图之间存在一种特殊的傅里叶变换的关系，即傅里叶-贝塞尔变换。基于此，可通过特殊形式的时频转换，将同心圆阵列天线单元位置的确定问题转换为阵列天线单元激励能量的选择问题。通常的稀疏交错阵设计有如下三个优化目标：子阵天线方向图性能近似一致、单个子阵方向图旁瓣峰值要处于较低的水平和每个子阵单元稀疏交错分布以避免子阵阵元位置的冲突。根据这三个约束条件，建立同心圆阵列稀疏交错布阵最优化数学模型：

$$\begin{cases} \text{subarray}i\ \min\left\{\mathrm{PSL}(p_1,p_2,\cdots,p_N) = \max\left|\dfrac{F(u_i)}{\mathrm{FF}i_{\max}}\right|\right\} \\ \text{subarray}j\ \min\left\{\mathrm{PSL}(q_1,q_2,\cdots,q_M) = \max\left|\dfrac{F(u_j)}{\mathrm{FF}j_{\max}}\right|\right\} \\ \text{s.t.}\ \min\{\Delta = |\mathrm{PSL}i - \mathrm{PSL}j|\}\ \ \mathrm{Width}_{\text{subarray}i} = \mathrm{Width}_{\text{subarray}j} \\ \qquad \forall n \in [1,N], m \in [1,M],\ p_m \neq q_n \end{cases} \tag{2.9}$$

式中：PSL 为子阵的旁瓣峰值；$F(u_i)$ 为子阵旁瓣区域的值；$\mathrm{FFi}_{\max}$ 为第 i 个子阵的方向图主瓣增益值；$\mathrm{Width}_{\text{subarray}i}$ 为子阵 i 方向图的主瓣宽度；p_m 和 q_n 为子阵单元的位置。

基于同心圆阵列天线阵元激励与天线方向图在极坐标系下存在傅里叶-贝塞尔变换的关系，如果将阵列天线方向图作为“时域信号”进行分析，则阵列单元的激励就可以看作是方向图采样在傅里叶-贝塞尔变换下对应的“频谱能

量”。以等间距分布的 9 圆环同心圆阵列天线为例,其阵列结构及其天线方向图如图 2.5 所示。由图可以看出,均匀同心圆阵列天线方向图关于 z 轴旋转对称,旁瓣值较大的区域主要集中在主瓣附近,其峰值旁瓣电平为-17.41dB。

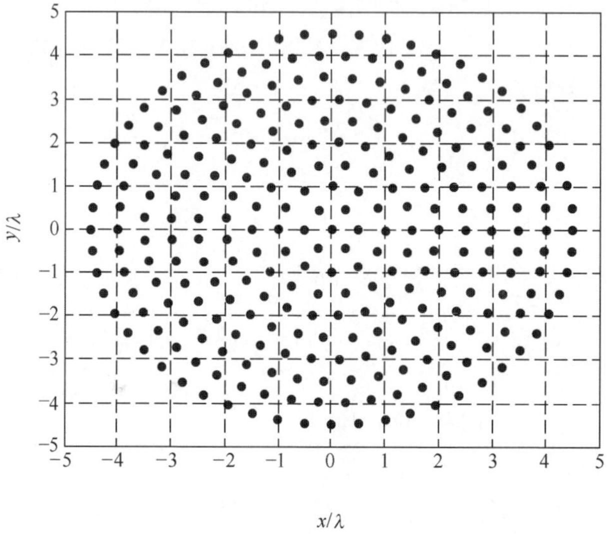

(a) 均匀同心圆天线阵列单元分布

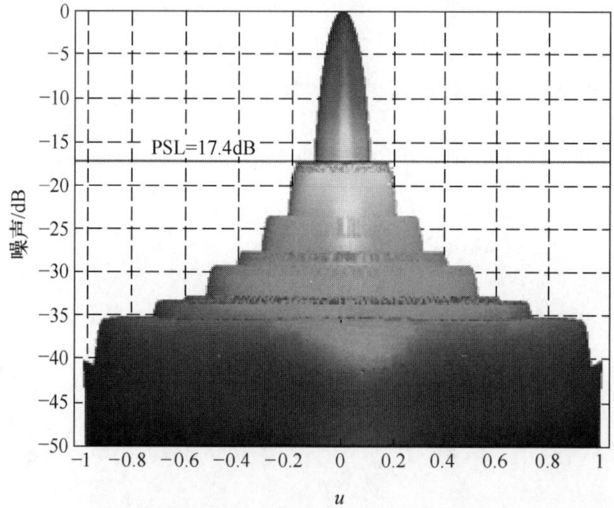

(b) 均匀同心圆天线阵列归一化方向图

图 2.5　均匀分布的同心圆阵列单元分布及其方向图(见彩图)

2.3 共形阵列的阵列流形

在未来的星载、机载、舰载和弹载雷达、航天飞行器、临近空间飞行器以及移动通信、声呐等领域，“灵巧蒙皮”的共形阵列天线都将有非常重要而广阔的应用前景。平面阵导向矢量的传统建模方法中一般假设各天线单元具有相同的单元方向图，但在三维共形天线中，由于载体的曲率和单元方向图指向存在的差异，即使天线单元的方向图在各自的局部坐标系内可以保持一致，在阵列的全局坐标系内，由于坐标系的旋转关系和极化分量的旋转关系，通常情况下阵列单元的方向图也会存在较大的差异。此外，即使单元的极化纯度很高，由于载体曲率的影响，各个单元的极化方向图经过旋转变化后也会存在很大的差异。因此，在共形天线导向矢量的建模中需要考虑多极化方向图的建模及其旋转变换。同时，由于载体对单元的遮蔽效应，对于固定的空间方位，参与辐射/接收的天线单元个数通常会不一样，在导向矢量的建模中，未参与辐射/接收的天线单元的方向图应置零。由此，在共形天线导向矢量的建模中我们需要考虑的问题有：单元方向图在局部坐标系和全局坐标系之间的旋转变换、单元方向图的极化旋转变换和载体的遮蔽效应。

针对该问题，本小节首先利用三次欧拉旋转变换构造任意三维几何载体共形天线全局笛卡儿坐标系到单元局部直角坐标系旋转变换的统一框架，并以此为基础实现了共形天线全局极坐标系到局部极坐标系的空间旋转变换和单元极化方向图的全局旋转变换。进一步地，提出了一个空时极化滤波器结构进行低交叉极化共形阵列天线的频率不变方向图综合方法，作为所提出的共形阵列流形建模方法的具体应用。

考虑具有任意三维几何结构的 N 元阵列，假设远场信号由俯仰角 θ 和方位角 ϕ 入射，相应的阵列导向矢量由下式给出：

$$\begin{cases}\boldsymbol{a}(\theta,\phi)=[\boldsymbol{g}_1(\theta,\phi)\exp(\mathrm{j}k_0\boldsymbol{r}_1\cdot\boldsymbol{v}),\boldsymbol{g}_2(\theta,\phi)\exp(\mathrm{j}k_0\boldsymbol{r}_2\cdot\boldsymbol{v}),\cdots,\\ \boldsymbol{g}_N(\theta,\phi)\exp(\mathrm{j}k_0\boldsymbol{r}_N\cdot\boldsymbol{v})]^{\mathrm{T}}\end{cases} \tag{2.10}$$

其中

$$k_0=\frac{2\pi}{\lambda_0},\boldsymbol{r}_i=[x_i,y_i,z_i],\ i=1,2,\cdots,N \tag{2.11}$$

$$\boldsymbol{v}=[\sin\theta\cos\phi,\sin\theta\sin\phi,\cos\phi]^{\mathrm{T}} \tag{2.12}$$

$\boldsymbol{g}_i(\theta,\phi)$ 为笛卡儿坐标系下的阵元方向图，对应的球坐标系表示为 (r,θ,ϕ)，

$r_i = [x_i, y_i, z_i]$ 为位置矢量。对于传统的平面阵列，通常认为各阵元的极化方向图保持一致，而且交叉极化效应往往可以忽略，因此一般会对 $\boldsymbol{g}_i(\theta,\phi)$ 进行归一化，但是对于三维(Three-Dimensional, 3D)共形阵列而言，由于载体曲率和单元方向图指向的差异，相同/各向异性元素和阵元方向图相同的假设将不再成立。因为无法将阵列方向图的解析表达式分解为阵元因子和阵列因子，阵元方向图的不同对共形阵列的分析和综合提出了新的挑战。同时，阵列天线的极化特性不仅取决于元件，还取决于阵列的几何形状。而在共形阵列中，交叉极化总是太严重以至于影响正常工作。因此，必须仔细考虑和控制极化阵元方向图。具体而言，需要对式(2.10)中的每个阵元的极化方向图 $\boldsymbol{g}_i(\theta,\phi)$ 进行准确的数学建模。阵元方向图 $\boldsymbol{g}_i(\theta,\phi)$ 的定义和设计一般是以本地局部坐标系为参考的，因此在共形天线导向矢量建模中需要解决的一个关键问题就是单元方向图的全局旋转变换 $\boldsymbol{g}_i(\tilde{\theta},\tilde{\phi}) \to \boldsymbol{g}_i(\theta,\phi)$ [1]。

为了对阵列交叉极化效应进行建模，我们定义阵列全局笛卡儿坐标系 $[X, Y, Z]$，阵列全局极坐标系 $[r,\theta,\phi]$，阵元局部笛卡儿坐标系 $[\tilde{X},\tilde{Y},\tilde{Z}]$，阵元局部极坐标系 $[\tilde{r},\tilde{\theta},\tilde{\phi}]$。给出局部坐标系中的极化阵元方向图[2]：

$$\boldsymbol{g}_i(\tilde{\theta},\tilde{\phi}) = g_{i\tilde{\theta}}(\tilde{\theta},\tilde{\phi})\boldsymbol{u}_{\tilde{\theta}}(\tilde{\theta},\tilde{\phi}) + g_{i\tilde{\phi}}(\tilde{\theta},\tilde{\phi})\boldsymbol{u}_{\tilde{\phi}}(\tilde{\theta},\tilde{\phi}) \tag{2.13}$$

$$\boldsymbol{u}_{\tilde{\theta}}(\tilde{\theta},\tilde{\phi}) = \cos\tilde{\theta}\cos\tilde{\phi}\boldsymbol{u}_{\tilde{X}} + \cos\tilde{\theta}\sin\tilde{\phi}\boldsymbol{u}_{\tilde{Y}} - \sin\tilde{\theta}\boldsymbol{u}_{\tilde{Z}} \tag{2.14}$$

$$\boldsymbol{u}_{\tilde{\phi}}(\tilde{\theta},\tilde{\phi}) = -\sin\tilde{\phi}\boldsymbol{u}_{\tilde{X}} + \cos\tilde{\phi}\boldsymbol{u}_{\tilde{Y}} \tag{2.15}$$

式中：$\boldsymbol{u}_{\tilde{\theta}}$ 和 $\boldsymbol{u}_{\tilde{\phi}}$ 分别为 $\tilde{\theta}$ 和 $\tilde{\phi}$ 方向上的单位矢量；$g_{i\tilde{\theta}}(\tilde{\theta},\tilde{\phi})$ 和 $g_{i\tilde{\phi}}(\tilde{\theta},\tilde{\phi})$ 分别为 $\tilde{\theta}$ 和 $\tilde{\phi}$ 极化阵元方向图。

从式(2.14)和式(2.15)可以看出在局部坐标系中单位基矢量 $[\boldsymbol{u}_{\tilde{X}},\boldsymbol{u}_{\tilde{Y}},\boldsymbol{u}_{\tilde{Z}}]$ 和 $[\boldsymbol{u}_{\tilde{\theta}},\boldsymbol{u}_{\tilde{\phi}}]$ 之间的关系。类似地，阵列全局坐标系中的极化阵元方向图可以表示如下：

$$\boldsymbol{g}_i(\theta,\phi) = g_{i\theta}(\theta,\phi)\boldsymbol{u}_{\theta}(\theta,\phi) + g_{i\phi}(\theta,\phi)\boldsymbol{u}_{\phi}(\theta,\phi) \tag{2.16}$$

$$\boldsymbol{u}_{\theta}(\theta,\phi) = \cos\theta\cos\phi\boldsymbol{u}_X + \cos\theta\sin\phi\boldsymbol{u}_Y - \sin\theta\boldsymbol{u}_Z \tag{2.17}$$

$$\boldsymbol{u}_{\phi}(\theta,\phi) = -\sin\phi\boldsymbol{u}_X + \cos\phi\boldsymbol{u}_Y \tag{2.18}$$

这样，阵列单元方向图就被分解为两个正交的极化矢量。为了完成单元方向图的全局旋转变换 $\boldsymbol{g}_i(\tilde{\theta},\tilde{\phi}) \to \boldsymbol{g}_i(\theta,\phi)$，我们需要同时完成极坐标变换 $(\theta,\phi) \to (\tilde{\theta},\tilde{\phi})$ 以及方向图正交极化分量的变换 $[\boldsymbol{u}_{\tilde{\theta}},\boldsymbol{u}_{\tilde{\phi}}] \to [\boldsymbol{u}_{\theta},\boldsymbol{u}_{\phi}]$。

与平面阵列不同，在全局坐标系中确定共形阵列的阵元方向图需要实现数个坐标系转换，因为每个阵元共形曲面的法线是不同的。另外，计算每个阵元对整个阵列贡献时还需要计算其极化方向图的旋转。

对于空域旋转变换而言,欧拉旋转矩阵是一个非常有效的工具。在将 (θ,ϕ) 转化为 $(\tilde{\theta},\tilde{\phi})$ 的过程中用到了三个连续欧拉旋转,相应的旋转矩阵为

$$
\begin{aligned}
&\boldsymbol{R}(D,E,F)=\boldsymbol{E}(Z'',F)\boldsymbol{E}(Y',E)\boldsymbol{E}(Z,D)\\
&=\begin{bmatrix}\cos F & \sin F & 0\\ -\sin F & \cos F & 0\\ 0 & 0 & 1\end{bmatrix}\begin{bmatrix}\cos E & 0 & -\sin E\\ 0 & 1 & 0\\ \sin E & 0 & \cos E\end{bmatrix}\begin{bmatrix}\cos D & \sin D & 0\\ -\sin D & \cos D & 0\\ 0 & 0 & 1\end{bmatrix}\\
&=\begin{bmatrix}-\sin D\sin F+\cos E\cos D\cos F & \cos D\sin F+\cos E\sin D\cos F & -\sin E\cos F\\ -\sin D\sin F-\cos E\cos D\cos F & \cos D\cos F-\cos E\sin D\sin F & \sin E\sin F\\ \sin E\cos D & \sin E\sin D & \cos E\end{bmatrix}
\end{aligned}
\tag{2.19}
$$

式中:$[D,E,F]$ 分别为三个关于坐标轴 Z,Y' 和 Z'' 的欧拉旋转角度。需要指出,对于常规的三维共形载体(如圆柱形、锥形、球形阵列等),连续两次欧拉旋转通常就足够了。这里,增加第三个欧拉旋转的目的是应对一些不规则和复杂的共形载体。

对于在全局坐标系中指向方向 $[\theta,\phi]$ 的单位矢量,其笛卡儿坐标可以写为

$$x=\sin\theta\cos\phi,y=\sin\theta\sin\phi,z=\cos\theta \tag{2.20}$$

因此,由 (θ,ϕ) 到 $(\tilde{\theta},\tilde{\phi})$ 的转化由以下变换实现:

$$[\tilde{x},\tilde{y},\tilde{z}]=\boldsymbol{R}[D,E,F][\sin\theta\cos\phi,\sin\theta\sin\phi,\cos\theta]^{\mathrm{T}} \tag{2.21}$$

式中:$\tilde{\theta}=\arccos\tilde{z}$;$\tilde{\phi}=\arctan(\tilde{y}/\tilde{x})$。

下面利用欧拉旋转变换的逆变换和正交单位矢量 $[\boldsymbol{u}_{\tilde{\theta}},\boldsymbol{u}_{\tilde{\phi}}]$ 与 $[\boldsymbol{u}_{\tilde{x}},\boldsymbol{u}_{\tilde{y}},\boldsymbol{u}_{\tilde{z}}]$ 之间的变换关系来实现局部极化分量到全局极化分量的变换,进行如下变换:

$$[\tilde{\theta},\tilde{\phi}]\rightarrow[\tilde{X},\tilde{Y},\tilde{Z}]\rightarrow[X,Y,Z]\rightarrow[\theta,\phi] \tag{2.22}$$

$$
\begin{aligned}
\boldsymbol{g}_i(\tilde{\theta}_i,\tilde{\phi}_i)&=g_{i\tilde{\theta}_i}(\tilde{\theta}_i,\tilde{\phi}_i)\boldsymbol{u}_{\tilde{\theta}}(\tilde{\theta}_i,\tilde{\phi}_i)+g_{i\tilde{\theta}_i}(\tilde{\theta}_i,\tilde{\phi}_i)\boldsymbol{u}_{\tilde{\phi}}(\tilde{\theta}_i,\tilde{\phi}_i)\\
&=g_{i\tilde{X}}u_{\tilde{X}}+g_{i\tilde{Y}}u_{\tilde{Y}}+g_{i\tilde{Z}}u_{\tilde{Z}}\\
&=g_{iX}u_X+g_{iY}u_Y+g_{iZ}u_{\tilde{Z}}\\
&=g_{i\theta}(\theta,\phi)\boldsymbol{u}_\theta(\theta,\phi)+g_{i\phi}(\theta,\phi)\boldsymbol{u}_\phi(\theta,\phi)
\end{aligned}
\tag{2.23}
$$

其中

$$
\begin{aligned}
g_{i\tilde{X}}&=g_{i\tilde{\theta}}(\tilde{\theta}_i,\tilde{\phi}_i)\cos\tilde{\theta}_i\cos\tilde{\phi}_i-g_{i\tilde{\phi}}(\tilde{\theta}_i,\tilde{\phi}_i)\sin\tilde{\phi}_i\\
g_{i\tilde{X}}&=g_{i\tilde{\theta}}(\tilde{\theta}_i,\tilde{\phi}_i)\cos\tilde{\theta}_i\sin\tilde{\phi}_i+g_{i\tilde{\phi}}(\tilde{\theta}_i,\tilde{\phi}_i)\cos\tilde{\phi}_i\\
g_{i\tilde{X}}&=-g_{i\tilde{\theta}}(\tilde{\theta}_i,\tilde{\phi}_i)\sin\tilde{\theta}_i
\end{aligned}
\tag{2.24}
$$

$$[g_{iX}g_{iY}g_{iZ}]^{\mathrm{T}} = \boldsymbol{R}^{-1}(D_i, E_i, F_i)[g_{i\tilde{X}}g_{i\tilde{Y}}g_{i\tilde{Z}}]^{\mathrm{T}}$$

$$= \boldsymbol{R}^{\mathrm{T}}(D_i, E_i, F_i)[g_{i\tilde{X}}g_{i\tilde{Y}}g_{i\tilde{Z}}]^{\mathrm{T}} \tag{2.25}$$

$$g_{i\theta}(\theta,\phi) = \frac{-g_{iZ}}{\sin\theta} = \frac{(g_{iX}\cos\phi + g_{iY}\sin\phi)}{\cos\theta} \tag{2.26}$$

$$g_{i\phi}(\theta,\phi) = -g_{iX}\sin\phi + g_{iY}\cos\phi$$

接下来，利用式(2.10)便可以建立共形阵列天线导向矢量的数学模型，从而实现了共形天线阵列流形的数学建模。

下面提出一个空时极化滤波器结构进行低交叉极化共形阵列天线的频率不变方向图综合方法，作为所提出的共形阵列流形建模方法的应用。具体地，利用基于有限长单位冲激响应(Finite Impulse Response, FIR)的时间滤波器来获取频率不变模式，阵列全局坐标中的极化分集被用来处理共形阵列的严重交叉极化效应。极化多样性意味着两个正交极化分量及其特性可以由每个阵元同时控制。

假设为每个阵元分配 M 个复值的 FIR 滤波器，两个正交极化分量可以由每个阵元独立控制，在归一化频率 $f_{\mathrm{n}} = f/f_0$ 和 θ 极化分量下的远场阵列方向图如下：

$$\begin{cases} F_\theta(\theta,\phi,f_{\mathrm{n}},f_{\mathrm{s}}) = |\boldsymbol{G}_\theta(\theta,\phi,f_{\mathrm{n}},f_{\mathrm{s}})^{\mathrm{T}}\boldsymbol{W}_\theta| \\ \boldsymbol{G}_\theta(\theta,\phi,f_{\mathrm{n}},f_{\mathrm{s}}) = \boldsymbol{a}_{\mathrm{s}}(\theta,\phi,f_{\mathrm{n}}) \otimes \boldsymbol{a}_t(f_{\mathrm{n}},f_{\mathrm{s}}) \end{cases} \tag{2.27}$$

$$\begin{cases} \boldsymbol{a}(\theta,\phi,f_{\mathrm{n}}) = [g_{1\theta}(\theta,\phi,f_{\mathrm{n}})\mathrm{e}^{\mathrm{j}k_0 f_{\mathrm{n}}[\sin\theta\cos\phi x_1 + \sin\theta\sin\phi y_1 + \cos\theta z_1]} \\ g_{2\theta}(\theta,\phi,f_{\mathrm{n}})\mathrm{e}^{\mathrm{j}k_0 f_{\mathrm{n}}[\sin\theta\cos\phi x_2 + \sin\theta\sin\phi y_2 + \cos\theta z_2]}, \cdots \\ g_{N\theta}(\theta,\phi,f_{\mathrm{n}})\mathrm{e}^{\mathrm{j}k_0 f_{\mathrm{n}}[\sin\theta\cos\phi x_N + \sin\theta\sin\phi y_N + \cos\theta z_N]}] \end{cases} \tag{2.28}$$

$$k = \frac{2\pi}{\lambda_0} = \frac{2\pi f_0}{c}, \boldsymbol{a}_{\mathrm{t}}(f_{\mathrm{s}}) = [1, \mathrm{e}^{\mathrm{j}\omega_{\mathrm{t}}}, \cdots, \mathrm{e}^{\mathrm{j}(M-1)\omega_{\mathrm{t}}}], \omega_{\mathrm{t}} = \frac{2\pi f}{f_{\mathrm{s}}} \tag{2.29}$$

$$\boldsymbol{W}_\theta = [w_{1,0}, w_{1,1}, \cdots, w_{1,M-1}, \cdots, w_{2,0}, w_{2,1}, \cdots, w_{2,M-1}, \cdots, w_{N,0}, w_{N,1}, \cdots, w_{N,M-1}]^{\mathrm{T}} \tag{2.30}$$

式中：$\boldsymbol{G}_\theta(\theta,\phi,f_{\mathrm{n}},f_{\mathrm{s}})$ 为空时阵列导向矢量；$\boldsymbol{W}_\theta$ 为权重矢量；$g_{i\theta}(\theta,\phi,f_{\mathrm{n}})$ 为第 i 个阵元的方向图。

整个阵列的极化方向图可写为

$$F_\theta(\theta,\phi,f_{\mathrm{n}},f_{\mathrm{s}}) = F_\theta(\theta,\phi,f_{\mathrm{n}},f_{\mathrm{s}}) + F_\theta(\theta,\phi,f_{\mathrm{n}},f_{\mathrm{s}})\boldsymbol{u}_\phi \tag{2.31}$$

远场信号的左手圆极化和右手圆极化分别为

$$F_{\mathrm{RHCP}} = \frac{F_\theta - \mathrm{j}F_\phi}{\sqrt{2}} \tag{2.32}$$

$$F_{\mathrm{LHCP}}=\frac{F_\theta+\mathrm{j}F_\phi}{\sqrt{2}} \tag{2.33}$$

不失一般性,我们分别选择 F_{RHCP} 作为共极化分量, F_{LHCP} 作为交叉极化分量。那么我们的目标就是通过合理地对 $\boldsymbol{W}_\theta$ 进行设计,从而在旁瓣水平得到控制的条件下获得频率不变的低交叉极化方向图 $F_\theta(\theta,\phi,f_{\mathrm{n}},f_{\mathrm{s}})$ 。对于该 $\boldsymbol{W}_\theta$ 的设计问题,我们给出一种基于交替投影的方法。

如果认为 $\boldsymbol{\Omega}_r$ 是给定阵列结构能够实现的所有方向图的集合,而 $\boldsymbol{\Omega}_d$ 是旁瓣电平、主瓣宽度、带宽、交叉极化模式等方面满足约束的方向图集合,那么所求方向图 $\boldsymbol{F}_r$ 可以由以下最小二乘问题得到,即

$$\begin{gathered}\boldsymbol{F}_d=\begin{bmatrix}F_{d_{\mathrm{RHCP}}}\\ F_{d_{\mathrm{LHCP}}}\end{bmatrix}=\begin{bmatrix}F_{d_{\mathrm{RHCP}}}\\ 0\end{bmatrix}=\boldsymbol{GW}\\ \boldsymbol{GW}=\begin{bmatrix}\boldsymbol{G}_\theta & -\mathrm{j}\boldsymbol{G}_\phi\\ \boldsymbol{G}_\theta & \mathrm{j}\boldsymbol{G}_\phi\end{bmatrix}\begin{bmatrix}\boldsymbol{W}_\theta\\ \boldsymbol{W}_\phi\end{bmatrix}\end{gathered} \tag{2.34}$$

$$\boldsymbol{G}_\theta=\begin{bmatrix}\boldsymbol{G}_\theta(\theta_1,\phi_1,f_1,f_{\mathrm{s}})\\ \vdots\\ \boldsymbol{G}_\theta(\theta_P,\phi_Q,f_1,f_{\mathrm{s}})\\ \boldsymbol{G}_\theta(\theta_1,\phi_1,f_2,f_{\mathrm{s}})\\ \vdots\\ \boldsymbol{G}_\theta(\theta_P,\phi_Q,f_2,f_{\mathrm{s}})\\ \vdots\\ \boldsymbol{G}_\theta(\theta_1,\phi_1,f_K,f_{\mathrm{s}})\\ \vdots\\ \boldsymbol{G}_\theta(\theta_P,\phi_Q,f_K,f_{\mathrm{s}})\end{bmatrix}\quad \boldsymbol{G}_\phi=\begin{bmatrix}\boldsymbol{G}_\phi(\theta_1,\phi_1,f_1,f_{\mathrm{s}})\\ \vdots\\ \boldsymbol{G}_\phi(\theta_P,\phi_Q,f_1,f_{\mathrm{s}})\\ \boldsymbol{G}_\phi(\theta_1,\phi_1,f_2,f_{\mathrm{s}})\\ \vdots\\ \boldsymbol{G}_\phi(\theta_P,\phi_Q,f_2,f_{\mathrm{s}})\\ \vdots\\ \boldsymbol{G}_\phi(\theta_1,\phi_1,f_K,f_{\mathrm{s}})\\ \vdots\\ \boldsymbol{G}_\phi(\theta_P,\phi_Q,f_K,f_{\mathrm{s}})\end{bmatrix} \tag{2.35}$$

$$\begin{cases}\boldsymbol{W}=(\boldsymbol{G}^{\mathrm{T}}\boldsymbol{G})^{-1}(\boldsymbol{G}^{\mathrm{H}}\boldsymbol{F}_d)\\ \boldsymbol{F}_r=\boldsymbol{GW}\end{cases} \tag{2.36}$$

通过对 $\boldsymbol{F}_r$ 进行如下修正即可得到目标方向图 $\boldsymbol{F}_d$:

$$
\begin{aligned}
&\text{if } M_l(\theta_m,\phi_m) < |F_r(\theta_m,\phi_m)| < M_u(\theta_m,\phi_m) \\
&F_d(\theta_m,\phi_m) = F_r(\theta_m,\phi_m) \\
&\text{else if } |F_r(\theta_m,\phi_m)| < M_l(\theta_m,\phi_m) \\
&\quad F_d(\theta_m,\phi_m) = \frac{M_l(\theta_m,\phi_m)F_r(\theta_m,\phi_m)}{|F_r(\theta_m,\phi_m)|} \\
&\quad \text{else } |F_r(\theta_m,\phi_m)| > M_u(\theta_m,\phi_m) \\
&\quad F_d(\theta_m,\phi_m) = \frac{M_u(\theta_m,\phi_m)F_r(\theta_m,\phi_m)}{|F_r(\theta_m,\phi_m)|} \\
&\quad \text{end}
\end{aligned}
\tag{2.37}
$$

式中：$M_l(\theta_m,\phi_m)$ 和 $M_u(\theta_m,\phi_m)$ 为方向图的限制条件。

为了验证所提方向图综合方法的性能，我们使用如图 2.6 所示的 16 元圆柱形阵列进行仿真实验。

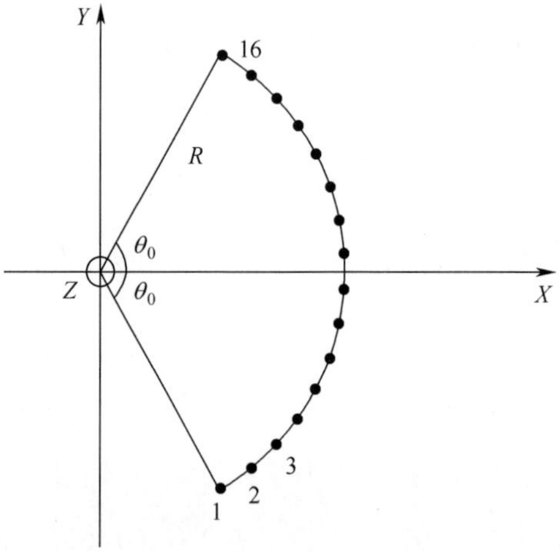

图 2.6　16 元圆柱形阵列俯视图

其中，目标的方向图由 3dB 主瓣波束宽度（15°）、旁瓣电平（-30dB）和交叉极化电平（-30dB）定义，每个阵元使用 $m=5$ 的 FIR 滤波器，采样率设置为 f_0，初始权重由具有平均目标方向图的投影 $\Omega_d \Rightarrow \Omega_r$ 获得。在约 20 次迭代后，利用所提方法得到的方向图如图 2.7、图 2.8 和图 2.9 所示。

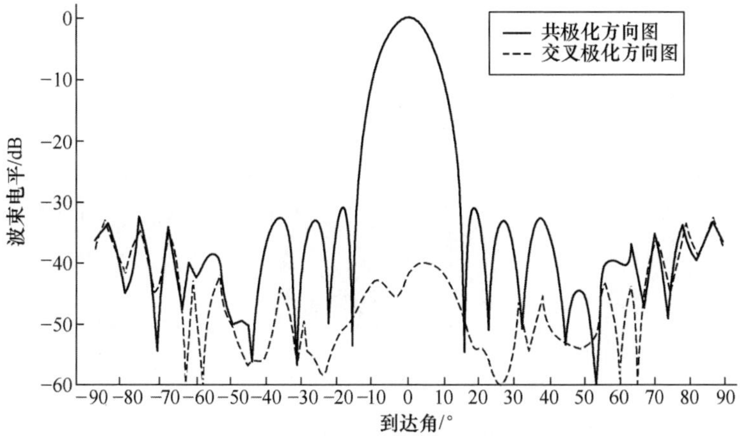

(a)

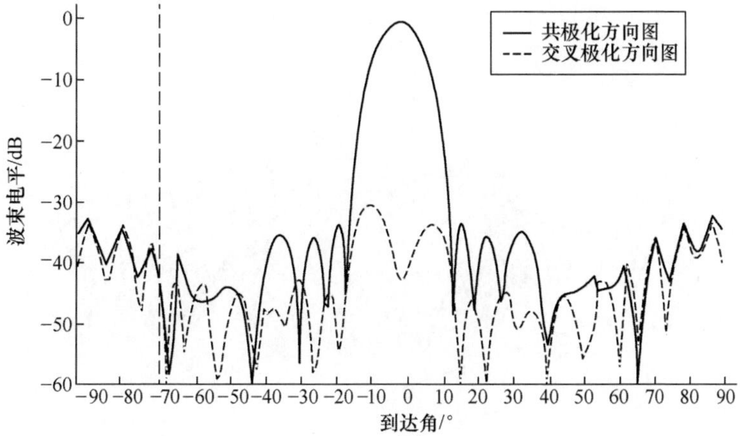

(b)

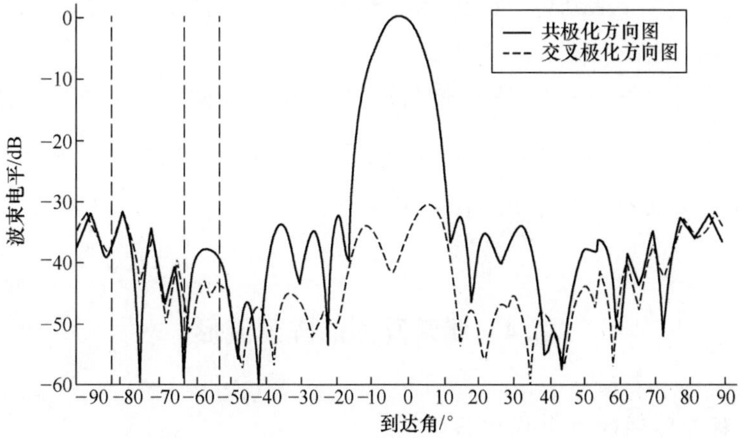

(c)

图 2.7　$0.8f_0$，$0.9f_0$ 和 f_0 下的阵列方向图

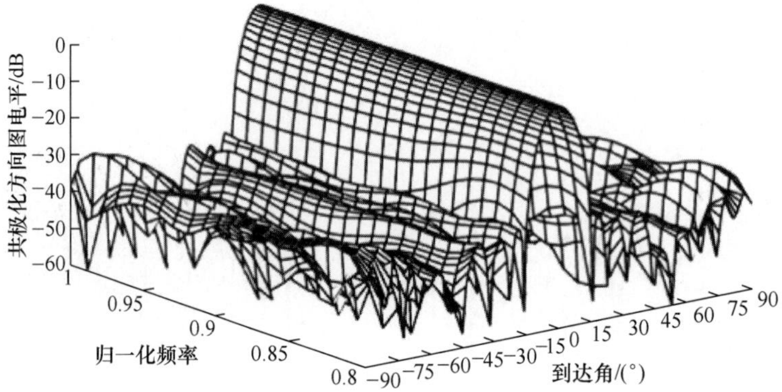

图 2.8 $[0.8f_0, f_0]$ 下的共极化阵列方向图

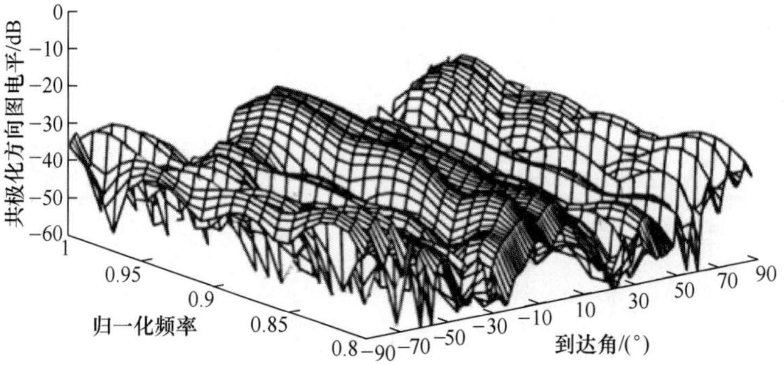

图 2.9 $[0.8f_0, f_0]$ 下的交叉极化阵列方向图

从仿真结果可以看出,基于该滤波器结构的方向图综合算法可以获得良好的频率不变特性,而相应的交叉极化分量可以衰减到-30dB 以上,从而验证了所提共形阵列方向图综合方法的有效性。

2.4 稀疏阵列的阵列流形

2.4.1 稀布阵列的联合优化模型

阵元稀疏分布的稀疏阵列可以根据稀疏布阵方式的不同分为两种[3],一种是根据一定的稀疏率从均匀间隔阵列中选取部分阵元得到的稀疏阵(Thinned Array);另一种是用较少的天线单元随机分布在与均匀满阵相同的阵列口径上而得到的稀布阵(Sparse Array)。相比较而言,稀疏阵的阵元间距通常约束为半波长的整数倍,优化自由度较小。而稀布阵的阵元间距从规则栅格约束简化为只有上、下限约束,相互之间不可整除,通常大于半波长。在阵列优化设计过程中具有更大的自由度,相同阵列孔径和稀疏率条件下可以获得更优异的方向图性能,近年来受到广泛的关注,是本小节的研究对象。

稀疏阵列孔径设计的实质是一个多维、多模的非线性优化问题,根据优化目标的不同,可以将其概括为两类[4-5]:一类是根据预先给定的方向图性能指标(副瓣电平、主瓣宽度、增益、激励动态范围比等),通过设计阵列的几何结构和激励大小使阵列方向图满足上述性能要求,对方向图的具体细节并不苛求[6-7];另一类是根据预先给定的期望方向图,通过优化阵元位置和激励获得指定形状的辐射方向图,并使其尽可能地逼近目标方向图[8-10],后面这种预期方向图与实际方向图的逼近是近几年稀疏阵列孔径设计的研究热点。

1. 稀布直线阵的联合优化模型

考虑由 N 个全向阵元组成的线阵,阵因子可表示为

$$F(u) = \sum_{n=1}^{N} w_n \exp(\mathrm{j}k_0 d_n u) \tag{2.38}$$

式中:$u=\sin\theta$;$k_0=2\pi/\lambda$ 为波数;d_n 和 w_n 分别表示第 $n(n=1,2,\cdots,N)$ 个天线单元的位置和激励。

稀布直线阵的优化设计问题可等效为通过求解少量的阵元个数 Q 及相应的阵元位置 d'_q 和激励 $w'_q(q=1,2,\cdots,Q,Q<N)$,使综合得到的方向图逼近原期望方向图 $F_{\mathrm{REF}}(u)$,即

$$\min_{\{d'_q,w'_q\}} \int_{-1}^{1} \left| F_{\mathrm{REF}}(u) - \sum_{q=1}^{Q} w'_q \exp(\mathrm{j}k_0 d'_q u) \right|^2 \mathrm{d}u \leqslant \varepsilon \tag{2.39}$$

式中:ε 为一个很小的误差容限。

2. 稀布矩形面阵的联合优化模型

假设矩形平面阵列由 P 个等间隔均匀排列的全向阵元组成,其阵因子可表示为

$$F(u,v) = \sum_{p=1}^{P} w_p \exp(\mathrm{j}k_0(x_p u + y_p v)) \tag{2.40}$$

式中:$k_0=2\pi/\lambda$ 为波数,λ 为信号波长;$u=\sin\theta\cos\phi u$,$v=\cos\theta\sin\varphi v$;$x_p$ 和 y_p 分别为第 $p(p=1,2,\cdots,P)$ 个天线单元的横坐标和纵坐标;w_p 为对应的激励。

那么,稀布矩形面阵的优化设计问题可等效为通过求解尽可能少的阵元数

Q 以及相应的阵元位置 (x_p', y_p') 和激励 w_q' ($q=1,2,\cdots,Q,Q<N$)，使综合得到的方向图逼近给定的期望方向图 $F_{\text{REF}}(u,v)$ 。

2.4.2 稀疏阵列的格理论分析方法

对于稀疏天线阵列而言，其最大相对旁瓣电平是阵元位置的非线性函数，没有现存的解析方法来确定最大相对旁瓣电平。也就是说，即使已知所有阵元的位置，也没有可凭借的解析方法来求得最大相对旁瓣电平出现的位置。因此，我们基于格理论提出一种稀疏阵列的分析方法。

稀疏阵列就是指在均匀栅格的部分格点上布置阵元得到的阵列。阵元位置间差值的所有整数线性组合的点构成格，称为阵列格。对于线阵，阵列格是格点距离为阵元间间距的最大公因数的一维格；对于任意维阵列，阵列格是包含所有阵元位置的最稀疏的格。

重写 N 元线阵阵列导向矢量 $\boldsymbol{a}(k)\in\mathbb{C}^N$ 可表示为

$$\boldsymbol{a}(k)=\begin{bmatrix} e^{jd_1k} & e^{jd_2k} & \cdots & e^{jd_Nk}\end{bmatrix}^{\text{T}} \tag{2.41}$$

导向矢量的相位空间 $\boldsymbol{\phi}$ 与由 x 和整数列矢量 $\boldsymbol{n}$ 表示的矢量具有等价关系：

$$\boldsymbol{\phi}\sim\boldsymbol{D}^{\text{T}}k+\boldsymbol{1}x+\boldsymbol{n}2\pi \tag{2.42}$$

通过式(2.42)可以得出，将相位矢量的所有分量同时加上 2π 的整数倍或任一分量加上 2π 的整数倍这两种变换是等价的。当把相位空间沿 $[1,1,\cdots,1]^{\text{T}}$ 方向投影到与其正交的超平面 $x_1+x_2+\cdots+x_N=0$ 时得到另一个格 D_2，称为阵列流形格。阵列流形格包含了阵列流形和阵列峰值旁瓣结构的关键特征。

将式(2.42)前两项写成以下矩阵乘形式，从而相位空间重新表示为

$$\boldsymbol{\phi}=\widetilde{\boldsymbol{D}}^{\text{T}}\begin{pmatrix}k\\x\end{pmatrix}+\boldsymbol{n}2\pi \tag{2.43}$$

其中阵元位置矩阵 $\boldsymbol{D}$ 可以表示为

$$\widetilde{\boldsymbol{D}}=\begin{bmatrix} d_1 & d_2 & \cdots & d_N\\ 1 & 1 & \cdots & 1\end{bmatrix} \tag{2.44}$$

定义 $(N-2)\times N$ 维的整数矩阵 $\boldsymbol{B}$ ，其行矢量张成下列线性丢番图方程所有整数解所张成的格，即

$$\widetilde{\boldsymbol{D}}x=0 \tag{2.45}$$

文献[11]证明，阵列流形格的基矢量为 $\boldsymbol{RB}^{\text{T}}(\boldsymbol{BRB}^{\text{T}})^{-1}$ ，其中矩阵 $\boldsymbol{R}$ 定义如下：

$$\boldsymbol{R}=\begin{bmatrix} N-1 & -1 & -1 & \cdots & -1\\ -1 & N-1 & -1 & \cdots & -1\\ \vdots & \vdots & \vdots & \ddots & \vdots\\ -1 & -1 & -1 & \cdots & N-1\end{bmatrix} \tag{2.46}$$

波数空间在式(2.43)映射下的象就是阵列流形格的格点,为分析非均匀稀疏线阵的峰值旁瓣结构,我们讨论阵列流形格格点与波数空间的逆映射关系[12]。

假设阵列流形格中的任意矢量 $\boldsymbol{b} \in \boldsymbol{D}_2$,已知 b,求与其对应的波数矢量 $\boldsymbol{k}$ 的算法步骤如下。

(1) 假设阵列流形格中的任意矢量 $\boldsymbol{b}$,计算 $\boldsymbol{x} = \boldsymbol{Bb}\,(2\pi)^{-1}$;

(2) 定义 $N-2$ 维整数矢量 $\boldsymbol{m} = \boldsymbol{Bn}$,求矩阵 B 的伪逆矩阵 $\boldsymbol{K}$,满足 $\boldsymbol{BK} = \boldsymbol{I}$;

(3) 求阵列流形格中点 x 的最近格点,也即使得二次型 $(\boldsymbol{x}-\boldsymbol{m})^{\mathrm{T}}(\boldsymbol{BB}^{\mathrm{T}})^{-1}(\boldsymbol{x}-\boldsymbol{m})$ 最小的 $\boldsymbol{m}$;

(4) 计算周期整数矢量 $\boldsymbol{n} = -\boldsymbol{Km}$;

(5) 计算波数矢量 $\boldsymbol{k} = (\widetilde{\boldsymbol{D}}\widetilde{\boldsymbol{D}}^{\mathrm{T}})^{-1}\widetilde{\boldsymbol{D}}(\boldsymbol{b}+\boldsymbol{n}2\pi)$,简化 $\boldsymbol{k}$ 到$(-1,1)$范围内。

为使读者更加直观地理解所提出的阵列流形格,下面对如图 2.10 所示的四元线阵进行相应说明,并形象地给出阵列格和阵列流形格的数学定义和物理含义。

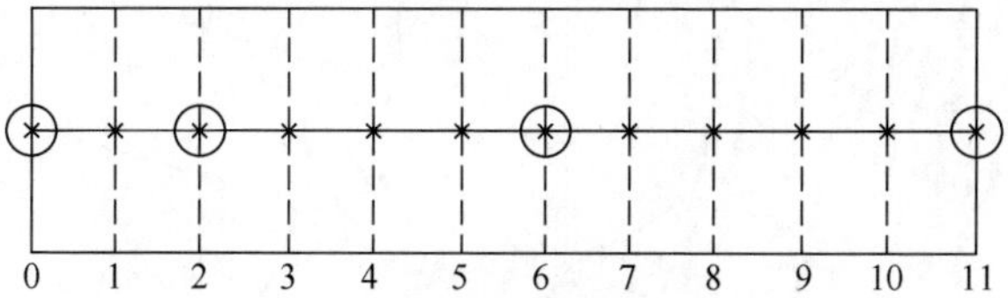

图 2.10　四元稀疏线阵

波数矢量为 $k = (2\pi/\lambda)\cos\theta$ 的平面波入射时,相位矢量为

$$\begin{bmatrix}\phi_0\\\phi_1\\\phi_2\\\phi_3\end{bmatrix} = \begin{bmatrix}0 & 1\\2 & 1\\6 & 1\\11 & 1\end{bmatrix}\begin{bmatrix}\dfrac{\lambda}{2} & 0\\0 & 1\end{bmatrix}\begin{bmatrix}k\\\phi_0\end{bmatrix} + \boldsymbol{n}2\pi \tag{2.47}$$

然后对式(2.47)进行归一化,将后三行分别减去第一行可得到

$$\begin{bmatrix}\Delta\phi_1\\\Delta\phi_2\\\Delta\phi_3\end{bmatrix} = \begin{bmatrix}\phi_1-\phi_0\\\phi_2-\phi_0\\\phi_3-\phi_0\end{bmatrix} = \begin{bmatrix}2\\6\\11\end{bmatrix}\frac{\lambda k}{2} + \boldsymbol{n}2\pi \tag{2.48}$$

当波数矢量 k 在 $\pm 2\pi/\lambda$ 间变化时,相位空间中点 $(\Delta\phi_1,\Delta\phi_2,\Delta\phi_3)^{\mathrm{T}}$ 运动轨迹取值若干个相位周期。图 2.11 展示了 $0 < \Delta\phi < 2\pi$ 时这个映射在立方体

内的像。图 2.12 给出了图 2.11 沿(2,6,11)方向的三维视图,其中的线被投影成点,这些点即为阵列流形格的格点。

位置矩阵 $\widetilde{\boldsymbol{D}}$ 、整数矩阵 $\boldsymbol{B}$ 和其伪逆矩阵 $\boldsymbol{K}$ 分别为

$$\widetilde{\boldsymbol{D}} = \begin{bmatrix} 0 & 2 & 6 & 11 \\ 1 & 1 & 1 & 1 \end{bmatrix}, \boldsymbol{B} = \begin{bmatrix} 2 & -3 & 1 & 0 \\ -1 & -1 & 4 & -2 \end{bmatrix}, \boldsymbol{K} = \begin{bmatrix} 0 & 0 & 1 & 2 \\ 0 & 1 & 3 & 5 \end{bmatrix}^{\mathrm{T}} \tag{2.49}$$

图 2.12 中阵列流形格的基为

$$\begin{aligned} \boldsymbol{R}\boldsymbol{B}^{\mathrm{T}} (\boldsymbol{B}\boldsymbol{R}\boldsymbol{B}^{\mathrm{T}})^{-1} &= \begin{bmatrix} 2 & -3 & 1 & 0 \\ -1 & -1 & 4 & -2 \end{bmatrix}^{\mathrm{T}} \begin{bmatrix} 14 & 5 \\ 5 & 22 \end{bmatrix}^{-1} \\ &= \begin{bmatrix} 0.1731 & -0.2155 & 0.0071 & 0.0353 \\ -0.0848 & 0.0035 & 0.1802 & -0.0989 \end{bmatrix}^{\mathrm{T}} \end{aligned} \tag{2.50}$$

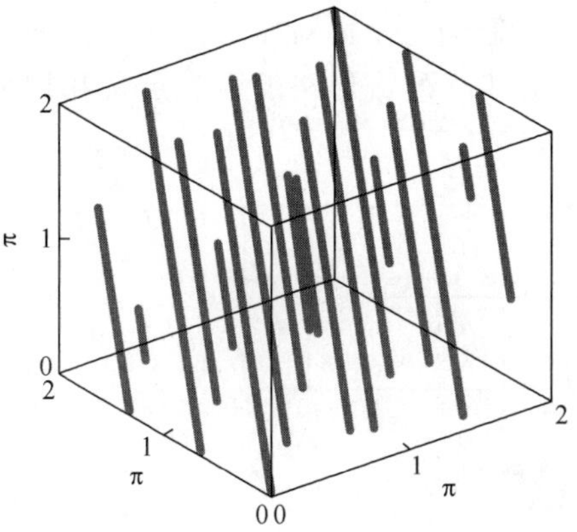

图 2.11 波数矢量到三位相位空间的投影

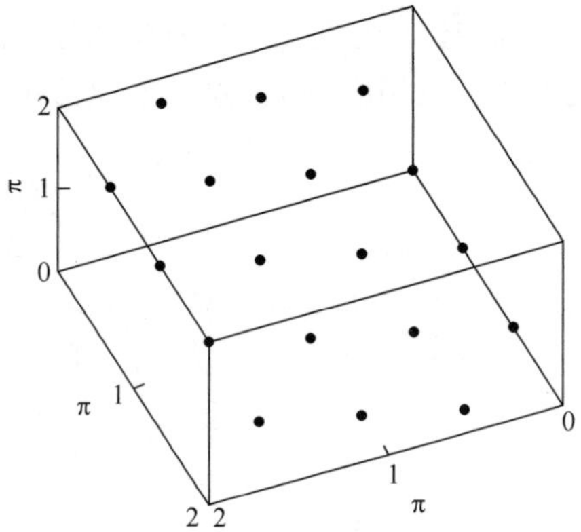

图 2.12 阵列流形格示意图

这样,我们就建立起了阵列格与阵列流形格的数学模型。

2.5 小　　结

本章针对特殊阵列结构的阵列流形建模方法展开分析。首先给出均匀线阵、均匀矩形阵和均匀圆阵等常见阵列结构的阵列流形;在其基础上,对共形阵列的阵列流形提出一种基于三次欧拉旋转变换的建模分析方法,并将其用于低交叉极化共形阵列天线的频率不变方向图综合。然后针对稀疏阵列提出稀布阵列的联合优化模型,并基于格理论提出稀疏阵列的阵列流形建模分析方法。通过以上分析,可以得到如下结论:通过三次欧拉旋转变换可以得到共形阵列天线导向矢量的数学模型;格理论能够有效地解决稀疏阵列的阵列流形建模问题。

第3章 阵列误差条件下的阵列流形建模方法

3.1 引 言

空间谱估计算法的优良测向性能一般在理想条件下得到,而且一般假设能够获取精确的阵列流形。然而,在实际的阵列测向系统中,阵列流形将受到温度、湿度、各阵元、电磁特性、多通道接收机各通道间幅度和相位的一致性、器件加工水平等因素的共同影响,从而不可避免地存在误差。由以上因素引起的阵列误差,一般可以建模为阵元间的互耦误差、通道不一致误差和阵元位置误差等阵列误差模型。空间谱估计算法的测向性能在存在阵列误差时将急剧下降,因此阵列的误差问题已经成为DOA估计与阵列信号处理研究中不可忽视的问题,阵列误差的校正技术成为广大学者和科研工作者的重要任务。

对复杂结构与特殊条件下的阵列流形进行精确建模是进行阵列结构优化设计与误差校正的基础,阵列流形与阵列结构、阵列误差、信号形式等因素有关,对复杂结构与特殊条件下的阵列流形进行精确建模有利于提高测向算法的性能。

3.2 阵元互耦条件下的均匀线阵的阵列流形建模

通常在阵列导向矢量建模时,均假设各阵元相对于其他阵元是独立工作的。然而,阵元间的互耦效应在阵列天线的实际工作中常常是不可避免的。阵元互耦存在时,由于各阵元入射开路电压的二次反射,阵元的输出电压变为各阵元开路电压以相应互耦系数为权系数的线性叠加。这种现象的存在使通常使用的导向矢量模型并不能反映阵列的真实的空间响应;相应地,阵列协方差矩阵的特征结构也发生了变化。因此,通常的子空间类高分辨方位估计算法的性能在互耦存在时会严重恶化,当互耦较严重时,甚至会完全失效。

在早期的研究中,互耦的校正和补偿一般都是首先对互耦进行电磁测量或通过矩量法对互耦进行电磁计算;然后通过互耦的测量值或计算值来对DOA估计的算法进行修正。但是,互耦的电磁测量值和计算值的精度往往不能满足实际的工程应用,且当我们用有误差的互耦测量值或计算值对互耦效应进行补偿时，往往会使阵列参数估计性能更加恶化。更为重要的是，阵元互耦还会随环境和阵元电磁参数的变化而发生改变，那么在实际应用中就需要对互耦的测量值和计算值进行不断的修正。许多方法将互耦的补偿和校正归结为一个阵列参数的估计问题，其主要思想是将阵列的互耦系数与信源参数进行联合估计[13-14]，但其求解相对复杂而且无法保证算法的全局收敛性。

互耦条件下阵列流形的精确建模是进行阵列校正以及高精度参数估计的基础，因此在本小节中，利用一个带状的对称 Toeplitz 矩阵对阵元互耦条件下的均匀线阵阵列流形进行建模[13, 15]。

当阵元存在互耦时，阵列接收的快拍数据可表示为

$$\boldsymbol{x}(t) = \boldsymbol{Z}\boldsymbol{A}(\boldsymbol{\theta})\boldsymbol{s}(t) + \boldsymbol{n}(t) \tag{3.1}$$

$$\boldsymbol{Z} = (\boldsymbol{Z}_{\mathrm{A}} + \boldsymbol{Z}_{\mathrm{T}})(\boldsymbol{Z}_m + \boldsymbol{Z}_{\mathrm{T}}\boldsymbol{I})^{-1} \tag{3.2}$$

式中：$\boldsymbol{Z}$ 为描述阵元互耦对阵列空间响应影响的互耦矩阵[15-17]；$\boldsymbol{Z}_{\mathrm{T}}$ 为负载阻抗矩阵；$\boldsymbol{Z}_{\mathrm{A}}$ 为天线阻抗矩阵；$\boldsymbol{Z}_m$ 为互耦阻抗矩阵；$\boldsymbol{A}(\boldsymbol{\theta}) = [\boldsymbol{a}(\theta_1), \boldsymbol{a}(\theta_2), \cdots, \boldsymbol{a}(\theta_M)]$ 为不存在互耦时的均匀线阵阵列流形矩阵，由下式给出：

$$\boldsymbol{A}(\boldsymbol{\theta}) = \begin{bmatrix} 1 & 1 & \cdots & 1 \\ \mathrm{e}^{-\mathrm{j}\phi_1} & \mathrm{e}^{-\mathrm{j}\phi_2} & \cdots & \mathrm{e}^{-\mathrm{j}\phi_M} \\ \vdots & \vdots & \ddots & \vdots \\ \mathrm{e}^{-\mathrm{j}(N-1)\phi_1} & \mathrm{e}^{-\mathrm{j}(N-1)\phi_2} & \cdots & \mathrm{e}^{-\mathrm{j}(N-1)\phi_M} \end{bmatrix} \tag{3.3}$$

式中：$\phi_m = 2\pi d\sin\theta_m/\lambda_0 (m = 1,2,\cdots,M)$。

一般情况下，为了满足参数估计的唯一性，假设阵列流形 $\{\boldsymbol{Z}\boldsymbol{a}(\theta_m), -\pi/2 \leqslant \theta_m \leqslant \pi/2\}$ 满足无秩 $N-1$ 模糊，即任意 N 个互耦扰动后的导向矢量线性独立。

文献[13]中对均匀线阵互耦矩阵的计算和建模表明。

(1) 阵元间的互耦与阵元间距成反比，阵元间的互耦效应随阵元间距的增大，其幅度急骤下降，最终可近似为 0，即 $\mathbf{Z}_{i,j} = 0, |i-j| > p$。

(2) 根据互易原理，互耦矩阵应为一对称矩阵，即 $\mathbf{Z}_{i,j} = \mathbf{Z}_{j,i}$。

(3) 间距相同的阵元对应的互耦系数相同(Toeplitz 性)，即 $\mathbf{Z}_{i,j} = \mathbf{Z}_{1,j-i+1}$，$j > i$，其中 $\mathbf{Z}_{ij}$ 为互耦矩阵 $\boldsymbol{Z}$ 的第 i 行第 j 列的元素。

综上所述，可以用一个带状的对称 Toeplitz 矩阵对均匀线阵的互耦矩阵进行建模，并将互耦矩阵 $\boldsymbol{Z}$ 用 $\mathbf{Z}_{11}$ 归一化：

$$\begin{cases} \mathbf{Z}_{ij} = \mathbf{Z}_{1, |i-j|+1} \\ \mathbf{Z}_{1,j} = 0, \ j > p \\ \mathbf{Z}_{11} = 1 \end{cases} \tag{3.4}$$

式中：p 为互耦矩阵的自由度，它表征均匀线阵互耦矩阵第一行中非 0 元素的个

数。所以均匀线阵的互耦可以由 p 维矢量 $z = [z_1, z_2, \cdots, z_p]$ 唯一表征，且 $z_i = \boldsymbol{Z}_{1,i} (i = 1, 2, \cdots p)$ 。

为表示简便，我们将存在互耦时的阵列导向矢量用 $\boldsymbol{a}_Z(\theta, z)$ 表示，可以通过矩阵运算表示为

$$\boldsymbol{a}_Z(\theta, z) = \boldsymbol{Z}\boldsymbol{a}(\theta) = \boldsymbol{T}[\boldsymbol{a}(\theta)]z \tag{3.5}$$

式中：$\boldsymbol{T}[\boldsymbol{a}(\theta)]$ 为 $N \times p$ 维矩阵，可表示为

$$\boldsymbol{T}[\boldsymbol{a}(\theta)] = \boldsymbol{T}_1[\boldsymbol{a}(\theta)] + \boldsymbol{T}_2[\boldsymbol{a}(\theta)] \tag{3.6}$$

其中

$$[\boldsymbol{T}_1]_{i,j} = \begin{cases} \boldsymbol{a}_{i+j-1}, i + j \leqslant N + 1 \\ 0 \quad , \quad \text{其他} \end{cases} \tag{3.7}$$

$$[\boldsymbol{T}_2]_{i,j} = \begin{cases} \boldsymbol{a}_{i-j+1}, \ i \geqslant j \geqslant 2 \\ 0, \quad \text{其他} \end{cases} \tag{3.8}$$

根据子空间原理，导向矢量 $\boldsymbol{a}_Z(\theta, z)$ 具有以下性质：

$$\boldsymbol{a}_Z^{\mathrm{H}}(\theta, z)\boldsymbol{E}_N\boldsymbol{E}_N^{\mathrm{H}}\boldsymbol{a}_Z(\theta, z) = 0, \ \theta = \theta_1, \theta_2, \cdots, \theta_M \tag{3.9}$$

因此，可以定义如下优化问题来对方位参数和互耦系数进行联合估计[18]：

$$[\hat{\boldsymbol{\theta}}, \hat{z}] = \arg \min_{\theta, z} \boldsymbol{a}_Z^{\mathrm{H}}(\theta, z)\hat{E}\hat{E}^{\mathrm{H}}\boldsymbol{a}_Z(\theta, z) \tag{3.10}$$

这样，就在建立均匀线阵互耦流形模型的基础上，实现了方位参数估计与互耦系数估计的有机联合，该问题的具体求解方法将在第 4 章进行详细讨论。

3.3 方位依赖幅相误差的阵列流形建模

基于阵列参数模型的高分辨 DOA 估计算法（如 MUSIC、ML、ESPRIT、WSF 等）以其优良的高分辨性能受到了广泛关注，但高分辨算法庞大的运算量和算法对误差的低稳健性一直是限制它们实际工程应用的重要瓶颈。高速数字信号处理器的不断更新和发展能够极大地缓解高分辨算法实时部署的问题，但阵列误差校正和稳健的 DOA 估计算法的研究还很不完善。现有参数类的阵列校正方法大都采用了方位无关的阵元幅相误差模型，这种假设往往与实际的阵列误差特性不相符合。在实际工程应用中，我们遇到的几乎都是方位依赖的阵列误差。首先，当阵元的方向图不一致或阵元不满足各向同性时，我们都需要用方位依赖的阵元幅相误差来进行建模；其次，通常情况下阵列会同时存在多种误差形式（如阵元幅相、阵元位置、阵元互耦等），它们对阵列的综合影响也需要用一个方位依赖的阵元幅相误差来进行描述。因此，本节对阵列存在方位依赖幅相误差条件下的阵列流形进行建模[19]。

对一个任意几何结构的 N 元阵列,存在方位依赖的阵元幅相误差,在阵列远场 $\theta_m(m=1,2,\cdots,M)$ 处有 M 个窄带点源以平面波入射。使用 $P \geqslant M+1$ 个精确校正的辅助阵元与存在方位依赖幅相误差的 N 元阵列构成一个 $K=N+P$ 元阵列(阵元编号从辅助阵元开始)。当以第一个辅助阵元为参考时,阵列接收的快拍数据可由下式表示:

$$\boldsymbol{x}(t)=\boldsymbol{A}(\boldsymbol{\theta})\boldsymbol{s}(t)+\boldsymbol{n}(t) \tag{3.11}$$

当阵列存在方位依赖的幅相误差时,阵列的流形矩阵 $\boldsymbol{A}(\boldsymbol{\theta})$ 可以表示为

$$\boldsymbol{A}(\boldsymbol{\theta})=[\boldsymbol{w}(\theta_1),\boldsymbol{w}(\theta_2),\cdots,\boldsymbol{w}(\theta_M)] \tag{3.12}$$

式中:$\boldsymbol{w}(\theta_m)$ 为第 m 个信源的导向矢量,可以表示为

$$\boldsymbol{w}(\theta_m)=\boldsymbol{\Gamma}(\theta_m)\boldsymbol{a}(\theta_m),\quad m=1,2,\cdots,M \tag{3.13}$$

式中:对角阵 $\boldsymbol{\Gamma}(\theta_m)$ 为方位依赖的阵元幅相扰动矩阵,它的第 j 个对角元素对应第 j 个阵元的幅相误差,也可以是阵元幅相误差、阵元位置扰动、阵元互耦综合作用的结果;$\boldsymbol{a}(\theta_m)$ 为对应无扰动的阵列导向矢量,它可以表示如下:

$$\boldsymbol{a}(\theta_m)=\left[1,\ \exp\left(\mathrm{j}\frac{2\pi}{\lambda}d_{m2}\right),\ \cdots,\exp\left(\mathrm{j}\frac{2\pi}{\lambda}d_{mN}\right)\right]^{\mathrm{T}},m=1,2,\cdots,M \tag{3.14}$$

$$d_{mj}=[x_j,y_j][\sin(\theta_m),\cos(\theta_m)]^{\mathrm{T}},j=1,2,\cdots,N \tag{3.15}$$

式中:d_{mj} 为第 m 个信源相对于参考阵元到第 j 个阵元的波程差;$[x_j,y_j]$ 为第 j 个阵元的坐标。

为了满足参数估计的唯一性,假设误差扰动后的阵列流形 $\{\boldsymbol{w}(\theta):-\pi/2\leqslant\theta\leqslant\pi/2\}$ 满足无秩 $N-1$ 模糊,即任意 N 个误差扰动后的导向矢量 $\boldsymbol{w}(\theta)$ 线性独立。至此,我们就建立了存在方位依赖幅相误差条件下的阵列流形数学模型。

3.4 阵元位置误差

阵元的位置误差属于阵列误差的一种,本小节对存在阵元位置误差情况下的阵列流形建模进行分析。

阵元的位置扰动可以用方位依赖的相位误差进行等价描述,此时类似式(3.14)与式(3.15),方位依赖的阵列扰动矩阵可以表示如下:

$$\left\{\begin{aligned}&\boldsymbol{\Gamma}(\theta_m)=\mathrm{diag}\left(\left[1,\ \exp\left(\mathrm{j}\frac{2\pi}{\lambda}\Delta d_{m2}\right),\ \cdots,\right.\right.\\&\left.\left.\exp\left(\mathrm{j}\frac{2\pi}{\lambda}\Delta d_{mN}\right)\right]\right\},m=1,2,\cdots,M\end{aligned}\right. \tag{3.16}$$

$$\Delta d_{mj}=[\Delta x_j,\Delta y_j][\sin(\theta_m),\cos(\theta_m)]^{\mathrm{T}},\quad j=1,2,\cdots,N \tag{3.17}$$

式中：$[\Delta x_j, \Delta y_j]$ 对应第 j 个阵元的位置扰动，$\Delta x_j (j = 1, 2, \cdots, N)$ 和 $\Delta y_j (j = 1, 2, \cdots, N)$ 分别为 x 轴与 y 轴上的坐标误差。这样，阵元位置误差下的阵列流形建模就可以由方位依赖的相位误差下的阵列流形进行等价表示。

3.5 阵列误差与方位依赖幅相误差的等价关系

如果不假设阵列的误差来源于方位依赖幅相误差或是阵元位置误差，而是单纯地将阵元扰动后的导向矢量表示为 $\boldsymbol{w}(\theta_m)$，则当阵列的误差为方位依赖幅相误差时，对角阵 $\boldsymbol{\Gamma}(\theta_m)$ 可以表示方位依赖的阵元幅相扰动矩阵；当阵列的误差为阵元位置误差时，对角阵 $\boldsymbol{\Gamma}(\theta_m)$ 则表示阵元的位置扰动；此外，$\boldsymbol{\Gamma}(\theta_m)$ 还可以表示阵元的互耦矩阵。从这个角度来说，阵列存在的位置、互耦等各种误差都可以由方位依赖的幅相误差进行等效。更进一步地，在其他阵列误差条件下的阵列流形模型也可以用所提出的方位依赖幅相误差条件下的阵列流形模型进行统一表示。显然，这种等价关系可以帮助我们有效地处理阵列误差条件下的流形建模与参数估计问题，具体证明过程可见第 12 章。

3.6 小　　结

本章针对均匀线阵在存在阵元互耦条件下的阵列流形展开分析，给出了方位依赖幅相误差条件下任意结构阵列的阵列流形建模方法，并进一步论述了阵列误差与方位依赖幅相误差的等价关系，为其他类型阵列误差的阵列流形建模提供了思路。

第4章 相干源条件下的阵列流形建模方法

4.1 引　言

由于多径传播、电子有源干扰等因素的影响，相干信源存在的电磁环境是常见的。当空间存在相干源时，奇异的信源协方差矩阵 $\boldsymbol{R}_S$ 将使得阵列协方差矩阵 $\boldsymbol{R}$ 的大特性值个数小于信源数，从而信号子空间 $\text{span}(\boldsymbol{E}_S)$ 将成为源子空间 $\text{span}(\boldsymbol{A}(\boldsymbol{\theta}))$ 的子空间。相应地，相干源对应的阵列导向矢量 $\boldsymbol{a}(\theta_j)$ 将再不正交于噪声子空间 $\text{span}(\boldsymbol{E}_N)$，相干源的方位在空间谱中将不呈现谱峰。因此，在空间存在相干源时，基于特征分解的高分辨 DOA 估计算法无法正确估计空间信源方位。如何在保持信源方位信息的同时，有效地对空间相干信源解相干，恢复基于特征分解的高分辨 DOA 估计算法在非相干源、甚至独立源情况下的优良性能，一直以来都是阵列天线高分辨测向技术中的研究热点。常规空间平滑技术是通过牺牲阵列的有效孔径来获得其解相干能力的。由于阵列孔径的损失，算法对相干源的分辨能力都有较大幅度的下降。而且它只能使等价的信源协方差矩阵 $\tilde{\boldsymbol{R}}_s$ 恢复为满秩，当信源空间方位相隔较近时，平滑后信源间仍然存在很高的相关度（空间平滑技术的解相关性能与空间信源方位有密切的关系），这对于随后进行的子空间类高分辨算法的性能仍然有很大的影响。特别是在实际应用中，由于阵列噪声和有限快拍数的影响，当需要使用小阵列对空间方位相隔很近的相干信源进行分辨时，实际所需的阵列平滑次数往往比理论上的要多，阵列孔径的损失使上述空间平滑技术在此时已经无能为力了。另外，常规的空间平滑技术只利用了原阵列协方差矩阵 $\boldsymbol{R}$ 中的子阵自相关信息，当平滑次数较大时，子阵输出的互相关信息在 $\boldsymbol{R}$ 中的比重会逐渐加大，原阵列中的空域相关信息并没有充分有效地利用。

本章首先提出一种加权平滑预处理算法，充分利用子阵输出的自相关和互相关信息，将阵列协方差矩阵的所有子阵阵元数阶子矩阵进行复加权平滑；然后提出加权空间平滑去相关的去相关准则（Criterion Of Decorrelation, CODE），为相干源的高性能方位估计提供理论依据；最后给出多相干源组时的阵列接收模型。

4.2 相干源方位估计的加权空间平滑预处理

为了进一步提高常规空间平滑技术对空间相干信源的解相干能力，人们对常规的空间平滑技术进行了许多有效的改进。其核心思想是：①如何使平滑后等价的信源协方差矩阵 $\tilde{\boldsymbol{R}}_{\mathrm{S}}$ 向对角矩阵逼近，或使 $\tilde{\boldsymbol{R}}_{\mathrm{S}}$ 的条件数尽可能地小；②如何通过利用子阵输出的互相关信息来提高常规空间平滑技术对空间相干源的分辨能力，如文献[20]中 A. Moghaddamjoo 提出的空域滤波(Spatial Filter, SF)技术。文献[21]中 W. X. Du 考虑利用子阵输出的互相关信息对常规的空间平滑技术进行改进。文献[22]中 J. Li 通过阵列协方差矩阵 $\boldsymbol{R}$ 的平方预处理，提高了平滑后等价的阵列协方差矩阵 $\tilde{\boldsymbol{R}}$ 特征空间对噪声的稳健性能。此外，文献[23-26]还提出了一些加权的空间平滑机制：文献[23]以加权空间平滑后等价的阵列协方差矩阵 $\tilde{\boldsymbol{R}}$ 的 Toeplitz 化为优化准则，推导了相应的最优加权矢量；文献[24]以加权空间平滑后等价的信源协方差矩阵 $\tilde{\boldsymbol{R}}_{\mathrm{S}}$ 的对角化为优化准则推导了相应的最优加权矢量；文献[25]证明了文献[23]和文献[24]中权矢量的等价性。但是，上述提到的加权空间平滑机制都忽略了对子阵输出互相关信息的利用，它们只对子阵输出的自相关矩阵进行了实加权平均，带来的结果是对空间平滑次数(子阵数 L)的苛刻要求。文献[26]还通过加权系数和为 0 的约束，克服了 Toeplitz 类相关阵列噪声对相干源方位估计的影响。

我们在本小节中提出一种新的加权空间平滑算法(Weighted Spatial Smoothing, WSS)[27]。与现有的加权空间平滑算法不同，WSS 算法充分利用了子阵输出的自相关和互相关信息，将阵列协方差矩阵的所有子阵阵元数阶子矩阵进行了复加权平滑。以 WSS 平滑后等价的信源协方差矩阵 $\tilde{\boldsymbol{R}}_{\mathrm{S}}^{\mathrm{WSS}}$ 的对角化为优化准则，推导了使相干信源完全去相关的最优权矩阵的理论表达式。在空间方位先验知识的前提下，通过运用 WSS 预处理，MUSIC 算法对空间相干信源的分辨能力大大加强[28]。

若 M 个信源间的幅度衰减与相移均为常数，即

$$s_i(t)=\rho_i s_0(t),i=1,2,\cdots,M \tag{4.1}$$

我们就称其为相干信源，简称相干源，其中 $\rho_i(i=1,2,\cdots,M)$ 为信源 i 的相干因子。阵列接收数据矢量容易表示为

$$\boldsymbol{X}(t)=s_0(t)\boldsymbol{A}(\theta)\boldsymbol{\rho}+\boldsymbol{N}(t) \tag{4.2}$$

式中：$\boldsymbol{\rho}=[\rho_1,\rho_2,\cdots\rho_M]^{\mathrm{T}}$，则阵列协方差矩阵可进一步表示为

$$\boldsymbol{R} = E[\boldsymbol{X}(t)\boldsymbol{X}(t)^{\mathrm{H}}] = E[s_0(t)s_0^*(t)]\boldsymbol{A}(\theta)\boldsymbol{R}_{\mathrm{S}}\boldsymbol{A}^{\mathrm{H}}(\theta) + \sigma^2\boldsymbol{I} \tag{4.3}$$

式中 $\boldsymbol{R}_{\mathrm{S}} = \boldsymbol{\rho}\boldsymbol{\rho}^{\mathrm{H}}$ 。

通过以上分析可以得到相干源情况下数据模型具有的三个主要特征。

(1) 信源协方差矩阵 $\boldsymbol{R}_{\mathrm{S}}$ 的秩为 1,即 $\mathrm{rank}(\boldsymbol{R}_{\mathrm{S}}) = 1$。

(2) 由于 $\boldsymbol{R}_{\mathrm{S}}$ 的秩损, $\boldsymbol{E}_{\mathrm{S}} = \boldsymbol{e}_1 = k \cdot \boldsymbol{A}(\theta)\boldsymbol{\rho}, k\in\mathbb{C}$,且 $\mathrm{span}(\boldsymbol{E}_{\mathrm{S}}) \subset \mathrm{span}(\boldsymbol{A})$。

(3) $\boldsymbol{A}(\theta)$ 的列不再与噪声子空间 $\mathrm{span}[\boldsymbol{E}_N]$ 正交,因而基于特征分解的子空间高分辨测向算法(如 MUSIC 等)失效。

考虑到 MUSIC 等高分辨算法在相干源条件下的失效,我们需要寻求其他高效的 DOA 估计算法。下面,首先介绍常规的空间平滑算法,然后在其基础上提出 WSS 算法。

图 4.1 中的常规空间平滑算法是一种有效的相干源方位估计的预处理方法。前向空间平滑(Forward Spatial Smoothing, FSS)算法利用 ULA 的平移不变性,将阵列划分为相互重叠的 L 个子阵,每个子阵中的阵元个数为 $m = N - L + 1$,每个子阵的快拍数据都包含了相同的信源方位信息。首先分别计算 L 个子阵的自协方差矩阵;然后进行简单的算术平均,从而形成一个等价的 m 元子阵的协方差矩阵 $\tilde{\boldsymbol{R}}^{\mathrm{FSS}}$:

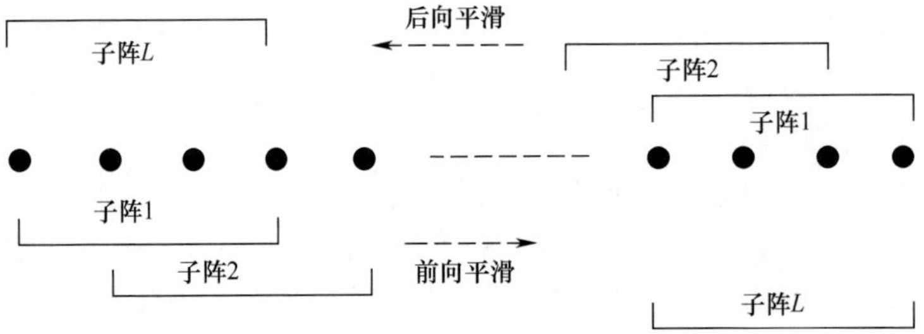

图 4.1 常规空间平滑算法原理

$$\tilde{\boldsymbol{R}}^{\mathrm{FSS}} = \boldsymbol{A}_m \tilde{\boldsymbol{R}}_{\mathrm{S}}^{\mathrm{FSS}} \boldsymbol{A}_m^{\mathrm{H}} + \sigma^2 \boldsymbol{I}_m = \frac{1}{L}\sum_{k=1}^{L} \boldsymbol{F}_k \boldsymbol{R} \boldsymbol{F}_k^{\mathrm{H}} \tag{4.4}$$

式中: $\boldsymbol{F}_k = [\boldsymbol{0}_{m\times(k-1)} \mid \boldsymbol{I}_m \mid \boldsymbol{0}_{m\times(N-k-m+1)}]$ 。

可以证明[29],当子阵数 L 大于等于信源数 M 时,FSS 平滑后等价的 $M \times M$ 信源协方差矩阵 $\tilde{\boldsymbol{R}}_{\mathrm{S}}^{\mathrm{FSS}}$ 的秩恢复为满秩。所以对于 FSS,对空间 M 个相干源进行去相干,至少需要 $2M$ 个阵元。

前后向空间平滑技术(Forward-Backward Spatial Smoothing, FBSS),在阵列前向平滑的基础上进一步利用 ULA 的旋转不变性,对阵列同时进行前后向平滑

形成如下式的 m 元子阵的协方差矩阵 $\tilde{\boldsymbol{R}}^{\text{FBSS}}$：

$$\begin{aligned}\tilde{\boldsymbol{R}}^{\text{FBSS}} &= \boldsymbol{A}_m \tilde{\boldsymbol{R}}_{\text{S}}^{\text{FBSS}} \boldsymbol{A}_m^{\text{H}} + \sigma^2 \boldsymbol{I}_m \\ &= \frac{1}{2L}\sum_{k=1}^{L} \boldsymbol{F}_k (\boldsymbol{R} + \boldsymbol{J}_N \boldsymbol{R}^* \boldsymbol{J}_N) \boldsymbol{F}_k^{\text{H}} \\ &= \frac{1}{2}[\tilde{\boldsymbol{R}}_{\text{FSS}} + \boldsymbol{J}_m \tilde{\boldsymbol{R}}_{\text{FSS}}^* \boldsymbol{J}_m]\end{aligned} \tag{4.5}$$

式中：$\boldsymbol{J}_N$、$\boldsymbol{J}_m$ 分别为 N 阶与 m 阶置换矩阵。

可以证明[30]，对于 FBSS，对空间 M 个相干源进行去相干，至少需要 $2M/3$ 个阵元。

基于以上分析与讨论，我们提出一种新的加权空间平滑算法即 WSS，能够充分利用子阵输出的自相关和互相关信息将阵列协方差矩阵 $\boldsymbol{R}$ 的所有 L^2 个 m 阶子矩阵进行复数加权平滑。

前向加权空间平滑算法(Weighted Forward Spatial Smoothing, WFSS)将阵列协方差矩阵 $\boldsymbol{R}$ 的所有 L^2 个 m 阶子矩阵进行加权平均，而权值的选取以平滑后等价的信源协方差矩阵 $\tilde{\boldsymbol{R}}_{\text{S}}^{\text{WFSS}}$ 的对角化为优化条件。平滑后等价的 m 元阵列协方差矩阵 $\tilde{\boldsymbol{R}}^{\text{WFSS}}$ 可以表示为

$$\tilde{\boldsymbol{R}}^{\text{WFSS}} = \sum_{i=1}^{L}\sum_{j=1}^{L} w_{ij}\boldsymbol{R}_{ij} = \sum_{i=1}^{L}\sum_{j=1}^{L} \boldsymbol{F}_i \boldsymbol{R} \boldsymbol{F}_j^{\text{H}} w_{ij} \tag{4.6}$$

式中：w_{ij} 为子矩阵 $\boldsymbol{R}_{ij}$ 的加权系数。

我们定义加权矩阵 $\boldsymbol{W}$ 如下式所示，即

$$\boldsymbol{W} = \begin{bmatrix} w_{11} & w_{12} & \cdots & w_{1L} \\ w_{21} & w_{22} & \cdots & w_{2L} \\ \vdots & \vdots & \ddots & \vdots \\ w_{L1} & w_{L2} & \cdots & w_{LL} \end{bmatrix} \tag{4.7}$$

则当加权矩阵 $\boldsymbol{W}$ 取值为单位阵时，WFSS 将退化为 FSS 算法，当加权矩阵 $\boldsymbol{W} = \text{diag}[\boldsymbol{w}_{\text{opt}}^{\text{DWFSS}}]$ 时，WFSS 算法退化为对角加权前向空间平滑(Diagonally Weighted FSS, DWFSS)算法[24]。

下面在忽略阵列噪声的前提下对 WFSS 的最优权矩阵进行推导，将无阵列噪声的阵列协方差矩阵 $\boldsymbol{R}_0 = \boldsymbol{A}\boldsymbol{R}_{\text{S}}\boldsymbol{A}^{\text{H}}$ 代入式(4.6)，可得

$$
\begin{aligned}
\tilde{\boldsymbol{R}}^{\mathrm{WFSS}} &= \sum_{i=1}^{L}\sum_{j=1}^{L}\boldsymbol{F}_i\boldsymbol{A}\boldsymbol{R}_{\mathrm{S}}\boldsymbol{A}^{\mathrm{H}}\boldsymbol{F}_j^{\mathrm{H}}w_{ij} = \sum_{i=1}^{L}\sum_{j=1}^{L}\boldsymbol{A}_i\boldsymbol{R}_{\mathrm{S}}\boldsymbol{A}_j^{\mathrm{H}}w_{ij} \\
&= \sum_{i=1}^{L}\sum_{j=1}^{L}\boldsymbol{A}_1\boldsymbol{D}^{i-1}\boldsymbol{R}_{\mathrm{S}}\,(\boldsymbol{D}^{j-1})^{\mathrm{H}}\boldsymbol{A}_1^{\mathrm{H}}w_{ij} \\
&= \boldsymbol{A}_1\left[\sum_{i=1}^{L}\sum_{j=1}^{L}\boldsymbol{D}^{i-1}\boldsymbol{R}_{\mathrm{S}}\,(\boldsymbol{D}^{j-1})^{\mathrm{H}}w_{ij}\right]\boldsymbol{A}_1^{\mathrm{H}} = \boldsymbol{A}_1\,\boldsymbol{R}_{\mathrm{S}}'\boldsymbol{A}_1^{\mathrm{H}}
\end{aligned} \tag{4.8}
$$

式中：$\boldsymbol{A}_i$ 为第 i 子阵的流形矩阵，$\boldsymbol{D} = \mathrm{diag}[\,\mathrm{e}^{\mathrm{j}\beta_1}\ \mathrm{e}^{\mathrm{j}\beta_2}\ \ \cdots \mathrm{e}^{\mathrm{j}\beta_M}]$。

由式(4.8)可见，经过 L^2 个子矩阵加权平均后，等价的信源协方差矩阵 $\tilde{\boldsymbol{R}}_{\mathrm{S}}^{\mathrm{WFSS}}$ 可由下式表示：

$$
\tilde{\boldsymbol{R}}_{\mathrm{S}}^{\mathrm{WFSS}} = \sum_{i=1}^{L}\sum_{j=1}^{L}\boldsymbol{D}^{i-1}\boldsymbol{R}_{\mathrm{S}}\,(\boldsymbol{D}^{j-1})^{\mathrm{H}}w_{ij},\ i = 1,2,\cdots,L;\ j = 1,2,\cdots,L \tag{4.9}
$$

可以证明

$$
\tilde{\boldsymbol{R}}_{\mathrm{S}}^{\mathrm{WFSS}} = \boldsymbol{R}_{\mathrm{S}}\circ(\boldsymbol{B}^{\mathrm{H}}\boldsymbol{W}\boldsymbol{B}) \tag{4.10}
$$

式中：$\boldsymbol{B} = [\boldsymbol{b}_1,\boldsymbol{b}_2,\cdots,\boldsymbol{b}_M]$，$\boldsymbol{b}_k = [1,\mathrm{e}^{-\mathrm{j}\beta_k},\cdots,\mathrm{e}^{-\mathrm{j}(L-1)\beta_k}]^{\mathrm{T}}$。

令 $\boldsymbol{W} = \boldsymbol{Q}\boldsymbol{Q}^{\mathrm{H}}$，将其代入式(4.10)可得

$$
\begin{aligned}
\tilde{\boldsymbol{R}}_{\mathrm{S}}^{\mathrm{WFSS}} &= \boldsymbol{R}_{\mathrm{S}}\circ(\boldsymbol{B}^{\mathrm{H}}\boldsymbol{Q}\boldsymbol{Q}^{\mathrm{H}}\boldsymbol{B}) = (\boldsymbol{\rho}\boldsymbol{\rho}^{\mathrm{H}})\circ(\boldsymbol{B}^{\mathrm{H}}\boldsymbol{Q}\boldsymbol{Q}^{\mathrm{H}}\boldsymbol{B}) \\
&= [\boldsymbol{P}\boldsymbol{B}^{\mathrm{H}}\boldsymbol{Q}]\cdot[\boldsymbol{P}\boldsymbol{B}^{\mathrm{H}}\boldsymbol{Q}]^{\mathrm{H}} = \tilde{\boldsymbol{C}}\,\tilde{\boldsymbol{C}}^{\mathrm{H}}
\end{aligned} \tag{4.11}
$$

式中：$\boldsymbol{P} = \mathrm{diag}(\boldsymbol{\rho})$。

当 $\boldsymbol{B}^{\mathrm{H}}\boldsymbol{Q} = \boldsymbol{I}$ 时，有

$$
\tilde{\boldsymbol{R}}_{\mathrm{S}}^{\mathrm{WFSS}} = \boldsymbol{P}\boldsymbol{P}^{\mathrm{H}} = \begin{bmatrix} |\rho_1|^2 & & & \\ & |\rho_2|^2 & & \\ & & \ddots & \\ & & & |\rho_M|^2 \end{bmatrix} \tag{4.12}
$$

式(4.12)对应的正是 M 个与相干信源功率相同的独立信源的协方差矩阵。由此我们实现了对空间相干信源的彻底去相关。由于利用了阵列协方差矩阵 $\boldsymbol{R}$ 的所有 L^2 个 m 阶子矩阵和复数加权，WFSS 实现空间相干源的彻底解相关，只需阵列的平滑次数 $L \geqslant M$，这比文献[24]中提出的 DWFSS 算法 $L \geqslant M^2 - M + 1$ 的要求要宽松得多。所以，WFSS 算法实现空间相干源的彻底解相关对应的阵列孔径损失要比 DWFSS 算法小得多。

下面我们讨论最优权矩阵的选取方法。由 $\boldsymbol{B}^{\mathrm{H}}\boldsymbol{Q} = \boldsymbol{I}$ 且 $L \geqslant M$，我们可以取

$\boldsymbol{Q}$ 为矩阵 $\boldsymbol{B}^{\mathrm{H}}$ 的右伪逆矩阵,即

$$\boldsymbol{Q}=\boldsymbol{B}\left(\boldsymbol{B}^{\mathrm{H}}\boldsymbol{B}\right)^{-1} \tag{4.13}$$

则

$$\boldsymbol{W}_{\mathrm{opt}}=\boldsymbol{Q}\boldsymbol{Q}^{\mathrm{H}}=\boldsymbol{B}\left(\boldsymbol{B}^{\mathrm{H}}\boldsymbol{B}\right)^{-1}\left(\boldsymbol{B}^{\mathrm{H}}\boldsymbol{B}\right)^{-1}\boldsymbol{B}^{\mathrm{H}} \tag{4.14}$$

另外,直接令

$$\boldsymbol{B}^{\mathrm{H}}\boldsymbol{W}_{\mathrm{opt}}\boldsymbol{B}=\boldsymbol{I} \tag{4.15}$$

对式(4.15)左乘 $\boldsymbol{B}$ 并右乘 $\boldsymbol{B}^{\mathrm{H}}$ 可得

$$\boldsymbol{B}\boldsymbol{B}^{\mathrm{H}}\boldsymbol{W}_{\mathrm{opt}}\boldsymbol{B}\boldsymbol{B}^{\mathrm{H}}=\boldsymbol{B}\boldsymbol{B}^{\mathrm{H}} \tag{4.16}$$

由式(4.16)可见,最优加权矩阵的 $\boldsymbol{W}_{\mathrm{opt}}$ 的选取应为矩阵 $\boldsymbol{B}\boldsymbol{B}^{\mathrm{H}}$ 的广义逆。但当 $L \geqslant M$ 时,对于秩为 M 的 $L \times L$ 奇异矩阵 $\boldsymbol{B}\boldsymbol{B}^{\mathrm{H}}$,其广义逆不唯一。为了保持加权矩阵 $\boldsymbol{W}_{\mathrm{opt}}$ 的唯一性,可以利用任意矩阵 Moore-Penrose 伪逆的唯一性,即

$$\boldsymbol{W}_{\mathrm{opt}}=\left(\boldsymbol{B}\boldsymbol{B}^{\mathrm{H}}\right)^{+} \tag{4.17}$$

利用 Moore-Penrose 伪逆定义的四个 Penrose 方程[31],容易证明,式(4.14)表示的最优加权矩阵正是矩阵 $\boldsymbol{B}\boldsymbol{B}^{\mathrm{H}}$ 的 Moore-Penrose 伪逆,它是唯一的。

下面,进行仿真实验验证所提 WFSS 算法相比于 FSS 算法进行 DOA 估计的优越性。对于 8 元 ULA,两信源远场入射,方位角分别为 35°和 40°,相干系数为 $e^{j0.2}$。图 4.2 给出了 SNR 从−10dB 增加到 50dB 时 FSS 算法和 WFSS 算法方差之比的变化曲线。

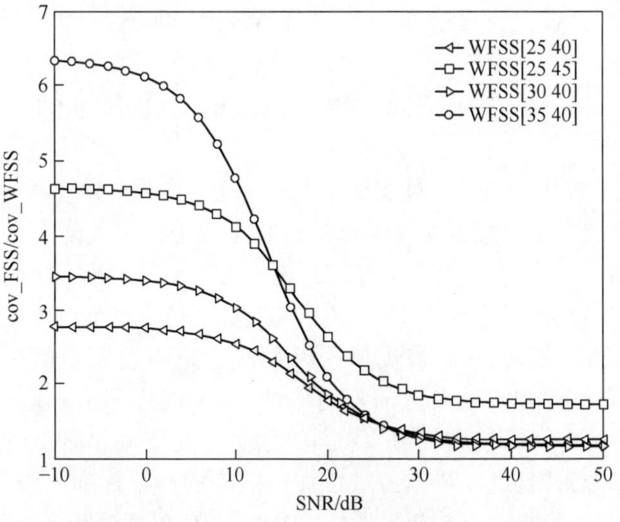

图 4.2 FSS 算法与 WFSS 算法方差比值随 SNR 的变化曲线

由图 4.2 可以看出,WFSS 算法的估计方差小于 FSS 算法且在低 SNR 时优越性更加明显。图 4.3 给出了信源 1 固定在 0°而信源 2 的方位从 1°变化到 90°时 FSS 算法和 WFSS 算法方差之比的变化曲线,其中 SNR 固定为 10dB。

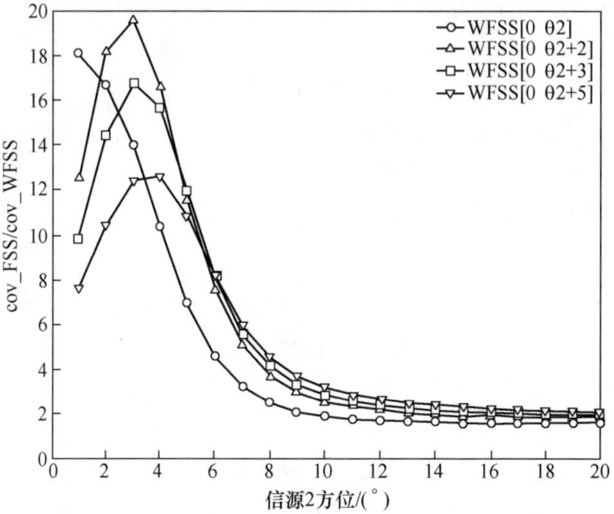

图 4.3 FSS 算法与 WFSS 算法方差比值随信源方位间隔的变化曲线

图 4.3 可以看出,当空间信源方位间隔变化时,WFSS 算法的估计方差总小于 FSS 算法,而且在信源间隔较小时,其优越性更加明显。

4.3 加权空间平滑去相关的 CODE 准则

4.2 节我们提出的 WFSS 算法属于 WSS 算法,本质上是一种预处理方法,是在已知信源方位先验信息的前提下通过对相干源进行最大限度的去相关,提高随后进行的 MUSIC 算法对相干信源的分辨能力。不难看出,在 WSS 算法中,用信源真实方位构造的最优加权矩阵 $\boldsymbol{W}_{\text{opt}}$ 可以对空间的相干信源彻底解相关,使其恢复为独立源。反之,求解最优加权矩阵 $\boldsymbol{W}_{\text{opt}}$ 的本质就是信源方位的估计。另外,对于独立信源和时空白化的阵列噪声,ULA 的阵列协方差矩阵是一个理想的 Toeplitz 矩阵。因此,我们可以将阵列协方差矩阵的 Toeplitz 性作为判断信源独立性的标准,并且进一步作为最优加权矩阵的衡量标准。根据以上分析与讨论,本小节首先给出加权空间平滑的 CODE 准则,然后利用最优加权空间平滑后阵列协方差矩阵的 Toeplitz 拟合构造一个用于相干信源 DOA 估计的代价函数,以期实现高性能的相干源 DOA 估计[32]。

对于独立源的情形，基于式(4.3)的阵列协方差矩阵 $\boldsymbol{R}$ 应当具有 Toeplitz 性。当引入如式(4.14)的加权矩阵 $\boldsymbol{W}_{\text{opt}}$ 时，可以在保留空间信源方位信息的同时对空间相干信源彻底去相关，使原信源协方差矩阵 $\boldsymbol{R}_{\text{S}}$ 中非对角线上的信源互相关因子置零，等效的信源协方差矩阵 $\tilde{\boldsymbol{R}}_{\text{S}}$ 恢复为对角阵。所以在无阵列噪声的情况下，通过式(4.14)最优加权后的等效阵列协方差矩阵 $\boldsymbol{R}_{\text{opt}}$ 具有理想的 Toeplitz 性。

因此，WSS 去相关的 CODE 准则可以描述如下：在 WSS 算法中，当加权矩阵 $\boldsymbol{W}$ 取如(4.14)式时，加权平滑后的阵列协方差矩阵 $\tilde{\boldsymbol{R}}^{\text{WSS}}$ 具有 Toeplitz 性。

最优加权矩阵是信源真实方位的函数矩阵，所以求解使矩阵 $\tilde{\boldsymbol{R}}$Toeplitz 化的最优权值矩阵 $\boldsymbol{W}_{\text{opt}}$ 的过程实质上就是信源方位估计的过程。基于这一思想，可以通过 WSS 平滑后等效的阵列协方差矩阵 $\tilde{\boldsymbol{R}}(\boldsymbol{\theta})$ 的 Toeplitz 矩阵拟合来获得信源方位的估计。DOA 估计值 $\hat{\boldsymbol{\theta}}$ 的获取可表示为

$$\hat{\boldsymbol{\theta}} = \min_{\theta} \| \tilde{\boldsymbol{R}}(\boldsymbol{\theta}) - \tilde{\boldsymbol{R}}_{\text{T}}(\boldsymbol{\theta}) \|_{\text{F}}^{2} \tag{4.18}$$

式中：$\tilde{\boldsymbol{R}}(\boldsymbol{\theta}) = \sum_{i=1}^{L}\sum_{j=1}^{L} \boldsymbol{F}_i \boldsymbol{R} \boldsymbol{F}_j^{\text{H}} w_{ij}(\boldsymbol{\theta})$；$\boldsymbol{W}(\boldsymbol{\theta}) = (\boldsymbol{B}(\boldsymbol{\theta})\boldsymbol{B}^{\text{H}}(\boldsymbol{\theta}))^{+}$；$\tilde{\boldsymbol{R}}_{\text{T}}(\boldsymbol{\theta})$ 为 $\tilde{\boldsymbol{R}}(\boldsymbol{\theta})$ 对应的 Toeplitz 形式。

WSS 算法对相干源的方位估计是通过随后进行的子空间类高分辨算法(MUSIC 等)完成的，而本小节我们基于 CODE 准则提出的相干源的方位估计算法不再是一种预处理技术，它本质上是一个基于高维搜索的相干源方位估计算法。与 WSS 预处理相比，我们在对相干信源进行方位估计时，不再需要信源方位的先验知识，同时也无须考虑对 WSS 平滑非白化阵列噪声的处理。此外，CODE 准则的成立与 WSS 技术中子阵数的选择并没有关系，所以子阵数的增加并不会明显改善 CODE 算法对空间相干信源的分辨能力。当阵列孔径较小时，CODE 算法的优越性会更加明显，但其优良性能是以高维搜索的较大运算量为代价的。

为验证 CODE 准则的有效性，下面利用 CODE 准则等方法对相干源的方位进行估计，并与常规的 FSS 算法进行对比。考虑阵元间距为 $\lambda/2$ 的 ULA，CODE 算法实现中遗传算法的参数选择如表 4.1 所列。

表 4.1　遗传算法的参数选择

个体编码	实数多参数级联编码
初始群体	随机产生，$P=100$
选择算子	Roulette 比例选择算子

续表

个体编码	实数多参数级联编码
交叉算子	算术交叉+启发式交叉
变异算子	均匀变异+非均匀变异
终止条件	最大代数=150

假设在空间中以阵列法线方向为参考的 35°、40°的方位上有两个等功率的全相干信源。快拍数 200,信噪比固定为 20dB,子阵平滑次数为 3,当阵元数从 6 增加到 16 时分别对 CODE 算法和 SS 算法进行分辨性能的 100 次蒙特卡罗(Monte-Carlo)统计实验。图 4.4~图 4.6 给出了 35°方位估计成功概率、估计偏差、估计方差的比较曲线(当空间信源的方位估值与真实信源方位相差小于等于 1°时认为估计成功)。

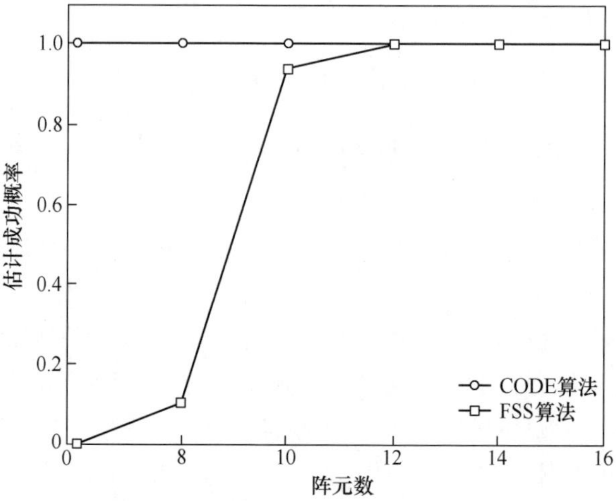

图 4.4 阵元数变化时 CODE 算法与 FSS 算法的成功概率比较曲线

实验结果表明,在阵元数较小时 SS 算法根本无法对 35°和 40°两个空间信源进行分辨,空间谱曲线总是在 37.5°附近形成虚假谱峰。而 CODE 算法在 150 代的进化搜索后可以稳健、准确地收敛到信源真实方位附近。从实验结果我们可以看出,CODE 算法的分辨性能远远优于常规的 FSS 算法,特别是在小阵列时,优越性更为突出。当阵元数为 6 时图 4.7 给出了 SS 算法的 10 次空间谱曲线,图 4.8~图 4.11 给出了一次 CODE 算法的典型运算结果。图 4.8 给出了遗传算法的初始群体分布,图 4.9 给出了遗传算法的最终群体分布,图 4.10 所示为最优个体(方位估计)的收敛曲线,图 4.11 所示为个体适应度收敛曲线。

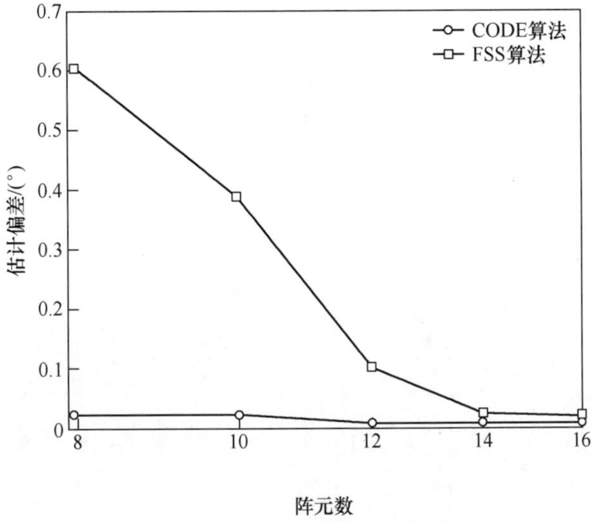

图 4.5　阵元数变化时 CODE 算法与 FSS 算法的估计偏差比较曲线

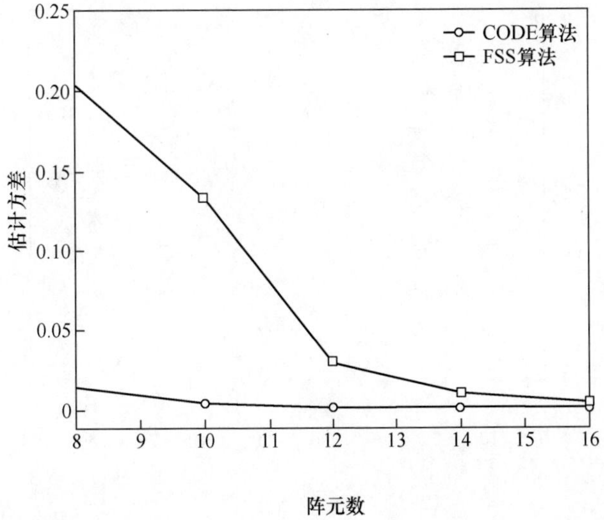

图 4.6　阵元数变化时 CODE 算法与 FSS 算法的估计方差比较曲线

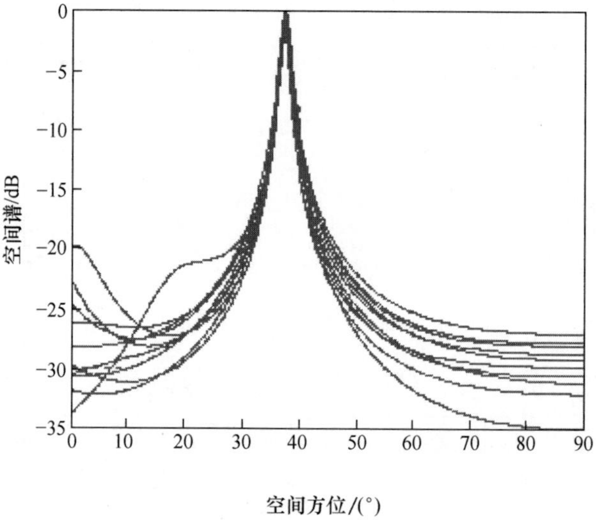

图 4.7　FSS 算法的空间谱曲线

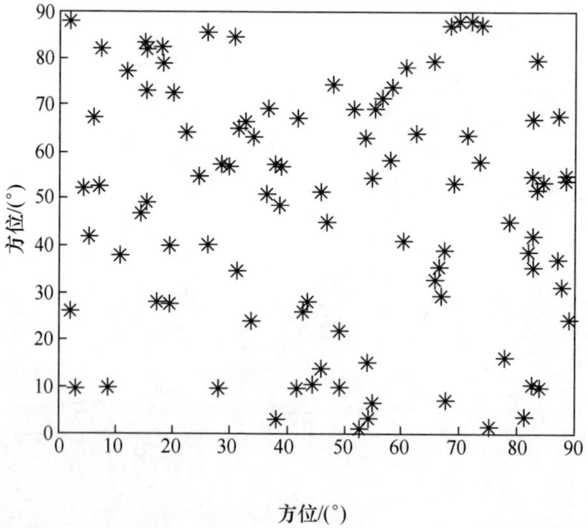

图 4.8　遗传算法的初始群体分布

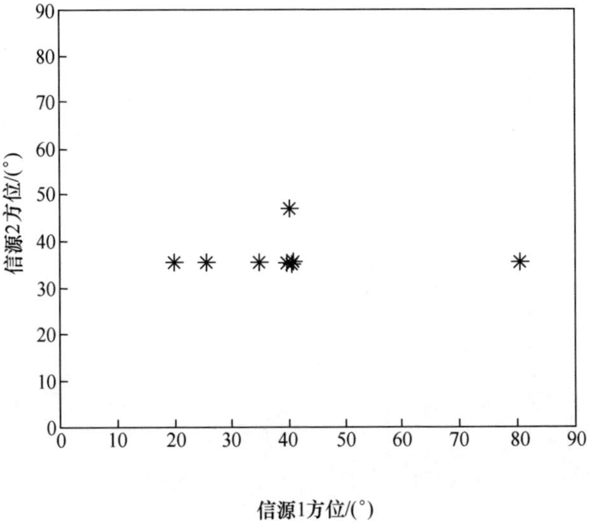

图 4.9　遗传算法的最终群体分布

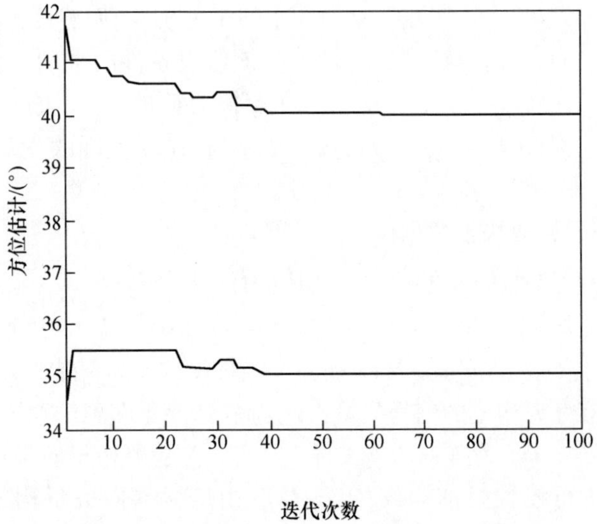

图 4.10　CODE 算法中遗传算法最优个体的收敛曲线

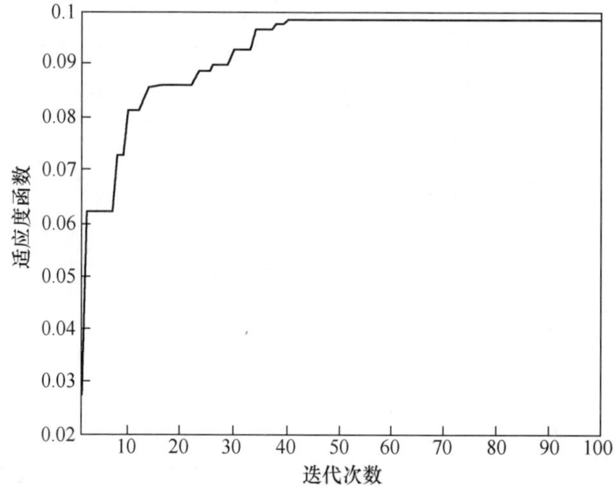

图 4.11　CODE 算法中遗传算法最优个体适应度收敛曲线

4.4　多相干源组时的阵列接收模型

假设 M 个空间信源可以分为 Q 个相干源组,其中包含的信源个数分别为 $d_1,d_2,\cdots,d_Q$,$d_1+d_2+\cdots+d_Q=M$。为了便于分析,我们假设各相干源组的生成源是相互独立的,尽管算法的适用性不受该假设条件的限制。相干源组对应的信号源记为 $s_q(t)(q=1,2,\cdots,Q)$,各相干源对应的相干因子矢量记为 $\boldsymbol{P}_q=[p_{q1},p_{q2},\cdots,p_{qd_Q}]^{\mathrm{T}}(q=1,2,\cdots,Q)$,则 $s_{qj}(t)$ 与 $s_q(t)$ 之间的关系可表示为

$$s_{qj}(t)=p_{qj}s_q(t),\quad j=1,2,\cdots,d_Q \tag{4.19}$$

相应地,阵列接收快拍数据模型可以重新表示为

$$\begin{aligned}\boldsymbol{x}(t)&=[\boldsymbol{A}_1\boldsymbol{P}_1,\ \boldsymbol{A}_2\boldsymbol{P}_2,\cdots,\boldsymbol{A}_Q\boldsymbol{P}_Q]\boldsymbol{s}'(t)+\boldsymbol{n}(t)\\&=[\boldsymbol{g}_1,\boldsymbol{g}_2,\cdots,\ \boldsymbol{g}_Q]\boldsymbol{s}'(t)+\boldsymbol{n}(t)=\boldsymbol{G}\boldsymbol{s}'(t)+\boldsymbol{n}(t)\end{aligned} \tag{4.20}$$

式中:$\boldsymbol{G}=[\boldsymbol{g}_1,\boldsymbol{g}_2,\cdots,\boldsymbol{g}_Q]$;$\boldsymbol{g}_q=\boldsymbol{A}_q\boldsymbol{P}_q(q=1,2,\cdots,Q)$;$\boldsymbol{s}'(t)=[s_1(t),s_2(t),\cdots,s_Q(t)]^{\mathrm{T}}$ 为各相干源组信号源构成的信号矢量;$\boldsymbol{A}_q$ 为第 i 个相干源组对应的阵列流形矩阵,$\boldsymbol{g}_q(q=1,2,\cdots,Q)$ 为阵列的广义导向矢量,它是由相干源组内导向矢量以相干因子为权进行线性叠加构成,矩阵 $\boldsymbol{G}$ 为由广义导向矢量构成的广义流形矩阵。

基于以上的阵列模型,阵列协方差矩阵 $\boldsymbol{R}$ 可以表示为

$$\boldsymbol{R}=\boldsymbol{G}\boldsymbol{R}'_{\mathrm{S}}\boldsymbol{G}^{\mathrm{H}}+\sigma^2\boldsymbol{I} \tag{4.21}$$

式中：$\boldsymbol{R}'_{\mathrm{S}} = E[\boldsymbol{s}(t)\ \boldsymbol{s}'^{\mathrm{H}}(t)]$ 为由相干源组各生成源形成的源协方差矩阵，为 $Q \times Q$ 维的对角矩阵。可见，通过引入广义导向矢量 $\boldsymbol{g}_q$ 和广义流形矩阵 $\boldsymbol{G}$，多相干源组情况下的原 $M \times M$ 分块对角的信源协方差矩阵 $\boldsymbol{R}_{\mathrm{S}}$ 退化为相干源组各生成源的协方差矩阵 $\boldsymbol{R}'_{\mathrm{S}}$。根据子空间原理，容易证明此时阵列协方差矩阵 $\boldsymbol{R}$ 的信号子空间与阵列广义流形矩阵 $\boldsymbol{G}$ 张成的子空间相同。

4.5 小　　结

本章着眼于相干信号源条件下的阵列流形建模，基于 WSS 算法首先利用了子阵输出的自相关信息和互相关信息，以实现空间信源的解相关。然后进一步提出加权空间平滑去相关的 CODE 准则，为高性能的相干源方位估计和多径条件下的有效阵列误差校正提供理论支撑。最后给出了多相干源组情形下的阵列接收模型，为下一步多相干源组的阵列信号处理提供条件。

第5章　米波低角测高的阵列流形建模方法

5.1 引　　言

早期的雷达系统由于受电真空器件的限制基本都工作在米波波段,但米波雷达存在角分辨力差、低空探测性能差、机动性差等缺点,因而雷达的研究方向主要转向微波波段。然而,在以隐身飞机、反辐射导弹等低可观测目标为标志的高技术条件现代战争的背景下,米波雷达由于其较好的检测能力重新受到了世界各国的关注。由于米波雷达的工作波长较长,在有限的垂直孔径下,相对高频段而言,波束宽度较宽,角分辨力较差。特别是,当俯仰上波束打地时,目标回波受多径反射(地面或海面)的影响。现有测高方法(如单脉冲技术)的高度测量会产生很大的误差。由于受机械转动和隐蔽性要求的限制,通过增大纵向天线口径尺寸来提高米波雷达仰角分辨力的方法是不现实的。如何提高米波雷达对低仰角目标的测高性能,一直以来都是国内外雷达界倍受关注的研究热点,国内外报道的实用有效方法很少。米波雷达的测高技术将是新型米波三坐标雷达研制工作中亟待解决的关键技术之一。为此,本章考虑米波雷达的低角测高问题,建立起镜像反射条件下米波雷达低角目标的回波模型。

5.2 低角传播条件下的阵列流形建模

本节讨论使用阵列天线对目标回波进行接收时的数学模型。如图5.1所示,对于N元垂直布置的均匀线阵,阵元间距为d,且假设均为各向同性阵元,目标的直达回波$X_d(t)$与多径反射回波$X_i(t)$以平面波入射。

在图5.1中,我们以阵元1处的阵列法线为参考,顺时针方向为正角度,逆时针为负角度。当以阵列第一阵元接收信号为参考时,阵列天线接收的快拍数据可表示为

$$\boldsymbol{x}(t)=\boldsymbol{A}(\boldsymbol{\theta})\boldsymbol{s}(t)+\boldsymbol{n}(t) \tag{5.1}$$

将阵列协方差矩阵$\boldsymbol{R}$进行如下特性分解:

$$\boldsymbol{R}=\sum_{i=1}^{M}\lambda_i\boldsymbol{e}_i\boldsymbol{e}_i^{\mathrm{H}}+\sum_{i=M+1}^{N}\lambda_i\boldsymbol{e}_i\boldsymbol{e}_i^{\mathrm{H}}=\boldsymbol{E}_{\mathrm{S}}\boldsymbol{\Lambda}_{\mathrm{S}}\boldsymbol{E}_{\mathrm{S}}+\boldsymbol{E}_N\boldsymbol{\Lambda}_N\boldsymbol{E}_N \tag{5.2}$$

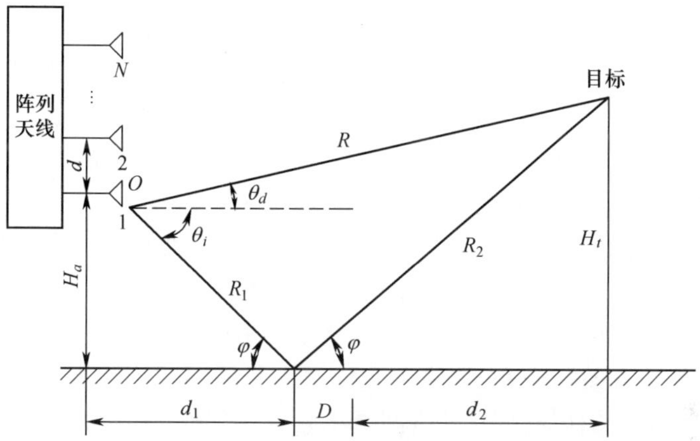

图 5.1　阵列天线的多径接收

可以发现,阵列协方差矩阵 $\boldsymbol{R}$ 的特征根具有如下分布:

$$\lambda_1 \geqslant \lambda_2 \geqslant \cdots \lambda_M > \lambda_{M+1} = \lambda_{M+2} = \cdots = \lambda_N = \sigma^2 \tag{5.3}$$

令对角矩阵 $\boldsymbol{\Lambda}_{\mathrm{S}} = \mathrm{diag}[\lambda_1, \lambda_2, \cdots, \lambda_M]$,对角矩阵 $\boldsymbol{\Lambda}_N = \mathrm{diag}[\lambda_{M+1}, \lambda_{M+2}, \cdots, \lambda_N]$。由矩阵 $\boldsymbol{E}_{\mathrm{S}} = [\boldsymbol{e}_1, \boldsymbol{e}_2, \boldsymbol{e}_3, \cdots \boldsymbol{e}_M]$ 张成的线性子空间 $\mathrm{span}(\boldsymbol{E}_{\mathrm{S}})$ 称为信号子空间,而由矩阵 $\boldsymbol{E}_N = [\boldsymbol{e}_{M+1}, \boldsymbol{e}_{M+2}, \boldsymbol{e}_{M+3}, \cdots \boldsymbol{e}_N]$ 张成的线性子空间 $\mathrm{span}(\boldsymbol{E}_N)$ 称为噪声子空间。所谓的子空间原理指的就是信号子空间与噪声子空间之间的正交关系:

$$\mathrm{span}(\boldsymbol{A}) = \mathrm{span}(\boldsymbol{E}_{\mathrm{S}}) \tag{5.4}$$

$$\mathrm{span}(\boldsymbol{A}) \perp \mathrm{span}(\boldsymbol{E}_N) \tag{5.5}$$

在有限快拍数 T 的情况下,阵列协方差矩阵的统计一致估计为

$$\hat{\boldsymbol{R}} = \frac{1}{T}\sum_{t=1}^{T} \boldsymbol{X}(t)\boldsymbol{X}^{\mathrm{H}}(t) \tag{5.6}$$

相应地,$\hat{\boldsymbol{R}}$ 对应的特征分解可以表示为

$$\hat{\boldsymbol{R}} = \hat{\boldsymbol{E}}_{\mathrm{S}} \hat{\boldsymbol{\Lambda}}_{\mathrm{S}} \hat{\boldsymbol{E}}_{\mathrm{S}} + \hat{\boldsymbol{E}}_N \hat{\boldsymbol{\Lambda}}_N \hat{\boldsymbol{E}}_N \tag{5.7}$$

对于米波雷达低角目标测高的情形,由目标直达回波与多径回波之间的相干性,阵列快拍数据矢量可进一步表示为

$$\boldsymbol{x}(t) = [\boldsymbol{a}(\theta_{\mathrm{d}}), \boldsymbol{a}(\theta_{\mathrm{i}})]\begin{bmatrix}\boldsymbol{s}_{\mathrm{d}}(t)\\ \boldsymbol{s}_{\mathrm{i}}(t)\end{bmatrix} + \boldsymbol{n}(t) = [\boldsymbol{a}(\theta_{\mathrm{d}})\ \ \boldsymbol{a}(\theta_{\mathrm{i}})]\begin{bmatrix}1\\ \boldsymbol{\Psi}\end{bmatrix}\boldsymbol{s}_{\mathrm{d}}(t) + \boldsymbol{n}(t) \tag{5.8}$$

$$\boldsymbol{\Psi}=\rho\exp\left(-\mathrm{j}\frac{2\pi}{\lambda}\delta\right) \tag{5.9}$$

式中:参数 $\boldsymbol{\Psi}$ 表示直达路径与多径路径之间的相干常数,它包含两部分:①由于波程差 δ 引起的相对相移 $\exp(-\mathrm{j}2\pi\delta/\lambda)$;②多径反射面引入的反射系数 $\rho=\rho_0\rho_D\rho_S$ 。

此时,阵列协方差矩阵退化为

$$\boldsymbol{R}=E[\boldsymbol{x}(t)\boldsymbol{x}(t)^{\mathrm{H}}]=E[\boldsymbol{s}_{\mathrm{d}}(t)\boldsymbol{s}_{\mathrm{d}}^{*}(t)]\boldsymbol{A}(\theta)\boldsymbol{R}_{\mathrm{S}}\boldsymbol{A}^{\mathrm{H}}(\theta)+\sigma^{2}\boldsymbol{I} \tag{5.10}$$

$$\boldsymbol{R}_{\mathrm{S}}=[1,\boldsymbol{\Psi}]^{\mathrm{T}}[1,\boldsymbol{\Psi}^{*}] \tag{5.11}$$

从以上的分析可知,多径情况下的阵列数据模型有以下三个主要的特征。

(1) 信源协方差矩阵 $\boldsymbol{R}_{\mathrm{S}}$ 的秩为 1。

(2) 由于 $\boldsymbol{R}_{\mathrm{S}}$ 的秩损,信号子空间退化为一维空间,可表示如下:

$$\boldsymbol{E}_{\mathrm{S}}=\boldsymbol{e}_1=k\cdot\boldsymbol{A}(\theta)[1,\boldsymbol{\Psi}]^{\mathrm{T}} \tag{5.12}$$

$$\mathrm{span}(\boldsymbol{E}_{\mathrm{S}})\subset\mathrm{span}(\boldsymbol{A}) \tag{5.13}$$

(3) $\boldsymbol{A}(\theta)$ 的列不再与噪声子空间 $\mathrm{span}[\boldsymbol{E}_N]$ 正交。

式(5.12)中 k 为一复常数。至此,我们就完成了阵列流形的建模。由此可见,由于直达回波和反射回波的相干干涉,米波雷达测高可以归结为相干源的超分辨处理,进而可以利用所提出的 WSS 算法进行 DOA 估计。

5.3 低角传播条件下的阵列校正

米波雷达测高场景下存在多种阵列误差来源,如阵元方向图不一致、接收通道幅相不一致、阵元互耦和阵元扰动等。工程实践急需一种可以实时在线、运算量小、不需要目标先验信息、可以综合同时校正多种误差的阵列"盲校正"方法。为此,我们结合低角情况下特殊的信号环境和多径传播特性,在对阵列数据模型理想数学特性进行分析的基础上,基于数据拟合和预处理的思想,推导出三个适用于低角目标的阵列校正准则,分别适用于阵列快拍数据和阵列协方差矩阵的校正。所提阵列校正方法具有实时性强、所需目标先验信息少和对系统误差同时综合校正的特点,下面对其进行详细介绍。

5.3.1 快拍数据校正准则

定理 5.1 空间两相干信源对称分布在均匀线阵法线两端且功率相等时,各通道接收的数据的相位相差 $\pm k\pi$;或以第一阵元数据为参考,快拍数据为实矢量。

证明:第一阵元的接收信号可以表示为

$$
\begin{aligned}
x_1(t) &= S_{\mathrm{d}}(t) + S_{\mathrm{i}}(t) = S_{\mathrm{d}}(t) + S_{\mathrm{d}}(t)\rho\exp\left(-\mathrm{j}\frac{2\pi}{\lambda}\delta\right) \\
&= S_{\mathrm{d}}(t)\left(1 - \exp\left(-\mathrm{j}\frac{2\pi}{\lambda}\delta\right)\right) \\
&= S_{\mathrm{d}}(t)(1 - \exp(-\mathrm{j}\phi))
\end{aligned}
\tag{5.14}
$$

在式(5.14)中令 $(2\pi/\lambda)\delta = \phi$ 且利用了当信源位于低仰角时,反射系数约为 -1 的结论。第 n 阵元的接收信号可以表示为

$$
\begin{aligned}
x_n(t) &= S_{\mathrm{d}}(t)\exp(\mathrm{j}(n-1)\beta) + S_{\mathrm{i}}(t)\exp(-\mathrm{j}(n-1)\beta) \\
&= S_{\mathrm{d}}(t)\left(\exp(\mathrm{j}(n-1)\beta) - \exp\left(-\mathrm{j}\left(\frac{2\pi}{\lambda}\delta + (n-1)\beta\right)\right)\right) \\
&= S_{\mathrm{d}}(t)(\exp(\mathrm{j}\Theta) - \exp(-\mathrm{j}(\phi + \Theta)))
\end{aligned}
\tag{5.15}
$$

式中:$\beta = 2\pi/\lambda d\sin\theta_{\mathrm{d}}$;$\Theta = (n-1)\beta$ 。

考虑到

$$
\begin{aligned}
1 - \exp(-\mathrm{j}\phi) &= (1 - \cos\phi) + \mathrm{j}\sin\phi \\
&\quad \cdot (\exp(\mathrm{j}\Theta) - \exp(-\mathrm{j}(\phi + \Theta))) \\
&= [\cos\Theta - \cos(\phi + \Theta)] + \mathrm{j}[\sin\Theta + \sin(\phi + \Theta)]
\end{aligned}
\tag{5.16}
$$

且

$$
\begin{aligned}
&\frac{\sin\phi}{1 - \cos\phi} = \cot\left(\frac{\phi}{2}\right) \\
&\frac{\sin\Theta + \sin(\phi + \Theta)}{\cos\Theta - \cos(\phi + \Theta)} = \frac{2\sin\left(\Theta + \frac{\phi}{2}\right)\cos\left(\frac{\phi}{2}\right)}{2\sin\left(\Theta + \frac{\phi}{2}\right)\sin\left(\frac{\phi}{2}\right)} = \cot\left(\frac{\phi}{2}\right)
\end{aligned}
\tag{5.17}
$$

则:

$$
\arg[X_n(t)] = \arg[X_1(t)] \pm k\pi, \ \frac{x_n(t)}{x_1(t)} = \frac{|x_n(t)|}{|x_1(t)|}
\tag{5.18}
$$

证毕

5.3.2 协方差矩阵校正准则 I

在低角跟踪的目标环境下,由于天线的高度远小于目标高度,直达信号与反射信号的波前几乎均匀分布在阵列的法线两端:

$$
\frac{H_{\mathrm{t}} - H_{\mathrm{a}}}{D} \approx \frac{H_{\mathrm{t}} + H_{\mathrm{a}}}{D}
\tag{5.19}
$$

从上面的分析可知,对于水平极化方式,由于在低擦地角的情况下,菲涅尔

反射系数的幅度几乎为 1,所以由前面反射信号的数据模型,我们可以假设直达波与反射波的信号功率几乎相同。

定理 5.2 若空间有两个信源对称分布在均匀阵列法线两端,即 $\theta_2 = -\theta_1$,当两信源功率相等时,阵列协方差矩阵 $\boldsymbol{R}$ 为实矩阵;当两信源功率不相等时,阵列协方差矩阵 $\boldsymbol{R}$ 的虚部矩阵为 Toeplitz 矩阵。

证明:忽略噪声影响,阵列协方差矩阵可以表示为

$$\boldsymbol{R} = \boldsymbol{A}\boldsymbol{R}_{\mathrm{S}}\boldsymbol{A}^{\mathrm{H}} \tag{5.20}$$

式中:$\boldsymbol{A} = [\boldsymbol{a}(\theta_1)\ \boldsymbol{a}(\theta_2)]$;$\boldsymbol{R}_{\mathrm{S}} = \begin{bmatrix} s_{11} & s_{12} \\ s_{21} & s_{22} \end{bmatrix}$,$s_{21} = s_{12}^*$。

将矩阵 $\boldsymbol{R}$ 展开为

$$\begin{aligned}\boldsymbol{A}\boldsymbol{R}_{\mathrm{S}}\boldsymbol{A}^{\mathrm{H}} &= s_{11}\boldsymbol{\alpha}(\theta_1)\boldsymbol{a}^{\mathrm{H}}(\theta_1) + s_{12}\boldsymbol{a}(\theta_1)\boldsymbol{a}^{\mathrm{H}}(\theta_2) + \\ &\quad s_{21}\boldsymbol{a}(\theta_2)\boldsymbol{a}^{\mathrm{H}}(\theta_1) + s_{22}\boldsymbol{a}(\theta_2)\boldsymbol{a}^{\mathrm{H}}(\theta_2) \\ &= s_{11}\boldsymbol{a}(\theta_1)\boldsymbol{a}^{\mathrm{H}}(\theta_1) + s_{22}\boldsymbol{a}^*(\theta_1)\boldsymbol{a}^{\mathrm{T}}(\theta_1) + \\ &\quad s_{12}\boldsymbol{a}(\theta_1)\boldsymbol{a}^{\mathrm{T}}(\theta_1) + s_{12}^*\boldsymbol{a}^*(\theta_1)\boldsymbol{a}^{\mathrm{H}}(\theta_1)\end{aligned} \tag{5.21}$$

当两信源功率相等,即 $s_{11} = s_{22}$ 时,有

$$\begin{aligned}\boldsymbol{A}\boldsymbol{R}_{\mathrm{S}}\boldsymbol{A}^{\mathrm{H}} &= s_{11}[(\boldsymbol{a}(\theta_1)\boldsymbol{a}^{\mathrm{H}}(\theta_1)) + (\boldsymbol{a}(\theta_1)\boldsymbol{a}^{\mathrm{H}}(\theta_1))^*] + \\ &\quad [(s_{12}\boldsymbol{a}(\theta_1)\boldsymbol{a}^{\mathrm{T}}(\theta_1)) + (s_{12}\boldsymbol{a}(\theta_1)\boldsymbol{a}^{\mathrm{T}}(\theta_1))^*] \\ &= s_{11}\mathrm{Re}[\boldsymbol{a}(\theta_1)\boldsymbol{a}^{\mathrm{H}}(\theta_1)] + \mathrm{Re}[s_{12}\boldsymbol{a}(\theta_1)\boldsymbol{a}^{\mathrm{T}}(\theta_1)]\end{aligned} \tag{5.22}$$

当两信源功率不相等时设 $s_{11} - s_{22} = k$,有

$$\begin{aligned}\boldsymbol{A}\boldsymbol{R}_{\mathrm{S}}\boldsymbol{A}^{\mathrm{H}} &= s_{11}[(\boldsymbol{a}(\theta_1)\boldsymbol{a}^{\mathrm{H}}(\theta_1)) + (\boldsymbol{a}(\theta_1)\boldsymbol{a}^{\mathrm{H}}(\theta_1))^*] - k\boldsymbol{a}^*(\theta_1)\boldsymbol{a}^{\mathrm{T}}(\theta_1) + \\ &\quad [(s_{12}\boldsymbol{a}(\theta_1)\boldsymbol{a}^{\mathrm{T}}(\theta_1)) + (s_{12}\boldsymbol{a}(\theta_1)\boldsymbol{a}^{\mathrm{T}}(\theta_1))^*] \\ &= s_{11}\mathrm{Re}[\boldsymbol{a}(\theta_1)\boldsymbol{a}^{\mathrm{H}}(\theta_1)] + \mathrm{Re}[s_{12}\boldsymbol{a}(\theta_1)\boldsymbol{a}^{\mathrm{T}}(\theta_1)] - k\boldsymbol{a}^*(\theta_1)\boldsymbol{a}^{\mathrm{T}}(\theta_1)\end{aligned} \tag{5.23}$$

则

$$\mathrm{Im}(\boldsymbol{A}\boldsymbol{R}_{\mathrm{S}}\boldsymbol{A}^{\mathrm{H}}) = -k \cdot \mathrm{Im}(\boldsymbol{a}^*(\theta_1)\boldsymbol{a}^{\mathrm{T}}(\theta_1)) \tag{5.24}$$

由矩阵 $\boldsymbol{a}(\theta)\boldsymbol{a}^{\mathrm{H}}(\theta)$ 的 Toeplitz 性可以证明我们的结论。

5.3.3 协方差矩阵校正准则Ⅱ

定理 5.3 当擦地角较小时,由于直达波和反射波的仰角差很小,此时的阵列斜方差矩阵几乎具有 Toeplitz 性,特别是其对角线上相邻元素几乎相等。

证明:忽略噪声的阵列协方差矩阵可以表示为

$$
\begin{aligned}
\boldsymbol{A R}_{\mathrm{S}} \boldsymbol{A}^{\mathrm{H}} &= s_{11} \boldsymbol{\alpha}(\theta_1) \boldsymbol{a}^{\mathrm{H}}(\theta_1) + s_{12} \boldsymbol{a}(\theta_1) \boldsymbol{a}^{\mathrm{H}}(\theta_2) + \\
&\quad s_{21} \boldsymbol{a}(\theta_2) \boldsymbol{a}^{\mathrm{H}}(\theta_1) + s_{22} \boldsymbol{a}(\theta_2) \boldsymbol{a}^{\mathrm{H}}(\theta_2) \\
&= s_{11} \boldsymbol{a}(\theta_1) \boldsymbol{a}^{\mathrm{H}}(\theta_1) + s_{22} \boldsymbol{a}^{*}(\theta_1) \boldsymbol{a}^{\mathrm{T}}(\theta_1) + \\
&\quad s_{12} \boldsymbol{a}(\theta_1) \boldsymbol{a}^{\mathrm{T}}(\theta_1) + s_{12}^{*} \boldsymbol{a}^{*}(\theta_1) \boldsymbol{a}^{\mathrm{H}}(\theta_1)
\end{aligned} \tag{5.25}
$$

式(5.25)中的非 Toeplitz 项为

$$
s_{12} \boldsymbol{a}(\theta_1) \boldsymbol{a}^{\mathrm{H}}(\theta_2) + s_{21} \boldsymbol{a}(\theta_2) \boldsymbol{a}^{\mathrm{H}}(\theta_1) \tag{5.26}
$$

矩阵 $\boldsymbol{a}(\theta_1)\boldsymbol{a}^{\mathrm{H}}(\theta_2)$ 中的任意元素可表示为

$$
[\boldsymbol{a}(\theta_1) \boldsymbol{a}^{\mathrm{H}}(\theta_2)]_{m,n} = \exp[\mathrm{j}(m-1)\beta_1 - \mathrm{j}(n-1)\beta_2] \tag{5.27}
$$

第 k 个对角线上的元素可表示为

$$
[\boldsymbol{a}(\theta_1) \boldsymbol{a}^{\mathrm{H}}(\theta_2)]_{m,m+k} = \exp[\mathrm{j}(m-1)(\beta_1-\beta_2) - \mathrm{j}k\beta_2] \tag{5.28}
$$

容易得到式(5.26)具有 Toeplitz 性的充分必要条件为 $s_{12} \to 0$，$s_{21} \to 0$ 或 $\theta_1 \to \theta_2(\beta_1 \to \beta_2)$。

在低角跟踪的条件下,由于直达波和反射波之间的相干性,s_{12} 和 s_{21} 几乎为 1。但是,在低擦地角的情况下(通常为波束宽度的 1/10 左右),反射波和直达波的仰角差会很小,所以我们几乎可以认为 $\theta_1 \to \theta_2(\beta_1 \to \beta_2)$，这时的阵列协方差矩阵几乎具有 Toeplitz 性。特别地,由式(5.28)可见矩阵 $\boldsymbol{a}(\theta_1)\boldsymbol{a}^{\mathrm{H}}(\theta_2)$ 对角线上相邻的两个元素在低擦地角的情况下几乎相等。

5.4 小　　结

本章关注米波雷达在低角目标情况下的阵列流形建模,基于阵列协方差矩阵统计一致估计的特征分解、目标直达回波与多径回波之间的相干性实现阵列流形的建模,并基于阵列数据模型的理想数学特性提出了低角目标情况下的阵列校正准则,为阵列校正和高度估计算法提供了理论基础。

参 考 文 献

[1] 王布宏, 郭英, 王永良,等. 共形天线阵列流形的建模方法[J]. 电子学报. 2009, 37(3): 481-484.

[2] Wang B H, Guo Y, Wang Y-L, et al. Frequency-invariant pattern synthesis of conformal array antenna with low cross-polarisation[J]. IET microwaves, antennas & propagation. 2008, 2(5): 442-450.

[3] 陈客松. 稀布天线阵列的优化布阵技术研究[D]. 成都:电子科技大学, 2006.

[4] Trucco A, Murino V. Stochastic optimization of linear sparse arrays[J]. IEEE Journal of Oceanic Engineering. 1999, 24(3): 291-299.
[5] 刘家州. 稀疏阵列综合及 DOA 估计方法的研究[D]. 成都:电子科技大学, 2014.
[6] Nongpiur R C, Shpak D J. Synthesis of Linear and Planar Arrays With Minimum Element Selection[J]. IEEE Transactions on Signal Processing. 2014, 62(20): 5398-5410.
[7] Cen L, Ser W, Yu Z L, et al. Linear Sparse Array Synthesis With Minimum Number of Sensors[J]. IEEE Transactions on Antennas and Propagation. 2010, 58(3): 720-726.
[8] Liu J, Zhao Z, Yuan M, et al. The filter diagonalization method in antenna array optimization for pattern synthesis[J]. IEEE Transactions on Antennas and Propagation. 2014, 62(12): 6123-6130.
[9] Bencivenni C, Ivashina M, Maaskant R, et al. Synthesis of maximally sparse arrays using compressive sensing and full-wave analysis for global earth coverage applications[J]. IEEE Transactions on Antennas and Propagation. 2016, 64(11): 4872-4877.
[10] Yan F, Yang P, Yang F, et al. Synthesis of pattern reconfigurable sparse arrays with multiple measurement vectors FOCUSS method[J]. IEEE Transactions on Antennas and Propagation. 2016, 65(2): 602-611.
[11] Malloy N J. Array manifold geometry and sparse volumetric array design optimization[C]//2007 Conference Record of the Forty-First Asilomar Conference on Signals, Systems and Computers. IEEE, 2007: 1257-1261.
[12] Malloy N J. Volumetric interferometer array sensors for high resolution passive sonar[J]. Proceedings UDT Europe 2002. 2002.
[13] Friedlander B, Weiss A J. Direction finding in the presence of mutual coupling[J]. IEEE Transactions on Antennas and Propagation. 1991, 39(3): 273-284.
[14] Jaffer A G. Sparse mutual coupling matrix and sensor gain/phase estimation for array autocalibration [C]//Proceedings of the 2002 IEEE Radar Conference (IEEE Cat No 02CH37322). IEEE, 2002: 294-297.
[15] Svantesson T. The effects of mutual coupling using a linear array of thin dipoles of finite length[C]//Ninth IEEE Signal Processing Workshop on Statistical Signal and Array Processing (Cat No 98TH8381). IEEE, 1998: 232-235.
[16] Svantesson T. Mutual coupling compensation using subspace fitting[C]//Proceedings of the 2000 IEEE Sensor Array and Multichannel Signal Processing Workshop SAM 2000 (Cat No 00EX410). IEEE, 2000: 494-498.
[17] Svantesson T. Modeling and estimation of mutual coupling in a uniform linear array of dipoles [C]//1999 IEEE International Conference on Acoustics, Speech, and Signal Processing Proceedings ICASSP99 (Cat No 99CH36258). IEEE, 1999, 5: 2961-2964.
[18] Wang B, Wang Y, Chen H, et al.Robust DOA estimation and array calibration in the presence of mutual coupling for uniform linear array[J]. Science in China Series F: Information

Sciences. 2004, 47(3): 348-361.

[19] Wang B, Wang Y, Guo Y. Mutual coupling calibration with instrumental sensors[J]. Electronics Letters. 2004, 40(7): 406-408.

[20] Moghaddamjoo, A. Application of spatial filters to DOA estimation of coherent sources[J]. Signal Processing, IEEE Transactions on. 1991, 39(1): 221-224.

[21] Du W, Kirlin R L. Improved spatial smoothing techniques for DOA estimation of coherent signals[J]. IEEE Transactions on Signal Processing. 1991, 39(5): 1208-1210.

[22] Li J. Improved angular resolution for spatial smoothing techniques[J]. IEEE Transactions on Signal Processing. 1992, 40(12): 3078-3081.

[23] Takao K, Kikuma N. An adaptive array utilizing an adaptive spatial averaging technique for multipath environments[J]. IEEE Transactions on Antennas and Propagation. 1987.

[24] Paulraj A, Reddy V, Kailath T. Analysis of Signal Cancellation Due To Multipath in Optimum Beamformers for Moving Arrays[J]. IEEE Journal of Oceanic Engineering. 1987, 12(1): 163-172.

[25] Raghunath K J, Reddy V U. A Note on Spatially Weighted Subarray Covariance Averaging Schemes[J]. IEEE Transactions on Antennas and Propagation. 1992, 40(6): 720-723.

[26] Kah-Chye T, Geok-Lian O. Estimating directions-of-arrival of coherent signals in unknown correlated noise via spatial smoothing[J]. IEEE Transactions on Signal Processing. 1997, 45(4): 1087-1091.

[27] 王布宏, 王永良, 陈辉. 相干信源波达方向估计的加权空间平滑算法[J]. 通信学报. 2003, 24(4): 31-40.

[28] Wang B H. Adaptive array with global weighted spatial smoothing[J]. Electronics Letters. 2004, 40(8): 460-461.

[29] Tie-Jun S, Wax M, Kailath T. On spatial smoothing for direction-of-arrival estimation of coherent signals[J]. IEEE Transactions on Acoustics, Speech, and Signal Processing. 1985, 33(4): 806-811.

[30] Pillai S U, Kwon B H. Forward/backward spatial smoothing techniques for coherent signalidentification[J]. IEEE Transactions on Acoustics, Speech, and Signal Processing. 1989, 37(1): 8-15.

[31] 杨明, 刘先忠. 矩阵论[M]. 西安:西北工业大学出版社, 2006.

[32] 王布宏, 王永良, 陈辉. 一种新的相干信源 DOA 估计算法:加权空间平滑协方差矩阵的 Toeplitz 矩阵拟合[J]. 电子学报. 2003, 31(9): 4.

第二部分　阵列结构优化设计

阵列天线是军事电子系统的重要组成部分。阵列天线因其易于实现电扫描和波束赋形以及波束具有较强的方向性、低旁瓣电平等特点在雷达和通信电子战系统中得到了广泛应用。自 20 世纪以来,阵列天线被广泛用于军事斗争,已经成为军事电子系统中不可或缺的组成部分,并将发挥越来越重要的作用。在现代战争中,超视距侦察探测、战场指挥控制、武器协同交互、电子对抗以及多种类导航定位、敌我识别等不同功能的电子设备集中装备于一个移动作战平台,多种军事装备如高频地波雷达线阵、机载共形阵、舰载平面阵等无不需要无线信息传输系统的支撑,也必须布设相应的天线系统。

阵列天线的优化设计已成为雷达等电子系统设计中的重要环节。随着天线数量的增加,天线系统的设计成本急剧上升,电磁兼容问题更加严重,这对如何在有限的载体平台空间内对天线阵进行合理的优化布局提出了严峻的挑战。鉴于阵列天线的稀疏布阵方式在减少阵元总数、降低载荷和成本等方面的特有优势,因其在军事应用中表现出的巨大潜力,已逐步成为国内外学者的研究热点。我国自行设计的某型机动式预警相控阵雷达具有反隐身能力强、探测目标类型多样等特点,是典型的针对应用场景进行阵列天线优化的例子。

阵列流形是阵列天线性能的决定因素。对于阵列天线而言,阵列流形的数学建模是对其进行分析和处理的基础,这是因为阵列流形直接决定阵列天线的探测定位性能;阵列流形的先验知识决定探测和定位算法的精度;对阵列流形存在的误差进行校正是阵列处理算法实用化的关键;阵列结构的优化等价于阵列流形的优化。在充分考虑不同阵列流形多极化特点的前提下,研究阵列天线流形优化方法是利用阵列天线实现高效、高精度空间目标方位探测的基础。

阵列流形与阵列的几何结构有直接的关系。此外,对复杂场景和复杂的阵列结构而言,其阵列流形的数学建模存在困难;各种误差会对精确建模带来严重的影响;阵列的几何结构对阵列流形起着决定性的作用,通过阵列结构的设计,实现对等效阵列流形的间接设计,从而进一步挖掘阵列结构带来的优化自由度。

在相控阵列天线中,天线数量和复杂程度的增加,对有限的平台空间、馈电网络的设计、天线布局和电磁兼容控制等提出了极大的挑战。因此,阵列的稀疏设计能够通过减少阵元数目来缓解这一问题;为了获取更大的设计自由度,阵元间距可变的稀布阵列成为更好的选择;而无论是稀疏阵列还是稀布阵列,都不能充分利用孔径中的所有阵元位置。所以,共享孔径的交错稀疏布阵技术相对于前两者能够实现更高的孔径利用率。天线选择等价于子阵的选择,可以看作阵列结构设计的特殊形式。

在这一部分,我们从阵列流形的角度出发,对不同阵列天线的结构设计方法进行深入、详细的介绍,此部分共分为6章,每一章对应一种阵列天线的优化设计,其中包括:共形阵列设计、稀布阵列设计、可重构天线阵列设计、交错稀疏阵列设计、阵列天线选择,以及混合MIMO相控阵雷达阵列设计。每一种阵列天线又包含多种设计方法,各方法之间相互递进并紧密相连。

第6章 共形阵列天线的优化设计

6.1 引　言

在现代战争中，不同功能的电子设备需要多种无线信息传输系统的支撑，也必须布设相应的天线系统。然而，分立的天线布设模式使得移动作战平台上天线的数量剧增，不仅使系统电磁兼容性能降低，雷达散射截面积(Radar Cross-Section，RCS)难以减小，也对飞行器的机动性能、地面移动平台快速开通能力造成很大影响。因此，传统的天线形式已无法满足实际应用的需要。

在未来星载、机载、舰载和弹载雷达、航天飞行器以及移动通信、声呐等领域中，应用“灵巧蒙皮”的共形阵列天线(Conformal Array Antennas，CAA)将极大地提高系统的整体性能，获得无法比拟的优点。

(1) 在星载、机载和弹载雷达天线以及火箭、航天飞行器的天线设计中，共形阵列天线的使用可以避免使用吊舱和天线罩，节省空间、重量和减小空气阻力，最大限度地减少天线对飞行器空气动力学性能的影响。

(2) 平面阵天线的波束扫描范围窄，天线波束宽度和副瓣电平往往会随扫描角的增加而增加，天线增益和测角精度会随扫描角的增加而降低。共形阵列天线往往可以充分利用载体的几何对称性，实现360°的全方位覆盖，而且在天线的扫描过程中，通过利用单元的扫描“开关”机制，保持基本稳定的天线方向图，实现宽角扫描。

(3) 减小机载电子系统的RCS是目前飞行器隐身需要解决的关键技术。天线散射是机载电子系统中RCS最重要的贡献者。共形天线有利于减小飞行器的RCS，提高飞行器的隐身能力和在现代高科技战争中的生存能力。

(4) 对于机载雷达，共形阵列天线可以充分利用载体平台表面，增大天线口径，提高天线增益，发掘雷达能量潜力，提高雷达的分辨力、数据率和多目标能力。而且，使用共形相控阵天线可以克服雷达工作波长的增加受制于旋罩尺寸的限制，有利于提高机载雷达探测隐身目标的能力。

(5) 综合天线孔径是未来无线电通信及探测系统中天线系统的发展趋势，宽带共形天线的使用有利于载体天线孔径的综合，减少载体表面天线的数量，有效地提升电磁兼容性能。

(6) 对于陆基军用电子系统,共形天线的使用可以实现较好的军事隐蔽,同时地面移动作战单元也可以更好地增强机动性。

(7) 对于移动通信基站天线、汽车天线等民用天线,共形天线的使用可以有效增强天线外观的美感和艺术感。

鉴于上述诸多优点,共形阵列天线已成为国内外学者关注的热点(图 6.1)。围绕共形阵列天线展开的主要研究内容包括:宽频带、低剖面天线单元研制及其辐射特性的全波分析、方向图综合及其优化技术、波束扫描控制、RCS 计算以及共形阵列天线波达方向估计等。

(a)

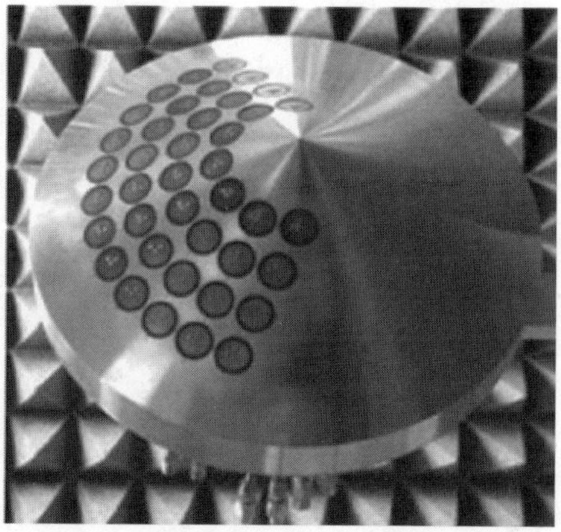

(b)

图 6.1　典型共形阵列天线结构

与传统的线阵和平面阵天线相比,共形阵列天线突出的特点在于单元指向和极化状态的差异,单元与载体的相互作用以及其特殊的工作环境。这些在以往线阵和平面阵应用中从未面临的问题对三维曲面共形阵列天线方向图综合提出了一系列新的挑战。早在 20 世纪 70 年代,美国海军电子实验中心便对共形阵列天线开展了大量开创性的研究工作[1]。但是,受到当时计算条件和制作工艺的制约,共形阵列天线的研究在很长一段时间里都没有取得大的进展。直到 20 世纪末,欧洲开始每两年举办一次共形天线专题会议,才使得共形阵列天线重新获得人们的关注。

2005 年,D. W. Boeringer 等采用 Bernstein 多项式来获得共形阵列天线单元的激励分布,该方法的优势在于其可以有效降低优化变量的数目,但其针对的是理想化的共形阵列,很多共形阵列天线需要考虑的关键因素(如坐标转换问题,单元极化问题等)都被忽略,因此对实际应用贡献有限[2]。2006 年,瑞典学者

Lars Josefsson 和 Patrik Persson 结合他们对共形阵列天线领域的研究成果，出版了共形阵列天线研究领域的第一本学术专著 *Conformal Array Antenna Theory and Design*，其中对共形阵列天线的研究现状及不同共形阵列天线的电磁计算方法进行了系统、全面的介绍和总结[3]。2007 年，L. I. Vaskelainen 采用条件最小二乘法对曲面共形阵列天线进行方向图综合，并分析了误差对其性能的影响[4]。2011 年，M. Comisso 等提出一种基于辅助相位函数的共形阵列天线方向图综合方法，但该方法未能考虑共形阵列天线的单元极化，且其本质上是一种局部寻优的搜索算法[5]。2014 年，G. Oliveri 采用贝叶斯压缩感知（Bayesian Compressive Sensing，BCS）的稀疏学习方法对简单的共形阵列天线综合问题进行了初步的探索研究[6]。

国内对共形阵列天线的研究主要包括以下研究团队：电子科技大学的阮颖铮教授等，西安电子科技大学的天线研究所，北京航空航天大学的吕善伟教授、葛俊祥教授等，国防科技大学的姚德淼教授、毛钧杰教授等，以及空军工程大学的郭英教授等，他们在共形阵列天线的研究和设计方面均做了大量的先期理论研究工作，但主要工作还只是集中在共形阵列天线单元的设计、制造、全波分析，以及误差校正领域，对于如何通过优化共形阵列天线单元位置与激励实现共形阵列天线方向图综合还没有展开深入研究。

纵观上述研究不难发现，虽然共形阵列天线研究在近十年取得了较大的发展，但是一些深层次问题依旧没有得到很好的解决。例如，如何在实现共形阵列天线方向图精确赋形的同时，优化阵列结构并减少共形阵列天线单元数量。本章首先提出一种基于交替投影算法的阵列天线图综合方法，然后利用稀疏学习方法[7-9]对共形阵列天线的阵列结构设计与稀疏布阵进行优化。

6.2 交替投影方法

6.2.1 天线方向图综合的交替投影算法

天线方向图的交替投影算法是天线方向图综合中常用的一种算法。如图 6.2(a)所示，它通过寻找目标方向图空间 F_{d}（满足要求的所有方向图）和天线方向图可实现空间 F_{r}（所有天线可能实现的方向图的集合）的交集来完成天线方向图的综合。

在交替投影算法的实现过程中，首先需要定义目标方向图空间。通常，我们通过空间方位的采样，对方位采样点上方向图幅度值的上、下界进行定义，最终形成天线目标方向图的“mask”：$F_{\mathrm{d}}(\theta_m,\phi_m)$ $(m=1,2,\cdots,K)$，（如图 6.2(b)

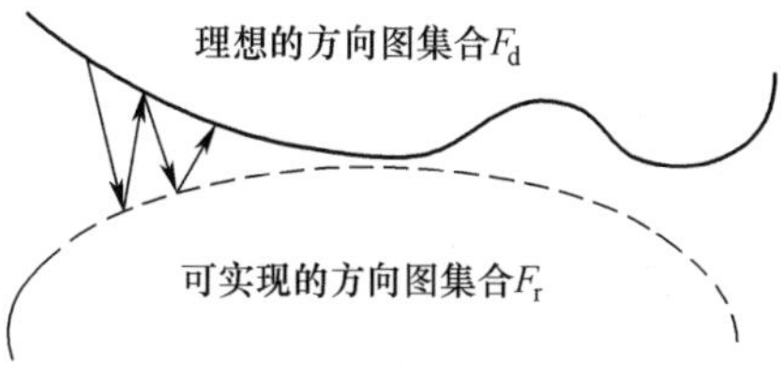

(a) 交替投影算法示意图

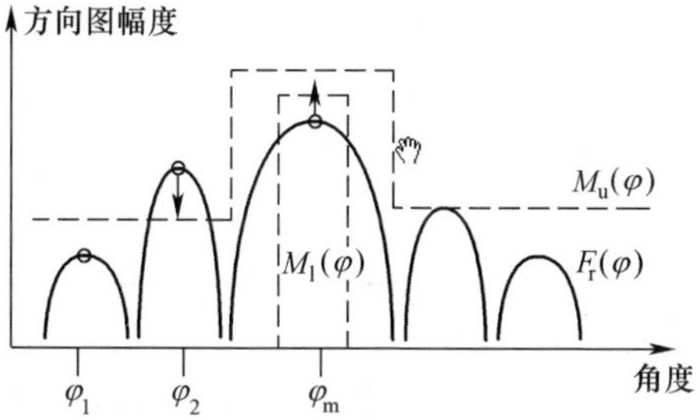

(b) 目标方向图“mask”示意图

图 6.2　交替投影算法

所示)。在构造目标方向图的“mask”的时候,可以将交叉极化方向图的目标幅值加入,然后通过空间 F_d 和空间 F_r 交替投影迭代,获得两个空间的交集空间。交集方向图对应的权值,就是我们获得的方向图综合的最终权值。

我们通过修正空间采样点上方向图的幅值来实现 $F_r(\theta_m) \Rightarrow F_d(\theta_m)$ 的投影:

$$F_d(\theta_m) = F_r(\theta_m), M_l(\theta_m) < |F_r(\theta_m)| < M_u(\theta_m) \tag{6.1}$$

$$F_d(\theta_m) = M_l(\theta_m) F_r(\theta_m) / |F_r(\theta_m)|, |F_r(\theta_m)| < M_l(\theta_m) \tag{6.2}$$

$$F_d(\theta_m) = M_u(\theta_m) F_r(\theta_m) / |F_r(\theta_m)|, |F_r(\theta_m)| > M_u(\theta_m) \tag{6.3}$$

式中:$m = 1,2,\cdots,K$。

交替投影算法的流程如图 6.3 所示。

$F_d(\theta_m) \Rightarrow F_r(\theta_m)$ 的投影可通过求解如下最小二乘问题获得:

$$\boldsymbol{F}_\theta = \begin{bmatrix} F_\theta(\theta_1,\phi_1) \\ F_\theta(\theta_2,\phi_2) \\ F_\theta(\theta_3,\phi_3) \\ \vdots \\ F_\theta(\theta_K,\phi_K) \end{bmatrix} = \begin{bmatrix} \boldsymbol{s}_\theta(\theta_1,\phi_1) \\ \boldsymbol{s}_\theta(\theta_2,\phi_2) \\ \boldsymbol{s}_\theta(\theta_3,\phi_3) \\ \vdots \\ \boldsymbol{s}_\theta(\theta_K,\phi_K) \end{bmatrix} \begin{bmatrix} a_1 \\ a_2 \\ a_3 \\ \vdots \\ a_N \end{bmatrix} = \boldsymbol{X}_\theta \boldsymbol{A} \tag{6.4}$$

$$\boldsymbol{F}_\phi = \begin{bmatrix} F_\phi(\theta_1,\phi_1) \\ F_\phi(\theta_2,\phi_2) \\ F_\phi(\theta_3,\phi_3) \\ \vdots \\ F_\phi(\theta_K,\phi_K) \end{bmatrix} = \begin{bmatrix} \boldsymbol{s}_\phi(\theta_1,\phi_1) \\ \boldsymbol{s}_\phi(\theta_2,\phi_2) \\ \boldsymbol{s}_\phi(\theta_3,\phi_3) \\ \vdots \\ \boldsymbol{s}_\phi(\theta_K,\phi_K) \end{bmatrix} \begin{bmatrix} a_1 \\ a_2 \\ a_3 \\ \vdots \\ a_N \end{bmatrix} = \boldsymbol{X}_\phi \boldsymbol{A} \tag{6.5}$$

$$\boldsymbol{F}_d = \begin{bmatrix} \boldsymbol{F}_{\mathrm{drhcp}} \\ \boldsymbol{F}_{\mathrm{dlhcp}} \end{bmatrix} = \begin{bmatrix} \boldsymbol{F}_{\mathrm{drhcp}} \\ 0 \end{bmatrix} = \frac{1}{\sqrt{2}} \begin{bmatrix} \boldsymbol{X}_\theta - \mathrm{j}\boldsymbol{X}_\phi \\ \boldsymbol{X}_\theta + \mathrm{j}\boldsymbol{X}_\phi \end{bmatrix} \boldsymbol{A} = \boldsymbol{X}\boldsymbol{A} \tag{6.6}$$

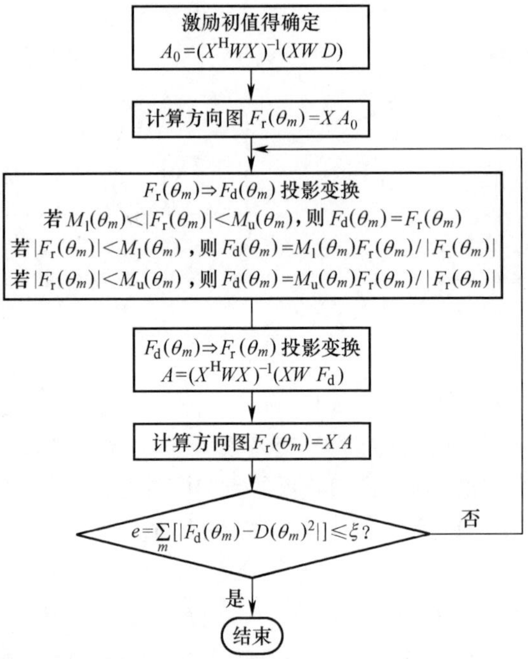

图 6.3　交替投影算法的流程图

其最小二乘的最优解为

$$\boldsymbol{A}=(\boldsymbol{X}^{\mathrm{H}}\boldsymbol{W}\boldsymbol{X})^{-1}(\boldsymbol{X}\boldsymbol{W}\ \boldsymbol{F}_{\mathrm{d}}) \tag{6.7}$$

式(6.7)中,我们引入了对角加权矩阵 $\boldsymbol{W}$,即

$$\boldsymbol{W}=\begin{bmatrix} w(\theta_1,\phi_1) & \cdots & 0 \\ \vdots & \ddots & \vdots \\ 0 & \cdots & w(\theta_1,\phi_1) \end{bmatrix} \tag{6.8}$$

通过加权矩阵 $\boldsymbol{W}$ 的选择,可以在迭代过程中,实现不同方位的权重。

6.2.2　计算机仿真结果

在仿真实验中,我们利用交替投影算法,对柱面共形天线的方位面的方向图进行了仿真综合。假设贴片单元的方向图如下。

当 $0\leqslant\theta\leqslant\dfrac{\pi}{2}$ 时,有

$$g_\theta(\theta,\phi)=\left\{J_2\left(\frac{\pi d}{\lambda}\sin\theta\right)-J_0\left(\frac{\pi d}{\lambda}\sin\theta\right)\right\}(\cos\phi-\mathrm{j}\sin\phi) \tag{6.9}$$

$$g_\phi(\theta,\phi)=\left\{J_2\left(\frac{\pi d}{\lambda}\sin\theta\right)+J_0\left(\frac{\pi d}{\lambda}\sin\theta\right)\right\}\cdot\cos\theta(\sin\phi-\mathrm{j}\cos\phi) \tag{6.10}$$

当 $\theta > \dfrac{\pi}{2}$ 时,有

$$g_\theta(\theta,\phi) = 0 \tag{6.11}$$

$$g_\theta(\theta,\phi) = 0 \tag{6.12}$$

在仿真实验中,我们选取 E_{RHCP} 为共极化分量, E_{LHCP} 为交叉极化分量,并且首先对上述单极化加权的交替投影算法进行了计算机仿真。实验参数设置如表 6.1 所列和图 6.4 所示,我们分别对阵元间距的变化、天线单元覆盖范围的变化和阵元数的变化进行了仿真。

表 6.1 单极化加权实验参数设置

实验 1	实验 2	实验 3	实验 4	实验 5
$N=33$	$N=33$	$N=33$	$N=33$	$N=15$
$\theta_0=60°$	$\theta_0=60°$	$\theta_0=60°$	$\theta_0=45°$	$\theta_0=60°$
$R=7.6408\lambda$	$R=4.5844\lambda$	$R=10.6971\lambda$	$R=10.1869\lambda$	$R=3.3454\lambda$
$d=0.5\lambda$	$d=0.3\lambda$	$d=0.7\lambda$	$d=0.5\lambda$	$d=0.5\lambda$
扫描角 10°	扫描角 10°	扫描角 10°	扫描角 10°	扫描角 10°
俯仰角 60°	俯仰角 60°	俯仰角 60°	俯仰角 60°	俯仰角 60°

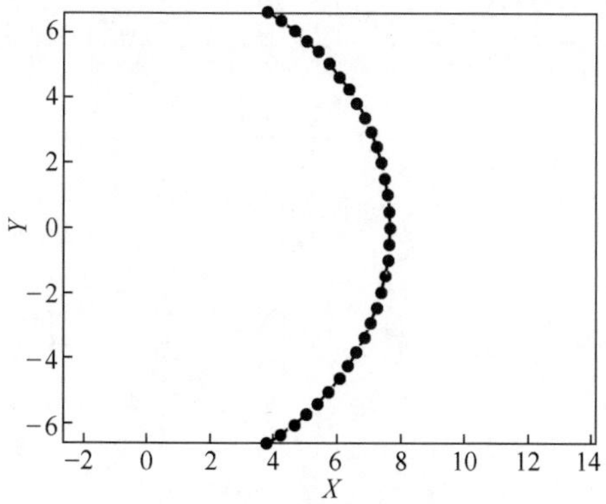

(a) 33单元的阵列设置

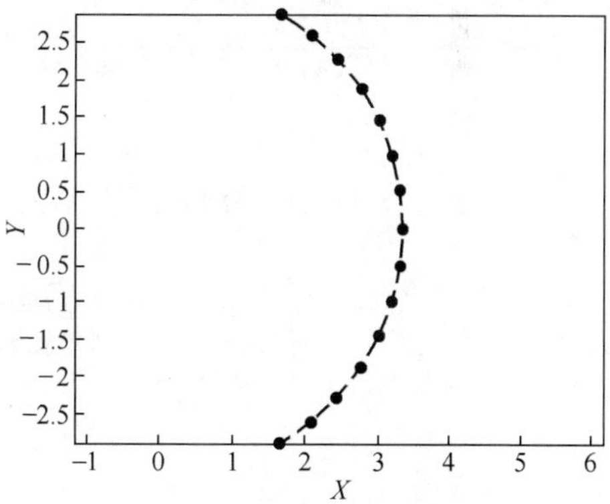

(b) 15单元的阵列设置

图 6.4 阵列设置

仿真实验结果如图 6.5 所示。

6.2.3 分析与讨论

1. 曲率对阵元的遮蔽效应

在方向图合成的过程中由于柱面曲率的影响,有部分单元对于整体的方向

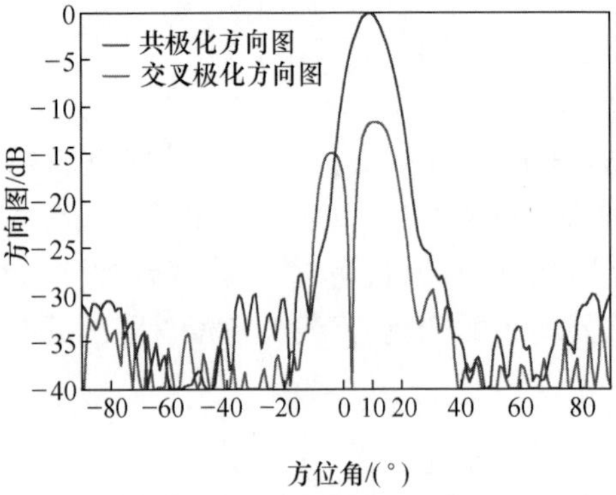

（a）单极化加权实验1

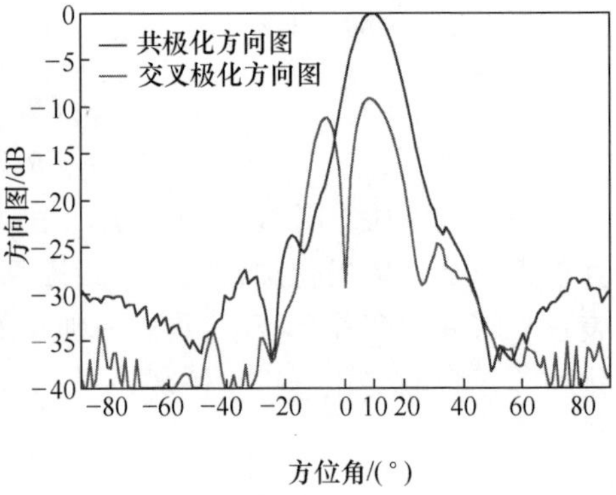

（b）单极化加权实验2

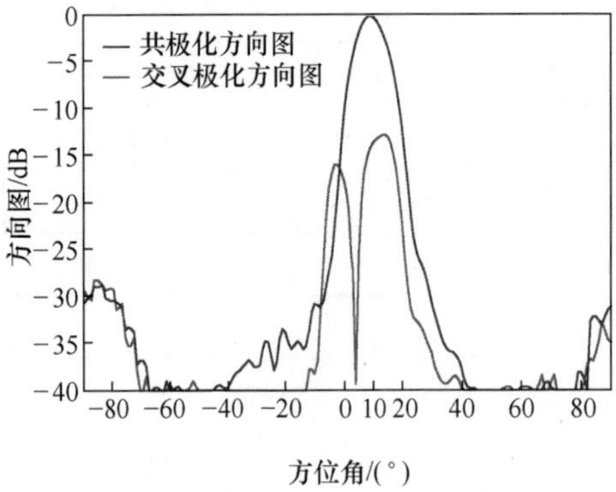

（c）单极化加权实验3

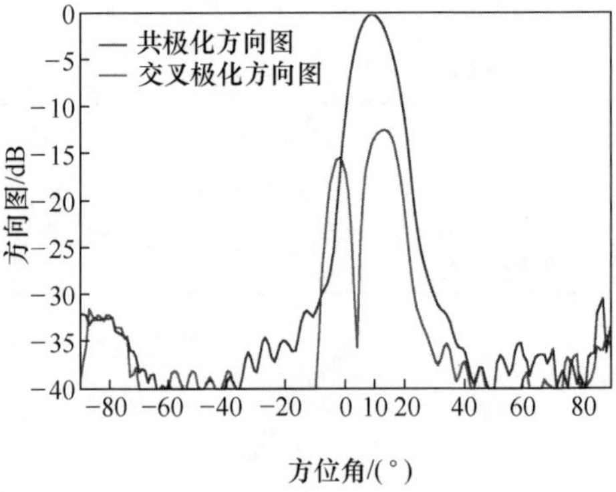

（d）单极化加权实验4

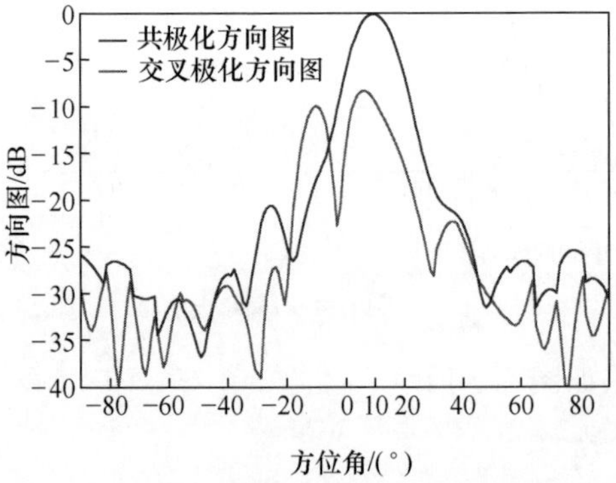

（e）单极化加权实验5

图 6.5　柱面共形天线方位面的方向图(见彩图)

图没有贡献，所以对于不同的方位角参与方向图合成的单元数目是不同的。

当阵元数 $N=15$，$\theta_0=60°$时，绘制表 6.2 说明其情况。

表 6.2　不同方位角与单元数目的关系

方位角/(°) \ 单元数	1	2	3	4	5	6	7	8	9	10	11	12	13	14	15
-90	☆	☆	☆	☆	☆	☆	☆	☆	⊙	⊙	⊙	⊙	⊙	⊙	⊙
-80	☆	☆	☆	☆	☆	☆	☆	☆	☆	⊙	⊙	⊙	⊙	⊙	⊙
-70	☆	☆	☆	☆	☆	☆	☆	☆	☆	☆	⊙	⊙	⊙	⊙	⊙
-60	☆	☆	☆	☆	☆	☆	☆	☆	☆	☆	☆	⊙	⊙	⊙	⊙
-50	☆	☆	☆	☆	☆	☆	☆	☆	☆	☆	☆	☆	⊙	⊙	⊙
-40	☆	☆	☆	☆	☆	☆	☆	☆	☆	☆	☆	☆	☆	⊙	⊙
-30	☆	☆	☆	☆	☆	☆	☆	☆	☆	☆	☆	☆	☆	☆	⊙
-20	☆	☆	☆	☆	☆	☆	☆	☆	☆	☆	☆	☆	☆	☆	☆
-10	☆	☆	☆	☆	☆	☆	☆	☆	☆	☆	☆	☆	☆	☆	☆
0	☆	☆	☆	☆	☆	☆	☆	☆	☆	☆	☆	☆	☆	☆	☆
10	☆	☆	☆	☆	☆	☆	☆	☆	☆	☆	☆	☆	☆	☆	☆
20	☆	☆	☆	☆	☆	☆	☆	☆	☆	☆	☆	☆	☆	☆	☆
30	⊙	☆	☆	☆	☆	☆	☆	☆	☆	☆	☆	☆	☆	☆	☆
40	⊙	⊙	☆	☆	☆	☆	☆	☆	☆	☆	☆	☆	☆	☆	☆
50	⊙	⊙	⊙	☆	☆	☆	☆	☆	☆	☆	☆	☆	☆	☆	☆
60	⊙	⊙	⊙	⊙	☆	☆	☆	☆	☆	☆	☆	☆	☆	☆	☆
70	⊙	⊙	⊙	⊙	⊙	☆	☆	☆	☆	☆	☆	☆	☆	☆	☆
80	⊙	⊙	⊙	⊙	⊙	⊙	☆	☆	☆	☆	☆	☆	☆	☆	☆
90	⊙	⊙	⊙	⊙	⊙	⊙	⊙	☆	☆	☆	☆	☆	☆	☆	☆

注：表中☆代表参与合成，⊙代表不参与合成。

2. 天线方向图的电扫特性

由于载体的遮蔽效应，不同的方位角 θ_0 参与方向图合成的单元数目是不同的，导致了天线方向图随扫描角的变化而变化（表 6.3）。图 6.6 给出相应的仿真结果。

表 6.3　方向图电扫性能实验参数设置

实验 6	实验 7	实验 8	实验 9	实验 10	实验 11
$N=33$	$N=33$	$N=33$	$N=33$	$N=33$	$N=33$
$\theta_0=60°$	$\theta_0=60°$	$\theta_0=60°$	$\theta_0=60°$	$\theta_0=60°$	$\theta_0=60°$
$R=7.6408\lambda$	$R=7.6408\lambda$	$R=7.6408\lambda$	$R=7.6408\lambda$	$R=7.6408\lambda$	$R=7.6408\lambda$
$d=0.5\lambda$	$d=0.5\lambda$	$d=0.5\lambda$	$d=0.5\lambda$	$d=0.5\lambda$	$d=0.5\lambda$
扫描角 0°	扫描角 20°	扫描角 60°	扫描角 80°	扫描角-20°	扫描角-60°
俯仰角 60°	俯仰角 60°	俯仰角 60°	俯仰角 60°	俯仰角 60°	俯仰角 60°

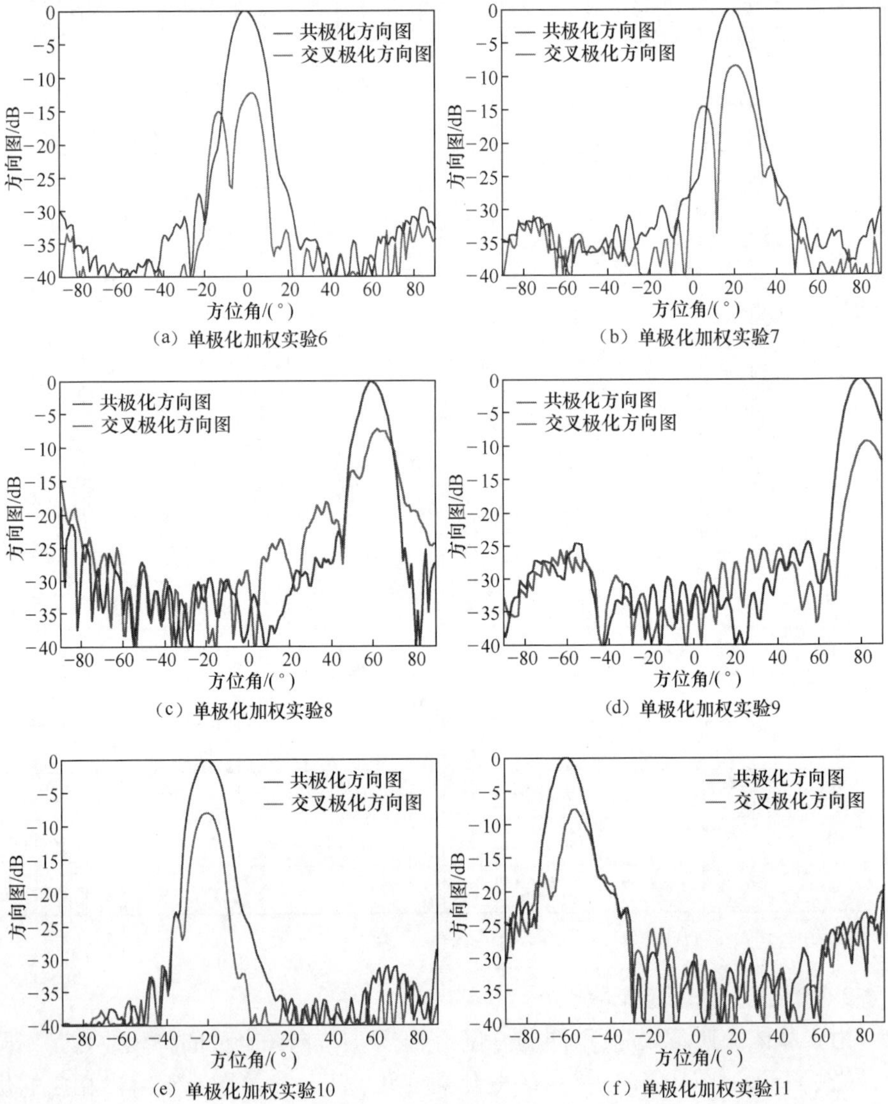

图 6.6　不同扫描角的天线方向图(见彩图)

3. 利用双极化天线实现交叉极化的有效抑制

从上面的实验结果可以看出,共形天线的交叉极化效应比较明显,而且方向图的电扫性能也不够理想。虽然我们在交替投影算法中已经在目标方向图中加入了交叉极化方向图幅值为零的约束。但是,由于天线两种极化分量采用了相同的权值,使交叉极化未能得到很好的抑制。以上现象的出现可能存在两个方面的原因。

(1)系统的自由度太少,天线方向图的可实现空间 F_d 中的交叉极化效应都较严重。

(2)天线方向图的可实现空间 F_d 中存在交叉极化效应小的方向图,由于交替投影算法迭代过程中陷入局部最优点,未能找到全局最优值。

在下面的仿真实验中,我们采取极化分集技术,对天线两种极化分量分别采用不同的权值,取得了很好的交叉极化的抑制效果。

$$\boldsymbol{F}_{\mathrm{d}} = \begin{bmatrix} \boldsymbol{F}_{\mathrm{drhcp}} \\ \boldsymbol{F}_{\mathrm{dlhcp}} \end{bmatrix} = \begin{bmatrix} \boldsymbol{F}_{\mathrm{drhcp}} \\ 0 \end{bmatrix} = \boldsymbol{XA} \tag{6.13}$$

$$\boldsymbol{XA} = \begin{bmatrix} \boldsymbol{s}_\theta(\theta_1,\phi_1) & -\mathrm{j}\boldsymbol{s}_\phi(\theta_1,\phi_1) \\ \boldsymbol{s}_\theta(\theta_2,\phi_2) & -\mathrm{j}\boldsymbol{s}_\phi(\theta_2,\phi_2) \\ \boldsymbol{s}_\theta(\theta_3,\phi_3) & -\mathrm{j}\boldsymbol{s}_\phi(\theta_3,\phi_3) \\ \vdots & \vdots \\ \boldsymbol{s}_\theta(\theta_K,\phi_K) & -\mathrm{j}\boldsymbol{s}_\phi(\theta_K,\phi_K) \\ \boldsymbol{s}_\theta(\theta_1,\phi_1) & \mathrm{j}\boldsymbol{s}_\phi(\theta_1,\phi_1) \\ \boldsymbol{s}_\theta(\theta_2,\phi_2) & \mathrm{j}\boldsymbol{s}_\phi(\theta_2,\phi_2) \\ \boldsymbol{s}_\theta(\theta_3,\phi_3) & \mathrm{j}\boldsymbol{s}_\phi(\theta_3,\phi_3) \\ \vdots & \vdots \\ \boldsymbol{s}_\theta(\theta_K,\phi_K) & \mathrm{j}\boldsymbol{s}_\phi(\theta_K,\phi_K) \end{bmatrix} \begin{bmatrix} a_{1\theta} \\ \vdots \\ a_{N\theta} \\ a_{1\phi} \\ \vdots \\ a_{N\phi} \end{bmatrix} \tag{6.14}$$

$$\boldsymbol{A} = (\boldsymbol{X}^{\mathrm{H}}\boldsymbol{WX})^{-1}(\boldsymbol{XWF}_{\mathrm{d}}) \tag{6.15}$$

$$\boldsymbol{W} = \begin{bmatrix} w(\theta_1,\phi_1) & \cdots & 0 \\ \vdots & \ddots & \vdots \\ 0 & \cdots & w(\theta_1,\phi_1) \end{bmatrix} \tag{6.16}$$

双极化加权电扫性能仿真实验结果如图 6.7 所示(实验参数设置表 6.2)。

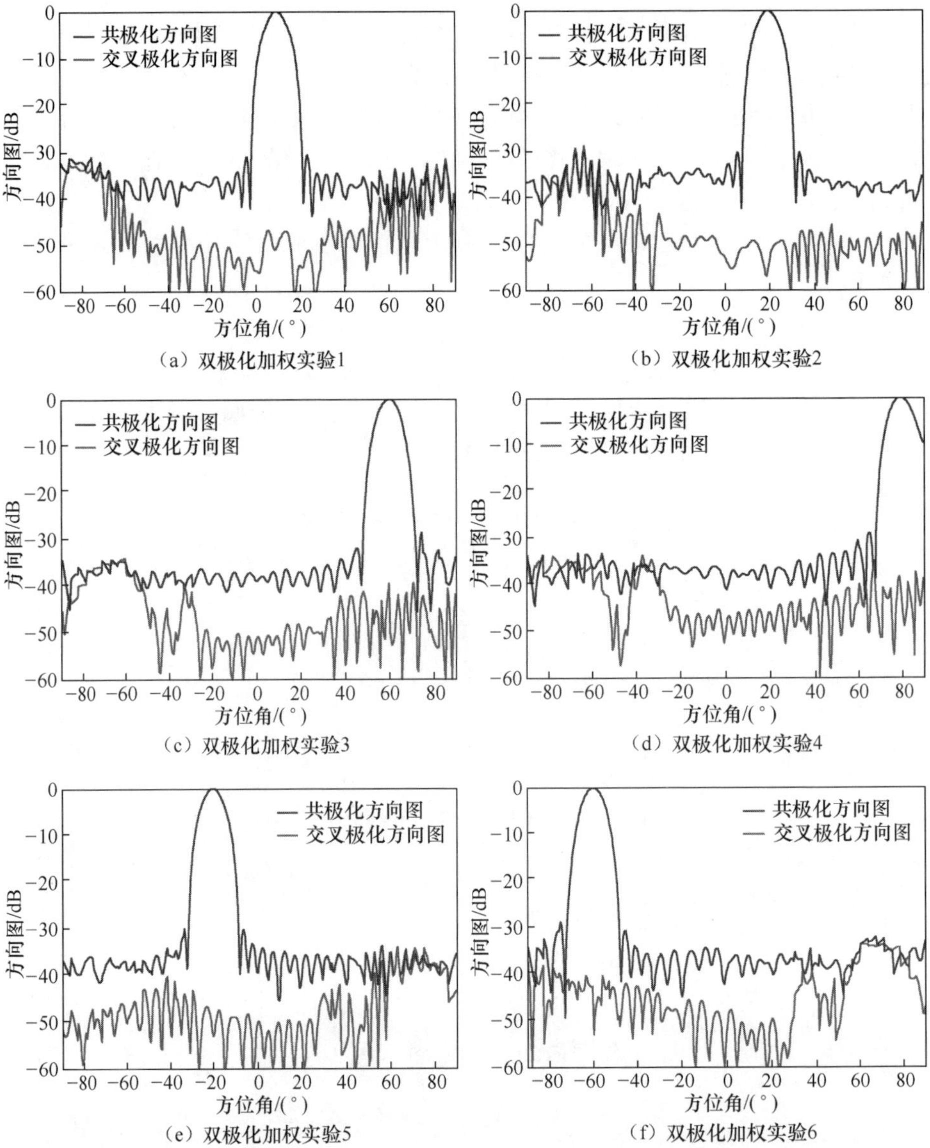

图 6.7　对天线两种极化分量分别采用不同的权值(见彩图)

从实验结果可以看出,采用双极化加权后,无论是天线的交叉极化的抑制,还是天线的电扫性能都得到了很大的改善。付出的系统代价是需要采用极化分集技术,对天线的 θ 极化分量和 ϕ 极化分量单独加权控制。

6.3 稀疏学习方法

在机器学习领域，传统的任务学习方法是一次独立学习一个任务，在遇到一个大的任务的时候，通常会采用任务分割的方法将大任务分割成几个相互独立的小的子任务分别独立地学习和识别。然而，这种方法忽略了子任务之间的相关信息，因此在采用此方法对一个大的任务或多个相关的任务进行学习往往达不到预期的效果。多任务学习是指系统同时或者连续对多个相关的任务进行学习，是近年来新兴发展的一种稀疏学习机制[10-20]。

由于任何一个任务都是在有限的样本空间条件下训练出来的，当已知的样本数目较少，而目标任务空间较大的情况下，用有限的样本数学习训练得到目标任务的模式很难达到理想的学习效果。将相关的任务放在一个多任务学习模型中系统地学习，相关任务之间能够起到相互的归纳偏置作用，产生知识的迁移学习，进而能够弥补先验知识的不足，使得系统能够从有限的样本空间中获得更多的先验知识来指导对未知样本的学习，增强了系统的学习能力。因此，在先验知识不足的情况下，由于多任务学习能够从相关的任务中获得更多的特征信息，使得系统在有限先验知识条件下学习获得的样本数据可以更加逼近目标任务的真实数据。

6.3.1 多任务稀疏学习的基本原理

多任务学习方法是单任务学习的一种延伸。相对于单任务学习独立完成学习任务的方式，多任务学习可以联合多个相关的训练数据同时完成最后的任务学习。其示意图如图 6.8 所示。其数学模型可表示为

$$\begin{cases} \min\limits_{W} \boldsymbol{F}(\boldsymbol{W}) \\ = \min\limits_{W} \Gamma(\boldsymbol{W}) + \Omega(\boldsymbol{W}) \\ = \dfrac{1}{t} \sum\limits_{x,y \in R} l(w,x,y) + \rho \, \| w \|_{\mathrm{F}} \\ = \min\limits_{W} \dfrac{1}{t} \sum\limits_{i=1}^{t} \dfrac{1}{n_i} \| \boldsymbol{W}_i^{\mathrm{T}} X_i - Y_i \|_{\mathrm{F}}^2 + \rho \, \| \boldsymbol{W} \|_{\mathrm{F}} \end{cases} \tag{6.17}$$

式中：$\min\limits_{W} \Gamma(\boldsymbol{W})$ 称为损失函数；$\Omega(\boldsymbol{W})$ 为正则化项。损失函数根据不同的任务又分为 Hinge 损失、最小二乘 L2 损失以及 Logistic 损失。ρ 为正则化参数用以控制权值矩阵的稀疏度，这种最小化的问题称为基追踪去噪。ρ 的取值越大，权值空间的稀疏度越大，当正则化参数 ρ 值为零时，权值为零矢量。此时，学习逼近

的精度最差，训练得到的数据空间误差最大，ρ 值的选择可以平衡模型的稀疏度以及精确度。该数学模型的显著特点是它拥有收缩和选择的两种功能，即与传统的估计所有未知参数的优化算法不同，多任务学习方法能够收缩待估计的样本范围，每一步只对少量入选的样本数据进行估计。在使用范数作为正则化项时，该方法能够自动地选择很少一部分变量进行线性回归。

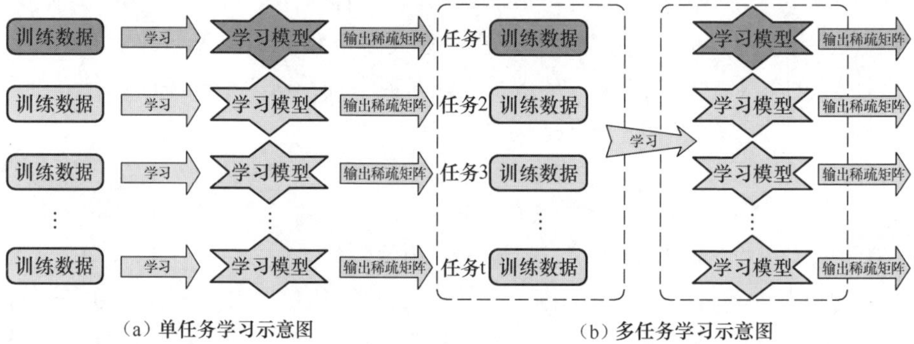

图 6.8 稀疏学习示意图

从图 6.8 中可知，相对于单任务学习，多任务学习采用的是并行关联稀疏学习的方法，因此能够充分利用计算资源，节省运算时间，提高模型的运算效率。尤其是在对结构复杂的曲面共形阵列天线进行面向方向图综合任务的稀疏布阵时，我们可以将该任务分割成多个相关的子任务进行关联学习，从而快速地实现面向方向图综合的共形阵列天线稀疏优化布阵。同时，稀疏后的权值矢量需要相同的结构。然而，在利用单任务学习模型进行多次学习任务时，每次任务的学习并不能保证输出的权值矢量在相同位置出现零值。因此，单任务学习模型并不能用于方向图可重构的稀疏阵列天线的优化设计。区别于单任务学习模型，通过选择特定的正则化项范数，多任务学习模型可以输出具有相同结构的稀疏权值矢量，从而能够满足面向方向图可重构任务的阵列天线稀疏优化布阵的相关要求。

方向图综合是实现方向图可重构的基础：本节将首先研究基于多任务学习的稀疏阵列天线方向图综合模型；然后实现面向方向图可重构的共形阵列天线稀疏优化布阵。

6.3.2 面向方向图综合的共形阵列天线稀疏优化设计

1. 数学模型

若将 N 元的均匀共形阵列天线孔径均分为 P 等分的栅格，对天线方向图进行 K 点采样，则此时阵列天线方向图赋形问题可以表示为以下数学问题：

$$\sum_{d=1}^{K}\left|\boldsymbol{F}_{\mathrm{REF}}(u_d)-\sum_{p=1}^{P}w_m\exp(\mathrm{j}2\pi x_m u_d)\right|^2\leqslant\varsigma \tag{6.18}$$

式中：ς 为容忍度；w_m 和 x_m 为第 m 个阵元的激励与位置；$\boldsymbol{F}_{\mathrm{REF}}(u_d)$ 为期望方向图的 K 点采样值。

面向方向图综合的阵列天线稀疏优化布阵问题可以表示为以下最小二乘优化问题：

$$\min_{w}\frac{1}{K}\ \|\boldsymbol{F}_{\mathrm{REF}}-\boldsymbol{XW}\|_2^2+\rho\ \|\boldsymbol{W}\|_2 \tag{6.19}$$

式中：$\boldsymbol{W}=w_n(n=1,2,\cdots,K)$ 为待求的阵元激励矢量；$\boldsymbol{F}_{\mathrm{REF}}$ 为期望方向图的 K 点样本矩阵。由于单元方向图的差异，三维曲面条件下的稀疏优化布阵通常无法获得有效的解析解，而单纯利用智能优化算法进行优化又会存在搜索空间大、计算复杂的缺点。区别于传统阵列天线方向图综合方法将阵列作为一个整体进行优化的方式，如果可以将共形阵列天线方向图综合问题作为一个大的学习任务，通过任务分割的方式分割成多个二维圆环阵列天线的方向图综合问题这一类的子任务，再利用多任务学习，就可以快速实现面向方向图综合的共形阵列天线稀疏优化布阵。

假设要对 t 圆环的 N 元锥面共形阵列天线进行稀疏后的方向图拟合，需要将不同平面圆环均分为 $P(P\gg N_i)$ 等分的栅格，即每个栅格的弧度角为 ρ 。对于均匀分布的锥面共形阵列天线，不同平面圆环上的阵元个数不同，可以将同一平面圆环上阵元天线方向图的采样值作为目标数据进行学习，学习的任务数 T 与圆锥不同水平面的圆环数相同，即 $T=t$ 。需要说明的是，为确保稀疏后的阵列天线方向图主瓣宽度保持不变，需保留顶点阵元。对单个圆环上阵列天线方向图进行 K 点采样，则此时共形阵列天线单个圆环阵列天线方向图的综合问题可以表示如下：

$$\sum_{d=1}^{K}\left|\boldsymbol{F}_{\mathrm{REF}}(u_d)-\sum_{p=1}^{P}w_p f_p \mathrm{e}^{\mathrm{j}2\pi k_n r_d}\right|^2\leqslant\varsigma \tag{6.20}$$

式中：f_p 为第 p 个阵元的阵因子；$\boldsymbol{F}_{\mathrm{REF}}$ 为期望方向图的 K 点采样值。

式(6.20)可以等价为以下优化问题：

$$\min_{W}\frac{1}{P}\ \|\boldsymbol{F}_{\mathrm{REF}}-\boldsymbol{XW}\|_2^2 \tag{6.21}$$

式(6.21)是一个最小二乘优化问题，其中 P 为天线孔径划分的栅格点数，$\boldsymbol{F}_{\mathrm{REF}}=\boldsymbol{F}_{\mathrm{REF}}(u_d)(d=1,2,\cdots,K)$ 为期望方向图的 K 点样本值，$\boldsymbol{X}$ 为导向矢量构

成的矩阵即阵列天线的特征矩阵。以锥面共形阵列天线为例,矩阵 $\boldsymbol{X}$ 可表示为

$$\boldsymbol{X}=\begin{bmatrix} f_1\mathrm{e}^{\left(\frac{\mathrm{j}2\pi\boldsymbol{r}_1\boldsymbol{k}_1}{\lambda}\right)} & f_2\mathrm{e}^{\left(\frac{\mathrm{j}2\pi\boldsymbol{r}_2\boldsymbol{k}_1}{\lambda}\right)} & \cdots & f_P\mathrm{e}^{\left(\frac{\mathrm{j}2\pi\boldsymbol{r}_P\boldsymbol{k}_1}{\lambda}\right)} \\ f_1\mathrm{e}^{\left(\frac{\mathrm{j}2\pi\boldsymbol{r}_1\boldsymbol{k}_2}{\lambda}\right)} & f_2\mathrm{e}^{\left(\frac{\mathrm{j}2\pi\boldsymbol{r}_2\boldsymbol{k}_2}{\lambda}\right)} & \cdots & f_P\mathrm{e}^{\left(\frac{\mathrm{j}2\pi\boldsymbol{r}_P\boldsymbol{k}_2}{\lambda}\right)} \\ \vdots & \vdots & \ddots & \vdots \\ f_1\mathrm{e}^{\left(\frac{\mathrm{j}2\pi\boldsymbol{r}_1\boldsymbol{k}_{D-1}}{\lambda}\right)} & f_2\mathrm{e}^{\left(\frac{\mathrm{j}2\pi\boldsymbol{r}_2\boldsymbol{k}_{D-1}}{\lambda}\right)} & \cdots & f_P\mathrm{e}^{\left(\frac{\mathrm{j}2\pi\boldsymbol{r}_P\boldsymbol{k}_{D-1}}{\lambda}\right)} \\ f_1\mathrm{e}^{\left(\frac{\mathrm{j}2\pi\boldsymbol{r}_1\boldsymbol{k}_D}{\lambda}\right)} & f_2\mathrm{e}^{\left(\frac{\mathrm{j}2\pi\boldsymbol{r}_2\boldsymbol{k}_D}{\lambda}\right)} & \cdots & f_P\mathrm{e}^{\left(\frac{\mathrm{j}2\pi\boldsymbol{r}_P\boldsymbol{k}_D}{\lambda}\right)} \end{bmatrix} \tag{6.22}$$

式中:f_i 为单元方向图;$\boldsymbol{r}_1=(x,y,z)$ 表示第一个栅格点处在全局坐标系下的位置矢量;$\boldsymbol{k}_1=(\sin\theta\cos\varphi,\sin\theta\cos\sin\varphi,\cos\theta)$ 。根据线性代数的相关定理,$\boldsymbol{XW}=\boldsymbol{F}_{\mathrm{REF}}$ 有解的充分必要条件是导向矢量矩阵的秩等于增广矩阵 $\boldsymbol{B}=[\boldsymbol{X},\boldsymbol{F}_{\mathrm{REF}}]$ 的秩,且当 $\mathrm{rank}(\boldsymbol{X})=\mathrm{rank}(B)=K$ 时方程组有唯一的解,当 $R(X)=R(B)<K$ 时方程组有无限多个解。为了使线性方程组含有多个解且解中包含零值,设置的 P 值一般大于 K。综上所述,面向方向图综合的锥面共形阵列天线稀疏优化布阵的数学模型可以表示为

$$\min_{W}\frac{1}{t}\sum_{i=1}^{t}\frac{1}{P}\ \|\boldsymbol{W}_i^{\mathrm{T}}\boldsymbol{X}_i-\boldsymbol{Y}_i\|_2^2+\rho\ \|\boldsymbol{W}\|_2 \tag{6.23}$$

对比可知,基于方向图综合的共形阵列天线稀疏优化布阵数学模型可以等价为正则化项为 ℓ_2 范数的多任务学习问题。

2. 基于多任务学习的共形阵列天线稀疏优化模型的求解

面向方向图综合的共形阵列天线稀疏布阵问题是一个非凸的线性回归问题,可以采用分块坐标下降法对其进行求解。当 δ_{ij} 确定,阵元的数目相应确定。也可在已知稀疏率要求的情况下,得到阵元数 M 的值,初始化 $\varsigma>0$ 的值。令 $\ell(\boldsymbol{W})=\frac{1}{P}\ \|\boldsymbol{F}_{\mathrm{REF}}-\boldsymbol{XW}\|_2^2$,则稀疏共形阵列天线的方向图综合问题可以等价表示成以下非凸的多任务特征学习问题:

$$\boldsymbol{W}^l=\arg\min_{W\in R^{d\times t}}\left\{\ell(\boldsymbol{W})+\sum_{i=1}^{d}\rho_i^{(l-1)}\ \|\boldsymbol{W}^i\|_2\right\} \tag{6.24}$$

其中,正则化项参数满足

$$\rho_i^l=\rho I(\ \|\ (\boldsymbol{W}^l)^i\|_2<\tau),\quad (i=1,2,\cdots,d) \tag{6.25}$$

式(6.25)是加权 LASSO 问题,τ 为约束系数,用于控制阵列电流激励的极限幅度,因为,激励电流过大的话必然会产生非常大的欧姆损耗,这对工程中应用的天线是非常不利的,因此要尽量避免此类情况的出现。为方便起见,可以定

义为

$$h:\quad R^{d\times t}\rightarrow R_{+}^{d},\qquad h(\boldsymbol{w})=[\ \|\ \boldsymbol{w}^{1}\ \|_{2},\ \|\ \boldsymbol{w}^{2}\ \|_{2},\cdots,\ \|\ \boldsymbol{w}^{d}\ \|_{2}]^{\mathrm{T}} \tag{6.26}$$

$$h:R_{+}^{d}\rightarrow R_{+},\qquad g(u)=\sum_{i=1}^{d}\min(u_{i},\theta) \tag{6.27}$$

原优化问题可以表示为

$$\min_{W\in R^{d\times t}}\{\ell(\boldsymbol{W})+\rho g(h(\boldsymbol{W}))\} \tag{6.28}$$

$$\partial g(v)=\{\boldsymbol{S}:\ g(u)\leqslant g(v)+\langle\boldsymbol{S},u-v\rangle\} \tag{6.29}$$

则

$$\ell(\boldsymbol{W})+\lambda g(h(\boldsymbol{W}))\leqslant\ell(\boldsymbol{W})+\rho g(h(\boldsymbol{W}^{l}))+\rho\langle\boldsymbol{S}^{l},h(\boldsymbol{W}_{0})-h(\boldsymbol{W}^{l})\rangle \tag{6.30}$$

其中次梯度为

$$S^{l}=[I(\ \|\ (\boldsymbol{W}^{l})^{1}\ \|_{2}<\rho),I(\ \|\ (\boldsymbol{W}^{l})^{2}\ \|_{2}<\rho),\cdots,I(\ \|\ (\boldsymbol{W}^{l})^{d}\ \|_{2}<\rho)]^{\mathrm{T}} \tag{6.31}$$

对 g 函数做共轭,可以得到

$$g^{*}(v)=\inf_{u}(v^{\mathrm{T}}u-g(u)) \tag{6.32}$$

可以利用分块坐标下降法对最小化问题进行求解,对目标函数的上界进行最小化:

$$\begin{aligned}\boldsymbol{W}^{l+1}&=\underset{W}{\operatorname{argmin}}\{\ell(\boldsymbol{W})+\lg(h(\boldsymbol{W}^{l}))+\rho\langle\boldsymbol{S}^{l},h(W_{0})-h(\boldsymbol{W}^{l})\rangle\}\\&=\underset{W}{\operatorname{argmin}}\{\ell(\boldsymbol{W}_{0})+\rho(\boldsymbol{S}^{l})^{\mathrm{T}}h(\boldsymbol{W}_{0})\}\end{aligned} \tag{6.33}$$

则

$$\begin{aligned}&\ell(\boldsymbol{W}^{l+1})+\rho g(h(\boldsymbol{W}^{l+1}))\leqslant\ell(\boldsymbol{W}^{l+1})+\rho g(h(\boldsymbol{W}^{l}))+\rho\langle\boldsymbol{S}^{l},h(\boldsymbol{W}^{l+1})-h(\boldsymbol{W}^{l})\rangle\\&\leqslant\ell(\boldsymbol{W}^{l})+\rho g(h(\boldsymbol{W}^{l}))+\rho\langle\boldsymbol{S}^{l},h(\boldsymbol{W}^{l})-h(\boldsymbol{W}^{l})\rangle=\ell(\boldsymbol{W}^{l})+\rho g(h(\boldsymbol{W}^{l}))\end{aligned} \tag{6.34}$$

以下参数估计误差的界以不小于 $1-\eta$ 的概率成立:

$$\|\ \boldsymbol{W}^{l}-\boldsymbol{W}_{0}\ \|_{2,1}=0.8^{l/2}\ \mathcal{O}(P\sqrt{r\ln(P/\eta)/D})+\mathcal{O}(P\sqrt{r/D+\ln(1/\eta)/D}) \tag{6.35}$$

式中:r 为 W 中的非零行数;ρ 为方向图综合多任务模型的正则化参数,用于控制天线阵列的稀疏;P 为划分的栅格点数;K 为方向图总体采样的次数;$\mathcal{O}(\cdot)$ 表示高阶无穷小;$\boldsymbol{W}_0$ 为权值真值,对于均匀共形阵列天线,$\boldsymbol{W}_0$ 为单位矩阵。

当 r 确定时,模型输出的精度相应确定,且在整个求解过程中,求解精度是一个指数衰减和逐步改善的过程。

本小节算法的具体步骤可概述如下,其具体流程如图 6.9 所示。

(1) 确定圆锥共形阵列天线的圆环个数 t 以及同一个平面圆环阵列天线方向图的样本数 D,根据要求对需要学习的期望方向图进行采样,得到期望方向图矩阵 $\boldsymbol{F}_{\mathrm{REF}}$,根据圆环栅格点数 P, 确定圆锥共形阵列天线导向矢量矩阵 $\boldsymbol{X}$ 。

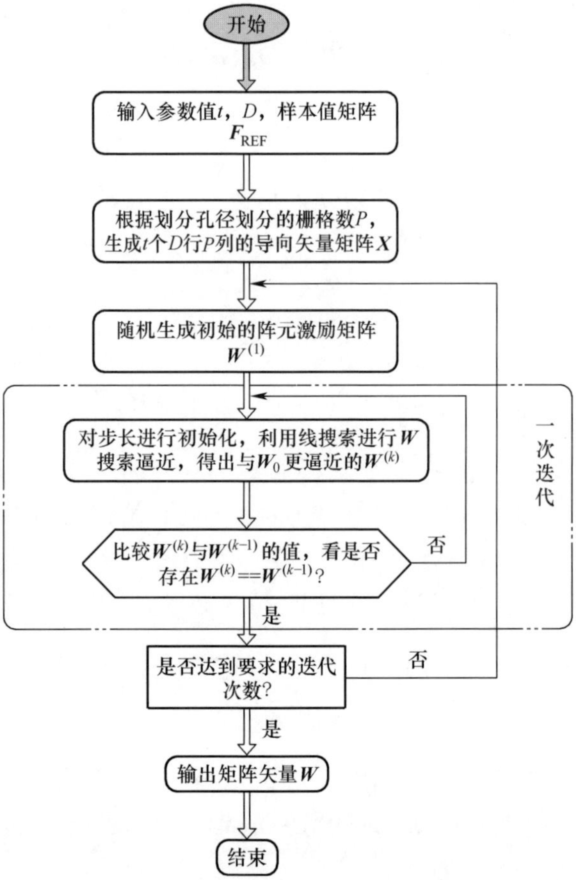

图 6.9 稀疏共形阵列天线多任务学习方法流程图

(2) 在满足稀疏率的情况下,根据拉格朗日(Lagrange)算子与权值矩阵非零个数的关系曲线得到相应的 ρ 输入。

(3) 通过得到预估的 $\boldsymbol{W}$ 值,输出稀疏后阵列天线单元的激励值并计算其对应的方向图。

(4) 分析输出的稀疏共形阵列天线的方向图,比较均匀共形阵列天线和稀疏共形阵列天线方向图的性能,对模型的准确性和有效性进行评估。

3. 仿真实验与性能分析

目前,传统的面向方向图综合的稀疏布阵优化方法有遗传算法和矩阵束方法。这两类方法都是通过对非均匀线阵进行阵列天线单元激励和位置的优化,利用少量单元实现对特定方向图的精确赋形,其实质都是对包含多个未知量的高度非线性问题进行求解。这两类方法的局限性是都只能用于简单阵列的方向图综合,无法有效对大型阵列或结构复杂的三维曲面共形阵列天线进行面向方向图综合的稀疏优化布阵。因此,为了验证基于多任务学习的阵列天线稀疏布阵方法的优越性,不失一般性,首先考虑的对象是由 32 个理想点源构成的等间距的切比雪夫阵,阵元的间距为 1/2 的来波信号波长($\lambda/2$),切比雪夫阵的约束旁瓣电平为-20dB,分别利用三种方法对均匀分布的直线阵列进行稀疏后的切比雪夫波束方向图赋形。稀疏优化后的阵列单元激励及方向图分布如图 6.10 所示。

图 6.10 分别为基于遗传算法、矩阵束方法及多任务学习的方法稀疏优化线阵后的阵元位置激励及其相应的方向图。由图 6.10(a)可知,利用三种不同方法优化后的阵列天线单元数目由稀疏前的 32 个变为稀疏后的 26 个,说明利用三种方法都能减少均匀阵列天线单元个数,实现对阵列天线单元激励与阵元位置的联合优化。从图 6.10(b)中可以看出,三种方法都能对直线阵列进行稀疏优化后的方向图综合,且都有较好的拟合效果。其中,利用多任务学习进行稀疏优化的直线阵列拟合效果最好,期望方向图和稀疏线阵得到的方向图的主瓣宽度和副瓣电平基本重合,尤其是在波谷与波峰位置处,相较于遗传算法和矩阵束方法而言,多任务学习方法的优化结果更好。

为了定量比较三种不同方法在方向图综合中的优化效果,以期望方向图和稀疏线阵的方向图的相关度 ξ 为评估变量对三种方法的仿真结果进行评估:

$$\begin{cases}\xi = \mathrm{cov}(F_{\mathrm{REF}},\boldsymbol{XW})/\sqrt{\mathrm{cov}(F_{\mathrm{REF}},F_{\mathrm{REF}}) * \mathrm{cov}(\boldsymbol{XW},\boldsymbol{XW})}\\ \mathrm{cov}(F_{\mathrm{REF}},\boldsymbol{XW}) = \mathrm{E}\{[F_{\mathrm{REF}} - \mathrm{E}(F_{\mathrm{REF}})][\boldsymbol{XW} - \mathrm{E}(\boldsymbol{XW})]\}\\ \mathrm{cov}(F_{\mathrm{REF}},F_{\mathrm{REF}}) = \mathrm{E}\{[F_{\mathrm{REF}} - \mathrm{E}(F_{\mathrm{REF}})][F_{\mathrm{REF}} - \mathrm{E}(F_{\mathrm{REF}})]^{\mathrm{T}}\}\end{cases} \tag{6.36}$$

式中:cov 表示两矩阵的协方差阵;$\xi \in [-1,1]$,1 表示最大的正相关,-1 表示绝对值最大的负相关。基于遗传算法、矩阵束方法及多任务学习的方法稀疏后的线阵方向图与期望的切比雪夫方向图的相关度分别为 0.798、0.844 以及 0.923,这就说明利用多功能学习方法稀疏的线阵赋形效果最好。相关度的大小不仅与选用的方法、阵列天线本身的特性有关,而且与阵列的稀疏率也有着密不可分的关系。为了研究阵列天线的稀疏率对相关度的影响,接下来研究了不同

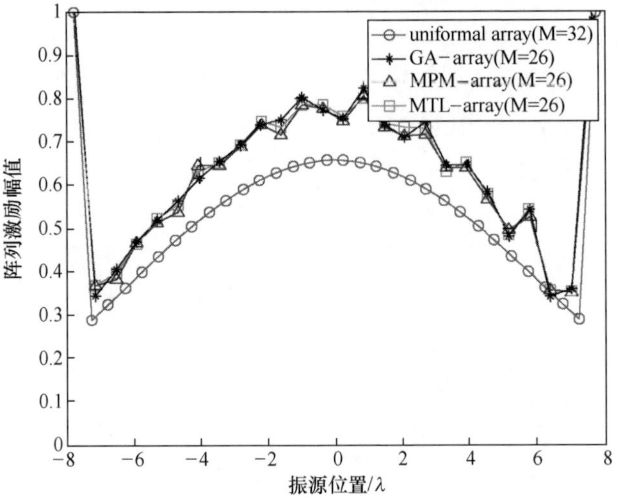

（a）基于不同方法切比雪夫阵激励幅值及其位置

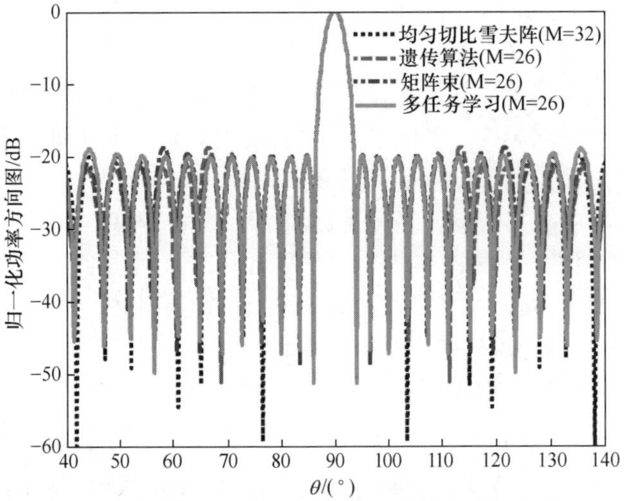

（b）基于不同方法切比雪夫阵方向图

图 6.10　基于不同方法切比雪夫阵列天线阵元激励及其方向图(见彩图)

稀疏率条件下基于三种不同方法获得的稀疏线阵方向图与期望方向图相关度的变化曲线,如图 6.11 所示。从图中可以看出,稀疏率越大,稀疏线阵天线方向图与期望方向图之间的相关度就越小。观察相关度随稀疏率变化的关系曲线可以看出,在相同稀疏率的情况下,采用多任务学习方法获得的稀疏线阵天线方向图与期望方向图的相关度最好,其次是遗传算法,最后是矩阵束算法。

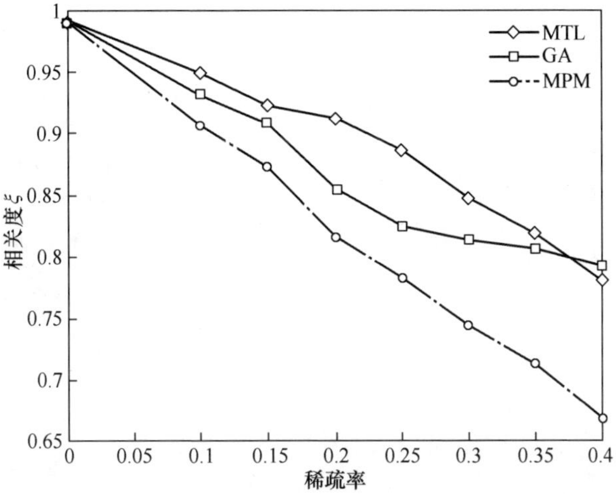

图 6.11 稀疏率与相关度之间的关系

为了进一步验证基于多任务学习的共形阵列天线稀疏优化模型的准确性和有效性,选择一个顶角为 45°,相邻圆环之间的距离为来波信号的波长,从顶角方向由上而下不同水平面圆环上的阵元个数分别为 12,25,37 的锥面共形阵列天线作为我们的研究对象。以圆锥底面圆环圆心作为原点建立全局直角坐标系,其阵列天线结构及其单元方向图和三维极化方向图如图 6.12 所示。

由图 6.12 (a)中可知,各圆环上的阵元是等间隔分布在锥面上的,且相邻阵元间的距离为半个波长,其中小圆锥轴线指向表示单元方向图的指向,小圆锥的高度表示单元激励幅值。对于均匀锥面共形阵,其单元激励都为 1,所以从图 6.12 (a)中可以看出各个小圆锥的高度是相等的。图 6.12 (b)为单个天线单元远场方向图分布,图 6.12 (c)为均匀圆锥共形阵列天线的三维方向图。从图 6.12 (c)中可知,均匀锥面共形阵列天线方向图规则对称,均匀锥面共形阵的第一副瓣值为-18dB,旁瓣峰值为-11.57dB,主瓣宽度为 0.39。在波束指向(0°,0°)即圆锥轴线方向时天线方向性增益为 25.82dB。利用多任务学习方法对其进行稀疏学习,得到的稀疏共形阵列天线结构及其方向图如图 6.13 所示。

从图 6.13(a)中可知,经过稀疏优化后各圆环的阵元分布变为(11,20,23),阵元个数从原先的 75 减少为 55,且阵元上的激励值不再为 1,靠近顶点圆环上阵元的激励值最大,而处于底面圆环上的阵元激励值较小。从图 6.13 (b)中可知,稀疏后的锥面共形阵列天线的方向图与均匀锥面阵列天线的方向图在形状上基本一致,稀疏后的共形阵列天线在旁瓣峰值边缘区域存在少量误差,没有均匀圆锥阵列天线方向图那么规则和平滑。从图 6.13 (c)中可以看出,稀疏圆锥

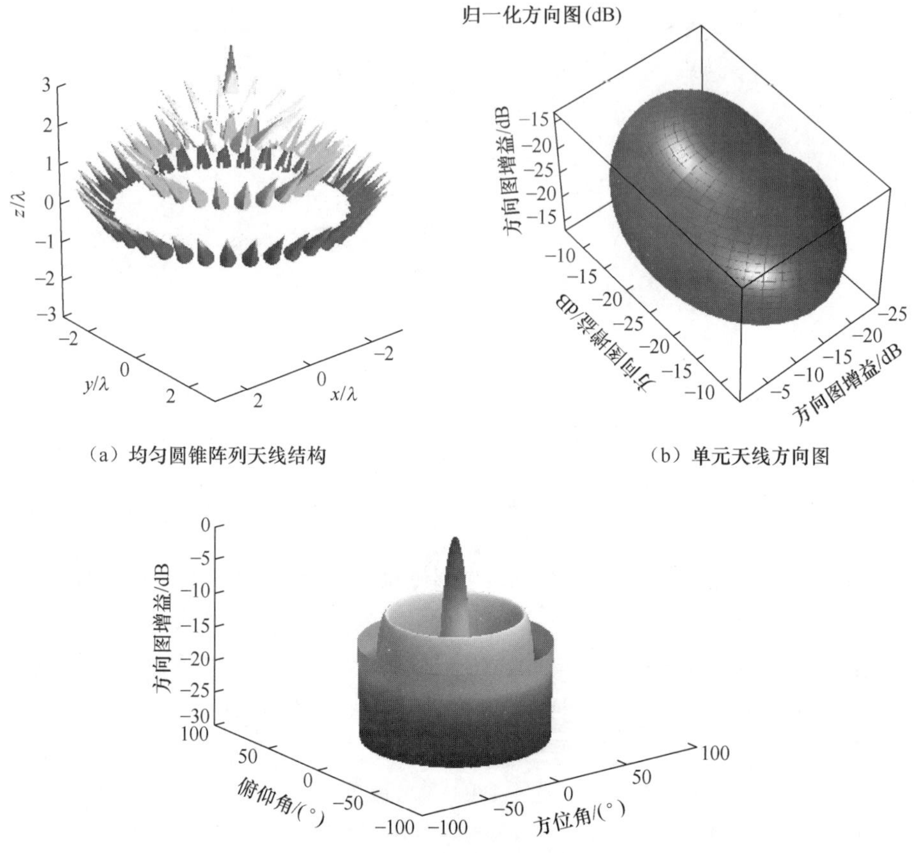

（a）均匀圆锥阵列天线结构

（b）单元天线方向图

（c）均匀圆锥阵列天线方向图

图 6.12　均匀圆锥阵列天线机构及其方向图(见彩图)

阵列天线方向图第一副瓣电平为-24.91dB,比均匀圆锥阵列天线方向图电平值低,主瓣宽度为 0.52,旁瓣电平为-10.71dB,在波束指向(0°,0°)即圆锥轴线方向时天线方向性增益为 25.73dB。综合以上结果可知,稀疏优化后的圆锥阵列天线在方向图形状,主瓣宽度,天线最大辐射方向性增益和峰值旁瓣电平上与均匀锥面共形阵列天线基本一致,达到了方向图拟合的效果。

为了详细对比均匀圆锥阵列天线和稀疏圆锥阵列天线方向图性能,表 6.4 列出了均匀圆锥阵列天线和稀疏圆锥阵列天线方向图主要性能参数。其中,锥度比(Current Taper Ratios,CTR)定义为阵元激励最大值与最小值的比值,它是衡量系统设计复杂度的一个关键因素,工程设计中常常要求阵列天线的锥度比不超过 20dB,使阵列天线馈电网络不会过于复杂。从表 6.3 中可知,稀疏后的

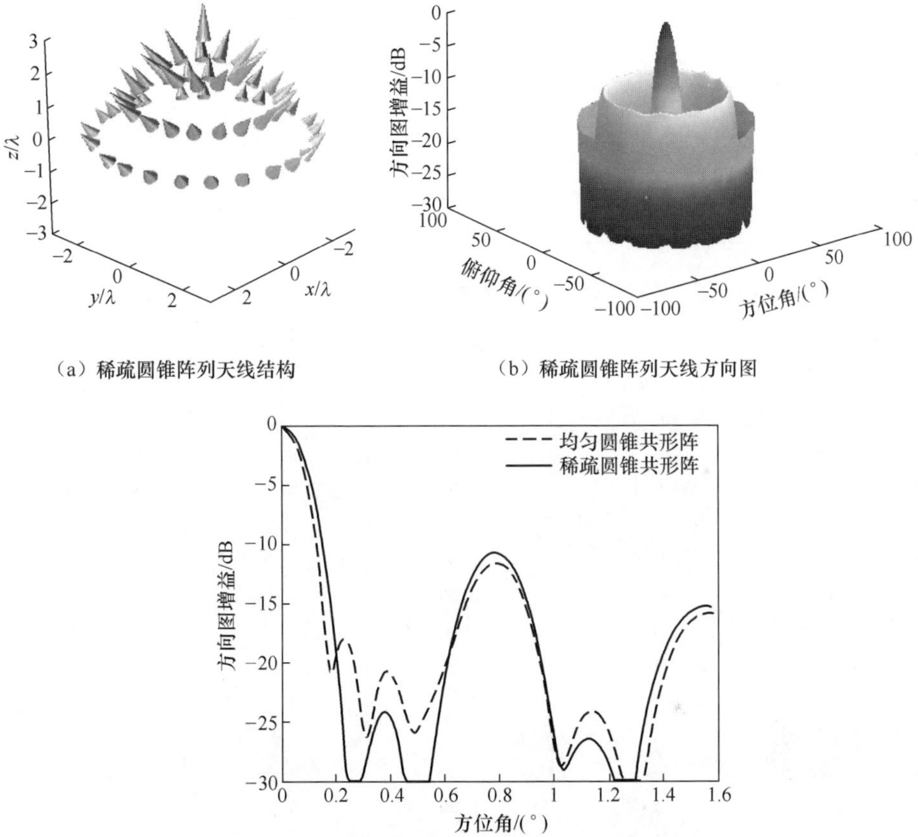

（a）稀疏圆锥阵列天线结构

（b）稀疏圆锥阵列天线方向图

（c）俯仰角为0°时的圆锥阵列天线方向图

图 6.13　稀疏圆锥阵列天线结构及其方向图(见彩图)

圆锥共形阵列天线单元激励的锥度比为 8.13dB,低于工程设计要求的 20dB。表 6.5 为稀疏后的圆锥阵列天线单元坐标及其激励振幅和相位。从表 6.4 中可以看出,稀疏圆锥阵列天线单元在顶点处的激励值最大,离顶点越远,激励值越小。这说明靠近顶点的阵元对圆锥阵列天线方向图影响更大,这与同心圆阵内环单元对天线方向图贡献更大的原理一致。

表 6.4　均匀圆锥共形阵列天线与稀疏圆锥共形阵列天线方向图性能参数对比

参　　数	均匀圆锥阵列天线	稀疏圆锥阵列天线
阵元个数	75	55
第一副瓣电平	−18.00dB	−24.91dB

续表

参　　数	均匀圆锥阵列天线	稀疏圆锥阵列天线
主瓣宽度	0. 39	0. 52
峰值旁瓣电平	-11. 57dB	-10. 71dB
锥度比 CTR	0	8. 13dB
方向性增益 D	25. 82dB	25. 73dB

表 6. 5　稀疏圆锥阵列天线阵元位置坐标与阵元激励

X 坐标/(λ/2)	Y 坐标/(λ/2)	Z 坐标/(λ/2)	激励振幅	激励相位/rad
0. 00	0. 00	3. 00	1. 96	3. 14
1. 00	0. 00	2. 00	1. 77	3. 14
0. 84	0. 54	2. 00	1. 81	3. 14
0. 42	0. 91	2. 00	1. 81	3. 14
-0. 14	0. 99	2. 00	1. 81	3. 14
-0. 65	0. 76	2. 00	1. 79	3. 14
-0. 96	0. 29	2. 00	1. 80	3. 14
-0. 96	-0. 27	2. 00	1. 78	3. 14
-0. 66	-0. 75	2. 00	1. 84	3. 14
-0. 14	-0. 99	2. 00	1. 82	3. 14
0. 42	-0. 91	2. 00	1. 83	3. 14
0. 85	-0. 53	2. 00	1. 80	3. 14
2. 00	0. 00	1. 00	1. 20	3. 14
1. 90	0. 62	1. 00	1. 33	3. 14
1. 62	1. 17	1. 00	1. 26	3. 14
1. 18	1. 62	1. 00	1. 27	3. 14
0. 62	1. 90	1. 00	1. 30	3. 14
0. 01	2. 00	1. 00	1. 28	3. 14
-0. 62	1. 90	1. 00	1. 31	3. 14
-1. 18	1. 61	1. 00	1. 30	3. 14
-1. 63	1. 16	1. 00	1. 30	3. 14
-1. 91	0. 60	1. 00	1. 28	3. 14
-2. 00	-0. 00	1. 00	1. 21	3. 14
-1. 91	-0. 59	1. 00	1. 26	3. 14
-1. 63	-1. 16	1. 00	1. 33	3. 14
-1. 18	-1. 61	1. 00	1. 28	3. 14
-0. 64	-1. 89	1. 00	1. 24	3. 14
-0. 02	-2. 00	1. 00	1. 37	3. 14
0. 67	-1. 88	1. 00	1. 49	3. 14

续表

X 坐标/(λ/2)	Y 坐标/(λ/2)	Z 坐标/(λ/2)	激励振幅	激励相位/rad
1.24	−1.57	1.00	1.08	3.14
1.61	−1.18	1.00	1.27	3.14
1.91	−0.59	1.00	1.34	3.14
3.00	0.00	0.00	0.80	0.00
2.89	0.81	0.00	0.87	0.00
2.56	1.56	0.00	0.88	0.00
2.04	2.20	0.00	0.88	0.00
1.37	2.67	0.00	0.85	0.00
0.59	2.94	0.00	0.88	0.00
−0.24	2.99	0.00	0.85	0.00
−1.00	2.83	0.00	0.86	0.00
−1.76	2.43	0.00	0.91	0.00
−2.36	1.85	0.00	0.89	0.00
−2.78	1.14	0.00	0.80	0.00
−2.97	0.42	0.00	0.86	0.00
−2.96	−0.46	0.00	0.85	0.00
−2.77	−1.15	0.00	0.82	0.00
−2.32	−1.91	0.00	0.97	0.00
−1.65	−2.50	0.00	0.89	0.00
−0.96	−2.84	0.00	0.77	0.00
−0.22	−2.99	0.00	0.91	0.00
0.71	−2.92	0.00	0.86	0.00
1.37	−2.67	0.00	0.78	0.00
2.06	−2.18	0.00	0.92	0.00
2.59	−1.52	0.00	0.91	0.00
2.91	−0.73	0.00	0.82	0.00

6.3.3 面向方向图可重构的共形阵列天线稀疏优化布阵

常规的均匀布阵中,为了防止栅瓣的出现,阵元最大间隔受最高工作频率和扫描范围的限制。此时,天线孔径的大小与天线单元的个数成正比。较高的分辨能力,意味着需要大的天线孔径和大量的天线单元,这不仅会造成系统重量、价格和功耗的增加,而且也会给馈电网络的设计带来极大的负担,尤其是在任务较多的情况下。方向图可重构的稀疏阵列天线可以通过少量的单元,采用非均匀的单元设置,在优化阵列天线单元激励的情况下,实现对多个目标方向图的重构赋形。该类阵列天线不仅可以减少天线单元的数量,节省平台空间,降低系统的制造成本，还能对多个目标方向图进行重构赋形，从而实现天线孔径的时分复用。本节将主要研究多任务学习在面向方向图可重构的阵列天线稀疏布阵中的应用。

以一个 M 元的线阵为例，首先均匀阵列天线孔径均分为 P 等分的栅格，即每个栅格的长度为 $M\lambda/2P$，对天线方向图进行 K 点采样，则此时线阵方向图赋形问题可以表示为

$$\min_{w} \frac{1}{P} \| \boldsymbol{F}_{\mathrm{REF}} - \boldsymbol{XW} \|_2^2 \tag{6.37}$$

式中：$\boldsymbol{W} = w_n(n = 1,2,\cdots,P)$ 为待求的阵元激励矢量；$\boldsymbol{F}_{\mathrm{REF}}$ 为期望方向图的 K 点样本矩阵；$\boldsymbol{X}$ 为导向矢量构成的矩阵，可表示为

$$\boldsymbol{X} = \begin{bmatrix} \exp\left(\dfrac{\mathrm{j}2\pi x_1 u_1}{\lambda}\right) & \exp\left(\dfrac{\mathrm{j}2\pi x_2 u_1}{\lambda}\right) & \cdots & \exp\left(\dfrac{\mathrm{j}2\pi x_M u_1}{\lambda}\right) \\ \exp\left(\dfrac{\mathrm{j}2\pi x_1 u_2}{\lambda}\right) & \exp\left(\dfrac{\mathrm{j}2\pi x_2 u_2}{\lambda}\right) & \cdots & \exp\left(\dfrac{\mathrm{j}2\pi x_M u_2}{\lambda}\right) \\ \vdots & \vdots & \ddots & \vdots \\ \exp\left(\dfrac{\mathrm{j}2\pi x_1 u_{D-1}}{\lambda}\right) & \exp\left(\dfrac{\mathrm{j}2\pi x_2 u_{D-1}}{\lambda}\right) & \cdots & \exp\left(\dfrac{\mathrm{j}2\pi x_M u_{D-1}}{\lambda}\right) \\ \exp\left(\dfrac{\mathrm{j}2\pi x_1 u_D}{\lambda}\right) & \exp\left(\dfrac{\mathrm{j}2\pi x_2 u_D}{\lambda}\right) & \cdots & \exp\left(\dfrac{\mathrm{j}2\pi x_M u_D}{\lambda}\right) \end{bmatrix} \tag{6.38}$$

当需要重构赋形的方向图个数为 t 时，对于 M 元的均匀等栅格分布的线阵，其方向图可重构的多任务稀疏学习模型可以表示为

$$\min_{W} \frac{1}{t} \sum_{i=1}^{t} \frac{1}{n_i} \| \boldsymbol{W}_i^{\mathrm{T}} \boldsymbol{X}_i - \boldsymbol{F}_{\mathrm{REF}} \|_F^2 + \rho \| \boldsymbol{W} \|_{1,2} \tag{6.39}$$

式中：$M \times N$ 为需要重构的期望方向图的数目；$\boldsymbol{W}$ 为待求的阵元激励矩阵矢量，$\boldsymbol{X}_i$ 为阵列天线的导向矢量；$\boldsymbol{F}_{\mathrm{REF}}$ 为期望方向图；ρ 为正则化参数，用于平衡阵列天线稀疏率及学习精确度，ρ 的数值越大，$\boldsymbol{W}$ 中非零行矢量越少，阵列天线的稀疏率越高。同时，方向图逼近效果越差，当 ρ 减小时，阵列天线方向图逼近程度就会越好，但稀疏率也会随之减小。$\| \cdot \|_{1,2}$ 表示 ℓ_1/ℓ_2 范数：

$$\| \boldsymbol{W} \|_{1,2} = \left\| \begin{matrix} w_{11}^2 + w_{12}^2 + \cdots + w_{1t}^2 \\ w_{21}^2 + w_{22}^2 + \cdots + w_{2t}^2 \\ \vdots \\ w_{P1}^2 + w_{P2}^2 + \cdots + w_{Pt}^2 \end{matrix} \right\|_1 \tag{6.40}$$

天线孔径的时分复用需要保证在同一天线孔径条件下，通过分时改变天线单元的激励值实现对不同功能方向图的重构赋形。选择ℓ_1/ℓ_2范数作为模型的正则化项范数可以保证每个待解的阵列天线激励矩阵的零值出现在同一行的位置，从而保证模型在对同一个直线阵列天线的多个不同功能方向图进行稀疏学习时，稀疏后的阵列天线单元位置保持一致，只是阵元的激励值有所不同。因此，面向方向图可重构任务的阵列天线多任务稀疏学习模型可以表示为图 6.14。从图中可以看出，以期望方向图的采样值作为先验知识，模型能对多个不同功能的方向图进行稀疏学习，且学习后的稀疏阵列天线的结构一致。在整个求解过程中，多任务学习能够选择部分权值的非零行矢量实现对期望方向图的线性回归，使得模型能够在对阵列天线稀疏的同时，通过动态改变稀疏后阵列天线单元的激励值实现对多个不同功能方向图的重构设计。

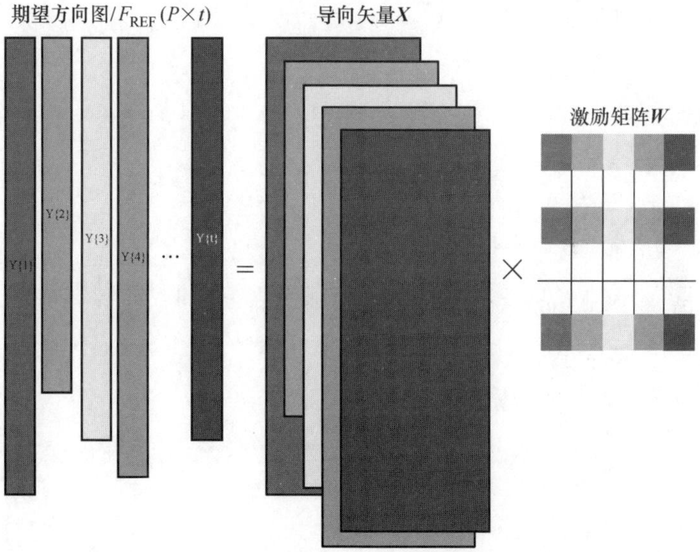

图 6.14　方向图综合的多任务学习模型(见彩图)

1. 模型求解

面向方向图可重构稀疏阵列天线的多任务学习模型为非凸的优化问题，属于 NP 难问题，其本身没有唯一解，其数学表示可以等价为

$$\min_{W}\frac{1}{t}\sum_{i=1}^{t}\frac{1}{n_i}\|\boldsymbol{W}_i^{\mathrm{T}}\boldsymbol{X}_i-\boldsymbol{F}_{\mathrm{REF}}\|_2^2+\rho\sum_{j=1}^{d}\min(\|w_j\|_2,\gamma) \tag{6.41}$$

当$w(i)\leqslant\gamma$时，$w(i)=\gamma$，γ是用以控制激励的最小值，从而达到控制馈电网络锥比度 CTR 的目的。

对式(6.41)求解可以等价为以下形式的解：

$$\begin{aligned}W^{*} &= \underset{W}{\operatorname{argmin}} \hbar_{\gamma,S}(W) \\ &= \underset{W}{\operatorname{argmin}} \frac{\gamma}{2}\left\| W-\left(S-\frac{1}{\gamma}\nabla(\| F_{\mathrm{REF}}-XW\|_2^2)\right\|_2^2+\rho \| W\|_{1,2}\end{aligned} \tag{6.42}$$

根据迭代收缩阈值的方法，可知

$$\begin{aligned}W^{(\tau+1)} &= \arg\min_{W} \ell(W_0,W^{(\tau)}) \\ &= \| F_{\mathrm{REF}}-XW^{(\tau)}\|_2^2+\langle \nabla(\| F_{\mathrm{REF}}-XW^{(\tau)}\|_2^2),W_0-W^{(\tau)}\rangle \\ &\quad +\frac{\Delta^{(k)}}{2}\| W_0-W^{(\tau)}\|_2^2+\rho \| W\|_{1,2} \\ &\approx \arg\min_{W}\frac{1}{2}\| W_{-}U^{(\tau)}\|_2^2+\frac{\rho}{\Delta^{(k)}}\| W\|_{1,2}\end{aligned} \tag{6.43}$$

式中：$U^{(\tau)}=W^{(\tau)}-\nabla\| F_{\mathrm{REF}}-XW^{(\tau)}\|_2^2/\Delta^{(\tau)}$，$\nabla$表示梯度，$\Delta$ 为步进长度，$W^{(\tau+1)}$ 表示 $W^{(\tau)}$ 的下一次迭代值。

对步长进行初始化，可得

$$\begin{cases}x^{(\tau)}=W^{(\tau)}-W^{(\tau-1)} \\ y^{(\tau)}=\nabla\| F_{\mathrm{REF}}-XW^{(\tau)}\|_2^2-\nabla\| F_{\mathrm{REF}}-XW^{(\tau-1)}\|_2^2 \\ \Delta^{(\tau)}=\arg\min\limits_{\Delta}\| \Delta x^{(\tau)}-y^{(\tau)}\|_2^2=\langle x^{(\tau)},y^{(\tau)}\rangle/\langle x^{(\tau)},x^{(\tau)}\rangle\end{cases} \tag{6.44}$$

对阵列天线单元的激励矩阵进行线搜索：

$$f(W^{(\tau+1)}) \leqslant \max_{i=\max(0,\tau-m+1),\cdots,\tau} f(W^{(i)})-\frac{\sigma}{2}\Delta^{(\tau)}\| W^{(\tau+1)}-W^{(\tau)}\|_2^2 \tag{6.45}$$

式中：$\sigma\in(0,1)$ 为常数；$m=1$ 表示单调递减；$m>1$ 表示非单调递减。令 $\boldsymbol{W}_0=[\boldsymbol{w}_1,\boldsymbol{w}_2,\cdots,\boldsymbol{w}_M]$ 为等间距 M 元阵列天线阵元的激励矩阵，其期望方向图可以通过下式得到，即

$$\boldsymbol{F}_{\mathrm{REF}}=\boldsymbol{X}\boldsymbol{W}_0+\delta \tag{6.46}$$

式中：δ 为一个随机变量，假设它的每一个分量 δ_{ij} 都是独立同分布的次高斯随机变量，即存在 $\varsigma>0$ 使得

$$\begin{gathered}\forall\ i\in N_K,j\in N_t,\qquad t\in R \\ \exists\ \delta_{i,j}\exp(t\delta_{i,j})\leqslant \exp\left(\frac{\zeta^2t^2}{2}\right)\end{gathered} \tag{6.47}$$

式中：K 为方向图的采样点数；t 为学习的方向图个数。

假设 1：给定 $1 \leqslant \vartheta \leqslant P$，并做出以下定义：

$$\begin{cases} \chi_i^{+}(\vartheta) = \sup\limits_{W}\left\{\dfrac{\| X_i \boldsymbol{W} \|^2}{n \ \| \boldsymbol{W} \|^2}: \ \| \boldsymbol{W} \|_0 \leqslant \vartheta\right\} \\ \chi_{\max}^{+}(\vartheta) = \max \chi_i^{+}(\vartheta) \\ \chi_i^{-}(\vartheta) = \inf\limits_{W}\left\{\dfrac{\| X_i \boldsymbol{W} \|^2}{n \ \| \boldsymbol{W} \|^2}: \ \| \boldsymbol{W} \|_0 \leqslant \vartheta\right\} \\ \chi_{\min}^{-}(\vartheta) = \min \chi_i^{-}(\vartheta) \end{cases} \tag{6.48}$$

在假设 1 成立的情况下，定义 $\varpi = \{(i,j): w_{i,j} \neq 0\}$。令 r 为 $\boldsymbol{W}$ 中非零行的个数，$r = M - Q$，Q 为稀疏后阵列天线的阵元数，可以假设

$$\begin{cases} \forall (i,j) \in \varpi, \quad \| \boldsymbol{W}_0^j \|_2 \geqslant 2\gamma \\ \dfrac{\chi_i^{+}(s)}{\chi_i^{-}(2r + 2s)} \leqslant 1 + \dfrac{s}{2r} \end{cases} \tag{6.49}$$

式中：S 为一个满足 $s \geqslant r$ 的整数。假设选择参数 ρ 和 γ，使得在条件 $s \geqslant r$ 下，存在以下关系式：

$$\begin{cases} \rho \geqslant 12\sigma \sqrt{\dfrac{2\chi_{\max}^{+}(1) \ln(2Pt/\eta)}{D}} \\ \chi \geqslant \dfrac{11t\rho}{\chi_{\min}^{-}(2r + s)} \end{cases} \tag{6.50}$$

则稀疏阵列天线单元激励矩阵估计误差的界以不小于 $1 - \eta$ 的概率成立：

$$\| W^l - W_0 \|_{2,1} \leqslant 0.8^{l/2} \frac{9.1t\rho\sqrt{r}}{\chi_{\min}^{-}(2r + s)} + \frac{39.5t \varsigma \sqrt{\chi_{\max}^{+}(r)(7.4r + 2.7\ln(2/\eta))/P}}{\chi_{\min}^{-}(2r + s)} \tag{6.51}$$

式中：r 为 $\boldsymbol{W}$ 中的非零行数；ρ 为方向图综合多任务模型的输入参数，用以控制天线阵列的稀疏；ς 为极小的正数常数；K 为方向图总体采样的次数。当 r 确定时，模型输出的精度上界相应确定。

综合上述分析可知，本节算法的基本步骤可概括如下。

（1）确定需要重构的方向图个数 t 以及样本数 K，根据要求对需要重构的期望方向图采样期望方向图矩阵 $\boldsymbol{F}_{\text{REF}}$，根据孔径被均分为 P 个栅格的 M 元天线阵列确定直线阵列天线导向矢量矩阵 $\boldsymbol{X}$。

（2）在满足稀疏率的情况下，根据拉格朗日算子与权值矩阵非零个数的关系曲线得到相应的 ρ 输入。

(3) 通过得到预估的 $\boldsymbol{W}$ 值,输出稀疏后阵列天线单元的激励值并计算其对应的方向图。

(4) 分析输出的稀疏阵列天线重构出来的方向图,对模型的准确性和有效性进行评估。

2. 仿真实验与性能分析

为了验证方向图可重构稀疏阵列天线的多任务学习模型的有效性和可行性,本节对阵元数为 32,以 $\lambda/2$ 等间隔布阵的均匀直线阵列天线进行面向方向图可重构的稀疏优化布阵。对于均匀布阵的直线阵列,通过改变其阵元激励能够重构设计不同的功能方向图,以切比雪夫波束方向图、平顶波束方向图及余割平方波束方向图为例,其相应的各位置单元归一化的激励振幅与方向图如图 6.15 所示。从图 6.15 (a)中可知,等间隔布阵的阵列天线的激励是以阵列中心对称分布的。从图 6.15 (b)中可以看出,对于平顶波束方向图,其旁瓣峰值电平为-25.91dB,主瓣宽度为 40°。对于余割平方波束方向图,其主瓣宽度为 25°,峰值旁瓣电平为-25.05dB。对于切比雪夫波束方向图,其旁瓣峰值电平为-20dB,且为一恒定的常量。对图 6.15 (b)中的三类天线方向图进行 180 点的采样,即 $K=180$。将采样值组成的激励矩阵作为多任务学习模型已知的样本空间,即矩阵 $\boldsymbol{F}_{\mathrm{REF}}$。将 32 元等间隔布阵的阵列天线孔径划分 1000 个栅格点,即 $P=1000$,确定模型的特征矩阵输入值 $\boldsymbol{X}$,对其进行稀疏学习,结果如图 6.16 所示。

从图 6.16 (a)中可知,稀疏后的阵列天线单元数变为 26,且阵列是非均匀分布。从图 6.16 (b)中可知,尽管稀疏掉一部分阵元,且阵列单元激励分布并不对称,但阵列重构的方向图与等间隔均匀布阵的直线阵列天线方向图极为相似。对平顶波束方向图,其主瓣宽度为 40°,峰值旁瓣电平为-27.49dB。对于余割平方波束方向图,其主瓣宽度为 25°,峰值旁瓣电平为-25.12dB。对于切比雪夫波束方向图,其零点主瓣宽度为 8°,旁瓣电平近似为常量,其旁瓣峰值为-19dB,等间隔均匀阵列和稀疏布阵重构出来的方向图性能对比如表 6.5 所列。从表 6.5 中的数据可以得出,利用方向图可重构的稀疏阵列天线多任务学习模型对等间隔分布的满阵天线进行稀疏学习,得到的稀疏阵列天线能够用更少的阵元数重构出与均匀布阵的直线阵列天线方向图基本一致的波束方向图。而且,从模型求解数学解析式可知,模型对输入的数据类型没有限制,即模型既能对激励为实数的阵列天线方向图进行稀疏学习,也能对含虚部的复数激励阵列天线方向图进行学习。图 6.17 即为余割平方波束方向图等间隔分布阵列天线单元激励与稀疏后的阵列天线单元的激励分布情况,从图中可以看出,多任务学习能够对阵列天线单元激励振幅与相位同时进行稀疏优化学习。

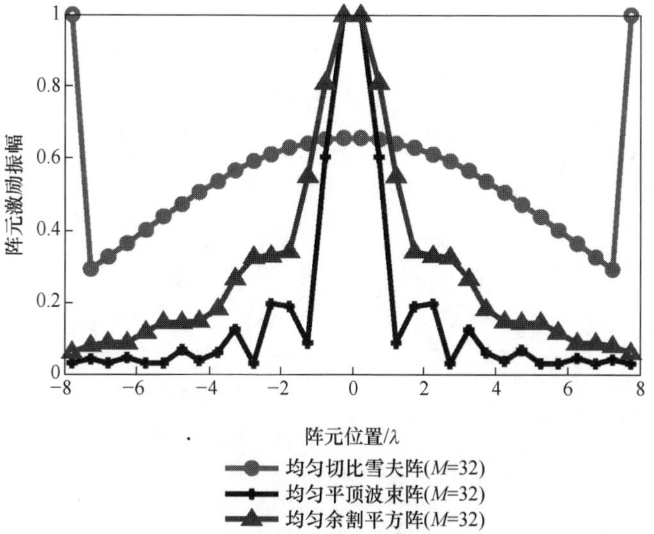

（a）不同位置阵元激励振幅

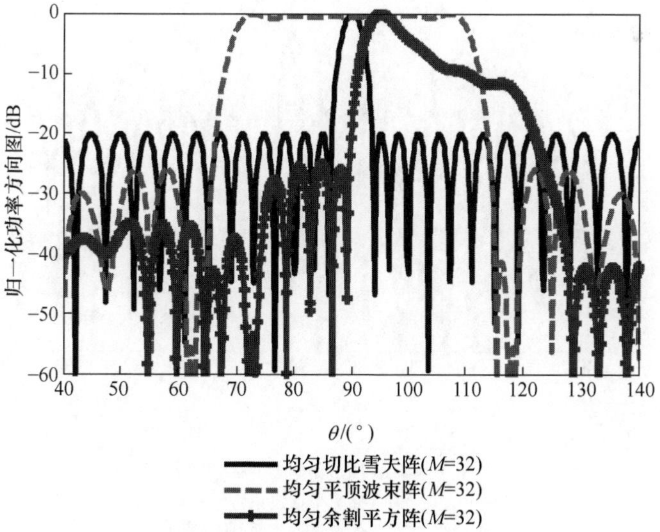

（b）阵列天线归一化方向图

图 6.15　等间隔布阵直线阵列天线单元激励振幅及其相应的方向图

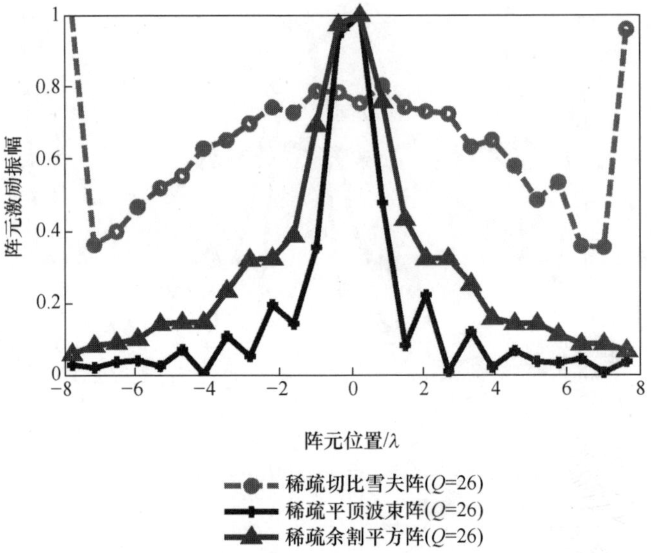

（a）不同位置阵元激励振幅

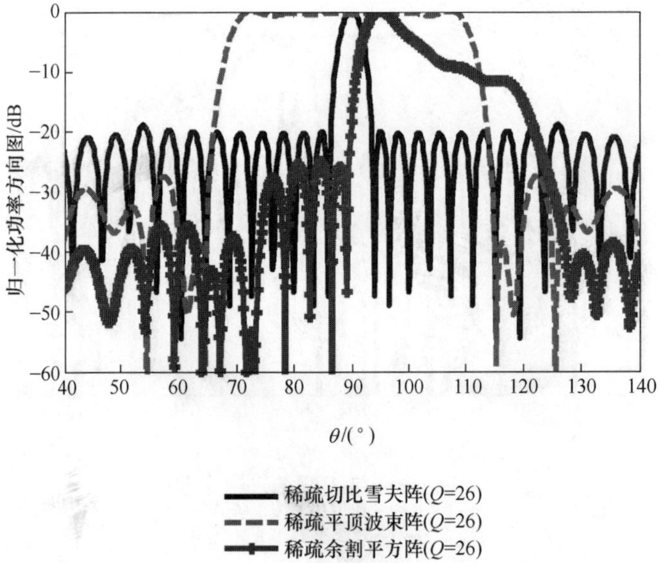

（b）阵列天线归一化方向图

图 6.16　稀疏直线阵列天线单元激励振幅及其相应的方向图(见彩图)

表 6.6　均匀布阵和稀疏布阵的阵列天线重构出来的天线方向图性能参数对比

性能参数	切比雪夫波束		平顶波束		余割平方波束	
	期望方向图	稀疏方向图	期望方向图	稀疏方向图	期望方向图	稀疏方向图
主瓣宽度/(°)	8	8	40	40	25	25
旁瓣峰值/dB	−20	−19	−25.91	−27.49	−25.05	−25.12
阵元数量	32	26	32	26	32	26

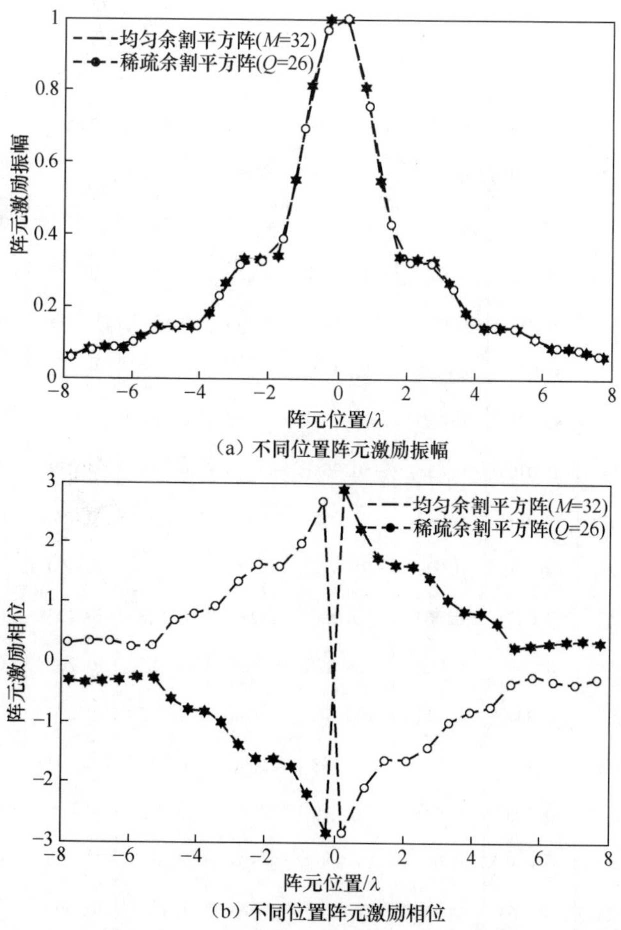

图 6.17　余割平方波束方向图对应的阵列单元激励振幅与相位分布

等间隔分布的均匀直线阵列天线和稀疏学习后稀疏布阵的直线阵列天线单元位置及其激励值如表 6.7 所列。

表 6.7　均匀布阵和稀疏布阵的阵列天线单元的位置及其激励

均匀直线阵列天线单元	切比雪夫阵（$N=32$）	平顶波束阵（$N=32$）	余割平方波束阵列（$N=32$）		稀布线阵	切比雪夫阵（$N=26$）	平顶波束阵（$N=26$）	余割平方波束阵列（$N=26$）	
	激励幅值	激励幅值	激励幅值	激励相位	阵元位置	激励幅值	激励幅值	激励幅值	激励相位
1	1	−0.010	0.007	−17.979	−7.751	1.033	0.012	0.008	18.772
2	0.287	−0.013	0.009	−21.480	−7.135	0.379	0.009	0.011	20.433
3	0.324	0.010	0.010	−19.085	−6.519	0.410	0.016	0.012	19.031
4	0.362	0.015	0.009	−17.480	−5.903	0.478	0.016	0.014	15.462
5	0.399	0.010	0.013	−15.469	−5.289	0.541	0.010	0.020	15.421
6	0.435	−0.010	0.016	−14.793	−4.672	0.570	0.028	0.020	39.222
7	0.471	−0.023	0.016	−37.391	−4.056	0.650	0.001	0.021	47.361
8	0.504	−0.012	0.017	−46.713	−3.444	0.671	0.046	0.033	52.491
9	0.535	0.020	0.021	−47.910	−2.826	0.715	0.022	0.046	77.188
10	0.563	0.042	0.030	−58.258	−2.213	0.768	0.084	0.047	93.739
11	0.587	0.010	0.038	−80.964	−1.594	0.761	0.059	0.055	91.529
12	0.610	−0.067	0.038	−93.065	−0.981	0.807	0.150	0.100	112.418
13	0.628	−0.065	0.039	−91.312	−0.363	0.807	0.400	0.140	153.804
14	0.642	0.029	0.064	−99.906	0.248	0.788	0.425	0.144	−162.099
15	0.651	0.208	0.095	−126.228	0.866	0.823	0.205	0.109	−119.309
16	0.655	0.347	0.117	−162.588	1.480	0.765	0.034	0.062	−92.871
17	0.655	0.347	0.117	162.588	2.096	0.752	0.095	0.046	−93.713
18	0.651	0.208	0.095	126.228	2.711	0.755	0.005	0.047	−82.368
19	0.642	0.029	0.064	99.906	3.328	0.653	0.049	0.036	−55.524
20	0.628	−0.065	0.039	91.312	3.945	0.671	0.009	0.023	−47.378
21	0.610	−0.067	0.038	93.065	4.559	0.596	0.027	0.020	−42.868
22	0.587	0.010	0.038	80.964	5.173	0.498	0.017	0.020	−18.311
23	0.563	0.042	0.030	58.258	5.787	0.559	0.014	0.016	−14.622

续表

均匀直线阵列天线单元	切比雪夫阵（$N=32$）	平顶波束阵（$N=32$）	余割平方波束阵列（$N=32$）		稀布线阵	切比雪夫阵（$N=26$）	平顶波束阵（$N=26$）	余割平方波束阵列（$N=26$）	
	激励幅值	激励幅值	激励幅值	激励相位	阵元位置	激励幅值	激励幅值	激励幅值	激励相位
24	0.535	0.020	0.021	47.910	6.404	0.368	0.018	0.012	-18.081
25	0.504	-0.012	0.017	46.713	7.017	0.363	0.003	0.012	-20.828
26	0.471	-0.023	0.016	37.391	7.634	0.985	0.014	0.009	-18.839
27	0.435	-0.010	0.016	14.793					
28	0.399	0.010	0.013	15.469					
29	0.362	0.015	0.009	17.480					
30	0.324	0.010	0.010	19.085					
31	0.287	-0.013	0.009	21.480					
32	1	-0.010	0.007	17.979					

从表6.7中可以看出，三类方向图所采用的是同一个结构的稀疏阵列天线，只是各个单元的激励值不同。相对于均匀布阵的直线阵列天线，稀布的方向图可重构阵列天线能够利用更少的阵元数，重构出与均匀布阵天线方向图性能一致的波束方向图，这样不仅能减少方向图可重构阵列天线的设计成本，减小系统质量和馈电网络的设计复杂度，而且还能进一步减小阵元间的互耦效应，保证阵列天线系统的稳定性。

6.4 小　结

“灵巧蒙皮”的共形阵列天线技术已成为现代阵列天线的发展方向，在未来星载、机载、舰载和弹载雷达、航天飞行器以及移动通信、声呐等领域中具有广阔的应用前景。利用共形阵列天线实现空间目标方位探测是共形阵列天线应用的重要方面，共形阵列天线的阵列设计方法已成为空间谱估计领域新的研究热点。但是，相关技术的研究并不完善，仍存在诸多难题尚待进一步解决。本章围绕共形阵列天线结构设计展开了深入系统的介绍，主要内容概述如下。

（1）利用交替投影的优化算法，实现了共形阵列天线宽带、低副瓣、低交叉极化的波束综合方法,并就单元局部坐标系和阵列全局坐标系中的极化分集进行了详细的分析和讨论。

(2) 介绍了多任务学习的基本原理及其在共形阵列天线设计中的应用,将面向方向图综合和方向图可重构的阵列天线稀疏优化布阵问题转化成一个多任务学习的问题,通过将一个大型的单任务学习问题转变为多个相关的多任务学习问题,实现了面向方向图综合的共形阵列天线稀疏布阵和方向图可重构的阵列天线稀疏优化布阵。

第 7 章　稀布阵列天线的设计方法

7.1 引　言

伴随天线数量和复杂程度的大幅增加，天线系统的设计成本急剧上升，电磁兼容问题更加严重，这对如何在有限的载体平台空间内对天线阵进行合理的优化布局提出了严峻的挑战。相对于均匀布阵，阵列天线的稀疏布阵方式具有诸多优势，利用稀布阵来降低实现预期方向图性能所需的阵元数目已经成为国内外学者重点研究的课题。根据稀疏布阵方式的不同，可以将稀布阵列分为两种：一种是根据一定的稀疏率从均匀间隔阵列中抽取部分阵元得到的稀疏阵；另一种是天线单元在一定孔径范围内随机分布的稀布阵。相比较而言，稀疏阵的阵元间距通常约束为半波长的整数倍，优化自由度较小。而稀布阵的阵元间距从规则栅格约束简化为只有上下限约束，相互之间不可整除，通常大于半波长，在优化布阵过程中具有更大的自由度，相同阵列孔径和阵元数条件下可以获得更优的方向图性能，近年来受到越来越多的关注，也是本章的主要研究对象。

(1) 对于稀疏阵列的优化设计，通常以降低副瓣电平为优化目标，其实质是一个多维、多模的非线性优化问题。伴随各种依赖计算机技术的智能优化算法的推广应用，阵列天线的稀疏优化布阵逐渐朝着大规模、多约束的方向发展，参数的约束优化条件可以容易地加入目标函数中。通过建立以阵元位置为未知变量的方向图优化函数，以遗传算法[21-24]、粒子群优化算法[25]、蚁群优化算法[29]、差分进化算法[30]、萤火虫算法[31-32]、生物地理学优化算法[33-34]等为代表的全局随机优化算法被广泛用于低副瓣稀疏优化布阵中。然而，由于优化算法的计算量大，收敛速度慢，通常需要很长的运算时间才能得到最终的优化结果，特别对于大型阵列，计算复杂度随阵元数目的增加急剧升高，导致这类算法的运算效率极低。其他用于解决此类阵列设计问题的方法还包括解析法[35-42]、迭代傅里叶法(Iterative Fourier Technique, IFT)[43-51]和凸优化法[52-53]。解析法是一种确定性数值计算方法，它具有运算量小、便于处理的优势，但其很难对参数加入约束条件，设计的阵列也不是最佳的。文献[54]将组合数学中的差集理论引入稀疏布阵领域，利用不同差集的数学性质，获得了稀疏阵列设计的解析解,该方法不仅具有解析方法的优点,还能够对阵列方向图的副瓣电平进行预测,被用于解决阵列校正问题。但是,由于差集数量有限,这种解析方法的自由度较差,适用范围受限。文献[55-56]结合差集方法和优化算法的优点,将差集方法得到的结果作为优化算法的初值,改善副瓣性能的同时提高了算法的全局收敛速度。但是,上述方法都采用均匀栅格稀疏的方式,优化自由度较小,而阵列综合中附加的自由度有助于进一步节省阵元数目、降低设计成本,下面将重点研究稀布阵列的优化设计方法。

(2) 对于稀布阵列的优化设计,根据优化目标的不同,可以将其概括为两类[57-58]:一类是根据预先给定的方向图性能指标(副瓣电平、主瓣宽度、增益、激励动态范围比等),通过设计阵列的几何结构和激励大小使阵列方向图满足上述性能要求,对方向图的具体细节并不苛求[62-64];另一类是根据预先给定的期望方向图,通过优化阵元位置和激励获得指定形状的辐射方向图,并使其尽可能地逼近目标方向图,这是近几年稀布阵优化设计的研究热点,也是本章的主要研究内容。由于该类综合问题涉及较多未知变量(阵元数、阵元位置、激励幅度和相位)的联合优化,优化自由度很大,为阵列性能的提升提供了更广阔的空间,但同时也会使该非线性综合问题变得更加复杂,国内外学者对此展开了一系列研究。

H. Unz 于 1960 年最先将非等间隔布阵的思想引入阵列设计中,推导了阵列方向图与阵元位置的 Fourier-Bessel 展开式,然而该方法并未得到有价值的数值解[68]。D. D. King 也在同一时期对非均匀间隔布阵进行了相关讨论,并通过仿真实验说明了这种随机稀疏布阵方式的优势,包括可以利用较少的阵元数目实现相近的波瓣宽度,能够有效避免栅瓣,适用于宽带系统等,但是该方法并没有在稀疏布阵理论研究方面给出有益的结论[69]。R. F. Harrington 首次将微扰理论用于降低等激励非均匀阵列的副瓣电平,相对于幅度锥销技术,这种降低副瓣电平的方法更加简单,尤其适用于大型阵列设计,但是该方法得到的稀布阵列口径大于原均匀阵列口径,且平均阵元间距小于半波长[70]。1962 年,M. G. Andreason 以最小化副瓣电平为目标,利用计算机优化稀布阵列的阵元位置,这种求解思路至今仍有参考价值,但其运算时间较长,不适用于大型阵列的优化设计。此外,他还针对稀布阵列的理论研究给出了一些结论,他指出副瓣电平主要由阵元数目决定,而 3dB 波瓣宽度主要由阵列孔径决定。阵元间距大的稀布阵对应更低的峰值旁瓣电平,但是阵元位置的微小调整并不会改善副瓣电平。且给出了稀布阵列的优化设计不存在唯一解的重要论述,M. G. Andreason 的研究为稀布阵列综合奠定了理论基础,至今还具有一定的指导意义[71]。1962 年,A. Ishimaru 采用 Poisson 和准则以及“源位置函数”将辐射方向图转换为一系列积分和的形式,通过仿真实验验证了该方法可以设计出满足期望方向图特性的稀布阵列,并将其成功用于波导缝隙天线、频率扫描天线、幅度调制天线的优化设计中[72]。1965 年,M. Ma 基于 Haar 定理提出了一种联合优化非均匀阵列阵元位置和激励的思路,但是他并没有给出最佳 Chebyshev 系统对应参数的求解方法[73]。

1972 年,W. L. Stutzman 利用高斯求积法对稀布阵列的阵元位置和激励联合优化,实现了平顶方向图的综合,可以获得与均匀阵列辐射方向图相近的性能[74]。1975 年,R. Streit 在假设阵元位置和激励关于阵列中心对称分布的情况下给出了最优方向图的充分条件,指出最优方向图应为等副瓣方向图,但是他只能在阵元位置给定的前提下通过 Remes 算法求解最优方向图对应的激励大小,并不能同时对位置和激励进行优化[75]。1976 年,H. Schjaer-Jacobsen 利用非线性极小极大优化算法实现稀布阵列的方向图综合,通过优化阵元位置来降低副瓣电平,并将得到的综合结果与传统的 Dolph-Chebyshev 阵进行比较,验证了该方法的有效性和可靠性。但是,该方法没有对阵元间距进行限制,综合得到的阵元间距很小,并不适用于实际阵列设计[76]。1984 年,H. Elmikati 将投影法扩展应用到稀布阵列综合中,通过联合优化阵元位置和激励可以获得更低的副瓣电平,同时该方法便于加入约束条件,且具有计算量少、收敛速度快的优势[77]。1988 年,P. Jarske 在文献[78]中明确指出稀疏阵列的阵元被约束在规则栅格上,且阵元间距为某一个固定值的整数倍,设计简单便于实现,而阵元随机分布的稀布阵列具有更大的优化自由度,有利于方向图性能的提升。但是,这种方式涉及复杂的非线性优化问题,处理起来十分困难。国内对于稀布阵列设计的研究始于 20 世纪 90 年代初,保铮课题组详细研究了指数间隔阵列的阵元分布方程、旁瓣电平和波束宽度等,并指出稀布阵的副瓣电平主要由阵元数目和平均阵元间距决定。该方法还可以从理论上得到最佳阵元位置,获得可视区范围内的最低副瓣电平,并进行了仿真验证,但上述阵元分布方程无法对阵元间距进行约束,实际应用中会有一定的局限性[79-80]。

综合以上分析可得出,由于稀布阵列综合涉及更多的未知量和可行解,优化自由度很大,为阵列性能的提升提供了更广阔的空间。同时,也会使该非线性综合问题变得更加复杂,使得建立在均匀阵列天线模型上的传统阵列综合方法并不能直接应用到稀布阵列天线中,寻找新的快速有效的稀布阵列综合方法成为亟待解决的技术难题。

目前,凸优化算法、解析方法和智能优化算法已被成功用于稀布阵列的方向图综合。解析法能够确定性地计算出所需的阵列参数,通常不需要迭代或随机优化的步骤。因此,具有计算量小,易于实现的优势。但是,解析法综合的阵列往往不是最佳的，而且普适性不好，通常一种解决方法只针对某一特定应用场合。智能优化算法虽然在解决稀布阵列综合这种非线性多变量优化问题上取得了较理想的结果，但是，该类方法通常需要提前设定稀布阵列的阵元数目，为了尽可能使用最少的阵元个数，需要通过改变数目找到所有的可能解，用全局优化算法并不是一个合理的选择。此外，该类方法在计算最优解的过程中需要全局搜索，并耗费大量的运行时间，而且运算量随着阵元数目的增多急剧增加，极大地限制了优化算法的适用范围。虽然智能优化算法灵活性很高，已被成功用于解决大部分非线性优化问题，但在不损失性能的前提下减少优化算法的计算复杂度仍是亟待解决的技术难题。相比于智能优化算法，凸优化算法的运算量明显减少。然而，为了保证凸优化算法能够用于求解此类非线性综合问题，在与凸问题的转化过程中可能需要大量近似处理，使该算法得到的解一定不是最优解，适用范围严重受限。

为了获得性能更优的稀布阵列，国内外学者对于该问题的研究不仅局限在对以上经典算法的改进方面，也逐渐开始研究如何用信号处理中的相关算法对稀布阵列进行优化设计。矩阵束方法（Matrix Pencil Method，MPM）是一种非迭代的滤波估计算法，常被用来估计含噪正弦信号的频率[81-82]。2008 年，刘颜回等首次将 MPM 引入稀布阵列综合，主要用于实现稀布直线阵列的笔形波束方向图综合，可节约 40% 的阵元数目[83]。该方法首先需要构造方向图采样数据的 Hankel 矩阵，并对其奇异值分解（Singular Value Decomposition，SVD），然后通过舍弃较小的奇异值来减少阵元个数，并根据得到低秩近似矩阵的广义特征值分解（Eigen Value Decomposition，EVD）来估计稀布阵列的阵元位置及相应激励。然而，由于该方法涉及的矩阵运算均在复数域进行，求得的阵元位置也为复数，但是只有实数阵元位置是工程可实现的，所以通常会仅保留复数阵元位置的实部作为最终阵元位置的值，这种近似处理将会导致方向图性能的损失，并且不能忽略或者先验估计[84]。2010 年，刘颜回研究团队在先前研究的基础上，利用前后向矩阵束方法（Forward-Backward Matrix Pencil Method，FBMPM）对复矩阵束广义特征值的分布进行约束，使得该方法对于非对称的赋形波束方向图综合，性能改善明显[85]。然而，这种方法并没有给出相应的理论依据，无法保证所有特征值都位于单位圆上，也存在某些复数阵元位置近似处理的可能性，不能保证最佳的方向图拟合效果[86]。此外，除了幅度和相位场分布，功率分布也是很重要的技术指标，而先验给定的场分布降低了功率方向图综合中可用的自由度。为了充分利用同一功率方向图可对应不同的场方向图这一多样性，刘颜回教授首先将功率方向图综合等效为最小均方误差优化问题，并通过多项式求根法对满足要求的功率方向图场分解；然后利用 FBMPM 求解每个期望场方向图对应的稀布阵列,以阵元数目最少的稀布阵列作为最终的阵列设计结果[87-88]。这一研究成果将稀布阵列仅有包络约束的功率方向图综合和需要精确赋形的场方向图综合建立联系,对相关领域的研究具有指导意义。同年,阳凯等将 MPM 推广到可分离平面阵列的稀布阵列设计中[89]。2013 年,L. F. Yepes 等基于划分独立压缩区域(Independent Compression Regions, ICR)的思想,利用矩阵束方法或贝叶斯压缩感知方法对可分离平面阵列进行分步稀疏,获得了较理想的方向图性能[90-91]。但是,由于可分离平面阵列的阵因子是由两个正交线阵阵因子的乘积组成,这种平面阵列不能保证方向图函数在所有平面内都保持良好的性能,使其局限性较大。

综合上述研究现状,我们对现有矩阵束方法存在的问题做出如下总结:一是由于阵元位置的近似处理无法避免,从而加剧了方向图近似程度的偏差;二是由于该方法涉及大量高维复矩阵运算,当阵元数目增多时,会导致算法复杂度明显增加;三是该方法只能解决可分离平面阵列的稀疏布阵问题,相当于对两个正交的线阵分别采用传统的矩阵束方法,实质还是对一维线阵进行处理,而该方法不能用于解决任意平面阵列(包括可分离平面阵列和不可分离平面阵列)的稀疏优化设计问题。值得肯定的是,相比于之前提到的智能优化算法和凸优化算法,矩阵束方法的计算效率最高。而且矩阵束方法可以同时优化阵元数目,阵元位置及相应激励多个参数来重构期望方向图,将稀布阵列设计的求解不再局限于给定阵元数目前提下的优化阵元位置或激励,为稀布阵列综合设计开辟了新的研究方向,找到解决上述问题的有效方法将是未来一段时间的研究热点[92-93]。

除矩阵束方法外,近些年兴起的压缩感知算法也在稀布阵列综合领域取得了初步研究成果。作为一种能够灵活利用信号先验概率特性的压缩感知方法,贝叶斯压缩感知算法的有效性不依赖于矩阵的约束等距性,不同的先验概率分布可对应不同的重构算法,因其在稀疏性、灵活性、精度等方面的优势而具有更广阔的应用前景。意大利 ELEDIA 研究中心采用基于高斯先验的贝叶斯压缩感知算法对任意直线阵列、矩形平面阵列、共形阵列的稀疏优化布阵进行研究,验证了贝叶斯压缩感知算法在处理这种非线性稀疏优化问题的潜力和优势。然而,这类基于高斯先验的贝叶斯压缩感知算法对于调节参数的变化较为敏感,其性能受到调节参数的控制,想要获得理想的综合结果必须对多个调节参数同时优化,最优解不易实现,不恰当的参数设置将会导致算法性能恶化,进而使得方向图重构精度和阵列稀疏性下降。针对这一问题,本章还提出了一种基于 Laplace 先验贝叶斯压缩感知的面阵方向图综合方法,该方法能够自适应地求解模型参数,有效避免了由于参数选择不当导致的重构精度恶化的问题,同时由于 Laplace 先验的引入使得该算法综合得到的稀布阵列具有更稀疏的结构和更优的方向图性能。

7.2 酉变换-矩阵束方法

矩阵束方法是近年来提出的一种非迭代滤波估计算法,该方法的计算效率很高,在稀布阵列综合设计领域表现出诸多优势,相比于之前提到的智能优化算法和凸优化算法,矩阵束方法的计算效率最高。而且矩阵束方法可以同时优化阵元数目,阵元位置及相应激励多个参数来重构期望方向图,将稀布阵列设计的求解不再局限于给定阵元数目前提下的优化阵元位置或激励,为稀布阵列综合设计开辟了新的研究方向,找到解决上述问题的有效方法将是未来一段时间的研究热点。然而矩阵束方法仍存在一些问题亟待解决,主要表现在以下三个方面:一是由于该方法中阵元位置的近似处理无法避免,从而加剧了方向图近似程度的偏差;二是由于该方法涉及大量高维复矩阵运算,当阵元数目增多时,会导致算法复杂度明显增加;三是该方法只能解决可分离平面阵列的稀疏布阵问题,相当于对两个正交的线阵分别采用传统的矩阵束方法,实质还是对一维线阵进行处理,而该方法不能用于解决任意矩形平面阵列(包括可分离矩形平面阵列和不可分离矩形平面阵列)的稀疏优化布阵问题。

本节首先针对矩阵束方法由于阵元位置近似处理导致方向图拟合不准确以及复矩阵运算导致复杂度高的问题,以一维阵列为研究对象,提出一种基于酉变换-矩阵束(Unitary Matrix Pencil,UMP)的稀布线阵综合方法。该方法由于酉变换的引入使得占运算量绝大部分的复数域广义特征值分解和奇异值分解问题转化到实数域,且可以直接估计得到实数阵元位置,有效解决了上述两方面问题。其次针对矩阵束方法不能处理任意矩形平面阵列稀疏优化设计的问题,提出一种基于二维酉矩阵束的稀布矩形平面阵综合方法,该方法可分别对待求阵元位置的横纵坐标估计并进行配对处理,成功将矩阵束类方法的适用范围扩展到任意矩形平面阵列,且由于在构造等价矩阵束时采用酉变换,也具有高方向图拟合精度和低复杂度的优势。

7.2.1 酉变换相关定理

如果 N 阶矩阵 $\boldsymbol{Y}$ 满足 $\boldsymbol{Y}^{\mathrm{H}}\boldsymbol{Y} = \boldsymbol{Y}\boldsymbol{Y}^{\mathrm{H}} = \boldsymbol{I}_N$,则称 $\boldsymbol{Y}$ 为酉矩阵,且酉矩阵的共轭转置等于它的逆矩阵,即 $\boldsymbol{Y}^{\mathrm{H}} = \boldsymbol{Y}^{-1}$ 。下面给出 Centro-Hermitian 矩阵的定义及酉变换定理。

定义 7.1 如果矩阵 $\boldsymbol{G} \in \mathbb{C}^{A\times B}$ 满足

$$\boldsymbol{G} = \prod_A \boldsymbol{G}^* \prod_B \tag{7.1}$$

式中：$\boldsymbol{G}$ 称为 Centro-Hermitian 矩阵；上标“ * ”表示共轭运算；$\prod_A$ 表示 A 阶单位反对角置换矩阵，可表示为

$$\prod_A = \begin{bmatrix} 0 & \cdots & 0 & 1 \\ 0 & \cdots & 1 & 0 \\ \vdots & \ddots & \vdots & \vdots \\ 1 & \cdots & 0 & 0 \end{bmatrix}_{A\times A} \tag{7.2}$$

定理 7.1 对于任意矩阵 $\boldsymbol{G} \in \mathbb{C}^{A\times B}$，$[\boldsymbol{G} \vdots \prod_A \boldsymbol{G}^* \prod_B]$ 为 Centro-Hermitian 矩阵。

定理 7.2 如果矩阵 $\boldsymbol{G} \in \mathbb{C}^{A\times B}$ 是 Centro-Hermitian 矩阵，则有 $\boldsymbol{Y}_A^{\mathrm{H}}\boldsymbol{G}\boldsymbol{Y}_B$ 为实矩阵，$\boldsymbol{Y}_A$ 是 A 阶酉矩阵，可表示为

$$\boldsymbol{Y}_A = \begin{cases} \dfrac{1}{\sqrt{2}}\begin{bmatrix} \boldsymbol{I}_C & \mathrm{j}\boldsymbol{I}_C \\ \Pi_C & -\mathrm{j}\Pi_C \end{bmatrix}_{A\times A}, A = 2C \\ \dfrac{1}{\sqrt{2}}\begin{bmatrix} \boldsymbol{I}_C & \boldsymbol{0}_{C\times 1} & \mathrm{j}\boldsymbol{I}_C \\ \boldsymbol{0}_{C\times 1}^{\mathrm{T}} & \sqrt{2} & \boldsymbol{0}_{C\times 1}^{\mathrm{T}} \\ \Pi_C & \boldsymbol{0}_{C\times 1} & -\mathrm{j}\Pi_C \end{bmatrix}_{A\times A}, A = 2C+1 \end{cases} \tag{7.3}$$

式中：$\boldsymbol{0}$ 是由 0 元素构成的列矢量。

7.2.2 基于酉变换-矩阵束的稀布线阵方向图综合

稀布线阵的联合优化模型参见第 2 章。

1. 算法原理及实现步骤

以 $u_k = k\Delta = k/K(k = -K, -K+1, \cdots, 0, \cdots, K)$ 为采样点在-1 到 1 之间对阵因子进行 $P = 2K + 1$ 点等间隔均匀采样，可得：

$$f(k) = F(u_k) = \sum_{n=1}^{N} w_n r_n^k \tag{7.4}$$

式中：$r_n = \exp(\mathrm{j}k_0 d_n \Delta)$ 。如果采用 MPM 和 FBMPM 这两种算法求解该稀布线阵的阵元位置 $d'_q(q = 1, 2, \cdots, Q, Q < N)$，则首先需要估计参数 r'_q，然后根据下式计算：

$$d'_q = \frac{\ln(r'_q)}{\mathrm{j}k_0\Delta} \tag{7.5}$$

式中：r'_q 可以通过求解一个特征值问题得到。根据式(7.5)容易证明，当 $|r'_q| \neq 1$ 时，d'_q 为复数。由于复数阵元位置在实际中无法实现，那么，利用以上两种方法获得的阵元位置需要进行近似处理，而且这种近似对于方向图性能的影响并不能先验估计或者忽略。MPM 仅取 d'_q 的实部作为阵元位置的取值，尽

管 FBMPM 通过对 r'_q 约束来限制 d'_q 的值在一定程度上解决了上述问题。但是,当处理波束形状对于阵元位置和激励的变化很敏感的非对称方向图时,d'_q 的不准确估计将会导致综合得到的方向图与期望方向图间的匹配误差较大。为此,提出酉变换-矩阵束算法来彻底解决这一问题。

令 $z(p)=f_{\mathrm{REF}}(p-K)\ (p=0,1,\cdots,P-1)$ 表示期望方向图 $F_{\mathrm{REF}}(u)$ 的采样值,并由其构造 Hankel 矩阵,有

$$\boldsymbol{Z}=\begin{bmatrix} z(0) & z(1) & \cdots & z(L) \\ z(1) & z(2) & \cdots & z(L+1) \\ \vdots & \vdots & \ddots & \vdots \\ z(P-L-1) & z(P-L) & \cdots & z(P-1) \end{bmatrix}_{(P-L)\times(L+1)} \tag{7.6}$$

式中:L 为束参数,满足 $N\leqslant L\leqslant P-N$,定义子矩阵 $\boldsymbol{Z}_1$ 和 $\boldsymbol{Z}_2$ 为矩阵 $\boldsymbol{Z}$ 去掉最后一列和第一列得到的矩阵。

那么,参数 $r'_n(n=1,2,\cdots N)$ 是矩阵束 $(\boldsymbol{Z}_2,\boldsymbol{Z}_1)$ 的广义特征值 λ',可表示为:

$$\{\boldsymbol{Z}_2-\lambda'\boldsymbol{Z}_1\}\Rightarrow\{\boldsymbol{Z}_1^{\dagger}\boldsymbol{Z}_2-\lambda'\boldsymbol{I}\} \tag{7.7}$$

下面通过构造式(7.7)的等效矩阵束方程,将求解复矩阵特征值的问题转化为 Centro-Hermitian 矩阵的特征值求解问题,进而结合酉变换将复数域的矩阵运算转换到实数域,并直接建立单元位置和实矩阵束广义特征值的关系,可以得到阵元位置的实数解,有效避免了复数阵元位置无法实现的问题,降低计算量的同时可提高估计精度。

根据上述思路,首先需要确定采样矩阵 $\boldsymbol{Z}$ 对应的 Centro-Hermitian 矩阵。如果由方向图采样值构造的矢量 $\boldsymbol{F}_{\mathrm{REF}}=[f(0),f(1),\cdots,f(P-1)]^{\mathrm{T}}$ 满足 Centro-Hermitian 性,即:

$$\boldsymbol{F}=\prod\nolimits_P\boldsymbol{F}^* \tag{7.8}$$

则有 $z^*(m)=z(P-(m+1)),(m=0,1,\cdots,P-1)$,由定义 7.1 容易证明复矩阵 $\boldsymbol{Z}$ 也是 Centro-Hermitian 矩阵,令 $\boldsymbol{Z}_{\mathrm{CH}}=\boldsymbol{Z}$。如果 $\boldsymbol{F}$ 不满足 Centro-Hermitian 性,根据定理 7.1,由复矩阵 $\boldsymbol{Z}$ 及其共轭构造相应的 Centro-Hermitian 矩阵 $\boldsymbol{Z}_{\mathrm{CH}}$:

$$\boldsymbol{Z}_{\mathrm{CH}}=[Z\ \vdots\ \Pi_{P-L}\boldsymbol{Z}^*\Pi_{L+1}]_{(P-L)\times 2(L+1)} \tag{7.9}$$

此时,可等效为下列矩阵束方程:

$$\boldsymbol{J}_2\boldsymbol{Z}_{\mathrm{CH}}=\lambda'\boldsymbol{J}_1\boldsymbol{Z}_{\mathrm{CH}} \tag{7.10}$$

其中

$$
\boldsymbol{J}_1=\begin{bmatrix}1&0&\cdots&0&0\\0&1&\cdots&0&0\\\vdots&\vdots&\ddots&\vdots&\vdots\\0&0&\cdots&1&0\end{bmatrix}_{(P-L-1)\times(P-L)}
$$

$$
\boldsymbol{J}_2=\begin{bmatrix}0&1&0&\cdots&0\\0&0&1&\cdots&0\\\vdots&\vdots&\vdots&\ddots&\vdots\\0&0&\cdots&0&1\end{bmatrix}_{(P-L-1)\times(P-L)} \tag{7.11}
$$

由于等价矩阵束的广义特征值相同,也就是说,矩阵束左或(与)右乘任意的非奇异矩阵并不会改变矩阵束的广义特征值。那么,对式(7.10)两边左乘酉矩阵 $\boldsymbol{Y}_{P-L-1}^{\mathrm{H}}$,右乘酉矩阵 $\boldsymbol{Y}_{2(L+1)}$,可得:

$$
\begin{aligned}
\boldsymbol{Y}_{P-L-1}^{\mathrm{H}}\boldsymbol{J}_2\boldsymbol{Y}_{P-L}\boldsymbol{Y}_{P-L}^{\mathrm{H}}\boldsymbol{Z}_{\mathrm{CH}}\boldsymbol{Y}_{2(L+1)}&=\lambda'\boldsymbol{Y}_{P-L-1}^{\mathrm{H}}\boldsymbol{J}_1\boldsymbol{Y}_{P-L}\boldsymbol{Y}_{P-L}^{\mathrm{H}}\boldsymbol{Z}_{\mathrm{CH}}\boldsymbol{Y}_{2(L+1)}\\
\boldsymbol{Y}_{P-L-1}^{\mathrm{H}}\boldsymbol{J}_2\boldsymbol{Y}_{P-L}\boldsymbol{Z}_{\mathrm{RE}}&=\lambda'\boldsymbol{Y}_{P-L-1}^{\mathrm{H}}\boldsymbol{J}_1\boldsymbol{Y}_{P-L}\boldsymbol{Z}_{\mathrm{RE}}
\end{aligned} \tag{7.12}
$$

根据酉变换定理7.2可知 $\boldsymbol{Z}_{\mathrm{RE}}=\boldsymbol{Y}_{P-L}^{\mathrm{H}}\boldsymbol{Z}_{\mathrm{CH}}\boldsymbol{Y}_{2(L+1)}$ 为实矩阵,又因为 $\prod\prod=\mathbf{I}$, $\prod\boldsymbol{Y}=\boldsymbol{Y}^*$, $\boldsymbol{Y}^{\mathrm{H}}\prod=\boldsymbol{Y}^{\mathrm{T}}$ 且 $\prod_{P-L-1}\boldsymbol{J}_2\prod_{P-L}=\boldsymbol{J}_1$,式(7.12)左边可等效为

$$
\begin{aligned}
\boldsymbol{Y}_{P-L-1}^{\mathrm{H}}\boldsymbol{J}_2\boldsymbol{Y}_{P-L}\boldsymbol{Z}_{\mathrm{RE}}&=(\boldsymbol{Y}_{P-L-1}^{\mathrm{H}}\prod{}_{P-L-1})(\prod{}_{P-L-1}\boldsymbol{J}_2\prod{}_{P-L})(\prod{}_{P-L}\boldsymbol{Y}_{P-L})\boldsymbol{Z}_{\mathrm{RE}}\\
&=\boldsymbol{Y}_{P-L-1}^{\mathrm{T}}\boldsymbol{J}_1\boldsymbol{Y}_{P-L}^{*}\boldsymbol{Z}_{\mathrm{RE}}=(\boldsymbol{Y}_{P-L-1}\boldsymbol{J}_1\boldsymbol{Y}_{P-L})^{*}\boldsymbol{Z}_{\mathrm{RE}}
\end{aligned} \tag{7.13}
$$

此时,式(7.12)可转换为

$$
(\boldsymbol{Y}_{P-L-1}^{\mathrm{H}}\boldsymbol{J}_1\boldsymbol{Y}_{P-L})^{*}\boldsymbol{Z}_{\mathrm{RE}}=\lambda'\boldsymbol{Y}_{P-L-1}^{\mathrm{H}}\boldsymbol{J}_1\boldsymbol{Y}_{P-L}\boldsymbol{Z}_{\mathrm{RE}} \tag{7.14}
$$

令 $\boldsymbol{X}=\boldsymbol{Y}_{P-L-1}^{\mathrm{H}}\boldsymbol{J}_1\boldsymbol{Y}_{P-L}$,将式(7.14)各项按实部和虚部展开可得

$$
[\mathrm{Re}(\boldsymbol{X})-\mathrm{jIm}(\boldsymbol{X})]\boldsymbol{Z}_{\mathrm{RE}}=[\mathrm{Re}(\lambda')+\mathrm{jIm}(\lambda')][\mathrm{Re}(\boldsymbol{X})+\mathrm{jIm}(\boldsymbol{X})]\boldsymbol{Z}_{\mathrm{RE}} \tag{7.15}
$$

由于 $\mathrm{Re}(\lambda')=\cos(k_0d'_n\Delta)$, $\mathrm{Im}(\lambda')=\sin(k_0d'_n\Delta)$,移项后可得

$$
\begin{aligned}
&\mathrm{Re}(\boldsymbol{X})\boldsymbol{Z}_{\mathrm{RE}}[1-\cos(k_0d'_n\Delta)-\mathrm{j}\sin(k_0d'_n\Delta)]\\
&=\mathrm{Im}(\boldsymbol{X})\boldsymbol{Z}_{\mathrm{RE}}[\mathrm{j}+\mathrm{j}\cos(k_0d'_n\Delta)-\sin(k_0d'_n\Delta)]
\end{aligned} \tag{7.16}
$$

根据三角函数二倍角公式 $\sin(k_0 d'_n \Delta) = 2\sin(k_0 d'_n \Delta/2)\cos(k_0 d'_n \Delta/2)$ 和 $\cos(k_0 d'_n \Delta) = 2\cos^2(k_0 d'_n \Delta/2) - 1$,整理式(7.16),可得:

$$-\tan(k_0 d'_n \Delta/2)\mathrm{Re}(\boldsymbol{X})\boldsymbol{Z}_{\mathrm{RE}} = \mathrm{Im}(\boldsymbol{X})\boldsymbol{Z}_{\mathrm{RE}} \tag{7.17}$$

因此, $-\tan(k_0 d'_n \Delta/2)(n = 1,2,\cdots,N)$ 是矩阵束 $\{\mathrm{Im}(\boldsymbol{X})\boldsymbol{Z}_{\mathrm{RE}}, \mathrm{Re}(\boldsymbol{X})\boldsymbol{Z}_{\mathrm{RE}}\}$ 的广义特征值。对实矩阵 $\boldsymbol{Z}_{\mathrm{RE}}$ 奇异值分解:

$$\boldsymbol{Z}_{\mathrm{RE}} = \sum_{i=1}^{I} \sigma_i \boldsymbol{u}_i \boldsymbol{v}_i^{\mathrm{H}} = \boldsymbol{U\Sigma V}^{\mathrm{H}} \tag{7.18}$$

式中: $I = \min\{P - L, 2(L+1)\}$; $\boldsymbol{U} = [\boldsymbol{u}_1, \boldsymbol{u}_2, \cdots, \boldsymbol{u}_I]$ 和 $\boldsymbol{V} = [\boldsymbol{v}_1, \boldsymbol{v}_2, \cdots, \boldsymbol{v}_I]$ 分别为左奇异矢量矩阵和右奇异矢量矩阵; $\boldsymbol{\Sigma} = \mathrm{diag}(\sigma_1, \sigma_2, \cdots, \sigma_N, \cdots, \sigma_I)(\sigma_1 \geqslant \sigma_2 \geqslant \cdots \geqslant \sigma_I)$ 为对角矩阵。对于 N 元均匀线阵,仅包含 N 个非零奇异值,有 $\sigma_i = 0(i > N)$ 。但是,通常只需要更少的非零奇异值就能得到 $\boldsymbol{Z}_{\mathrm{RE}}$ 的低阶逼近矩阵,该矩阵包含阵元个数少于 N 的稀布线阵的方向图重构数据。也就是说,仅保留 $\boldsymbol{\Sigma}$ 中较大的 Q 个奇异值,将其余较小的奇异值置零来对该线阵进行稀布。$Q(Q < N)$ 值即为奇异值个数,同时也等于稀布阵列的阵元个数。Q 的大小可以根据下式估计:

$$\hat{Q} = \min\left\{q; \left| \left(\sqrt{\sum\nolimits_{i=q+1}^{N} \sigma_i^2} \Big/ \sqrt{\sum\nolimits_{i=1}^{N} \sigma_i^2}\right) < \varepsilon \right.\right\} \tag{7.19}$$

式中: $\varepsilon \in (10^{-4}, 10^{-3})$ 。那么, $y'_q = -\tan(k_0 d'_q \Delta/2)(q = 1,2,\cdots,Q)$ 是实矩阵束 $\{\mathrm{Im}(\boldsymbol{X})\boldsymbol{U}_{\mathrm{LQ}}, \mathrm{Re}(\boldsymbol{X})\boldsymbol{U}_{\mathrm{LQ}}\}$ 的广义特征值, $\boldsymbol{U}_{\mathrm{LQ}} = [\boldsymbol{u}_1, \boldsymbol{u}_2, \cdots, \boldsymbol{u}_Q]$ 是前 Q 个较大的奇异值对应的左奇异矢量矩阵。因此,稀布阵列的阵元位置 d'_q 可以通过下式求解:

$$d'_q = \frac{-2\tan^{-1}(y'_q)}{k_0 \Delta}, \quad q = 1,2,\cdots,Q \tag{7.20}$$

然后,通过总体最小二乘算法求解每个阵元对应的激励,即:

$$\boldsymbol{W} = [w'_1, w'_2, \cdots, w'_Q]^{\mathrm{T}} = (\boldsymbol{R}^{\mathrm{H}}\boldsymbol{R})^{-1}\boldsymbol{R}^{\mathrm{H}}\boldsymbol{F} \tag{7.21}$$

其中:

$$\boldsymbol{R} = \begin{bmatrix} (r'_1)^{-K} & (r'_2)^{-K} & \cdots & (r'_Q)^{-K} \\ (r'_1)^{-K+1} & (r'_2)^{-K+1} & \cdots & (r'_Q)^{-K+1} \\ \vdots & \vdots & \ddots & \vdots \\ (r'_1)^{K} & (r'_2)^{K} & \cdots & (r'_Q)^{K} \end{bmatrix}_{P \times Q} \tag{7.22}$$

综合以上分析,酉变换-矩阵束算法实现稀布线阵方向图综合的具体步骤如下。

（1）Centro-Hermitian 化预处理。根据期望方向图采样值计算复矢量 $\boldsymbol{F}$ 和复矩阵 $\boldsymbol{Z}$，然后判断 $\boldsymbol{F}$ 是否满足式(7.8)，如果满足，取 Centro-Hermitian 矩阵 $\boldsymbol{Z}_{\text{CH}} = \boldsymbol{Z}$；否则，由式(7.9)计算 $\boldsymbol{Z}_{\text{CH}}$。

（2）计算实矩阵并进行奇异值分解。利用酉变换构造实矩阵 $\boldsymbol{Z}_{\text{RE}}$，并对其奇异值分解，然后利用式(7.19)估计 Q 的值，保留前 Q 个左奇异矢量来构成矩阵 $\boldsymbol{U}_{\text{LQ}}$。

（3）构造等价矩阵束并进行特征值分解。计算矩阵 $\boldsymbol{X}$，进而求解实矩阵束 $\{\text{Im}(\boldsymbol{X})\boldsymbol{U}_{\text{LQ}}, \text{Re}(\boldsymbol{X})\boldsymbol{U}_{\text{LQ}}\}$ 的广义特征值 $y'_q(q=1,2,\cdots,Q)$。

（4）求解阵元位置和激励。分别根据式(7.20)和式(7.21)计算稀布线阵的阵元位置及每个阵元位置对应的激励。

（5）性能评估。定义稀疏率 $\eta = Q/N$，根据下式计算该稀布线阵重构方向图与期望方向图的归一化匹配误差：

$$\xi = \frac{\int_{-1}^{1} \left| F_{\text{REF}}(u) - \sum_{q=1}^{Q} w'_q \exp(\text{j}k_0 d'_q u) \right|^2 \text{d}u}{\int_{-1}^{1} |F_{\text{REF}}(u)|^2 \text{d}u} \tag{7.23}$$

孔径大小为 $L_{\text{APE}} = d'_Q - d'_1$，相邻两阵元的平均阵元间距为 $\Delta L_{\text{mean}} = (L_{\text{APE}}/Q) - 1$，最小阵元间距为 $\Delta L_{\min} = \min\limits_{q=1,2,\cdots,Q-1} \{d'_{q+1} - d'_q\}$。

由于矩阵束算法的计算复杂度主要由矩阵的奇异值分解和特征值分解决定，本节通过对期望方向图复采样矩阵的 Centro-Hermitian 化处理，并与酉矩阵相乘得到包含采样信息的实矩阵，使之后的 SVD 和 EVD 计算从复数域转换到实数域，计算量减少到原来的 1/4。由于该非迭代算法的计算复杂度可以通过估计算法主要步骤的乘法运算次数分析，与 SVD 和 EVD 的计算量相比，新引入的酉变换的计算量可以忽略。因此，该算法共需要 $(5(P-L)^3 + L(P-L)^2 + 5Q^3 + Q^2(P-L))$ 次实数乘法运算，由于复矩阵乘法运算相当于同维数实矩阵乘法运算的 4 倍。因此，UMP 算法的计算复杂度约为传统矩阵束算法的 1/4。

2. 仿真实验及性能分析

本小节分别从酉变换-矩阵束方法的有效性验证，与其他算法的性能比较，实际稀布阵列的性能及稀布功率方向图设计四个方面进行仿真实验，有效验证了所提方法在稀疏率、方向图匹配精度、运算时间方面的性能优势，且证明该方法可行性高，具有较强的工程应用价值。

1）有效性验证

以赋形余割方向图为期望方向图进行仿真实验，该方向图由 $N=20$ 个等间隔均匀排列的阵元实现，单元间距为半波长，峰值旁瓣电平为-25dB。对于包含方向图采样值的实矩阵 $\mathbf{Z}_{RE}$，图 7.1 给出了 $\mathbf{Z}_{RE}$ 前 N 个奇异值 $\sigma_n(n=1,2,\cdots,N)$ 的分布曲线，从图中可以看出，当 $n \in [13,15]$ 时，$\sigma_n \in (1,5)$；当 $n > 15$ 时，$\sigma_n < 0.2$，且随着 n 值增大，σ_n 急剧减小。在保证获得方向图主要采样信息的情况下，通过舍弃较小的奇异值对均匀阵列进行稀疏，综合考虑稀疏率和方向图拟合程度，再根据式(7.19)计算稀布阵列的阵元个数 Q，并确定它可在 13~15 取值。

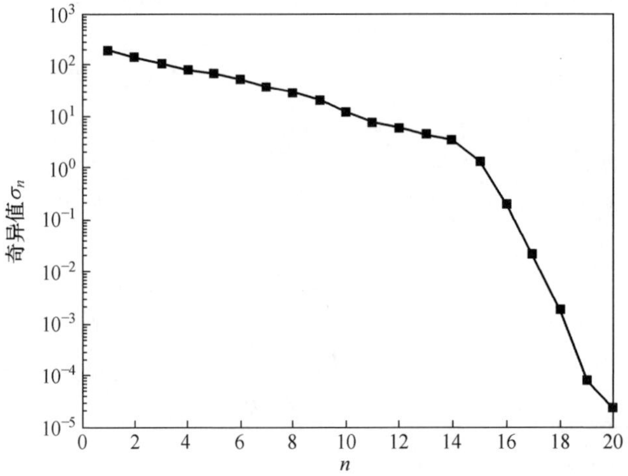

图 7.1　实矩阵奇异值分布

下面以 $Q=15$ 为例，研究方向图归一化误差 ξ 关于束参数 L 的变化趋势。图 7.2(a)给出不同 K 值下，L 与 ξ 的关系。由于 L 的取值满足 $N \leqslant L \leqslant 2K+1-N$，在仿真中取 $K=xN(x=1,2,3,4)$，则有 $20 \leqslant L \leqslant 20(2x-1)+1$；取 $K=N$ 时，L 只能在 20 和 21 间选择，ξ 为 2.1×10^{-3}；取 $K=(2,3,4)N$，ξ 分别在 L 为 24、37 和 49 时具有最小值 3.4274×10^{-5}、3.1232×10^{-5} 和 2.9428×10^{-5}。由图 7.2(a)可知，三条曲线的变化趋势大致相同，因此，直接绘制 ξ 关于 L/P 的变化曲线。如图 7.2(b)所示，从图中可以得出，当 $L\approx0.3P$ 时，该稀布阵列可以得到较优的方向图性能。还可以说明，采样个数 K 取均匀阵元个数 N 的 2 倍就可以保证束参数 L 能取到一个合适的值使得方向图性能最优。通过这一仿真研究了束参数的敏感性，并对采用此类方法前如何进行参数选择以保证算法性能最优提供了科学指导。

为了研究稀布线阵阵元个数的取值对于方向图性能的影响，取 Q 为 13、14 和 15 进行仿真实验。当 $K=2N$ 时，不同 Q 值对应的最优 L 值分别为 39、26 和

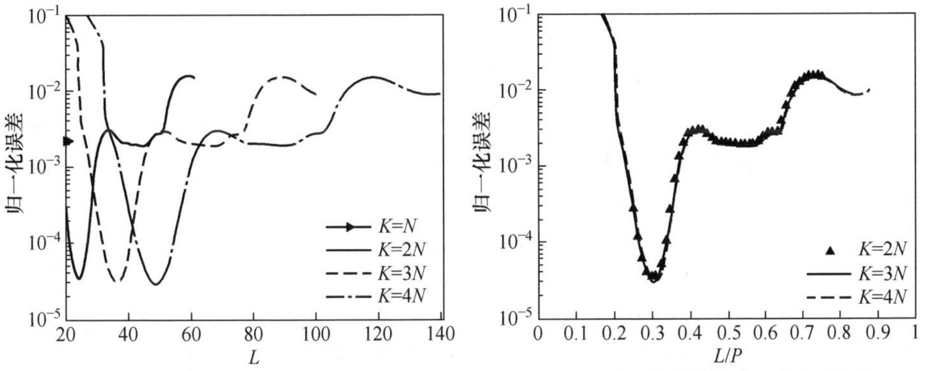

（a）归一化误差关于L的变化趋势　（b）归一化误差关于L/P的变化趋势

图 7.2　不同 K 值下归一化误差关于 L 和 L/P 的变化趋势(见彩图)

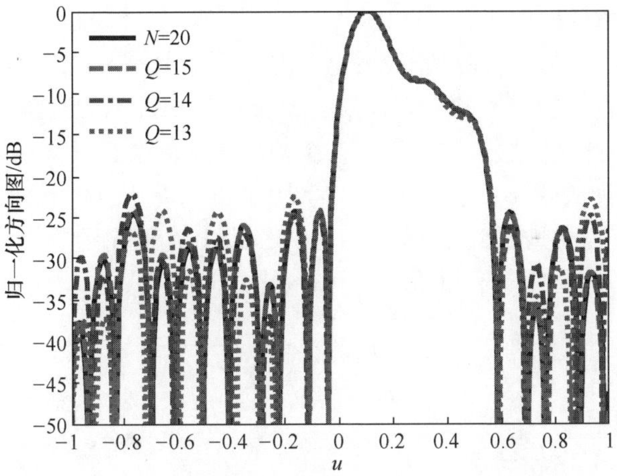

图 7.3　不同 Q 值下稀布线阵的方向图(见彩图)

24。在上述最优条件下,由不同阵元个数构成的稀布线阵获得的方向图如图 7.3 所示。从图中可以看出,Q 取 15 时,可以实现与期望方向图的高精度拟合,ξ 为 3.4274×10^{-5}。而 Q 为 14 和 13 时,ξ 分别为 1.3050×10^{-3} 和 4.1246×10^{-3},方向图主瓣赋形区波束形状能够满足要求。但是,峰值旁瓣电平有明显增加,对于精确赋形要求较高的应用场合,性能有所损失。也就是说,Q 值越大,ξ 越小,综合得到的方向图越接近参考方向图,反之亦然。图 7.4(a)和(b)分别给出了阵元激励的幅度分布和相位分布。

2) 不同方法的性能比较

为了验证算法在计算复杂度及方向图拟合精度方面的优越性,分别采用

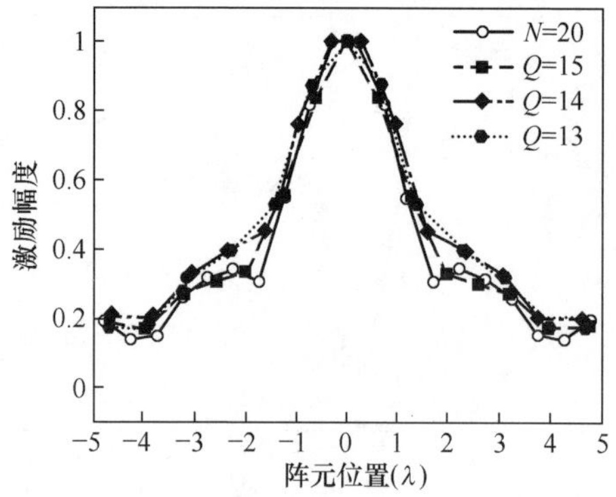

（a）阵元激励的幅度分布

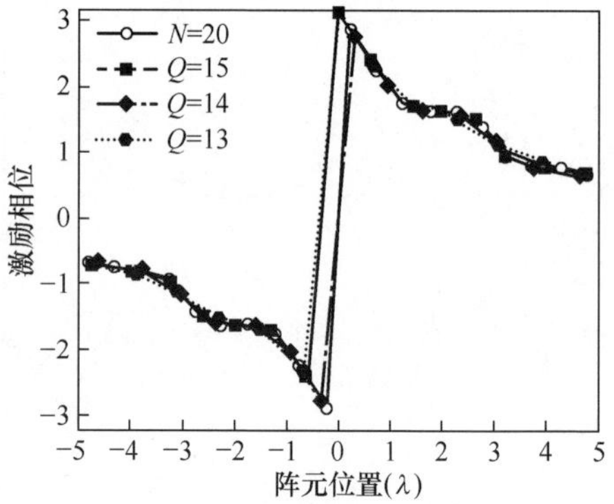

（b）阵元激励的相位分布

图 7.4　不同 Q 值下稀布线阵的阵元位置和激励(见彩图)

UMP 算法、MPM、FBMPM、BCS 和 MT-BCS 对 $N=30$ 个间距为半波长的阵元构成的均匀线阵进行稀疏,并对相应的性能指标做以比较。以余割方向图为期望方向图进行仿真实验(CPU3.40GHz,3.46GB RAM,Matlab2012b)。首先需要确定 UMP 算法在此次实验中所用到的参数值大小。图 7.5 表示不同 K 值下,稀布线阵阵元个数 Q 关于 ε 的变化趋势。从图中可以看出,随着 ε 值的增加,Q 从 23 减小到 20。也就是说,根据式(7.19)可以得出关于阵元个数 Q 的粗略估计,图 7.6 给出的 Q 为 22、21 和 20 时的归一化方向图进一步验证了估计值的有效

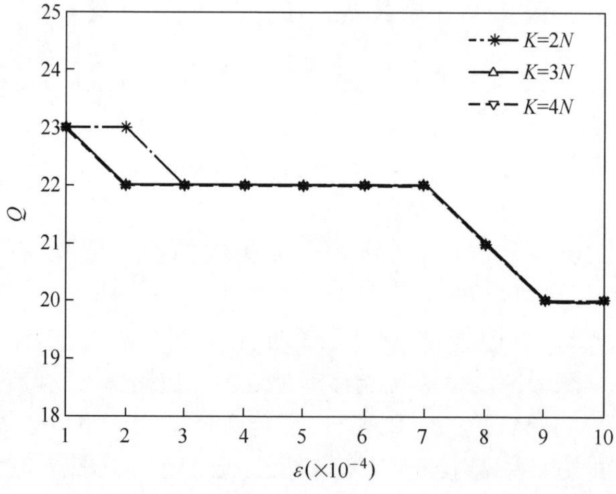

图 7.5　稀布线阵阵元数 Q 关于 ε 的变化趋势

性。还可以看出,随着 Q 值的增加,方向图匹配准确度也有所增加。取 $\varepsilon=3\times10^{-4}$,$Q=22$,研究 $K=xN$(x 为 2、3、4)时,方向图归一化误差 ξ 关于参数 L/P 的变化趋势。从图 7.7 可以看出,不同 K 值下,曲线的变化趋势大致相同,方向图匹配的最小归一化误差可在 $L\approx0.3P$ 取得。

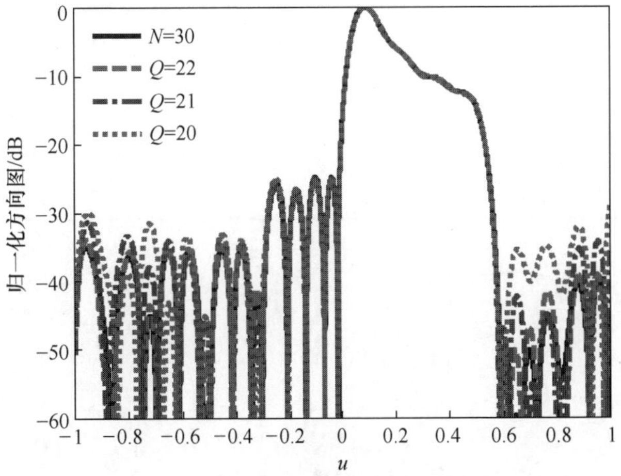

图 7.6 不同 Q 值下的方向图(见彩图)

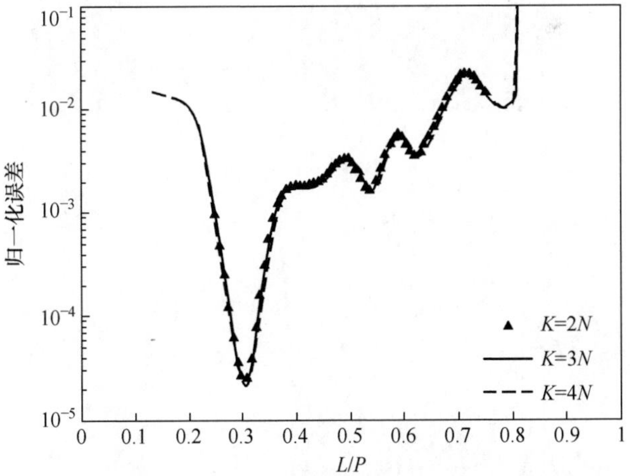

图 7.7 不同 K 值下归一化误差关于 L/P 的变化趋势

取 $Q=22$,$K=2N$,$L=37$ 进行仿真。表 7.1 给出了由 UMP 方法得到稀布线阵的阵元位置及相应激励。图 7.8 给出了不同方法的方向图比较,相比于其他算法,UMP 算法在主瓣赋形区波束形状和旁瓣电平均能满足要求的前提下,能够得到与期望方向图形状保持一致的波束方向图,可以实现方向图高精度拟合。

而且该算法由于酉变换的引入减少了计算量，计算时间最短，约为 0.0630s，更详细的性能比较见表 7.2。

表 7.1　$Q=22$ 时稀布线阵的阵元位置和相应激励

序号	位置/λ	激励幅度	激励相位/(°)	序号	位置/λ	激励幅度	激励相位/(°)
1	0.3289	1.0000	156.1314	7	4.4160	0.1802	43.9809
2	1.0024	0.7238	112.5457	8	5.0624	0.1226	23.7097
3	1.7124	0.3832	88.6931	9	5.5973	0.1223	13.1923
4	2.3031	0.2627	95.2175	10	6.3506	0.1165	18.5870
5	2.8654	0.3239	72.1314	11	7.0797	0.0840	21.3875
6	3.5930	0.2464	50.4863				

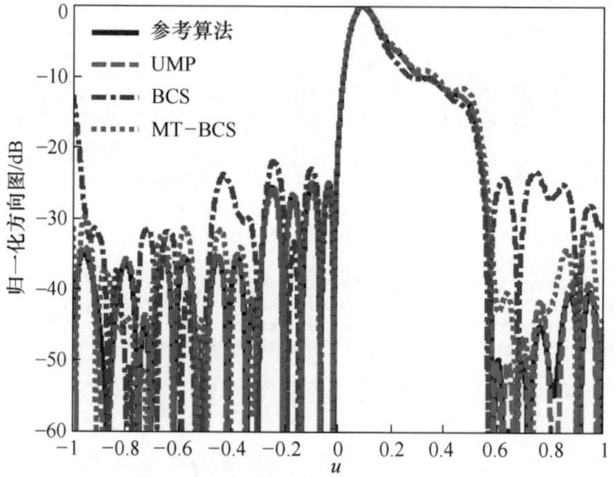

（a）与BCS和MT−BCS方法的比较

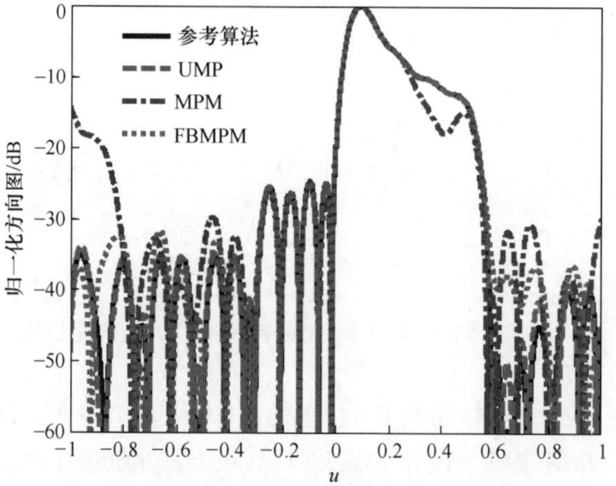

（b）与UMP和FBMPM的比较

图 7.8　不同方法的方向图比较(见彩图)

表 7.2　不同方法的性能比较

参　数	UMP	MPM	FBMPM	BCS	MT-BCS
归一化误差 ξ	2.4987×10^{-5}	3.2700×10^{-2}	5.6262×10^{-4}	2.0400×10^{-2}	3.2565×10^{-3}
副瓣电平/dB	-24.9762	-14.1974	-23.7201	-12.6639	-24.8018
时间/s	0.0630	0.2160	0.2030	0.4450	1.1650

FBMPM 和 MT-BCS 在主瓣赋形区能够与期望方向图匹配，但是旁瓣电平有所升高，也就是说，这两种方法并不适合于对准确赋形要求较高的场合。而 MPM 和 BCS 对于本例中非对称的赋形方向图，已经不能有效地控制其波束形状。图 7.9 对比了三种矩阵束算法中归一化误差 ξ 关于阵元数 Q 的变化趋势。由图可以看出，ξ 随着 Q 值的增加而减小。MPM 对应的匹配误差很大，不具备综合非对称赋形方向图的能力。对于任意给定的 Q 值，UMP 方法相对于 FBMPM 的方向图匹配误差更小。换句话说，对于任意提出的方向图拟合程度要求，UMP 方法需要更少的阵元个数就可以满足，具有更优的稀疏性。

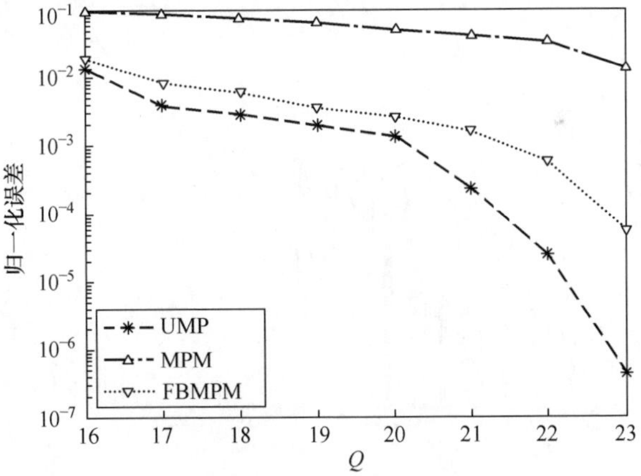

图 7.9　不同方法归一化误差关于 Q 的变化趋势

3）实际天线阵列的性能及分析

为了进一步验证本节算法的可行性，引入实际天线单元进行组阵分析，通过建立如图 7.10 所示的微带贴片天线阵列模型，并利用 HFSS 电磁仿真软件实现全波仿真，天线的工作频率取为 3.25GHz。以均匀阵列阵元数为 $N=30$，稀布阵列阵元数 $Q=22$ 为例，图 7.10(a)和(b)分别给出了均匀线阵和稀布线阵的阵列模型。微带天线的介质基片采用厚度为 2mm 的 F4B-2 介质板，相对介电常数为 2.65，矩形贴片的长度为 35mm，宽度为 26.3mm，使用 50Ω 的同轴线馈电，馈电位置离贴片中心的距离为 5mm。图 7.11 给出了两个阵列全波分析的方向图,从图中可以看出,将 UMP 算法用于实际天线阵的方向图综合,也能够实现与目标方向图波束形状的拟合,可以获得近似一致的方向图主瓣。虽然低副瓣区的拟合精度有所下降,但方向图的副瓣电平仍能满足要求,这说明 UMP 算法同样适用于实际天线阵列。此外,为了研究单元间耦合对方向图综合性能的影响,分别将均匀线阵和稀布线阵的全波仿真方向图与其理想点源方向图进行比较,可以得到归一化匹配误差为 2.9723×10^{-3} 和 8.3721×10^{-4},这是因为与均匀阵列相比,稀布线阵的单元间距较大,实际单元的耦合对方向图性能的影响较小,使其与理想点源方向图的误差相对较小。

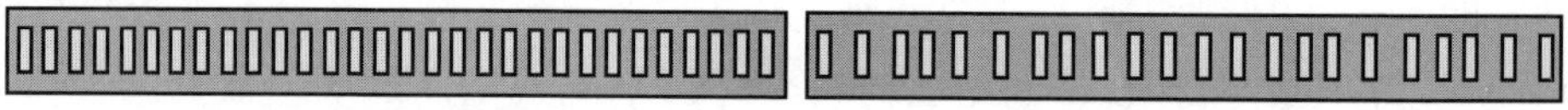

(a) 均匀阵列模型　　(b) 稀布阵列模型

图 7.10　微带贴片天线的阵列模型

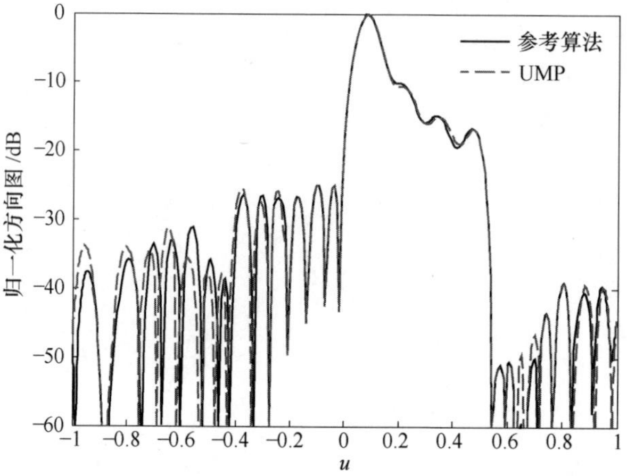

图 7.11　全波仿真的方向图比较

4）拓展应用

为了增加功率方向图综合中的可用自由度,考虑充分利用同一个功率方向图可对应不同场方向图这一多样性。也就是说,此次仿真实验不需要以先验给定幅度和相位场分布为条件,仅利用预先给定的功率包络进行方向图综合。因此,在这个仿真中:首先据期望功率包络得到满足该包络主瓣宽度和旁瓣电平的功率方向图,并求出与之相对应的多个场方向图;然后利用 UMP 算法选择这些场方向图中稀疏率最高的一个场方向图进行拟合匹配,就能够有效实现稀布线阵自由度大、稀疏率高的方向图综合。

以图 7.12 中实线给定的功率包络为约束进行平顶波束的方向图综合，该方向图由 15 个等间隔阵元组成的均匀线阵综合得到。参考方向图和 UMP 算法综合得到的 10 阵元稀布阵列的功率方向图如图 7.12 中虚线部分，其对应的阵元位置和激励如表 7.3 所列。从图 7.12 中可以看出，UMP 算法可以获得与期望方向图形状保持完全一致的波束方向图，并且满足给定的最大波动以及峰值旁瓣要求。表 7.4 给出了不同方法进行此次实验的性能比较结果。可以看出，相比于 BCS 方法，MT-BCS 方法只需要 BCS 方法一半的阵元数目就可以获得与它相似的方向图匹配准确度，这充分体现了 MT-BCS 方法在 BCS 方法基础上将阵元激励的实部和虚部联合相关求解的优势。而 UMP 算法和 CS-driven 方法都可以节省 1/3 的阵元数目，可以获得高于 MT-BCS 方法的稀疏率。但是，CS-driven 方法需要更长的计算时间，计算复杂度较高。UMP 算法只需要 10 个阵元的稀布线阵就可以获得与原 15 个阵元的均匀线阵相似的方向图性能，阵列孔径为 6.93λ，相邻两阵元的最小阵元间距为 0.57λ。

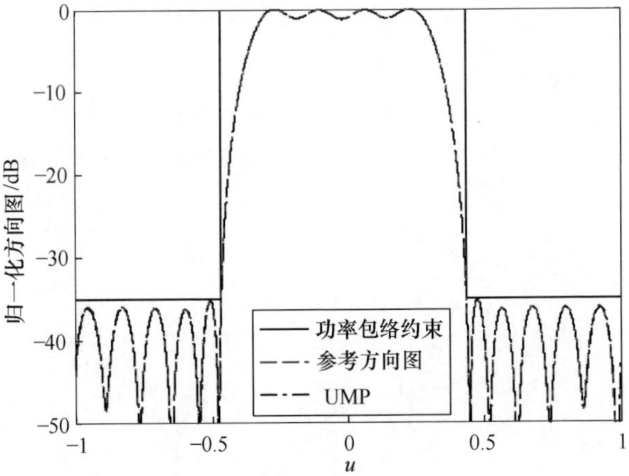

图 7.12　归一化方向图比较(见彩图)

表 7.3　$Q=10$ 时稀布线阵的阵元位置和相应激励

序号	位置/λ	激励幅度	激励相位/(°)	序号	位置/λ	激励幅度	激励相位/(°)
1	−3.4923	0.1101	48.6036	6	0.2891	0.5932	−110.1538
2	−2.9182	0.3306	51.8123	7	1.0165	0.0797	−106.0659
3	−2.3034	0.4147	55.2691	8	2.1863	0.2091	−99.4875
4	−1.0222	0.7140	−117.5114	9	2.8256	0.2554	−95.8528
5	−0.3702	1.0000	−113.8487	10	3.4407	0.1216	−92.4245

表 7.4　不同方法的性能比较

参　数	阵元数 Q	L_{APE}/λ	$\Delta L/\lambda$	$\Delta L_{min}/\lambda$	归一化误差 ξ	时间/s
UMP	10	6.93	0.77	0.57	8.39×10^{-7}	0.06
BCS	22	6.86	0.33	0.009	5.20×10^{-5}	0.52
MT-BCS	11	6.86	0.69	0.47	2.20×10^{-5}	0.45
CS-driven	10	6.80	0.76	0.46	7.96×10^{-5}	1.50

7.2.3 基于二维酉矩阵束的稀布矩形平面阵方向图综合

稀布矩形平面阵的联合优化模型参见第 2 章。

1. 算法原理及实现步骤

以 $u_m = m\Delta_1 = m/M, (m = -M, -M+1, \cdots, 0, \cdots, M)$ 和 $v_n = n\Delta_2 = n/N$ $(n = -N, -N+1, \cdots, 0, \cdots, N)$ 为采样点在 $-1 \sim 1$ 之间对阵因子 $F(u,v)$ 进行二维等间隔均匀采样，得到

$$f(m,n) = F(u_m, v_n) = \sum_{p=1}^{P} w_p a_p^m b_p^n \tag{7.24}$$

式中：$a_p = \exp(jk_0 x_p \Delta_1)$；$b_p = \exp(jk_0 y_p \Delta_2)$。

令 $z(s,t) = f_{REF}(s-M, t-N)$ 表示期望方向图的 $S \times T$ 个采样值，其中 $s = 0, 1, \cdots, S-1, t = 0, 1, \cdots, T-1, S = 2M+1, T = 2N+1$。由其构造 Hankel 块矩阵 $\mathbf{Z}_{ENH}$，有

$$\mathbf{Z}_{ENH} = \begin{bmatrix} \mathbf{Z}^{(0)} & \mathbf{Z}^{(1)} & \cdots & \mathbf{Z}^{(S-K)} \\ \mathbf{Z}^{(1)} & \mathbf{Z}^{(2)} & \cdots & \mathbf{Z}^{(S-K+1)} \\ \vdots & \vdots & \ddots & \vdots \\ \mathbf{Z}^{(K-1)} & \mathbf{Z}^{(K)} & \cdots & \mathbf{Z}^{(S-1)} \end{bmatrix}_{D \times E} \tag{7.25}$$

$$\mathbf{Z}^{(s)} = \begin{bmatrix} z(s,0) & z(s,1) & \cdots & z(s,T-L) \\ z(s,1) & z(s,2) & \cdots & z(s,T-L+1) \\ \vdots & \vdots & \ddots & \vdots \\ z(s,L-1) & z(s,L) & \cdots & z(s,T-1) \end{bmatrix}_{L \times (T-L+1)} \tag{7.26}$$

式中：$\mathbf{Z}^{(s)}$ 是 Hankel 矩阵，$D = KL, E = (S-K+1)(T-L+1)$，束参数 K 和 L 满足必要条件：

$$\begin{cases} (K-1)L \geqslant P \\ K(L-1) \geqslant P \\ E \geqslant P \end{cases} \tag{7.27}$$

定义 $\mathbf{Z}_1$ 和 $\mathbf{Z}_2$ 分别是矩阵 $\mathbf{Z}_{ENH}$ 去掉后 L 列和前 L 列得到的矩阵，$\mathbf{Z}_3$ 和 $\mathbf{Z}_4$

分别是矩阵 $\boldsymbol{RZ}_{\mathrm{ENH}}$ 去掉后 K 列和前 K 列得到的矩阵，$\boldsymbol{P}$ 为置换矩阵，可表示为

$$\begin{aligned}\boldsymbol{P} = [&\boldsymbol{p}(1),\boldsymbol{p}(1+L),\cdots,\boldsymbol{p}(1+(K-1)L),\boldsymbol{p}(2),\boldsymbol{p}(2+L),\cdots,\\ &\boldsymbol{p}(2+(K-1)L),\cdots,\boldsymbol{p}(L),\boldsymbol{p}(L+L),\cdots,\boldsymbol{p}(L+(K-1)L)]^{\mathrm{T}}\end{aligned} \tag{7.28}$$

式中：$\boldsymbol{p}(i)$ 为第 i 个位置上元素为 1，其余元素为零的 KL 维行矢量。

那么，a'_p 和 $b'_p(p=1,2,\cdots,P)$ 分别是以下两式的广义特征值 $\bar{\lambda}$ 和 $\tilde{\lambda}$：

$$\begin{cases}\{\mathbf{Z}_2 - \bar{\lambda}\mathbf{Z}_1\} \Rightarrow \{\mathbf{Z}_1^{\dagger}\mathbf{Z}_2 - \bar{\lambda}\mathbf{I}\}\\ \{\mathbf{Z}_4 - \tilde{\lambda}\mathbf{Z}_3\} \Rightarrow \{\mathbf{Z}_3^{\dagger}\mathbf{Z}_4 - \tilde{\lambda}\mathbf{I}\}\end{cases} \tag{7.29}$$

为了降低矩阵运算复杂度，考虑将复矩阵运算转换到实数域进行，再通过求解单元位置与实矩阵广义特征值的关系保证得到的稀布面阵的阵元位置为实数。首先需要对方向图采样矩阵 $\mathbf{Z}_{\mathrm{ENH}}$ 进行 Centro-Hermitian 化处理；然后根据酉变换定理 7.1，$\mathbf{Z}_{\mathrm{ENH}}$ 对应的 Centro-Hermitian 矩阵 $\mathbf{Z}_{\mathrm{CH}}$ 可表示为

$$\mathbf{Z}_{\mathrm{CH}} = [\mathbf{Z}_{\mathrm{ENH}} \vdots \Pi_D \mathbf{Z}_{\mathrm{ENH}}^{*} \Pi_E]_{D\times 2E} \tag{7.30}$$

式中：Π_D 表示 D 阶单位反对角置换矩阵。

此时，式(7.29)可等价表示为以下矩阵束方程：

$$\boldsymbol{J}_2\boldsymbol{Z}_{\mathrm{CH}} = \bar{\lambda}\boldsymbol{J}_1\boldsymbol{Z}_{\mathrm{CH}} \tag{7.31}$$

$$\boldsymbol{J}_4\boldsymbol{P}\boldsymbol{Z}_{\mathrm{CH}} = \tilde{\lambda}\boldsymbol{J}_3\boldsymbol{P}\boldsymbol{Z}_{\mathrm{CH}} \tag{7.32}$$

其中：

$$\begin{cases}\boldsymbol{J}_1 = [\mathbf{I}_{(D-L)} \vdots \mathbf{0}_{(D-L)\times L}]_{(D-L)\times D}, \boldsymbol{J}_2 = [\mathbf{0}_{(D-L)\times L} \vdots \mathbf{I}_{(D-L)}]_{(D-L)\times D}\\ \boldsymbol{J}_3 = [\mathbf{I}_{(D-K)} \vdots \mathbf{0}_{(D-L)\times K}]_{(D-L)\times D}, \boldsymbol{J}_4 = [\mathbf{0}_{(D-K)\times L} \vdots \mathbf{I}_{D-K)}]_{(D-K)\times D}\end{cases} \tag{7.33}$$

对式(7.31)而言，其等价矩阵束方程可表示为

$$\boldsymbol{Y}_{D-1}^{\mathrm{H}}\boldsymbol{J}_2\boldsymbol{Y}_D\boldsymbol{Y}_D^{\mathrm{H}}\boldsymbol{Z}_{\mathrm{CH}}\boldsymbol{Y}_{2E} = \bar{\lambda}\boldsymbol{Y}_{D-1}^{\mathrm{H}}\boldsymbol{J}_1\boldsymbol{Y}_D\boldsymbol{Y}_D^{\mathrm{H}}\boldsymbol{Z}_{\mathrm{CH}}\boldsymbol{Y}_{2E} \tag{7.34}$$

那么，根据酉变换定理 7.2 可知，式(7.34)中 $\boldsymbol{Y}_D^{\mathrm{H}}\boldsymbol{Z}_{\mathrm{CH}}\boldsymbol{Y}_{2E}$ 为实矩阵，定义为 $\boldsymbol{Z}_{\mathrm{RE}}$，并根据酉变换的性质可将式(7.34)等效为

$$(\boldsymbol{Y}_{D-1}^{\mathrm{H}}\boldsymbol{J}_1\boldsymbol{Y}_D)^{*}\boldsymbol{Z}_{\mathrm{RE}} = \bar{\lambda}\boldsymbol{Y}_{D-1}^{\mathrm{H}}\boldsymbol{J}_1\boldsymbol{Y}_D\boldsymbol{Z}_{\mathrm{RE}} \tag{7.35}$$

令 $\boldsymbol{X}_1 = \boldsymbol{Y}_{D-1}^{\mathrm{H}}\boldsymbol{J}_1\boldsymbol{Y}_D$，将式(7.35)各项按实部和虚部展开，移项整理可得

$$-\tan(k_0 x'_p \Delta_1/2)\mathrm{Re}(\boldsymbol{X}_1)\boldsymbol{Z}_{\mathrm{RE}} = \mathrm{Im}(\boldsymbol{X}_1)\boldsymbol{Z}_{\mathrm{RE}} \tag{7.36}$$

如果令 $\boldsymbol{X}_2 = \boldsymbol{Y}_{D-K}^{\mathrm{H}}\boldsymbol{J}_3\boldsymbol{Y}_D$，同理可根据式(7.32)可得

$$-\tan(k_0 y'_p \Delta_2/2)\mathrm{Re}(\boldsymbol{X}_2)\boldsymbol{P}\boldsymbol{Z}_{\mathrm{RE}} = \mathrm{Im}(\boldsymbol{X}_2)\boldsymbol{P}\boldsymbol{Z}_{\mathrm{RE}} \tag{7.37}$$

因此，$-\tan(k_0 x'_p \Delta_1/2)$ 和 $-\tan(k_0 y'_p \Delta_2/2)$ 分别为矩阵束 $\{\mathrm{Im}(\boldsymbol{X}_1)\boldsymbol{Z}_{\mathrm{RE}}, \mathrm{Re}(\boldsymbol{X}_1)\boldsymbol{Z}_{\mathrm{RE}}\}$ 和 $\{\mathrm{Im}(\boldsymbol{X}_2)\boldsymbol{P}\boldsymbol{Z}_{\mathrm{RE}}, \mathrm{Re}(\boldsymbol{X}_2)\boldsymbol{P}\boldsymbol{Z}_{\mathrm{RE}}\}$ 的广义特征值。我们利用奇异

值分解来获得 $\mathbf{Z}_{\mathrm{RE}}$ 的低阶逼近矩阵，进而减少阵元数目。通常情况下，P 元阵列包含少于 P 个数的主要奇异值。因此，可以通过仅保留较大的 $Q(Q<P)$ 个奇异值来获得相应的低秩矩阵，该矩阵对应 Q 个阵元构成平面阵列的方向图重构数据，以达到对该阵列进行稀布的目的。由此可知，$-\tan(k_0 x'_q \Delta_1/2)$ 和 $-\tan(k_0 y'_q \Delta_2/2)$ 分别是以下两式的特征值 $\bar{\lambda}'$ 和 $\tilde{\lambda}'$：

$$\begin{cases}\{\boldsymbol{U}_2-\bar{\lambda}'\boldsymbol{U}_1\}\Rightarrow\{\boldsymbol{F}_1-\bar{\lambda}'\mathbf{I}\}\\ \{\boldsymbol{U}_4-\tilde{\lambda}'\boldsymbol{U}_3\}\Rightarrow\{\boldsymbol{F}_2-\tilde{\lambda}'\mathbf{I}\}\end{cases} \tag{7.38}$$

式中：$\boldsymbol{F}_1=\boldsymbol{U}_1^{\dagger}\boldsymbol{U}_2$；$\boldsymbol{F}_2=\boldsymbol{U}_3^{\dagger}\boldsymbol{U}_4$；$\boldsymbol{U}_1=\mathrm{Re}(\boldsymbol{X}_1)\boldsymbol{U}_{LQ}$；$\boldsymbol{U}_2=\mathrm{Im}(\boldsymbol{X}_1)\boldsymbol{U}_{LQ}$、$\boldsymbol{U}_3=\mathrm{Re}(\boldsymbol{X}_2)\boldsymbol{P}\boldsymbol{U}_{LQ}$、$U_4=\mathrm{Im}(\boldsymbol{X}_2)\boldsymbol{P}\boldsymbol{U}_{LQ}$、$\boldsymbol{U}_{LQ}=[\boldsymbol{u}_1,\boldsymbol{u}_2,\cdots,\boldsymbol{u}_Q]$ 是矩阵 $\mathbf{Z}_{\mathrm{RE}}$ 奇异值分解后，前 Q 个较大的奇异值对应的左奇异矢量矩阵。

分别对矩阵 $\boldsymbol{F}_1$ 和 $\boldsymbol{F}_2$ 进行特征值分解，有

$$\boldsymbol{F}_1=\boldsymbol{T}_1^{-1}\boldsymbol{\Lambda}_1\boldsymbol{T}_1,\ \boldsymbol{F}_2=\boldsymbol{T}_2^{-1}\boldsymbol{\Lambda}_2\boldsymbol{T}_2 \tag{7.39}$$

那么，可以从 $\boldsymbol{\Lambda}_1=\mathrm{diag}_{1\leqslant q\leqslant Q}\{-\tan(k_0 x'_q \Delta_1/2)\}$ 和 $\boldsymbol{\Lambda}_2=\mathrm{diag}_{1\leqslant q\leqslant Q}\{-\tan(k_0 y'_q \Delta_2/2)\}$ 中提取出 x'_q 和 y'_q。但是，由于对 $\boldsymbol{F}_1$ 和 $\boldsymbol{F}_2$ 进行特征值分解时特征矢量的排序可能不同，因此得到的 x'_q 和 y'_q 不能直接配对。那么，考虑由 x'_q 和 y'_q 的值构成两个矢量 $\boldsymbol{x}$ 和 $\boldsymbol{y}$，并对二者进行配对。

首先对 $\boldsymbol{F}_1$ 和 $\boldsymbol{F}_2$ 线性组合而成的矩阵进行特征值分解以获得变换矩阵 $\boldsymbol{T}$：

$$\boldsymbol{F}=\alpha\boldsymbol{F}_1+(1-\alpha)\boldsymbol{F}_2=\boldsymbol{T}^{-1}\boldsymbol{D}\boldsymbol{T} \tag{7.40}$$

式中：$0<\alpha<1$ 为一个标量。然后构造置换矩阵 $\boldsymbol{P}_1$ 和 $\boldsymbol{P}_2$：

$$\boldsymbol{P}_1=\boldsymbol{T}\boldsymbol{T}_1^{-1},\ \boldsymbol{P}_2=\boldsymbol{T}\boldsymbol{T}_2^{-1} \tag{7.41}$$

那么，利用 $\boldsymbol{P}_1$ 和 $\boldsymbol{P}_2$ 每行中绝对值最大的单元所在的位置构造两个矢量 $\boldsymbol{p}_1$ 和 $\boldsymbol{p}_2$，然后根据 $\boldsymbol{p}_1$ 和 $\boldsymbol{p}_2$ 单元的大小对矢量 $\boldsymbol{x}$ 和 $\boldsymbol{y}$ 的单元进行排序，进而从 $\boldsymbol{x}$ 和 $\boldsymbol{y}$ 中提取到正确的配对 (x'_q,y'_q)。此时，矢量 $\boldsymbol{x}$ 中第 q 个单元和矢量 $\boldsymbol{y}$ 中第 q 个单元即为平面阵列第 q 个阵元位置的横纵坐标。在得到稀布平面阵列的阵元位置 (x'_q,y'_q) 后，其对应的阵元激励可利用总体最小二乘算法根据下式计算：

$$\begin{aligned}\boldsymbol{W}&=\mathrm{diag}(w'_1,w'_2,\cdots,w'_Q)\\&=(\boldsymbol{E}_1^{\mathrm{H}}\boldsymbol{E}_1)^{-1}\boldsymbol{E}_1^{\mathrm{H}}\boldsymbol{Z}_{\mathrm{ENH}}\boldsymbol{E}_2^{\mathrm{H}}(\boldsymbol{E}_2\boldsymbol{E}_2^{\mathrm{H}})^{-1}\end{aligned} \tag{7.42}$$

其中

$$\begin{cases}[\boldsymbol{E}_1]_{D\times Q}=[(\boldsymbol{B}_1\boldsymbol{A}^{-M})^{\mathrm{T}},(\boldsymbol{B}_1\boldsymbol{A}^{-M+1})^{\mathrm{T}},\cdots,(\boldsymbol{B}_1\boldsymbol{A}^{-M+A-1})^{\mathrm{T}}]^{\mathrm{T}}\\ [\boldsymbol{E}_2]_{Q\times E}=[\boldsymbol{A}^{-M}\boldsymbol{B}_2,\boldsymbol{A}^{-M+1}\boldsymbol{B}_2,\cdots,\boldsymbol{A}^{-M+S-A}\boldsymbol{B}_2]\end{cases} \tag{7.43}$$

$$
\begin{cases}
\boldsymbol{A} = \mathrm{diag}(a_1', a_2', \cdots, a_Q') \\
\boldsymbol{B}_1 = \begin{bmatrix} (b_1')^{-N} & (b_2')^{-N} & \cdots & (b_Q')^{-N} \\ (b_1')^{-N+1} & (b_2')^{-N+1} & \cdots & (b_Q')^{-N+1} \\ \vdots & \vdots & \vdots & \vdots \\ (b_1')^{-N+L-1} & (b_2')^{-N+L-1} & \cdots & (b_Q')^{-N+L-1} \end{bmatrix}_{L\times Q} \\
\boldsymbol{B}_2 = \begin{bmatrix} (b_1')^{-N} & (b_1')^{-N+1} & \cdots & (b_1')^{-N+T-L} \\ (b_2')^{-N} & (b_2')^{-N+1} & \cdots & (b_2')^{-N+T-L} \\ \vdots & \vdots & \vdots & \vdots \\ (b_Q')^{-N} & (b_Q')^{-N+1} & \cdots & (b_Q')^{-N+T-L} \end{bmatrix}_{Q\times(T-L+1)}
\end{cases} \tag{7.44}
$$

综合以上分析，给出二维酉矩阵束（Two Dimensional-Unitary Matrix Pencil, 2D-UMP）算法实现稀布面阵方向图综合的具体步骤。

（1）矩阵计算。根据期望方向图 $F_{\mathrm{REF}}(u,v)$ 的采样值计算 Hankel 块矩阵 $\boldsymbol{Z}_{\mathrm{ENH}}$，然后利用酉变换求实数据矩阵 $\boldsymbol{Z}_{\mathrm{RE}}$。

（2）奇异值分解和特征值分解。首先对实矩阵 $\boldsymbol{Z}_{\mathrm{RE}}$ 奇异值分解得到左奇异矢量矩阵 $\boldsymbol{U}_{\mathrm{LQ}}$；然后计算矩阵 $\boldsymbol{U}_1, \boldsymbol{U}_2, \boldsymbol{U}_3$ 和 $\boldsymbol{U}_4$；最后分别对得到的 $\boldsymbol{F}_1 = \boldsymbol{U}_1^{\dagger}\boldsymbol{U}_2$ 和 $\boldsymbol{F}_2 = \boldsymbol{U}_3^{\dagger}\boldsymbol{U}_4$ 特征值分解，并从 $\boldsymbol{\Lambda}_1$ 和 $\boldsymbol{\Lambda}_2$ 中提取矢量 $\boldsymbol{x}$ 和 $\boldsymbol{y}$。

（3）阵元位置配对。构造矢量 $\boldsymbol{p}_1$ 和 $\boldsymbol{p}_2$，然后根据 $\boldsymbol{p}_1$ 和 $\boldsymbol{p}_2$ 单元的大小对矢量 $\boldsymbol{x}$ 和 $\boldsymbol{y}$ 的单元进行排序，进而从 $\boldsymbol{x}$ 和 $\boldsymbol{y}$ 中提取到正确的配对 (x_q', y_q')。

（4）求解阵元激励。计算稀布面阵的阵元激励 $w_q'(q = 1,2,\cdots,Q)$。

（5）性能评估。稀疏率 $\boldsymbol{\eta} = Q/P$，根据下式计算该稀布面阵重构方向图与期望方向图的归一化匹配误差：

$$
\xi = \frac{\displaystyle\int_{u^2+v^2\leqslant 1} \left| F_{\mathrm{REF}}(u,v) - \sum_{q=1}^{Q} w_q' \exp(\mathrm{j}k_0(x_q' u + y_q' v)) \right|^2 \mathrm{d}u\mathrm{d}v}{\displaystyle\int_{u^2+v^2\leqslant 1} |F_{\mathrm{REF}}(u,v)|^2 \mathrm{d}u\mathrm{d}v} \tag{7.45}
$$

2. 仿真实验及性能分析

下面将通过对不同孔径形状，不同孔径大小，不同目标方向图的矩形平面阵列仿真以验证本节所提二维酉矩阵方法在稀疏优化布阵方面的有效性和优越性。

1）正方孔径有效性验证

以 $\lambda/2$ 为间隔的 10×10 均匀切比雪夫平面阵为参考进行仿真实验，阵列孔径为 $4.5\lambda\times4.5\lambda$，峰值旁瓣电平为-20dB。图 7.13 为均匀平面阵和稀布平面阵的方向图比较，而图 7.14 给出了两个方向图的截面对比图。从图中可以看出，2D-UMP 算法可以获得与期望方向图拟合程度很高的重构方向图，归一化匹配误差仅为 2.47×10^{-4}。该稀布平面阵列的阵元位置和激励分布如图 7.15(b)所示，具体数值见表 7.5。为便于直观比较，将均匀平面阵列的阵元位置和激励分布在图 7.15(a)中给出。相比于均匀参考平面阵列，该稀布阵列可节省约 56% 的阵元数目。如果将 2D-UMP 算法用于 5.5λ×5.5λ 均匀切比雪夫平面阵的稀疏优化，同样地，该算法可以利用较少的阵元数目获得与原均匀阵相似的方向图性能。

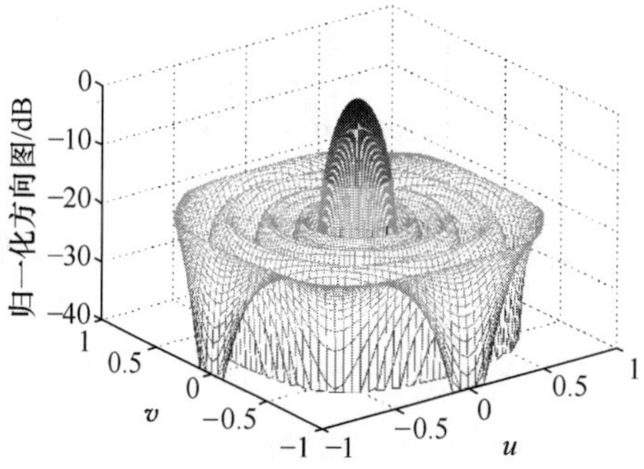

(a) 均匀平面阵的方向图

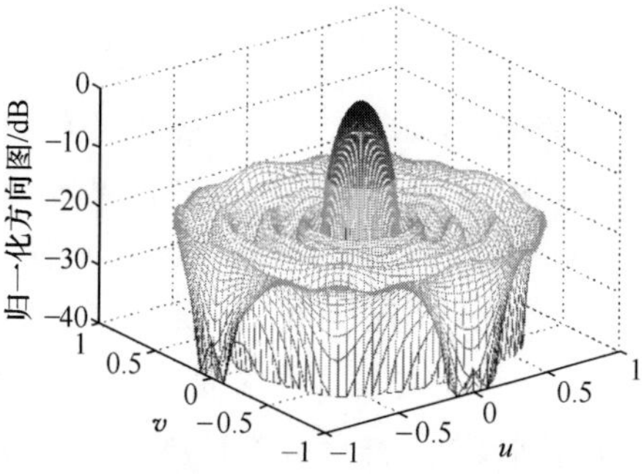

(b) 稀布平面阵的方向图

图 7.13 均匀平面阵和稀布平面阵的方向图比较(见彩图)

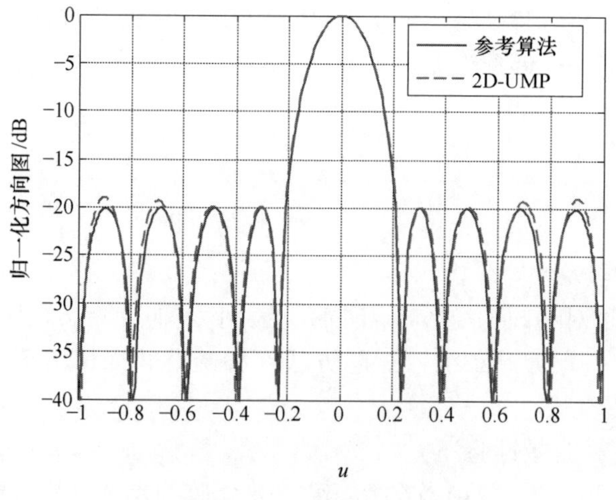

图 7.14 方向图截面的比较

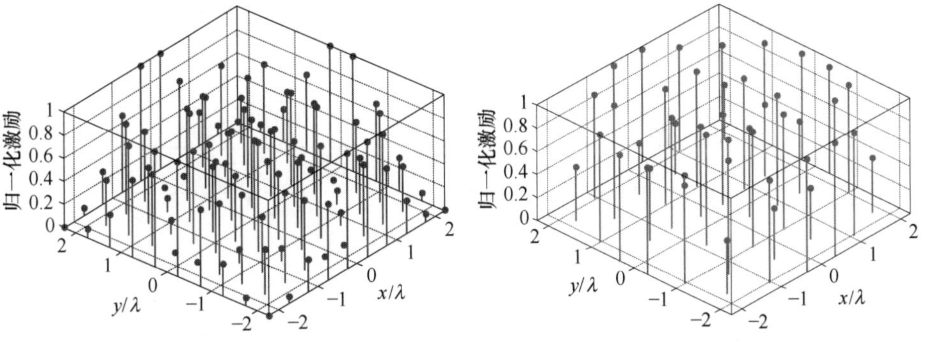

（a）均匀平面阵的阵元位置和激励　　（b）稀布平面阵的阵元位置和激励

图 7.15　均匀平面阵和稀布平面阵的阵元位置和激励分布图

表 7.5　$Q=44$ 时稀布平面阵的阵元位置和相应激励

序号	x'_q/λ	y'_q/λ	w'_q	序号	x'_q/λ	y'_q/λ	w'_q
1	0.2700	0.3150	0.7778	7	1.3275	1.3275	0.9870
2	0.3600	2.2500	0.9785	8	1.4175	0.4050	0.6262
3	0.3825	1.0125	1.0000	9	1.8225	1.7550	0.4714
4	0.4500	1.5750	0.4448	10	2.0250	0.9900	0.9304
5	0.8775	0.4050	0.9574	11	2.2500	0.3150	0.9204
6	1.0575	2.0475	0.8963				

为了验证 2D-UMP 算法对不同参考方向图的有效性，以 400 个激励为 1 的等间隔阵元组成的均匀平面阵为期望进行仿真实验，阵列孔径为 $9.5\lambda\times9.5\lambda$，实验得到的主要性能指标见表 7.6。由表可以看出，2D-UMP 算法能够以较小的归一化误差 3.91×10^{-3} 获得准确的方向图匹配，稀疏率为 41%. 考虑以 $19.5\lambda\times19.5\lambda$ 孔径的均匀激励平面阵为参考验证该算法对于大孔径平面阵的适用性。由表 7.6 可知，综合得到的稀布平面阵可节省 60% 的阵元数目就可以获得与均匀参考阵方向图一致的性能。此外，相比于全局优化算法而言，2D-UMP 算法所需的计算时间是很短的，它在解决大型阵列综合问题时具有很大优势。

为了验证该算法在减少阵元个数和提高方向图拟合精度方面的优越性，采用 MT-BCS 算法对上述提到的 $4.5\lambda\times4.5\lambda$ 均匀切比雪夫平面阵和 $19.5\lambda\times19.5\lambda$ 均匀激励平面阵进行仿真，这两种方法综合结果的定量比较见表 7.6。由表可以看出，相比于 MT-BCS 算法，2D-UMP 算法可以在不损失方向图匹配准确性的同时节省更多的阵元数目。也就是说，对于给定的任意孔径大小，该算法对应更稀疏的阵列结构。此外,两种算法的计算复杂度都很低,相比较而言,MT-BCS 算法的计算时间略少于 2D-UMP 算法。

表 7.6　两种算法在不同实验条件下的性能比较

算法	孔径大小	阵元数 Q	稀疏率 η	归一化误差 ξ	时间/s
2D-UMP	4.5×4.5	44	0.44	2.47×10^{-4}	27.93
	5.5×5.5	72	0.50	1.57×10^{-4}	29.20
	9.5×9.5	164	0.41	3.91×10^{-3}	195.42
	19.5×19.5	640	0.40	8.04×10^{-2}	1608.74
	7.0×4.5	76	0.50	7.17×10^{-4}	33.95
MT-BCS	4.5×4.5	65	0.65	1.70×10^{-4}	25.31
	19.5×19.5	1024	0.64	1.73×10^{-2}	1343.13
	7.0×4.5	77	0.51	6.80×10^{-4}	30.19

2）长方孔径有效性验证

下面考虑长方孔径平面阵列的稀疏优化,以 $\lambda/2$ 为间隔的激励为 1 的均匀平面阵为参考进行仿真实验,阵列孔径为 $7\lambda\times4.5\lambda$。图 7.16 为均匀平面阵和稀布平面阵的方向图比较,其截面对比图如图 7.17 所示。从图中可以看出,2D-UMP 算法可以在整个可视范围获得与期望方向图近似一致的重构方向图,只是在远场旁瓣区域存在较小的、可以忽略的偏差。图 7.18 给出了该稀布平面阵列的阵元位置和激励分布,具体数值见表 7.7。由表可以看出,2D-UMP 算法能够以 50%的稀疏率和 7.17×10^{-4} 的方向图匹配误差实现与参考均匀阵相近的性能。此外,采用 MT-BCS 算法对该阵列孔径进行仿真,比较结果见表 7.6。也就是说,对于任何孔径大小、任何孔径形状的平面阵列而言,2D-UMP 算法可以在保证方向图性能的情况下对应更稀疏的阵列结构。

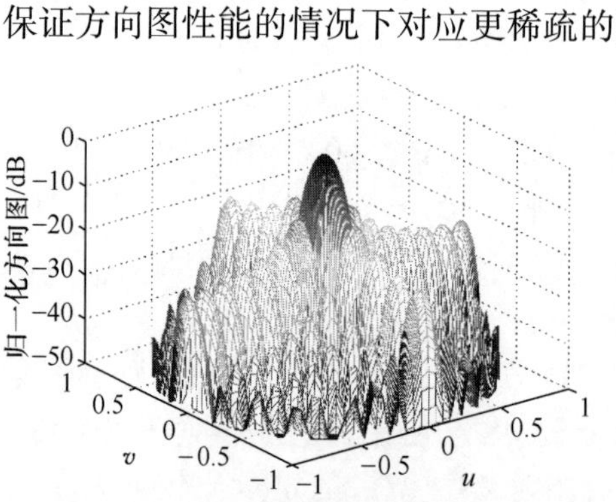

（a）均匀平面阵的方向图

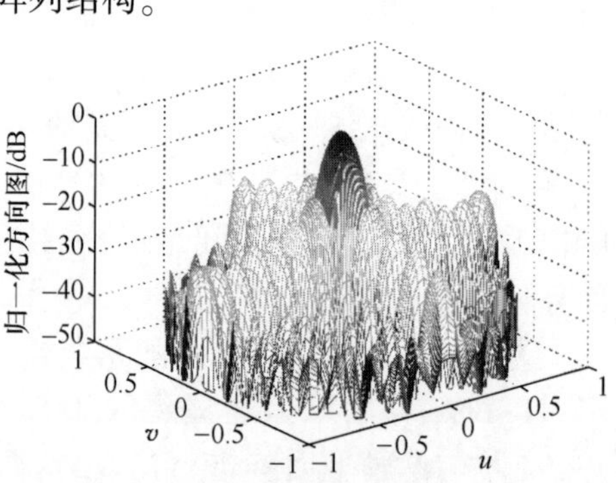

（b）稀布平面阵的方向图

图 7.16　均匀平面阵和稀布平面阵的方向图比较(见彩图)

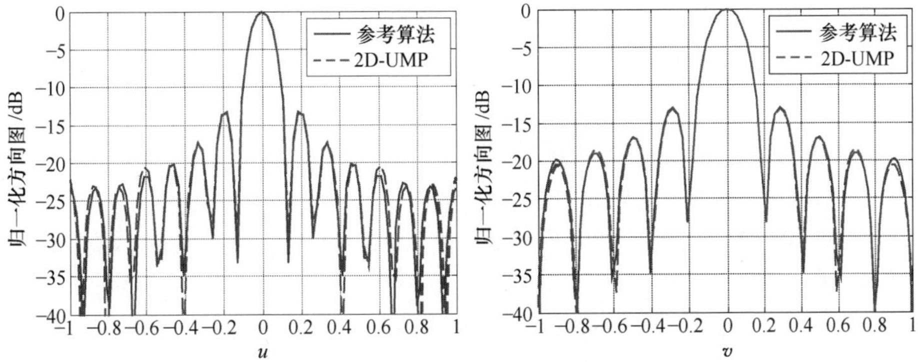

(a) 以 u 轴为截面的方向图比较　　(b) 以 v 轴为截面的方向图比较

图 7.17　方向图截面的比较

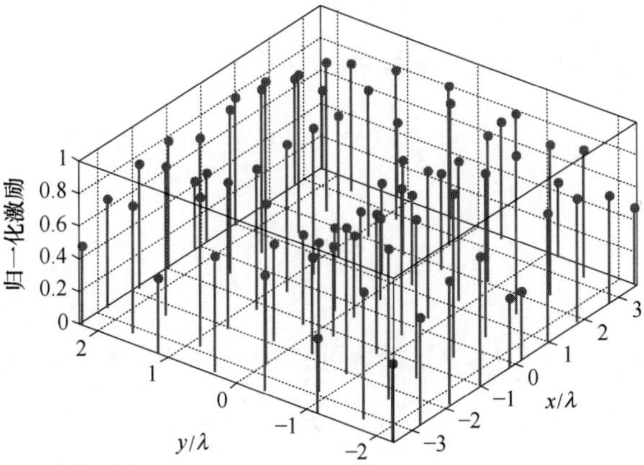

图 7.18　稀布平面阵的阵元位置和激励分布图

表 7.7　$Q=76$ 时稀布平面阵的阵元位置和相应激励

序号	x'_q/λ	y'_q/λ	w'_q	序号	x'_q/λ	y'_q/λ	w'_q
1	0.1750	2.2500	0.4230	11	2.0650	0.8550	0.8928
2	0.3850	0.8325	0.9002	12	2.3450	1.5975	0.9150
3	0.3850	0.1350	0.5016	13	2.6600	0	0.9804
4	0.4550	1.5975	1.000	14	2.7300	2.2500	0.6597
5	0.9800	2.2275	0.7850	15	2.8700	0.8550	0.9131
6	1.1550	0.2250	0.5543	16	3.1850	1.6650	0.7792
7	1.1900	0.8550	0.8581	17	3.4300	0.3600	0.7089
8	1.4350	1.5525	0.9658	18	3.5000	1.1475	0.4590
9	1.8550	2.2275	0.7577	19	3.5000	2.2275	0.4807
10	1.8900	0.2700	0.5901				

7.3 基于 Laplace 先验贝叶斯压缩感知的面阵方向图综合

7.3.1 平面阵列的稀疏表示模型

7.3.1.1 矩形平面阵列的稀疏表示模型

假设孔径为 $2L_x \times 2L_y$ 的矩形平面阵列可以均匀分为 $2N_x \times 2N_y$ 个虚拟阵元位置栅格，简单起见，假设该平面阵列的阵元位置和激励关于坐标轴对称分布，令 $N = N_x \times N_y$，如果每个栅格位置都排布一个天线单元，则该虚拟过采样矩形平面阵列的阵因子可表示为

$$F(u,v) = 4\sum_{n=1}^{N} w_n \cos(k_0 x_n u)\cos(k_0 y_n v) \tag{7.46}$$

式中：x_n 和 y_n 分别为阵元位置的横坐标和纵坐标，可表示为

$$\begin{cases} x_n = L_x \dfrac{(n-1)\bmod N_x}{N_x - 1} \\ y_n = L_y \dfrac{\lfloor (n-1)/N_x \rfloor}{N_y - 1} \end{cases} \tag{7.47}$$

进行 $K_\theta \times K_\varphi = K(K \ll N)$ 点等间隔采样，可得其矩阵形式：

$$\boldsymbol{F} = \boldsymbol{\Phi}\boldsymbol{w} \tag{7.48}$$

式中：$\boldsymbol{F} = [F(u_1,v_1), F(u_2,v_2), \cdots, F(u_K,v_K)]^{\mathrm{T}}$ 为方向图的 K 维采样矢量，采样点 u_k 和 $v_k(k = 1,2,\cdots,K)$ 的位置为

$$\begin{cases} u_k = \sin(\theta_k)\cos(\varphi_k) \\ v_k = \sin(\theta_k)\sin(\varphi_k) \end{cases} \tag{7.49}$$

则：

$$\begin{cases} \theta_k = \dfrac{\pi}{2} \dfrac{(k-1)\bmod K_\theta}{K_\theta - 1} \\ \varphi_k = \pi \dfrac{\lfloor (k-1)/K_\theta \rfloor}{K_\varphi - 1} \end{cases} \tag{7.50}$$

式(7.48)中：$\boldsymbol{w} = [w_1, w_2, \cdots, w_N]^{\mathrm{T}}$ 为综合方向图所需的 N 维权值矢量；对应的

观测矩阵 $\boldsymbol{\Phi}$ 可表示为

$$\boldsymbol{\Phi}=4\begin{bmatrix}\cos(k_0x_1u_1)\cos(k_0y_1v_1) & \cos(k_0x_2u_1)\cos(k_0y_2v_1) & \cdots & \cos(k_0x_Nu_1)\cos(k_0y_Nv_1)\\ \cos(k_0x_1u_2)\cos(k_0y_1v_2) & \cos(k_0x_2u_2)\cos(k_0y_2v_2) & \cdots & \cos(k_0x_Nu_2)\cos(k_0y_Nv_2)\\ \vdots & \vdots & \ddots & \vdots\\ \cos(k_0x_1u_K)\cos(k_0y_1v_K) & \cos(k_0x_2u_K)\cos(k_0y_2v_K) & \cdots & \cos(k_0x_Nu_K)\cos(k_0y_Nv_K)\end{bmatrix} \tag{7.51}$$

由于采样点数 K 远小于权矢量维数 N,已知采样值的前提下解出权矢量属于 NP-hard 问题。但是当权矢量包含多个零元素时,该问题可解。假设长为 N 的权矢量是 P 稀疏的,即矢量中只有 $P(P \ll N)$ 个非零元素,相当于只有 P 个单元位置上有阵元激励或者被认为是"on"状态。此时,该稀布平面阵列的设计问题可等效为对于给定的期望方向图 $\boldsymbol{F}_{\mathrm{REF}}$,确定一个稀疏的权值矢量 $\boldsymbol{w}$,使得观测矩阵少数列矢量的加权线性组合即可逼近期望方向图,稀疏权矢量中非零元素的值即为该稀布面阵的阵元激励,并可以通过非零元素的位置推导出布阵位置。也就是说,通过对非均匀稀疏分布的阵元位置和激励的联合优化求解,以尽可能少的阵元数目实现给定的期望方向图。存在数据误差的情况下,该虚拟矩形平面阵列的稀疏表示模型为

$$\min \|\boldsymbol{w}\|_0 \quad \text{s. t.} \quad \|\boldsymbol{F}_{\mathrm{REF}}-\boldsymbol{F}\|_2 \leqslant \varepsilon \tag{7.52}$$

$$\boldsymbol{F}_{\mathrm{REF}}=\boldsymbol{\Phi}\boldsymbol{w}+\boldsymbol{e} \tag{7.53}$$

式中:ε 为一个较小的误差容限;$\boldsymbol{F}_{\mathrm{REF}}=[F_{\mathrm{REF}}(u_1),F_{\mathrm{REF}}(u_2),\cdots,F_{\mathrm{REF}}(u_K)]^{\mathrm{T}}$ 为期望方向图的 K 维采样矢量;$\boldsymbol{e}=[e_1,e_2,\cdots,e_K]^{\mathrm{T}}$ 为 K 维方差为 $\sigma^2 \propto \varepsilon$ 的零均值高斯误差矢量。

7.3.1.2 单层圆环阵列的稀疏表示模型

假设半径为 R 的圆环阵列孔径可以均匀离散形成 N 个虚拟阵元位置栅格,如果每个栅格位置都排布一个天线单元,则该虚拟过采样单层圆环阵的阵因子可表示为

$$F(u,v)=\sum_{n=1}^{N} w_n \exp[\mathrm{j}k_0(x_nu+y_nv)] \tag{7.54}$$

式中:x_n 和 y_n 分别为虚拟单元位置的横坐标和纵坐标,可表示为

$$\begin{cases}x_n=R\cos(\phi_n)\\ y_n=R\sin(\phi_n)\end{cases} \tag{7.55}$$

式中:$\phi_n=2\pi n/N$,即当单层圆环阵的圆环半径确定之后,该阵列的阵元位置仅由阵元在圆环上的方位角决定。

进行 $K_\theta \times K_\varphi=K(K \ll N)$ 点等间隔采样,可得其矩阵形式:

$$\boldsymbol{F} = \boldsymbol{\Phi} \boldsymbol{w} \tag{7.56}$$

式中：$\boldsymbol{F} = [F(u_1,v_1),F(u_2,v_2),\cdots,F(u_K,v_K)]^{\mathrm{T}}$ 为方向图的 K 维采样矢量；$\boldsymbol{\Phi}$ 为观测矩阵，它的第 (k,n) 个元素为 $\boldsymbol{\Phi}(k,n) = \exp[\mathrm{j}k_0(x_n u_k + y_n v_k)]$；$\boldsymbol{w} = [w_1,w_2,\cdots,w_N]^{\mathrm{T}}$ 为综合方向图所需的 N 维权值矢量。

如果主波束指向为 $(\theta_m,\varphi_m) = (90°,0°)$，则该虚拟过采样单层圆环阵的阵因子可简化为

$$F(\varphi) = \sum_{n=1}^{N} w_n \exp[\mathrm{j}k_0 R\cos(\varphi - \phi_n)] \tag{7.57}$$

对截面方向图进行 K 点等间隔采样，采样矢量为 $\boldsymbol{F} = [F(\varphi_1),F(\varphi_2),\cdots,F(\varphi_K)]^{\mathrm{T}}$，观测矩阵 $\boldsymbol{\Phi}$ 的第 (k,n) 个元素为 $\boldsymbol{\Phi}(k,n) = \exp[\mathrm{j}k_0 R(\varphi_k - \phi_n)]$。因此，可以得到该虚拟单层圆环阵列的稀疏表示模型。

7.3.2 基于 Laplace 先验贝叶斯压缩感知的稀布平面阵方向图综合

基于 Laplace 先验的贝叶斯压缩感知算法（Lap-BCS 算法）可以对稀疏权矢量指定 Laplace 先验分布，并根据观测矩阵和观测矢量的值对该权矢量进行估计，相对于传统的高斯先验 BCS 算法，具有更高的稀疏性和重构精度。由模型可知观测噪声服从均值为零方差为 σ^2 的独立高斯分布：

$$p(\boldsymbol{F}_{\mathrm{REF}} \mid \boldsymbol{w},\sigma^2) = N(\boldsymbol{F}_{\mathrm{REF}} \mid \boldsymbol{\Phi} \boldsymbol{w},\sigma^2) \tag{7.58}$$

令 $r_0 = 1/\sigma^2$，则

$$p(r_0 \mid a^{r_0},b^{r_0}) = G(r_0 \mid a^{r_0},b^{r_0}) \tag{7.59}$$

在贝叶斯模型中，$\boldsymbol{w}$ 的稀疏性通过其稀疏先验概率分布来约束，$\boldsymbol{w}$ 的稀疏先验服从 Laplace 分布，即

$$p(\boldsymbol{w} \mid \overline{\lambda}) = \frac{\overline{\lambda}}{2}\exp\left(-\frac{\overline{\lambda}}{2}\|\boldsymbol{w}\|_1\right) \tag{7.60}$$

同传统 BCS 算法采用的独立高斯先验分布相比，Laplace 先验分布能够使稀疏权系数更接近零，具有更高的稀疏性。但是，由于 Laplace 先验分布和高斯分布是不共轭的，并不能直接进行贝叶斯分析。为此，利用分层先验概率模型来解决这一问题。对于分层先验模型的第一层，假设 $\boldsymbol{w}$ 中的每一个元素 w_n 都服从零均值高斯先验分布：

$$p(\boldsymbol{w} \mid \boldsymbol{r}) = \prod_{n=1}^{N} N(w_n \mid 0,r_n) \tag{7.61}$$

式中：$\boldsymbol{r} = [r_1,r_2,\cdots,r_N]^{\mathrm{T}}$ 为超参数矢量。

对于分层先验模型的第二层，指定 $\boldsymbol{r}$ 服从 Gamma 先验分布：

$$p(r_n \mid \bar{\lambda}) = G(r_n \mid 1, \bar{\lambda}/2) = \frac{\bar{\lambda}}{2}\exp\left(-\frac{\bar{\lambda} r_n}{2}\right) \tag{7.62}$$

且分层先验模型的第三层,参数 $\bar{\lambda}$ 服从 Gamma 超先验:

$$p(\bar{\lambda} \mid \nu) = G(\bar{\lambda} \mid \nu/2, \nu/2) \tag{7.63}$$

则:

$$\begin{aligned} p(\boldsymbol{w} \mid \bar{\lambda}) &= \prod_{n=1}^{N} \int p(w_n \mid r_n) p(r_n \mid \bar{\lambda}) \mathrm{d}r_n \\ &= \frac{\bar{\lambda}^{N/2}}{2^N} \exp\left(-\sqrt{\bar{\lambda}} \sum\nolimits_{n=1}^{N} |w_n|\right) \end{aligned} \tag{7.64}$$

以上公式为 Laplace 先验的三层模型,前两层是为了获得 Laplace 分布 $p(\boldsymbol{w} \mid \bar{\lambda})$,最后一层是为了计算 $\bar{\lambda}$。

此时,问题就转化为在已知稀疏权矢量 $\boldsymbol{w}$ 先验概率分布特性的前提下,根据观测矢量 $\boldsymbol{F}_{\mathrm{REF}}$ 和观测矩阵 $\boldsymbol{\Phi}$ 估计 $\boldsymbol{w}$ 的值。为了高效准确地求出稀疏解,可以将所有未知参数的后验概率分解为两个部分:

$$p(\boldsymbol{w}, \boldsymbol{r}, r_0, \bar{\lambda} \mid \boldsymbol{F}_{\mathrm{REF}}) = p(\boldsymbol{w} \mid \boldsymbol{F}_{\mathrm{REF}}, \boldsymbol{r}, r_0, \bar{\lambda}) p(\boldsymbol{r}, r_0, \bar{\lambda} \mid \boldsymbol{F}_{\mathrm{REF}}) \tag{7.65}$$

对于式(7.65)等号右边第一部分 $p(\boldsymbol{w} \mid \boldsymbol{F}_{\mathrm{REF}}, \boldsymbol{r}, r_0, \bar{\lambda})$,在 $\boldsymbol{r}$、r_0 和 $\bar{\lambda}$ 已知,且给定 $\boldsymbol{F}_{\mathrm{REF}}$ 和 $\boldsymbol{\Phi}$ 的情况下,它服从均值为 $\boldsymbol{\mu}$,方差为 Σ 的多元高斯分布:

$$p(\boldsymbol{w} \mid \boldsymbol{F}_{\mathrm{REF}}, \boldsymbol{r}, r_0, \bar{\lambda}) = N(\boldsymbol{w} \mid \mu, \Sigma) \tag{7.66}$$

$$\mu = r_0 \Sigma \boldsymbol{\Phi}^{\mathrm{T}} \boldsymbol{F}_{\mathrm{REF}}, \quad \Sigma = (\boldsymbol{\Lambda} + r_0 \boldsymbol{\Phi}^{\mathrm{T}} \boldsymbol{\Phi})^{-1} \tag{7.67}$$

式中:$\boldsymbol{\Lambda} = \mathrm{diag}(r_1^{-1}, r_2^{-1}, \cdots, r_N^{-1})$。

对于式(7.65)等号右边第二部分 $p(\boldsymbol{r}, r_0, \bar{\lambda} \mid \boldsymbol{F}_{\mathrm{REF}})$,可以利用 II 型 ML 方法估计 $\boldsymbol{r}$、r_0 和 $\bar{\lambda}$ 的值,即

$$(\hat{\boldsymbol{r}}, \hat{r}_0, \hat{\lambda}) = \arg\max_{\hat{\boldsymbol{r}}, \hat{r}_0, \hat{\lambda}} p(\boldsymbol{r}, r_0, \bar{\lambda} \mid \boldsymbol{F}_{\mathrm{REF}}) = \arg\max_{\hat{\boldsymbol{r}}, \hat{r}_0, \hat{\lambda}} \delta(\boldsymbol{r}, r_0, \bar{\lambda}) \tag{7.68}$$

由于 $p(\boldsymbol{r}, r_0, \bar{\lambda} \mid \boldsymbol{F}_{\mathrm{REF}}) \propto p(\boldsymbol{F}_{\mathrm{REF}}, \boldsymbol{r}, r_0, \bar{\lambda})$,此时,定义 $p(\boldsymbol{F}_{\mathrm{REF}}, \boldsymbol{r}, r_0, \bar{\lambda})$ 等价的对数边缘似然函数为 L,可表示为

$$\begin{aligned} L =& -\frac{1}{2}\left(\lg|\boldsymbol{C}| + \boldsymbol{F}_{\mathrm{REF}}^{\mathrm{T}} \boldsymbol{C}^{-1} \boldsymbol{F}_{\mathrm{REF}} + \bar{\lambda} \sum_{n=1}^{N} r_n + \nu\bar{\lambda} - \nu \lg(\nu/2)\right) + N\lg(\bar{\lambda}/2) \\ & - \lg G(\nu/2) + (\nu/2 - 1)\lg\bar{\lambda} + (a^{r_0} - 1)\lg r_0 - b^{r_0} r_0 \end{aligned} \tag{7.69}$$

式中:$\boldsymbol{C} = r_0^{-1}\boldsymbol{I} + \boldsymbol{\Phi}\boldsymbol{\Lambda}^{-1}\boldsymbol{\Phi}^{\mathrm{T}}$。

通过最大化式(7.69)来估计 $\boldsymbol{r}$、r_0 和 $\bar{\lambda}$ 的值,得到参数的更新公式:

$$\tilde{r}_n = -(1/2\bar{\lambda}) + \sqrt{(1/4\bar{\lambda}^2) + (w_n^2/\bar{\lambda})} \tag{7.70}$$

$$\tilde{r}_0 = \frac{N/2 + a^{r_0}}{\|\boldsymbol{F}_{\text{REF}} - \boldsymbol{\Phi}\boldsymbol{w}\|^2/2 + b^{r_0}} \tag{7.71}$$

$$\tilde{\lambda} = \frac{N - 1 + \nu/2}{\sum_{n=1}^{N}(r_n/2) + \nu/2} \tag{7.72}$$

式中：ν 可以根据方程 $\lg(\nu/2) + 1 - \Psi(\nu/2) + \lg\bar{\lambda} - \bar{\lambda} = 0$ 得到。因此，迭代式(7.70)~式(7.72)直至收敛，稀疏权矢量的估计值即为最终的均值 $\hat{\boldsymbol{\mu}}$，即

$$\begin{aligned}\hat{\boldsymbol{w}} &= \arg\max_{\hat{\boldsymbol{w}}}\ p(\boldsymbol{w}, \boldsymbol{r}, r_0, \bar{\lambda} \mid \boldsymbol{F}_{\text{REF}}) \\ &= \arg\max_{\hat{\boldsymbol{w}}}\{p(\boldsymbol{w} \mid \boldsymbol{F}_{\text{REF}}, \boldsymbol{r}, r_0, \bar{\lambda}) \mid_{(\boldsymbol{r}, r_0, \bar{\lambda}) = (\hat{\boldsymbol{r}}, \hat{r}_0, \hat{\lambda})}\} \\ &= \hat{\boldsymbol{\mu}} \mid_{(\boldsymbol{r}, r_0, \bar{\lambda}) = (\hat{\boldsymbol{r}}, \hat{r}_0, \hat{\lambda})}\end{aligned} \tag{7.73}$$

为了减少上述迭代过程的计算量，考虑充分利用待求变量的稀疏性，采用快速 Laplace 算法来估计未知参数的值，其实现步骤如下。

(1) 初始化。令 $i = 0$，取 $\bar{\lambda}^{(i)} = 0$，$(r_0^{(i)})^{-1} = \text{var}(\boldsymbol{F}_{\text{REF}}) \times \sigma_0^2$

(2) 计算均值 $\boldsymbol{\mu}^{(i)}$ 和方差 $\Sigma^{(i)}$，同时计算参数 $a_n^{(i)}$ 和 $b_n^{(i)}$：

$$a_n^{(i)} = \frac{A_n^{(i)}}{1 - r_n^{(i)}A_n^{(i)}},\ b_n^{(i)} = \frac{B_n^{(i)}}{1 - r_n^{(i)}A_n^{(i)}}, n = 1, 2, \cdots, N \tag{7.74}$$

$$\begin{aligned}A_n^{(i)} &= r_0^{(i)}(\phi_n^{(i)})^{\text{T}}\phi_n^{(i)} - (r_0^{(i)})^2(\phi_n^{(i)})^{\text{T}}\boldsymbol{\Phi}\boldsymbol{\Sigma}^{(i)}\boldsymbol{\Phi}\phi_n^{(i)} \\ B_n^{(i)} &= r_0^{(i)}(\phi_n^{(i)})^{\text{T}}\boldsymbol{F}_{\text{REF}} - (r_0^{(i)})^2(\phi_n^{(i)})^{\text{T}}\boldsymbol{\Phi}\boldsymbol{\Sigma}^{(i)}\boldsymbol{\Phi}\boldsymbol{F}_{\text{REF}}\end{aligned} \tag{7.75}$$

(3) 估计候选基矢量。计算 $e_n^{(i)} = (b_n^{(i)})^2 - a_n^{(i)}$：

· 如果 $e_n^{(i)} > \bar{\lambda}^{(i)}$ 且 $r_n^{(i)} = 0$，则在模型中增加 $r_n^{(i)}$；

· 如果 $e_n^{(i)} > \bar{\lambda}^{(i)}$ 且 $r_n^{(i)} > 0$，则重新更新 $r_n^{(i)}$；

· 如果 $e_n^{(i)} \leqslant \bar{\lambda}^{(i)}$，则从模型中删除 i 并令 $r_n^{(i)} = 0$。

(4) 收敛检验。如果满足收敛条件，执行下一步；否则令 $i = i + 1$，更新 $\bar{\lambda}^{(i)}$，并转到步骤(2)。

(5) 计算稀疏权矢量。计算 $\hat{\boldsymbol{w}} = \hat{\boldsymbol{\mu}} = \boldsymbol{\mu}^{(i)}$。

综合以上分析，根据给定的方向图采样矢量（观测矢量）和观测矩阵，就可以利用 Lap-BCS 算法得到对应的稀疏权矢量，可以通过权矢量中非零元素的位置推导出该稀布平面阵列的阵元位置 $(x_{p'}, y_{p'})$，而权矢量的系数即为对应的阵元激励 w_p，且有 $P = \|\boldsymbol{w}\|_0$。需要说明的是，Lap-BCS 算法可以在求解权矢量

的同时自适应地估计模型参数,有效避免了 BCS 算法中由于参数选择不当而导致的计算误差。此外,Babacan 证明了相关矢量框架下的 BCS 算法是基于 Laplace 先验 BCS 算法的一个特殊情况,也就是说,本节采用的 Lap-BCS 算法可以获得优于传统 BCS 算法的稀疏性。

7.3.3 仿真实验与分析

本节分别对矩形平面阵列和单层圆环阵列的稀疏优化设计进行仿真实验,并通过与 BCS 算法的结果对比,有效验证了本小节算法在阵列稀疏性及方向图匹配准确性方面的优势。为了评估算法的性能,定义稀疏率 η 为稀布阵列阵元个数和同孔径均匀阵列阵元个数之比,而且可以根据下式计算稀布平面阵列重构方向图与期望方向图的归一化匹配误差:

$$\xi = \frac{\int_{u^2+v^2\leqslant 1} \left| F_{\mathrm{REF}}(u,v) - F'(u,v) \right|^2 \mathrm{d}u\mathrm{d}v}{\int_{u^2+v^2\leqslant 1} \left| F_{\mathrm{REF}}(u,v) \right|^2 \mathrm{d}u\mathrm{d}v} \tag{7.76}$$

式中:$F'(u,v)$ 为所得稀布平面阵列的方向图。

7.3.3.1 稀布矩形平面阵列的仿真实验

1. 均匀激励平面阵列

相对于 ST-BCS 算法和 MT-BCS 算法,为了验证 Lap-BCS 算法性能方面的优势,分别采用这三种算法对等间隔均匀激励的矩形平面阵列进行仿真实验,该均匀平面阵由 14×14 个间隔为 $\lambda/2$ 的阵元组成,阵列孔径为 $6.5\lambda\times6.5\lambda$,其方向图如图 7.19(a)所示。图 7.19(b)则为 Lap-BCS 算法得到的稀布平面阵对应的方向图,其截面对比图如图 7.20 所示。

从图 7.20 中可以看出,Lap-BCS 算法综合得到的稀布平面阵可以获得与均匀参考平面阵相近的方向图性能,且能够有效地控制波束形状,两个方向图在主瓣区域以及近场旁瓣区域几乎重合,即使稀布平面阵的方向图在远场旁瓣区域略有升高,但总的方向图匹配误差仅为 5.36×10^{-4}。图 7.21 给出了该稀布平面阵列的阵元位置和激励分布,可以看出,该稀布阵的孔径利用率很高,且相邻两阵元的阵元间距均大于 $\lambda/2$,有效抑制了阵元间互耦的影响。表 7.8 为 Lap-BCS 算法与其他两种算法实验结果的比较,从表中可以看出,ST-BCS 算法的稀疏性较差,且得到的方向图归一化误差高于其他两种算法。本节提出的 Lap-BCS 算法可以在保证方向图性能的同时利用尽可能少的阵元,相比于均匀平面阵列,可节省约 55%的阵元,比 MT-BCS 算法多节省 24%的阵元。从计算时间上来看,MT-BCS 算法的计算复杂度稍高,耗时约 94.21s,而其他两种算法的计算时间均在 10s 以内,计算复杂度较低。

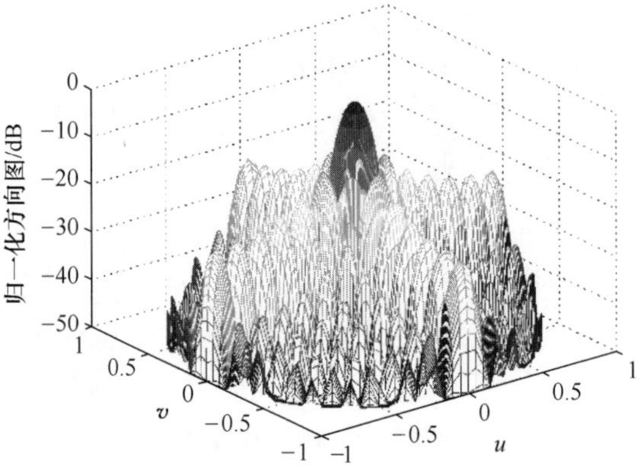

（a）均匀平面阵的方向图

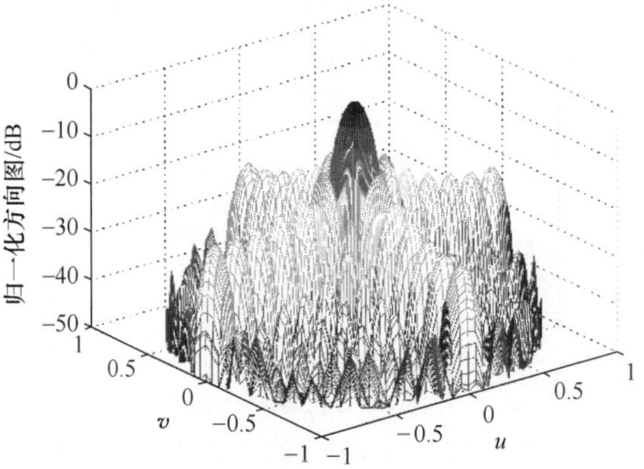

（b）稀布平面阵的方向图

图 7.19　均匀平面阵和稀布平面阵的方向图比较(见彩图)

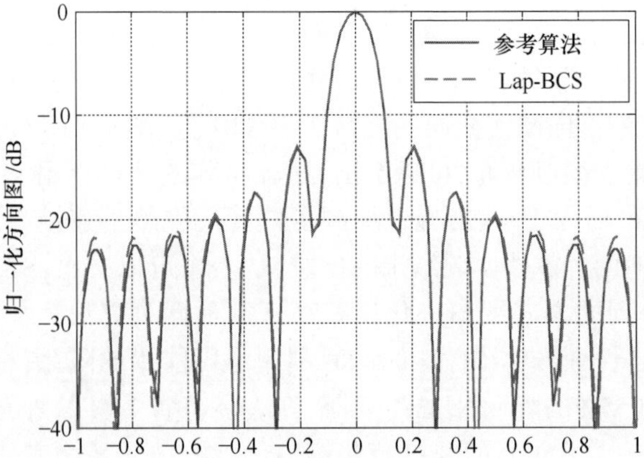

图 7.20　方向图截面的比较

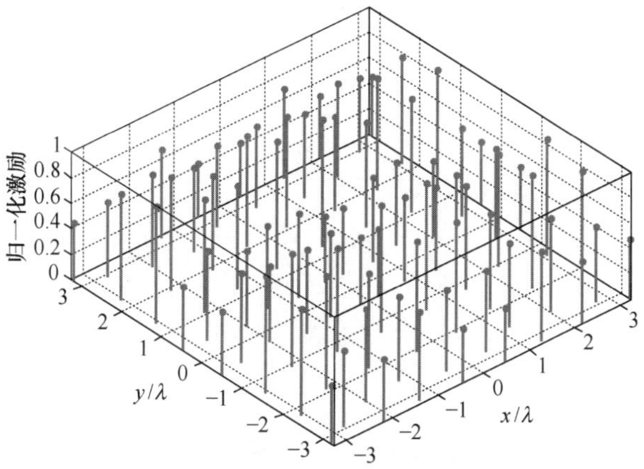

图 7.21　稀布平面阵的阵元位置和激励分布图

表 7.8　不同算法的性能比较

算法	阵元数	稀疏率 η	归一化误差 ξ	时间/s
Lap-BCS	88	0.45	5.36×10^{-4}	7.32
ST-BCS	180	0.92	1.54×10^{-2}	6.58
MT-BCS	136	0.69	6.10×10^{-4}	94.21

2. 低副瓣大型平面阵列

为了验证 Lap-BCS 算法对于大型平面阵列稀疏优化的有效性,分别采用该算法和 BCS 算法对 1024 个阵元组成的低副瓣均匀平面阵列进行仿真实验,相邻两阵元的间距为 $\lambda/2$。图 7.22(a)和(b)分别给出了上述均匀平面阵的方向图以及 Lap-BCS 算法综合得到稀布阵列的方向图,其截面对比图如图 7.23 所示。从图中可以看出,Lap-BCS 算法能够有效解决大型阵列的稀疏优化问题,可以获得与期望方向图近似一致的方向图性能,在主瓣宽度满足要求的同时,旁瓣电平均保持在−40dB 以下。方向图归一化误差是一个较小的值,具体为 3.25×10^{-4}。

图 7.24 给出了该稀布平面阵列的阵元位置和激励分布,由图可以看出,该稀布阵中心位置的阵元分布较密集,且激励值较大,而边缘位置的阵元分布较稀疏,且激励值小。这是由于平面阵列中心位置阵元的贡献大于边缘位置的阵元,因此在对均匀平面阵稀疏以后仍满足这一规律。表 7.9 为两种算法实现稀布平面阵所得性能指标的比较。从表中可以看出,Lap-BCS 算法可以用更少的阵元获得与期望方向图相近的性能,相比于均匀平面阵列,可节省约 55%的阵元,而

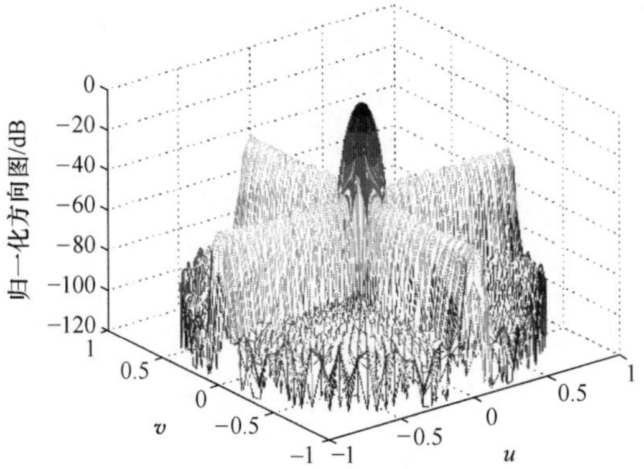

（a）均匀平面阵的方向图

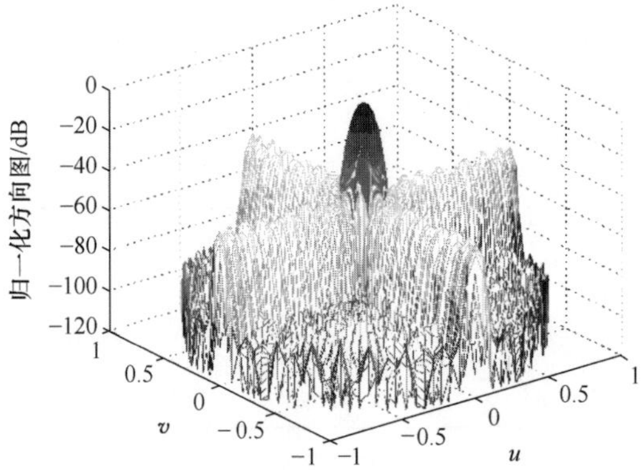

（b）稀布平面阵的方向图

图 7.22　均匀平面阵和稀布平面阵的方向图比较(见彩图)

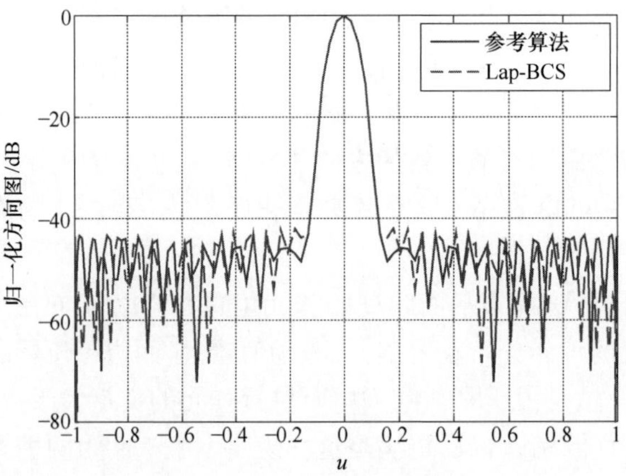

图 7.23　方向图截面的比较

BCS 算法节省的阵元约为 52%。另外,相对于其他全局优化算法,这两种算法的计算复杂度都很低,整个过程所需的计算时间都在 10s 左右,由于其较短的计算时间以及较少的阵元数目,可以说 Lap-BCS 算法是处理大型平面阵列的理想选择。

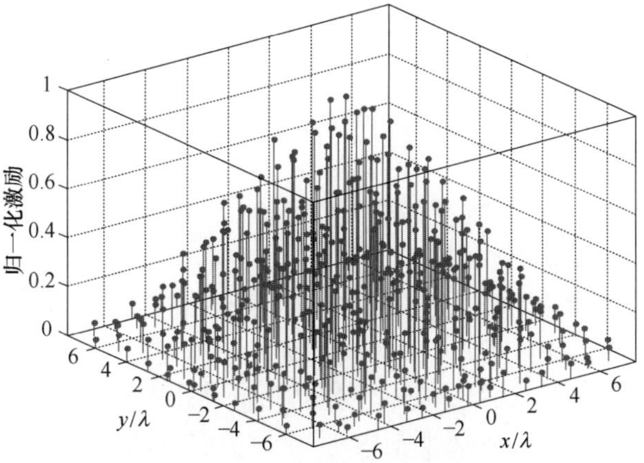

图 7.24　稀布平面阵的阵元位置和激励分布图

表 7.9　两种算法的性能比较

算法	阵元数	稀疏率 η	归一化误差 ξ	时间/s
Lap-BCS	460	0.45	3.25×10^{-4}	11.23
BCS	496	0.48	2.41×10^{-4}	10.00

7.3.3.2　稀布单层圆环阵列的仿真实验

1. 均匀激励单层圆环阵

为了进一步验证 Lap-BCS 算法在阵列稀疏性及方向图匹配准确性方面的优势,分别采用该算法以及 ST-BCS 算法和 MT-BCS 算法对等间隔均匀激励的单层圆环阵进行仿真实验,该均匀圆环阵的半径为 $7.5\lambda/\pi$,由间隔为 $\lambda/2$ 的 30 个阵元组成,其方向图如图 7.25(a)所示。图 7.25(b)给出了由 Lap-BCS 算法所得稀布单层圆环阵综合的方向图,其截面对比图如图 7.26 所示。从图中可以看出,Lap-BCS 算法综合得到的稀布单层圆环阵可以获得与均匀参考单层圆环阵相近的方向图性能,且在主瓣赋形区域和旁瓣区域都能够有效控制波束形状,以 1.39×10^{-4} 的方向图匹配误差有效说明了算法的高重构精度。

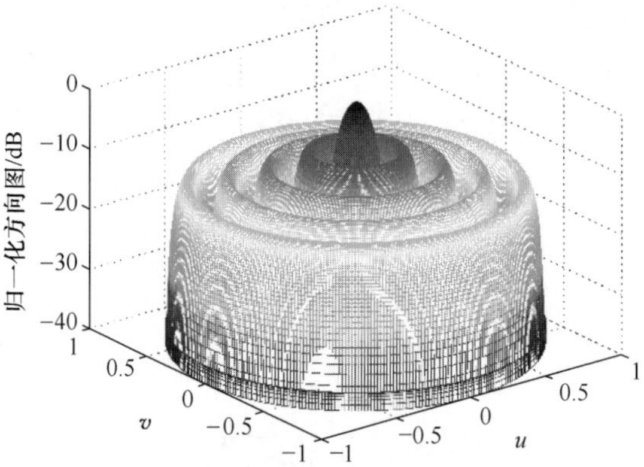

（a）均匀单层圆环阵的方向图

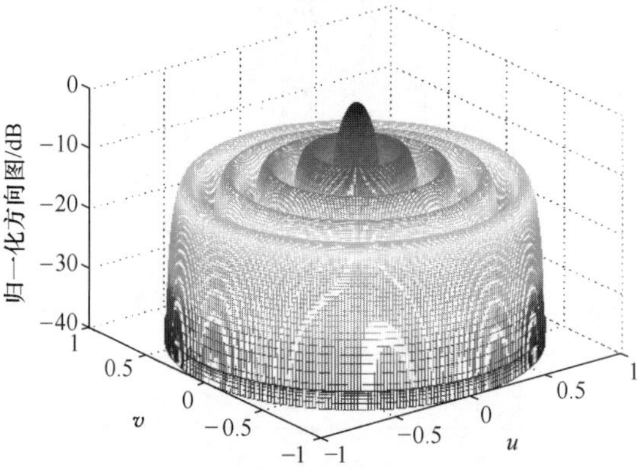

（b）稀布单层圆环阵的方向图

图 7.25　均匀单层圆环阵和稀布单层圆环阵的方向图比较(见彩图)

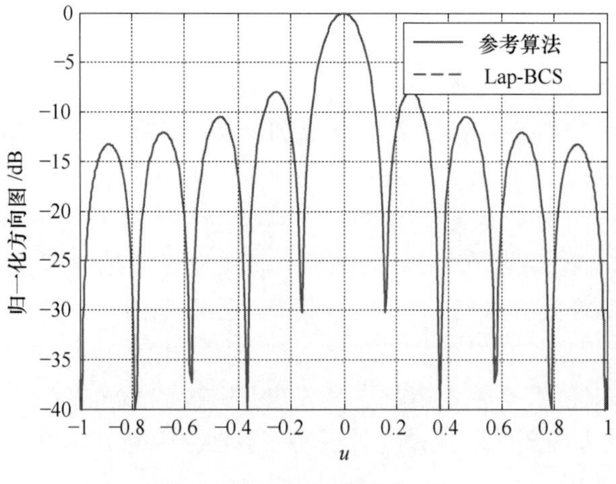

图 7.26　方向图截面的比较

图 7.27(a)为该稀布单层圆环阵的阵列结构示意图,相比于均匀单层圆环阵,该阵列可以在保证圆环孔径的同时大幅减少阵元数目,且能有效增加相邻两阵元的阵元间距,减少阵元间互耦影响。图 7.27(b)给出了该稀布单层圆环阵的阵元位置和激励分布图。表 7.10 是 Lap-BCS 算法与其他两种算法实验结果的比较,从表中可以看出,Lap-BCS 算法能够在保证方向图性能的同时对应最稀疏的阵列结构,相对于均匀单层圆环阵,可节约 40%的阵元数目,比其他两种算法多节约 3%,且随着圆环半径的增大,该算法在阵列稀疏性的优势将会更加明显。从计算时间上来看,MT-BCS 算法的运算时间稍长,耗时约 4.18s,而另两种算法的运算时间均在 1s 左右,有效说明了所提算法还具有计算效率高的特点。

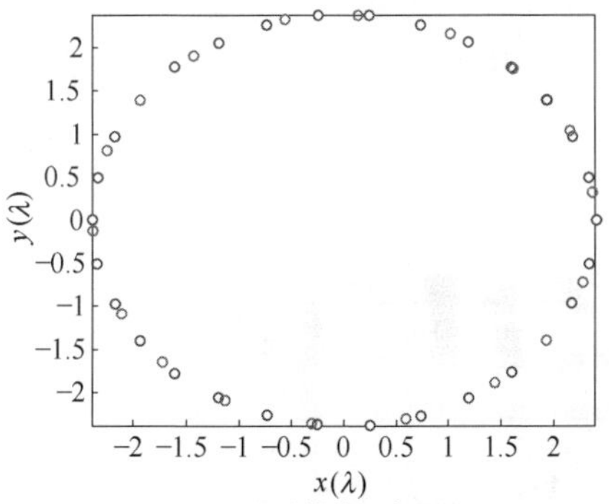

(a) 阵列结构示意图

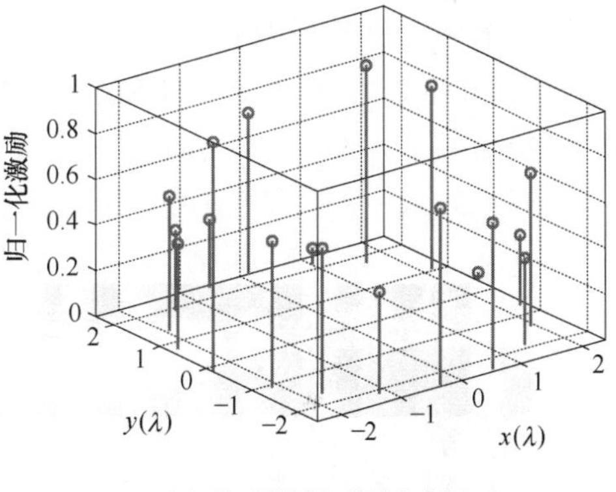

(b) 阵元位置和激励分布图

图 7.27 稀布单层圆环阵的阵列结构及阵元位置和激励(见彩图)

表 7.10 不同算法的性能比较

算法	阵元数	稀疏率 η	归一化误差 ξ	时间/s
Lap-BCS	18	0.60	1.39×10^{-4}	1.06
ST-BCS	19	0.63	8.52×10^{-4}	1.14
MT-BCS	19	0.63	4.50×10^{-4}	4.18

2. 大孔径有效性验证

为了进一步验证 Lap-BCS 算法对于大孔径圆环阵的优越性,对半径为 $50\lambda/\pi$,间隔为 $\lambda/2$ 的 200 个阵元组成的均匀激励单层圆环阵进行仿真实验,其方向图如图 7.28(a)所示。图 7.28(b)为 Lap-BCS 算法综合得到稀布阵列的方向图,其截面对比图如图 7.29 所示。从图中可以看出,Lap-BCS 算法能够有效解决大孔径圆环阵的稀疏优化问题,可以在主瓣宽度和副瓣电平满足要求的前提下,实现与期望方向图的高精度拟合,方向图归一化误差仅为 6.82×10^{-4}。

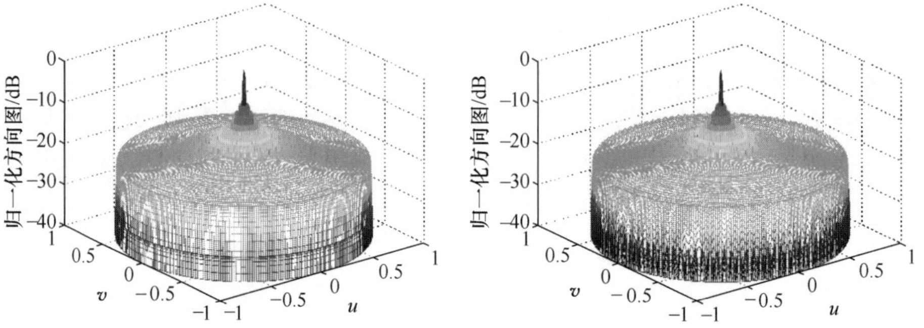

（a）均匀单层圆环阵的方向图　　（b）稀布单层圆环阵的方向图

图 7.28　均匀单层圆环阵和稀布单层圆环阵的方向图比较

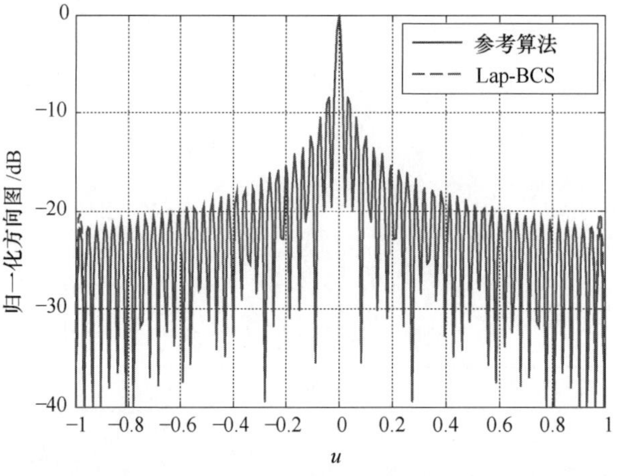

图 7.29　方向图截面的比较

从图 7.30 给出的该稀布单层圆环阵的阵元位置和激励分布图可以看出,该稀布阵仅利用 106 个阵元就可以实现与均匀阵相近的方向图性能,能节约 47%的阵元数目。相比于 BCS 算法和 MT-BCS 算法,该算法具有阵列稀疏性好和方向图拟合精度高的优越性。相比于全局优化算法,该算法具有计算效率高的优势,整个过程的计算时间控制在 10s 以内,适合处理大孔径、阵元数目多的大型阵列的稀疏优化设计。

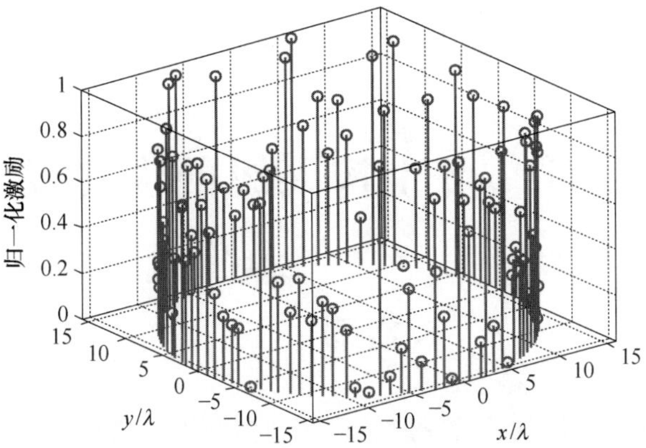

图 7.30　稀布单层圆环阵的阵元位置和激励分布图

7.4 小　　结

伴随阵列天线数量和复杂程度的大幅增加,天线系统的设计成本急剧上升,电磁兼容问题更加严重,这对如何在有限的载体平台空间内对天线阵列进行合理的优化布局提出了严峻的挑战。天线单元的稀疏布阵方式能够有效减少阵元数目、简化阵列结构,且具有分辨率高、副瓣低和互耦影响小的优势,稀疏布阵理论的发展应用为解决上述问题提供新的研究思路。但是,由于稀布阵列综合存在更多的未知量和可行解,现有方法存在诸多问题需要进一步解决。为此,本章围绕阵列的稀布优化设计展开介绍。主要内容概述如下。

(1) 针对矩阵束方法由于阵元位置近似处理导致方向图拟合不准确以及复矩阵运算导致复杂度高的问题,以一维阵列为研究对象,介绍了一种基于酉变换-矩阵束的稀布线阵综合方法。酉变换的引入避免了求出的阵元位置为复数而无法直接实现的问题,且将占运算量绝大部分的复数域 EVD 和 SVD 问题实数化,提高稀布阵列方向图性能的同时有效降低了计算量,在稀疏率、方向图拟合精度、计算复杂度等方面具有性能优势。针对矩阵束方法不能处理任意矩形平面阵列稀疏优化设计的问题,通过对待求阵元位置的横纵坐标估计并进行配对处理,成功将矩阵束类方法的适用范围扩展到任意矩形平面阵列。由于在构造等价矩阵束时采用酉变换,也具有高方向图拟合精度和低复杂度的优势。

(2) 针对传统贝叶斯压缩感知算法中不恰当的参数设置导致方向图重构精度和阵列稀疏性下降的问题,介绍了一种基于 Laplace 先验贝叶斯压缩感知的稀布面阵方向图综合方法。该方法能够在准确估计稀疏权矢量的同时自适应地求解模型参数,进而得到更稀疏的阵列结构和更准确的方向图匹配,且在阵列结构稀疏性和方向图重构精度方面具有优越性。

第8章 可重构天线的优化设计

8.1 引 言

局限于单个方向图的综合赋形难以实现多个不同功能方向图的重构赋形,就无法直接应用于阵列天线孔径的时分复用。多方向图联合赋形即方向图可重构技术是指采用同一个阵列天线孔径,通过动态实时改变天线单元的权值矢量,使其方向图能够动态可重构,实现之前由多个阵列才能完成的多个目标任务。采用方向图可重构的阵列天线不但可以减少阵列天线的单元数量,降低系统的制造成本,还能有效避免各种机载电子系统的电磁兼容问题。阵列天线的方向图可重构研究作为一种新的阵列天线技术,一经提出便受到了国内外学者的广泛关注,目前已取得了许多可喜的研究成果。文献[94-96]利用粒子群算法和遗传算法对激励幅值恒定的均匀直线阵列天线的激励相位进行优化设计,实现了均匀直线阵列天线笔形波束和平顶波束方向图的联合赋形。文献[97]利用改进型遗传智能搜索算法实现了对等间隔均匀布阵的直线阵列天线方向图旁瓣的可重构设计。文献[98]通过对等间隔均匀布阵的直线阵列天线馈电网络的实时控制实现了方向图可重构的阵列天线设计。文献[99]将遗传算法和矩量法相结合,设计了矩形环结构的方向图可重构天线模型,并对其天线性能进行了仿真分析,但作者并没有给出利用该单元实现方向图可重构阵列天线布阵的优化方法。文献[100]研究制作了一种用于无线电通信移动终端设备的方向图可重构阵列天线,并且得到了八个不同指向的波束方向图。文献[101]提出了一种基于全波和网络混合的可重构天线仿真分析方法,并证明了可重构的矩形环阵列天线具有频率可重构和方向图可重构功能。虽然方向图可重构阵列天线的研究取得了一些可喜的研究成果,但总体而言,目前研究还处于起步阶段,且研究都是以天线单元或等间隔布阵的均匀阵列天线作为研究对象,当阵列天线阵元数目较多时,会带来机载平台体积过大、重量增加,同时馈电网络设计复杂且成本太高的问题。如何在对多个天线方向图进行联合赋形的同时,对阵列天线进行稀疏优化,从而实现多功能稀疏阵列天线的孔径时分复用是本章重点解决的问题。本章提出一种基于多任务贝叶斯压缩感知(Multi-Task Bayesian Compressed Sensing, MT-BCS)算法的稀布可重构阵列设计方法[103];鉴于前面所提酉变换-矩阵束方法表现出的诸多优势,本章也提出一种扩展酉矩阵束(Extended Unitary Matrix Pencil, EUMP)算法[104-105]来解决这个复杂的多变量联合约束优化问题。下面将对这两种算法的稀布可重构阵列设计进行深入研究,并给出详细的仿真验证和性能比较。

8.2 多任务贝叶斯压缩感知方法

根据问题描述部分,我们不能直接采用已有单方向图阵列的稀疏布阵方法对方向图可重构天线进行综合。以最新的 BCS 算法为例,如果将该方法用于实现稀疏可重构天线,每一种方向图的拟合对应一个独立的单任务 BCS,导致综合不同方向图所需的最优布阵位置不同,无法满足方向图可重构天线的应用需求,所以单任务 BCS 对于设计方向图可重构天线并不适用。近些年,多任务 BCS 理论中引入的"同时稀疏重构"概念为上述多变量同时稀疏约束优化问题的求解提供理论支撑,该理论源于多任务学习在压缩感知领域的应用,它能够使不同任务对应的待求权矢量满足相同参数控制的先验概率分布,可以获得多组具有相同非零元素位置的权值矢量,进而保证了稀布可重构天线在不同方向图需求下还能共用少量的天线单元。下面将对基于 MT-BCS 算法的稀布可重构阵列设计进行深入研究:首先建立可重构阵列的联合稀疏表示模型,然后给出算法原理并进行详细的仿真验证[106]。

8.2.1 可重构阵列的联合稀疏表示模型

假设长为 L 的天线孔径可以均匀分为 N 个阵元位置栅格,如果每个栅格位置都排布一个天线单元,则可以通过选择合适的阵元位置,改变馈电激励可设计出该虚拟过采样可重构天线的 M 种工作模式,即产生 M 种不同的方向图:

$$F^{(m)}(u)=\sum_{n=1}^{N} w_n^{(m)}\exp(\mathrm{j}k_0 d_n u)\ ,m=1,2,\cdots,M \tag{8.1}$$

其中 $u=\sin\theta$, $k_0=2\pi/\lambda$ 是波数, $d_n=-(L/2)+\Delta d(n-1)$ 表示第 $n(n=1,2,\cdots,N)$ 个天线单元的位置, $\Delta d=L/(N-1)$ 为阵元间距, $w_n^{(m)}$ 是综合第 $m(m=1,2,\cdots,M)$ 种方向图时对第 n 个天线单元所加的激励。

对以上 M 种方向图进行 K_m ($K_m \ll N$)点等间隔采样,可得其矩阵形式:

$$\boldsymbol{F}^{(m)}=\boldsymbol{\Phi}^{(m)}\boldsymbol{w}^{(m)},\quad m=1,2,\cdots,M \tag{8.2}$$

式中: $\boldsymbol{F}^{(m)}=[F^{(m)}(u_1^{(m)}),F^{(m)}(u_2^{(m)}),\cdots,F^{(m)}(u_{K_m}^{(m)})]^{\mathrm{T}}\in\mathbb{C}^{K_m}$ 是天线阵第 m 种辐射方向图的 K_m 维采样矢量; $\boldsymbol{w}^{(m)}=[w_1^{(m)},w_2^{(m)},\cdots,w_N^{(m)}]^{\mathrm{T}}\in\mathbb{C}^N$ 是综合

第 m 种方向图所需的 N 维权值矢量;对应的观测矩阵为

$$\boldsymbol{\Phi}^{(m)}=\begin{bmatrix}\exp(\mathrm{j}k_0d_1u_1^{(m)}) & \exp(\mathrm{j}k_0d_2u_1^{(m)}) & \cdots & \exp(\mathrm{j}k_0d_Nu_1^{(m)})\\ \exp(\mathrm{j}k_0d_1u_2^{(m)}) & \exp(\mathrm{j}k_0d_2u_2^{(m)}) & \cdots & \exp(\mathrm{j}k_0d_Nu_2^{(m)})\\ \vdots & \vdots & \ddots & \vdots\\ \exp(\mathrm{j}k_0d_1u_{K_m}^{(m)}) & \exp(\mathrm{j}k_0d_2u_{K_m}^{(m)}) & \cdots & \exp(\mathrm{j}k_0d_Nu_{K_m}^{(m)})\end{bmatrix}\in\mathbb{C}^{K_m\times N} \tag{8.3}$$

由于采样点数 K_m 远小于权矢量维数 N,要想在已知采样值的前提下解出权矢量,需要穷举出所有可能的 $\mathbb{C}_N^{K_m}$ 个可行解的线性组合,属于 NP-hard 问题。但是,当权矢量稀疏时,该问题可解。假设长为 N 的权矢量是 P 稀疏的,即矢量中只有 $P(P\ll N)$ 个非零元素,相当于其他 $N-P$ 个单元位置上没有阵元或者被认为是"off"状态。此时,该稀布阵列的方向图重构问题可等效为对于每一种期望方向图 $\boldsymbol{F}_{\mathrm{REF}}^{(m)}(m=1,2,\cdots,M)$,确定一个稀疏的权值矢量 $\boldsymbol{w}^{(m)}$,使得观测矩阵少数列矢量的加权线性组合即可逼近原期望方向图。可以通过权矢量中非零元素的位置推导出该稀布可重构阵列的阵元位置,而权矢量中非零元素的系数即为该阵列的阵元激励。也就是说,通过对非均匀稀疏分布的阵元位置及对应的 M 组阵元激励的联合优化求解,以尽可能少的阵元数目实现 M 个期望方向图的切换。存在数据误差的情况下,该稀疏表示模型为

$$\min\|\boldsymbol{w}^{(m)}\|_0\quad \text{s.t.}\quad \sum_{m=1}^{M}\|\boldsymbol{F}_{\mathrm{REF}}^{(m)}-\boldsymbol{F}^{(m)}\|_2\leqslant\varepsilon \tag{8.4}$$

$$\boldsymbol{F}_{\mathrm{REF}}^{(m)}=\boldsymbol{\Phi}^{(m)}\boldsymbol{w}^{(m)}+\boldsymbol{e}^{(m)} \tag{8.5}$$

式中:ε 为一个较小的误差容限;$\boldsymbol{F}_{\mathrm{REF}}^{(m)}=[F_{\mathrm{REF}}^{(m)}(u_1^{(m)}),F_{\mathrm{REF}}^{(m)}(u_2^{(m)}),\cdots,F_{\mathrm{REF}}^{(m)}(u_{K_m}^{(m)})]^{\mathrm{T}}\in\mathbb{C}^{K_m}$ 是对第 m 种期望方向图在 $[-1,1]$ 的区间内进行 K_m 点采样得到的 K_m 维观测矢量;$\boldsymbol{e}^{(m)}=[e_1^{(m)},e_2^{(m)},\cdots,e_{K_m}^{(m)}]^{\mathrm{T}}\in\mathbb{C}^{K_m}$ 是 K_m 维方差为 $\sigma^2(\sigma^2\propto\varepsilon)$ 的零均值高斯误差矢量。

将矩阵表达式的各项按实部和虚部展开可得:

$$\begin{aligned}&\mathrm{Re}(\boldsymbol{F}_{\mathrm{REF}}^{(m)})+\mathrm{jIm}(\boldsymbol{F}_{\mathrm{REF}}^{(m)})=[\mathrm{Re}(\boldsymbol{\Phi}^{(m)})+\mathrm{jIm}(\boldsymbol{\Phi}^{(m)})]\cdot[\mathrm{Re}(\boldsymbol{w}^{(m)})+\mathrm{jIm}(\boldsymbol{w}^{(m)})]\\&+[\mathrm{Re}(\boldsymbol{e}^{(m)})+\mathrm{jIm}(\boldsymbol{e}^{(m)})]=[\mathrm{Re}(\boldsymbol{\Phi}^{(m)})\mathrm{Re}(\boldsymbol{w}^{(m)})-\mathrm{Im}(\boldsymbol{\Phi}^{(m)})\mathrm{Im}(\boldsymbol{w}^{(m)})+\\&\mathrm{Re}(\boldsymbol{e}^{(m)})]+\mathrm{j}[\mathrm{Im}(\boldsymbol{\Phi}^{(m)})\mathrm{Re}(\boldsymbol{w}^{(m)})+\mathrm{Re}(\boldsymbol{\Phi}^{(m)})\mathrm{Im}(\boldsymbol{w}^{(m)})+\mathrm{Im}(\boldsymbol{e}^{(m)})]\end{aligned} \tag{8.6}$$

我们将复权值矢量 $\boldsymbol{w}^{(m)}$ 的实部 $\mathrm{Re}(\boldsymbol{w}^{(m)})$ 和虚部 $\mathrm{Im}(\boldsymbol{w}^{(m)})$ 作为两个需要求解的 N 维实权值矢量 $\boldsymbol{w}_R^{(m)}$ 和 $\boldsymbol{w}_I^{(m)}$,进而将式(8.6)表示为:

$$\begin{bmatrix}\mathrm{Re}(\boldsymbol{F}_{\mathrm{REF}}^{(m)})\\ \mathrm{Im}(\boldsymbol{F}_{\mathrm{REF}}^{(m)})\end{bmatrix}=\begin{bmatrix}\mathrm{Re}(\boldsymbol{\Phi}^{(m)})\\ \mathrm{Im}(\boldsymbol{\Phi}^{(m)})\end{bmatrix}\boldsymbol{w}_R^{(m)}+\begin{bmatrix}-\mathrm{Im}(\boldsymbol{\Phi}^{(m)})\\ \mathrm{Re}(\boldsymbol{\Phi}^{(m)})\end{bmatrix}\boldsymbol{w}_I^{(m)}+\begin{bmatrix}\mathrm{Re}(\boldsymbol{e}^{(m)})\\ \mathrm{Im}(\boldsymbol{e}^{(m)})\end{bmatrix} \tag{8.7}$$

令 $\overline{\boldsymbol{w}}^{(m)}=[\boldsymbol{w}_R^{(m)},\boldsymbol{w}_I^{(m)}]^{\mathrm{T}}\in\mathbb{R}^{2N}$，$\overline{\boldsymbol{F}}_{\mathrm{REF}}^{(m)}=[\mathrm{Re}(\boldsymbol{F}_{\mathrm{REF}}^{(m)}),\mathrm{Im}(\boldsymbol{F}_{\mathrm{REF}}^{(m)})]^{\mathrm{T}}\in\mathbb{R}^{2K_m}$，$\overline{\boldsymbol{e}}^{(m)}=[\mathrm{Re}(\boldsymbol{e}^{(m)}),\mathrm{Im}(\boldsymbol{e}^{(m)})]^{\mathrm{T}}\in\mathbb{R}^{2K_m}$,则

$$\overline{\boldsymbol{\Phi}}^{(m)}=\begin{bmatrix}\mathrm{Re}(\boldsymbol{\Phi}^{(m)}) & -\mathrm{Im}(\boldsymbol{\Phi}^{(m)})\\ \mathrm{Im}(\boldsymbol{\Phi}^{(m)}) & \mathrm{Re}(\boldsymbol{\Phi}^{(m)})\end{bmatrix} \tag{8.8}$$

式(8.7)可表示为

$$\overline{\boldsymbol{F}}_{\mathrm{REF}}^{(m)}=\overline{\boldsymbol{\Phi}}^{(m)}\overline{\boldsymbol{w}}^{(m)}+\overline{\boldsymbol{e}}^{(m)} \tag{8.9}$$

因此,稀疏权矢量 $\boldsymbol{w}^{(m)}$ 可根据下式计算:

$$\boldsymbol{w}^{(m)}=\overline{w}_n^{(m)}+\mathrm{j}\overline{w}_{n+N}^{(m)},\quad n=1,2,\cdots,N \tag{8.10}$$

分析式(8.10)可以发现,由于 $\overline{\boldsymbol{w}}^{(m)}$ 中的各个元素是统计独立的,这会导致 $\overline{w}_n^{(m)}$ 和 $\overline{w}_{n+N}^{(m)}$ 同时为非零值的可能性很小。也就是说,$\boldsymbol{w}^{(m)}$ 的值为纯实数或纯虚数的可能性很大,这将进一步导致求得稀疏阵列的阵元激励只能为纯实数或纯虚数,无法处理激励为复数的方向图重构问题。为此,考虑对这两个 N 维实权值矢量 $\boldsymbol{w}_R^{(m)}$ 和 $\boldsymbol{w}_I^{(m)}$ 分别求解,并保证二者具有相同的非零元素位置。那么,将式(8.5)等效为

$$\begin{cases}\widetilde{\boldsymbol{F}}_R^{(m)}=\widetilde{\boldsymbol{\Phi}}_R^{(m)}\boldsymbol{w}_R^{(m)}+\widetilde{\boldsymbol{e}}_R^{(m)}\\ \widetilde{\boldsymbol{F}}_I^{(m)}=\widetilde{\boldsymbol{\Phi}}_I^{(m)}\boldsymbol{w}_I^{(m)}+\widetilde{\boldsymbol{e}}_I^{(m)}\end{cases} \tag{8.11}$$

式中:$\widetilde{\boldsymbol{\Phi}}_R^{(m)}=[\mathrm{Re}(\boldsymbol{\Phi}^{(m)}),\mathrm{Im}(\boldsymbol{\Phi}^{(m)})]^{\mathrm{T}}\in\mathbb{R}^{2K_m\times N}$ 和 $\widetilde{\boldsymbol{\Phi}}_I^{(m)}=[-\mathrm{Im}(\boldsymbol{\Phi}^{(m)}),\mathrm{Re}(\boldsymbol{\Phi}^{(m)})]^{\mathrm{T}}\in\mathbb{R}^{2K_m\times N}$ 为新的观测矩阵;$\widetilde{\boldsymbol{F}}_R^{(m)}\in\mathbb{R}^{2K_m}$ 和 $\widetilde{\boldsymbol{F}}_I^{(m)}\in\mathbb{R}^{2K_m}$ 为观测矢量 $\boldsymbol{F}_{\mathrm{REF}}^{(m)}$ 的实值分量,且有 $\widetilde{\boldsymbol{F}}_R^{(m)}+\widetilde{\boldsymbol{F}}_I^{(m)}=\overline{\boldsymbol{F}}_{\mathrm{REF}}^{(m)}$;$\widetilde{\boldsymbol{e}}_R^{(m)}\in\mathbb{R}^{2K_m}$ 和 $\widetilde{\boldsymbol{e}}_I^{(m)}\in\mathbb{R}^{2K_m}$ 是方差为 $\sigma^2/2$ 的零均值高斯误差矢量,且有 $\widetilde{\boldsymbol{e}}_R^{(m)}+\widetilde{\boldsymbol{e}}_I^{(m)}=\overline{\boldsymbol{e}}^{(m)}$。

这时,稀疏权矢量 $\boldsymbol{w}^{(m)}$ 可根据下式计算:

$$\boldsymbol{w}^{(m)}=\boldsymbol{w}_R^{(m)}+\mathrm{j}\boldsymbol{w}_I^{(m)} \tag{8.12}$$

特别地,对于天线阵重构第 m 种方向图为 Hermitian 方向图(仅由实激励综合得到的方向图,其幅度对称、相位反对称)的情况,此时,$\boldsymbol{w}_I^{(m)}=0$,式(8.9)和式(8.11)统一用下式表示:

$$\overline{\boldsymbol{F}}_{\mathrm{REF}}^{(m)} = \widetilde{\overline{\boldsymbol{\Phi}}}_R^{(m)} \boldsymbol{w}_R^{(m)} + \overline{\boldsymbol{e}}^{(m)} \tag{8.13}$$

那么,稀疏权矢量 $\boldsymbol{w}^{(m)}$ 就等于得到的实数矢量 $\boldsymbol{w}_R^{(m)}$。

此时,该稀布可重构阵列的方向图综合问题可等效为一个同时稀疏优化问题,而且,为了保证可重构阵列只需改变馈电激励以实现不同方向图,得到的多个稀疏权矢量还需要满足非零元素位置相同的要求。在 8.2.2 节中采用多任务贝叶斯压缩感知算法对这个联合稀疏优化模型进行求解。

8.2.2 算法原理及实现步骤

由多任务学习理论可知,可以利用多个任务间的统计相关性来提高同时求逆问题的性能,如果将多任务学习应用到压缩感知领域中,就可以很有效地解决上述同时稀疏优化问题。在本节中,我们采用多任务贝叶斯压缩感知算法在已知权矢量稀疏先验的前提下,由观测矩阵和观测矢量估计权矢量的值。更重要的是,为了保证可重构天线在不同工作状态下能够共用少量的天线单元,权值矢量需要满足相同参数控制的先验概率分布,进而求得多组具有相同稀疏位置的激励权值。由于 MT-BCS 可以利用不同任务间的统计相关性,同时对多个任务进行联合稀疏重构,考虑将方向图可重构天线的 M 种工作模式对应为 MT-BCS 的 T 个任务($T=M_{\mathrm{H}}+2(M-M_{\mathrm{H}})$,$M_{\mathrm{H}}$ 为 Hermitian 方向图的个数)。其模型可稀疏可表示为

$$\underline{\boldsymbol{F}}^{(t)} = \underline{\boldsymbol{\Phi}}^{(t)} \underline{\boldsymbol{w}}^{(t)} + \underline{\boldsymbol{e}}^{(t)} \tag{8.14}$$

式中:$\underline{\boldsymbol{F}}^{(t)} \in \mathbb{R}^{\underline{K_t}}$ 和 $\underline{\boldsymbol{\Phi}}^{(t)} \in \mathbb{R}^{\underline{K_t}}$ 是第 $t(t=1,2,\cdots,T)$ 个任务对应的观测矢量和观测矩阵;$\underline{\boldsymbol{w}}^{(t)} \in \mathbb{R}^{N}$ 是待求的稀疏权值矢量;$\underline{\boldsymbol{e}}^{(t)} \in \mathbb{R}^{\underline{K_t}}$ 是一个方差为 $\underline{\sigma}^2$ 的零均值高斯随机变量。令不同任务对应的 $\underline{\boldsymbol{w}}^{(t)}$ 满足相同的先验概率分布,通过最大化后验概率即可同时得到不同方向图所加的激励值。由式(8.14)的模型可知,基于观测矢量 $\underline{\boldsymbol{F}}^{(t)}$,参量 $\underline{\boldsymbol{w}}^{(t)}$ 和 $\underline{\sigma}^2$ 的似然函数服从高斯分布:

$$\begin{aligned} L(\underline{\boldsymbol{w}}^{(t)},\underline{\sigma}^2 \mid \underline{\boldsymbol{F}}^{(t)}) &= p(\underline{\boldsymbol{F}}^{(t)} \mid \underline{\boldsymbol{w}}^{(t)},\underline{\sigma}^2) \\ &= (2\pi\underline{\sigma}^2)^{-\underline{K_t}/2}\exp\left(-\frac{1}{2\sigma^2}\left\| \underline{\boldsymbol{F}}^{(t)} - \underline{\boldsymbol{\Phi}}^{(t)} \underline{\boldsymbol{w}}^{(t)} \right\|_2^2\right) \end{aligned} \tag{8.15}$$

不考虑参数 $r_0=1/\sigma^2$ 的点估计对算法性能的影响,假设 $\underline{\boldsymbol{w}}^{(t)}$ 中的每一个元素 $\underline{w}_n^{(t)}$ 都满足零均值高斯先验分布:

$$p(\underline{\boldsymbol{w}}^{(t)} \mid \boldsymbol{r},r_0) = \prod_{n=1}^{N} N(\underline{w}_n^{(t)} \mid 0,r_n^{-1}r_0^{-1}) \tag{8.16}$$

式中:$N(\cdot)$ 表示高斯密度函数;$\boldsymbol{r}=[r_1,r_2,\cdots,r_N]^{\mathrm{T}}$ 为共享的超参数矢量;

$r_n^{-1}(n=1,2,\cdots,N)$ 为 $\underline{w}_n^{(t)}$ 中第 n 个稀疏系数高斯分布的方差值，且 r_0 和 $\boldsymbol{r}$ 都可用 Gamma 分布表示：

$$p(r_0 \mid a,b)=G(r_0 \mid a,b)=b^a r_0^{a-1}\mathrm{e}^{-br_0}/\Gamma(a) \tag{8.17}$$

$$p(\boldsymbol{r} \mid c,d)=\prod_{n=1}^{N} G(r_n \mid c,d) \tag{8.18}$$

式中：$\Gamma(a)=\int_0^{\infty} s^{a-1}\mathrm{e}^{-s}\mathrm{d}s$，$a,b,c,d$ 为 Gamma 分布的参数。根据贝叶斯准则，可以将未知参数的后验概率分解为两个部分：

$$p(\underline{\boldsymbol{w}}^{(t)},\boldsymbol{r} \mid \underline{\boldsymbol{F}}^{(t)})=p(\boldsymbol{r} \mid \underline{\boldsymbol{F}}^{(t)})p(\underline{\boldsymbol{w}}^{(t)} \mid \boldsymbol{r},\underline{\boldsymbol{F}}^{(t)}) \tag{8.19}$$

首先可以通过最大化超参数 $\boldsymbol{r}$ 的后验概率密度函数 $p(\boldsymbol{r} \mid \underline{\boldsymbol{F}}^{(t)})$ 来估计 $\boldsymbol{r}$ 的值，即

$$\hat{\boldsymbol{r}}=\underset{\hat{\boldsymbol{r}}}{\operatorname{argmax}}\, p(\boldsymbol{r} \mid \underline{\boldsymbol{F}}^{(t)}) \tag{8.20}$$

然后可以利用 δ 函数近似得到

$$p(\boldsymbol{r} \mid \underline{\boldsymbol{F}}^{(t)})=\delta(\hat{\boldsymbol{r}}) \tag{8.21}$$

忽略式(8.21)中的不相关项，有 $p(\boldsymbol{r} \mid \underline{\boldsymbol{F}}^{(t)}) \propto p(\underline{\boldsymbol{F}}^{(t)} \mid \boldsymbol{r})$。定义 $p(\underline{\boldsymbol{F}}^{(t)} \mid \boldsymbol{r})$ 等价的对数边缘似然函数为

$$\begin{aligned} L(\boldsymbol{r}) &= \sum_{t=1}^{T} \lg p(\underline{\boldsymbol{F}}^{(t)} \mid \boldsymbol{r}) \\ &= \sum_{t=1}^{T} \lg \int p(\underline{\boldsymbol{F}}^{(t)} \mid \underline{\boldsymbol{w}}^{(t)},\underline{\sigma}^2)p(\underline{\boldsymbol{w}}^{(t)} \mid \boldsymbol{r},\underline{\sigma}^2)p(r_0 \mid a,b)\,\mathrm{d}\underline{\boldsymbol{w}}^{(t)}\,\mathrm{d}r_0 \\ &= -\frac{1}{2}\sum_{t=1}^{T}\left\{\lg\left|\boldsymbol{C}^{(t)}\right| + (N+2a)\lg\left[2b+(\underline{\boldsymbol{F}}^{(t)})^{\mathrm{T}}(\boldsymbol{C}^{(t)})^{-1}\underline{\boldsymbol{F}}^{(t)}\right]\right\} \end{aligned} \tag{8.22}$$

式中：$\boldsymbol{C}^{(t)}=\boldsymbol{I}+\underline{\boldsymbol{\Phi}}^{(t)}\boldsymbol{\Lambda}^{-1}(\underline{\boldsymbol{\Phi}}^{(t)})^{\mathrm{T}}$，$\boldsymbol{\Lambda}=\mathrm{diag}(r_1,r_2,\cdots,r_N)$ 表示以 $r_1,r_2,\cdots,r_N$ 为对角元素的对角阵。此时，可以通过最大化 $L(\boldsymbol{r})$ 迭代地估计 $\boldsymbol{r}$ 的值。

另外，在已知 $\boldsymbol{r}$，且给定 $\underline{\boldsymbol{F}}^{(t)}$、$\underline{\boldsymbol{\Phi}}^{(t)}$、$\underline{\sigma}^2$ 的情况下，根据贝叶斯定理可知，稀疏权值矢量 $\underline{\boldsymbol{w}}^{(t)}$ 的后验概率密度函数 $p(\underline{\boldsymbol{w}}^{(t)} \mid \boldsymbol{r},\underline{\boldsymbol{F}}^{(t)})$ 是均值为 $\boldsymbol{\mu}^{(t)}$，方差为 $\boldsymbol{\Sigma}^{(t)}$ 的多元 Student-t 分布：

$$\begin{aligned} p(\underline{\boldsymbol{w}}^{(t)} \mid \boldsymbol{r},\underline{\boldsymbol{F}}^{(t)}) &= \int p(\underline{\boldsymbol{w}}^{(t)} \mid \underline{\boldsymbol{F}}^{(t)},\boldsymbol{r},\underline{\sigma}^2)p(r_0 \mid a,b)\,\mathrm{d}r_0 \\ &= \frac{\Gamma(a+N/2)\left[1+\frac{1}{2b}(\underline{\boldsymbol{w}}^{(t)}-\boldsymbol{\mu}^{(t)})^{\mathrm{T}}(\boldsymbol{\Sigma}^{(t)})^{-1}(\underline{\boldsymbol{w}}^{(t)}-\boldsymbol{\mu}^{(t)})\right]^{-(a+N/2)}}{\Gamma(a)(2\pi b)^{N/2}\left|\boldsymbol{\Sigma}^{(t)}\right|^{1/2}} \end{aligned} \tag{8.23}$$

则：

$$\begin{cases}\boldsymbol{\mu}^{(t)} = \boldsymbol{\Sigma}^{(t)}(\underline{\boldsymbol{\Phi}}^{(t)})^{\mathrm{T}}\underline{\boldsymbol{F}}^{(t)} \\ \boldsymbol{\Sigma}^{(t)} = [\boldsymbol{\Lambda} + (\underline{\boldsymbol{\Phi}}^{(t)})^{\mathrm{T}}\underline{\boldsymbol{\Phi}}^{(t)}]^{-1}\end{cases} \tag{8.24}$$

因此，可以利用快速 RVM 算法，根据下式得到稀疏权矢量 $\underline{\boldsymbol{w}}^{(t)}$ 的估计值 $\hat{\underline{\boldsymbol{w}}}^{(t)}$：

$$\hat{\underline{\boldsymbol{w}}}^{(t)} = \underset{\hat{w}^{(t)}}{\mathrm{argmax}}\{p(\boldsymbol{w}^{(t)} \mid \boldsymbol{r}, \underline{\boldsymbol{F}}^{(t)})|_{r=\hat{r}}\} = \hat{\boldsymbol{\mu}}^{(t)}|_{\boldsymbol{r}=\hat{\boldsymbol{r}}} \tag{8.25}$$

综合以上分析，给出 MT-BCS 算法实现稀布方向图可重构阵列的实现步骤。

(1) 参数初始化。初始化先验参数 a、b，方差 σ^2，可选单元栅格数 N 及采样点数 $K_m(m=1,2,\cdots,M)$，且令 $m=t=1$。

(2) 矩阵赋值。计算 $\boldsymbol{\Phi}^{(m)}$ 的值。如果 $m \leqslant M_H$，由 $\boldsymbol{F}_{\mathrm{REF}}^{(m)}$、$\boldsymbol{\Phi}^{(m)}$ 和 $\boldsymbol{e}^{(m)}$ 计算式(7.13)中变量 $\overline{\boldsymbol{F}}_{\mathrm{REF}}^{(m)}$、$\widetilde{\boldsymbol{\Phi}}_R^{(m)}$ 和 $\overline{\boldsymbol{e}}^{(m)}$，且有 $\underline{\boldsymbol{F}}^{(t)} = \overline{\boldsymbol{F}}_{\mathrm{REF}}^{(m)}$、$\underline{\boldsymbol{\Phi}}^{(t)} = \widetilde{\boldsymbol{\Phi}}_R^{(m)}$、$\underline{\boldsymbol{e}}^{(t)} = \overline{\boldsymbol{e}}^{(m)}$，并令 $m=m+1$，$t=t+1$，重复此步骤；如果 $M_H < m \leqslant M$，由 $\boldsymbol{F}_{\mathrm{REF}}^{(m)}$、$\boldsymbol{\Phi}^{(m)}$ 和 $\boldsymbol{e}^{(m)}$ 计算式(7.11)中变量 $\widetilde{\boldsymbol{F}}_R^{(m)}$、$\widetilde{\boldsymbol{F}}_I^{(m)}$、$\widetilde{\boldsymbol{\Phi}}_R^{(m)}$、$\widetilde{\boldsymbol{\Phi}}_I^{(m)}$、$\widetilde{\boldsymbol{e}}_R^{(m)}$ 和 $\widetilde{\boldsymbol{e}}_I^{(m)}$，且有 $\underline{\boldsymbol{F}}^{(t)} = \widetilde{\boldsymbol{F}}_R^{(m)}$、$\underline{\boldsymbol{\Phi}}^{(t)} = \widetilde{\boldsymbol{\Phi}}_R^{(m)}$、$\underline{\boldsymbol{e}}^{(t)} = \widetilde{\boldsymbol{e}}_R^{(m)}$ 和 $\underline{\boldsymbol{F}}^{(t+1)} = \widetilde{\boldsymbol{F}}_I^{(m)}$、$\underline{\boldsymbol{\Phi}}^{(t+1)} = \widetilde{\boldsymbol{\Phi}}_I^{(m)}$、$\underline{\boldsymbol{e}}^{(t+1)} = \widetilde{\boldsymbol{e}}_I^{(m)}$，并令 $m=m+1$，$t=t+2$，重复此步骤；否则，执行步骤(3)。

(3) 估计 MT-BCS 模型中稀疏权矢量 $\underline{\boldsymbol{w}}^{(t)}$ 的值。利用快速 RVM 算法估计贝叶斯模型参数，进而由式(8.25)估计 $\hat{\underline{\boldsymbol{w}}}^{(t)}$，且令 $m=t=1$。

(4) 求解阵元位置和激励。如果 $m \leqslant M_H$，有 $\hat{\boldsymbol{w}}^{(m)} = \hat{\underline{\boldsymbol{w}}}^{(t)}$，并令 $m=m+1$，$t=t+1$；如果 $M_H < m \leqslant M$，有 $\hat{\boldsymbol{w}}^{(m)} = \hat{\underline{\boldsymbol{w}}}^{(t)} + j\hat{\underline{\boldsymbol{w}}}^{(t+1)}$，并令 $m=m+1$，$t=t+2$，重复此步骤；否则，根据得到的 M 个权值矢量 $\hat{\boldsymbol{w}}^{(m)}$ ($m=1,2,\cdots,M$)计算稀布可重构线阵的阵元位置和激励，$\hat{\boldsymbol{w}}^{(m)}$ 中非零元素的位置相同，可以由其计算相应的布阵单元的位置，而 $\hat{\boldsymbol{w}}^{(m)}$ 中非零元素的系数不同，其值就是 M 组阵元激励，然后执行步骤(5)。

(5) 性能评估。稀疏率为 P/P_{UNI}，P 是稀布可重构阵列的阵元个数，P_{UNI} 是在相同孔径下 $\lambda/2$ 等间隔均匀分布的阵元个数；根据下式计算该稀布可重构线阵方向图与期望方向图的归一化匹配误差：

$$\xi = \frac{\sum_{m=1}^{M}\int_{-1}^{1}\left|F_{\mathrm{REF}}^{(m)}(u) - \sum_{p=1}^{P} w'^{(m)}_{p}\exp(\mathrm{j}k_0 d'_p u)\right|^2 \mathrm{d}u}{\sum_{m=1}^{M}\int_{-1}^{1}\left|F_{\mathrm{REF}}^{(m)}(u)\right|^2 \mathrm{d}u} \tag{8.26}$$

8.2.3 仿真实验与分析

在实现方向图可重构天线的目标要求下，为了验证本章算法在阵元个数、拟合精度、计算时间方面的优势，基于 MT-BCS 多目标方向图稀疏优化模型，给出下面几组仿真验证。

1. 有效性验证

以具有两种($M = 2$)方向图的可重构稀疏线阵为例研究不同输入参数对算法性能的影响，仿真采用 $L = 14.5\lambda$ ($P_{\mathrm{UNI}} = 2L/\lambda$)的天线孔径，期望波束形状为笔形波束和平顶波束，以调节参数为横坐标，以实际阵元个数 P (右)和方向图归一化均方误差 ξ (左)为纵坐标得双 y 轴仿真图，研究 P 和 ξ 随某一调节参数(先验参数 a 、b 、噪声方差 σ^2、栅格数 N 、采样点数 $\{K_1, K_2\}$)的变化趋势。图 8.1(a)和(b)分别给出了先验参数 a 、b 对性能指标的影响，参数从 10^{-2}变化到 10^4，ξ_1 和 ξ_2 的变化趋势大致相同，都随着 a 的增加而减小，随着 b 的增加而增加，而 P 的变化恰好与 ξ 的变化相反。因此，为了权衡该可重构阵列稀疏性和方向图匹配准确度两项指标，先验参数的选择范围可设置为 $a \in [1\times10^2, 1\times10^3]$ 和 $b \in [4\times10^1, 2\times10^2]$。

噪声方差 σ^2 对性能的影响可以由图 8.1(c)得到，当 $\sigma^2 < 1\times10^{-2}$ 时，阵元个数及两个方向图的均方误差均稳定在较低的范围，具有优异的性能。因此，选择 $\sigma^2 \in (1\times10^{-5}, 1\times10^{-2})$。从图 8.1(d)中可以看出，$N > 1\times10^3$ 之后，阵元个数 P 由于孔径栅格数的增多而不断增大，计算复杂度也随之增加，而当 $N \in [1\times10^2, 1\times10^3]$ 时，ξ 和 P 均能保持在较理想的范围。图 8.1(e)给出 P 和 ξ 随方向图采样点数的变化趋势，从图中可以看出，方向图均方误差随 K 的增大而减小，直到 K 大于 30 时，在 1×10^{-3}以下波动。因此，$\{K_1, K_2\}$ 的值可在[50, 80]的范围内选择以满足可重构稀疏线阵的性能要求。根据上述参数设置进行仿真实验，图 8.2(a)给出重构方向图与期望方向图的比较。从图中可以看出，在整个可视范围内，重构方向图的形状都能够很好地接近期望方向图，归一化均方误差为 1.2055×10^{-4}。图 8.2(b)是均匀可重构阵列以及稀布可重构阵列的阵元位置和激励比较，由图可得，相比于均匀阵所需的 30 个阵元，该稀布阵只需要 20 个阵元即可有效控制波束形状，获得与均匀阵近似的方向图性能，且最小阵元间距为 0.6404λ，平均阵元间距为 0.7632λ，运算耗时 1.2820s。

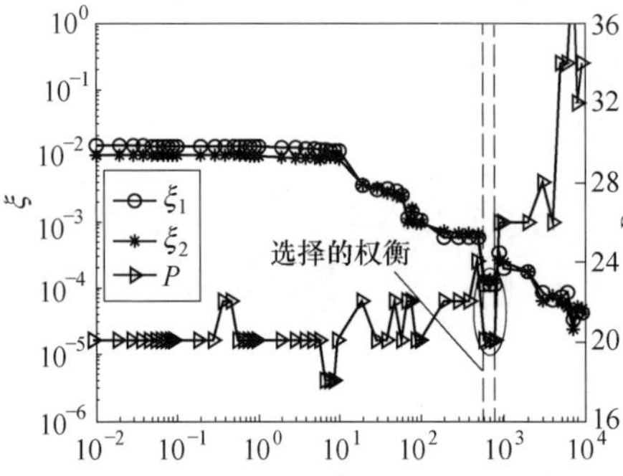

(a) 先验参数 a 对性能的影响

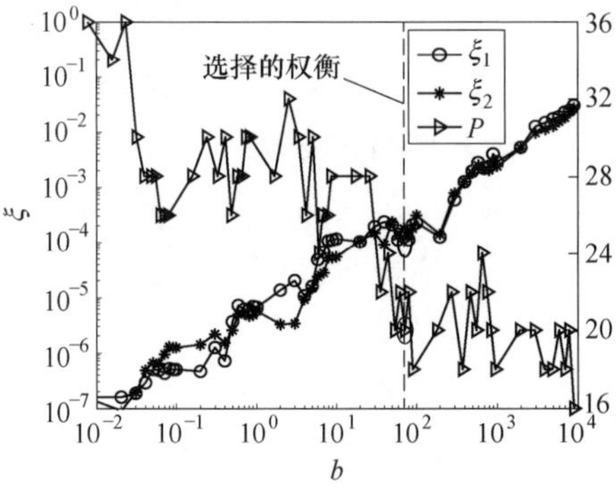

(b) 先验参数 b 对性能的影响

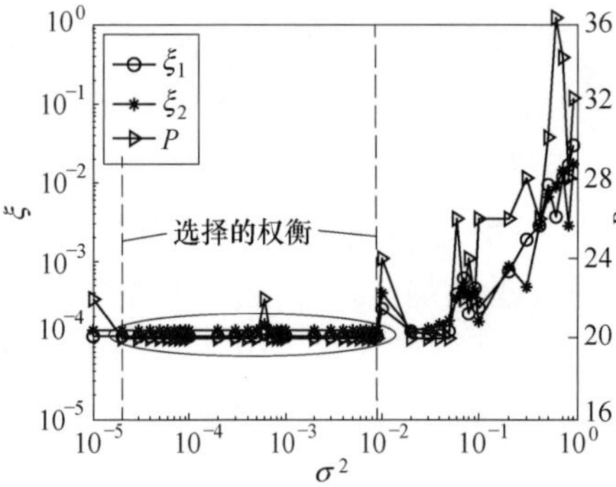

(c) 噪声方差 σ^2 对性能的影响

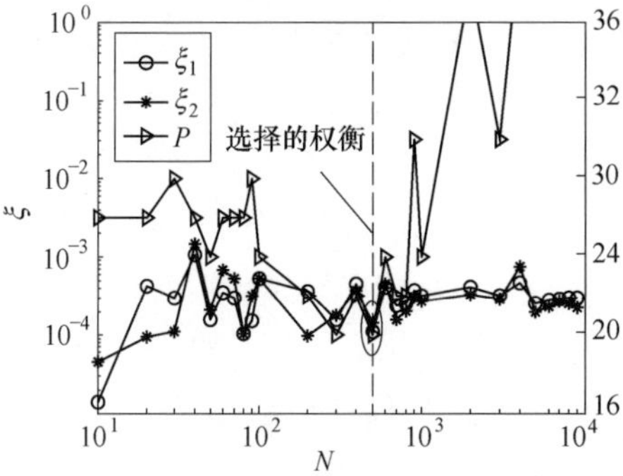

(d) 栅格数 N 对性能的影响

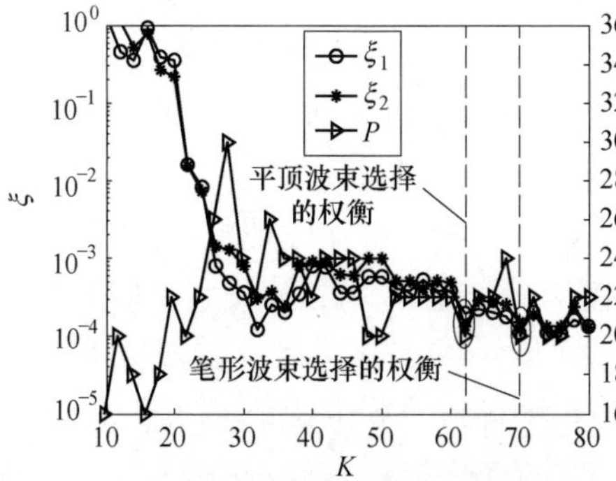

(e) 采样点数 K 对性能的影响

图 8.1　不同参数对性能的影响

2. 两种方法的性能比较

取天线孔径 $L = 9.5\lambda$ ($P_{\mathrm{UNI}} = 20$),以可重构均匀线阵可实现的三种典型波

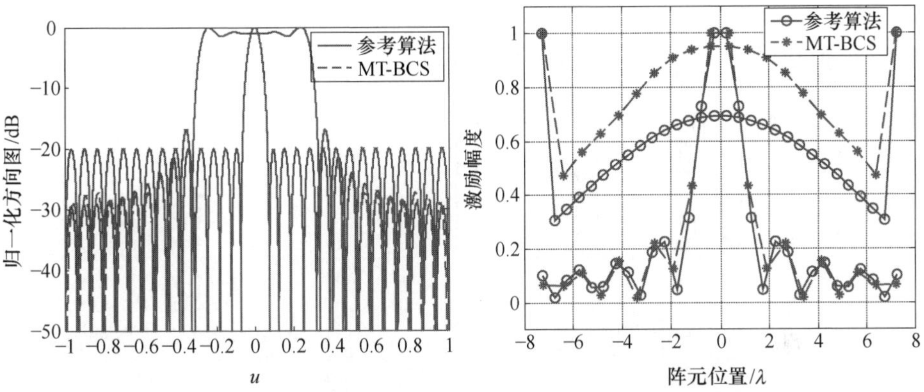

（a）归一化方向图　　（b）阵元位置和激励

图 8.2　稀布可重构阵列的方向图及阵元位置和激励

束形状(笔形波束、平顶波束、余割平方波束)为期望方向图进行仿真实验,最大旁瓣电平设为-20dB,运算耗时 1.3130s。图 8.3(a)给出了重构方向图与期望方向图的比较,从图中可以看出,MT-BCS 算法能够重构出与三种期望方向图形状基本一致的波束方向图,归一化均方误差为 9.1618×10^{-5}。图 8.3(b)和(c)分别给出了该稀布可重构阵列阵元激励的幅度分布和相位分布。由图可以看出,相比于等间隔排列的 20 元均匀可重构线阵,MT-BCS 算法可稀疏 30%的阵元,只需要 14 个阵元即可实现重构功能,且最小阵元间距为 0.5605λ,平均阵元间距为 0.7308λ。为了验证算法在重构方向图拟合精度和节省阵元个数方面的优越性,采用 Morabito 提出的算法进行上述实验,为简便起见,将其命名为 Morabito 算法。图 8.4(a)(b)和(c)分别给出了 MT-BCS 算法与 Morabito 算法重构得到的三种波束对比图,从图中可以看出,两种算法均能满足主瓣赋形区波束形状要求。但是,Morabito 算法的峰值旁瓣电平有明显升高,而 MT-BCS 算法的三个波束方向图的旁瓣电平均保持在-20dB 左右,对于精确赋形要求较高的应用场合,Morabito 算法不可用,而 MT-BCS 算法能够实现方向图高精度拟合。

更重要的是,Morabito 算法只考虑在均匀阵的基础上对三种方向图阵元激励的联合优化,并没有将阵元数目减少以及阵元位置联合求解作为优化变量,而 MT-BCS 重构算法具有更强的自由度,在节省阵元数目方面优势明显。

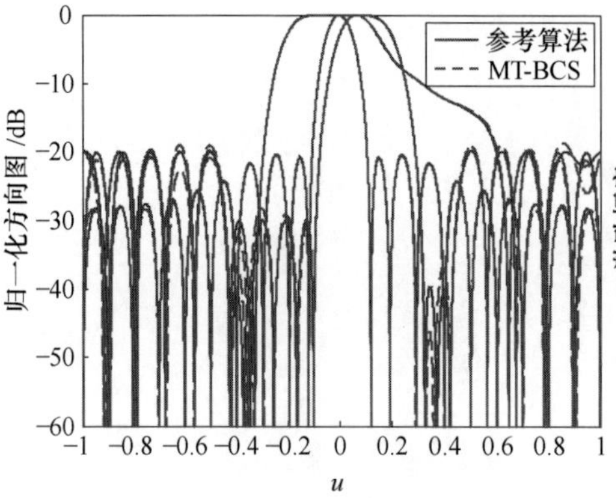

（a）归一化方向图

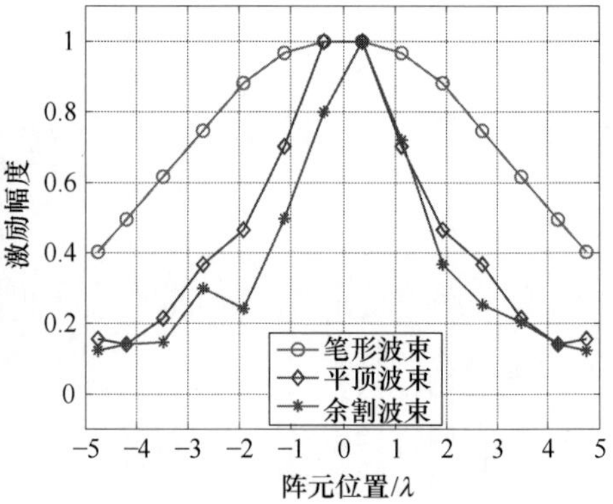

（b）阵元激励的幅度分布

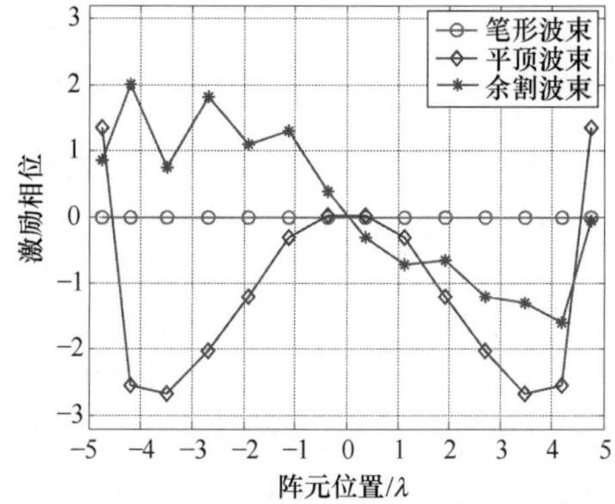

（c）阵元激励的相位分布

图 8.3 稀布可重构阵列的方向图及阵元激励分布

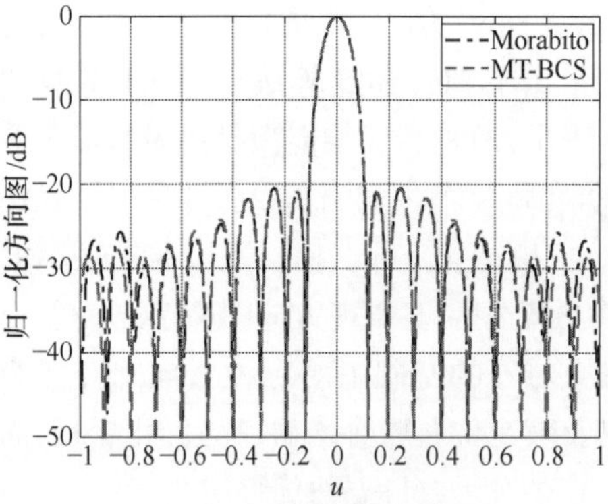

（a）笔形波束的比较

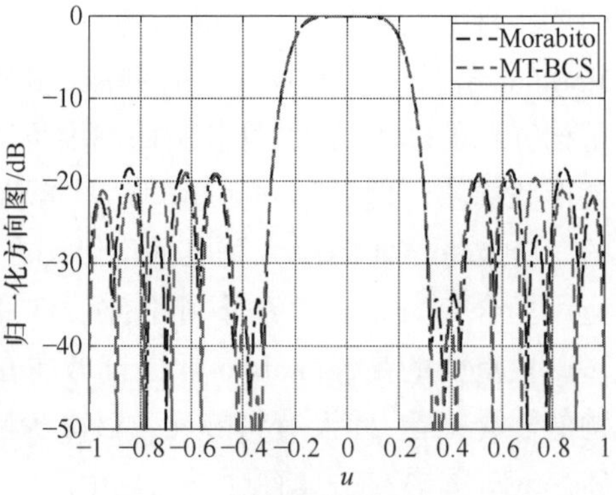

（b）平顶波束的比较

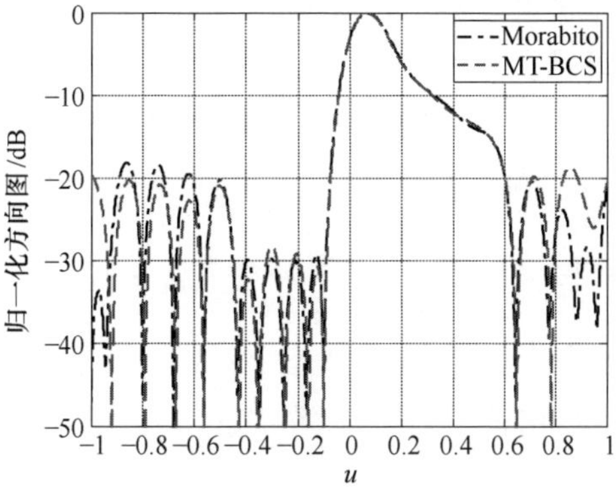

（c）余割波束的比较

图 8.4　两种方法综合得到方向图的比较(见彩图)

8.3　扩展酉-矩阵束方法

受到不同方向图共享少量天线单元位置的约束,很多单方向图阵列稀疏布阵方法并不能直接用于综合方向图可重构天线,鉴于前面所提酉变换-矩阵束方法表现出的诸多优势,本节提出一种 EUMP 算法来解决这个复杂的多变量联合约束优化问题。下面对基于 EUMP 算法的稀布可重构阵列设计进行深入研究,并给出详细的仿真验证和性能比较。

8.3.1　稀布可重构阵列的联合优化模型

假设均匀方向图可重构线阵由 N 个全向阵元组成,通过改变馈电激励可得阵列天线的 M 种工作模式,即重构出 M 种不同的期望方向图:

$$F^{(m)}(u)=\sum_{n=1}^{N} w_n^{(m)}\exp(\mathrm{j}k_0 d_n u),m=1,2,\cdots,M \tag{8.27}$$

式中: $u=\sin\theta$; d_n 为第 n 个天线单元的位置; $w_n^{(m)}$ 为综合第 m ($m=1,2,\cdots,M$)种方向图时对第 n 个天线单元所加的激励。

稀疏方向图可重构线阵通过对阵元位置和激励的联合优化求解,得到非均匀稀疏分布的单元位置及 M 组阵元激励,采用尽可能少的阵元数 Q 即可实现 M 个期望方向图的切换,其模型可表示为

$$\min_{\{d'_q,w'^{(m)}_q\}}\sum_{m=1}^{M}\int_{-1}^{1}\left|F_{\mathrm{REF}}^{(m)}(u)-\sum_{q=1}^{Q} w'^{(m)}_q\exp(\mathrm{j}k_0 d'_q u)\right|^2\mathrm{d}u\leqslant\varepsilon \tag{8.28}$$

式中: ε 为一个很小的误差容限; d'_q 和 $w'^{(m)}_q$ ($q=1,2,\cdots,Q$) 分别为稀布阵列第

m 个期望方向图 $F_{\text{REF}}^{(m)}(u)$ 对应的阵元位置和激励。

8.3.2 算法原理及实现步骤

以 $u_k = k\Delta = k/K\ (k = -K, -K+1, \cdots, 0, \cdots, K)$ 为采样点在-1 到 1 之间对阵因子进行 $P = 2K + 1$ 点等间隔均匀采样,可得

$$f^{(m)}(k) = F^{(m)}(u_k) = \sum_{n=1}^{N} w_n^{(m)} r_n^k, m = 1,2,\cdots,M \tag{8.29}$$

式中:$r_n = \exp(jk_0 d_n \Delta)$。令 $z^{(m)}(p) = f_{\text{REF}}^{(m)}(p - K), p = 0,1,\cdots,M$ 为期望方向图 $F_{\text{REF}}^{(m)}(u)$ 的采样值,由其构造一个复矩阵 $\mathbf{Z}_{\text{HAN}}$,该矩阵由 M 个 Hankel 矩阵 $\mathbf{Z}^{(m)}(m = 1,2,\cdots,M)$ 构成,可表示为

$$[\mathbf{Z}_{\text{HAN}}]_{D\times E} = [\mathbf{Z}^{(1)}, \mathbf{Z}^{(2)}, \cdots, \mathbf{Z}^{(M)}]$$

$$\mathbf{Z}^{(m)} = \begin{bmatrix} z^{(m)}(0) & z^{(m)}(1) & \cdots & z^{(m)}(P-L-1) \\ z^{(m)}(1) & z^{(m)}(2) & \cdots & z^{(m)}(P-L) \\ \vdots & \vdots & \ddots & \vdots \\ z^{(m)}(L) & z^{(m)}(L+1) & \cdots & z^{(m)}(P-1) \end{bmatrix}_{(L+1)\times(P-L)} \tag{8.30}$$

式中:$D = L + 1; E = M(P - L)$;束参数 L 满足 $N \leqslant L \leqslant P - N$。定义子矩阵 $\mathbf{Z}_1$ 和 $\mathbf{Z}_2$ 分别是矩阵 $\mathbf{Z}$ 去掉最后一行和第一行得到的矩阵。那么,参数 $r_n'(n = 1,2,\cdots,N)$ 是矩阵束$(\mathbf{Z}_2, \mathbf{Z}_1)$的广义特征值 $\bar{\lambda}$,可表示为

$$\{\mathbf{Z}_2 - \bar{\lambda}\mathbf{Z}_1\} \Rightarrow \{\mathbf{Z}_1^{\dagger}\mathbf{Z}_2 - \bar{\lambda}\mathbf{I}\} \tag{8.31}$$

为了降低矩阵运算复杂度,考虑对 Hankel 块矩阵 $\mathbf{Z}_{\text{HAN}}$ 实数化处理,由于酉变换能够将 Centro-Hermitian 复矩阵转变为实矩阵,因其在减少计算量方面的优势而被用于高分辨的子空间类方法中。因此,利用酉变换求解包含方向图采样信息的实矩阵,首先需要根据采样矩阵 $\mathbf{Z}_{\text{HAN}}$ 及其共轭构造具有 Centro-Hermitian 特性的矩阵 $\mathbf{Z}_{\text{CH}}$,使其满足

$$\mathbf{Z}_{\text{CH}} = [\mathbf{Z}_{\text{HAN}} \vdots \boldsymbol{\Pi}_D \mathbf{Z}_{\text{HAN}}^* \boldsymbol{\Pi}_E] \tag{8.32}$$

式中:$\boldsymbol{\Pi}_D$ 表示 D 阶单位反对角置换矩阵,即

$$\boldsymbol{\Pi}_D = \begin{bmatrix} 0 & \cdots & 0 & 1 \\ 0 & \cdots & 1 & 0 \\ \vdots & \ddots & \vdots & \vdots \\ 1 & \cdots & 0 & 0 \end{bmatrix}_{D\times D} \tag{8.33}$$

根据酉变换定理 7.2,对 Centro-Hermitian 矩阵进行酉变换,可得其对应的实矩阵 $\mathbf{Z}_{\text{RE}}$:

$$\boldsymbol{Z}_{\mathrm{RE}} = \boldsymbol{Y}_D^{\mathrm{H}} \boldsymbol{Z}_{\mathrm{CH}} \boldsymbol{Y}_{2E} \tag{8.34}$$

式中：$\boldsymbol{Y}_D$ 为 D 阶酉矩阵，则

$$\boldsymbol{Y}_D = \begin{cases} \dfrac{1}{\sqrt{2}} \begin{bmatrix} \boldsymbol{I}_G & \mathrm{j}\boldsymbol{I}_G \\ \boldsymbol{\Pi}_G & -\mathrm{j}\boldsymbol{\Pi}_G \end{bmatrix}_{D\times D}, D = 2G \\ \dfrac{1}{\sqrt{2}} \begin{bmatrix} \boldsymbol{I}_G & \boldsymbol{0}_{G\times 1} & \mathrm{j}\boldsymbol{I}_G \\ \boldsymbol{0}_{G\times 1}^{\mathrm{T}} & \sqrt{2} & \boldsymbol{0}_{G\times 1}^{\mathrm{T}} \\ \boldsymbol{\Pi}_G & \boldsymbol{0}_{G\times 1} & -\mathrm{j}\boldsymbol{\Pi}_G \end{bmatrix}_{D\times D}, D = 2G+1 \end{cases} \tag{8.35}$$

下面通过直接建立单元位置和该实矩阵 $\boldsymbol{Z}_{\mathrm{RE}}$ 广义特征值的关系，对未知的阵元位置进行求解。根据式(8.30)可得矩阵束方程：

$$\boldsymbol{J}_2 \boldsymbol{Z}_{\mathrm{CH}} = \bar{\lambda} \boldsymbol{J}_1 \boldsymbol{Z}_{\mathrm{CH}} \tag{8.36}$$

其中

$$\boldsymbol{J}_1 = \begin{bmatrix} 1 & 0 & \cdots & 0 & 0 \\ 0 & 1 & \cdots & 0 & 0 \\ \vdots & \vdots & \ddots & \vdots & \vdots \\ 0 & 0 & \cdots & 1 & 0 \end{bmatrix}_{(D-1)\times D}, \boldsymbol{J}_2 = \begin{bmatrix} 0 & 1 & 0 & \cdots & 0 \\ 0 & 0 & 1 & \cdots & 0 \\ \vdots & \vdots & \vdots & \ddots & \vdots \\ 0 & 0 & \cdots & 0 & 1 \end{bmatrix}_{(D-1)\times D} \tag{8.37}$$

由于对矩阵束(8.37)左、右乘任意一个非奇异矩阵可得相应的等价矩阵束，且这两个矩阵束的所有广义特征值都相同。那么，对式(8.36)两边左乘酉矩阵 $\boldsymbol{Y}_{D-1}^{\mathrm{H}}$，右乘酉矩阵 $\boldsymbol{Y}_{2E}$，构造等价矩阵束方程：

$$\boldsymbol{Y}_{D-1}^{\mathrm{H}} \boldsymbol{J}_2 \boldsymbol{Y}_D \boldsymbol{Y}_D^{\mathrm{H}} \boldsymbol{Z}_{\mathrm{CH}} \boldsymbol{Y}_{2E} = \bar{\lambda} \boldsymbol{Y}_{D-1}^{\mathrm{H}} \boldsymbol{J}_1 \boldsymbol{Y}_D \boldsymbol{Y}_D^{\mathrm{H}} \boldsymbol{Z}_{\mathrm{CH}} \boldsymbol{Y}_{2E} \tag{8.38}$$

将式(8.34)代入式(8.38)，可简化为

$$\boldsymbol{Y}_{D-1}^{\mathrm{H}} \boldsymbol{J}_2 \boldsymbol{Y}_D \boldsymbol{Z}_{\mathrm{RE}} = \bar{\lambda} \boldsymbol{Y}_{D-1}^{\mathrm{H}} \boldsymbol{J}_1 \boldsymbol{Y}_D \boldsymbol{Z}_{\mathrm{RE}} \tag{8.39}$$

根据酉矩阵和单位反对角置换矩阵的性质，式(8.39)左边可等效为

$$\begin{aligned} \boldsymbol{Y}_{D-1}^{\mathrm{H}} \boldsymbol{J}_2 \boldsymbol{Y}_D \boldsymbol{Z}_{\mathrm{RE}} &= (\boldsymbol{Y}_{D-1}^{\mathrm{H}} \boldsymbol{\Pi}_{D-1})(\boldsymbol{\Pi}_{D-1} \boldsymbol{J}_2 \boldsymbol{\Pi}_D)(\boldsymbol{\Pi}_D \boldsymbol{Y}_D) \boldsymbol{Z}_{\mathrm{RE}} \\ &= \boldsymbol{Y}_{D-1}^{\mathrm{T}} \boldsymbol{J}_1 \boldsymbol{Y}_D^{*} \boldsymbol{Z}_{\mathrm{RE}} = (\boldsymbol{Y}_{D-1}^{\mathrm{H}} \boldsymbol{J}_1 \boldsymbol{Y}_D)^{*} \boldsymbol{Z}_{\mathrm{RE}} \end{aligned} \tag{8.40}$$

联立式(8.39)和式(8.40)可得

$$(\boldsymbol{Y}_{D-1}^{\mathrm{H}} \boldsymbol{J}_1 \boldsymbol{Y}_D)^{*} \boldsymbol{Z}_{\mathrm{RE}} = \bar{\lambda} \boldsymbol{Y}_{D-1}^{\mathrm{H}} \boldsymbol{J}_1 \boldsymbol{Y}_D \boldsymbol{Z}_{\mathrm{RE}} \tag{8.41}$$

令 $\boldsymbol{X} = \boldsymbol{Y}_{D-1}^{\mathrm{H}} \boldsymbol{J}_1 \boldsymbol{Y}_D$，将复矩阵 $\boldsymbol{X}$ 和复数 $\bar{\lambda}$ 按实部和虚部展开，可得

$$[\mathrm{Re}(\boldsymbol{X}) - \mathrm{j}\mathrm{Im}(\boldsymbol{X})] \boldsymbol{Z}_{\mathrm{RE}} = [\mathrm{Re}(\bar{\lambda}) + \mathrm{j}\mathrm{Im}(\bar{\lambda})][\mathrm{Re}(\boldsymbol{X}) + \mathrm{j}\mathrm{Im}(\boldsymbol{X})] \boldsymbol{Z}_{\mathrm{RE}} \tag{8.42}$$

由于 $\mathrm{Re}(\bar{\lambda}) = \cos(k_0 d_n' \Delta)$，$\mathrm{Im}(\bar{\lambda}) = \sin(k_0 d_n' \Delta)$，再根据三角函数二倍角

公式,移项并整理可得

$$-\tan(k_0 d_n' \Delta/2)\operatorname{Re}(\boldsymbol{X})\boldsymbol{Z}_{\mathrm{RE}} = \operatorname{Im}(\boldsymbol{X})\boldsymbol{Z}_{\mathrm{RE}} \tag{8.43}$$

因此, $-\tan(k_0 d_n' \Delta)$ $(n = 1,2,\cdots,N)$ 是矩阵束 $\{\operatorname{Im}(\boldsymbol{X})\boldsymbol{Z}_{\mathrm{RE}},\operatorname{Re}(\boldsymbol{X})\boldsymbol{Z}_{\mathrm{RE}}\}$ 的广义特征值。为了减少阵元数目,对实矩阵 $\boldsymbol{Z}_{\mathrm{RE}}$ 奇异值分解:

$$\boldsymbol{Z}_{\mathrm{RE}} = \sum_{i=1}^{I} \sigma_i \boldsymbol{u}_i \boldsymbol{v}_i^{\mathrm{H}} = \boldsymbol{U\Sigma V}^{\mathrm{H}} \tag{8.44}$$

式中:$I = \min\{D,2E\}$;$\boldsymbol{U} = [\boldsymbol{u}_1,\boldsymbol{u}_2,\cdots,\boldsymbol{u}_I]$ 和 $\boldsymbol{V} = [\boldsymbol{v}_1,\boldsymbol{v}_2,\cdots,\boldsymbol{v}_I]$ 分别为左奇异矢量矩阵和右奇异矢量矩阵;$\boldsymbol{\Sigma} = \operatorname{diag}(\sigma_1,\sigma_2,\cdots,\sigma_N,\cdots,\sigma_I;\sigma_1 \geqslant \sigma_2 \geqslant \cdots \geqslant \sigma_I)$ 为对角矩阵;N 元均匀线阵仅包含 N 个非零奇异值,有 $\sigma_i = 0(\,i > N\,)$。但是,通常只需要更少的非零奇异值就能得到 $\boldsymbol{Z}_{\mathrm{RE}}$ 的低阶逼近矩阵,该矩阵包含阵元个数少于 N 的稀布线阵的方向图重构数据,也就是说,通过舍弃 $\boldsymbol{\Sigma}$ 中较小的奇异值以实现该可重构阵列的稀疏优化。$Q(Q < N)$ 值即为奇异值个数,同时也等于稀布阵列的阵元个数。Q 的大小可以根据下式估计:

$$\hat{Q} = \min\left\{q;\left|\left(\sqrt{\sum_{i=q+1}^{N}\sigma_i^2}\Big/\sqrt{\sum_{i=1}^{N}\sigma_i^2}\right) < \varepsilon\right.\right\} \tag{8.45}$$

式中:$\varepsilon \in (10^{-4},10^{-2})$。

那么, $y_q' =- \tan(k_0 d_q' \Delta/2)$ $(q = 1,2,\cdots,Q)$ 是实矩阵束 $\{\operatorname{Im}(\boldsymbol{X})U_{\mathrm{LQ}},\operatorname{Re}(\boldsymbol{X})U_{\mathrm{LQ}}\}$ 的广义特征值, $\boldsymbol{U}_{\mathrm{LQ}} = [\boldsymbol{u}_1,\boldsymbol{u}_2,\cdots,\boldsymbol{u}_Q]$ 是前 Q 个较大的奇异值对应的左奇异矢量矩阵。从而可求得稀布可重构线阵的实阵元位置 d_q'。然后,通过总体最小二乘算法求解 M 种方向图对应的阵元激励,即

$$\boldsymbol{W} = (\boldsymbol{R}^{\mathrm{H}}\boldsymbol{R})^{-1}\boldsymbol{R}^{\mathrm{H}}\boldsymbol{F}_{\mathrm{REF}} = \begin{bmatrix} w'^{(1)}_1 & w'^{(2)}_1 & \cdots & w'^{(M)}_1 \\ w'^{(1)}_2 & w'^{(2)}_2 & \cdots & w'^{(M)}_2 \\ \vdots & \vdots & \ddots & \vdots \\ w'^{(1)}_Q & w'^{(2)}_Q & \cdots & w'^{(M)}_Q \end{bmatrix}_{Q\times M} \tag{8.46}$$

其中

$$\boldsymbol{R} = \begin{bmatrix} (r_1')^{-K} & (r_2')^{-K} & \cdots & (r_Q')^{-K} \\ (r_1')^{-K+1} & (r_2')^{-K+1} & \cdots & (r_Q')^{-K+1} \\ \vdots & \vdots & \ddots & \vdots \\ (r_1')^{K} & (r_2')^{K} & \cdots & (r_Q')^{K} \end{bmatrix}_{P\times Q} \tag{8.47}$$

$$\boldsymbol{F}_{\mathrm{REF}} = \begin{bmatrix} f_{\mathrm{REF}}^{(1)}(-K) & f_{\mathrm{REF}}^{(2)}(-K) & \cdots & f_{\mathrm{REF}}^{(M)}(-K) \\ f_{\mathrm{REF}}^{(1)}(-K+1) & f_{\mathrm{REF}}^{(2)}(-K+1) & \cdots & f_{\mathrm{REF}}^{(M)}(-K+1) \\ \vdots & \vdots & \ddots & \vdots \\ f_{\mathrm{REF}}^{(1)}(K) & f_{\mathrm{REF}}^{(2)}(K) & \cdots & f_{\mathrm{REF}}^{(M)}(K) \end{bmatrix}_{P\times M} \tag{8.48}$$

EUMP 算法利用酉变换将复数域的 SVD 和 EVD 问题的求解分别等效为实矩阵的 SVD 和等价实矩阵束的 EVD,计算量减少约 3/4。通过分析 EUMP 主要步骤的实数乘法运算次数可大致估计算法的计算量,该算法共需要($D^2E + 5D^3 + 1.5Q^2D + 5Q^3 + 1.5Q^2P + QPM$)次乘法,其计算复杂度主要由 SVD 的计算量决定。与 SVD 的计算量相比,新引入的酉变换的计算量可以忽略。下面给出该算法实现方向图可重构稀疏线阵的具体步骤。

(1) 构造实值方向图采样矩阵。由 M 种期望方向图的采样数据计算扩展 Hankel 块矩阵 $\boldsymbol{Z}_{\mathrm{HAN}}$, 并通过 Centro-Hermitian 化处理和酉变换求解实数据矩阵 $\boldsymbol{Z}_{\mathrm{RE}}$。

(2) 奇异值分解。对实矩阵 $\boldsymbol{Z}_{\mathrm{RE}}$ 奇异值分解,并估计 Q 的值,再保留 Q 个较大的奇异值以得到相应的左奇异矢量矩阵 $\boldsymbol{U}_{\mathrm{LQ}}$。

(3) 构造等价矩阵束并对其特征值分解。计算矩阵 $\boldsymbol{X}$, 进而求解实矩阵束 $\{\mathrm{Im}(\boldsymbol{X})U_{\mathrm{LQ}}, \mathrm{Re}(\boldsymbol{X})U_{\mathrm{LQ}}\}$ 的广义特征值 y'_q ($q = 1,2,\cdots,Q$)。

(4) 求解阵元位置和激励。由 $d'_q = -2\tan^{-1}(y'_q)/k_0\Delta(q = 1,2,\cdots,Q)$ 计算可重构稀疏线阵的阵元位置,再求解不同方向图对应的阵元激励 $\boldsymbol{W}$。

(5) 性能评估。定义稀疏率为 $\eta = Q/N$, 并根据下式计算该稀布可重构线阵方向图与期望方向图的归一化匹配误差:

$$\xi = \frac{\sum_{m=1}^{M}\int_{-1}^{1}\left|F_{\mathrm{REF}}^{(m)}(u) - \sum_{q=1}^{Q} w'^{(m)}_q \exp(\mathrm{j}k_0 d'_q u)\right|^2 \mathrm{d}u}{\sum_{m=1}^{M}\int_{-1}^{1}\left|F_{\mathrm{REF}}^{(m)}(u)\right|^2 \mathrm{d}u} \tag{8.49}$$

孔径大小为 $L_{\mathrm{APE}} = d'_Q - d'_1$, 相邻两阵元的平均阵元间距为 $\Delta L_{\mathrm{mean}} = (L_{\mathrm{APE}}/Q) - 1$, 最小阵元间距为 $\Delta L_{\min} = \min\limits_{q=1,2,\cdots,Q-1}\{d'_{q+1} - d'_q\}$。

8.3.3 仿真实验与分析

下面对所提出扩展酉变换-矩阵束方法的单方向图和多方向图有效性进行验证,然后分析阵元激励的敏感性,最后对实际天线阵列及具有多波束的大型电扫阵列进行性能验证。

1. 单方向图有效性验证

基于多方向图联合稀疏优化模型,取模型中 $M = 1$ 对应的单方向图情况进行仿真验证,以 $N = 30$ 元均匀线阵综合得到的余割方向图为参考,在 14.5λ 的孔径上稀疏布阵。

固定 $Q = 22$ 和 $Q = 21$, 研究方向图归一化误差 ξ 关于 L/P 的变化趋势。由于束参数 L 的取值满足 $N \leqslant L \leqslant P - N$, 在仿真中取 $K = xN(x = 2,3,4)$, 则有

$30/(60x+1) \leqslant L/P \leqslant 1-30/(60x+1)$。图 8.5 给出了不同 K 值下，ξ 和 L/P 的关系，可以看出，同一个 Q 值下，曲线的变化趋势大致相同，最优方向图匹配可在 $L \approx 0.68P$ 取得。考虑 $K=2N$ 的情况，$Q=22$ 和 $Q=21$ 对应的最小归一化误差分别为 3.34×10^{-6} 和 9.46×10^{-5}，且均在 $L=82$ 时获得。如果联合考虑阵列结构的影响，即为了保证得到的稀布阵列最小阵元间距大于 $\lambda/2$，以减小阵元间的互耦干扰，应该在满足最小间距约束条件的 L 值中选择最小匹配误差对应的 L 值为最佳选择。因此，$Q=22$ 和 $Q=21$ 对应的最佳 L 值分别为 78 和 82。

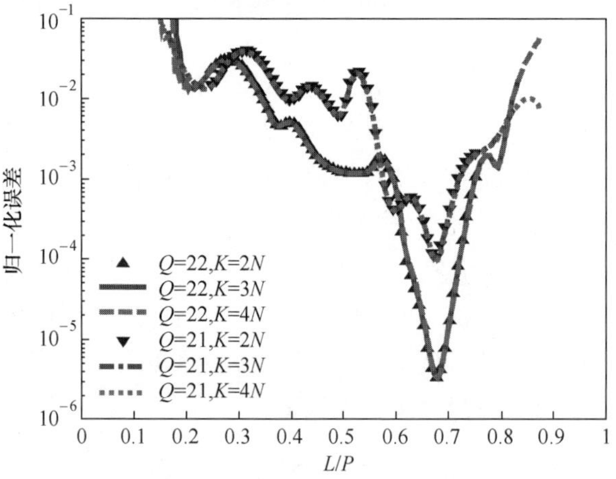

图 8.5　不同 K 值下归一化误差关于 L/P 的变化趋势(见彩插)

图 8.6 表示不同 K 值下，阵元个数 Q 关于 ε 的变化趋势。由图可以看出，随着 ε 值的增加，Q 从 22 减小到 20。也就是说，可以得出关于阵元个数 Q 的粗略估计。为了验证算法在阵列稀疏性、方向图拟合精度及计算时间方面的优越性，采用 BCS 算法和 MT-BCS 算法进行上述实验，并比较这三种算法的性能指标，如表 8.1 所示。由表可以看出，BCS 算法的最优解需要最多的阵元数目才能获得与其他两种方法近似的方向图匹配，EUMP 算法的最优解可以在不损失方向图准确度的同时，比 MT-BCS 算法的最优解节省更多的阵元数目。更具体地说，相比于均匀可重构阵列，EUMP 算法的最优解可节省 30%的阵元个数。而且，EUMP 算法可以避免其他两种算法得到稀布阵列的最小阵元间距过小而不利于工程实现的缺点，该方法得到的最小阵元间距均大于 $\lambda/2$。另外，EUMP 算法的计算时间很短，以至于可以忽略。图 8.7 对比了三种算法归一化误差 ξ 关于阵元数 $Q\in[16, 23]$ 的变化趋势。由图可以看出，方向图匹配准确度随着 Q 值的增加而提高。BCS 算法的归一化误差最大，不具备综合非对称方向图的能

力。对于任意给定的 Q 值,EUMP 算法比 MT-BCS 算法具有更高的方向图拟合准确性。也就是说,对于给定的匹配误差阈值,EUMP 算法对应更稀疏的阵列结构。图 8.8 给出了不同 Q 值时的归一化方向图,以及对应的阵元位置和激励分布。从图中可以看出,$Q = 21$ 时即为方向图匹配准确性和阵列结构稀疏性的最优折中选择。

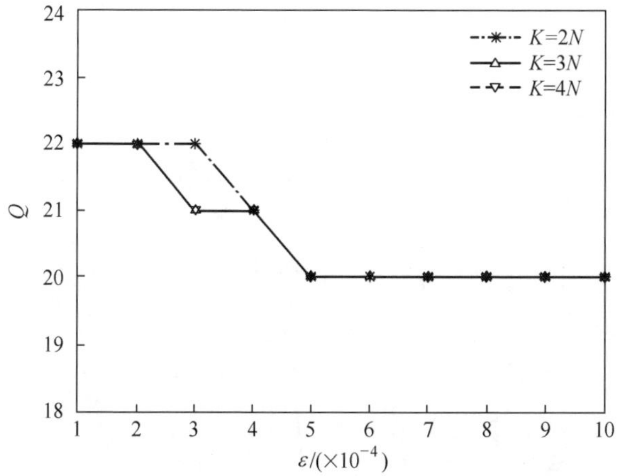

图 8.6　不同 K 值下阵元数 Q 关于 ε 的变化趋势

表 8.1　不同算法的性能比较

参数	最优解			次优解		
	EUMP	BCS	MT-BCS	EUMP	BCS	MT-BCS
阵元数 Q	21	35	24	19	20	19
$L_{APE}(\lambda)$	14.45	14.50	14.50	13.97	11.28	13.00
$\Delta L(\lambda)$	0.72	0.43	0.63	0.78	0.59	0.72
$\Delta L_{min}(\lambda)$	0.62	0.15	0.03	0.59	0.15	0.04
归一化误差 ξ	9.46×10^{-5}	9.85×10^{-5}	8.15×10^{-5}	2.16×10^{-3}	3.71×10^{-2}	3.53×10^{-3}
时间/s	7.64×10^{-2}	2.40×10^{-1}	5.30×10^{-1}	7.49×10^{-2}	2.20×10^{-1}	9.70×10^{-1}

2. 多方向图有效性验证

基于多方向图联合稀疏优化模型,取模型中 $M > 1$ 对应的多方向图情况进行仿真验证,以 $N = 30$ 的均匀可重构线阵可实现的三种典型波束形状(笔形波束、平顶波束、余割波束)为期望方向图。固定 $Q = 22$ 和 $Q = 23$,图 8.9 给出了不同 K 值下,方向图归一化误差 ξ 关于 L/P 的变化趋势。对同一个 Q 值,ξ 和

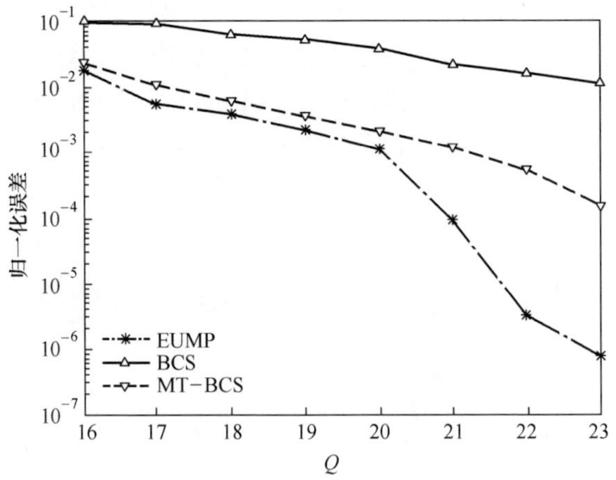

图 8.7　不同算法归一化误差关于 Q 的变化趋势

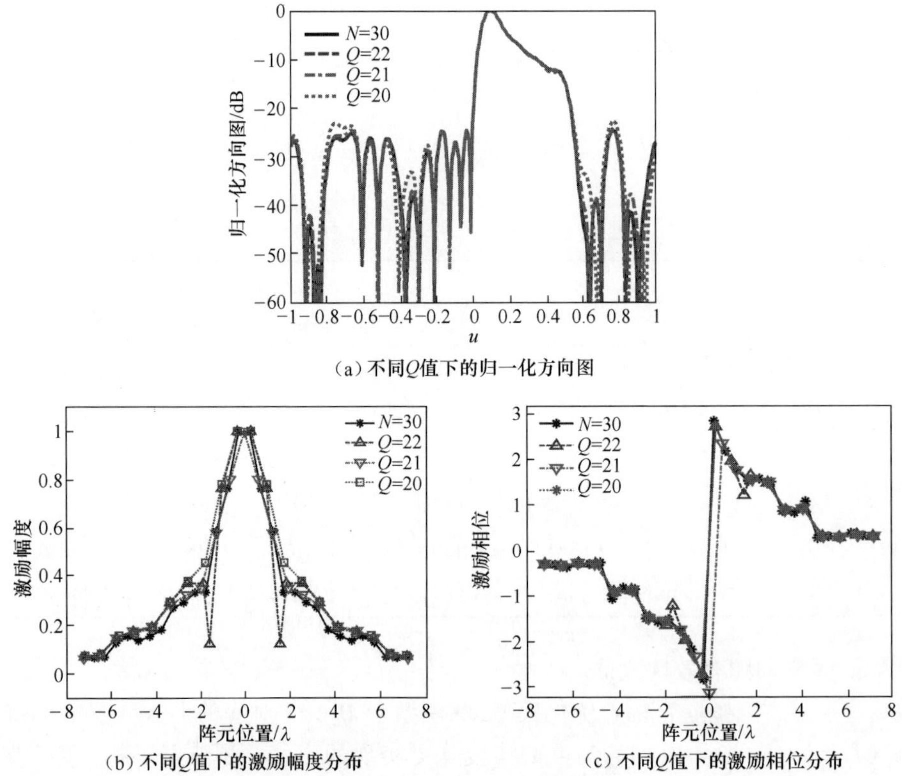

图 8.8　不同 Q 值下的方向图和激励分布

L/P 的变化关系大致相同，当 $L/P = 0.72 \sim 0.76$ 时，该稀布可重构阵列具有最小的方向图匹配误差。考虑 $K = 2N$ 的情况，$Q = 22$ 和 $Q = 23$ 对应的最小归一化误差分别为 1.05×10^{-3} 和 5.55×10^{-5}。相比于均匀可重构阵列，可节省约 23%～27%的阵元数目。联合考虑阵列结构和方向图匹配准确性两个方面，可确定 $Q = 22$ 和 $Q = 23$ 对应的最佳 L 值分别为 88 和 91。图 8.10 给出不同 K 值下，阵元个数 Q 关于 ε 的变化趋势。由图可以看出，随着 ε 值的增加，Q 从 23 减小到 21。因此，可以通过选择合适的 ε 值得到 Q 值的折中解。

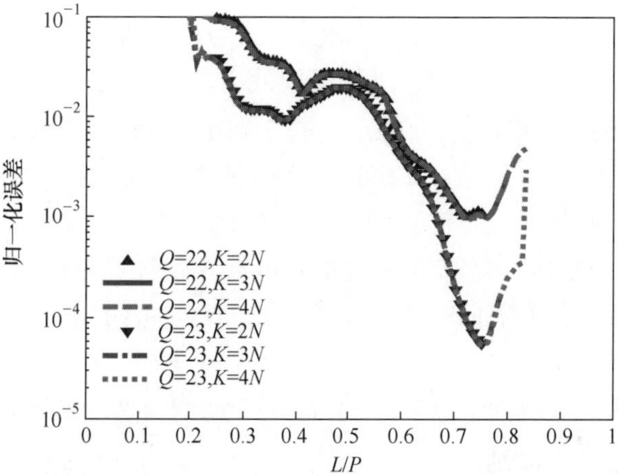

图 8.9 不同 K 值下归一化误差关于 L/P 的变化趋势(见彩图)

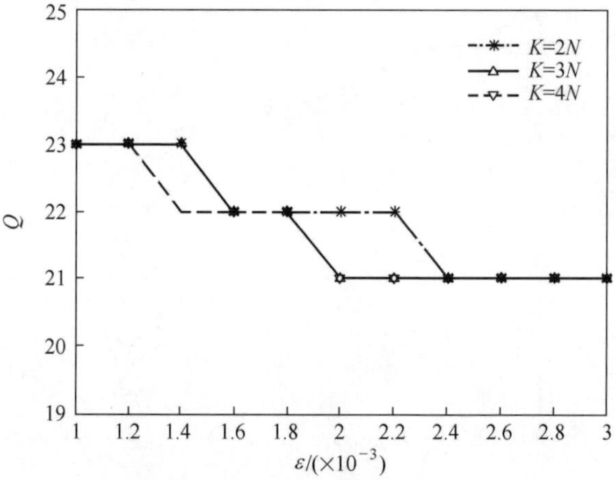

图 8.10 不同 K 值下阵元个数 Q 关于 ε 的变化趋势

为了更进一步验证算法的优势，将 EUMP 算法与 Liu 于 2014 年在提出的矩阵束类算法进行比较，下面将提到的两种算法简称为 Ext. MPM 和 Ext. FBMPM。图 8.11 给出了三种算法归一化误差 ξ 关于阵元数 Q 的变化趋势。由图可以看出，方向图匹配准确度随着 Q 值的增加而提高。相比于 Ext. MPM，Ext. FBMPM 可以获得更小的方向图匹配误差，而 EUMP 算法由于其在非对称方向图上的优势，具有最优的方向图匹配性能。也就是说，对于任意提出的方向图拟合程度要求，EUMP 算法可以用更稀疏的阵列结构实现。图 8.12 给出了 $Q=23$ 时两种算法的方向图性能。由图可以看出，EUMP 算法在减少阵元数目的同时可有效控制波束形状，通过改变阵元激励就能够重构出与均匀线阵三种期望方向图性能近似一致的波束方向图，可以实现与期望波束的高精度拟合。而 Ext. FBMPM 在主瓣赋形区能够与期望波束匹配，但在主瓣附近的旁瓣以及远场旁瓣区域的方向图有较大偏差。这是由于 EUMP 算法采用的酉变换将主要的矩阵运算从复数域转换到实数域，能够直接得到阵元位置的实数解，因而提高了方向图拟合精度。同时，由于复矩阵运算变为实矩阵运算导致计算量的减少，使得 EUMP 算法的计算时间大约为 Ext. FBMPM 算法计算时间的 1/4（$t_{\text{EUMP}}=0.5560\text{s}$，$t_{\text{Ext. FBMPM}}=1.9970\text{s}$）。

表 8.2 和表 8.3 分别给出了 $Q=22$ 和 $Q=23$ 时 EUMP 算法得到的稀布可重构线阵的阵元位置和激励。

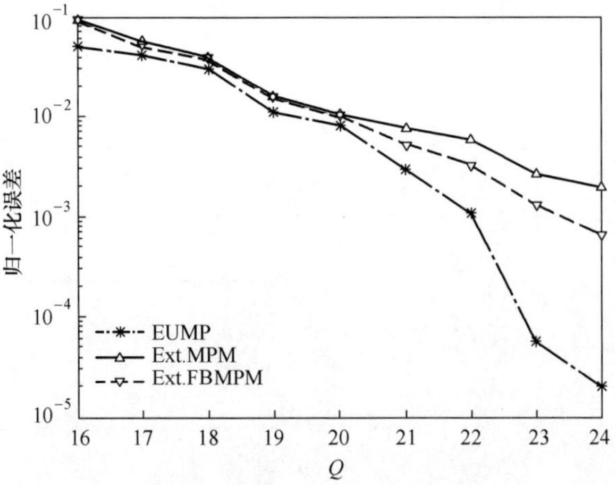

图 8.11　不同算法归一化误差关于 Q 的变化趋势

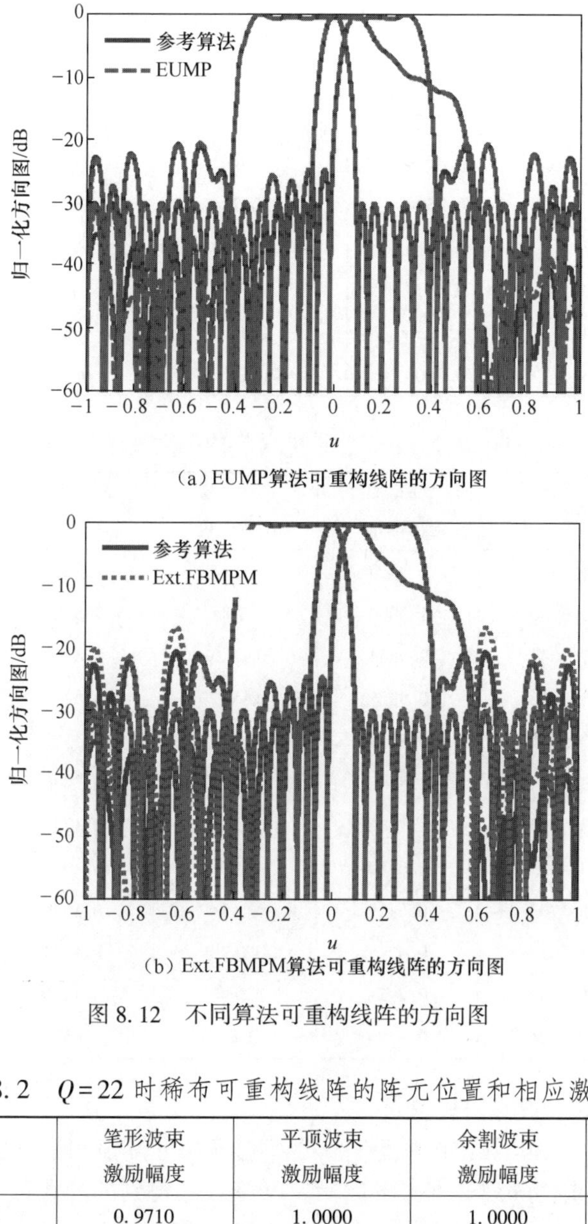

（a）EUMP算法可重构线阵的方向图

（b）Ext.FBMPM算法可重构线阵的方向图

图 8.12　不同算法可重构线阵的方向图

表 8.2　$Q=22$ 时稀布可重构线阵的阵元位置和相应激励

序号	位置/λ	笔形波束激励幅度	平顶波束激励幅度	余割波束激励幅度	激励相位/(°)
1	0.3055	0.9710	1.0000	1.0000	157.4459
2	0.9296	1.000	0.4427	0.7460	116.2629
3	1.5897	0.9859	−0.1466	0.4325	92.1399
4	2.2320	0.8553	−0.2306	0.3272	91.2448

续表

序号	位置/λ	笔形波束 激励幅度	平顶波束 激励幅度	余割波束 激励幅度	激励相位/(°)
5	2.8212	0.7552	0.0898	0.3171	76.7393
6	3.4614	0.8029	0.1174	0.2578	53.1829
7	4.1969	0.7524	-0.0422	0.1976	42.0303
8	4.9817	0.6219	-0.0525	0.1827	26.8236
9	5.7780	0.4713	0.0289	0.1454	18.2044
10	6.5494	0.3236	0.0411	0.1237	17.5556
11	7.2303	0.3668	-0.0355	0.0662	20.8814

表 8.3　$Q=23$ 时稀布可重构线阵的阵元位置和相应激励

序号	位置/λ	笔形波束 激励幅度	平顶波束 激励幅度	余割波束 激励幅度	激励相位/(°)
1	0	0.9929	1.0000	1.0000	180.0000
2	0.6260	1.0000	0.7006	0.8554	135.3385
3	1.2643	0.9854	0.0829	0.5351	100.0794
4	1.9066	0.9925	-0.2329	0.3206	90.6292
5	2.5333	0.8339	-0.0721	0.3301	87.2256
6	3.1514	0.7592	0.1438	0.2706	61.6934
7	3.7863	0.7046	0.0330	0.1755	47.3819
8	4.4597	0.6380	-0.0581	0.1651	43.1487
9	5.1703	0.5419	-0.0367	0.1649	21.1808
10	5.9017	0.4215	0.0388	0.1234	15.1624
11	6.6248	0.2921	0.0380	0.1026	17.1893
12	7.2524	0.3528	-0.0411	0.0575	25.8925

3. 阵元激励的敏感性分析

为了分析 EUMP 算法的敏感性,对馈电信号进行幅相干扰,研究存在馈电偏差情况下可重构阵列的方向图性能。以该算法得到的阵元数为 23 的稀布可重构线阵为例,对理想阵元激励的幅度和相位(表 8.3)随机扰动,进行 500 次 Monte-Carlo 仿真。

图 8.13 分别给出了方向图归一化误差随幅相扰动范围的变化曲线。由图可知,该算法可以容忍一定程度的馈电幅相误差,但随着馈电偏差的增大,算法

的性能有所损失。为了保证重构方向图与期望方向图较高的拟合精度($\xi<2\times10^{-3}$),当馈电信号的幅度偏差小于理想幅度的±12%,相位偏差小于理想相位的±5%时,该算法可以满足应用要求。图 8. 14(a)(b)(c)分别给出了馈电幅度偏差为±5%条件下稀布可重构线阵的三种方向图,从图中可以看出,笔形方向图与其期望方向图最接近,而余割方向图与期望方向图的拟合程度较差。也就是说,余割方向图对于馈电偏差更敏感,该方向图的精确赋形对馈电激励的准确性有更高的要求。

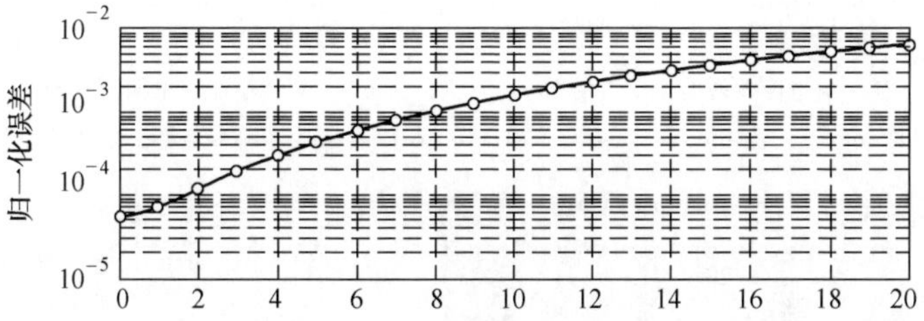

(a) 幅度扰动/%

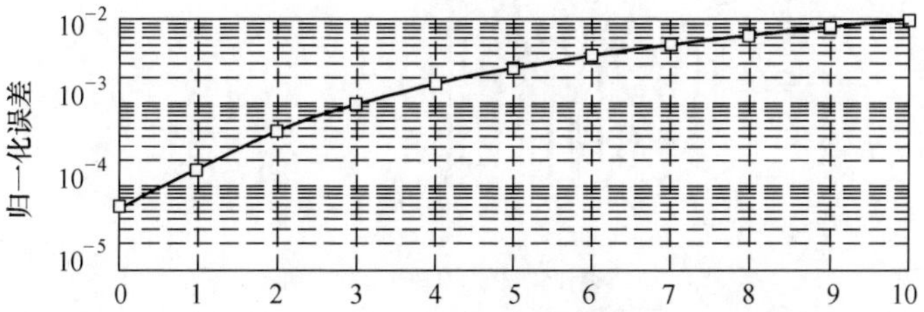

(b) 相位扰动/%

图 8. 13　不同幅相扰动下的方向图归一化误差

4. 实际天线阵列的性能及分析

为了进一步验证 EUMP 算法对于真实阵列单元的稳健性和可行性,以均匀可重构阵列阵元数 $N=30$,稀布可重构阵列阵元数 $Q=22$ 为例,引入实际微带贴片天线单元进行组阵分析,并利用 HFSS 电磁仿真软件实现全波仿真,天线的工作频率取为 4. 4GHz。微带天线的介质基片采用厚度为 5mm 的 Rogers R04003 介质板,相对介电常数为 3. 55,$\tan\delta=0.0027$,矩形贴片的长度为 20mm,宽度为 15mm,使用 50Ω 的同轴线馈电,馈电位置离贴片中心的距离为 4. 7mm。图 8. 15 给出了两个阵列全波分析的方向图,从图中可以看出,将 EUMP 算法用于实际可重构阵的方向图综合,可以在整个主瓣区域获得理想的重构,尽管在远场旁瓣区域的方向图匹配误差较大,但仍能够以较少的阵元数目满足主瓣宽度和旁瓣电平的要求。事实上,与理想点源阵列相比,EUMP 算法用于微带天线阵得到的方向图与理想方向图的拟合误差增加,这是由于在该算法在可重构阵列的建模

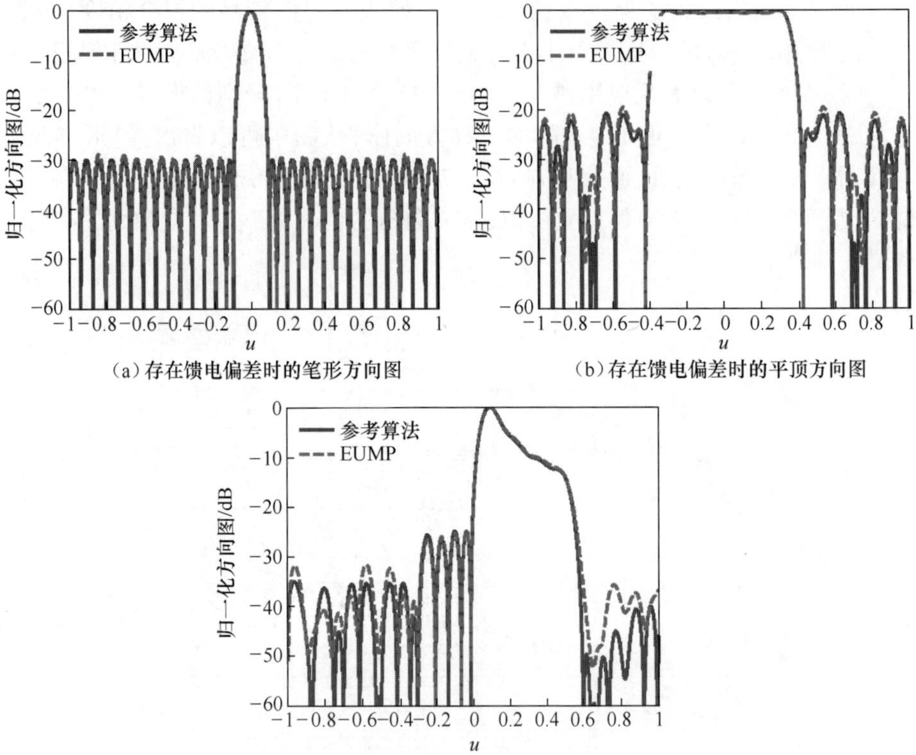

(a) 存在馈电偏差时的笔形方向图

(b) 存在馈电偏差时的平顶方向图

(c) 存在馈电偏差时的余割方向图

图 8.14　存在馈电偏差时的方向图(见彩插)

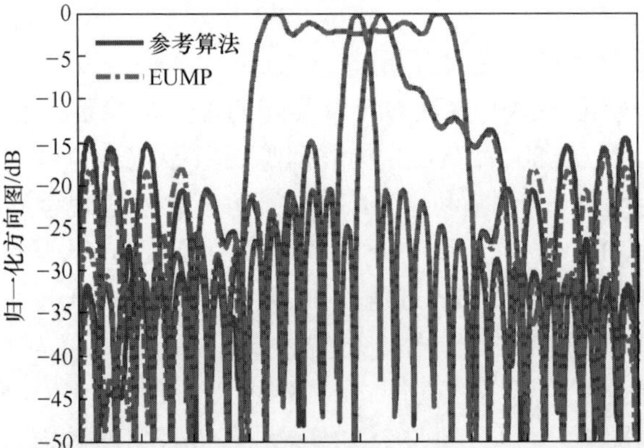

图 8.15　全波仿真的方向图比较(见彩插)

时，忽略了单元方向图以及阵元间的互耦影响，导致了不可避免的阵元位置和激励的估计偏差，进而使得综合的方向图偏差增大。因此，对于精确波束赋形要求较高的应用场合，可以通过增加阵元个数降低稀疏率来提高方向图拟合程度。而对于其他大多数场合，由于 EUMP 算法具有一定的稳健性（方向图对于可能存在的位置或激励干扰具有稳定性），微带天线阵保持与理想点源阵一致的阵元数目，就能够获得相似的方向图性能。

5. 具有多波束的大型电扫阵列

为了研究 EUMP 算法用于大型阵列时的重构性能，以不同阵列孔径，不同扫描范围的大型电扫阵列为例进行仿真实验。我们以 PSL = 30dB 的 Taylor 方向图为参考，并取 $K=3N$。图 8.16 给出了均匀阵列阵元数 $N=40$ 时对应稀布阵列综合得到的方向图，其他更大 N 值的仿真结果如表 8.4 所列。可以看出，相比于均匀电扫阵，可节省约 20% ~ 40% 的阵元数目，而且孔径越大，稀疏率越高。

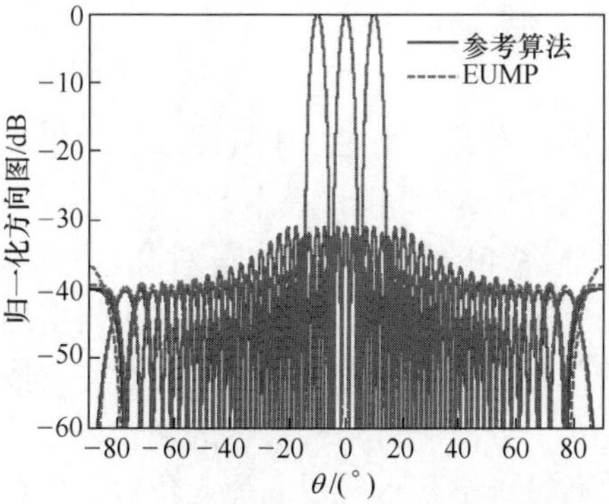

(a) ±10°扫描范围的稀布电扫阵方向图

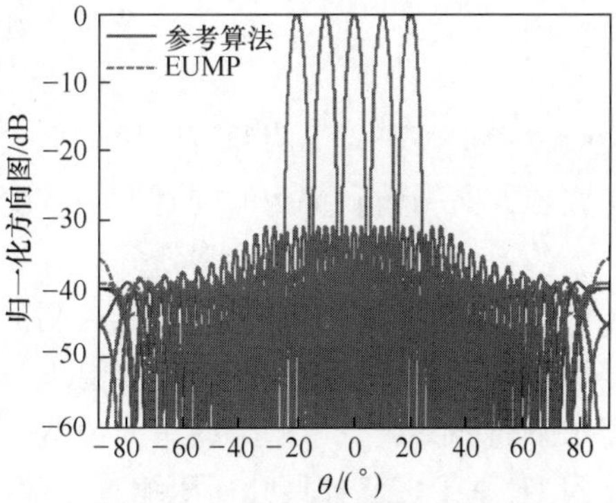

(b) ±20°扫描范围的稀布电扫阵方向图

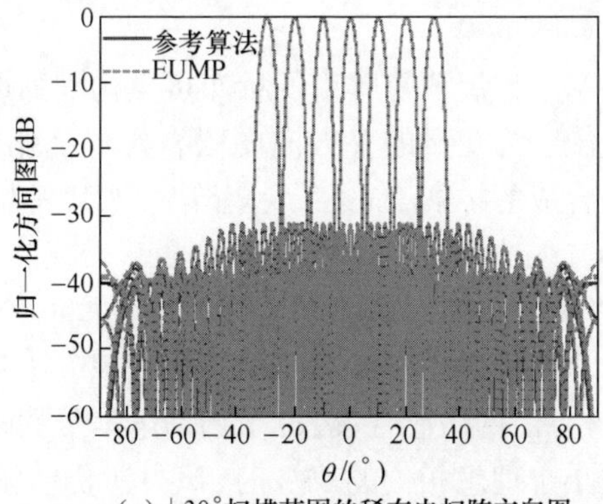

(c) ±30°扫描范围的稀布电扫阵方向图

图 8.16 不同扫描范围的稀布电扫阵方向图（见彩图）

由于 EUMP 算法只需要较短的计算时间就可以实现大型阵列的稀布综合，在降低阵元数目的同时获得与均匀阵相一致的方向图性能。因此，可以说该算法可有效用于大型稀布电扫阵列的方向图综合。

表 8.4 大型稀布电扫阵综合的性能指标

参数	均匀阵列阵元数								
	$N=40$			$N=100$			$N=400$		
M	3	5	7	3	5	7	3	5	7
阵元数 Q	26	29	32	61	69	77	228	256	280
L/P	0.62	0.71	0.78	0.60	0.68	0.76	0.59	0.67	0.75
$\Delta L_{\min}/\lambda$	0.69	0.64	0.60	0.80	0.68	0.60	0.79	0.67	0.63
时间/s	0.10	0.27	0.38	1.79	3.27	5.15	102.04	180.79	348.32

8.4 小　　结

本章主要研究了两种可重构阵列天线的优化综合方法，这两种方法均可以在实现方向图精确重构的同时大幅减少天线数量，降低设计成本。

(1) 介绍了一种基于多任务贝叶斯压缩感知的稀布可重构阵列设计方法。通过使不同权矢量满足相同参数控制的先验概率分布，进而可以同时获得多组具有相同非零元素位置的稀疏权值矢量，有效保证了可重构天线在不同方向图需求下还能共用少量的天线单元位置。建立了方向图可重构天线的联合稀疏优化模型，基于多任务贝叶斯压缩感知理论，通过求解尽可能少的阵元位置及多组激励来实现不同方向图的稀疏逼近。通过仿真实验验证了该方法能够以较少的阵元数目快速实现方向图重构。

(2) 介绍了一种基于扩展酉矩阵束的稀布可重构阵列设计方法。建立了以共享阵元位置和多组激励为变量的多方向图联合稀疏优化模型，构建了多组期望方向图采样数据构合成的扩展 Hankel 块矩阵，并利用等价实矩阵束的广义特征值分解和总体最小二乘准则得到了该阵列的共享稀疏阵元位置和相应激励。通过与其他算法的性能仿真比较，有效验证了该方法可以在减少阵元数目的同时有效控制波束形状，且对于给定的匹配误差门限，该方法对应最稀疏的阵列结构。此外，还研究了该方法的敏感性，验证了当馈电信号的幅度偏差小于理想幅度的±12%，相位偏差小于理想相位的±5%时，该方法仍能满足方向图重构性能的要求。在此基础上，将其用于实际可重构阵列的稀疏优化和大型电扫阵列稀疏优化，利用全波仿真有效验证了该方法对于实际阵列单元的稳健性和可行性。

第9章　交错稀疏阵列的设计方法

9.1 引　言

近些年,伴随阵列天线系统的快速发展,为满足通信、导航、电子对抗等功能集成的需求,共享孔径天线利用孔径复用技术将不同天线阵的多种战术功能集成到一个孔径实现,节省平台空间的同时降低了载荷和成本。根据孔径共享方式的不同,可以将其分为孔径空分复用的共享孔径天线和孔径时分复用的共享孔径天线。本章主要讨论空分复用的共享孔径天线。

空分复用的共享孔径天线通过对天线孔径进行划分,利用不同子孔径实现不同功能,这种方式时效性高,无须宽带天线单元,便于机载、舰载平台实现。传统实现空分复用的子孔径划分方式主要包括规则的孔径划分和子孔径规则嵌套两种。规则的孔径划分方法实现简单,所有子孔径的和等于原孔径,使得子阵间耦合较小,但是由于单个子阵天线的孔径较小,导致子阵的分辨率较低,且每个子孔径上的天线单元均匀分布,存在子阵内部互耦效应较大的问题。而子孔径规则嵌套的方式馈电系统复杂,隔离度较差,子阵内部和子阵间的耦合都较为严重。由于稀疏布阵采用非均匀的单元设置,以少量的阵元即可获得较大的天线孔径和较高的空间分辨力,它具有低成本、低功耗、馈电结构简单等特有的优势。

那么,考虑将“子阵交错”和“稀疏布阵”两个关键技术结合,不仅能够避免不同子阵单元的重叠嵌套,使每个子阵占有尽可能大的阵列孔径,还能够保证各子阵方向图的一致性,因此,利用子孔径交错稀疏的划分方式获得共享孔径天线是本章的重点研究内容。相对于传统的子孔径划分方式,利用交错稀疏阵列实现孔径的空分复用具有诸多优势,这是由于该阵列结构能够保证单个子阵天线单元稀疏分布,使得子阵单元内部的互耦较小,且每个子阵可以获得与原阵列近似相等的孔径大小,较高的孔径利用率导致单个子阵的分辨率较高。此外,交错稀疏阵列还能够利用子阵频带的叠加使共享孔径天线有效实现宽带阵列天线的功能。对于交错稀疏阵列的设计,如果直接采用经典稀疏阵列形式的优化设计方法,由于在建模过程中没有考虑子阵交错,往往会导致不同稀疏子阵单元位置接近或重叠，且无法保证同一孔径中每个子阵都具有优异的方向图性能，并不能满足共享孔径天线的应用需求。针对这一问题，本章提出三种交错稀疏阵列的设计方法，包括：差集方法、区域约束贝叶斯压缩感知方法[107]，以及迭代快速傅里叶变换方法[108-111]。

9.2 差集方法

共享孔径天线整合多个天线的功能于一个单一的孔径，交错稀疏阵的设计需要实现“稀疏布阵”和“子阵交错机制”两个关键技术的有机“协同”。利用循环差集及其“补集”可以实现稀疏交错布阵，差集方法有效降低了稀疏布阵的运算时间和复杂度，但通常无法保证最优解，旁瓣电平可以进一步优化。

9.2.1 基于循环差集的稀疏阵列

一般地，循环差集 $D(V,K,\Lambda)$ 可定义为 $D=[d_0,d_1,\cdots,d_{K-1}]$，$d_i$ 为非负整数且满足 $0\leqslant d_i\leqslant V-1$，并且对于任意整数 α（$1\leqslant\alpha\leqslant V-1$），$D$ 中有且仅有 Λ 个有序对 (d_i,d_j)，使得等式 $d_i-d_j=\alpha(\bmod V)$ 成立，其中 $i\neq j$，“mod V”指的是对 V 求模，并且差集的补集 D^* 仍为差集。利用差集可以构造一个二值序列：

$$a(i)=\begin{cases}1,i\in D\\0,i\notin D\end{cases}\tag{9.1}$$

式中：$i=0,1,\cdots,V-1$。利用 a 中的“1”元素来确定阵列中放置阵元的位置，稀疏掉“0”值对应的阵元，由此可以得到稀疏程度很高的阵列。用这种方式构造的稀疏阵列所形成的方向图主瓣宽度、峰值与相同孔径的均匀阵列近似一致，旁瓣电平较低，运算量很小。

9.2.2 基于循环差集的交错线阵

由差集性质可知，a 中的“1”元素和“0”元素与差集及其补集存在一一对应关系，因此可以利用差集 D 及其补集 D^* 将一个 V 元线性均匀阵列分为两个相互交错且不重叠的非均匀线性子阵列。

以差集 $D(63,32,16)$ 为例，构造交错阵列如图 9.1 所示，阵列方向图函数为

$$F(\phi)=\sum_{n=0}^{V-1}\mathrm{Inc}_n a(n)\mathrm{e}^{jnkd(\cos\phi-\cos\phi_0)}\tag{9.2}$$

式中：V 表示阵列单元总数；Inc_n 表示第 n 个单元激励幅度；$a(n)=1$ 表示第 n 个阵元存在，$a(n)=0$ 表示该点阵元被稀疏掉；$k=2\pi/\lambda$；d 为阵元间距；ϕ 表示

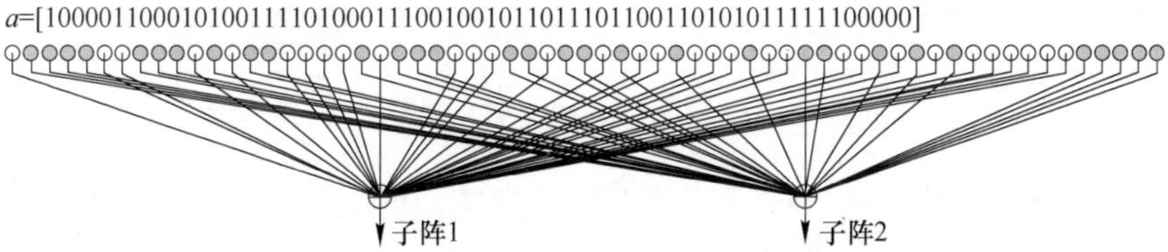

图 9.1　线性交错阵列结构图

线阵扫描角度; ϕ_0 表示主波束指向位置;最大相对旁瓣为

$$\mathrm{MSL} = \max\left(\frac{\sum_{n=0}^{V-1} a(n)\,\mathrm{Inc}_n \mathrm{e}^{\mathrm{j}nkdu}}{F_{\max}}\right) \tag{9.3}$$

式中: $F_{\max}$ 表示阵列的主瓣峰值; $u = \cos\phi - \cos\phi_0$ 表示旁瓣所在区域范围。

9.2.3　基于循环差集的交错面阵

同样利用差集 $D(V,K,\Lambda)$ 来设计矩形平面稀疏阵列,设阵列大小为 $V_x \times V_y$, 此时差集构造的序列为

$$A(m,n) = \begin{cases} 1, i \in D; & m = i(\bmod Vx) \\ 0, i \notin D; & n = i(\bmod Vy) \end{cases} \tag{9.4}$$

式中: $i=0,1,\cdots,V-1$; 以 $A(m,n)$ 中的"1"元素表示子阵 1 中的阵元;"0"元素表示子阵 2 中的阵元;以差集 $D(63,32,16)$ 为例, $V_x = 9, V_y = 7$, 构造平面交错阵列如图 9.2 所示。

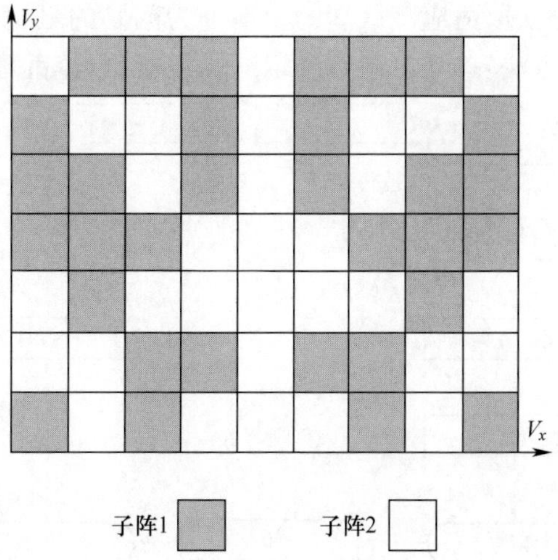

图 9.2　交错平面阵列 9×7

阵列方向图函数为

$$F(\theta,\varphi)=\sum_{n=0}^{V_y-1}\sum_{m=0}^{V_x-1}\mathrm{Inc}_{m,n}a(m,n)\mathrm{e}^{-\mathrm{j}(x_{mn}\cos\theta\cos\varphi+y_{mn}\sin\theta\cos\varphi)\frac{2\pi}{\lambda}} \tag{9.5}$$

式中：(x_{mn},y_{mn}) 表示第 (m,n) 个阵元位置坐标；$\mathrm{Inc}_{m,n}$ 表示第 (m,n) 个单元激励幅度,若第 (m,n) 个阵元存在 $a(n)=1$，否则 $a(n)=0$，θ 表示方位角；φ 为俯仰角,最大相对旁瓣为

$$\mathrm{MSL}=\max\left(\frac{F(\theta,\varphi)}{F_{\max}}\right) \tag{9.6}$$

式中：$F_{\max}$ 分别表示阵列主瓣峰值；$F(\theta,\varphi)$ 的取值排除主瓣区域。

差集的参数严格限制了阵列的结构,基于差集设计的交错阵列往往不是最优解[38,55],阵列中各交错子阵的旁瓣电平可以进一步降低,可通过智能优化算法进行优化。文献[113]针对稀疏阵列,利用模拟退火算法对激励幅度进行了优化,但没有涉及交错阵列中多子阵优化问题。遗传算法具有简单通用的特点,适用于解决传统搜索方法难以解决的复杂和非线性问题[114]。可以将差集理论和遗传算法相结合实现阵列的优化综合,实现对交错子阵的同步优化,有效抑制了阵列的旁瓣电平很好地改善了阵列的方向图性能。

9.2.4 循环差集与遗传算法相结合的优化阵列

图9.3为遗传算法的运算过程示意图。不同的遗传操作方法与不同的编码方式构成不同的遗传算法,针对不同领域的具体问题,只需要改变适应度函数,设计出不同的编码序列模仿不同环境下的生物遗传特性表示问题的可行解空间,再通过遗传算法获取适应度最高的个体即为问题的最优解。基于差集与遗传算法的阵列优化方法:首先由差集确定阵元位置,以阵元激励为优化变量;然

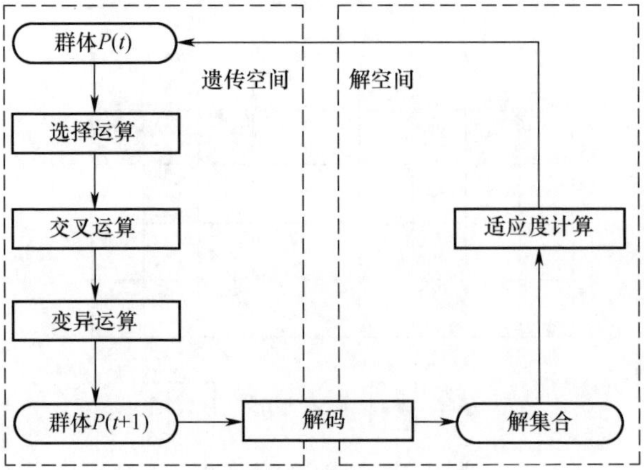

图9.3 遗传算法运算过程示意图

后对激励的可行解空间进行编码;最后通过遗传算法完成阵元激励最优解的自适应搜索过程,其计算流程如图 9.4 示。

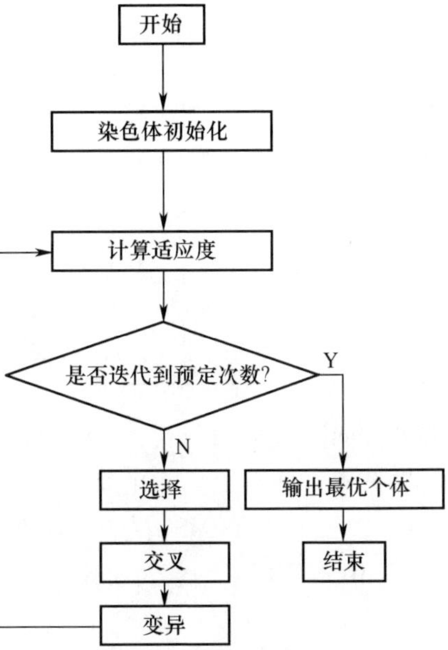

图 9.4 遗传算法流程图

(1) 编码方式。采用实数编码,第 n 个阵元的激励 Inc_n 作为基因,构造染色体序列 $\mathrm{Inc} = [\mathrm{Inc}_1, \mathrm{Inc}_2, \cdots, \mathrm{Inc}_n]$。

(2) 适应度函数。这里以降低交错阵列各子阵的旁瓣电平为优化目标,激励幅度作为遗传算法的优化变量,选择各子阵最大旁瓣峰值的和作为适应度函数,定义如下:

$$\text{fitness} = |\mathrm{MSL}_1 + \mathrm{MSL}_2| \tag{9.7}$$

式中:MSL_1,MSL_2 分别表示子阵 1 与子阵 2 的最大相对旁瓣电平。

(3) 计算群体中每个个体的适应度,并以此为依据,对群体进行选择、交叉、变异等操作,最后得到适应度最高的个体即为最终解。

9.2.5 仿真实验与分析

仿真采用差集 $D(63,32,16)$ 分别构造交错线阵与交错面阵,阵元间距 $d = \lambda/2$,优化前阵元激励权值均初始化为 1。利用遗传算法对其电流幅度分布进行优化,遗传算法采用轮盘赌选择、单点交叉及均匀变异操作。

实验一 仿真采用如图 9.1 所示的交错线阵,遗传算法初始群体数为 100,最大迭代 400 次,激励幅度变化范围为 $0 < I_n < 1.5$,整个阵列的激励幅值结果

如表 9.1 所列。

表 9.1 优化后的激励幅度分布

I_n	激励幅度权值								
$I_0 \sim I_8$	0.5723	0.6963	0.9698	0.3908	1.1168	0.9331	0.3937	1.0156	1.1691
$I_9 \sim I_{17}$	1.0975	0.9256	0.2466	0.9537	1.1527	1.0163	0.8820	1.2907	1.1703
$I_{18} \sim I_{26}$	0.8336	1.4580	0.4761	0.5203	0.3068	0.5772	1.1258	1.0726	1.2443
$I_{27} \sim I_{35}$	1.4003	1.3546	1.1009	0.9976	1.4407	0.6779	0.8985	0.4746	1.2881
$I_{36} \sim I_{44}$	1.1408	0.6337	1.3261	1.1022	1.4108	0.6685	1.4127	0.9390	1.1155
$I_{45} \sim I_{53}$	0.3691	0.8628	1.0492	0.7634	0.6932	1.3198	1.0966	1.0122	0.8278
$I_{54} \sim I_{62}$	0.1810	0.7649	0.1017	0.7326	0.6189	0.3901	0.8061	0.7368	0.5871

优化前后得到的阵列方向图结果如图 9.5 所示,从图中也可以看出,优化前后两个子阵的主瓣宽度都基本保持不变。优化前子阵 1 与子阵 2 方向图的最大旁瓣电平分别为 $MSL_1 = -12.916dB$ 和 $MSL_2 = -10.450dB$;优化后最大旁瓣电平分别为 $MSL_1 = -14.032dB$ 和 $MSL_2 = -13.868dB$,降低了旁瓣电平,阵列性能得到了优化。

实验二 仿真采用如图 9.2 所示的交错面阵,利用遗传算法对阵元的激励幅度进行优化,阵列方向图优化前后结果如图 9.6 和图 9.7 所示。

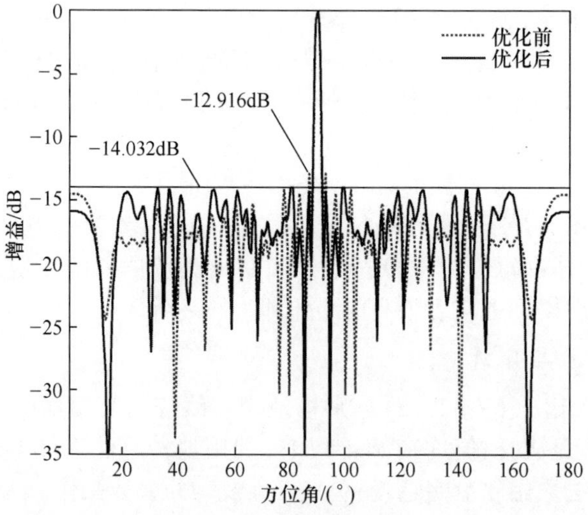

(a) 子阵1方向图

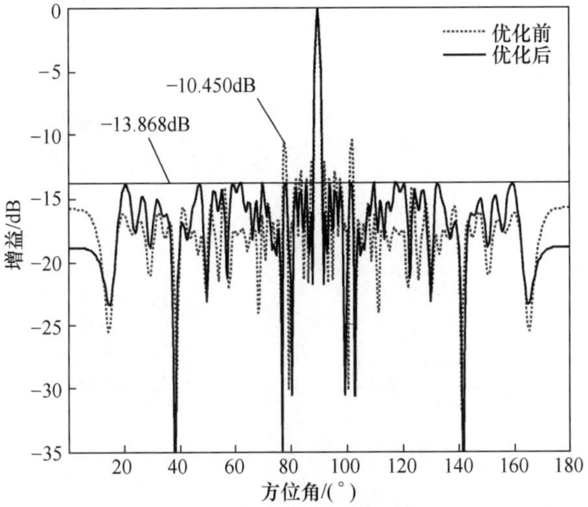

（b）子阵2方向图

图 9.5　交错线阵方向图

优化前子阵 1 与子阵 2 方向图的最大旁瓣电平分别为 $MSL_1 = -8.419dB$ 和 $MSL_2 = -10.670dB$，优化后最大旁瓣电平分别为 $MSL_1 = -12.964dB$ 和 $MSL_2 = -13.540dB$。通过仿真结果可以看出，子阵 1 与子阵 2 均不同程度存在较高的旁瓣，最后通过遗传算法改变阵列的激励幅度，使得方向图的旁瓣电平降低，共享孔径交错布置的两个子阵性能均有了一定的改善，也证实了差集与遗传算法相结合对交错阵列的优化是有效的。

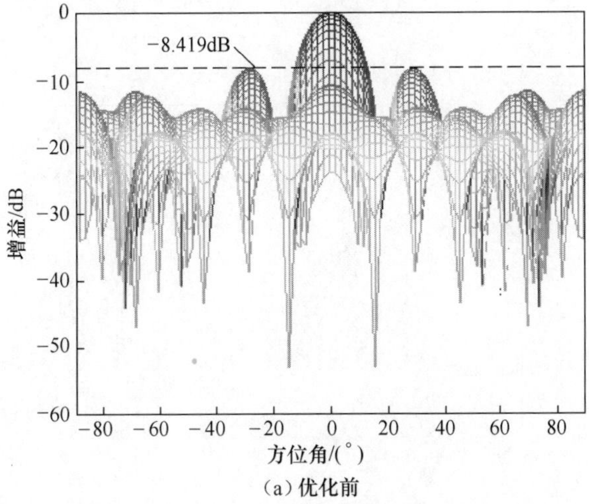

（a）优化前

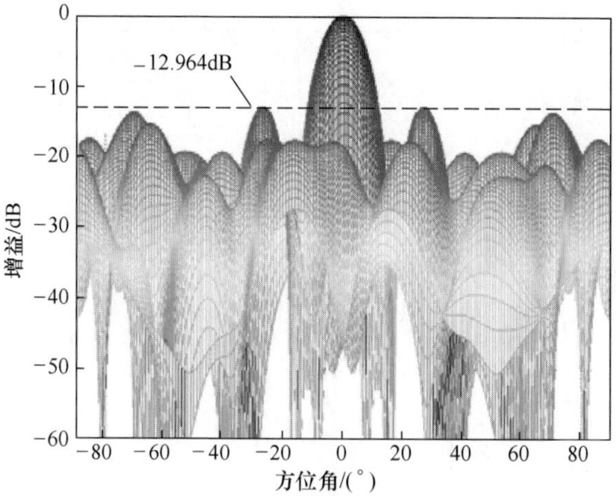

(b)优化后

图 9.6 子阵 1 方向图

已知的差集序列十分丰富,通过选取不同参数的差集,可以构造出稀疏程度各不相同的交错阵列,且均匀占有整个孔径。每个稀疏分布的子阵可以获得与原孔径近似相同的孔径尺寸,孔径能够得到充分利用。基于差集的交错阵列设计方法简单、旁瓣可控,已经具备优良的方向图特性,主瓣增益与宽度损失较小,但稀疏处理之后的阵列由于天线单元的减少必然会导致旁瓣电平升高,其结果仍是“准最优解”,存在一定的优化空间。本节将差集方法与遗传算法相结合,由差集确定阵列结构,再通过遗传算法调整阵列的激励幅度有效降低了共享孔径稀疏交错阵的旁瓣电平,是一种有效的交错阵列综合优化方法。

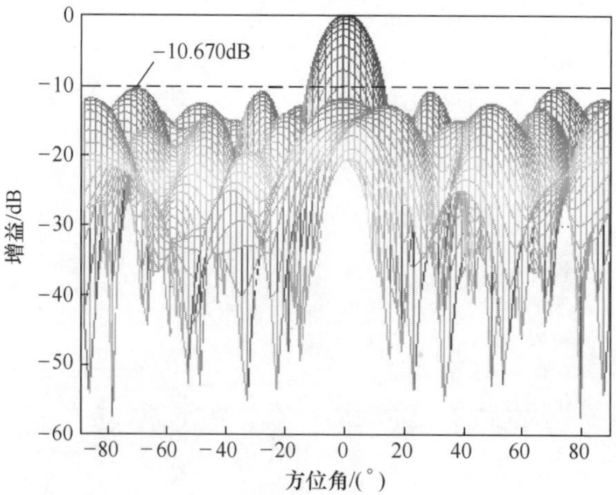

(a)优化前

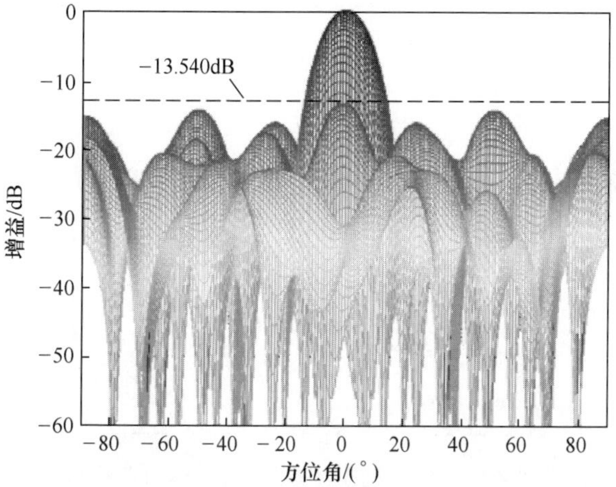

(b)优化后

图 9.7　子阵 2 方向图

9.3　区域约束贝叶斯压缩感知方法

虽然差集方法实现简单,大幅缩短了优化布阵的时间,但是由于差集参数固定且数量有限,很难根据实际需要来综合任意阵元数目和任意稀疏率的共享孔径天线,且其对方向图的控制不灵活,使得该方法的适用范围十分有限。因此,在某些对共享孔径天线方向图形状有更高要求的应用场合,实现对方向图性能的精确控制需要求解高维非线性优化问题,现有方法已经不能适用。针对这一问题,本节将提出一种新的交错稀疏阵列设计方法:区域约束的贝叶斯压缩感知方法。

9.3.1　交错稀布线阵的优化模型

假设两个交错稀布线阵分布在长 L 的天线孔径,该孔径由 N 个间距为 Δd 的均匀单元栅格构成。考虑实际天线尺寸及性能要求,为避免子阵位置重叠,将阵元位置的最小间距设为 ΔL,并形成约束区域来限制阵元的分布,如图 9.8 所示。

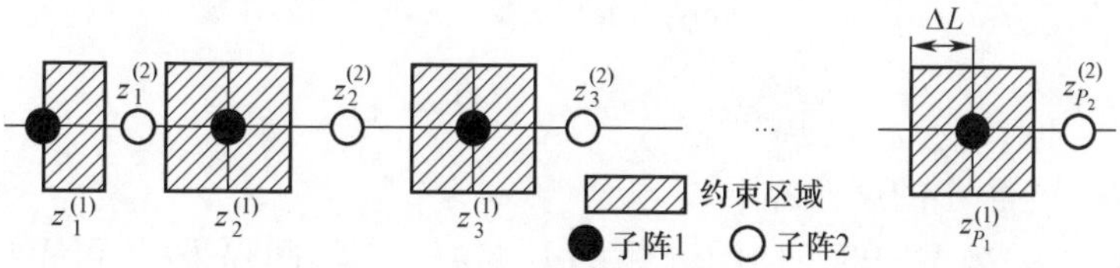

图 9.8　交错稀布线阵阵元分布图

Input: $d_n^{(m)}$, $w_n^{(m)}$, N_m

Output: $z_p^{(m)}$, $v_p^{(m)}$

Initialize $n=p=1$

repeat

if $w_n^{(m)} \neq 0$ **then**

  $z_p^{(m)}=d_n^{(m)}$, $v_p^{(m)}=w_n^{(m)}$, $p=p+1$

$n=n+1$

until $n=N_m+1$

图 9.9 $d_n^{(m)}$、$w_n^{(m)}$ 和 $z_p^{(m)}$、$v_p^{(m)}$ 的转换关系

对于第 $m(m=1,2)$ 个子阵,有 $N_m(N_m \leqslant N)$ 个栅格位置分布在可选区域内,而其中只有少量 $P_m(P_m<2L/\lambda \ll N_m, \lambda$ 为信号波长)个单元加激励,其余单元的激励为零。那么,两交错稀布子阵的阵因子可表示为

$$F^{(m)}(u) = \sum_{n=1}^{N_m} w_n^{(m)} \exp(\mathrm{j}k_0 d_n^{(m)} u) = \sum_{p=1}^{P_m} v_p^{(m)} \exp(\mathrm{j}k_0 z_p^{(m)} u), m = 1,2 \tag{9.8}$$

式中:$k_0 = 2\pi/\lambda$ 是波数;$u = \sin\theta$;$d_n^{(m)}$ 和 $w_n^{(m)}$ 分别表示第 $m(m=1,2)$ 个子阵对应的第 $n(n=1,2,\cdots,N_m)$ 个候选单元栅格的位置和激励;$z_p^{(m)}$ 和 $v_p^{(m)}$ 分别为第 $p(p=1,2,\cdots,P_m)$ 个实际阵元的位置和激励,其转换关系如图 9.9 所示。

交错稀布线阵的设计问题可等效为通过对每个子阵阵元位置和激励的稀疏约束优化求解,采用尽可能少的阵元数使两交错子阵的方向图逼近期望方向图 $F_{\mathrm{REF}}(u)$,以实现稀疏约束阵列参数的条件下,各交错子阵方向图近似一致的目标,其模型可表示为

$$\begin{cases} \min P_m, m = 1,2 \\ \text{s.t.} \quad \int_{-1}^{1} |F_{\mathrm{REF}}(u) - F^{(m)}(u)|^2 \mathrm{d}u \leqslant \varepsilon \\ \min\limits_{i \in (1,2,\cdots,P_1), j \in (1,2,\cdots,P_2)} | z_i^{(1)} - z_j^{(2)} | \geqslant \Delta L \end{cases} \tag{9.9}$$

式中:ε 为一个很小的误差容限。

对式(9.9)模型中的方向图进行 $K(K \ll N_m)$ 点等间隔采样,可得稀疏矩阵的形式为

$$\boldsymbol{F}_{\text{REF}} - \boldsymbol{\Phi}^{(m)} \boldsymbol{w}^{(m)} = \boldsymbol{e}, m = 1,2 \tag{9.10}$$

式中：$\boldsymbol{F}_{\text{REF}} = [F_{\text{REF}}(u_1), F_{\text{REF}}(u_2), \cdots, F_{\text{REF}}(u_K)]^{\text{T}}$ 为期望方向图的 K 维采样矢量；$\boldsymbol{w}^{(m)} = [w_1^{(m)}, w_2^{(m)}, \cdots, w_{N_m}^{(m)}]^{\text{T}}$ 为 N_m 维稀疏权值矢量，包含 P_m 个非零元素；$\boldsymbol{e} = [e_1, e_2, \cdots, e_K]^{\text{T}}$ 为 K 维方差为 $\sigma^2(\sigma^2 \propto \varepsilon)$ 的零均值高斯误差矢量；矩阵 $\boldsymbol{\Phi}^{(m)}$ 可表示为

$$\boldsymbol{\Phi}^{(m)} = \begin{bmatrix} \exp(\text{j}k_0 d_1^{(m)} u_1) & \exp(\text{j}k_0 d_2^{(m)} u_1) & \cdots & \exp(\text{j}k_0 d_{N_m}^{(m)} u_1) \\ \exp(\text{j}k_0 d_1^{(m)} u_2) & \exp(\text{j}k_0 d_2^{(m)} u_2) & \cdots & \exp(\text{j}k_0 d_{N_m}^{(m)} u_2) \\ \vdots & \vdots & \ddots & \vdots \\ \exp(\text{j}k_0 d_1^{(m)} u_K) & \exp(\text{j}k_0 d_2^{(m)} u_K) & \cdots & \exp(\text{j}k_0 d_{N_m}^{(m)} u_K) \end{bmatrix} \tag{9.11}$$

式中：方向图采样点 $u_k = -1 + 2(k-1)/(K-1)$。将式(9.10)的各项按实部和虚部展开，可得

$$\begin{aligned} &[\text{Re}(\boldsymbol{F}_{\text{REF}}) + \text{jIm}(\boldsymbol{F}_{\text{REF}})] - [\text{Re}(\boldsymbol{\Phi}^{(m)}) + \text{jIm}(\boldsymbol{\Phi}^{(m)})] \cdot [\text{Re}(\boldsymbol{w}^{(m)}) + \text{jIm}(\boldsymbol{w}^{(m)})] \\ &= [\text{Re}(\boldsymbol{e}) + \text{jIm}(\boldsymbol{e})] \end{aligned} \tag{9.12}$$

考虑将复权值矢量 $\boldsymbol{w}^{(m)}$ 的实部 $\text{Re}(\boldsymbol{w}^{(m)})$ 和虚部 $\text{Im}(\boldsymbol{w}^{(m)})$ 分别作为两个需要求解的 N_m 维实权值矢量 $\boldsymbol{w}_R^{(m)}$ 和 $\boldsymbol{w}_I^{(m)}$，式(9.12)可表示为

$$\begin{bmatrix} \text{Re}(\boldsymbol{F}_{\text{REF}}) \\ \text{Im}(\boldsymbol{F}_{\text{REF}}) \end{bmatrix} - \begin{bmatrix} \text{Re}(\boldsymbol{\Phi}^{(m)}) \boldsymbol{w}_R^{(m)} - \text{Im}(\boldsymbol{\Phi}^{(m)}) \boldsymbol{w}_I^{(m)} \\ \text{Im}(\boldsymbol{\Phi}^{(m)}) \boldsymbol{w}_R^{(m)} + \text{Re}(\boldsymbol{\Phi}^{(m)}) \boldsymbol{w}_I^{(m)} \end{bmatrix} = \begin{bmatrix} \text{Re}(\boldsymbol{e}) \\ \text{Im}(\boldsymbol{e}) \end{bmatrix} \tag{9.13}$$

令 $\overline{\boldsymbol{w}}^{(m)} = [\boldsymbol{w}_R^{(m)}, \boldsymbol{w}_I^{(m)}]^{\text{T}} \in \mathbb{R}^{2N_m}$，$\overline{\boldsymbol{F}}_{\text{REF}} = [\text{Re}(F_{\text{REF}}), \text{Im}(\boldsymbol{F}_{\text{REF}})]^{\text{T}} \in \mathbb{R}^{2K}$，$\overline{\boldsymbol{e}} = [\text{Re}(\boldsymbol{e}), \text{Im}(\boldsymbol{e})]^{\text{T}} \in \mathbb{R}^{2K}$，则

$$\overline{\boldsymbol{\Phi}}^{(m)} = \begin{bmatrix} \text{Re}(\boldsymbol{\Phi}^{(m)}) & -\text{Im}(\boldsymbol{\Phi}^{(m)}) \\ \text{Im}(\boldsymbol{\Phi}^{(m)}) & \text{Re}(\boldsymbol{\Phi}^{(m)}) \end{bmatrix} \tag{9.14}$$

那么，式(9.10)可表示为

$$\overline{\boldsymbol{F}}_{\text{REF}} - \overline{\boldsymbol{\Phi}}^{(m)} \overline{\boldsymbol{w}}^{(m)} = \overline{\boldsymbol{e}} \tag{9.15}$$

此时，稀疏权矢量 $\boldsymbol{w}'^{(m)}$ 可根据下式计算：

$$\boldsymbol{w}'^{(m)} = \overline{w}_n^{(m)} + \text{j}\overline{w}_{n+N_m}^{(m)}, n = 1,2,\cdots,N_m \tag{9.16}$$

因此，交错稀布线阵设计可等效为区域约束模型下的稀疏约束优化问题，通过求解候选单元位置 $d_n^{(m)}$ 及稀疏权值 $w_n^{(m)}$，再根据图 9.9 转换关系以得到实际阵元位置和相应激励，使得两子阵的辐射方向图尽可能接近共同的期望方向图，具有一致的方向图性能。

9.3.2 基于区域约束贝叶斯压缩感知的交错稀布线阵方向图综合

在已知权矢量稀疏先验的前提下，贝叶斯压缩感知算法作为一种能够灵活利用信号先验概率特性的稀疏重构方法，可以根据最大化后验概率法则，并利用观测矩阵和观测矢量的值对权矢量进行估计。由式(9.13)的模型可知参量$\bar{\boldsymbol{w}}^{(m)}$和$\sigma^2$的似然函数服从高斯分布：

$$
\begin{aligned}
L(\bar{\boldsymbol{w}}^{(m)},\sigma^2 \mid \bar{\boldsymbol{F}}_{\mathrm{REF}}) &= p(\bar{\boldsymbol{F}}_{\mathrm{REF}} \mid \bar{\boldsymbol{w}}^{(m)},\sigma^2) \\
&= (2\pi\sigma^2)^{-K}\exp\left(-\frac{1}{2\sigma^2}\|\bar{\boldsymbol{F}}_{\mathrm{REF}}-\bar{\boldsymbol{\Phi}}^{(m)}\bar{\boldsymbol{w}}^{(m)}\|_2^2\right)
\end{aligned} \tag{9.17}
$$

对于 Bayesian 框架，$\bar{\boldsymbol{w}}^{(m)}$的稀疏性通过$\bar{\boldsymbol{w}}^{(m)}$的稀疏先验概率分布来约束，普遍使用的稀疏先验是 Laplace 分布，即

$$
p(\bar{\boldsymbol{w}}^{(m)} \mid \bar{\lambda}) = \left(\frac{\bar{\lambda}}{2}\right)^{2N_m}\exp\left(-\bar{\lambda}\sum_{n=1}^{2N_m}|\bar{w}_n^{(m)}|\right) \tag{9.18}
$$

但是，由于 Laplace 先验分布与高斯似然函数是不共轭的，这会导致贝叶斯推理无法实现闭合形式。为此，引入相关矢量机中的分层先验概率模型来解决这一问题，该模型具有和 Laplace 先验相似的性质，且可进行共轭指数分析。假设$\bar{\boldsymbol{w}}^{(m)}$中的每一个元素$\bar{w}_n^{(m)}$都满足零均值高斯先验分布：

$$
\begin{aligned}
p(\bar{\boldsymbol{w}}^{(m)} \mid \boldsymbol{r}^{(m)}) &= \prod_{n=1}^{2N_m}N(\bar{w}_n^{(m)} \mid 0,1/r_n^{(m)}) \\
&= (2\pi)^{-N_m}\prod_{n=1}^{2N_m}\sqrt{r_n^{(m)}}\exp(-r_n^{(m)}(\bar{w}_n^{(m)})^2/2)
\end{aligned} \tag{9.19}
$$

式中：$\boldsymbol{r}^{(m)}=[r_1^{(m)},r_2^{(m)},\cdots,r_{2N_m}^{(m)}]^{\mathrm{T}}$为超参数矢量；$(r_n^{(m)})^{-1}$ $(n=1,2,\cdots,2N_m)$为$\underline{w}_n^{(m)}$中第n个稀疏系数高斯分布的方差值，且$\boldsymbol{r}^{(m)}$可用 Gamma 分布表示：

$$
p(\boldsymbol{r}^{(m)} \mid a,b) = \prod_{n=1}^{2N_m}G(r_n^{(m)} \mid a,b) \tag{9.20}
$$

式中：a和b为 Gamma 分布的参数。那么，边缘化超参数$\boldsymbol{r}^{(m)}$可得稀疏权矢量$\bar{\boldsymbol{w}}^{(m)}$的先验分布：

$$
\begin{aligned}
p(\bar{\boldsymbol{w}}^{(m)} \mid a,b) &= \int p(\bar{\boldsymbol{w}}^{(m)} \mid \boldsymbol{r}^{(m)})p(\boldsymbol{r}^{(m)} \mid a,b) \\
&= \prod_{n=1}^{2N_m}\int_0^{\infty}N(\bar{w}_n^{(m)} \mid 0,1/r_n^{(m)})G(r_n^{(m)} \mid a,b)\mathrm{d}r_n^{(m)}
\end{aligned} \tag{9.21}
$$

通过分析可知，式(9.21)中的积分可被解析估计，相当于 Student-t 分布，通

过合适的参数选择，就可以保证大多数 $w_n^{(t)}$ 等于零，满足了稀疏先验这一条件。

那么，在得到 $\bar{\boldsymbol{w}}^{(m)}$ 促进稀疏性的先验概率后，问题就转化为利用 $\bar{\boldsymbol{w}}^{(m)}$ 的先验概率分布特性，根据观测矩阵 $\bar{\boldsymbol{\Phi}}^{(m)}$ 和观测矢量 $\bar{\boldsymbol{F}}_{\text{REF}}$ 通过最大后验概率(maximum A posteriori, MAP)准则来估计 $\bar{\boldsymbol{w}}^{(m)}$ 的值。为了高效准确地求出稀疏解，可以将所有未知参数的后验概率分解为两个部分：

$$p(\bar{\boldsymbol{w}}^{(m)},\boldsymbol{r}^{(m)},\sigma^2 \mid \bar{\boldsymbol{F}}_{\text{REF}}) = p(\bar{\boldsymbol{w}}^{(m)} \mid \boldsymbol{r}^{(m)},\sigma^2,\bar{\boldsymbol{F}}_{\text{REF}})p(\boldsymbol{r}^{(m)},\sigma^2 \mid \bar{\boldsymbol{F}}_{\text{REF}}) \tag{9.22}$$

对于式(9.22)等号右边第一部分 $p(\bar{\boldsymbol{w}}^{(m)} \mid \boldsymbol{r}^{(m)},\sigma^2,\bar{\boldsymbol{F}}_{\text{REF}})$，在 $\boldsymbol{r}^{(m)}$ 和 σ^2 已知，且给定 $\bar{\boldsymbol{F}}_{\text{REF}}$ 和 $\bar{\boldsymbol{\Phi}}^{(m)}$ 的情况下，它是一个均值为 $\boldsymbol{\mu}^{(m)}$，方差为 $\boldsymbol{\Sigma}^{(m)}$ 的多元高斯分布：

$$\begin{aligned} p(\bar{\boldsymbol{w}}^{(m)} \mid \boldsymbol{r}^{(m)},\sigma^2,\bar{\boldsymbol{F}}_{\text{REF}}) &= \frac{p(\bar{\boldsymbol{F}}_{\text{REF}} \mid \bar{\boldsymbol{w}}^{(\text{m})},\sigma^2)p(\bar{\boldsymbol{w}}^{(\text{m})} \mid \boldsymbol{r}^{(m)})}{p(\bar{\boldsymbol{F}}_{\text{REF}} \mid \boldsymbol{r}^{(m)},\sigma^2)} \\ &= N(\boldsymbol{w}^{(m)} \mid \boldsymbol{\mu}^{(m)},\boldsymbol{\Sigma}^{(m)}) \end{aligned} \tag{9.23}$$

则

$$\begin{cases} \boldsymbol{\mu}^{(m)} = \sigma^{-2}\boldsymbol{\Sigma}^{(m)}(\bar{\boldsymbol{\Phi}}^{(m)})^{\text{T}}\bar{\boldsymbol{F}}_{\text{REF}} \\ \boldsymbol{\Sigma}^{(m)} = (\boldsymbol{\Lambda}^{(m)} + \sigma^{-2}(\bar{\boldsymbol{\Phi}}^{(m)})^{\text{T}}\bar{\boldsymbol{\Phi}}^{(m)})^{-1} \end{cases} \tag{9.24}$$

式中：$\boldsymbol{\Lambda}^{(m)} = \text{diag}(r_1^{(m)},r_2^{(m)},\cdots,r_{2N_m}^{(m)})$ 表示以矢量 $\boldsymbol{r}^{(m)}$ 中元素为对角元素的对角阵。

考虑式(9.22)等号右边第二部分 $p(\boldsymbol{r}^{(m)},\sigma^2 \mid \bar{\boldsymbol{F}}_{\text{REF}})$，可以利用Ⅱ型最大似然(Maximum Likelihood, ML)来估计 $\boldsymbol{r}^{(m)}$ 和 σ^2 的值，即

$$\begin{aligned} (\hat{\boldsymbol{r}}^{(m)},\hat{\sigma}^2) &= \underset{\hat{\boldsymbol{r}}^{(m)},\hat{\sigma}^2}{\text{argmax}}\, p(\boldsymbol{r}^{(m)},\sigma^2 \mid \bar{\boldsymbol{F}}_{\text{REF}}) \\ &= \underset{\hat{\boldsymbol{r}}^{(m)},\hat{\sigma}^2}{\text{argmax}}\, \delta(\boldsymbol{r}^{(m)},\sigma^2) \end{aligned} \tag{9.25}$$

由于 $p(\boldsymbol{r}^{(m)},\sigma^2 \mid \bar{\boldsymbol{F}}_{\text{REF}}) \propto p(\bar{\boldsymbol{F}}_{\text{REF}} \mid \boldsymbol{r}^{(m)},\sigma^2)p(\boldsymbol{r}^{(m)})p(\sigma^2)$，忽略 $p(\boldsymbol{r}^{(m)})p(\sigma^2)$，则有 $p(\boldsymbol{r}^{(m)},\sigma^2 \mid \bar{\boldsymbol{F}}_{\text{REF}}) \propto p(\bar{\boldsymbol{F}}_{\text{REF}} \mid \boldsymbol{r}^{(m)},\sigma^2)$。此时，定义 $p(\bar{\boldsymbol{F}}_{\text{REF}} \mid \boldsymbol{r}^{(m)},\sigma^2)$ 等价的对数边缘似然函数为

$$\begin{aligned} L(\boldsymbol{r}^{(m)},\sigma^2) &= \log p(\bar{\boldsymbol{F}}_{\text{REF}} \mid \boldsymbol{r}^{(m)},\sigma^2) \\ &= \log\int p(\bar{\boldsymbol{F}}_{\text{REF}} \mid \boldsymbol{w}^{(m)},\sigma^2)p(\boldsymbol{w}^{(m)} \mid \boldsymbol{r}^{(m)})\,\mathrm{d}\,\boldsymbol{w}^{(m)} \\ &= -\frac{1}{2}(\log \mid \boldsymbol{C}^{(m)} \mid + 2N_m\log 2\pi + \bar{\boldsymbol{F}}_{\text{REF}}^{\text{T}}(\boldsymbol{C}^{(m)})^{-1}\bar{\boldsymbol{F}}_{\text{REF}}) \end{aligned} \tag{9.26}$$

式中：$C^{(m)}=\sigma^2 I+\overline{\boldsymbol{\Phi}}^{(m)}(\boldsymbol{\Lambda}^{(m)})^{-1}(\overline{\boldsymbol{\Phi}}^{(m)})^{\mathrm{T}}$，并通过最大化 $L(\boldsymbol{r}^{(m)},\sigma^2)$ 来估计 $\boldsymbol{r}^{(m)}$ 和 σ^2 的值，得到的更新公式：

$$\tilde{r}_n^{(m)}=\frac{1-r_n^{(m)}\sum_{nn}^{(m)}}{(\mu_n^{(m)})^2} \tag{9.27}$$

$$\tilde{\sigma}^2=\frac{\|\overline{\boldsymbol{F}}_{\mathrm{REF}}-\overline{\boldsymbol{\Phi}}^{(m)}\overline{\boldsymbol{w}}^{(m)}\|_2^2}{K-\sum_{n=1}^{N_m}(1-r_n^{(m)}\sum_{nn}^{(m)})} \tag{9.28}$$

式中：$\sum_{nn}^{(m)}$ 为式(9.24)中方差 $\Sigma^{(m)}$ 的第 n 个对角元素。因此，迭代以上两式和式(9.24)直至收敛，稀疏权矢量的估计值即为最终的均值 $\hat{\mu}^{(m)}$，即：

$$\begin{aligned}\hat{\boldsymbol{w}}^{(m)}&=\underset{\hat{\boldsymbol{w}}^{(m)}}{\arg\max}\, p(\boldsymbol{w}^{(m)},\boldsymbol{r}^{(m)},\sigma^2\mid\overline{\boldsymbol{F}}_{\mathrm{REF}})\\&=\underset{\hat{\boldsymbol{w}}^{(m)}}{\arg\max}\{p(\boldsymbol{w}^{(m)}\mid\boldsymbol{r}^{(m)},\sigma^2,\overline{\boldsymbol{F}}_{\mathrm{REF}})\mid_{(\boldsymbol{r}^{(m)},\sigma^2)=(\hat{\boldsymbol{r}}^{(m)},\hat{\sigma}^2)}\}\\&=\hat{\boldsymbol{\mu}}^{(m)}\mid_{(r^{(m)},\sigma^2)=(\hat{\boldsymbol{r}}^{(m)},\hat{\sigma}^2)}\end{aligned} \tag{9.29}$$

为了降低计算量以提高算法的收敛速度，采用快速 RVM 算法来估计参数 $\boldsymbol{\mu}^{(m)}$、$\boldsymbol{\Sigma}^{(m)}$ 以及 $\boldsymbol{r}^{(m)}$ 和 σ^2 的值，其实现步骤如下。

(1) 初始化。令 $i=0$，取 $(\boldsymbol{\Lambda}^{(m)})^{(i)}=\mathrm{diag}((r_1^{(m)})^{(i)},(r_2^{(m)})^{(i)},\cdots,(r_{2N_m}^{(m)})^{(i)})$，$(\boldsymbol{\sigma}^{(i)})^2=\mathrm{var}(\overline{\boldsymbol{F}}_{\mathrm{REF}})\times\boldsymbol{\sigma}_0^2$，则

$$(r_{\hat{n}}^{(m)})^{(i)}=\frac{\|(\overline{\phi}_{\hat{n}}^{(m)})^{(i)}\|^2}{\varphi_{\hat{n}}^{(i)}-(\boldsymbol{\sigma}^{(i)})^2},(r_j^{(m)})^{(i)}=\infty(j=1,..,\hat{n}-1,\hat{n}+1,\cdots,2N_m) \tag{9.30}$$

$$\hat{n}=\underset{n=1,2,\cdots,N_m}{\arg\max}\,(\varphi_n^{(m)})^{(i)} \tag{9.31}$$

$$(\varphi_n^{(m)})^{(i)}=\|((\overline{\phi}_n^{(m)})^{(i)})^{\mathrm{T}}\overline{\boldsymbol{F}}_{\mathrm{REF}}\|^2/\|(\overline{\phi}_n^{(m)})^{(i)}\|^2 \tag{9.32}$$

(2) 计算均值 $(\boldsymbol{\mu}^{(m)})^{(i)}$ 和方差 $(\boldsymbol{\Sigma}^{(m)})^{(i)}$，同时计算稀疏因子 $(a_n^{(m)})^{(i)}$ 和量化因子 $(b_n^{(m)})^{(i)}$：

$$(a_n^{(m)})^{(i)}=\frac{(r_n^{(m)})^{(i)}(A_n^{(m)})^{(i)}}{(r_n^{(m)})^{(i)}-(A_n^{(m)})^{(i)}},(b_n^{(m)})^{(i)}=\frac{(r_n^{(m)})^{(i)}(B_n^{(m)})^{(i)}}{(r_n^{(m)})^{(i)}-(A_n^{(m)})^{(i)}},\quad n=1,2,\cdots,N \tag{9.33}$$

$$\begin{cases}(A_n^{(m)})^{(i)} = (\sigma^{(i)})^{-2}((\bar{\phi}_n^{(m)})^{(i)})^{\mathrm{T}}(\bar{\phi}_n^{(m)})^{(i)} - (\sigma^{(i)})^{-4}(\bar{\phi}_n^{(m)})^{(i)})^{\mathrm{T}} \\ \qquad\qquad \bar{\boldsymbol{\Phi}}^{(m)}(\boldsymbol{\Sigma}^{(m)})^{(i)}\bar{\boldsymbol{\Phi}}^{(m)}(\bar{\phi}_n^{(m)})^{(i)} \\ (B_n^{(m)})^{(i)} = (\sigma^{(i)})^{-2}((\bar{\phi}_n^{(m)})^{(i)})^{\mathrm{T}}\bar{\boldsymbol{F}}_{\mathrm{REF}} - (\sigma^{(i)})^{-4}((\bar{\phi}_n^{(m)})^{(i)})^{\mathrm{T}} \\ \qquad\qquad \bar{\boldsymbol{\Phi}}^{(m)}(\boldsymbol{\Sigma}^{(m)})^{(i)}(\bar{\boldsymbol{\Phi}}^{(m)})^{\mathrm{T}}\bar{\boldsymbol{F}}_{\mathrm{REF}}\end{cases} \tag{9.34}$$

(3) 估计候选基矢量。计算 $(e_n^{(m)})^{(i)} = ((b_n^{(m)})^{(i)})^2 - (a_n^{(m)})^{(i)}$。

如果 $(e_n^{(m)})^{(i)} > 0$ 且 $(r_n^{(m)})^{(i)} < \infty$（$(\bar{\phi}_n^{(m)})^{(i)}$ 在模型中），则有 $(r_n^{(m)})^{(i)} = (a_n^{(m)})^{(i)}/(e_n^{(m)})^{(i)}$。

如果 $(e_n^{(m)})^{(i)} > 0$ 且 $(r_n^{(m)})^{(i)} = \infty$（$(\bar{\phi}_n^{(m)})^{(i)}$ 不在模型中），则向观测矩阵 $\bar{\boldsymbol{\Phi}}^{(m)}$ 中添加基矢量 $(\bar{\phi}_n^{(m)})^{(i)}$ 并更新 $(r_n^{(m)})^{(i)} = (a_n^{(m)})^{(i)}/(e_n^{(m)})^{(i)}$。

如果 $(e_n^{(m)})^{(i)} \leqslant 0$ 且 $(r_n^{(m)})(i) < \infty$（$(\bar{\phi}_n^{(m)})^{(i)}$ 在模型中），则从观测矩阵 $\bar{\boldsymbol{\Phi}}^{(m)}$ 中删除基矢量 $(\bar{\phi}_n^{(m)})^{(i)}$ 并令 $(r_n^{(m)})^{(i)} = \infty$。

(4) 收敛检验。如果满足收敛条件，执行下一步；否则令 $i=i+1$，更新噪声方差 $(\sigma^{(i)})^2 = \|\bar{\boldsymbol{F}}_{\mathrm{REF}}\bar{\boldsymbol{\Phi}}^{(m)}(\boldsymbol{\mu}^{(m)})^{(i-1)}\|^2/(2K - 2N_m + \sum_n[(r_n^{(m)})^{(i-1)}(\sum_{nn}^{(m)})^{(i)}])$，并转到步骤(2)。

(5) 计算稀疏权矢量。输出 $\hat{\boldsymbol{\mu}}^{(m)} = (\boldsymbol{\mu}^{(m)})^{(i)}$，并得 $\hat{\boldsymbol{w}}^{(m)}$。

如果采用上述方法估计稀疏权矢量，必须先要得到 $\bar{\boldsymbol{F}}_{\mathrm{REF}}$ 和 $\bar{\boldsymbol{\Phi}}^{(m)}$ 的值。$\bar{\boldsymbol{F}}_{\mathrm{REF}}$ 可直接由期望方向图的采样值得到，而满足区域约束模型的观测矩阵 $\bar{\boldsymbol{\Phi}}^{(m)}$ 需要通过候选单元的位置 $d_n^{(m)}$ 求解。假设子阵 1 候选单元的个数 $N_1 = N$，则

$$d_n^{(1)} = -(L/2) + L(n-1)/(N_1 - 1) = -(L/2) + \Delta d(n-1), n = 1,2,\cdots,N \tag{9.35}$$

首先计算 $\bar{\boldsymbol{\Phi}}^{(1)}$，并采用快速 RVM 算法求解 $\hat{\boldsymbol{w}}^{(1)}$ 的值；然后计算 $\boldsymbol{w}'^{(1)}$，进而根据图 9.9 所示的转换关系得到 $z_p^{(1)}$ 和 $v_p^{(1)}$ 的值。根据子阵 1 的阵元分布和最小间距 ΔL 形成约束区域使子阵 2 的候选单元分布在可选区域内，从而避免两交错子阵位置的重叠。那么，子阵 2 候选单元的个数 N_2 可表示为：

$$N_2 = \sum_{g=1}^{P_1-1}\Delta c_g = \sum_{g=1}^{P_1-1}[(l_{g+1} - l_g) - 2\Delta n + 1] \tag{9.36}$$

式中：$\Delta n = \lceil \Delta L/\Delta d \rceil$；$\Delta c_g$ 为第 g 个可选区域内候选单元的个数；l_g 为 $\hat{\boldsymbol{w}}^{(1)}$ 中第 g 个非零元素的位置索引。假设第 $n(n=1,2,\cdots,N_2)$ 个候选单元分布在第 g

$(g=1,2,\cdots,P_1-1)$个可选区域的第 $q(q=1,2,\cdots,\Delta c_g)$个单元位置上，由于约束区域的存在使得这 N_2个候选单元并不是以等间距分布。那么，求解子阵 2 候选单元的位置 $d_n^{(2)}$ 需要推导由索引 g,q 计算 n 的表达式，并引入表示候选单元在均匀单元栅格中位置索引的中间变量 n'。$d_n^{(2)}$ 的具体计算过程如图 9.10 中伪码所示。

Input: $N_2, P_1, L, \Delta n, \Delta d, \{l_1, l_2, \cdots, l_{P_1-1}\}, \{\Delta c_1, \Delta c_2, \cdots, \Delta c_{P_1-2}\}$

Output: $\{d_1^{(2)}, d_2^{(2)}, \cdots, d_{N_2}^{(2)}\}$

for $g=1$ **to** P_1-1

  for $q=1$ **to** Δc_g

    If $g==1$ **then** $n=q$

    else $n=q+\sum_{s=1}^{g-1}\Delta c_S$ *//end if*

    $n'=l_g+\Delta n+(q-1)$

    $d_n^{(2)}=(-L/2)+\Delta d\,(n'-1)$ *//end for //end for*

图 9.10 $d_n^{(2)}$ 的计算

用将 $d_n^{(2)}$ $(n=1,2,\cdots,N_2)$计算子阵 2 的观测矩阵 $\overline{\boldsymbol{\Phi}}^{(2)}$，从而估计出 $\hat{\boldsymbol{w}}^{(2)}$ 的值，然后计算 $\boldsymbol{w}'^{(2)}$，并根据图 9.9 所示的转换关系得到 $z_p^{(2)}$ 和 $v_p^{(2)}$ 的值。

综上所述，为了求解有阵元间距约束的交错稀布线阵设计模型，首先需要计算满足约束条件的候选单元，由于观测矩阵的不同列对应不同候选单元的位置信息，通过在观测矩阵中排除含约束区域单元栅格的列矢量，能够有效避免两稀疏子阵阵元位置的嵌套。根据设计好的观测矩阵和观测矢量，就可以利用区域约束贝叶斯压缩感知（Region Constraint-Bayesian Compressed Sensing，RC-BCS）算法估计稀疏权值矢量的值，权矢量中非零元素的系数是实际阵元的激励，而利用非零元素的位置索引结合候选单元的位置即可通过相应的转换关系得到实际阵元的位置。

9.3.3 仿真实验与分析

为了验证本章算法的有效性，即在同一个天线孔径下，保证两交错稀布子阵具有近似相同的方向图，基于区域约束的交错稀布线阵设计模型，给出下面几组仿真验证。为了评估算法的性能，定义每个子阵的稀疏率 η 为稀布子阵阵元个数和均匀子阵阵元个数之比；孔径效率 γ 为稀布子阵阵列孔径L_{APE}和均匀满阵阵列孔径L之比；相邻两阵元的平均阵元间距和最小阵元间距分别为：

$$\Delta L_{\text{mean}} = (L_{\text{APE}}/P) - 1, \Delta L_{\min} = \min_{p=1,\cdots,P_m-1} \{ z_{p+1}^{(m)} - z_p^{(m)} \} \tag{9.37}$$

根据下式计算每个稀布子阵重构方向图与期望方向图的归一化匹配误差$\xi^{(m)}$以及两子阵重构方向图的归一化均方误差α：

$$\xi^{(m)} = \frac{\int_{-1}^{1} |F_{\text{REF}}(u) - F^{(m)}(u)|^2 \mathrm{d}u}{\int_{-1}^{1} |F_{\text{REF}}(u)|^2 \mathrm{d}u} \tag{9.38}$$

$$\alpha = \frac{\int_{-1}^{1} |F^{(2)}(u) - F^{(1)}(u)|^2 \mathrm{d}u}{\int_{-1}^{1} |F_{\text{REF}}(u)|^2 \mathrm{d}u} \tag{9.39}$$

9.3.3.1 有效性验证

为了研究不同调节参数对单个子阵性能的影响，仿真阵元个数P和方向图归一化匹配误差ξ两项性能指标随某一参数（噪声方差σ^2，噪声方差的初始估计σ_0^2，栅格数N，采样点数K）的变化趋势，以参数变量为横坐标，以ξ（左）和P（右）为纵坐标得双y轴仿真图。采用$L=9.5\lambda(P_{\text{UNI}}=2L/\lambda)$的天线孔径，仿真结果如图9.11所示。图9.11(a)给出噪声方差σ^2对性能指标的影响，由图可知，当$\sigma^2<5\times10^{-2}$时，ξ保持在较低的范围内，随后不断增大，再综合阵元个数的变化趋势，选择$\sigma^2\in[6\times10^{-4},5\times10^{-2}]$。而噪声方差的初始估计$\sigma_0^2$对性能的影响可以从图9.11(b)得到，当$\sigma_0^2\leqslant1\times10^{-2}$时，$\xi$随$\sigma_0^2$的增加而增加。从图中可以看出，在$\sigma_0^2\leqslant1\times10^{-2}$内选择较小$P$值对应的$\sigma_0^2$来保证匹配误差较低的同

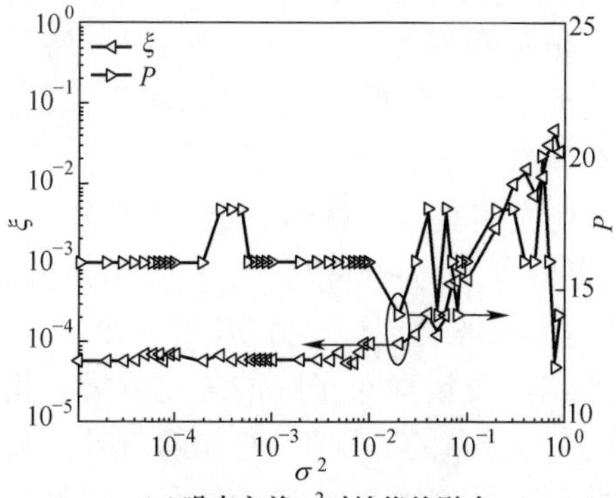

(a) 噪声方差σ^2对性能的影响

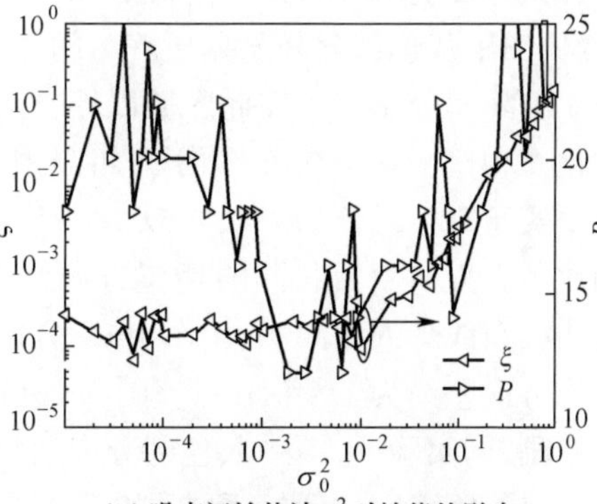

(b) 噪声初始估计σ_0^2对性能的影响

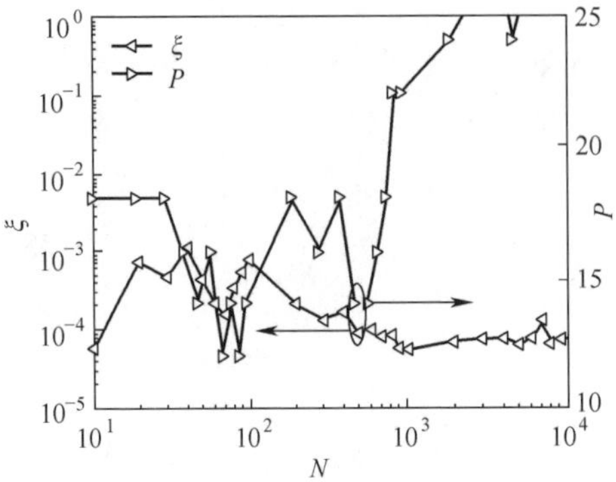

(c) 栅格数N对性能的影响

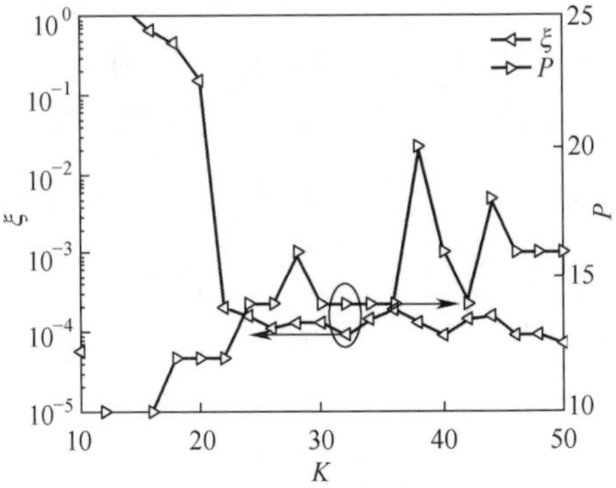

(d) 采样点数K对性能的影响

图 9.11 不同参数对性能的影响

时阵元个数也较少。图 9.11(c)给出 P 和 ξ 随栅格数 N 的变化趋势,较大的 N 值将会导致阵元个数和复杂度的急剧增加,为了权衡阵列稀疏性和方向图匹配准确度两项指标,N 的选择范围可设置在$[5\times10^1,\ 1\times10^3]$。由图 9.11(d)可知,$\xi$ 随方向图采样点数 K 的增大而减小,直到 K 大于 22 时,趋于平稳,而阵元个数的波动较大,综合 P 和 ξ 的影响,K 应该在 22~36 之间进行选择。

实验一 在长 9.5λ 的天线孔径上进行仿真,取交错子阵的最小阵元间距 $\Delta L=0.2\lambda$,以泰勒方向图为共同的期望方向图,峰值旁瓣电平设为-20dB。图 9.12(a)给出了两交错稀布线阵的方向图,由图可得,两个子阵在满足主瓣宽度和旁瓣电平的要求下,还能够在整个可视范围获得几乎一致的方向图,归一化均方误差 α 为 8.82×10^{-5}。而图 9.12(b)是两交错稀布线阵的阵元位置和相应激励,图中灰色部分是根据子阵 1 的阵元分布及间隔 ΔL 形成的受限区域,将子阵 2 的阵元分布约束在此区域以外,有效实现了"子阵交错"和"稀疏布阵"联合优化。相比于均匀线阵,两子阵可分别节约 30%和 35%的阵元数目。

实验二 对长为 $L=14.5\lambda$ 的天线孔径仿真实验,取 $\Delta L=0.15\lambda$,以多尔夫-切比雪夫方向图为共同的期望方向图,其旁瓣电平为-30dB。图 9.13(a)是两交错稀布线阵的方向图,由图可知,方向图的形状非常接近,性能几乎一致,归一化均方误差约为 1.99×10^{-4}。图 9.13(b)给出两交错稀布子阵的阵元位置和相应激励,同实验一,图中灰色部分表示约束阵元分布的受限区域,能够有效避免两交错子阵阵元位置接近或重叠的问题,此后不再赘述。与 30 个阵元组成的均匀线阵相比,两子阵的阵元数目有大幅减少,稀疏率分别为 66.7%和 63.4%。

实验三 以平顶方向图为共同的期望方向图对线阵孔径进行仿真,取 $L=$

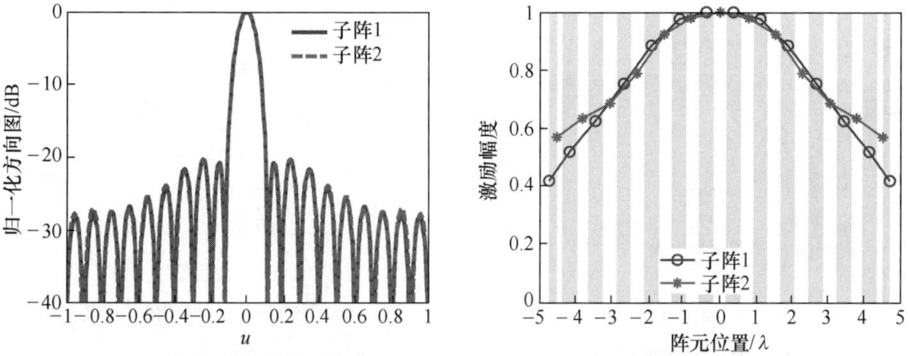

（a）两交错稀布子阵的方向图

（b）两交错稀布子阵的阵元位置和激励

图 9.12　综合 Taylor 方向图时两交错稀布子阵性能(见彩图)

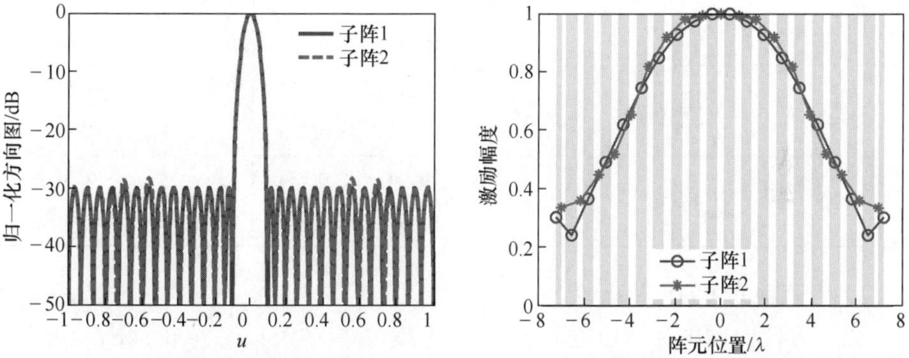

（a）两交错稀布子阵的方向图

（b）两交错稀布子阵的阵元位置和激励

图 9.13　综合多尔夫-切比雪夫方向图时两交错稀布子阵性能(见彩图)

9.5λ，$\Delta L=0.25\lambda$，PSL=-30dB。图 9.14(a)表示两交错稀布线阵的方向图，从图中可以看出，两个方向图几乎重合，性能非常接近，归一化均方误差大致为 2.46×10^{-4}。图 9.14(b)为两交错稀布线阵的阵元位置和相应激励，与均匀线阵的阵元个数相比，两交错稀布子阵的阵元个数明显较少，分别为 14 和 12，稀疏率为 70%和 60%. 通过上述不同条件的仿真实验(表 9.2)，验证了区域约束 BCS 算法能够有效实现交错稀布布阵的共享孔径技术，保证各子阵稀疏的同时获得近似相等的方向图。

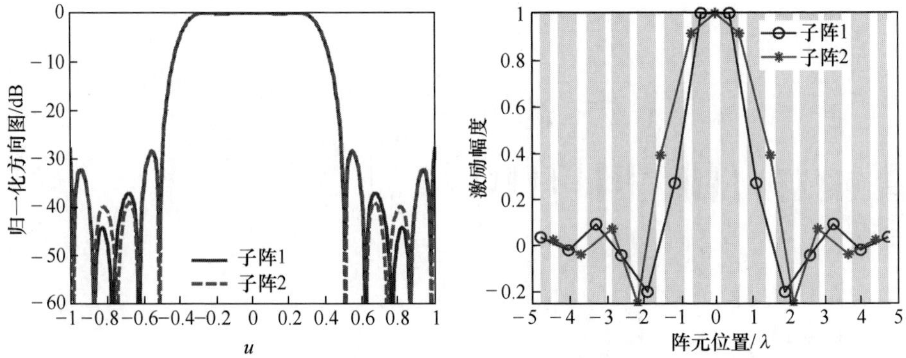

(a) 两交错稀布子阵的方向图　　(b) 两交错稀布子阵的阵元位置和激励

图 9.14　综合平顶方向图时两交错稀布子阵性能(见彩图)

表 9.2　不同条件下的仿真实验结果

实验	归一化误差 α	时间/s	稀疏率 η/%	ΔL_{mean}	ΔL_{min}	孔径效率 γ/%
实验一	8.82×10^{-5}	1.14	70.00	0.73λ	0.58λ	99.89
			65.00	0.76λ	0.67λ	95.70
实验二	1.99×10^{-4}	1.17	66.67	0.76λ	0.68λ	99.70
			63.33	0.78λ	0.65λ	96.50
实验三	2.46×10^{-4}	1.17	70.00	0.73λ	0.68λ	99.70
			60.00	0.80λ	0.62λ	92.90

9.3.3.2　两种方法的性能比较

以宽零陷方向图为期望方向图,峰值旁瓣电平为 PSL=-30dB,取 $L=9.5\lambda$,$\Delta L=0.22\lambda$,分别采用 RC-BCS 算法和 CS 算法进行仿真实验。图 9.15(a)和图 9.16(a)分别给出了两种算法交错稀布线阵的归一化方向图,从图中可以看出,RC-BCS 算法的两个子阵均可以在指定位置形成相似的零陷,并能够获得近似一阵的方向图性能,归一化均方误差仅为 8.56×10^{-5},而 CS 算法综合的两子阵方向图具有较大的匹配误差,且子阵 2 的方向图旁瓣电平明显升高。图 9.15(b)和图 9.16(b)是两子阵的阵元位置和相应激励。相比于均匀线阵,RC-BCS 算法可节省约 30%和 35%的阵元数目。与 CS 算法相比,RC-BCS 算法在保证各子阵稀布的同时可获得近似相同的期望方向图,能够有效实现阵列的交错稀布优化设计,且具有拟合精度高、速度快的优点。两种方法的具体性能比较见表 9.3。

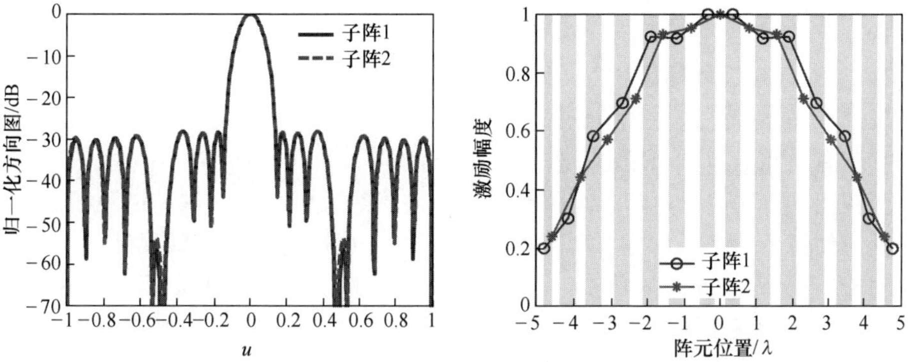

（a）两交错稀布子阵的方向图　（b）两交错稀布子阵的阵元位置和激励

图 9.15　RC-BCS 算法实现两交错稀布子阵的性能(见彩图)

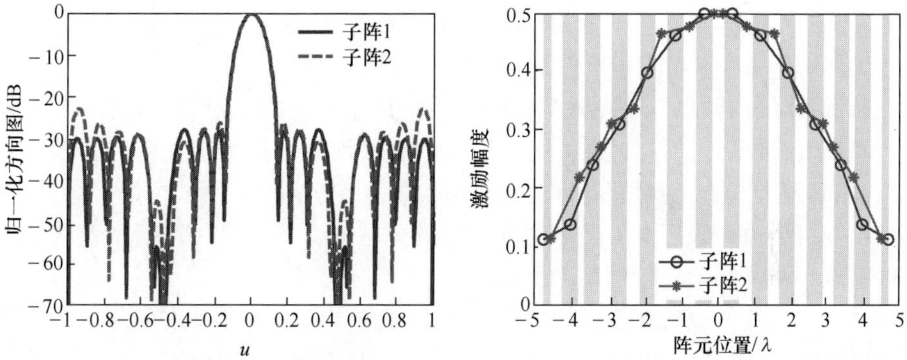

（a）两交错稀布子阵的方向图　（b）两交错稀布子阵的阵元位置和激励

图 9.16　CS 算法实现两交错稀布子阵的性能(见彩图)

表 9.3　两种方法的性能比较

算法	归一化误差 α	时间/s	稀疏率 η/%	ΔL_{mean}	ΔL_{min}	孔径效率 γ/%	副瓣电平/dB
RC-BCS	8.56×10^{-5}	1.07	70.00	0.73λ	0.64λ	100	−28.25
			65.00	0.76λ	0.67λ	95.70	−28.17
CS	3.26×10^{-2}	3.31	70.00	0.73λ	0.59λ	99.59	−27.89
			80.00	0.60λ	0.26λ	95.31	−22.95

基于区域约束贝叶斯压缩感知的交错稀疏阵列设计方法。首先将阵元位置的最小间距作为可调变量,并结合阵元分布以建立交错稀疏线阵的区域约束模

型,该模型可以有效避免交错子阵单元位置的冲突或不同子阵单元间距过小而无法布阵的问题。然后,将交错稀疏线阵区域约束模型等效为一个稀疏约束优化问题,并通过设计满足约束条件的候选单元位置以及观测矩阵,利用区域约束贝叶斯压缩感知算法估计稀疏权值矢量的值,最后通过转换关系计算各子阵的阵元位置及相应激励,有效实现了交错稀疏子阵的优化设计。仿真实验表明,本小节提出的方法可以对阵元间距的最小值进行约束以抑制互耦和避免栅瓣,而且能够使每个子阵都占有与均匀满阵近似相同的孔径大小,有效保证了单个子阵对于空间目标分辨率的要求。与其他方法相比,该方法能够在不同子阵稀疏的同时获得近似相同的期望方向图,且具有阵列稀疏性好、方向图拟合精度高、计算速度快的优点。此外,本小节提出的共享孔径交错稀疏阵列设计方法在宽带天线、极化捷变天线、雷达收发双置天线等多功能天线的设计方面具有很好的应用前景。

9.4 迭代 IFFT 方法

针对传统的差集方法在阵列稀疏交错应用中存在的不足以及局限性,提出一种基于改进型迭代 FFT 算法的激励频谱能量均分的稀疏交错布阵方法。首先利用阵列天线单元激励与方向图之间的傅里叶变换关系,通过对目标方向图采样的频谱分析,采用交叉选取子阵激励的方法来对子阵单元进行稀疏优化布阵,实现了子阵频谱能量的均匀分配,确保了稀疏交错子阵方向图的一致性。在此基础上,利用傅里叶变换的尺度变换性质,推导出子阵天线工作频率与单元激励之间的解析关系。在匹配各子阵天线单元之间激励值的基础上,采用密度加权阵的原理确定交错子阵天线单元的位置,实现了不同工作频率下的子阵天线稀疏交错优化布阵。通过各子阵的频带叠加,实现了多子阵交错的共享孔径宽带阵列天线设计。

9.4.1 多子阵交错的共享孔径直线阵列天线设计

9.4.1.1 线阵方向图函数分析

对于一个阵元间距为 0.5λ 的 N 元直线阵列天线,当入射方位角为 θ 时,其阵列天线结构如图 9.17 所示,当天线单元均为理想的全向性点元时,其方向图可表示为:

$$F(\theta) = \mathrm{AF}(u) = \sum_{n=0}^{N-1} I_n \mathrm{e}^{\mathrm{j}nkdu} \tag{9.40}$$

式中:$u = \sin\theta$;AF 为阵列天线的阵因子。进行一维的逆离散傅里叶变换

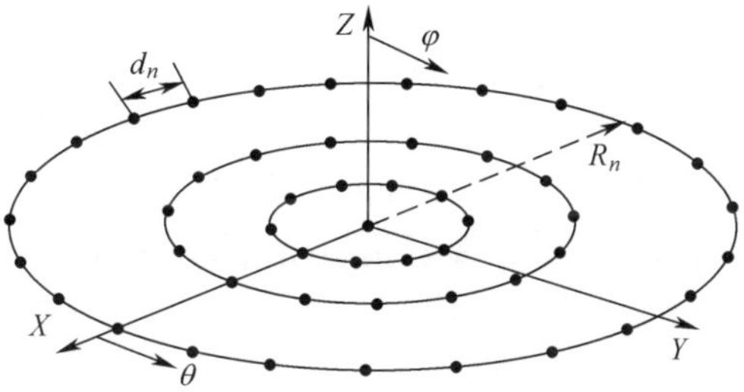

图 9.17　均匀直线阵列模型

(Inverse Discrete Faurier Transform, IDFT),可以得到:

$$f(t)=\frac{1}{K}\sum_{n=0}^{K-1}AF(n)\mathrm{e}^{\mathrm{j}nt\omega_0} \tag{9.41}$$

式中:K 为周期;$\omega_0=2\pi/K$ 为采样间隔。

由式(9.41)可知,直线阵列天线单元的激励 I_n 与其对应的阵因子 AF 之间存在傅里叶变换的关系。在进行阵列天线方向图综合时,当 $F(\theta)$ 样本空间中具有 K 个样本值(为了保证方向图的精确性,K 往往要远大于阵元数 N)时,如果直接对其进行傅里叶变换,则需要进行 $K\times N$ 次相乘和 $K\times(N-1)$ 次相加。当阵列为大型线阵或面阵时,由于其阵元数较大,整个过程需要占用大量的计算资源,因此需要寻找一种新的运算方式对 $F(\theta)$ 进行求解。

设对阵列 $X(n)$ 进行 $K=2^m$ 点 FFT,将 $X(n)$ 按奇偶分组,则 $X(n)$ 可以写为:

$$\begin{cases} X(2l)=\sum\limits_{n=0}^{\frac{N}{2}-1}\left[x(n)+x\left(n+\dfrac{K}{2}\right)W_M^{2ln}\right] \\ X(2l+1)=\sum\limits_{n=0}^{\frac{N}{2}-1}\left[x(n)-x\left(n+\dfrac{K}{2}\right)W_M^{2ln}W_M^{n}\right] \\ l=0,1,\cdots,\dfrac{N}{2}-1 \end{cases} \tag{9.42}$$

可以将式(9.4.2)改写为两个 $K/2$ 点的离散傅里叶变换(Discrete Fourier Transform, DFT),继续对 $X(n)$ 进行分解,迭代计算。可以发现,如果采用 FFT 的方法对线性阵列方向图进行计算,则只需要进行 $K\log_2 K$ 次乘法和加法,这极大地减小了阵列优化的运算时间。基于直线阵列天线单元激励与方向图之间存在傅里叶变换的关系,可以将阵列天线方向图看作时域信号,而单元激励值则为其对应的频域信号,此时可以将信号领域的时频处理方法应用于直线阵列天线和矩形平面阵列天线的优化设计中。

9.4.1.2 基于 IFFT 算法的线阵交错机制

对直线阵列的稀疏交错优化,其主要的优化目标是设计不同结构的子阵,使其交错布置在同一个天线孔径上,子阵的孔径电尺寸与原满阵天线的孔径电尺寸保持一致,且各子阵方向图的旁瓣峰值尽量一致。根据以上要求,稀疏交错直线阵列的优化模型可以表示为

$$\begin{cases} \text{子阵 } i, & \min\left\{\mathrm{PSL}_i(d_1,d_2,\cdots,d_{N/T}) = \max\left|\dfrac{F(u_i)}{F_{\max}^{(i)}}\right|\right\} \\ \text{子阵 } j, & \min\left\{\mathrm{PSL}_j(d_1',d_2',\cdots,d_{N/T}') = \max\left|\dfrac{F(u_j)}{F_{\max}^{(j)}}\right|\right\} \\ & \min\left\{\Delta = \left|\mathrm{PSL}_i(d_1,d_2,\cdots,d_{N/T}) - PSL_j(d_1',d_2',\cdots,d_{N/T}')\right|\right\} \\ \text{同时}, & d_i \neq d_j',\ d_{N/T} - d_1 = N \times \lambda/2,\ d_{N/T}' - d_1' = N \times \lambda/2 \end{cases} \tag{9.43}$$

式中:n 为子阵的个数;PSL_i 为第 i 个子阵的旁瓣峰值;$F(u_i)$ 为第 i 个子阵旁瓣区域的值;$\mathrm{FFi}_{\max}$ 为第 i 个子阵的主瓣增益值。

从式(9.43)中可以看出,交错阵列的设计不仅要求子阵天线方向图的旁瓣峰值足够小,还要求两个子阵的旁瓣峰值的差值尽量小,这主要是考虑到阵列天线方向图主瓣宽度和旁瓣峰值是功率方向图两个非常重要的性能指标,所以本节选择用主瓣宽度和峰值旁瓣电平的差值来表示子阵天线方向图性能的相似程度。不失一般性,接下来将以满阵为 63 元的两子阵交错线阵为例,对基于迭代 FFT 算法的线阵稀疏交错机制进行数学描述。

如果将阵列天线方向图作为时域信号进行分析,则阵列单元的激励就是其对应的频谱。以阵元数为 63 的直线阵列天线为例,两子阵稀疏率分别为 32/63 和 31/63,其激励为序列 Inc_n。

$$Inc_n = \begin{cases} 1, \text{阵元保留} \\ 0, \text{阵元稀疏} \end{cases} \tag{9.44}$$

对 Inc_n 做 K=4096 个点的 IFFT,则可得到阵列天线的阵因子:

$$\mathrm{AF} = K \times \mathrm{IFFT}(\boldsymbol{I}_n) \tag{9.45}$$

对得到的阵因子 AF 的旁瓣峰值进行约束,使大于约束旁瓣区域的值都等于约束旁瓣值,小于约束旁瓣区域的值保留,从而能够生成新的方向图 P_a。若设定的旁瓣约束值为−45dB,则更新后的方向图如图 9.18(a)所示。对 P_a 做 4096 点的 FFT,可以得到一组新的阵列天线单元激励矢量 Inc_f,如图 9.18(b)所示。从图中可知,方向图的频谱能量主要集中在激励幅值的前段,因此只需要截

取频谱的前段便能近似获得阵列所有的频谱能量信息,以此做 IFT,便能还原出与原信号近似一致的时域信号。在这个过程中,可以根据满阵的阵元个数来截取相同采样点的阵元激励,对该段激励采样值作 IFFT 还原出来的方向图便能够逼近期望方向图,令

$$Inc_a = Inc_f(1,2,\cdots,63) \tag{9.46}$$

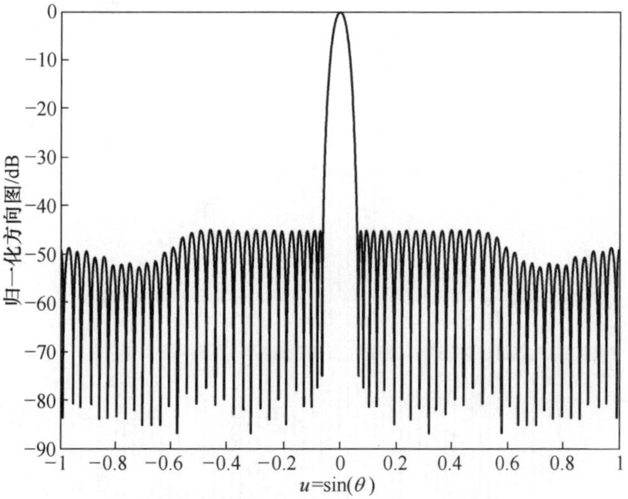

(a) 约束旁瓣值为−45dB时63元线阵的方向图

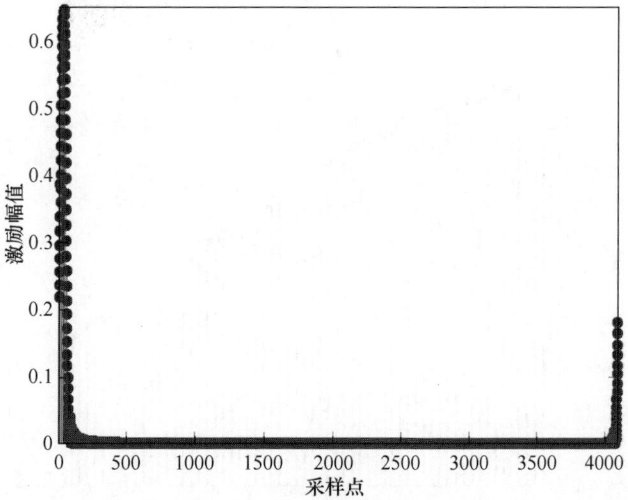

(b) 激励幅值 Inc_f

图 9.18　约束后的方向图及其采样点激励

前 63 个点的激励 Inc_a 值的分布如图 9.19(a)所示。由图可知，方向图的频谱能量不仅主要集中在前半段，而且是近似对称分布的。为实现阵元的交错分布，对阵元激励归一化并进行由大到小的排序，其 Matlab 程序如下式所示：

$$Inc_{63} = \text{sort}(Inc_a, '\text{descend}') \tag{9.47}$$

$$\begin{cases} Inc_1 = Inc_{63}(1,3,\cdots,61,63) \\ Inc_2 = Inc_{63}(2,4,\cdots,60,62) \end{cases} \tag{9.48}$$

排序后的 Inc_{63} 激励分布如图 9.19(b)所示。采取奇偶位置交错的方式选取采样点的激励值，选取后子阵 1 的激励 Inc_1 和子阵 2 的激励 Inc_2 分布如图 9.20(a)所示。

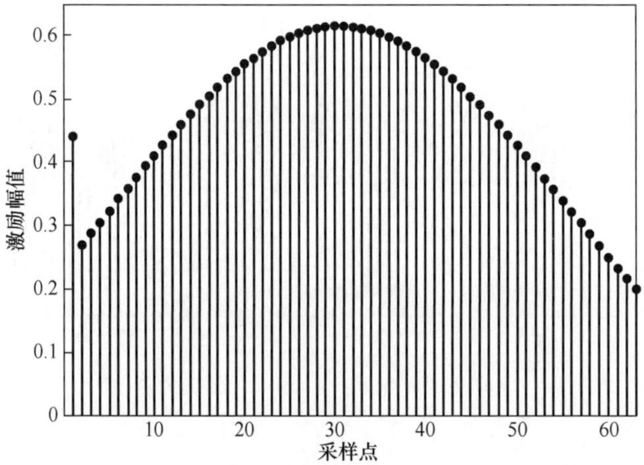

(a) Inc_f 前63个点的分布

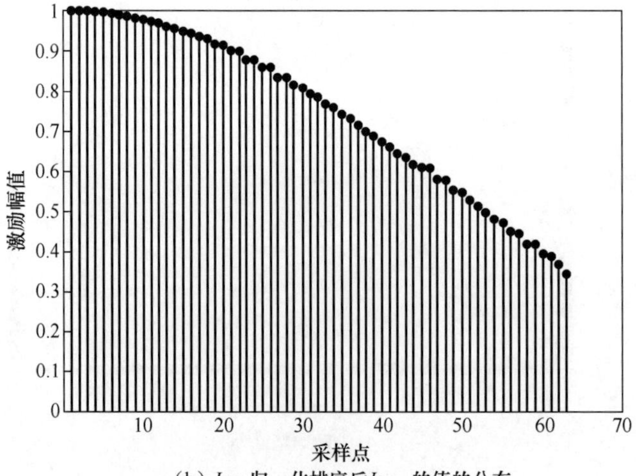

(b) Inc_f 归一化排序后 Inc_{63} 的值的分布

图 9.19 前 63 个点的激励幅值

从图 9.20(a) 中可知,以交错方式选取的子阵激励值 Inc_1、Inc_2 存在以下关系:

$$Inc_1 = Inc_2 + \Delta Inc \tag{9.49}$$

根据傅里叶变换的线性性质,同时对式(9.49)左右两边做 IFFT,可得:

$$\mathrm{IFFT}(Inc_1) = \mathrm{IFFT}(Inc_2) + \mathrm{IFFT}(\Delta Inc) \tag{9.50}$$

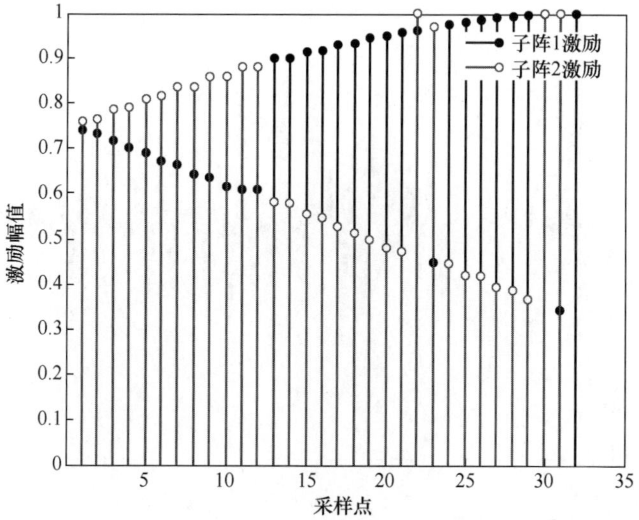

(a) 子阵1和子阵2的激励分布

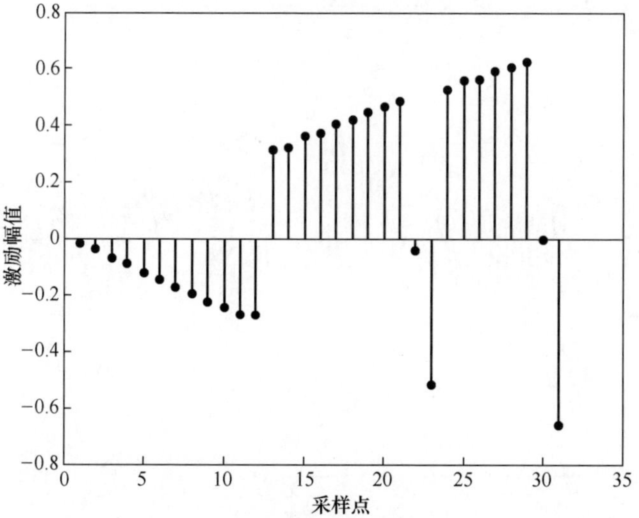

(b) ΔInc的值的分布

图 9.20　阵列激励分布(见彩图)

ΔInc 的值的分布如图 9.20(b)所示。从图中可知 ΔInc 的均值接近于零,对 ΔInc 做 IFFT,得到的频谱图如图 9.21(a)所示,从图中可知,ΔInc 的频谱关于零轴对称,其和值近似为零。

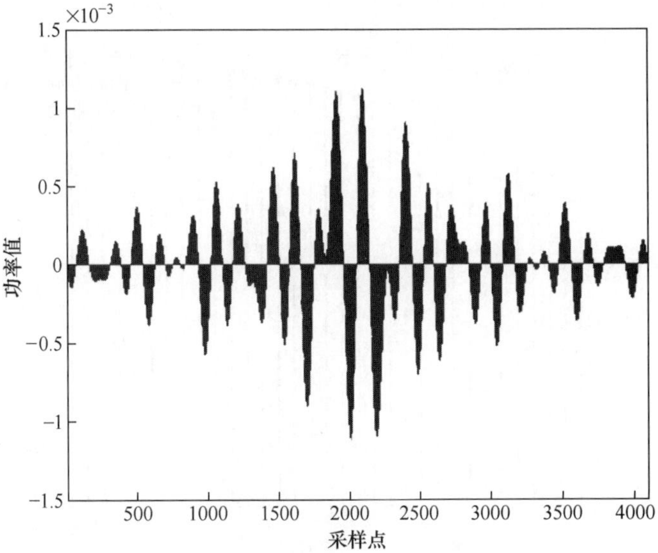

(a) ΔInc对应的IFFT值的分布

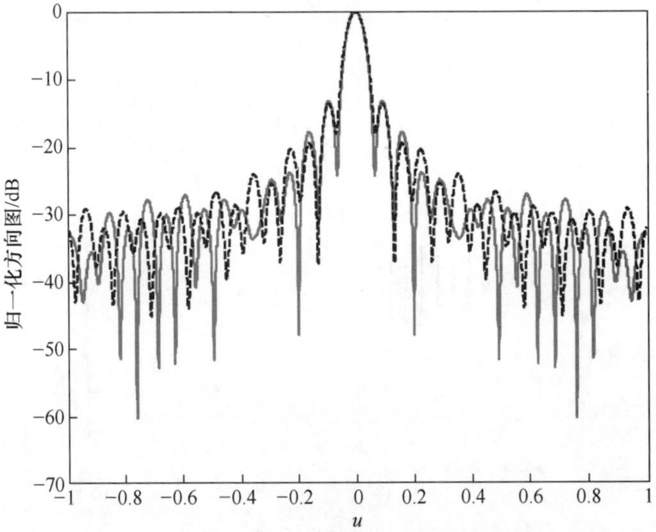

(b) 子阵1和子阵2归一化的方向图分布

图 9.21 ΔInc、Inc_1、Inc_2相应的 IFFT 值的分布

对 Inc_1 和 Inc_2 做快速傅里叶逆变换并对其做归一化处理，可得子阵 1 归一化方向图 AF1 和子阵 2 归一化方向图 AF2 的值，AF1 和 AF2 的值分布如图 9.21(b)所示。

从图 9.21(b)中可知，Inc_1、Inc_2 通过 IFFT 得到的方向图的旁瓣峰值也是相等的。这是因为采用大小间隔采样的方式选取子阵的激励不仅能使子阵 1 和子阵 2 均分阵列方向图的频谱能量，让子阵 1 和子阵 2 的方向图近似一致。因此，通过改变阵元激励的选取方式，可以使子阵 1 和子阵 2 的方向图旁瓣峰值近似相等。

在密度加权阵中，稀疏线阵的密度加权逼近均匀线阵的幅度加权，即线阵栅格点上阵元存在的概率取决于线阵栅格点上的激励权值分布，权值幅度大的栅格点上阵元存在的概率就大。现有研究表明，通过循环迭代 FFT，可以使线阵的频谱能量越来越集中在频谱的前段，使得利用前段频谱还原线阵天线方向图的精确度越来越高。根据以上理论可知，在子阵 1 和子阵 2 均分线阵频谱能量的基础上，可以通过迭代循环利用 FFT 算法使子阵 1 和子阵 2 的方向图拟合效果更好，同时子阵方向图旁瓣峰值能够更加逼近旁瓣约束值，达到降低子阵旁瓣的目的，最终实现直线阵列天线的稀疏交错布阵。

9.4.1.3 算法基本流程

迭代 FFT 算法是指对阵元数为 N 的直线阵列阵元激励做 K 点的 FFT，得到 AF 值，令 AF 旁瓣区域中大于约束旁瓣的值等于约束旁瓣，对校正后的方向图 P_a 进行 K 点的 FFT，获得 K 个激励振幅 A_m。截取 A_m 中的前 N 个值作为满阵激励，并对其进行由大到小排序，形成新的序列 A_{f}。以 T 个子阵交错的共享孔径天线设计为例，根据下式确定子阵中各天线单元的位置（如：$A_n^{(i)}=1$ 表示第 i 个子阵的第 n 个栅格上存在单元），即

$$A_n^{(i)}=\begin{cases}1,\{n \mid A(n)\in\{A_{\mathrm{f}}(i),A_{\mathrm{f}}(i+T),\cdots,A_{\mathrm{f}}(i+N-T)\}\}\\0,\text{其他}\end{cases}\tag{9.51}$$

本节主要考虑的是子阵的位置优化问题，因此各子阵单元的激励统一置为 1。以子阵 1 方向图的旁瓣值作为目标函数进行下一次的迭代。

为了更便于描述各子阵天线单元位置的确定过程，图 9.22 给出了四子阵(T=4)交错的子阵天线单元位置的选取过程。而整个算法的详细步骤描述如下。

(1) 按稀疏率 $1/T$ 随机稀疏阵元数为 N 的直线阵列，设置阵列的激励值 Inc_n 为 1。

(2) 对 Inc_n 做 K 点的逆快速傅里叶变化，得到 AF。

(3) 对 AF 旁瓣区域的值进行判定，令幅值大于约束旁瓣值的点上的值为

约束旁瓣值,其他点上的值保持不变,生成新的方向图 P_a。

(4) 对校正生成的 P_a 进行 K 点的 FFT 变换,得到新的激励值 $\boldsymbol{A}_m$。

(5) 截取 A_m 中的前 N 个值,对其进行由大到小排列,生成矢量 A_{f}。根据式(9.5.1)确定稀疏后各子阵天线单元所在的位置,对其激励进行归一化,完成阵列的稀疏交错优化布阵。

(6) 判断新生成的子阵天线方向图与迭代前子阵天线方向图函数值相比是否有变化(或迭代前后子阵天线单元位置是否有变化),如果有,则重复步骤(4)~(6);否则,跳转到下一步。

(7) 判断程序是否达到了迭代循环总次数,如果是,则输出优化结果;否则,重复步骤(1)~(7)。

这里需要注意的是,阵因子的激励分布与设置的约束旁瓣值有很大的关系,设置一个合适的旁瓣约束,可以使激励更集中于采样点的前段,使迭代 FFT 算法达到更加理想的优化效果。

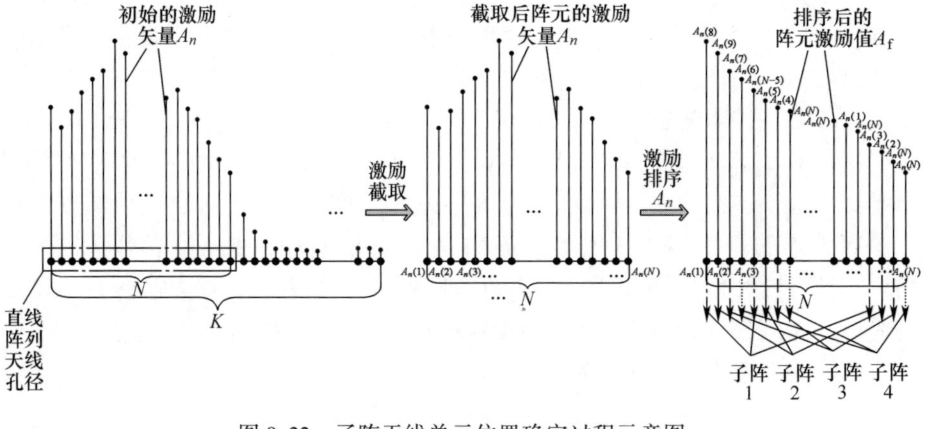

图 9.22　子阵天线单元位置确定过程示意图

9.4.1.4　仿真实验与性能分析

为了验证本节算法的优越性,利用改进的迭代 FFT 算法对阵元数为 63 的线阵进行稀疏交错优化,并与差集以及差集-遗传算法的优化效果进行比较。具体的仿真参数为:阵元均为理想的全向性单元,单元数为 63,稀疏率为 32/63,FFT 和 IFFT 运算点数为 4096。

1. 差集遗传算法对线阵的稀疏交错

为了验证基于迭代 FFT 算法在直线阵列稀疏交错布阵中的优越性,本节首先以差集 $D(63,32,16)$ 及其对应的互补差集 $D^*(63,31,15)$ 对阵元数为 63 的均匀线阵进行稀疏交错布阵,其阵列结构如图 9.23 所示。图中的“1”值表示子阵中保留下来的阵元所处的位置,“0”值表示稀疏掉的阵元。定义线阵的孔径利用率如式 $\eta = \dfrac{L_{\text{subarrayi}}}{L_{\text{array}}} \times 100\%$ 所示,其中 $L_{\text{subarrayi}}$ 代表稀疏子阵 i 的阵列天线孔径电尺寸大小,L_{array} 代表均匀阵列天线孔径电尺寸大小。从图 9.23 可知,两个子阵交错分布于同一个阵列孔径上,两子阵的孔径利用率分别为 92% 和 98%,子阵 1 与子阵 2 的阵元最小间距为 $\lambda/2$。计算两交错子阵的天线方向图,如图 9.24 所示。从图 9.24(a)中可知,利用差集和互补差集对阵列进行稀疏交错得到的子阵 1 的旁瓣峰值为-12.66dB,子阵 2 的旁瓣峰值为-10.45dB。证明差集虽然能在一定程度上减小子阵的旁瓣峰值,使两个子阵的方向图变化趋势基本一致,但很难同时保证两个子阵的旁瓣峰值达到最优,且得到的两子阵天线方向图性能仍旧存在较大的差异,具有很大的改进空间。

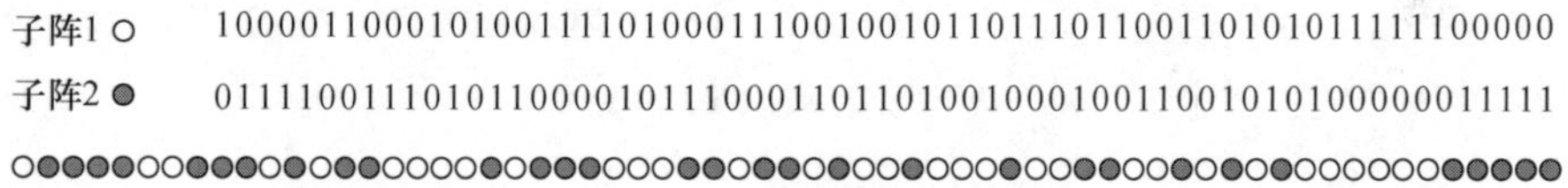

图 9.23 以 $D(63,32,16)$ 稀疏交错线阵的阵列结构

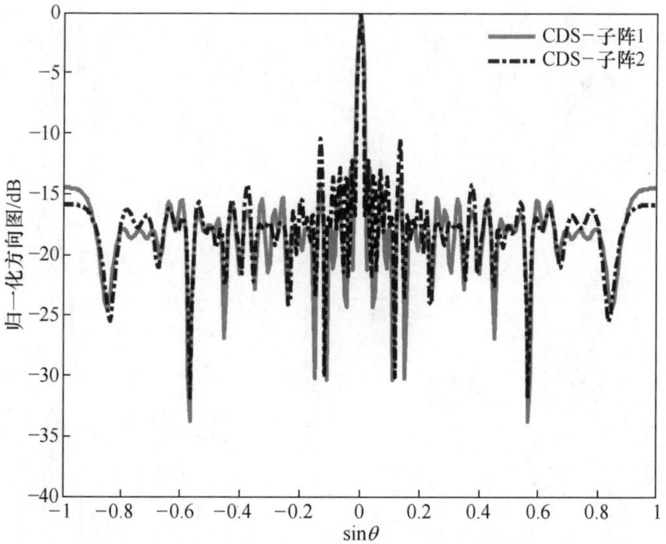

图 9.24 基于差集 $D(63,32,16)$ 稀疏交错线阵的方向图(见彩图)

为了进一步降低交错子阵天线方向图旁瓣电平,在应用差集和互补差集对线阵稀疏交错以后,可以采用遗传算法对子阵天线单元的激励进行优化,以期使子阵 1 和子阵 2 能有更好的稀疏交错优化效果。采用的遗传算法的初始种群数

为 100,迭代次数为 250,得到的仿真图如图 9.25 所示。从图 9.25 中可知,利用遗传算法对交错阵列天线单元激励优化得到的子阵 1 方向图的旁瓣峰值由 -12.66dB变为 -14.04dB;子阵 2 方向图旁瓣峰值由 -10.45dB 减小为 -12.88dB。子阵 1 与子阵 2 方向图特性基本一致,两者的方向图峰值旁瓣之间的差值仅为 1.16dB。这就说明利用差集遗传算法对均匀线阵进行稀疏交错布阵能够取得较好的结果。但是,通过这种先确定阵元位置,再优化阵元激励的优化方法不仅增加了优化运算时间,还增加了馈电网络的复杂度。而且现有的差集较少,遗传算法在优化阵元数目较大的阵列时存在运算时间长,容易陷入局部最优的缺陷,这些都严重制约了该方法的通用性。子阵 1 的锥比度,即阵元激励最大值与最小值的比值 Inc_{max}/Inc_{min}(CTR 是阵列设计中必须考虑的一个参数,CTR 过大会导致阵列馈电网络设计复杂度的增加)为 13.89,子阵 2 的 CTR 为 5.91。而在实际阵列设计时,为了简化阵列馈电网络的设计,应该使 CTR 越小越好,当 CTR 为 1 时,阵列馈电网络的设计最为简单。

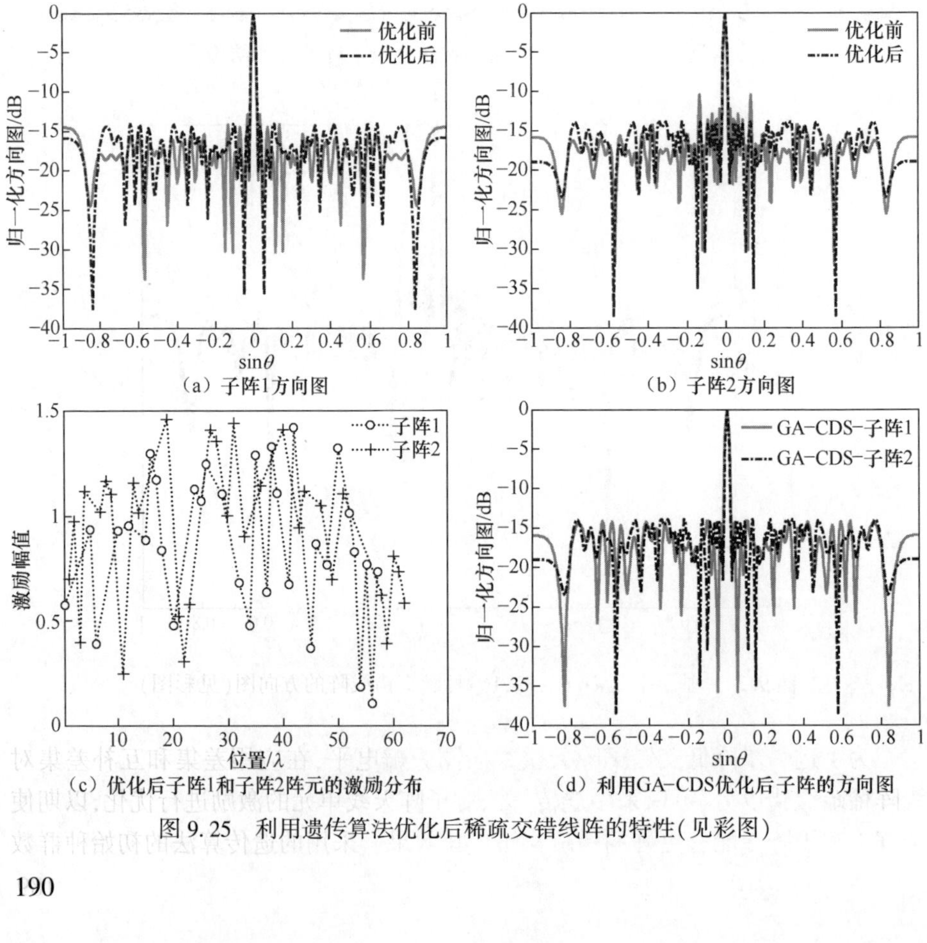

图 9.25　利用遗传算法优化后稀疏交错线阵的特性(见彩图)

2. 基于改进型 IFFT 算法的线阵稀疏交错

鉴于以上差集及差集遗传算法存在的各种不足,本节采用改进型的迭代FFT 算法对同一个对象的直线阵列进行稀疏交错布阵,初始的约束旁瓣值分别设定为-20dB 和-25dB,由于稀疏阵的副瓣电平主要取决于单元数量及阵元位置,与来波信号波长和波束指向关系不大。不失一般性,假设主瓣波束指向 0°方向。优化后得到的阵列天线结构如图 9.26 所示,“1”表示保留的阵元位置,“0”表示稀疏掉的阵元位置,其对应的方向图如图 9.27 所示。

子阵1　11100001001110010110001101010101010101011001000001111010101101010

子阵2　00011110110001101001110010101010101010100110111110000101010010101

(a) 旁瓣约束值为-20dB阵列结构图

子阵1　0101000001000000000000000000000001001011011111111111111111111011111

子阵2　1010111110111111111111111111111011010010000000000000000000000100000

(b) 旁瓣约束值为-25dB阵列结构图

图 9.26　稀疏交错后阵列的结构图

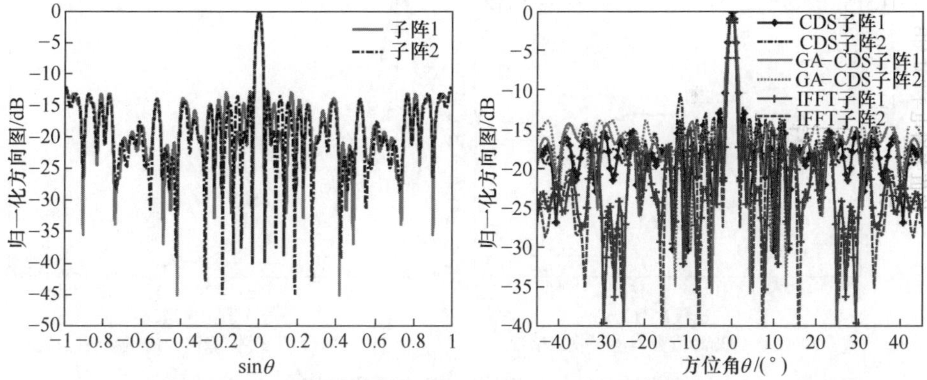

(a) 旁瓣约束值为-20dB阵列方向图　　(b) 旁瓣约束值为-25dB时不同方法的方向图

图 9.27　稀疏交错线阵的天线方向图(见彩图)

由图 9.27 可知,采用迭代 FFT 算法对线阵进行稀疏交错优化布阵,不仅能使子阵 1 和子阵 2 的峰值旁瓣近似相等,而且能够使阵列方向图在各个细节上趋于一致,达到方向图拟合的效果。由图 9.27(a)可知,当旁瓣约束值为-20dB时,子阵 1 的旁瓣峰值为-12.76dB,子阵 2 的旁瓣峰值为-12.98dB,两子阵方向图旁瓣峰值之差为 0.22dB;图 9.27(b)为基于三种不同方法的稀疏交错子阵天线方向图,从图中可知,当旁瓣约束值为-25dB 时,子阵 1 的旁瓣峰值为

-15.95dB,子阵 2 的旁瓣峰值为-14.98dB，方向图峰值旁瓣差值为 1.07dB。需要特别说明的是,阵列天线设计在工程应用中是一个需要系统解决的优化问题,而阵列天线的稀疏交错布阵主要是研究阵元位置对天线方向图的影响。在激励值为 1 的情况下,通过对阵列天线单元位置进行优化,从而降低子阵天线方向图旁瓣峰值,实现阵列天线稀疏优化布阵。然而,在实际工程应用中还需要对交错阵列天线的馈电网络进行设计,以期进一步降低交错子阵方向图的峰值旁瓣电平,使得子阵天线峰值旁瓣电平满足工程应用需求。

图 9.28 为差集遗传算法和迭代 FFT 算法的收敛曲线。从图中可以看出,相对于遗传算法需对子阵 1 和子阵 2 分别进行优化,且需要 166 次和 208 次迭代才能达到收敛,迭代 FFT 算法只需对子阵 1 进行优化就能同时使两个子阵的旁瓣峰值减小,而且整个优化过程只需迭代 12 次就能实现收敛。同时,IFFT 稀疏交错阵列的锥比度 CTR 为 1,馈电网络设计更加简单,适用于大型阵列天线的稀疏交错优化布阵。

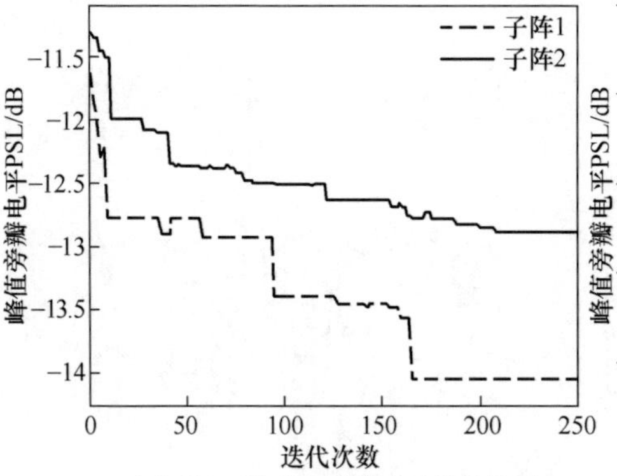

(a) GA-CDS峰值旁瓣电平收敛情况

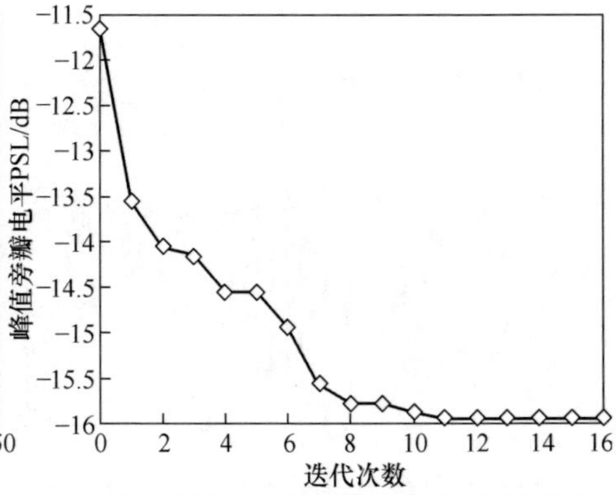

(b) 迭代FFT子阵1峰值旁瓣电平收敛情况

图 9.28 子阵峰值旁瓣电平收敛情况

为了详细对比基于差集、差集遗传算法以及迭代 FFT 算法对直线阵列天线稀疏交错优化效果,表 9.4 给出了基于三种不同方法得到的稀疏交错阵列天线方向图的性能参数对比。从表中可以看出,在三种稀疏交错线阵的优化方法中,基于迭代 FFT 算法优化的交错子阵方向图的旁瓣峰值最小。当只考虑阵元位置对天线方向图的影响时(CTR 为 1),相对于基于 CDS 的交错阵列天线,基于 IFFT 算法的交错阵列天线子阵 1 天线方向图旁瓣峰值相应减小了 2.32dB,子阵 2 天线方向图旁瓣峰值相应减小了 5.5dB。

表 9.4　不同优化方法的仿真结果对比

优化方法	布阵方式	稀疏率	孔径大小/(λ/2)	CTR	子阵 1 旁瓣 PSL_1/dB	子阵 2 旁瓣 PSL_2/dB	$\|PSL_1-PSL_2\|$	迭代次数
CDS	交错布阵	32/63	62	1	−12.66	−10.45	2.21	无
GA−CDS	交错布阵	32/63	62	13.89/5.91	−14.04	−12.88	1.16	166/208
IFFT(激励置 1)	交错布阵	32/63	62	1	−14.98	−15.95	1.07	12

3. 改进型 IFFT 算法旁瓣约束值的讨论

旁瓣约束值的选取直接影响了阵列采样点激励在前段的集中程度，其目的主要是为了降低子阵天线旁瓣峰值，当阵列天线为等间隔分布的满阵且阵列单元激励不置 1 时，天线的旁瓣值能够满足约束要求。但是，由于稀疏子阵只选取了阵列天线的部分激励点且保留的阵元激励被置为 1，因此稀疏后的子阵天线方向图(部分激励点做傅里叶变换获得的值)旁瓣峰值是无法满足约束要求的，选取一个合理的旁瓣约束值能够使目标方向图对应的激励点值集中分布在激励的前段部分，使得在只选取激励前段部分点值做 IFT 得到的方向图旁瓣峰值更好地接近约束旁瓣值，达到降低子阵天线方向图旁瓣值与约束旁瓣值之间差值的目的。因此，旁瓣约束值并不是越大越好或者越小越好，前期通过大量的仿真实验结果得出，在选取约束旁瓣峰值的时候一般选小于同等阵元数均匀阵列旁瓣峰值 10~15dB 的值优化效果最好。图 9.29 给出了在满阵为 63 元均匀线阵时，约束旁瓣值与交错子阵天线方向图峰值旁瓣的关系。从图中可以看出，当约束旁瓣为−25dB 时，子阵天线方向图的旁瓣峰值最小。

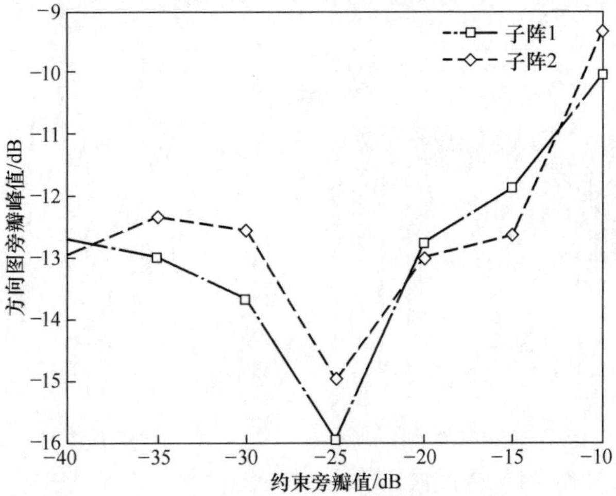

图 9.29　约束旁瓣值与子阵方向图峰值旁瓣的关系

4. 基于 IFFT 算法的多子阵稀疏交错优化设计

为了验证 IFFT 算法可以用于直线阵列天线多子阵交错的稀疏布阵，我们对 100 元等间隔分布的均匀直线阵列进行四子阵交错的优化设计（$T=4$）。根据 IFFT 交错布阵方法的相关步骤可知，单个子阵天线的稀疏率为 75%，单个子阵阵元数量为 25，设置旁瓣约束值为-20 dB，对其做 2048 点的 FFT 变换，确定各子阵天线单元的位置，可以得到结构如图 9.30 所示的四子阵交错的共享孔径阵列天线。其中“1”代表该位置处有阵元，“0”代表该位置处的阵元被稀疏。从图 9.30中可知，四个子阵交错分布在同一个天线孔径，各个子阵孔径大小与原均匀阵列天线孔径基本一致，且避免了不同子阵之间天线单元位置的重叠，子阵 1 的孔径利用率为 97%，子阵 2 的孔径利用率为 92%，子阵 3 的孔径利用率为 88%，子阵 4 的孔径利用率为 96%。交错布阵的四个子阵充分利用了载体平台空间，单个子阵几乎占满整个天线孔径，其空间目标分辨力得到大幅提高。

子阵1 111101100000100001000000000001010000001000100000010101010100001010000101001000000001000000000000010001000

子阵2 000000010010000100001010101000000001100010010100000000000101000010100001000010010010010010001000100

子阵3 000000000001010010100000001010001010000100001000001010100000001000000100101001001001000101001000100010

子阵4 00001000110000100001010100000010010000100010001010000000001010000101000000001001000000101000100100010001

图 9.30　四子阵交错的子阵单元结构图

对图 9.30 结构的阵列天线进行仿真计算，得到的仿真结果如图 9.31 所示。从图 9.31 中可知，四个稀疏交错的子阵天线方向图近似拟合，四个子阵方向图的零点主瓣宽度为 3.6°，同时，可以得出子阵 1 的方向图旁瓣峰值为-9.911dB，子阵 2 的旁瓣峰值电平为-9.556dB，子阵 3 的旁瓣峰值电平为-9.965dB，子阵 4

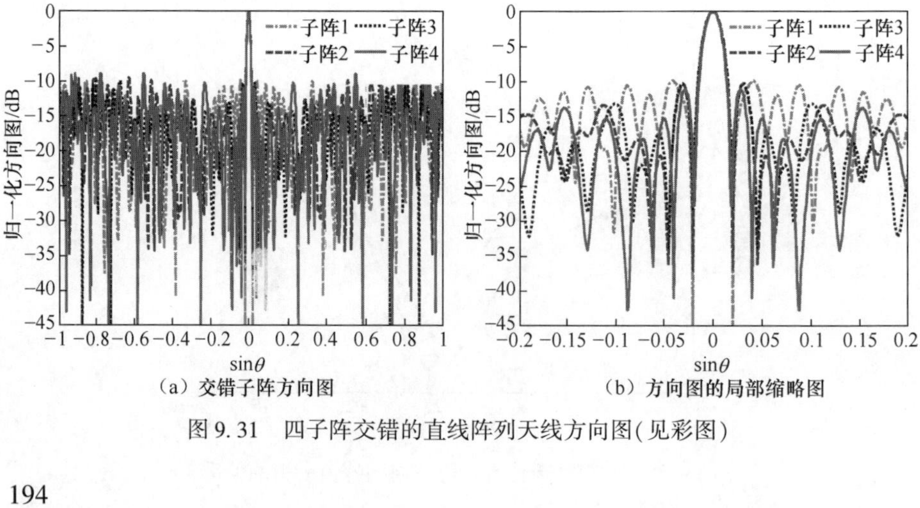

（a）交错子阵方向图　　（b）方向图的局部缩略图

图 9.31　四子阵交错的直线阵列天线方向图(见彩图)

的旁瓣峰值电平为-8.901dB。子阵间的旁瓣峰值电平最大差值为 1.064dB,最小差值仅为 0.054dB,这就确保了四个交错子阵构成的共享孔径天线的整体性能,证明了基于迭代 FFT 算法的直线阵列多子阵交错布阵方法是有效的。

9.4.2 基于改进型二维迭代 FFT 算法的面阵天线稀疏交错布阵

9.4.2.1 算法流程

鉴于均匀矩形平面阵列天线激励与方向图存在二维傅里叶变换的关系,基于改进型二维迭代 FFT 算法(区别于一维线阵的 IFFT 算法,我们统一称为 IFT 算法)的矩形平面阵列天线稀疏交错的工作原理与线阵的交错布阵原理相类似。只是在布阵过程中采用的是二维迭代 FFT,且需要将二维面阵天线单元激励矩阵转换为相关矢量,然后采用交错选取的方式,确定相关子阵天线单元的位置。下面对算法的具体流程进行详细论述。

对于一个 $M \times N$ 维的矩形平面阵列天线,首先对其满阵激励矩阵作 $K \times K$ 点的二维 IFFT,得到满阵天线方向图 AF 值,令 AF 旁瓣区域中大于约束旁瓣点的值等于约束旁瓣,小于约束旁瓣值的区域上点的值保持不变。校正完成后,对新生成的方向图进行 $K \times K$ 点的二维 FFT,获得 $K \times K$ 个激励振幅 $\boldsymbol{A}_{mn}$。截取 $\boldsymbol{A}_{mn}$ 振幅中的前 $M \times N$ 个值作为满阵激励 $\boldsymbol{A}_m$,将激励矩阵转换为激励矢量并对其进行由大到小排序,形成新的激励矢量 $\boldsymbol{A}_\mathrm{f}$。以 T 个子阵交错的共享孔径天线设计为例,选取矢量 $(\boldsymbol{A}_\mathrm{f}(1),\boldsymbol{A}_\mathrm{f}(1+T),\cdots,\boldsymbol{A}_\mathrm{f}(1+T\times K))$ 对应矩阵 $\boldsymbol{A}_m$ 所在的位置作为稀疏子阵 1 的单元位置,$(\boldsymbol{A}_\mathrm{f}(2),\boldsymbol{A}_\mathrm{f}(2+T),\cdots,\boldsymbol{A}_\mathrm{f}(2+T\times K))$ 对应矩阵 $\boldsymbol{A}_m$ 所在的位置作为子阵 2 的阵元位置,…,$(\boldsymbol{A}_\mathrm{f}(T),\boldsymbol{A}_\mathrm{f}(2T),\cdots,\boldsymbol{A}_\mathrm{f}(K+1)T)$ 对应矩阵 $\boldsymbol{A}_m$ 所在的位置作为子阵 T 的阵元位置($L = M \times N/T - 1$)。将子阵 1 阵元位置上的激励置为 1,其他子阵阵元位置上的激励置为 0,以子阵 1 方向图的旁瓣值作为目标函数进入下一次的迭代。以四子阵为例,其具体的激励选取过程如图 9.32 所示。

以 T 个子阵交错的共享孔径平面阵列天线设计为例,IFT 的主要步骤如下。

(1) 按稀疏率 $\nu = M \times N/T$ 随机稀疏阵元数为 $M \times N$ 的矩形平面阵列,设置阵列激励值 Inc_{mn} 为 1。

(2) 对 Inc_{mn} 做 $K \times K$ 点的逆快速傅里叶变换,得到方向图 AF。

(3) 对 AF 旁瓣区域的值进行判定,令幅值大于约束旁瓣区域点上的值等于约束旁瓣值,其他区域点上的值保持不变。

(4) 对校正后的方向图进行 $K \times K$ 点的二维 FFT,得到新的激励值 $\boldsymbol{A}_{mn}$。

(5) 截取 $\boldsymbol{A}_{mn}$ 中的前 $M \times N$ 个值,生成新的矩阵 $\boldsymbol{A}_m$。通过矩阵到矢量的转换并对转换得到的矢量进行由大到小排序,生成激励矢量 $\boldsymbol{A}_\mathrm{f}$。以 $(\boldsymbol{A}_\mathrm{f}(1),\boldsymbol{A}_\mathrm{f}$

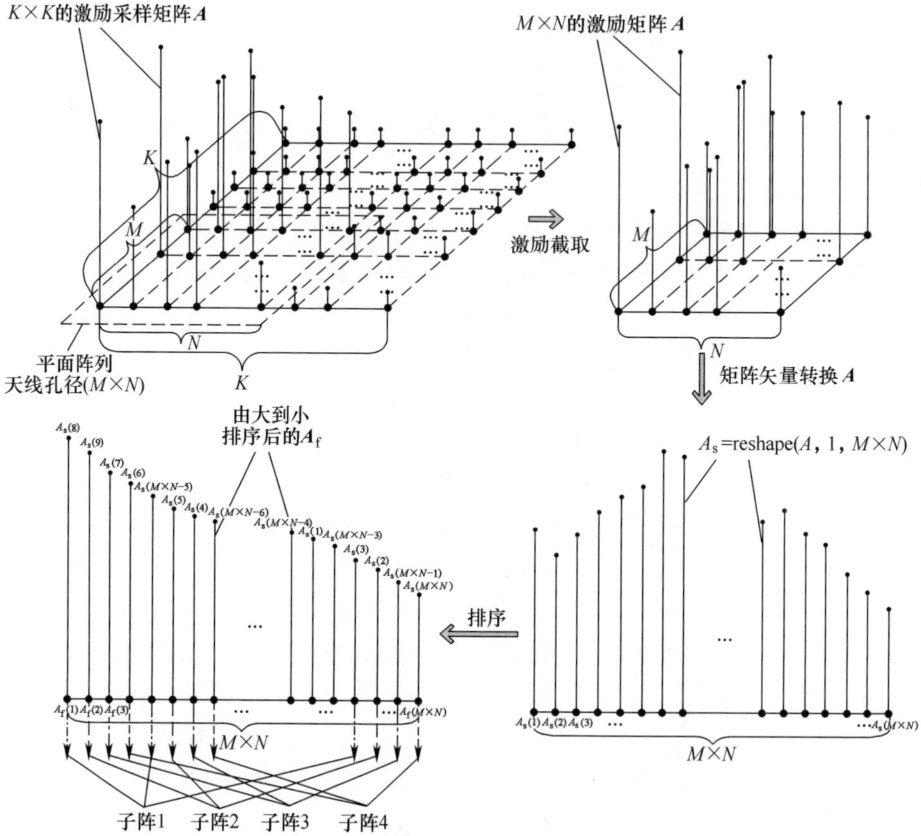

图 9.32　子阵天线单元位置确定过程示意图

$(1+T),\cdots,\boldsymbol{A}_{\mathrm{f}}(1+T\times K))$ 位置处的激励对应在 $\boldsymbol{A}_m$ 上的位置作为稀疏后子阵1 单元所在的位置,以此类推,将稀疏交错子阵天线单元的激励置 1 以完成密度加权阵的设计。

(6) 判断新生成的激励值对应的方向图旁瓣峰值是否最小,如果否,则重复步骤(4)~(6);否则,转至下一步。

(7) 判断程序是否达到了迭代循环总次数,如果是,则输出优化结果;否则,重复步骤(1)~(7)。

9.4.2.2　仿真实验与性能分析

1. 两子阵交错的共享孔径平面阵列天线设计

为了验证本节的算法,利用改进的二维迭代 FFT 算法对 7×9 平面阵列天线进行两子阵交错的优化布阵,并与差集及互补差集的优化效果进行比较。具体的仿真参数为:阵元均为理想的全向性单元,单元数为63,稀疏率为32/63,单元间距为 $\lambda/2$, 二维 FFT 和二维 IFFT 运算点数为1024×1024。

分别以 IFT 算法以及循环差集 $D(63,32,16)$ 及其对应的互补差集 $D^*(63,31,15)$ 对均匀平面阵列天线进行稀疏交错布阵,阵元的激励为1,其中,基于CDS方法的交错阵列天线结构如图9.33所示。根据图9.33的阵列结构,计算交错后基于差集的交错平面阵列天线的方向图,结果如图9.34所示。从图9.34中可知,基于循环差集和互补差集优化得到的稀疏交错平面阵列天线方向图主瓣增益主要集中于平面法线方向,稀疏交错后子阵1的旁瓣峰值 $PSL_1=-8.42dB$,子阵2的旁瓣峰值 $PSL_2=-10.56dB$。两者之间的差值为 $|PSL_1-PSL_2|=2.15dB$。

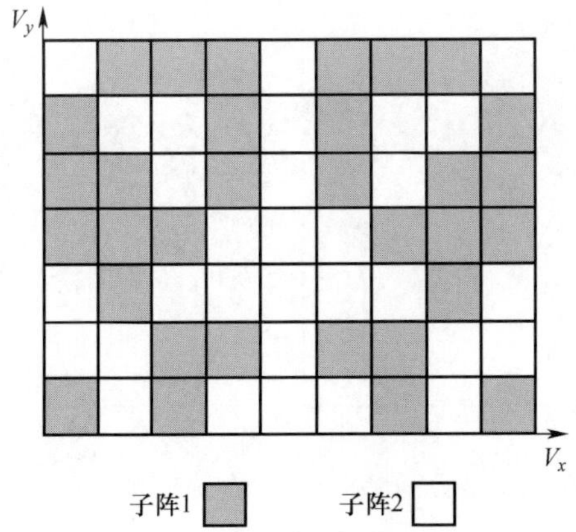

图9.33 CDS交错平面阵列

利用IFT算法对矩形面阵进行稀疏交错布阵时,首先需要对平面阵列天线的旁瓣值进行约束,约束后的天线方向图旁瓣峰值为-25dB,如图9.35所示。对约束后的方向图进行1024×1024点的二维FFT,得到的激励点值分布如图9.36所示。截取激励采样点值前7×9栅格上的值,并对其进行由大到小排序,采用奇偶交错的方式选取子阵1和子阵2上的激励点值,如图9.37所示。将子阵激励值统一置为1,便能得到密度加权的交错子阵天线单元位置,如图9.38所示。从图9.38中可以看出,基于IFT方法的稀疏交错平面阵列天线的子阵能够避免单元嵌套,使得子阵间的最小距离为 $\lambda/2$,抑制了子阵间的互耦效应。两个子阵共享7×9的天线孔径,每个稀疏分布的子阵获得了与原孔径近似相同的孔径尺寸,大大提高了孔径的利用率,且以非均匀方式布阵的子阵还能避免由于天线单元间隔较大而导致的栅瓣的出现。根据图9.38中IFT稀疏交错

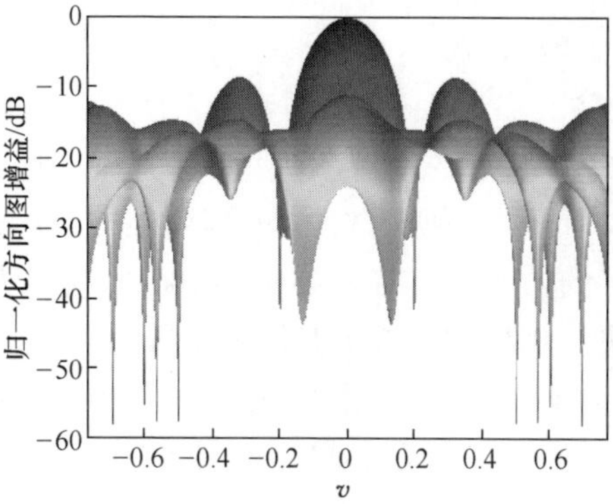

（a）子阵1的三维方向图X、Z轴方向视图

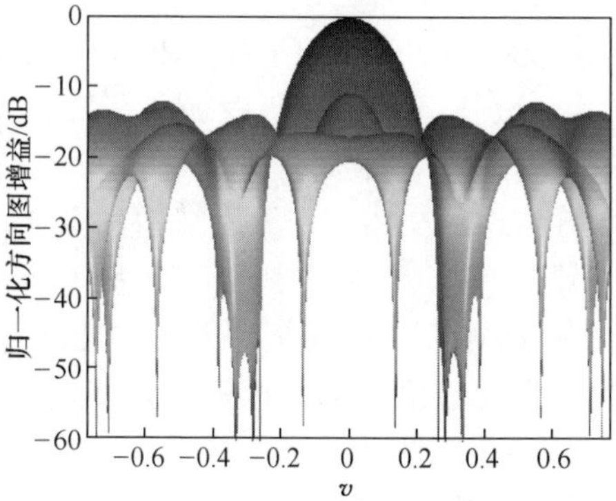

（b）子阵2的三维方向图X、Z轴方向视图

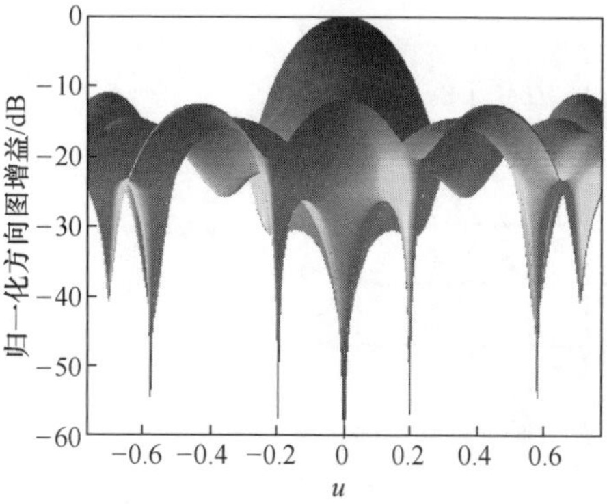

（c）子阵1的三维方向图Y、Z轴方向视图

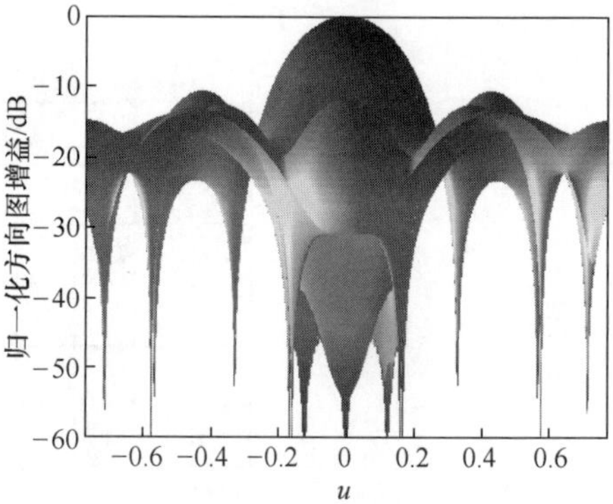

（d）子阵2的三维方向图Y、Z轴方向视图

图 9.34 基于差集 $D(63,32,16)$ 稀疏交错线平面阵列子阵三维方向图

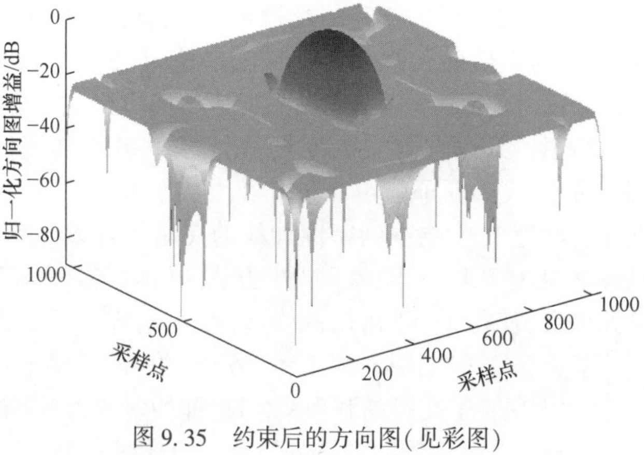

图 9.35 约束后的方向图(见彩图)

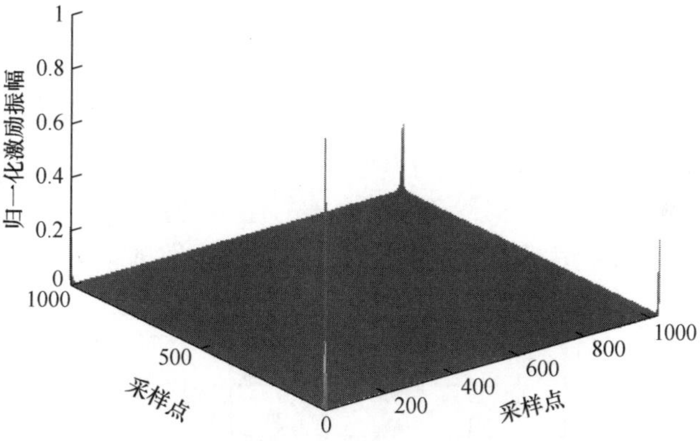

图 9. 36　1024×1024 激励采样点值

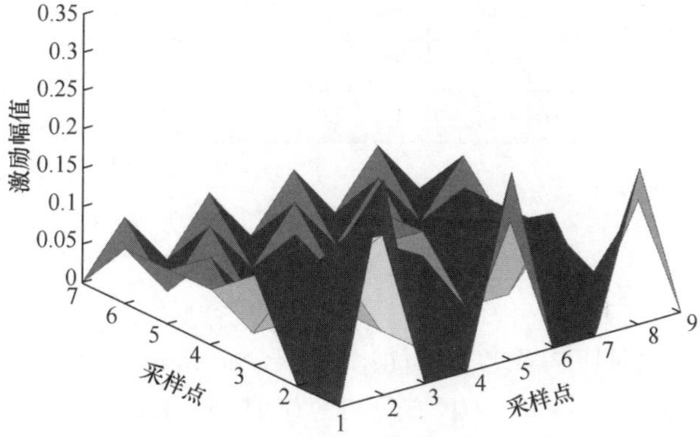

（a）子阵1对应的激励点值

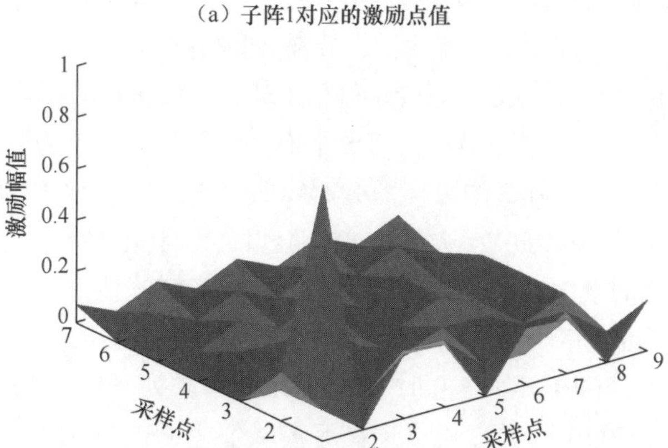

（b）子阵2对应的激励点值

图 9. 37　交错子阵激励点值分布(见彩图)

平面阵列天线结构，计算其对应的方向图，如图 9.39 所示。从图中可知，相对于差集平面稀疏交错阵列，基于 IFT 算法的稀疏交错平面子阵天线方向图在形状上更为接近。二维 IFT 交错平面阵列子阵 1 的旁瓣峰值为 $PSL_1=-13.37$dB，子阵 2 方向图的旁瓣峰值 $PSL_1=-12.46$dB，子阵间旁瓣峰值差值的绝对值为 $|PSL_1-PSL_2|=0.91$dB。根据稀疏交错面阵的优化模型可知，基于 IFT 算法的平面阵列天线的稀疏交错优化效果比基于差集的面阵天线稀疏交错优化效果好。

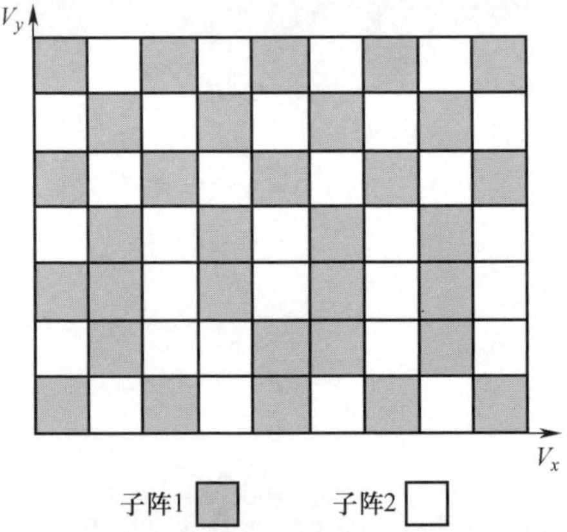

图 9.38　二维 IFFT 交错平面阵列

为了更直观地对比两者之间的优化性能，令 $u=\sin\theta\cos\varphi$，$v=\sin\theta\sin\varphi$，分别在 $u=0$（方位角为 90°时）和 $v=0$（方位角为 0°时）时截取子阵 1 和子阵 2 的方向图，截取后的平面方向图波束如图 9.40 所示。从图 9.40(a) 和图 9.40(c) 中可以看出，当 $u=0$ 时，CDS 平面交错阵列子阵 1 的方向图旁瓣峰值 $PSL_1=-8.14$dB，子阵 2 的方向图旁瓣峰值 $PSL_2=-11.84$dB，两者之间的差值为 $|PSL_1-PSL_2|=3.43$dB；当 $v=0$ 时，CDS 平面交错阵列子阵 1 的方向图旁瓣峰值为 $PSL_1=-10.84$dB，子阵 2 的方向图旁瓣峰值 $PSL_2=-10.66$dB，两者之间的差值为 $|PSL_1-PSL_2|=0.18$dB。从图 9.40(b) 和图 4.24(d) 中可知，当 $u=0$ 时，基于 IFT 算法优化的平面交错阵列子阵 1 的方向图旁瓣峰值 $PSL_1=-12.93$dB，子阵 2 的方向图峰值旁瓣电平 $PSL_2=-12.37$dB，子阵间方向图旁瓣峰值电平差为 $|PSL_1-PSL_2|=0.56$dB。当 $v=0$ 时，IFT 平面交错阵列子阵 1 的方向图旁瓣峰值为 $PSL_1=-12.79$dB，子阵 2 的方向图旁瓣峰值为 $PSL_2=-12.37$dB，两者之间的差值为 $|PSL_1-PSL_2|=0.42$dB。

表 9.5 详细列出了基于差集与 IFT 算法设计的 63 元共享孔径平面阵列天线主要的性能参数。从表 9.5 中可知，在两个不同的截面方向，基于差集的稀疏

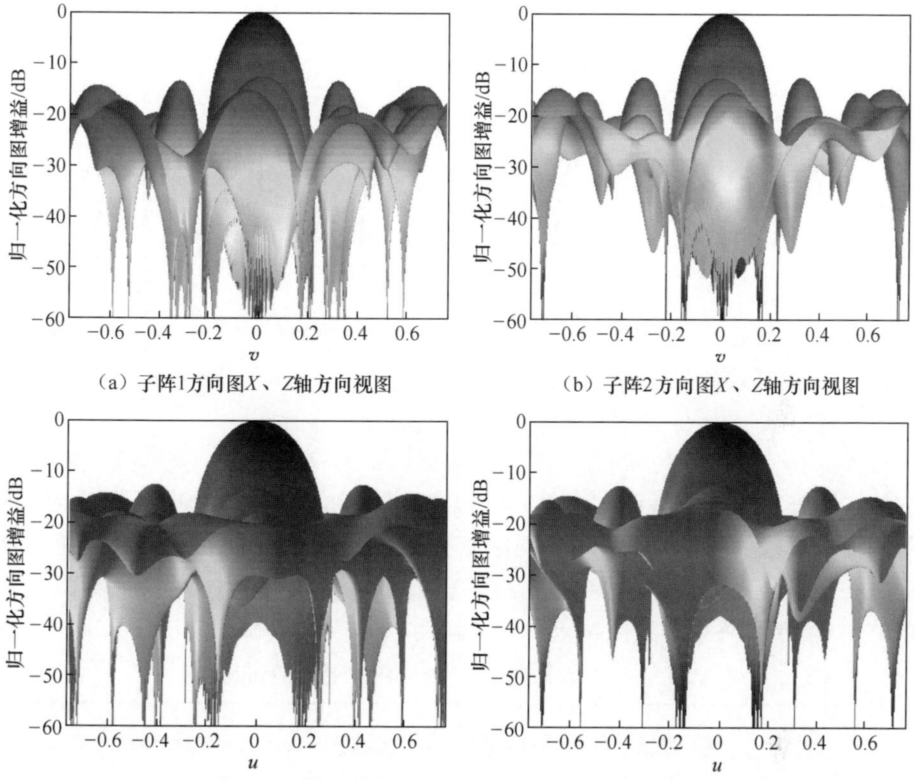

（a）子阵1方向图X、Z轴方向视图 （b）子阵2方向图X、Z轴方向视图

（c）子阵1方向图Y、Z轴方向视图 （d）子阵2方向图Y、Z轴方向视图

图 9.39 基于二维 IFFT 平面稀疏交错阵列子阵三维方向图

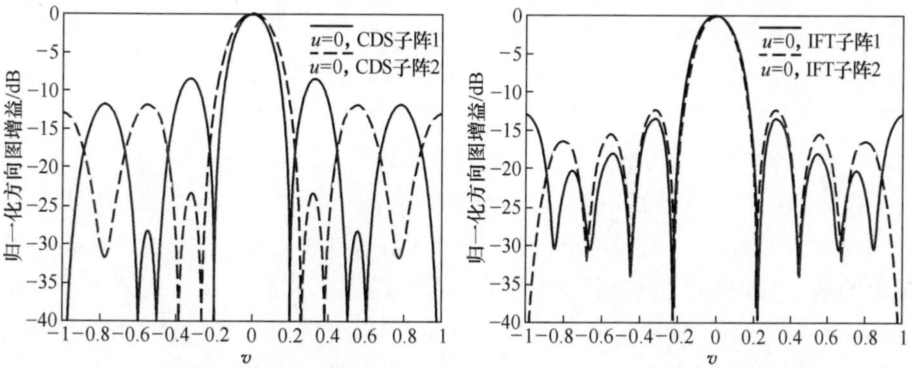

（a）u=0, CDS截面方向图 （b）u=0, IFT截面方向图

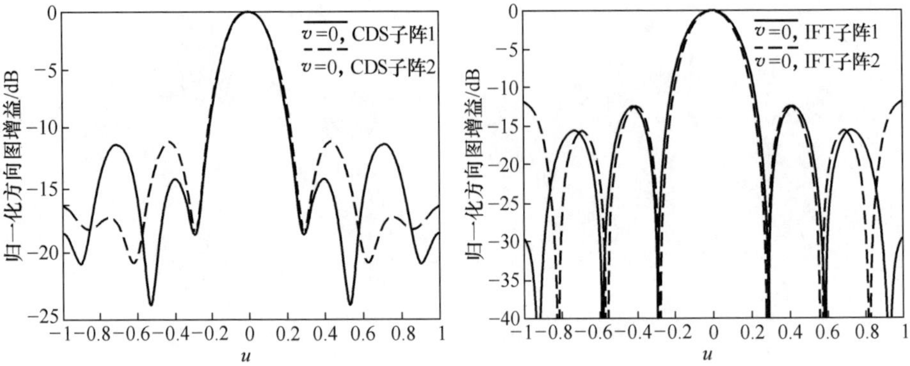

（c）$v=0$, CDS截面方向图　　（d）$v=0$, IFT截面方向图

图 9.40　交错平面阵列两个截面方向图

交错平面阵列的子阵截面波束方向图拟合的效果并不是很理想，而基于 IFT 算法的稀疏交错平面阵列天线不仅能保证子阵 1 和子阵 2 方向图旁瓣峰值处于较低水平，而且还能使子阵 1 和子阵 2 的方向图性能趋于一致。这也证明了基于 IFT 算法的平面阵列天线交错机制的准确性和有效性。

表 9.5　基于不同优化方法的阵列天线交错性能

截面方向	优化方法	子阵 1 旁瓣峰值 PSL_1/dB	子阵 2 旁瓣峰值 PSL_2/dB	峰值旁瓣电平差/dB	子阵 1 主瓣宽度/(°)	子阵 2 主瓣宽度/(°)
$u=0$	差集	−8.14	−11.84	3.43	0.40	0.52
	IFT	−12.93	−12.37	0.56	0.45	0.45
$v=0$	差集	−10.84	−10.66	0.18	0.58	0.58
	IFT	−12.79	−12.37	0.42	0.56	0.56

2. 多子阵交错的共享孔径平面阵列天线设计

由于通信技术的发展，往往需要天线实现不同的功能，多子阵交错的共享孔径平面阵列天线是实现多功能阵列天线设计最为直接有效的途径之一。本小节提出的基于 IFT 算法的平面阵列天线稀疏交错优化方法不仅适用于两子阵交错，对于多子阵交错的平面阵列天线设计也同样适用。以 20×20 的平面阵列天线为例，利用基于 IFT 的交错布阵方法，将阵列天线的频谱能量等额分配给四个不同的交错子阵，即在选取子阵激励时以以下方式选取：

$$
\begin{cases}
A_1 = Inc_1(4k+1) \\
A_2 = Inc_1(4k+2) \\
A_3 = Inc_1(4k+3) \\
A_4 = Inc_1(4k+4) \\
\text{s. t. } k = (0,1,\cdots,99)
\end{cases}
$$

可以设计出四子阵交错分布的共享孔径阵列天线,其天线结构图如图 9.41 所示,与其对应的交错子阵的方向图如图 9.42 所示。从图 9.42 中可以看出,利用新提出的交错机制可以使得四个子阵交错共享于同一个平面天线孔径,各个子阵充分利用了天线孔径,单个子阵天线的分辨力大大提高,且由于子阵间的天线单元最小间距为半个波长,因此可大大减小子阵间的互耦效应。从图 9.42 中可知,四个交错子阵拥有近似一致的方向图性能,当 $u=0$ 时,四个子阵的方向图旁瓣峰值分别为 $PSL_1=-12.21dB$, $PSL_2=-12.36dB$, $PSL_3=-12.38dB$, $PSL_4=-13.56dB$;当 $v=0$ 时,四个子阵的方向图旁瓣峰值分别为 $PSL_1=-12.90dB$, $PSL_2=-11.47dB$, $PSL_3=-16.54dB$, $PSL_4=-12.12dB$。四个子阵方向图的旁瓣峰值都保持在一个较低的水平,通过多子阵稀疏交错优化布阵,使子阵工作在不同的工作频带,可以方便地实现宽带阵列天线的设计。

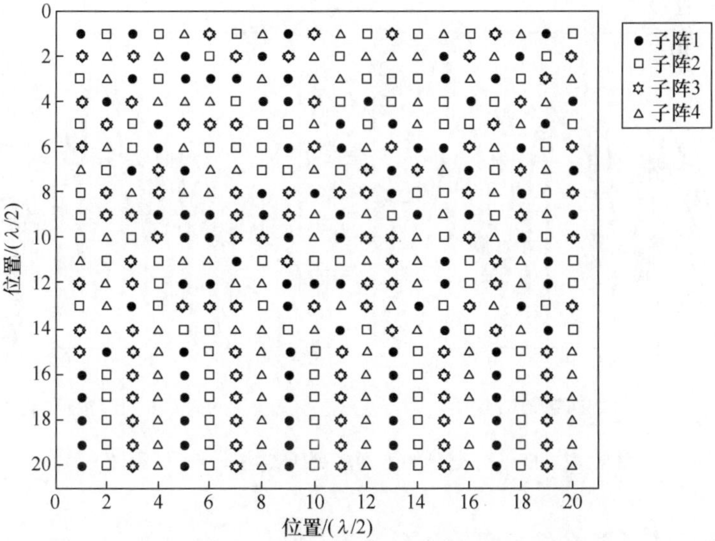

图 9.41 四子阵交错的阵列天线结构图

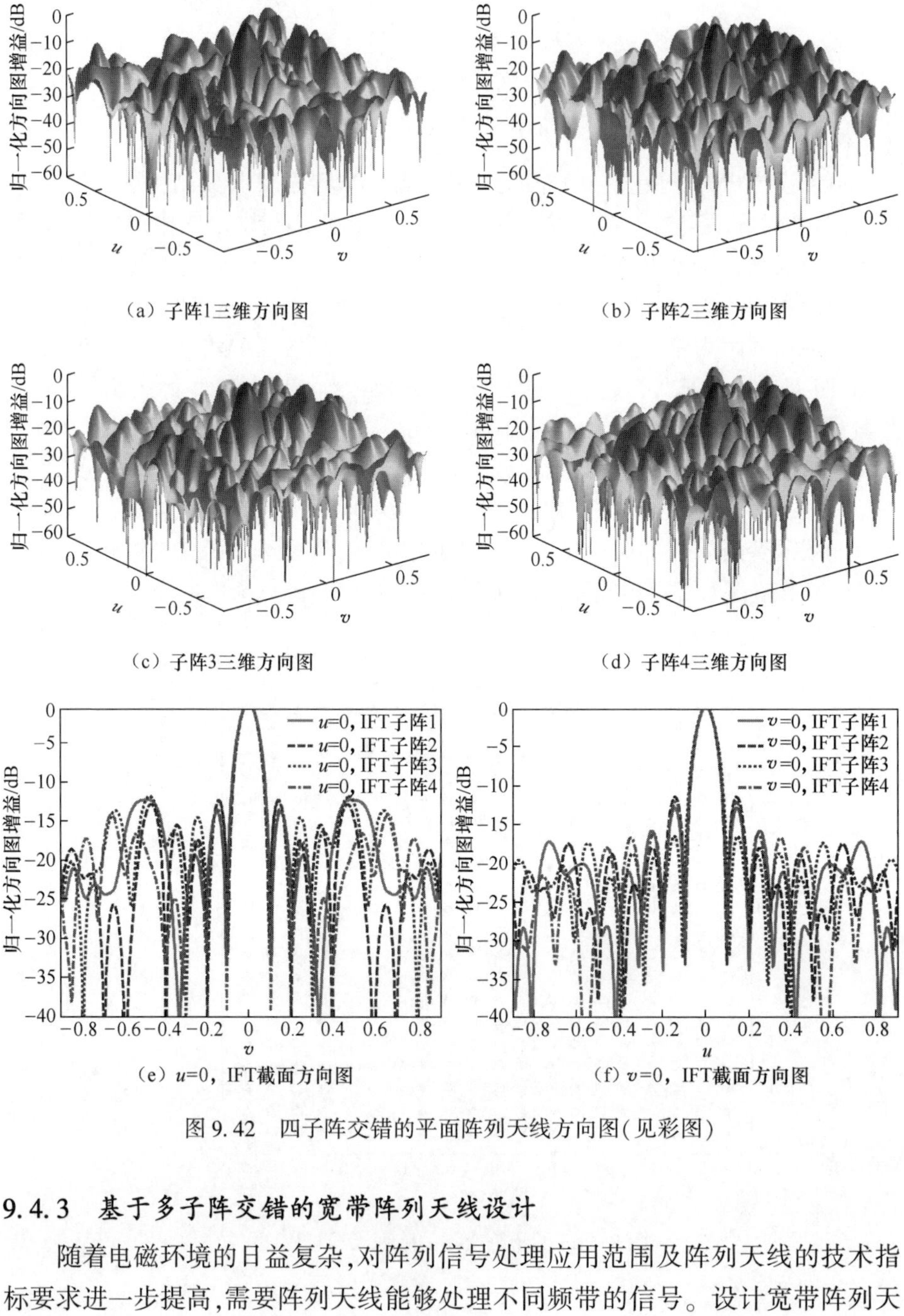

图 9.42 四子阵交错的平面阵列天线方向图(见彩图)

9.4.3 基于多子阵交错的宽带阵列天线设计

随着电磁环境的日益复杂,对阵列信号处理应用范围及阵列天线的技术指标要求进一步提高,需要阵列天线能够处理不同频带的信号。设计宽带阵列天线可以提高天线的抗干扰能力和目标识别能力,有利于多功能阵列天线的实现。多子阵交错阵列天线的设计是实现宽带阵列天线直接有效的方法之一。然而,与传统交错子阵工作在同一频率下的情况不同,为实现不同频带子阵的频带叠加,要求各交错子阵天线能够在不同中心频率工作时,天线方向图性能能够保持近似一致。工作频率的变化必然导致阵列天线孔径发生改变,这对阵列天线稀疏交错优化布阵带来了很多新的挑战,其核心问题是在满足阵列天线方向图和工作频带要求的前提下,如何有效实现阵列天线的稀疏交错布阵。

针对以上问题,本节提出一种不同工作频率下多子阵交错的宽带阵列天线设计方法(所提带宽均为方向图带宽)。该方法首先将阵列天线工作频率的不同转换为单元激励的变化,采用等倍数选取阵元激励的方法,利用密度加权的原理,确定不同工作频率下子阵单元位置,使各子阵天线方向图的期望值近似一致,通过子孔径频带的叠加实现宽带阵列天线的设计。

9.4.3.1 算法基本原理

密度加权阵是根据统计学的原理,在保证方向图性能近似不变的情况下,通过稀疏掉部分对方向图贡献较小的天线单元,达到稀疏布阵的目的。Skolnik 研究了一种统计的稀疏优化方法,当单元以等间隔均匀分布时,单元存在的概率与满阵的锥削度成正比。以一个阵元数为 N,阵元间距为 $\lambda/2$,入射方位角为 θ 的均匀线阵为例,当阵元均为理想的全向性单元时,A_n 为满阵的幅度加权。当阵列为稀疏阵列天线时,则存在一{0,1}序列 Inc_n(其中“0”代表阵列单元被稀疏掉,“1”表示阵元保留),存在以下关系:

$$P(Inc_n = 1) = \delta \frac{A_n}{A_{\max}} \tag{9.52}$$

式中:$A_{\max}$ 为满阵天线单元激励的最大幅值;δ 为稀疏常量。

若阵列天线是由不同工作频率的多个子阵(假设子阵数为四个)交错分布于同一个天线孔径上组成的,且子阵天线工作频率存在以下关系:

$$f_0 = a_1 f_1 = a_2 f_2 = a_3 f_3 \tag{9.53}$$

由 $\lambda f = c$ 可知,四个子阵对应的信号波长存在以下关系:

$$\lambda_0 = \frac{1}{a_1}\lambda_1 = \frac{1}{a_2}\lambda_2 = \frac{1}{a_3}\lambda_3 \tag{9.54}$$

根据子阵激励与天线方向图存在的傅里叶变换的关系,则四个子阵的天线方向图可以写为:

$$\begin{cases} F_1(\theta) = \sum_{n_1=0}^{N_1-1} A_{n_1} e^{jn_1\pi d\sin\theta} = AF(A_{n_1}\theta) \\ F_2(\theta) = \sum_{n_2=0}^{N_2-1} A_{n_2} e^{jn_2\pi d\sin\theta} = AF(A_{n_2}\theta) \\ F_3(\theta) = \sum_{n_3=0}^{N_3-1} A_{n_3} e^{jn_3\pi d\sin\theta} = AF(A_{n_3}\theta) \\ F_4(\theta) = \sum_{n_4=0}^{N_4-1} A_{n_4} e^{jn_4\pi d\sin\theta} = AF(A_{n_4}\theta) \end{cases} \tag{9.55}$$

由式(9.52)可知,阵元存在的概率与阵列天线方向图之间存在正比例的关系,因此阵列天线方向图可定义为概率事件,其期望值为:

$$E(F(\theta)) = \sum_{n=0}^{N-1} P_n A_{n1} e^{jnkd\sin\theta} \tag{9.56}$$

其中,P_n 为单元存在的概率。根据交错阵列天线的优化目标可知,需要各子阵天线方向图近似一致,使四个子阵方向图的期望值相同则需要消除中心频率不同对阵列天线方向图的影响,即

$$A_{n1} \approx a_1 A_{n2} \approx a_2 A_{n3} \approx a_3 A_{n4} \tag{9.57}$$

此时各子阵单元保留的概率存在以下关系:

$$P_{n1} = a_1 P_{n2} = a_2 P_{n3} = a_3 P_{n4} \tag{9.58}$$

由式(4.17)和式(4.19)可知

$$E(F_1(\theta)) \approx E(F_2(\theta)) \approx E(F_3(\theta)) \approx E(F_4(\theta)) \tag{9.59}$$

综上所述,当各子阵天线单元激励之间的比例关系与其工作频率之间的倍数关系一致时,各子阵天线方向图的期望值近似相同,根据该理论可知,根据子阵天线中心工作频率选取其单元所在的位置,就能最终使得工作在不同中心频率下的子阵天线方向图保持近似一致。

9.4.3.2 算法流程

由于阵列天线单元激励与方向图之间存在傅里叶变换的关系,因此可以利用快速傅里叶变换的方法进行单元激励与方向图之间的映射转换。对阵元数为 N 的直线阵列天线单元激励作 K 点的 IFFT,得到 AF 值,设置约束旁瓣值对 AF 的旁瓣值进行约束校正,对校正后的方向图进行 K 点的 FFT,获得 K 个激励振幅。截取新获得激励中的前 N 个值作为满阵激励,并对其进行由大到小排序,形成新的序列 $\boldsymbol{A}_\mathrm{f}$。确定各子阵天线工作频率的关系。若存在 $f_0 = a_1 f_1 = a_2 f_2 = a_3 f_3$,则在选取子阵天线单元激励时需要按照同等比例进行选取(在选取时需要

保证 $A_{n1} \approx a_1A_{n2} \approx a_2A_{n3} \approx a_3A_{n4}$)。将子阵 1 阵元位置上的激励置为 1,子阵 2 阵元位置上的激励置为零。以子阵 1 方向图的旁瓣值作为目标函数进行下一次的迭代,以此来降低旁瓣峰值。

通过该方式确定子阵天线单元位置能够使得各子阵天线方向图近似一致,且旁瓣值维持在一个较低的水平。算法的主要步骤如下。

(1) 根据交错子阵个数 T,以稀疏率 $1/T$ 随机稀疏阵元数为 N 的直线阵列,设置阵列的激励值 Inc_m 为 1。

(2) 对 Inc_m 做 K 点的逆快速傅里叶变换,得到阵列天线功率方向图函数的值 AF。

(3) 设置合适的约束旁瓣,对 AF 旁瓣区域的值进行判定,令幅值大于约束旁瓣值的点上的值为约束旁瓣值,其他点上的值保持不变。

(4) 对校正后的 AF 进行 K 点的 FFT,得到新的满阵天线的激励幅值 $\boldsymbol{A}_m$。

(5) 截取 $\boldsymbol{A}_m$ 中的前 N 个值,对其进行由大到小排列,生成矢量 $\boldsymbol{A}_{\mathrm{f}}$。根据已知的各子阵工作频率之间的关系,以同等比例关系选取各子阵天线单元的激励,并以此激励栅格所在的位置作为相应子阵天线单元的位置。计算新得到的子阵天线单元方向图旁瓣峰值。

(6) 判断新生成的天线方向图旁瓣与迭代前相比是否有变化,如果是,则重复步骤(4)~(6);否则,跳转到下一步。

(7) 判断程序是否达到了迭代循环总次数,如果是,则输出优化结果;否则,重复步骤(1)~(7)。

在结束以上工作以后可以最终确定工作在不同频率下的交错子阵的天线单元位置,实现子阵天线频带的叠加,完成共享孔径稀疏交错多功能宽带阵列天线的设计。

9.4.3.3 仿真实验与性能分析

为了验证本书的方法的正确性,利用提出的方法对阵元数为 100 的线阵进行四子阵稀疏交错优化布阵,并对其方向图性能及方向图带宽进行分析。具体的仿真参数为:阵元均为理想的全向性单元,单元数为 100,单个子阵稀疏率为 25%,FFT 和 IFFT 运算点数为 4096,约束旁瓣峰值为-25dB(只有当激励点个数达到 4096 时,天线方向图旁瓣值才能达到目标旁瓣值,而对满阵稀疏后的天线子阵。该约束方向图的作用是使在该约束条件下的方向图的傅里叶变换取得的 4096 个激励点值能够尽可能的集中在前 100 个能量点上,使得子阵天线方向图旁瓣值尽可能的小),四个子阵的工作频率分别为 $4f_0$、$3f_0$ GHz、$2f_0$ GHz、f_0 GHz。

1. 不同工作频率下阵列天线的稀疏交错优化布阵

由假设已知条件可知,子阵天线工作频率关系确定,利用本节提出的方法,首先对以稀疏率为25%随机稀疏的100元线阵进行4096点FFT变换,根据算法的流程选取子阵单元的激励值,以此确定各子阵天线单元的位置,仿真得到的四子阵交错的直线阵列天线结构如图9.43所示。其中,“0”代表该位置处的阵元被稀疏掉,“1”代表该栅格点处存在阵元。从图中可知,四个子阵交错分布于同一个天线孔径上,各子阵占有的物理空间近似相同。

子阵1 1,0,0,0,0,0,0,0,1,0,1,1,0,0,0,0,0,0,0,0,0,0,0,1,0,0,1,1,0,0,1,0,1,1,0,0,1,0,0,1,0,0,1,0,0,1,0,0,0,
0,0,0,1,0,0,0,0,0,1,1,0,0,0,1,0,0,0,0,0,1,0,0,0,1,1,0,0,0,1,1,0,1,0,0,0,0,0,1,0,0,0,0,0,0,0,0,0,0,0

子阵2 0,0,0,0,0,1,1,1,0,1,0,0,0,0,0,0,1,1,0,0,1,1,1,0,0,0,1,0,0,1,0,0,0,0,0,0,0,0,0,0,1,0,0,0,0,0,1,0,0,
0,0,1,0,0,0,0,1,1,0,0,1,1,0,0,0,0,1,0,0,0,1,0,0,0,0,0,0,0,0,0,0,0,0,1,1,0,1,0,0,0,0,1,0,0,0,1,0,0,0

子阵3 0,0,0,1,0,0,0,0,0,0,0,0,1,0,0,0,0,0,1,0,0,0,0,0,1,0,0,0,0,1,0,0,0,0,0,1,0,0,0,0,0,1,0,0,1,0,0,0,1,
1,1,0,0,0,1,1,0,0,0,0,0,0,1,0,0,1,0,0,1,0,0,1,0,0,0,0,1,1,0,0,1,0,0,0,0,0,0,0,1,1,1,0,0,0,0,0,1,1,0

子阵4 0,1,1,0,1,0,0,0,0,0,0,0,0,1,1,1,0,0,1,0,0,0,0,1,0,0,0,0,0,0,0,0,1,0,0,1,0,0,1,1,0,0,0,0,1,0,0,0,1,0,
0,0,0,0,1,0,0,0,0,0,0,0,0,0,0,1,0,0,1,0,0,0,0,1,0,0,1,0,0,0,0,0,0,1,0,0,1,0,0,0,0,0,0,1,1,1,0,0,0,1

图9.43 不同工作频率下四子阵稀疏交错宽带阵列天线结构

根据计算可知,子阵1的孔径利用率为89%,子阵2的孔径利用率为93%,子阵3和子阵4的孔径利用率分别为96%和99%。由此可知,四个交错子阵充分利用了天线孔径,在保证资源利用的同时提高了天线的分辨力。稀疏交错的子阵天线方向图如图9.44所示。从图9.44中可知,交错分布的四个子阵天线方向图近似一致,子阵1的旁瓣峰值为-7.29dB,子阵2的旁瓣峰值为-8.17dB,子阵3的旁瓣峰值电平为-7.96dB,子阵4的旁瓣峰值电平为-8.96dB,子阵间旁瓣峰值最小差值为0.21dB。但是,由于子阵天线的工作频率不一样,因此各子阵天线的相对孔径不一样。若f_0为1GHz,则子阵1的工作频率为4GHz,其相

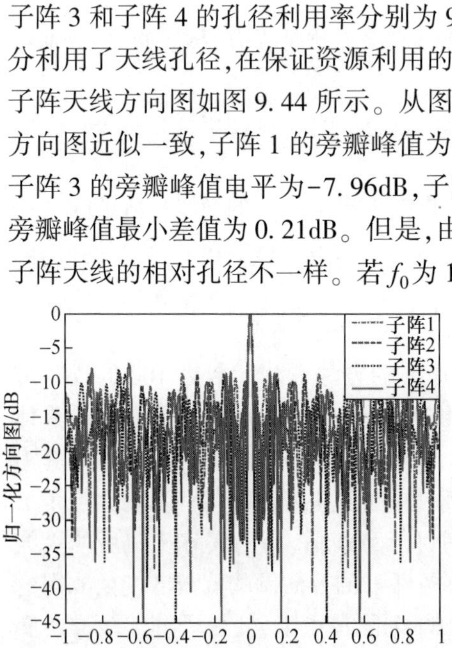

(a) 四个子阵天线方向图

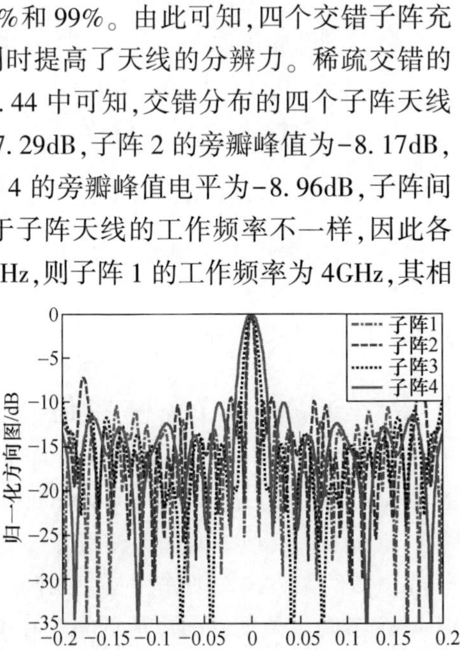

(b) 交错子阵天线方向图缩略图

图9.44 不同工作频率下稀疏交错线阵的方向图(见彩图)

对天线孔径最大,因此其主瓣宽度最窄,分辨力最好。从图 9.44 (b)中可知,子阵 1 方向图零点主瓣宽度为 2.4°,子阵 2 的方向图零点主瓣宽度为 2.8°,子阵 3 的方向图零点主瓣宽度为 5.6°,子阵 4 的主瓣宽度为 8°,其详细参数对比如表 9.6所列。由以上结果可知,本节提出的方法能够对工作在不同工作频率下的子阵天线进行有效的稀疏交错优化布阵。

表 9.6 稀疏交错宽带阵列天线性能对比

子阵类型	孔径利用率/%	工作频率	零点主瓣宽度/(°)	旁瓣峰值电平/dB
子阵 1	89	$4f_0$	2.4	-7.29
子阵 2	93	$3f_0$	2.8	-8.17
子阵 3	96	$2f_0$	5.6	-7.96
子阵 4	99	$4f_0$	8	-8.96

2. 不同工作频率下稀疏交错阵列天线方向图带宽分析

为了进一步验证本节所提方法的准确性和有效性,需对已经设计出来的稀疏交错阵列天线的方向图频带特性进行分析。首先假设各子阵工作在同一个工作频率下,中心频率为 1GHz。仿真选取的频带范围为 0.5~2.5GHz,栅格间距为半个波长,交错子阵天线方向图主瓣宽度随工作频率的变化关系曲线如图 9.45(a)所示,四个子阵的峰值旁瓣电平随工作频率变化的关系如图 9.45(b)所示。由图 9.45(a)可知,随着工作频率的增大,子阵天线方向图主瓣宽度减小,这是因为天线方向图与阵列孔径有关,阵列的工作频率越大,波长越小,阵列天线的孔径就越大,使得子阵天线方向图主瓣宽度越窄,分辨力越强。由图 9.45(b)可知,当工作频率增大时,子阵天线方向图旁瓣峰值增大,以中心频率为 1GHz 为例,当工作频率增大到 2GHz 时子阵天线方向图出现栅瓣。当阵列的工作频率小于 1.9GHz 时,阵列天线方向图的峰值旁瓣维持在一个相对稳定的数值。可以认为,当四个子阵天线的工作频率是在同一个中心频率上,如 1GHz 时,稀疏交错分布的四子阵天线方向图的宽带为 1.9GHz。虽然对于均匀分布的线阵来说,稀疏阵列天线的带宽会有所增加,但增加的幅度有限,对设计宽带或者超宽带阵列天线时,应用的局限性很大。当基于不同中心频率设计多子阵稀疏交错阵列天线时,通过各子阵天线频带的叠加能有效拓展阵列天线的频带宽度。就本节所提例子而言,在四子阵工作在四个不同的频率下的同时若能保证四子阵天线方向图性能近似一致。阵列天线的频带宽度就能从原先的 1.9GHz 拓展成为 4GHz,而常用的通信信号如全球微波互联网络(World interoperability for Microwave Access, WiMAX)和 C 波段卫星通信系统分别为 3.4~3.6GHz 和 3.7~4.2GHz,这就说明利用该方法设计的四子阵稀疏交错宽带阵列天线能够接收或者发射不同功能的信号,具备多功能天线设计的相关要求。

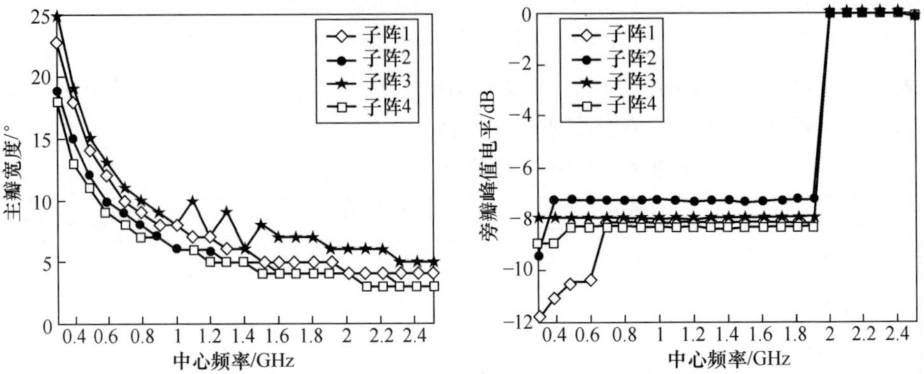

(a) 子阵主瓣宽度随工作频率的变化　(b) 子阵方向图旁瓣峰值随工作频率的变化

图 9.45　四子阵交错线阵方向图宽带性能

对于宽带多功能阵列天线设计问题,本小节利用了傅里叶变换的尺度变换的关系:首先将阵列天线工作频率的不同转换为单元激励的差异,采用与工作频率同等倍数的原则选取阵元激励;然后利用密度加权的原理,确定了不同工作频率下交错子阵天线单元的位置,使各交错子阵天线方向图的旁瓣期望值近似一致;最后通过子孔径频带的叠加实现了宽带阵列天线的设计。相对于传统的宽带阵列天线的设计方法,该方法可以灵活实现子阵工作频率比。在充分利用天线孔径的同时,通过少量的天线单元实现宽带阵列天线的设计,有利于系统成本的降低和系统重量的减小,提高了通信系统在战场环境中的生存能力。

9.5　小　　结

如何充分利用平台空间和阵列孔径,采用孔径分割的方式,使得不同子阵占满整个天线孔径,且各子阵的孔径电尺寸与原满阵的均匀阵列天线孔径电尺寸基本一致,通过孔径空分复用使不同稀疏子阵完成不同的战术功能,从而实现多功能共享孔径阵列天线优化设计是需要重点解决的一个难点问题。本章主要研究了三种交错稀疏构阵列天线的设计方法。

(1) 已知的差集序列十分丰富,通过选取不同参数的差集,构造出稀疏程度各不相同的交错阵列,且均匀占有整个孔径,每个稀疏分布的子阵可以获得与原孔径近似相同的孔径尺寸,孔径能够得到充分利用。基于差集的交错阵列设计方法简单、旁瓣可控,已经具备优良的方向图特性,主瓣增益与宽度损失较小。但是,稀疏处理之后的阵列由于天线单元的减少必然会导致旁瓣电平抬高,其结果仍是“准最优解”,存在一定的优化空间。本章将差集方法与遗传算法相结合,由差集确定阵列结构,再通过遗传算法调整阵列的激励幅度有效降低了共享孔径稀疏交错阵的旁瓣电平,是一种有效的交错阵列综合优化方法。

(2) 解析的差集方法通过互补差集虽然能有效解决部分阵列天线的稀疏交错布阵,但其对方向图的控制不灵活,且只能针对特定数目的阵列,因此通用性受到极大的限制。同时,基于差集方法设计出来的交错子阵方向图旁瓣电平值相对较大,依然有进一步优化的空间。因此,介绍了一种基于区域约束贝叶斯压缩感知的实现方法。将阵元位置的最小间距作为可调变量,并结合阵元分布建立了交错稀疏线阵的区域约束模型,该模型可有效避免交错子阵单元位置的冲突或不同子阵单元间距过小而无法布阵的问题。利用区域约束的贝叶斯压缩感知算法求解交错稀疏模型下的稀疏约束优化问题,并通过转换关系计算各子阵的阵元位置及相应激励。仿真实验表明,该方法可以对阵元间距的最小值进行约束以抑制互耦和避免栅瓣,而且能够使每个子阵都占有与均匀满阵近似相同的孔径大小,有效保证了单个子阵对于空间目标分辨率的要求。

(3) 除区域约束贝叶斯压缩感知方法外,利用傅里叶变换的尺度变换的关系,将阵列天线工作频率的不同转换为单元激励的差异,首先采用与工作频率提出一种迭代 IFFT 的交错稀疏阵列设计方法。同等倍数的原则选取阵元激励;然后利用密度加权的原理,确定了不同工作频率下交错子阵天线单元的位置,使各交错子阵天线方向图的旁瓣期望值近似一致;最后通过子孔径频带的叠加实现了宽带阵列天线的设计。相对于传统的宽带阵列天线的设计方法,该方法可以灵活实现子阵工作频率比,在充分利用天线孔径的同时,通过少量的天线单元实现宽带阵列天线的设计,有利于系统成本的降低和系统重量的减小,提高了通信系统在战场环境中的生存能力。

本章提出的共享孔径交错稀疏阵列设计方法在宽带天线、极化捷变天线、雷达收发双置天线等多功能天线的设计方面具有很好的应用前景。

第 10 章　阵列天线的天线选择方法

10.1　引　　言

MIMO 技术通过在收发两端架置多个天线，形成多个信息传输通道，MIMO 技术有效对抗了通信中的多径衰落，提高了功率及频率利用率，大大增加了信道容量。受此启发，可以将 MIMO 技术应用于雷达领域，由此应运而生的 MIMO 雷达通过在发射端发射多个正交信号，在接收端进行相应的匹配滤波处理，相较于传统相控阵雷达，显著增加了雷达系统的空时自由度（Degrees of Freedom，DOF），提高了目标辨识能力和参数估计性能，并获得了空间分集和空分复用的优势，逐渐引起了学术界的广泛关注。本章主要介绍 MIMO 系统的全局快速接收天线选择方法[129]以及针对接收端为紧凑型均匀圆形阵列（Uniform Circular Arrays，UCA）的 MIMO 系统波束空间天线选择方法[130]。

（1）对于接收机天线多于发射机天线的 MIMO 系统，选择相同数量的接收机天线作为发射天线可以获得 MIMO 容量（这里把矩阵的行列式的模称为它的容量）性能的大部分优势，同时降低系统硬件和计算成本。针对这种多输入多输出阵列结构，介绍一种快速全局搜索接收天线选择算法。与现有的许多快速但“局部”的天线选择算法通过每一步增加或删除一行来获得次优信道子矩阵不同，该算法通过直接快速地搜索原始信道矩阵的最大容量子矩阵来获得次优信道矩阵。由于其“全局搜索”的特性，该天线选择算法在高信噪比的容量优化方面有了实质性的改进，并且获得了与基于穷举搜索的最优天线选择算法几乎相同的容量性能。此外，本章的天线选择方法的计算负荷和存储器要求仍然与现有的次优天线选择方法相当。

（2）利用射频（Radio Frequency，RF）链中的波束空间预处理，基于 FFT 的天线选择方案可以减少相关的 MIMO 信道中传统天线选择方案的性能下降。基于这一技术，提出了一种针对接收端为紧凑型 UCA 的 MIMO 系统波束空间天线选择方法。为了利用基于 FFT 的天线选择方案的优势，引入了一个考虑散射环境几何特性的参数化物理模型，以将真实的衰落条件纳入信道矩阵。此外，由于 UCA 的空间相位模式有限，由波束空间预处理产生的信道矩阵仅具有有限且少量的非零行。这大大减少了以下波束选择过程中的计算负荷。更重要的是,即使在接收机没有信道状态信息(Channel State Information,CSI)的情况下也能实现最佳波束选择。该特性对于具有大量阵元的紧凑型 UCA 特别有用。此外,我们还发现,紧凑 UCA 产生的严重的互耦效应不会影响基于 FFT 的预处理技术的优势。

10.2 全局快速天线选择算法

考虑具有 N_T 个发射天线和 N_R 个接收天线的 $N_R \times N_T$MIMO 系统($N_R > N_T$)。$\boldsymbol{H}$ 是 MIMO 系统的信道矩阵, $\hat{\boldsymbol{H}}$ 为原始信道矩阵的 $N_T \times N_T$ 子矩阵:

$$\boldsymbol{y} = \boldsymbol{H}\boldsymbol{x} + \boldsymbol{v} \tag{10.1}$$

式中:$\boldsymbol{x}$ 为 $N_T \times 1$ 传输信号矢量,$\boldsymbol{y}$ 为 $N_R \times 1$ 接收器信号矢量,$\boldsymbol{v}$ 为 $N_R \times 1$ 接收器噪声矢量。

假设接收天线上的噪声由独立的零均值的圆对称复高斯随机变量表示。$N_R \times N_T$ 矩阵 $\boldsymbol{H}$ 是 MIMO 系统的信道矩阵,其中 $H_{i,j}$ 表示第 j 个发射天线和第 j 个接收天线之间的信道的复增益。$\boldsymbol{H}$ 的元素由均值为零和单位方差的独立复高斯随机变量(瑞利衰落信道)表示。该 $N_R \times N_T$ MIMO 系统的容量可以表示为

$$C = \log_2 \det\left(\boldsymbol{I}_{N_T} + \frac{\rho}{N_T}\boldsymbol{H}^H\boldsymbol{H}\right) \tag{10.2}$$

式中:$\boldsymbol{I}_{N_T}$ 为一个 $N_T \times N_T$ 单位矩阵;ρ 为接收器处的平均信噪比;det(·)为矩阵的行列式。

进一步假设该接收器仅配备了 $N_L = N_T$ 射频链。因此,必须在接收机上实现天线的选择,以选择最有利的传播路径,以最大化系统的容量。天线选择后的容量可以写为

$$\hat{C} = \log_2 \det\left(\boldsymbol{I}_{N_T} + \frac{\rho}{N_T}\hat{\boldsymbol{H}}^H\hat{\boldsymbol{H}}\right) \tag{10.3}$$

式中:$\hat{H}$ 为原始信道矩阵 $\boldsymbol{H}$ 的 $N_T \times N_T$ 子矩阵。

这里的问题是找到一个使式(10.3)中系统容量 $\hat{C}$ 最大化的 $\hat{\boldsymbol{H}}_{opi}$:

$$\hat{\boldsymbol{H}}_{opi} = \max_{\hat{\mathbf{H}} \in S(\hat{\mathbf{H}})} \log_2 \det\left(\boldsymbol{I}_{N_T} + \frac{\rho}{N_T}\hat{\boldsymbol{H}}^H\hat{\boldsymbol{H}}\right) \tag{10.4}$$

式中:$S(\hat{\boldsymbol{H}})$ 表示原始信道矩阵 $\boldsymbol{H}$ 的所有可能的 $N_T \times N_T$ 子矩阵的集。

注意:

$$\det(\boldsymbol{I}_{N_\mathrm{T}} + \frac{\rho}{N_\mathrm{T}}\hat{\boldsymbol{H}}^\mathrm{H}\hat{\boldsymbol{H}}) = \prod_{i=1}^{N_\mathrm{T}}(1 + \frac{\rho}{N_\mathrm{T}}\sigma_i^2) \tag{10.5}$$

$$C = \sum_{i=1}^{N_\mathrm{T}} \log_2(1 + \frac{\rho}{N_\mathrm{T}}\sigma_i^2) \tag{10.6}$$

式中：$\sigma_i(i = 1,2,\cdots,N_\mathrm{T})$ 为信道矩阵 $\boldsymbol{H}$ 的非零奇异值。

对于中等较高的信噪比，信道容量可以近似为

$$\begin{aligned} C &\approx N_\mathrm{T}\log_2\left(\frac{\rho}{N_\mathrm{T}}\right) + \sum_{i=1}^{N_\mathrm{T}} \log_2\sigma_i^2 \\ &= N_\mathrm{T}\log_2\left(\frac{\rho}{N_\mathrm{T}}\right) + \log_2\prod_{i=1}^{N_\mathrm{T}}\sigma_i^2 \\ &= N_\mathrm{T}\log_2\left(\frac{\rho}{N_\mathrm{T}}\right) + \log_2(\det[\boldsymbol{H}^\mathrm{T}\boldsymbol{H}]) \end{aligned} \tag{10.7}$$

此外，对于中等高信噪比场景，与式（10.4）的等效优化问题可以重新表示为：

$$\hat{\boldsymbol{H}}_\mathrm{opi} = \max_{\hat{\mathbf{H}}\in S(\hat{\mathbf{H}})} \det(\hat{\boldsymbol{H}}^\mathrm{H}\hat{\boldsymbol{H}}) = \max_{\hat{\mathbf{H}}\in S(\hat{\mathbf{H}})} |\det[\hat{\boldsymbol{H}}]|^2 \tag{10.8}$$

因此，现在可以得出结论，最优 $\hat{\boldsymbol{H}}_\mathrm{opi}$ 只是原始 $N_\mathrm{R} \times N_\mathrm{T}$ 信道矩阵 $\boldsymbol{H}$ 的 $N_\mathrm{T} \times N_\mathrm{T}$ 最大容量的子矩阵。

我们的全局快速天线选择算法是基于“Maxvol”算法，该算法最初是用于低秩矩阵或张量近似[131-132]。我们的方法可以快速找到 $S(\hat{\boldsymbol{H}})$ 中最大子矩阵容量的 $\hat{\boldsymbol{H}}_\mathrm{opi}$，同时具有非常低的计算复杂度和接近最优的容量性能。

该算法的基本思想是，最大容量子矩阵是占优势的子矩阵，这意味着 $\boldsymbol{H}\hat{\boldsymbol{H}}_\mathrm{opi}^{-1}$ 的所有元素的模不大于 1。迭代过程可以概括如下。

（1）任意选择 $\boldsymbol{H}$ 的 N_T 行作为对 $\boldsymbol{H}_\mathrm{opi}$ 的估计，并重新排列它们，使它们位于 $\boldsymbol{H}$ 的前 N_T 行：

$$\boldsymbol{H} = \begin{bmatrix} \hat{\boldsymbol{H}}_\mathrm{opi} \\ \hat{\boldsymbol{H}}_\mathrm{left} \end{bmatrix} \tag{10.9}$$

（2）计算：

$$\boldsymbol{Q} = \boldsymbol{H}\hat{\boldsymbol{H}}_\mathrm{opi}^{-1} = \begin{bmatrix} \boldsymbol{I}_{N_T} \\ \boldsymbol{B} \end{bmatrix} \tag{10.10}$$

并找到最大模值对应的元素 $\boldsymbol{Q}_{ij}$，即：$[i,j] = \arg\ \max_{i\in[N_R+1,2,\cdots,N_R]}$

$\max_{j\in[1,2,\cdots,N_T]} |\boldsymbol{Q}_{ij}|$

(3) 如果 $\boldsymbol{Q}_{ij}>1$，交换 $\boldsymbol{H}$ 的第 i,j 两行，以获得更新后的 $\boldsymbol{H}$ 的前 N_T 行的估计值，然后转到步骤(2)，直到 $|\boldsymbol{Q}_{ij}|=1$。现在，最后一个 $\boldsymbol{H}$ 的前 N_T 行就是最优的。

10.2.1 快速迭代方法

上述全局搜索算法中最巨大的计算负载是由于 $\boldsymbol{H}_{\text{opi}}^{-1}$ 中的 $N_T\times N_T$ 矩阵求逆和矩阵乘积 $\boldsymbol{H}\hat{\boldsymbol{H}}_{\text{opi}}^{-1}$ 的计算。为了减少计算量并加快上述迭代过程，以下一级更新可以使用公式：

$$\boldsymbol{Q}^{k+1}=\begin{bmatrix}\boldsymbol{I}_{N_{\mathrm{T}}}\\ \boldsymbol{B}^{k+1}\end{bmatrix} \tag{10.11}$$

$$\boldsymbol{Q}^{k+1}=\boldsymbol{Q}^{k}-\frac{(\boldsymbol{Q}^{k}(:,j)-\boldsymbol{e}_j+\boldsymbol{e}_i)(\boldsymbol{Q}^{k}(:,j)-\boldsymbol{e}_j^{\mathrm{T}})}{\boldsymbol{Q}_{i,j}^{k}} \tag{10.12}$$

$$\boldsymbol{B}^{k+1}=\boldsymbol{B}^{k}-\boldsymbol{Q}^{k}(N_{\mathrm{T}}+1:N_{\mathrm{R}},:) \tag{10.13}$$

$$\boldsymbol{Q}^{k}=\frac{(\boldsymbol{Q}^{k}(:,j)+\boldsymbol{e}_i)(\boldsymbol{Q}^{k}(i,:)+\boldsymbol{e}_j^{\mathrm{T}})}{\boldsymbol{Q}_{i,j}^{k}} \tag{10.14}$$

式中：$\boldsymbol{Q}^k(:,j)$ 为 $\boldsymbol{Q}^k$ 的第 j 列；$\boldsymbol{Q}^k(i,:)$ 为 $\boldsymbol{Q}^k$ 的第 i 行；e_i 为单位矩阵的第 i 列。

基于上述秩-更新公式，在表 10.1 和表 10.2 中构造了所提出的快速天线选择算法。表中还显示了矩阵 $\boldsymbol{Q}$ 和 $\boldsymbol{B}$ 的秩—更新。在这两个表的右列中，指示了与算法各部分相对应的计算复杂性。使用这些秩更新公式，仅在迭代过程的初始步骤中需要矩阵反 $\hat{\boldsymbol{H}}_{\text{opi}}^{-1}$ 和 $\boldsymbol{H}\hat{\boldsymbol{H}}_{\text{opi}}^{-1}$ 中的矩阵乘法的计算量，因此计算量显著降低。

表 10.1 全局天线选择算法及其在矩阵 Q 就地计算中的计算复杂度

步数	步　骤	复杂度
1	全局天线选择 $(N_R, N_T, \boldsymbol{H})$	
2	$\boldsymbol{P}=\text{randperm}(N_R)$	随机初始化
3	$\Xi:=\boldsymbol{P}(1:N_T)$	
4	$\boldsymbol{H}_{\text{opt}}:=\boldsymbol{H}(\Xi,:)$	
3	$\boldsymbol{Q}:=\boldsymbol{H}\boldsymbol{H}_{\text{opt}}^{-1}$	$\boldsymbol{O}(N_T^3+N_RN_T^2)$
4	For n: = 1 ~ K	K 是迭代步数
5	$[i,j]:=\arg\max_{i\in[1,\cdots,N_R]}\max_{j\in[1,\cdots,N_T]} \|\boldsymbol{Q}_{i,j}\|$	$\boldsymbol{O}(KN_RN_T)$

续表

步数	步　骤	复杂度
6	Index _ temp: $=\boldsymbol{P}(i)$; $\boldsymbol{P}(i):=\boldsymbol{P}(j)$; $\boldsymbol{P}(j):=$ Index _ temp	
7	$\boldsymbol{Q}:=\boldsymbol{Q}-(\boldsymbol{Q}(:,j)-\boldsymbol{e}_j+\boldsymbol{e}_i)(\boldsymbol{Q}(i,:)-\mathbf{e}_j^T)/\boldsymbol{Q}_{i,j}$	$\boldsymbol{O}(KN_RN_T)$
8	end	
9	返回 $\Xi:=\boldsymbol{P}(1:N_{\mathrm{T}})$	

表 10.2　全局天线选择算法及其在矩阵 B 就地计算中的计算复杂性（仅需较小的内存）

步数	步　骤	复杂度
1	全局天线选择 $(N_{\mathrm{R}},N_{\mathrm{T}},\boldsymbol{H})$	
2	$\boldsymbol{P}=\mathrm{randperm}(N_{\mathrm{R}})$	随机初始化
3	$\Xi:=\boldsymbol{P}(1:N_{\mathrm{T}})$	
4	$\boldsymbol{H}_{\mathbf{opt}}:=\boldsymbol{H}(\Xi,:)$	
5	$\boldsymbol{Q}:=\boldsymbol{H}\boldsymbol{H}_{\mathrm{opt}}^{-1}=\begin{bmatrix}\boldsymbol{I}_{N_{\mathrm{T}}}\\ \boldsymbol{B}\end{bmatrix}$	$\boldsymbol{O}(N_{\mathrm{T}}^3+N_{\mathrm{R}}N_{\mathrm{T}}^2)$
6	For n: $=1\sim K$	
7	$[i,j]:=\arg\max_{i\in[1,\cdots,N_{\mathrm{R}}-N_{\mathrm{r}}]}\max_{j\in[1,\cdots,N_{\mathrm{r}}]}\lvert\boldsymbol{B}_{i,j}\rvert$	$\boldsymbol{O}(KN_{\mathrm{T}}(N_{\mathrm{R}}-N_{\mathrm{T}}))$
8	Index _ temp: $=\boldsymbol{P}(i+N_{\mathrm{T}})$; $\boldsymbol{P}(i+N_{\mathrm{r}}):=\boldsymbol{P}(j)$: $\boldsymbol{P}(j):=$ Index _ temp	
9	$\boldsymbol{Q}:=\begin{bmatrix}\boldsymbol{I}_{N_{\mathrm{r}}}\\ \boldsymbol{B}\end{bmatrix}\hat{\boldsymbol{Q}}:=(\boldsymbol{Q}(:,j)+\boldsymbol{e}_{i+N_{\mathrm{T}}})(\boldsymbol{Q}(i+N_{\mathrm{T}},:)-\boldsymbol{e}_j^{\mathrm{T}})/\boldsymbol{Q}_{i+N_{\mathrm{r}},j}$	$\boldsymbol{O}(KN_{\mathrm{R}}N_{\mathrm{T}})$
10	$\boldsymbol{B}:=\boldsymbol{B}-\hat{\boldsymbol{Q}}(N_{\mathrm{T}}+1:N_{\mathrm{R}},:)$	
11	end	
12	Return $\Xi:=\boldsymbol{P}(1:N_{\mathrm{T}})$	

10.2.2 算法性能分析

（1）对于 $N_{\mathrm{R}}>N_{\mathrm{T}}$ 且 $N_{\mathrm{L}}=N_{\mathrm{T}}$ 的天线选择情况，我们的接收天线选择的总体复杂度为 $\boldsymbol{O}(N_{\mathrm{R}}N_{\mathrm{T}}^2)$，所提算法对矩阵 $\boldsymbol{Q}$ 进行逐次更新所需的本地内存为 $\boldsymbol{O}(N_{\mathrm{T}}+N_{\mathrm{R}}N_{\mathrm{T}})$，逐次更新矩阵 $\boldsymbol{B}$ 所需的本地内存减少为 $\boldsymbol{O}(N_{\mathrm{T}}+N_{\mathrm{R}}N_{\mathrm{T}}-N^2)$。传统算法的内存需求为 $\boldsymbol{O}(N_{\mathrm{R}}+N_{\mathrm{T}}^2)$。对于 $N_{\mathrm{R}}\gg N_{\mathrm{T}}$ 的情况，传统的算法需要较少

的内存需求,而对于 $N_R > N_T > 0.5N_R$ 的情况,我们的算法要更优。

为了演示,在图 10.1 中描述了在 $N_R = 16$ 的情况下,使用我们提出的算法和传统的算法,存储器需求与发射天线数量的关系。类似地,如果增加发射天线的数量,我们提出的算法在 $N_R < 2N_T$ 需要更少的内存。

(2) 注意,在推导的容量表达式时,假设了中等或者较高的信噪比。对于低信噪比情况,MIMO 系统容量可以写为

$$\begin{aligned} C &= \log_2 \prod_{i=1}^{N_T}\left(1+\frac{\rho}{N_T}\sigma_i^2\right) \approx \log_2\left(1+\frac{\rho}{N_T}\sum_{i=1}^{N_T}\sigma_i^2\right) \\ &= \log_2\left(1+\frac{\rho}{N_T}\mathrm{tr}[\boldsymbol{H}^{\mathrm{H}}\boldsymbol{H}]\right) = \log_2\left(1+\frac{\rho}{N_T}[\boldsymbol{H}]_{\mathrm{F}}^2\right) \end{aligned} \tag{10.15}$$

在低信噪比下,最佳发射天线的选择相当于找到具有最大 Frobenius 范数的子矩阵的问题。对于中等高信噪比情况,结果与上面的表达式不同。因此,如果在低信噪比的情况下使用我们的天线选择算法,会导致性能下降。

(3) 由于其全局搜索特性,我们的仿真结果表明,与文献[132]中的方法相比,我们的快速天线选择算法为使用 $N_R > N_T$ 和 $N_L = N_T$ 的 MIMO 系统实现了更好的容量性能。另外,原文献中的算法是一种通用算法,适用于更一般的天线选择问题,特别是 $N_R = N_L$ 的情况,而我们提出的算法专门针对中等高信噪比的"方形"天线选择问题。

10.2.3 初始子阵选择

在我们的天线选择算法的表述中,选择 $\boldsymbol{H}$ 的任意 N_T 行被选作为 $\hat{\boldsymbol{H}}_{\mathrm{opi}}$ 的初始估计。为了减少迭代步骤的数量,尤其是对于 $N_R > N_T$,对 $\hat{\boldsymbol{H}}_{\mathrm{opi}}$ 进行良好的初始估计很重要。我们建议使用初始猜测作为旋转到 $\boldsymbol{H}$ 的高斯消去过程中的旋转行集合,这可以很容易地通过 Matlab 函数实现 LU 矩阵分解。输出矢量的前 N_T 个元素将作为矩阵 $\boldsymbol{H}$ 中的行索引,该索引将被选择来构成 $\boldsymbol{H}$ 的初始猜测,这将大大减少迭代步骤的数量。但是,由于高斯消除,这种最初的猜测将导致计算量的增加。因此,仅在接收阵列较大($N_R > N_T$)的情况下,建议使用具有高斯消去的初始子矩阵。这是因为在这种情况下,需要更多的迭代步骤。然后,由于使用该初始猜测而导致的迭代步骤数量减少而导致的计算负载减少,可以抵消由于高斯消除导致的计算负载增加。

10.2.4 仿真实验与分析

系统容量的所有仿真结果都是通过对 16×8 MIMO 系统的 10000 多个信道实现平均得出的。信道矩阵 $\boldsymbol{H}$ 的元素从具有单位方差的复零均值高斯分布中

独立得出。阵列噪声由复加性高斯白噪声(Additive White Gaussian Noise,AWGN)矢量建模。与文献[132]中的传统算法作对比,在图 10.2 中,描绘了三种不同的 SNR = 20dB 的 MIMO 系统的容量的累积分布函数(Cumulative Distribution Function,CDF),在图 10.3 中,显示了当 SNR 范围为 0~50dB 时,中断率为 10% 的中断容量被表示出。可以看出,对于中到高的 SNR(高于 10dB),我们的全局和快速天线选择方法明显优于传统算法中基于局部搜索的天线选择方法,并且

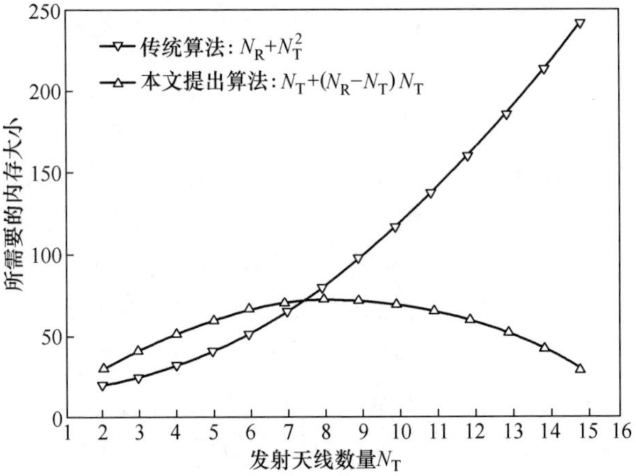

图 10.1　NR = 16 时天线选择仿真的内存要求与发射天线数关系

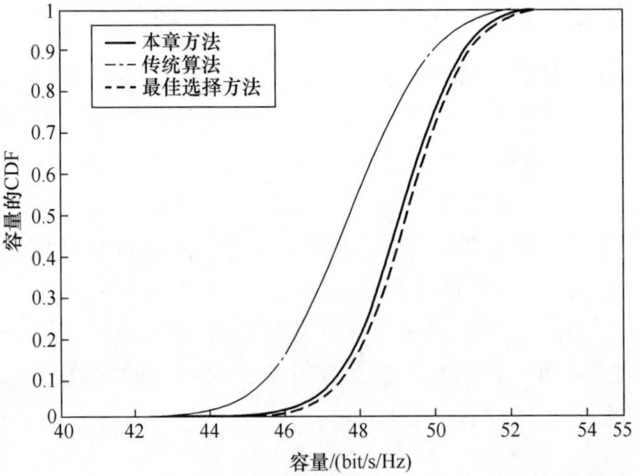

图 10.2　三种不同天线选择系统在信噪比为 20dB 时的容量 CDF

获得了与最佳选择方法几乎相同的容量性能。对于低信噪比(0~5dB),我们的算法的性能有所下降,但仍与传统算法相当。在图 10.4 中,显示了针对任意初始猜测(图 10.4(a))和基于 LUD 的初始猜测(图 10.4(b))的迭代步数 K 分布的直方图。很明显,对于 $N_T = 8$ 的情况,我们的天线选择方法只需要很少的迭代次数($K = N_T = 8$),而在本方法中,总是需要迭代步数 $K = N_T = 8$。我们的算法中的迭代步骤数量少得多。

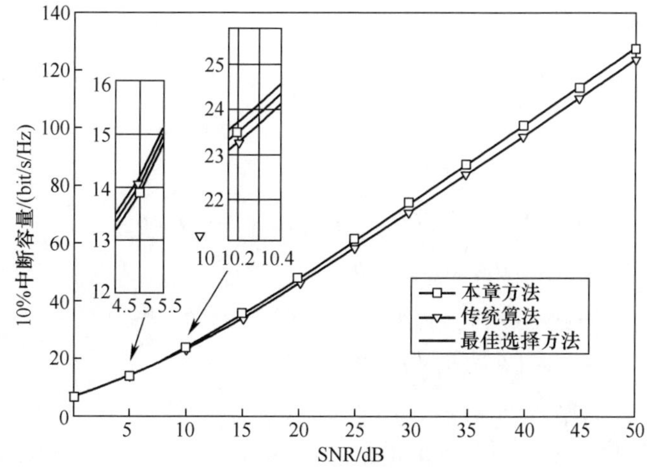

图 10.3　10%的中断容量与信噪比

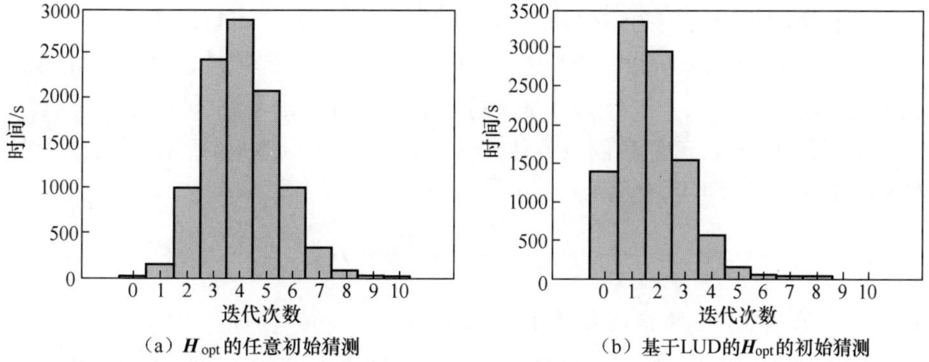

图 10.4　迭代步数分布的直方图

10.3　均匀圆阵天线选择算法

本节采用经典散射环境的参数化物理模型[134-136]。与广泛使用的统计模型相比，该模型假设不同发射-接收元件对之间的信号衰减是独立同分布（Independent and Identically Distributed，IID）的，在这个参数化模型中，所采用的天线阵列的几何形状和散射传播路径都可以被精确建模，信道矩阵是从不同散射方向到达的信号副本中获取的。这种结构化的模型使我们能够在现实的散射环境中评估 MIMO 系统，包括天线几何形状的影响。考虑一个具有 N_T 发射天线和 N_R 接收天线的 $N_\mathrm{T}\times N_\mathrm{R}$MIMO 系统。连接发射机和接收机的每条路径 i 都有一个出发角 θ_{Ti} 、一个到达角 θ_{Ri} 和一个路径增益 g_i。$N_\mathrm{T}\times N_\mathrm{R}$ 信道矩阵可以建模为

$$\boldsymbol{H}=\sum_{i=1}^{L}g_i\boldsymbol{a}_R(\theta_{Ri})\boldsymbol{a}_T^{\mathrm{H}}(\theta_{Ti})=\boldsymbol{A}_R(\boldsymbol{\Theta}_R)\boldsymbol{H}_G\boldsymbol{A}_T^{\mathrm{H}}(\boldsymbol{\Theta}_R) \tag{10.16}$$

其中

$$\begin{cases}\boldsymbol{A}_R(\boldsymbol{\Theta}_R)=[\boldsymbol{a}_R(\theta_{R1}),\boldsymbol{a}_R(\theta_{R2}),\cdots,\boldsymbol{a}_R(\theta_{RL})]\\ \boldsymbol{\Theta}_R=[\theta_{R1},\theta_{R2},\cdots,\theta_{RL}]\\ \boldsymbol{A}_T(\boldsymbol{\Theta}_T)=[\boldsymbol{a}_T(\theta_{T1}),\boldsymbol{a}_T(\theta_{T2}),\cdots,\boldsymbol{a}_T(\theta_{TL})]\\ \boldsymbol{\Theta}_T=[\theta_{T1},\theta_{T2},\cdots,\theta_{TL}]\\ \boldsymbol{H}_G=diag(g_1,g_2,\cdots,g_L)\end{cases} \tag{10.17}$$

式中：L 为发射机和接收机之间的散射路径数；$\boldsymbol{a}_R(\theta_{Ri})$ 为接收机阵列 θ_{Ri} 方向上的 $N_R\times 1$ 阵列导向矢量；$\boldsymbol{a}_\mathrm{T}(\theta_{Ti})$ 为 θ_{Ti} 方向上发射机阵列上的 $N_T\times 1$ 阵列导向矢量。

当在接收机中使用的阵列几何体是 UCA 时，$\boldsymbol{a}_R(\theta_{Ri})$ 可以写为

$$\boldsymbol{a}_R(\theta_{Ri})=[\mathrm{e}^{\mathrm{j}kr\cos(\theta_{Ri}-\beta_1)},\mathrm{e}^{\mathrm{j}kr\cos(\theta_{Ri}-\beta_2)},\cdots,\mathrm{e}^{\mathrm{j}kr\cos(\theta_{Ri}-\beta_{N_R})}]^{\mathrm{T}} \tag{10.18}$$

式中：$\beta_j=(2\pi/N_\mathrm{R})(j-1)(j=1,2,\cdots,N_\mathrm{R})$；$r$ 为 UCA 的半径，波数 $k=2\pi/\lambda$。

为了便于分析，这里我们只关注一维方位角，但该方法也适用于二维情况。MIMO 系统的容量可以表示为

$$C=\log_2\det\left(\boldsymbol{I}_{N_\mathrm{T}}+\frac{\rho}{N_\mathrm{T}}\boldsymbol{H}^{\mathrm{H}}\boldsymbol{H}\right) \tag{10.19}$$

10.3.1 紧凑 UCA 的信道矩阵 FFT 预处理

在天线选择之前，需要在射频链中进行基于 FFT 的预处理，这实际上是将阵元选择转换为波束选择。基于 FFT 的预处理后的信道矩阵可以表示为[137]

$$\widetilde{\boldsymbol{H}}_1=\boldsymbol{F}_1\boldsymbol{H} \tag{10.20}$$

其中

$$
\boldsymbol{F}_1 = \frac{1}{\sqrt{N_R}} \begin{bmatrix} 1 & 1 & \cdots & 1 \\ 1 & e^{-j\beta_2} & \cdots & e^{-j\beta_{N_R}} \\ \vdots & \vdots & \ddots & \vdots \\ 1 & e^{-j(N_R-1)\beta_2} & \cdots & e^{-j(N_R-1)\beta_{N_R}} \end{bmatrix} \tag{10.21}
$$

不失一般性,我们假设 N_R 是奇数并定义 $M=(N_R-1)/2$。FFT 矩阵 $\boldsymbol{F}_1$ 可以转换为一个 $\boldsymbol{F}_2$ 矩阵:

$$
\boldsymbol{F}_2 = \frac{1}{\sqrt{N_R}} \begin{bmatrix} 1 & e^{jM\beta_2} & \cdots & \cdots & e^{jM\beta_{N_R}} \\ \vdots & \vdots & \vdots & \vdots & \vdots \\ 1 & 1 & 1 & 1 & 1 \\ \vdots & \vdots & \vdots & \vdots & \vdots \\ 1 & e^{-jM\beta_2} & \cdots & \cdots & e^{-jM\beta_{N_R}} \end{bmatrix} \tag{10.22}
$$

式中:$\boldsymbol{F}_1$ 的行被重新排列为 $\boldsymbol{F}_2=\boldsymbol{T}\boldsymbol{F}_1$ 以方便进一步操作,变换矩阵 $\boldsymbol{T}\times\boldsymbol{T}^{H}=\boldsymbol{I}$,则

$$
\boldsymbol{T} = \begin{bmatrix} \boldsymbol{0}_{M\times(M+1)} & \boldsymbol{I}_M \\ \boldsymbol{I}_{M+1} & \boldsymbol{0}_{M\times(M+1)} \end{bmatrix} \tag{10.23}
$$

因此,经过波束空间预处理后的信道矩阵可以写为

$$
\widetilde{\boldsymbol{H}}_2 = \boldsymbol{F}_2\boldsymbol{H} = \boldsymbol{T}\boldsymbol{F}_1\boldsymbol{H} = \boldsymbol{T}\widetilde{\boldsymbol{H}}_1 \tag{10.24}
$$

应该注意的是,$\widetilde{\boldsymbol{H}}_2$ 中包含的信息与 $\widetilde{\boldsymbol{H}}_1$ 中相同,因为 $\boldsymbol{T}$ 矩阵是酉的。因此,在接下来的讨论中,我们将只关注信道矩阵 $\widetilde{\boldsymbol{H}}_2$。

由于圆形对称性,第 m 个相位模式激励的连续圆形孔径的阵列方向图可以写为[138-139]

$$
F_m(\theta) = \frac{1}{2\pi}\int_0^{2\pi} e^{jm\varphi} e^{jkr\cos(\theta-\varphi)} d\varphi = j^m J_m(kr) e^{jm\theta} \tag{10.25}
$$

式中:$J_m(\cdot)$ 为第一类 m 阶的贝塞尔函数。

由于当贝塞尔函数的阶数超过其参数时,相位模的振幅非常小。因此,对于给定的圆孔径,只能在合适的强度下激励 $\widetilde{M}\approx\lceil 2\pi r/\lambda\rceil$ 相位模式。换句话说,模阶大于 $\widetilde{M}\approx\lceil 2\pi r/\lambda\rceil$ 的 UCA 的相位模激励由于其强度非常小而可以忽略。当考虑具有离散阵元的 UCA 时,只要 UCA 中的阵元数满足 $N_R>2\widetilde{M}$,上述关于模空间变换的结论仍然成立,这意味着相邻阵列阵元之间的周间距应小于 0.5λ,则

$$\boldsymbol{f}_m \boldsymbol{a}_{\mathrm{UCA}}(\theta) \approx 0, \quad |m| > \widetilde{M} \tag{10.26}$$

式中：$\boldsymbol{f}_m = [1, \mathrm{e}^{\mathrm{j}m\beta_2}, \cdots, \mathrm{e}^{\mathrm{j}m\beta_{N_R}}]$，有

$$\boldsymbol{F}_2 \boldsymbol{a}_{\mathrm{UCA}}(\theta) \approx \begin{bmatrix} \boldsymbol{0}_{M\times(M+1)} \\ \widetilde{\boldsymbol{a}}_{\mathrm{UCA}}(\theta) \\ \boldsymbol{0}_{M\times(M+1)} \end{bmatrix} \tag{10.27}$$

式中：$\boldsymbol{a}_{\mathrm{UCA}}(\theta)$ 表示 UCA 的阵列导向矢量；$\widetilde{\boldsymbol{a}}_{\mathrm{UCA}}(\theta)$ 为由经过基于 FFT 的预处理后的阵列导向矢量在波束空间中的非零项组成的矢量。

基于以上讨论，对于在接收端有 UCA 的 MIMO 系统，基于 FFT 的预处理后的信道矩阵可以表示为

$$\widetilde{\boldsymbol{H}}_2 = \boldsymbol{F}_2 \boldsymbol{H} = \boldsymbol{F}_2 \boldsymbol{A}_R(\boldsymbol{\Theta}_R) \boldsymbol{H}_G \boldsymbol{A}_T^{\mathrm{H}}(\boldsymbol{\Theta}_R) = \boldsymbol{F}_2 \boldsymbol{A}_{\mathrm{UCA}}(\boldsymbol{\Theta}_R) \boldsymbol{H}_G \boldsymbol{A}_T^{\mathrm{H}}(\boldsymbol{\Theta}_R) \tag{10.28}$$

其中

$$\boldsymbol{F}_2 \boldsymbol{a}_{\mathrm{UCA}}(\boldsymbol{\Theta}_R) \approx \begin{bmatrix} \boldsymbol{0}_{(M-\widetilde{M})\times L} \\ \widetilde{\boldsymbol{A}}_{\mathrm{UCA}}(\boldsymbol{\Theta}_R) \\ \boldsymbol{0}_{(M-\widetilde{M})\times L} \end{bmatrix} \tag{10.29}$$

$$\widetilde{\boldsymbol{H}}_2 \approx \begin{bmatrix} \boldsymbol{0}_{(M-\widetilde{M})\times N_T} \\ \boldsymbol{H}_{\mathrm{select}} \\ \boldsymbol{0}_{(M-\widetilde{M})\times N_T} \end{bmatrix} \tag{10.30}$$

式中：$\boldsymbol{H}_{\mathrm{select}}$ 为一个具有非零项的 $(2\widetilde{M}+1)\times N_T$ 矩形矩阵。

因此，对于在接收机处有 UCA 的 MIMO 系统（在发射机处的阵列几何形状可以是任意的），经过 FFT 预处理后的信道矩阵只具有 $2\widetilde{M}+1$ 非零行（$\widetilde{\boldsymbol{H}}_2$）。这是一个有趣且非常有用的结果，有助于下面波束的选择。

(1) 由于 $\boldsymbol{F}_2$ 矩阵是单位矩阵，因此该 $(2\widetilde{M}+1)\times N_T$ 矩阵 $\boldsymbol{H}_{\mathrm{select}}$ 包含与和 $\widetilde{\boldsymbol{H}}_2$、$\boldsymbol{H}$ 相同的信道信息。从这个意义上说，该波束选择方案是一种最优的天线选择方案，它可以捕获所有的信道信息，并实现与全复杂度系统（使用所有的天线元件）相同的容量性能，但所选择的波束数量较少。

(2) $\widetilde{M} \approx \lceil 2\pi r/\lambda \rceil$ 仅由 UCA 的半径（根据波长）决定，因此 $\widetilde{\boldsymbol{H}}_2$ 中的非零行

数(或 $\boldsymbol{H}_{\text{select}}$ 的行维)并不依赖于阵元的实际数量 N_R。换句话说,将连接到后续射频链的选定波束的数量与阵元的数量 N_R 无关。这使得基于 FFT 预处理的技术对具有大量阵元的紧凑 UCA 的 MIMO 系统更有吸引力。与现有的元域次优天线选择方案相比,这意味着我们的最优波束选择方案的系统复杂度不会随着元域数量的增加而增加。此外,阵列半径越小(UCA 越紧凑),最优波束选择所需的射频链就越少。为了进行展示,$\widetilde{M} \approx \lceil 2\pi r/\lambda \rceil$ 随阵列半径 r(按波长计算)的变化如表 10.3 所列,可作为确定实现最优天线选择所需的射频链数量 N_L 的参考。可以看出,对于半径 0.1λ 的紧凑 UCA,无论接收机实际使用多少天线,只需要 $N_R > 2\widetilde{M}$,三条射频链就可以实现最优天线选择。

表 10.3　紧凑 UCA 不同阵列半径的 $\widetilde{M}$ 和 N_L 值

r/λ	0.5	0.45	0.4	0.35	0.3	0.25	0.2	0.15	0.1
$\widetilde{M}$	4	3	3	3	2	2	2	1	1
N_L	9	7	7	7	5	5	5	3	3

(3) 更重要的是,即使在接收机上没有 CSI,也可以实现最优的波束选择,因为在我们的波束选择方案中也不需要精确的信束矩阵知识。这与大多数现有的天线选择方案有很大的不同,后者强烈依赖于接收机的精确 CSI。

在上述公式中,假设有一个奇数 N_R。对于偶数 N_R 的情况,如果我们定义了 $\overline{M} = N_R/2 - 1$,对应的 $\boldsymbol{F}_2$ 也可以类似地表示为

$$\boldsymbol{F}_2 = \frac{1}{\sqrt{N_R}} \begin{bmatrix} 1 & e^{j\overline{M}\beta_2} & \cdots & \cdots & e^{j\overline{M}\beta_{N_R}} \\ \vdots & \vdots & \vdots & \vdots & \vdots \\ 1 & 1 & 1 & 1 & 1 \\ \vdots & \vdots & \vdots & \vdots & \vdots \\ 1 & e^{-j\overline{M}\beta_2} & \cdots & \cdots & e^{-j\overline{M}\beta_{N_R}} \\ 1 & e^{-j(\overline{M}+1)\beta_2} & \cdots & \cdots & e^{-j(\overline{M}+1)\beta_{N_R}} \end{bmatrix} \tag{10.31}$$

相应的酉变换矩阵为

$$\overline{\boldsymbol{T}} = \begin{bmatrix} \boldsymbol{0}_{\overline{M}\times(\overline{M}+2)} & \boldsymbol{I}_{\overline{M}} \\ \boldsymbol{I}_{\overline{M}+2} & \boldsymbol{0}_{\overline{M}\times(\overline{M}+2)} \end{bmatrix} \tag{10.32}$$

这里应该指出的是,$\widetilde{M} \approx \lceil 2\pi r/\lambda \rceil$ 实际上并不依赖于给定半径的阵元的数量。因此,对于 N_R 奇和偶情况,波束选择方法本质上是相同的,唯一的区别是

不同的波束排列。

我们针对紧凑 UCA 的最优天线选择方案已经回答了“在接收端有 UCA 的 MIMO 系统中,如何实现最小射频链数的最优天线选择,这个数字是多少”这个问题,为在接收机处具有紧凑 UCA 的 MIMO 系统的实际设计提供了方案。

值得注意的是,传统的交换波束天线系统的概念也不能直接等同于 MIMO 天线系统中基于 FFT 的天线/波束选择的概念。它们实际上有非常不同的功能,并针对不同的应用程序场景。

(1) 传统的开关波束天线系统基于检测接收到的信号强度,从多个预定义的波束中选择最佳波束,以优化对感兴趣信号(Signal Of Interest, SOI),同时抑制来自其他方向的干扰。然而,在 MIMO 系统中,天线选择的主要思想是使用有限数量的射频链,自适应地切换到可用天线的一个子集(从而形成一个选定的波束)。其目的是降低系统实现的硬件成本和计算复杂性,同时尽可能地抓住 MIMO 操作的优势。

(2) 对于交换波束天线系统,通常禁止出现严重的多路径信号,因为这将完全无法运行。然而,MIMO 天线阵列的设计是为了利用多路径信号。

(3) 这两种技术中的波束选择是基于不同的标准。开关波束天线系统中的波束选择取决于每个波束的接收信号强度。所选的波束实际上与 SOI 的 DOA 相关联。另外,在 MIMO 系统中的波束选择是基于最小化天线选择造成的香农容量损失。

(4) 对于配备 UCA 的传统交换波束天线系统,不可能使用 FFT 技术来设计预定义的波束,这种技术实际上会为来自任何 DOA 的信号产生一些空波束。这一特性对于传统的开关波束系统是不可取的,但它实际上促进了 MIMO 系统中天线/波束的选择。

10.3.2 互耦的信道矩阵

互耦合对 MIMO 系统的信道矩阵和天线选择方法的性能都有很大的影响。这对于具有紧凑 UCA 的 MIMO 系统来说更为严重,因为它们的阵元分离很小。然而,在接下来的分析中,我们将会表明,在一个紧凑的 UCA 中,有害的相互耦合效应实际上并不影响如 10.3.1 节所述的 MIMO 系统的显著特性。

在存在相互耦合的情况下,导向矢量可以被建模为

$$\breve{\boldsymbol{a}}_{\mathrm{UCA}}(\theta)=\boldsymbol{Z}\boldsymbol{a}_{\mathrm{UCA}}(\theta) \tag{10.33}$$

矩阵 $\boldsymbol{Z}$ 是 UCA 的互耦合矩阵(Mutual Coupling Matrix, MCM)。众所周知,复对称循环矩阵为 UCA 的 MCM 提供了一个令人满意的模型。例如,给定循环矢量(MCM 的第一行)为

$$z = [z(0), z(1), \cdots, z(p), z(p), z(2), z(1)] \tag{10.34}$$

$$z(i) = \boldsymbol{Z}_{1i}, i = 1, 2, \cdots, p+1 \tag{10.35}$$

式中：$p = N_R/2 - 1/2$ 假设 N_R 为奇数；UCA 中的相应 MCM 可以写为

$$\boldsymbol{Z} = \begin{bmatrix} z(0) & z(1) & z(2) & \cdots & z(p) & z(p) & \cdots & z(2) & z(1) \\ z(1) & z(0) & z(1) & z(2) & \cdots & z(p) & z(p) & \cdots & z(2) \\ z(2) & z(1) & z(0) & z(1) & z(2) & \cdots & z(p) & \cdots & z(3) \\ \vdots & \vdots & \vdots & \vdots & \vdots & \ddots & \vdots & \ddots & \vdots \\ zp() & z(p-1) & \cdots & z(2) & z(1) & z(0) & z(1) & \cdots & z(p) \\ z(p) & z(p) & z(p-1) & \cdots & z(2) & z(1) & z(0) & \cdots & z(p-1) \\ \vdots & \vdots & \vdots & \ddots & \vdots & \vdots & \vdots & \ddots & \vdots \\ z(2) & \cdots & z(p) & z(p) & \cdots & z(2) & z(1) & z(0) & z(1) \\ z(1) & z(2) & \cdots & z(p) & z(p) & \cdots & z(2) & z(1) & z(0) \end{bmatrix} \tag{10.36}$$

由于这种循环 MCM 和循环矢量的对称结构，那么 $\breve{\boldsymbol{a}}_{\mathrm{UCA}}(\theta)$ 本质上是理想导向矢量 $\boldsymbol{a}_{\mathrm{UCA}}(\theta)$ 与循环矢量 $\boldsymbol{z}$ 的周期卷积，即：

$$\breve{\boldsymbol{a}}_{\mathrm{UCA}}(\theta) = \boldsymbol{Z}\boldsymbol{a}_{\mathrm{UCA}}(\theta) = \boldsymbol{a}_{\mathrm{UCA}}(\theta) \circledast \boldsymbol{z} \tag{10.37}$$

式中："$\circledast$"代表离散序列的周期卷积。

另外，基于 FFT 的预处理矩阵可以看作是 DFT 和逆离散傅里叶变换(Inverse DFT, IDFT)算子的函数。因此，对于一个任意的矢量 $\boldsymbol{a}$，有

$$\boldsymbol{F}_2\boldsymbol{a} = \frac{1}{\sqrt{N_R}} \begin{bmatrix} \boldsymbol{f}_M \\ \boldsymbol{f}_{M+1} \\ \vdots \\ \boldsymbol{f}_1 \\ \boldsymbol{f}_0 \\ \hline \boldsymbol{f}_{-1} \\ \boldsymbol{f}_{-2} \\ \vdots \\ \boldsymbol{f}_{M-1} \\ \boldsymbol{f}_{-M} \end{bmatrix} \boldsymbol{a} = \frac{1}{\sqrt{N_R}} \begin{bmatrix} \mathrm{IDFT}_{(M+1:-1:1)}[\boldsymbol{a}] \\ \hline \mathrm{DFT}_{(2:M+1)}[\boldsymbol{a}] \end{bmatrix} \tag{10.38}$$

式中：$\mathrm{IDFT}_{(M+1:-1:1)}[\cdot]$ 为 $(M+1: -1:1)$ 元 IDFT；$\mathrm{DFT}_{(2:M+1)}[\boldsymbol{a}]$ 表示 $(2:M+1)$ 元 DFT。

根据离散卷积理论，时域的卷积对应于频域的乘法，即

$$\mathrm{DFT}[\boldsymbol{a}_{\mathrm{UCA}}(\theta) \circledast \boldsymbol{z}] = \mathrm{DFT}[\boldsymbol{a}_{\mathrm{UCA}}(\theta)] \odot \mathrm{DFT}[\boldsymbol{z}] \tag{10.39}$$

$$\mathrm{IDFT}[\boldsymbol{a}_{\mathrm{UCA}}(\theta) \circledast \boldsymbol{z}] = N_R \cdot \mathrm{IDFT}[\boldsymbol{a}_{\mathrm{UCA}}(\theta)] \odot \mathrm{IDFT}[\boldsymbol{z}] \tag{10.40}$$

$\boldsymbol{F}_2\breve{\boldsymbol{a}}_{\mathrm{UCA}}(\theta)$ 可以化简为

$$\begin{aligned}\boldsymbol{F}_2\breve{\boldsymbol{a}}_{\mathrm{UCA}}(\theta) &= \boldsymbol{F}_2(\boldsymbol{a}_{\mathrm{UCA}}(\theta) \circledast \boldsymbol{z}) \\ &= \frac{1}{\sqrt{N_R}}\begin{bmatrix}\mathrm{IDFT}_{(M+1:-1:1)}[\boldsymbol{a}_{\mathrm{UCA}}(\theta)] \\ \mathrm{DFT}_{(2:M+1)}[\boldsymbol{a}_{\mathrm{UCA}}(\theta)]\end{bmatrix} \odot \begin{bmatrix}N_R \cdot \mathrm{IDFT}_{(M+1:-1:1)}[\boldsymbol{z}] \\ \mathrm{DFT}_{(2:M+1)}[\boldsymbol{z}]\end{bmatrix} \\ &= \boldsymbol{F}_2\boldsymbol{a}_{\mathrm{UCA}}(\theta) \odot \begin{bmatrix}N_R \cdot \mathrm{IDFT}_{(M+1:-1:1)}[\boldsymbol{z}] \\ \mathrm{DFT}_{(2:M+1)}[\boldsymbol{z}]\end{bmatrix}\end{aligned} \tag{10.41}$$

令

$$\boldsymbol{m} = \begin{bmatrix}N_R \cdot \mathrm{IDFT}_{(M+1:-1:1)}[\boldsymbol{z}] \\ \mathrm{DFT}_{(2:M+1)}[\boldsymbol{z}]\end{bmatrix} \tag{10.42}$$

则

$$\boldsymbol{F}_2\breve{\boldsymbol{a}}_{\mathrm{UCA}}(\theta) = \boldsymbol{F}_2\boldsymbol{a}_{\mathrm{UCA}}(\theta) \odot \boldsymbol{m} \tag{10.43}$$

$$\boldsymbol{F}_2\breve{\boldsymbol{A}}_{\mathrm{UCA}}(\Theta_R) = \mathrm{diag}(\boldsymbol{m})\boldsymbol{F}_2\boldsymbol{A}_{\mathrm{UCA}}(\boldsymbol{\Theta}_R) \tag{10.44}$$

然后将存在相互耦合时的波束空间信道矩阵写为

$$\begin{aligned}\widetilde{\boldsymbol{H}}_2 &= \boldsymbol{F}_2\boldsymbol{H} = \boldsymbol{F}_2\breve{\boldsymbol{A}}_{\mathrm{UCA}}(\boldsymbol{\Theta}_R)\boldsymbol{H}_G\boldsymbol{A}_T^{\mathrm{H}}(\boldsymbol{\Theta}_R) \\ &= \mathrm{diag}(\boldsymbol{m})\boldsymbol{F}_2\boldsymbol{A}_{\mathrm{UCA}}(\boldsymbol{\Theta}_R)\boldsymbol{H}_G\boldsymbol{A}_T^{\mathrm{H}}(\boldsymbol{\Theta}_R) = \mathrm{diag}(\boldsymbol{m})\widetilde{\boldsymbol{H}}_2\end{aligned} \tag{10.45}$$

可以看出，相互耦合对波束空间信道矩阵 $\widetilde{\boldsymbol{H}}_2$ 的影响只是用对角矩阵 $\mathrm{diag}(\boldsymbol{m})$ 对接收机处的信号分量的调制。因此，紧凑型 UCA 的天线互耦合不会改变波束空间信道矩阵的良好结构，并降低基于 FFT 的天线选择方法的性能。此外，虽然上述公式忽略了发射机的相互耦合效应，但这并不影响上述结论的有效性，因为上述推定了发射机阵列导向矢量的任意结构。

10.3.3 仿真实验与分析

接下来通过仿真实例分析基于 FFT 预处理的天线选择方法。将该方法与全复杂度系统（不使用 FFT 预处理和在接收机处的所有天线元件）的性能进行比较，并与基于对所有可能的天线子集进行穷举搜索的 $N_{\mathrm{L}} = 2\widetilde{M} + 1$ 最优阵元域天线选择方法的性能进行比较。所有关于系统容量的模拟结果都是通过对在接收端有 UCA 的 17×8 MIMO 系统进行平均超过 10000 个信道实现来获得的。采用本节信道模型模拟空间相关信道，其中随机生成 200 条散射路径，路径增益为独立同分布高斯分布的变量。然后,用一个随机生成的不同强度的环状 MCM 来模拟 UCA 的相互耦合效应。阵列噪声由一个复 AWGN 矢量建模。

当 UCA 的阵列半径设置为时,选择表 10.3 中 $\widetilde{M}=2$ 和 $N_L=5$ 波束。在图 10.5 中,描述了三种具有 SNR = 20dB 的不同 MIMO 系统的容量的 CDF,在图 10.6 中,显示了[0 : 5 : 50](dB)的中断率为 10%的中断容量。由图可以看出,基于 FFT 的波束选择方法在阵元域上的性能明显优于最优天线选择方法,并且获得了与全复杂度系统几乎相同的容量性能(特别是在低信噪比情况下)。可以进一步推断,我们的波束选择方法对于具有大量的阵元的紧凑 UCA 更有吸引力,因为 UCA 的半径越小,越少的波束需要被选择接近全复杂性系统的容量性能。当数组阵列减小为 $r=0.1\lambda$ 时,其 $\widetilde{M}$ 的值为 1。在这种情况下,只需要选择波束,相应的 CDF 和 10%的服务中断容量如图 10.7 和图 10.8 所示。由图可以看出,与之前的情况相比,我们的波束选择方法的中断容量性能的偏离有所增加。然而,对于像这样一个非常紧凑的阵列,可以通过增加所选波束的数量来大大减缓性能的下降。

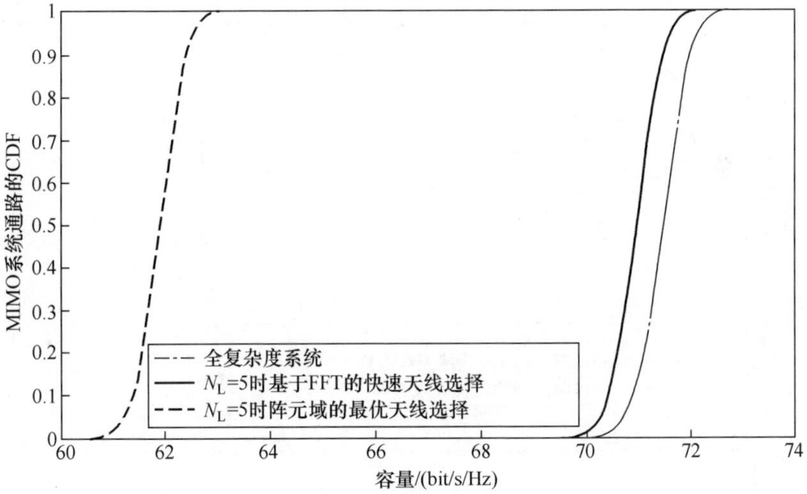

图 10.5　当 $r=0.2\lambda,\widetilde{M}=2,N_L=5$ 时容量的 CDF

从上述仿真结果可以看出,全复杂度系统的容量性能与我们基于 FFT 的波束选择方法之间只有很小的差异。这本质上是由于 $\widetilde{M}\approx\lceil 2\pi r/\lambda\rceil$ 存在非零误差。为了进一步提高容量性能,可以选择一个更大的值,如 $\widetilde{M}\approx\lceil 2\pi r/\lambda\rceil+1$。

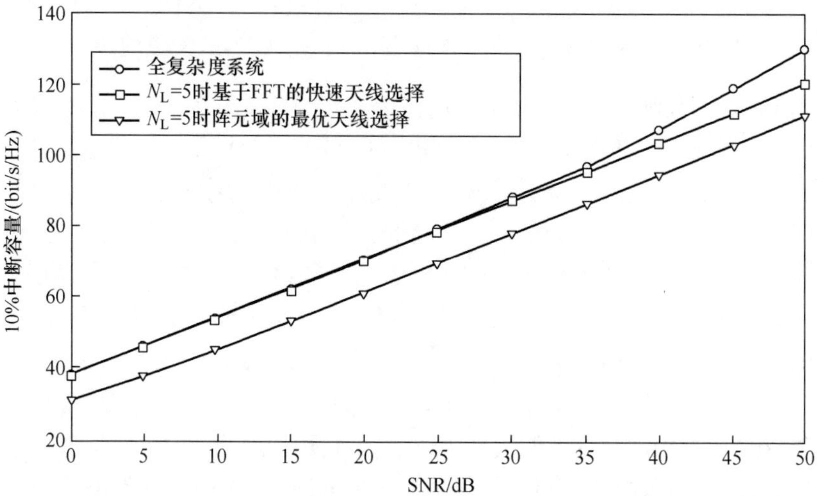

图 10.6　当 $r = 0.2\lambda, \widetilde{M} = 2, N_L = 5$ 时 10%中断容量

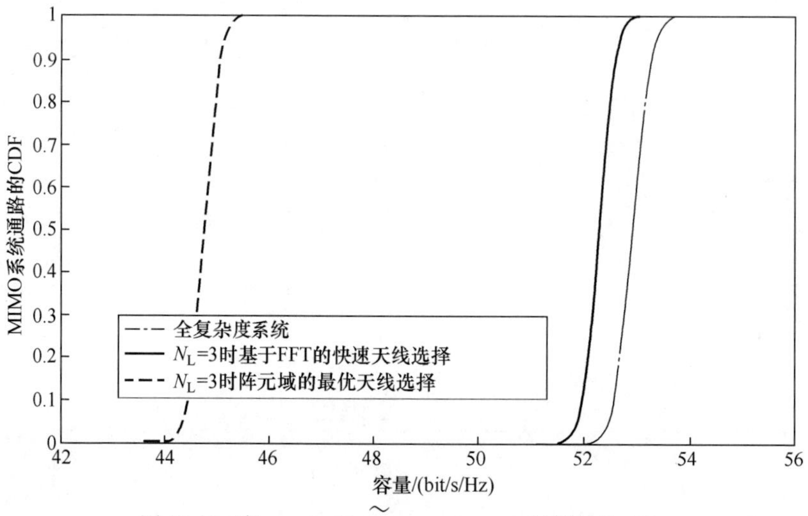

图 10.7　当 $r = 0.1\lambda, \widetilde{M} = 1, N_L = 3$ 时容量的 CDF

这意味着在MIMO系统中需要再选择两个波束，再需要两条射频链。例如，对于具有 $r = 0.1\lambda$ 的 UCA，如果选择 $\widetilde{M} = 2$ 而不是 1，则选择波束 $N_L = 5$。相应的 CDF 和中断容量如图 10.9 和图 10.10 所示，并与图 10.7 和图 10.8 中得到的结果进行了比较。由图可以看出，全复杂度系统的容量曲线和我们基于 FFT 的波

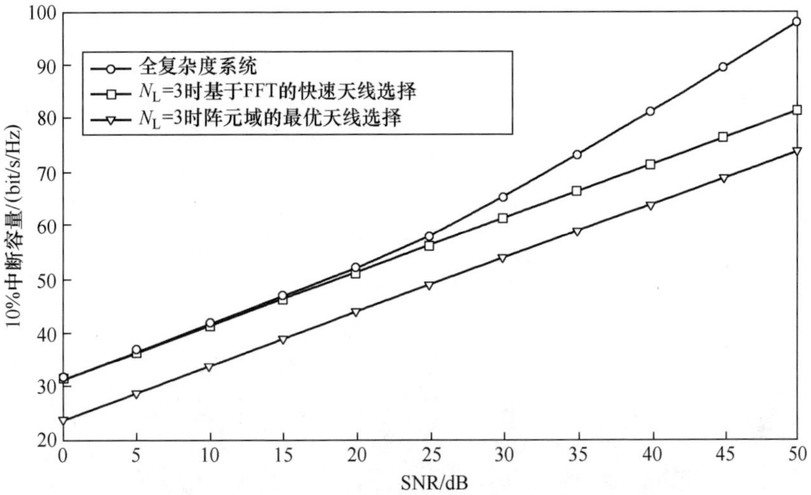

图 10.8　当 $r = 0.1\lambda, \widetilde{M} = 1, N_L = 3$ 时 10%中断容量

束选择在此时几乎有重叠。$\widetilde{M}$ 的选择主要取决于系统性能和成本约束之间的折中关系。$\widetilde{M} \approx \lceil 2\pi r/\lambda \rceil$ 的值应仅视为基于 FFT 的波束选择方法应选择的最小值。

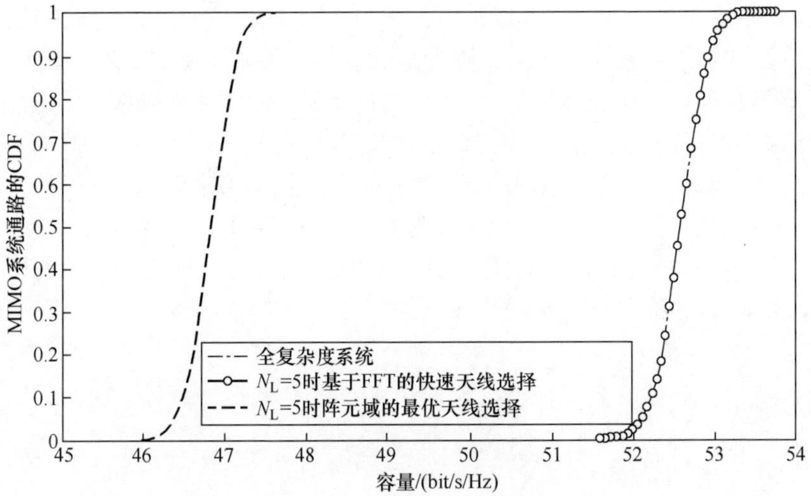

图 10.9　当 $r = 0.1\lambda, \widetilde{M} = 2, N_L = 5$ 时容量的 CDF

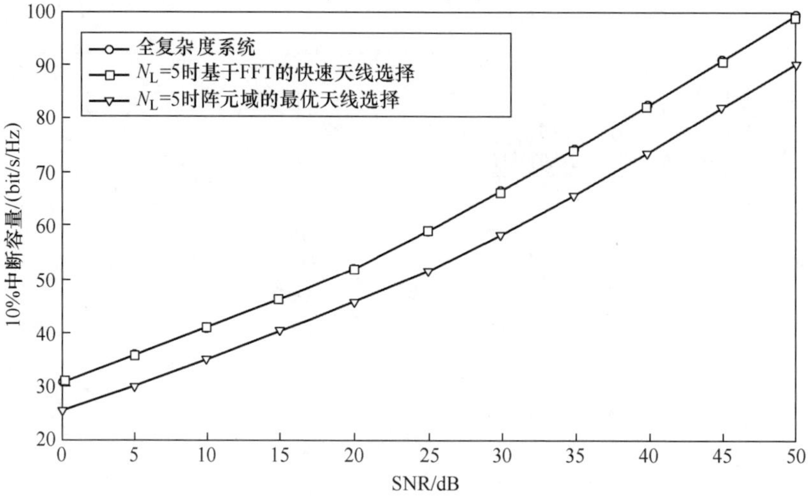

图 10.10　当 $r = 0.1\lambda, \widetilde{M} = 2, N_L = 5$ 时 10%中断容量

10.4　小　　结

本章针对天线选择问题展开了深入研究。首先,对于接收机天线多于发射机天线的 MIMO 系统,选择相同数量的接收机天线作为发射天线可以获得 MIMO 容量(这里我们把矩阵的行列式的模称为它的容量)性能的大部分优势,同时降低系统硬件和计算成本。介绍了一种全局的、快速的天线选择方法,能够通过直接、快速地搜索原始信道矩阵的最大容量子矩阵。由于其"全局搜索"的特性,该算法获得了接近最优的容量性能,且与现有的次优天线选择方法相当的计算负载和内存需求相当。其次,对于接收端为紧凑型 UCA 的 MIMO 系统,又介绍了一种基于 FFT 的波束空间天线选择方法。结果表明,在空间相关信道中,即使在接收机处没有 CSI,也能实现最佳的波束选择。紧凑型 UCA 的相互耦合效应并不影响基于 FFT 的预处理技术的良好特性,而只会导致用对角矩阵对接收机上的信号分量进行调制。

第11章 混合MIMO相控阵收发阵列天线的优化设计

11.1 引 言

通过空间分集和空分复用,MIMO 技术可以有效对抗通信中的多径衰落,提高频率和功率利用率,显著增加信道容量。虽然 MIMO 雷达大大提升了目标的辨识度和探测能力,但也潜在地增加了雷达系统的实现难度和代价,主要体现在两个方面。①阵列结构方面:传统的 MIMO 雷达发射的正交波形数目往往与发射阵列阵元个数相同,数量庞大的不同正交信号加大了雷达信号的设计难度,同时这些正交信号所需要的不同激励也在一定程度上增加了发射端独立功放的数量,提高了馈电网络的复杂度,也对接收端匹配滤波器性能和数量提出了较高要求。②系统性能方面:由于发射端全向发射的完全正交信号使得系统在获得波形分集增益的同时,相较于相控阵雷达损失了传输相干增益,严重影响了雷达系统功率利用率和接收端信噪比。相关理论研究表明,传统相控阵雷达接收端 SNR 与天线单元个数成三次方关系,而 MIMO 雷达则为平方关系,且这种 SNR 的损失在阵元数目较多的二维阵列上将显得更加严重。特别是,MIMO 雷达形成的虚拟孔径扩展的有效利用恰恰需要较高的 SNR 来支持。鉴于以上分析,相关学者给出了 MIMO 雷达应用模式的具体建议,当处于搜索模式时应用 MIMO 雷达优势较大,而处于跟踪模式建议采用相控阵雷达。综上所述,如何在保留 MIMO 雷达和相控阵雷达两者性能优势的同时取得良好的性能折中,目前已经引起了学术界得广泛关注。

基于以上分析,在综合 MIMO 雷达和相控阵雷达各自优缺点的基础上,一些学者尝将 MIMO 雷达与相控阵雷达各自优势进行整合,由此形成的新体制雷达——混合 MIMO 相控阵雷达(Hybrid Phased-MIMO Radar,HPMR)又称相控阵-MIMO(Phased-MIMO)雷达,是一种具有完备 MIMO 雷达性能优势并且兼具相控阵雷达发射相干增益优势的“折中性”雷达体制[139]。混合 MIMO 相控阵雷达基于相干 MIMO 雷达,通过对发射阵列进行合理的子阵划分,使得每个子阵工作在相控阵模式,在空间形成波束聚焦,增加了系统的发射相干增益,提高了系统功率利用率和接收端的 SNR;同时,子阵间发射不同的正交信号,实现了相干 MIMO 雷达的波形分集增益,在接收端实现了虚拟阵列的孔径扩展。相较于每个阵元发射相干信号的相控阵雷达和每个阵元发射相互正交信号的 MIMO 雷达,混合 MIMO 相控阵雷达可以根据实际需要更加灵活地设置每个阵元发射信号的模式。当子阵数目为 1 时,混合 MIMO 相控阵雷达可以看作工作在相控阵雷达模式,而当子阵数目等于发射阵元数目时,又可以看作 MIMO 雷达模式。通过调节子阵结构和数目,混合 MIMO 相控阵雷达可以灵活地工作在相控阵雷达和 MIMO 雷达两种雷达模式之间,形成传输相干增益和波形分集增益的良好折中。

我们关注的重点是如何在不增加雷达阵列设计复杂度的同时,实现最佳性能折中,参考文献[117-124]从 MIMO 雷达发射信号设计的角度实现了波束方向图的聚焦,但这种协方差矩阵设计往往会导致复杂的约束优化问题,通常没有封闭的可行解。与正交波形设计类似,相关波形的常数模态、自相关和互相关特性在实践中往往难以满足,这也给信号合成和功率放大带来了很大的困难。

本章利用多种不同方法在实现代价和孔径利用率方面的优势,对二维混合 MIMO 相控阵雷达收发阵列结构及其发射子阵分割进行设计。基于发射阵列结构与发射波形协方差矩阵的等效关系,拟通过阵列结构优化实现二维相干 MIMO 雷达波形分集增益和发射相干增益的最佳折中,以等效发射波形协方差矩阵的设计为桥梁,以接收虚拟阵列导向矢量的建模、分析与应用为主线,有效解决接收端信噪比和虚拟阵列孔径扩展之间的矛盾。本章主要介绍了基于嵌套阵的混合 MIMO 相控阵雷达优化设计的方法[141-144],基于十字阵的混合 MIMO 相控阵雷达优化设计的方法[145],以及基于卷积神经网络的交错稀疏阵列设计方法[112]。

11.2 基于嵌套阵的一维混合 MIMO 相控阵雷达收发阵列稀疏优化

发射端子阵分割在带来相控阵雷达相干处理增益的同时也造成混合 MIMO 相控阵雷达自由度的损失。而自由度是衡量雷达性能的一个重要参数,更多的自由度可以用来对抗更多的干扰、估计出更多目标的来向[116]。因此,如何在保留混合 MIMO 相控阵雷达优势的前提下提高自由度成了混合 MIMO 相控阵雷达的一个研究方向。现有文献中提出的稀疏阵列,如最小冗余阵列[146]、嵌套阵列[147]、互质阵列[148],这些稀疏阵列在阵元数目相同的情况下,相较于满阵,通过阵元的稀疏分布以及适当的信号处理技术可获得更大的虚拟阵列孔径以及更高的自由度。但是,最小冗余阵阵元位置以及自由度不具有闭合表达式,且需要通过复杂的算法才能得到,造成了计算量过大的问题,不便于实际应用研究。互质阵列的虚拟阵列不是均匀线阵,会对后续 DOA 估计产生较大影响。而嵌套阵列可以通过计算接收信号的二阶统计量实现在仅有 K 个实际阵元的情况下获得 $O(K^2)$ 的自由度,且阵元位置以及自由度具有闭合表达式。由于虚拟阵列是一个均匀线阵,使其在降低了计算复杂度的情况下,并不影响后续的 DOA 估计。基于此,将一维嵌套阵列与一维混合 MIMO 相控阵雷达的收发阵列相结合可以实现收发阵列结构的稀疏设计,且通过差异阵列处理可以扩展虚拟阵列孔径,弥补一维混合 MIMO 相控阵雷达的自由度损失,提高雷达参数估计性能。

11.2.1 基于嵌套阵的一维混合 MIMO 相控阵雷达收发阵列稀疏优化设计

11.2.1.1 一维嵌套阵列

一维嵌套阵列是通过系统地将两个或多个均匀线阵组合而成,在只有 N 个阵元的情况下,通过计算阵列接收信号的二阶统计量可以获得 $O(N^2)$ 自由度,如图 11.1 所示。

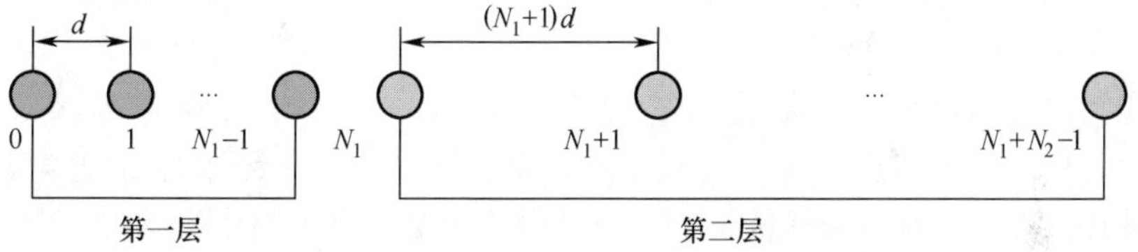

图 11.1 总阵元个数为 $N = N_1 + N_2$ 的一维嵌套阵列

其中,由两个均匀线阵组成的两层嵌套阵不仅可以提高阵列自由度,且形成的差异阵列为一个线性均匀满阵,而由超过两个均匀线阵组成的多层嵌套阵虽然提高了阵列自由度,但其差异阵列不是一个线性均匀满阵,会对后续的 DOA 估计产生一定的影响。因此,本节所述的一维嵌套阵列皆为两层嵌套阵。

一维嵌套阵由内层均匀线阵与外层均匀线阵组合形成,其中内层均匀线阵包含 N_1 个阵元,阵元间距设为 d, 外层均匀线阵包含 N_2 个阵元,阵元间距为 $(N_1 + 1)d$,如图 11.2 所示。因此,可将一维嵌套阵的阵元位置集表示为:

$$S_{1D} = \{nd, n = 1,2,\cdots,N_1,(N_1 + 1),2(N_1 + 1),\cdots,N_2(N_1 + 1)\} \tag{11.1}$$

图 11.2 给出了一个 N 为 6 的一维嵌套阵及其差异阵列,观察差异阵列可以得到以下两个重要结论。

(1) 一维嵌套阵的差异阵列关于中心阵元对称,是一个具有 $F = 2N_2(N_1 + 1) - 1$

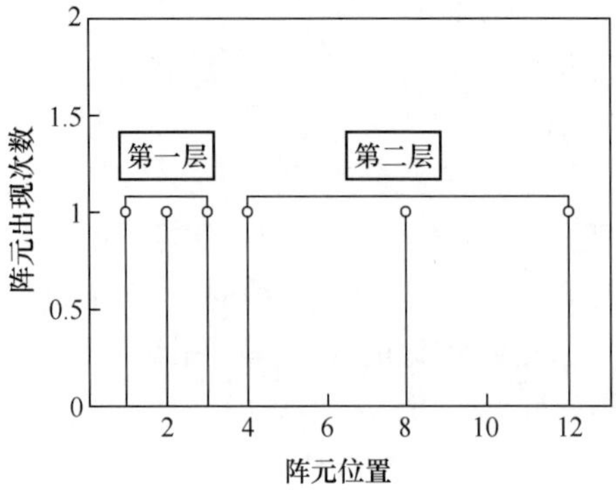

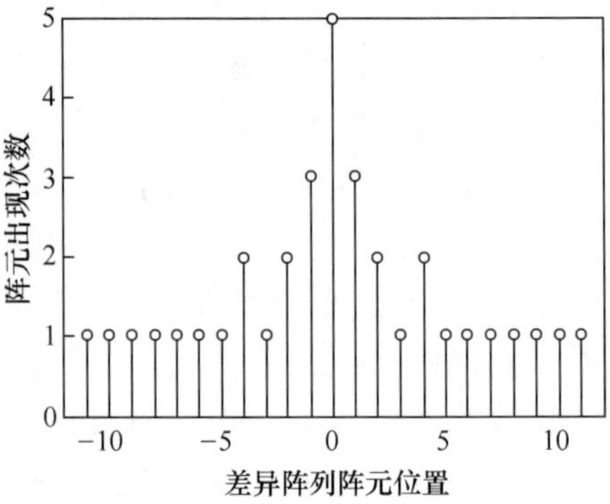

图 11.2 N 为 6 的一维嵌套阵及其差异阵列

个虚拟阵元的线性均匀满阵，其虚拟阵元位置集 S_{ca} 定义为

$$S_{ca}=\{nd,n=-M,\cdots,M,\ M=N_2(N_1+1)-1\} \tag{11.2}$$

(2) 与 MIMO 雷达的虚拟阵列相比，我们可以发现在总阵元个数相同的条件下，一维嵌套阵列形成的虚拟阵列的自由度是 MIMO 雷达虚拟阵列自由度的 2 倍。

以上结论证明在一维嵌套阵中，仅利用 N_1+N_2 个实际阵元就可得到 $2N_2(N_1+1)-1$ 的自由度。与需要大运算量算法计算得到阵列结构的最小冗余阵相比较，一维嵌套阵提供了一个可以系统化提高阵列自由度的方法。

在总阵元数固定为 N_1+N_2 的情况下，优化两个均匀线阵的阵元个数分配从而让一维嵌套阵的自由度 $2N_2(N_1+1)-1$ 最大化，其中优化问题可以通过算术-几何平均不等式解决。表 11.1 总结了一维嵌套阵列的阵元个数最优化分配及自由度。

表 11.1 一维嵌套阵列的阵元个数最优化分配及自由度

阵元总数 N	N_1、N_2 的最佳取值	自由度
偶数	$N_1=N_2=\frac{1}{2}N$	$\frac{N^2-2}{2}+N$
奇数	$N_1=\frac{N-1}{2},N_2=\frac{N+1}{2}$	$\frac{N^2-1}{2}+N$

表 11.1 中自由度的计算公式验证了一维嵌套阵列在仅有 N 个阵元的情况下，可以获得 $O(N^2)$ 自由度。

11.2.1.2 基于嵌套阵的一维混合 MIMO 相控阵雷达信号模型

基于嵌套阵的一维混合 MIMO 相控阵雷达信号模型通过以下五步构建。

(1) 将具有 M 个发射阵元的线阵作为发射阵列,采取重叠的子阵分割模式,取子阵个数为 K,则每个子阵包含阵元个数为 $M-K+1$。接着将前 K 个阵元设置为内层均匀线阵阵元间距等于半波长 d 的一维嵌套阵结构,后 $M-K$ 个阵元设置为阵元间距为 d 的均匀线阵,从而达到了对发射阵列进行稀疏的目的,发射阵列的阵元位置集表示为

$$\{p_{T,m}\} = \{a_m d \mid m = 1,2,\cdots,K,K+1,\cdots,M\} \tag{11.3}$$

式中:$\{a_m d\}_{m=1}^{M}$ 为一维嵌套阵的阵元位置集,可得波形分集增益为

$$\boldsymbol{d}(\theta) = [\mathrm{e}^{-\mathrm{j}\frac{2\pi}{\lambda}a_1 d\sin\theta},\cdots,\mathrm{e}^{-\mathrm{j}\frac{2\pi}{\lambda}a_K d\sin\theta}]^{\mathrm{T}} \tag{11.4}$$

前 K 个阵元形成的一维嵌套阵的自由度为

$$f_K = \begin{cases} \dfrac{K^2-2}{2}+K, & K\text{ 为偶数} \\ \dfrac{K^2-1}{2}+K, & K\text{ 为奇数} \end{cases} \tag{11.5}$$

(2) 将另一阵元个数为 N,具有更大内层均匀线阵阵元间距 Sd 的一维嵌套阵作为接收阵列,其阵元位置集表示为

$$\{p_{R,n}\} = \{b_n \cdot Sd \mid n = 1,2,\cdots,N\} \tag{11.6}$$

可得接收导向矢量为

$$\boldsymbol{b}(\theta) = [\mathrm{e}^{-\mathrm{j}\frac{2\pi}{\lambda}b_1 Sd\sin\theta}\cdots\mathrm{e}^{-\mathrm{j}\frac{2\pi}{\lambda}b_N Sd\sin\theta}]^{\mathrm{T}} \tag{11.7}$$

(3) 为了降低计算复杂度,假设发射权重矢量为

$$\boldsymbol{w}_k = \frac{\boldsymbol{a}_k(\theta)}{\|\boldsymbol{a}_k(\theta)\|},\quad k = 1,2,\cdots,K \tag{11.8}$$

可得发射相干处理增益矢量:

$$\begin{aligned}\boldsymbol{c}(\theta) &= \left[\frac{\boldsymbol{a}_1^{\mathrm{H}}(\theta)\boldsymbol{a}_1(\theta)}{\|\boldsymbol{a}_1(\theta)\|}\cdots\frac{\boldsymbol{a}_K^{\mathrm{H}}(\theta)\boldsymbol{a}_K(\theta)}{\|\boldsymbol{a}_K(\theta)\|}\right]^{\mathrm{T}} \\ &= [\sqrt{M-K+1}\cdots\sqrt{M-K+1}]^{\mathrm{T}}\end{aligned} \tag{11.9}$$

(4) 将式(11.4)、式(11.7)、式(11.9)代入 $\boldsymbol{u}(\theta) = (\boldsymbol{c}(\theta)\odot\boldsymbol{d}(\theta))\otimes\boldsymbol{b}(\theta)$,可得 $KN\times 1$ 维的虚拟导向矢量:

$$\begin{aligned}\boldsymbol{u}(\theta) &= (\boldsymbol{c}(\theta)\odot\boldsymbol{d}(\theta))\otimes\boldsymbol{b}(\theta) \\ &= \sqrt{M-K+1}[\mathrm{e}^{-\mathrm{j}\frac{2\pi}{\lambda}(a_1+b_1S)d\sin\theta}\cdots\mathrm{e}^{-\mathrm{j}\frac{2\pi}{\lambda}(a_1+b_NS)d\sin\theta}\cdots\mathrm{e}^{-\mathrm{j}\frac{2\pi}{\lambda}(a_K+b_1S)d\sin\theta}\cdots\mathrm{e}^{-\mathrm{j}\frac{2\pi}{\lambda}(a_K+b_NS)d\sin\theta}]^{\mathrm{T}}\end{aligned} \tag{11.10}$$

由一维混合 MIMO 相控阵雷达信号模型的推导过程[115],可知基于嵌套阵的一维混合 MIMO 相控阵雷达的接收虚拟数据矢量为

$$\boldsymbol{y} = \sum_{q=1}^{Q} \sqrt{\frac{M}{K}} \beta_q \boldsymbol{u}(\theta_q) + \hat{\boldsymbol{n}} \tag{11.11}$$

对式(11.11)两边同乘 $\sqrt{K/M}$，可得

$$\tilde{\boldsymbol{y}} = \sqrt{\frac{K}{M}} \boldsymbol{y} = \sum_{q=1}^{Q} \beta_q \boldsymbol{u}(\theta_q) + \sqrt{\frac{K}{M}} \hat{\boldsymbol{n}} = \boldsymbol{U\beta} + \sqrt{\frac{K}{M}} \hat{\boldsymbol{n}} \tag{11.12}$$

式中：$\boldsymbol{\beta} = [\beta_1 \cdots \beta_Q]^{\mathrm{T}}$ 是信源反射系数矢量。

$\boldsymbol{U}$ 为 $KN \times Q$ 维的初始虚拟阵列流形矩阵，可表示为

$$\boldsymbol{U} = \sqrt{M - K + 1} \begin{bmatrix} \mathrm{e}^{-\mathrm{j}\frac{2\pi}{\lambda}(a_1+b_1S)d\sin\theta_1} \cdots \mathrm{e}^{-\mathrm{j}\frac{2\pi}{\lambda}(a_1+b_1S)d\sin\theta_Q} \\ \vdots \qquad\qquad \vdots \\ \mathrm{e}^{-\mathrm{j}\frac{2\pi}{\lambda}(a_1+b_NS)d\sin\theta_1} \cdots \mathrm{e}^{-\mathrm{j}\frac{2\pi}{\lambda}(a_1+b_NS)d\sin\theta_Q} \\ \vdots \qquad\qquad \vdots \\ \mathrm{e}^{-\mathrm{j}\frac{2\pi}{\lambda}(a_K+b_1S)d\sin\theta_1} \cdots \mathrm{e}^{-\mathrm{j}\frac{2\pi}{\lambda}(a_K+b_1S)d\sin\theta_Q} \\ \vdots \qquad\qquad \vdots \\ \mathrm{e}^{-\mathrm{j}\frac{2\pi}{\lambda}(a_K+b_NS)d\sin\theta_1} \cdots \mathrm{e}^{-\mathrm{j}\frac{2\pi}{\lambda}(a_K+b_NS)d\sin\theta_Q} \end{bmatrix} \tag{11.13}$$

(5) 为了应用雷达系统收发阵列稀疏设计扩展孔径长度，提高自由度的优势，构建差异阵列。首先求式(11.12)的协方差矩阵 $\boldsymbol{R}_{\tilde{y}\tilde{y}}$；其次将所得协方差矩阵矢量化，从而得到基于嵌套阵的一维混合 MIMO 相控阵雷达的差异阵列数据矩阵，即

$$\boldsymbol{y} = \mathrm{vec}(\boldsymbol{R}_{\tilde{y}\tilde{y}}) = (\boldsymbol{U}^* \oplus \boldsymbol{U})\boldsymbol{p} + \frac{K}{M}\sigma_n^2 \boldsymbol{I} \tag{11.14}$$

其中，差异阵列流形矩阵 U^* 可表示为

$$\boldsymbol{U}^* \oplus \boldsymbol{U} = (M - K + 1) \begin{pmatrix} \mathrm{e}^{-\mathrm{j}\frac{2\pi}{\lambda}(a_1+b_1S-a_1-b_1S)d\sin\theta_1} \cdots \mathrm{e}^{-\mathrm{j}\frac{2\pi}{\lambda}(a_1+b_1S-a_1-b_1S)d\sin\theta_Q} \\ \vdots \qquad\qquad \vdots \\ \mathrm{e}^{-\mathrm{j}\frac{2\pi}{\lambda}(a_K+b_NS-a_1-b_1S)d\sin\theta_1} \cdots \mathrm{e}^{-\mathrm{j}\frac{2\pi}{\lambda}(a_K+b_NS-a_1-b_1S)d\sin\theta_Q} \\ \vdots \qquad\qquad \vdots \\ \mathrm{e}^{-\mathrm{j}\frac{2\pi}{\lambda}(a_1+b_1S-a_K-b_NS)d\sin\theta_1} \cdots \mathrm{e}^{-\mathrm{j}\frac{2\pi}{\lambda}(a_1+b_1S-a_K-b_NS)d\sin\theta_Q} \\ \vdots \qquad\qquad \vdots \\ \mathrm{e}^{-\mathrm{j}\frac{2\pi}{\lambda}(a_K+b_NS-a_K-b_NS)d\sin\theta_1} \cdots \mathrm{e}^{-\mathrm{j}\frac{2\pi}{\lambda}(a_K+b_NS-a_K-b_NS)d\sin\theta_Q} \end{pmatrix} \tag{11.15}$$

由式(11.15)可以看到，差异阵列流形矩阵大小为 $K^2N^2 \times Q$，且式(11.15)又可以表示为

$$\boldsymbol{U}^{*}\oplus\boldsymbol{U}=(M+K-1)\begin{pmatrix} \mathrm{e}^{-\mathrm{j}\frac{2\pi}{\lambda}[a_1-a_1+(b_1-b_1)S]\,d\sin\theta_1}\cdots\mathrm{e}^{-\mathrm{j}\frac{2\pi}{\lambda}[a_1-a_1+(b_1-b_1)S]\,d\sin\theta_Q} \\ \vdots \qquad\qquad \vdots \\ \mathrm{e}^{-\mathrm{j}\frac{2\pi}{\lambda}(a_K-a_1+(b_N-b_1)S)d\sin\theta_1}\cdots\mathrm{e}^{-\mathrm{j}\frac{2\pi}{\lambda}(a_K-a_1+(b_N-b_1)S)d\sin\theta_Q} \\ \vdots \qquad\qquad \vdots \\ \mathrm{e}^{-\mathrm{j}\frac{2\pi}{\lambda}(a_1-a_K+(b_1-b_N)S)d\sin\theta_1}\cdots\mathrm{e}^{-\mathrm{j}\frac{2\pi}{\lambda}(a_1-a_K+(b_1-b_N)S)d\sin\theta_Q} \\ \vdots \qquad\qquad \vdots \\ \mathrm{e}^{-\mathrm{j}\frac{2\pi}{\lambda}(a_K-a_K+(b_N-b_N)S)d\sin\theta_1}\cdots\mathrm{e}^{-\mathrm{j}\frac{2\pi}{\lambda}(a_1-a_K+(b_1-b_N)S)d\sin\theta_Q} \end{pmatrix} \tag{11.16}$$

基于式(11.16)可得差异阵列的位置集为 $\{(a_i-a_j+(b_p-b_q)\cdot S)\cdot d\,|\,i,j=1,\cdots,K,\ p,q=1,\cdots,N\}$，其中 a_i-a_j 包含 f_K 个连续整数，因此，当 $S=f_K$ 时，$a_i-a_j+(b_p-b_q)\cdot S$ 所包含的连续整数为 $f_K\cdot f_N$，此时式(11.16)对应的差异阵列位置集的基数等于 $f_K\cdot f_N$。因此，可以得到基于嵌套阵的一维混合MIMO相控阵雷达所形成的差异阵列自由度为 $f_K\cdot f_N$，其中 f_N 为接收阵列的自由度，因接收阵列为一维嵌套阵列，则接收阵列的自由度为

$$f_N=\begin{cases}\dfrac{N^2-2}{2}+N, & N\text{ 为偶数}\\[2mm] \dfrac{N^2-1}{2}+N, & N\text{ 为奇数}\end{cases} \tag{11.17}$$

因此，基于嵌套阵的一维混合 MIMO 相控阵雷达、文献[149]所提接收阵列稀疏的一维混合 MIMO 相控阵雷达以及传统一维混合 MIMO 相控阵雷达的自由度分别可以表示为：

$$f_{\text{nested-pa-mimo}}=f_K\cdot f_N \tag{11.18}$$

$$f_{[149]}=f_N+2K-1 \tag{11.19}$$

$$f_{\text{pa-mimo}}=K+N \tag{11.20}$$

基于上述分析，可以得出当 S 等于 f_K 时，差异阵列流形矩阵对应一个线性均匀满阵。相比于文献[149]中仅应用一维嵌套阵实现接收阵列稀疏的一维混合 MIMO 相控阵雷达，基于嵌套阵的一维混合 MIMO 相控阵雷达通过将一维嵌套阵应用于收发阵列的联合稀疏中，同时在合理范围内最大化接收阵列最小阵元间距 S_d，减少了差异阵列虚拟阵元冗余，进一步扩展了虚拟阵列孔径，进而得到阵列自由度的提升。

在总阵元数固定为 $M+N=G$，且保持一定的发射相干处理增益情况下，寻求最佳的发射阵元数和接收阵元数以使虚拟孔径扩展程度达到最大。由于一维

均匀重叠子阵分割模式下，子阵个数通常选为发射阵元数目的一半，因此可得 $M=2K$。通过使用算术-几何平均不等式，可以获得发射阵元数 M 和接收阵元数 N 的最佳取值，即

$$
\begin{cases}
M=\dfrac{2}{3}G, N=\dfrac{1}{3}G, & G\text{ 是 3 的整数倍} \\
M=\left\lfloor\dfrac{2}{3}(G-1)\right\rfloor, N=\left\lceil\dfrac{1}{3}(G+2)\right\rceil, & G\text{ 不是 3 的整数倍}
\end{cases}
\tag{11.21}
$$

其中：$\lfloor X\rfloor$ 表示对 X 作向下取整；$\lceil X\rceil$ 表示对 X 作向上取整。一旦 M 和 N 确定了，则可以利用 $M=2K$ 及一维嵌套阵的阵列结构轻易获得发射端和接收端的最优稀疏阵列结构，无须复杂算法，并且计算量不会随着阵元个数的增加而增加。因此，利用该方法可以很容易地构建一个具有更大虚拟孔径的一维混合 MIMO 相控阵雷达。

图 11.3 所示为一个 $M=8$、$K=4$、$N=4$ 的基于嵌套阵的一维混合 MIMO 相控阵雷达的例子，由于差异阵列具有对称性，因此图中只给出了差异阵列的非负部分。在这个例子中，发射端 $f_K=11$，因此将接收端一维嵌套阵的最小阵元间距设为 $Sd=11d$。由图 11.3 可看出，所得到的差异阵列为一个线性均匀满阵，且虚拟阵元数目得到了极大提高，虚拟阵列孔径得到了极大扩展。

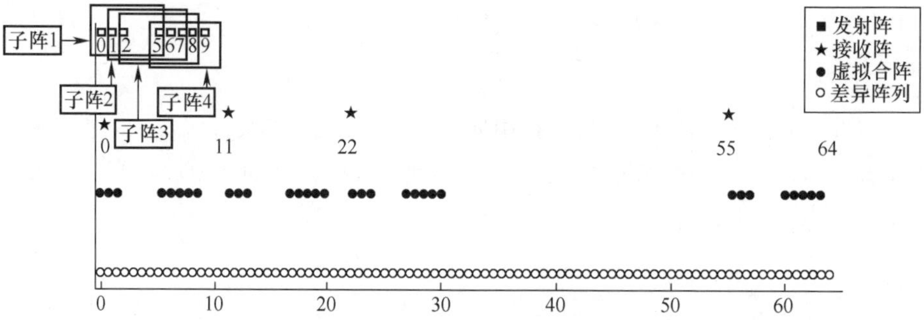

图 11.3　$M=8$、$K=4$、$N=4$ 的基于嵌套阵的一维 MIMO 相控阵雷达（见彩图）

11.2.1.3　基于嵌套阵的一维混合 MIMO 相控阵雷达 DOA 估计算法

经过差异阵列处理后数据矩阵的协方差矩阵秩为 1，差异阵列对应的等效信源被认为是相干信源，所以在应用传统的 MUSIC 算法对其进行 DOA 估计前，应先应用空间平滑算法对等效相干信源解相干，构建一个秩增强的信号矩阵。具体步骤如下。

（1）去除 $\boldsymbol{U}^*\oplus\boldsymbol{U}$ 中出现的冗余元素，使得每一元素只出现一次，并将剩余元素按序排列，从而构建一个大小为 $f_K f_N\times Q$ 的新的阵列流形矩阵 $\boldsymbol{U}_1$，对应于

$\boldsymbol{U}_1$ 的新的数据矩阵为

$$\hat{\boldsymbol{y}}_1 = \boldsymbol{U}_1\boldsymbol{p} + \frac{K}{M}\sigma_n^2\boldsymbol{I}_1 \tag{11.22}$$

式中：$\boldsymbol{I}_1$ 为第 $\frac{f_K f_N+1}{2}$ 项元素为 1，其余项元素皆为 0 的 $f_K f_N \times 1$ 维列矢量。

（2）将新的阵列流形矩阵按行划分为 $\frac{f_K f_N+1}{2}$ 个行元素均匀重叠的子流形矩阵，每个子流形矩阵包含 $\boldsymbol{U}_1$ 的 $\frac{f_K f_N+1}{2}$ 行元素。定义 $\boldsymbol{U}_{1i}$ 为 $\frac{f_K f_N+1}{2}\times Q$ 维的子流形矩阵，其为由 $\boldsymbol{U}_1$ 的 $\frac{f_K f_N+1}{2}-i+1$ 行到 $f_K f_N - i + 1$ 行组成的矩阵，$\boldsymbol{I}_{1i}$ 是第 i 项元素为 1，其余项元素皆为 0 的列矢量，则可定义对应第 i 个子流形矩阵的数据矩阵为

$$\hat{\boldsymbol{y}}_{1i} = \boldsymbol{U}_{1i}\boldsymbol{p} + \frac{K}{M}\sigma_n^2\boldsymbol{I}_{1i} = \boldsymbol{U}_{11}\,\boldsymbol{\Lambda}^{i-1}\boldsymbol{p} + \frac{K}{M}\sigma_n^2\boldsymbol{I}_{1i} \tag{11.23}$$

其中

$$\boldsymbol{\Lambda} = \begin{pmatrix} \mathrm{e}^{-\mathrm{j}\frac{2\pi}{\lambda}d\sin\theta_1} & & & \\ & \mathrm{e}^{-\mathrm{j}\frac{2\pi}{\lambda}d\sin\theta_2} & & \\ & & \ddots & \\ & & & \mathrm{e}^{-\mathrm{j}\frac{2\pi}{\lambda}d\sin\theta_Q} \end{pmatrix}$$

接下来，求得 $\hat{\boldsymbol{x}}_{1i}$ 的协方差矩阵为

$$\begin{aligned} \boldsymbol{R}_i &= E\{\hat{\boldsymbol{y}}_{1i}\,\hat{\boldsymbol{y}}_{1i}^{\mathrm{H}}\} \\ &= \boldsymbol{U}_{11}\boldsymbol{\Lambda}^{i-1}\boldsymbol{p}\boldsymbol{p}^{\mathrm{H}}\,\boldsymbol{\Lambda}^{i-1\,\mathrm{H}}\boldsymbol{U}_{11}^{\mathrm{H}} + \frac{K^2}{M^2}\sigma_n^4\boldsymbol{I}_{1i}\boldsymbol{I}_{1i}^{\mathrm{H}} \\ &\quad + \frac{K}{M}\sigma_n^2\boldsymbol{U}_{11}\,\boldsymbol{\Lambda}^{i-1}\boldsymbol{p}\boldsymbol{I}_{1i}^{\mathrm{H}} + \frac{K}{M}\sigma_n^2\boldsymbol{I}_{1i}\boldsymbol{p}^{\mathrm{H}}\,\boldsymbol{\Lambda}^{i-1\,\mathrm{H}}\boldsymbol{U}_{11}^{\mathrm{H}} \end{aligned} \tag{11.24}$$

则通过对所有 $\hat{\boldsymbol{y}}_{1i}$ 的协方差矩阵求平均可得空间平滑协方差矩阵：

$$\boldsymbol{R}_{ss} \overset{\mathrm{def}}{=\!=} \frac{2}{f_K\ f_N+1}\sum_{i=1}^{\frac{f_K f_N+1}{2}}\boldsymbol{R}_i \tag{11.25}$$

通过应用空间平滑算法处理，所得 $\boldsymbol{R}_{ss}$ 为一个满秩矩阵，因此可直接应用基于特征值分解的 MUSIC 算法对其作 DOA 估计。

11.2.2 仿真实验与分析

11.2.2.1 自由度对比

基于嵌套阵的一维混合 MIMO 相控阵雷达、接收阵列稀疏的一维混合 MIMO 相控阵雷达以及传统一维混合 MIMO 相控阵雷达的自由度计算公式(11.18)、式(11.19)和式(11.20),可总结这三种雷达的自由度对比如表 11.2 所列。

表 11.2 雷达自由度对比

雷达类别	自由度
传统一维混合 MIMO 相控阵雷达	$O(K)+O(N)$
接收阵列稀疏的一维混合 MIMO 相控阵雷达	$O(K)+O(N^2)$
基于嵌套阵的一维混合 MIMO 相控阵雷达	$O(K^2)O(N^2)$

从表 11.2 可看出,在收发阵列阵元数目及子阵个数都相同的情况下,基于嵌套阵的一维混合 MIMO 相控阵雷达具有最高的自由度,其次为接收阵列稀疏的一维混合 MIMO 相控阵雷达。传统的一维混合 MIMO 相控阵雷达自由度最低,接收阵列稀疏的一维混合 MIMO 相控阵雷达自由度高于传统一维混合 MIMO 相控阵雷达的原因在于其通过在接收端应用嵌套阵对接收阵列稀疏设计,从而通过差异阵列处理获得了更高的自由度。基于嵌套阵的一维混合 MIMO 相控阵雷达在此基础上,进一步应用嵌套阵实现发射阵列稀疏,且合理地设置接收阵列的最小阵元间距 $Sd=f_Kd$,从而实现了差异阵列冗余元素的大幅减少,进一步扩展了阵列孔径,因此基于嵌套阵的一维混合 MIMO 相控阵雷达具有高于接收阵列稀疏的一维混合 MIMO 相控阵雷达的自由度。

11.2.2.2 DOA 估计性能对比

在这一部分,通过对比雷达可估计信源数目以及 DOA 估计精度来展现基于嵌套阵的一维混合 MIMO 相控阵雷达的 DOA 估计性能优势。实验均在高斯白噪声环境下进行,蒙特卡罗仿真次数设为 100 次。

首先对基于嵌套阵的一维混合 MIMO 相控阵雷达、接收阵列稀疏的一维混合 MIMO 相控阵雷达以及传统一维混合 MIMO 相控阵雷达的可估计信源数目做一个比较。假设发射阵元个数为 8,子阵个数为 4,接收阵元个数为 5,快拍数为 500,信噪比设为 0。图 11.4 展现了当 6 个不相干信源的角度正弦值 $\sin\theta$ 均匀地处于-1 到 1 之间时,三种雷达 DOA 估计的 MUSIC 空间谱。可以看出,三种雷达皆可成功估计出 6 个信源。但是,基于嵌套阵的一维混合 MIMO 相控阵雷达的 MUSIC 谱估计信源角度范围最窄,谱峰明显。其次为接收阵列稀疏的一维混合 MIMO 相控阵雷达,传统一维混合 MIMO 相控阵雷达 MUSIC 谱估计信源角度范围最宽,效果最差。基于此:首先可初步得出基于嵌套阵的一维混合 MIMO 相控阵雷达估计精度最高;然后为接收阵列稀疏的一维混合 MIMO 相控阵雷达,传统一维混合 MIMO 相控阵雷达估计精度最低。

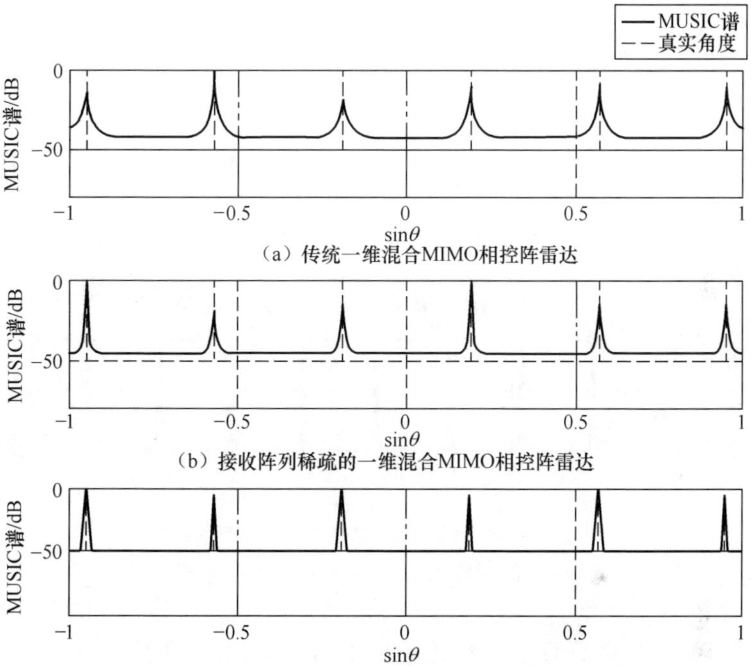

(a) 传统一维混合MIMO相控阵雷达

(b) 接收阵列稀疏的一维混合MIMO相控阵雷达

(c) 基于嵌套阵的一维混合MIMO相控阵雷达

图 11.4　空间存在 6 个信源时的 MUSIC 空间谱比较

增加信源个数到 10,此时的 MUSIC 空间谱如图 11.5 所示。由图可以看出,基于嵌套阵的一维混合 MIMO 相控阵雷达和接收阵列稀疏的一维混合 MIMO 相控阵雷达依然可成功估计出 10 个信源,而传统一维混合 MIMO 相控阵雷达则失败了。

再次增加信源个数到 35,MUSIC 空间谱如图 11.6 所示,可看出此时只有基于嵌套阵的一维混合 MIMO 相控阵雷达 MUSIC 谱谱峰清晰可辨,能够对 35 个信源成功估计。

总结以上所得结果,可知基于嵌套阵的一维混合 MIMO 相控阵雷达可估计信源数目最多,其次为接收阵列稀疏的一维混合 MIMO 相控阵雷达,传统一维混合 MIMO 相控阵雷达可估计信源数目最少。结合这个结论与 11.1.2 节所得自由度对比,验证了自由度越高,可估计信源数目越多的结论。

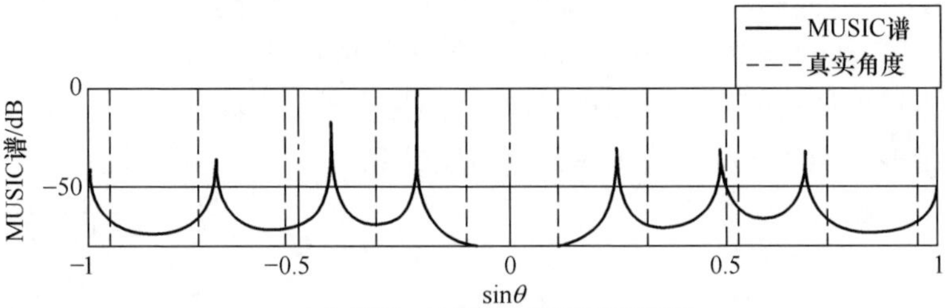

（a）传统一维混合MIMO相控阵雷达

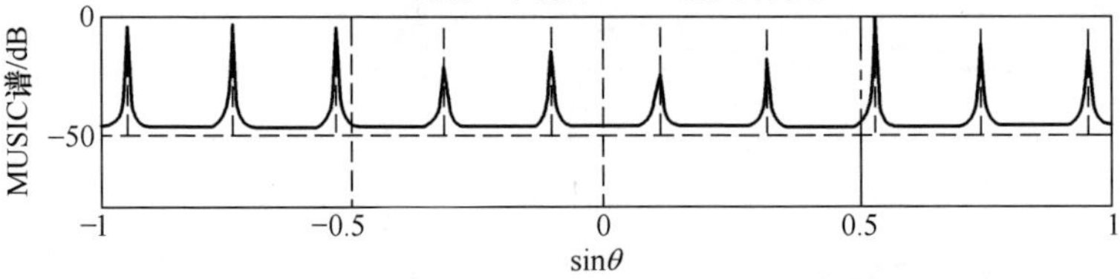

（b）接收阵列稀疏的一维混合MIMO相控阵雷达

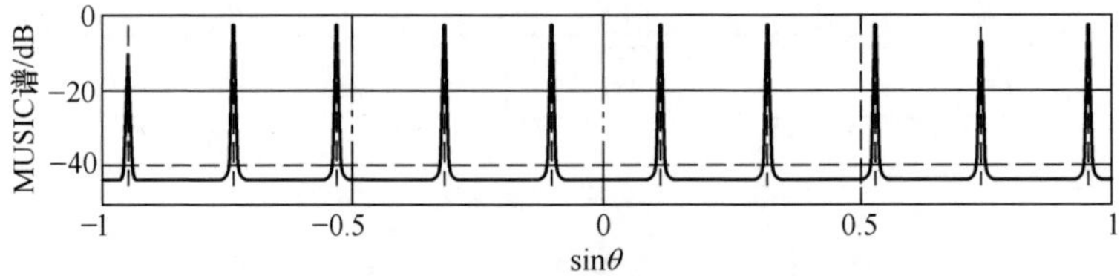

（c）基于嵌套阵的一维混合MIMO相控阵雷达

图 11.5　空间存在 10 个信源时的 MUSIC 空间谱比较

为了应用数据明确直观地对比三种雷达的 DOA 估计精度，计算出图 11.4 存在 6 个信源时三种雷达的估计均方根误差（RMSE），计算公式为

$$\mathrm{RMSE} = \sqrt{\frac{1}{L}\sum_{l=1}^{L} E\left(\hat{\theta}_q - \theta_q\right)^2} \tag{11.26}$$

式中：$\hat{\theta}_q$ 表示第 q 个信源位置 θ_q 的 DOA 估计值；E 表示统计平均；L 表示蒙特卡罗仿真次数。

图 11.7 所示为当信噪比从−10dB 以 5dB 为间隔递增到 25dB 时，三种雷达的估计均方根误差随 SNR 的变化关系图。由图可以看出，三种雷达的估计均方根误差均随着 SNR 的升高而降低，但在 SNR 相同的情况下，基于嵌套阵的一维混合 MIMO 相控阵雷达估计均方根误差最小，其次为接收阵列稀疏的一维混合 MIMO 相控阵雷达，传统一维混合 MIMO 相控阵雷达估计均方根误差最大。估计均方根误差越小，估计精度越高。因此，可知与现有的接收阵列稀疏的一维混合 MIMO 相控阵雷达和传统一维混合 MIMO 相控阵雷达相比，基于嵌套阵的一维混合 MIMO 相控阵雷达具有更高的估计精度。

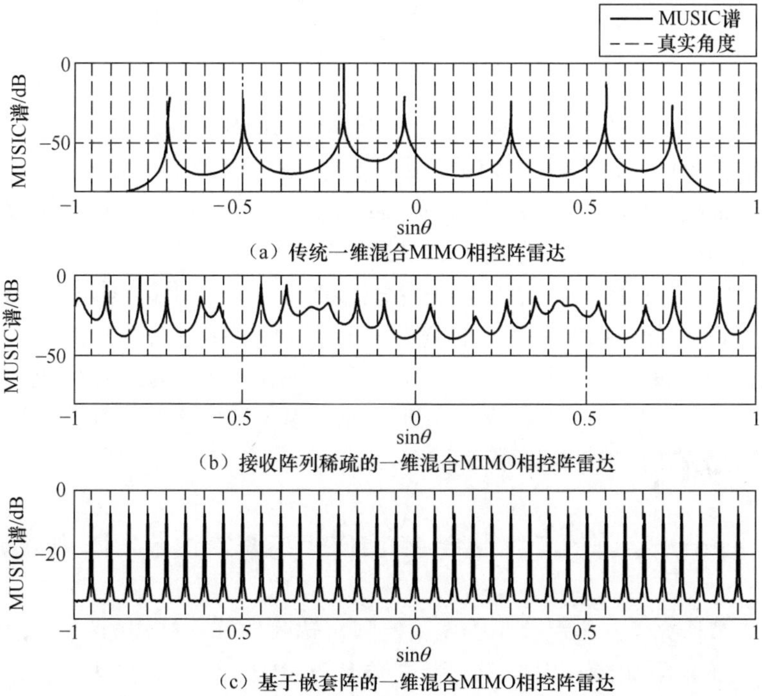

图 11.6 空间存在 35 个信源时的 MUSIC 空间谱比较

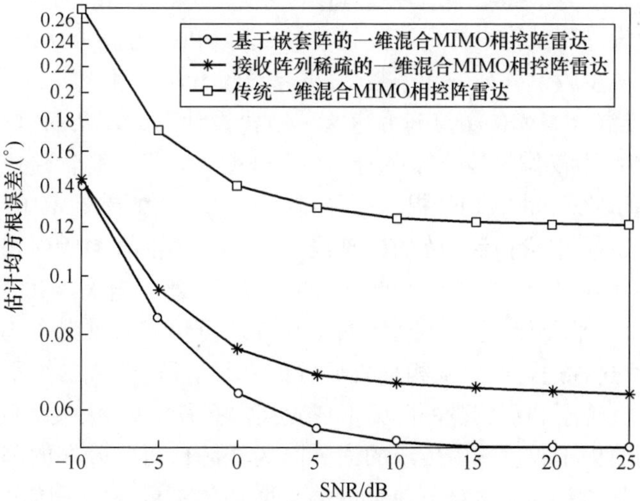

图 11.7 估计均方根误差与 SNR

综合以上实验结果，可以得出基于嵌套阵的一维混合 MIMO 相控阵雷达 DOA 估计性能优于接收阵列稀疏的一维混合 MIMO 相控阵雷达和传统一维混合 MIMO 相控阵雷达。

本小节基于一维嵌套阵列给出了一维混合 MIMO 相控阵雷达收发阵列结构的稀疏优化设计。首先，在均匀重叠子阵分割模式下，基于一维嵌套阵列实现发射阵列的稀疏优化；其次，将一维嵌套阵列引入接收阵列设计，且将接收端的一维嵌套阵列最小阵元间距设置为发射端前 K 个阵元的自由度大小，从而实现了对混合 MIMO 相控阵雷达的联合稀疏优化；最后，通过对雷达虚拟合阵做差异阵列处理得到差异阵列，扩展了虚拟阵列孔径，提高了雷达自由度。仿真实验表明，相较于已有的接收阵列稀疏的一维混合 MIMO 相控阵雷达和传统一维混合 MIMO 相控阵雷达，基于嵌套阵的一维混合 MIMO 相控阵雷达可检测更多的信源，且具有更高的 DOA 估计精度。

11.3 基于十字阵的二维混合 MIMO 相控阵雷达收发阵列稀疏优化

本小节研究了二维混合 MIMO 相控阵雷达收发阵列结构的稀疏优化设计。相较于一维混合 MIMO 相控阵雷达，二维混合 MIMO 相控阵雷达不只存在发射端子阵分割导致雷达自由度的降低，影响雷达目标检测性能的问题，还存在阵元数目过多、硬件平台体积过大、质量增加、同时发射激励和接收端匹配滤波器个数过多，发射正交波形和后端信号处理设计复杂、成本过高的问题。针对以上问题，对雷达收发阵列结构进行稀疏优化设计，能够在获得虚拟孔径扩展，自由度提升的同时，减少收发阵列阵元个数，降低系统设计难度和成本。

对于二维混合 MIMO 相控阵雷达这种结构设计更为复杂的雷达系统来说，文献[150-151]中仅作为接收阵列的十字形阵列为收发阵列稀疏优化设计提供了新思路，基于此，本小节初步提出一种新的十字形二维混合 MIMO 相控阵雷达阵列设计方法，通过将十字形阵的横轴线阵作为二维混合 MIMO 相控阵雷达的发射端，纵轴线阵作为接收端，由此形成的十字形二维混合 MIMO 相控阵雷达虚拟阵列为一个二维面阵，达到了利用两个线阵就可形成二维混合 MIMO 相控阵雷达的目的。这种通过两个互相垂直放置的一维线阵，形成二维平面阵元扩展的方法，不仅实现了利用较少的阵元形成较高的孔径扩展，大大降低雷达硬件成本的目的，同时由于收发端由传统的面阵降为线阵使得收发端的阵列稀疏优化复杂度降低了。基于此，本小节在发射端采取均匀不重叠的子阵分割方式基础上，结合十字形二维稀疏混合 MIMO 相控阵雷达特点。将文献[152]提出的共轭嵌套阵列引入十字形二维混合 MIMO 相控阵雷达的收发端，并对形成的虚拟阵列进行差异阵列处理得到一个具有更大孔径。虚拟阵元均匀分布的差异阵列，即本小节提出的十字形二维稀疏混合 MIMO 相控阵雷达，实现了大幅度提高雷达自由度同时兼顾硬件成本的目的。这对于推进雷达的实际应用具有一定的理论研究意义。

11.3.1 共轭嵌套阵列

共轭嵌套阵列是通过将一维嵌套阵列的内层均匀线阵与外层均匀线阵的位置互换所得，结构本质并未改变。图 11.8 所示为由 K 个阵元组成的共轭嵌套阵列，其为两个均匀线阵的组合，这两个均匀线阵分别由阵元间距为 d 的 K_1 个阵元以及阵元间距为 K_1d 的 K_2 个阵元组成，并且这两个均匀线阵共用序号为 K_2 的阵元。图 11.8 中阵元上方数字表示阵元序号，下方数字表示以序号为 K_2 的阵元为参考点，其余阵元相对于参考点的阵元位置。从图 11.8 可以很明显得出阵元总数为

$$K = K_1 + K_2 - 1 \tag{11.27}$$

孔径长度为

$$L = (K_2 - 1)K_1d + (K_1 - 1)d = (K_1K_2 - 1)d \tag{11.28}$$

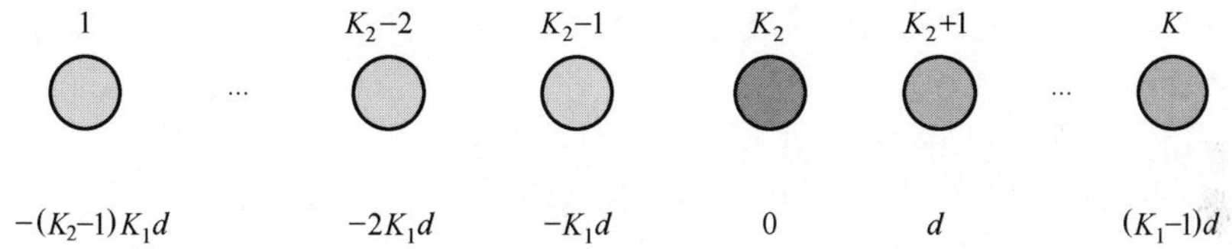

图 11.8 共轭嵌套阵列结构(见彩图)

根据差异阵列的对称特性以及嵌套阵列差异阵列为均匀满阵的性质，可得共轭嵌套阵列的自由度为

$$f_M = 2\frac{L}{d} + 1 = 2K_1K_2 - 1 \tag{11.29}$$

在阵元总数固定为 $K = K_1 + K_2 - 1$ 的情况下，基于式(11.29)，通过算术-几何平均不等式得到使得自由度取最大值的 K_1、K_2，如表 11.3 所列。

表 11.3 共轭嵌套阵列 K_1、K_2 的最优取值及自由度

阵元总数 K	K_1、K_2 的最佳取值	自由度
偶数	$K_1 = \frac{1}{2}K, K_2 = \frac{1}{2}(K+2)$	$\frac{K^2-2}{2} + K$
奇数	$K_1 = K_2 = \frac{1}{2}(K+1)$	$\frac{K^2-1}{2} + K$

11.3.2 基于十字阵的二维混合 MIMO 相控阵雷达收发阵列稀疏优化设计

首先基于十字阵提出了十字形收发阵列结构的二维混合 MIMO 相控阵雷达,简称为十字形二维混合 MIMO 相控阵雷达;其次结合共轭嵌套阵列对十字形二维混合 MIMO 相控阵雷达收发阵列进行稀疏化设计,从而得到十字形二维稀疏混合 MIMO 相控阵雷达。本节将重点从十字形二维稀疏混合 MIMO 相控阵雷达信号模型的构建及其 DOA 估计算法两方面来介绍十字形二维稀疏混合 MIMO 相控阵雷达。

11.3.2.1 十字形二维稀疏混合 MIMO 相控阵雷达信号模型

一个典型的十字形二维稀疏混合 MIMO 相控阵雷达如图 11.9 所示,该雷达由分别位于 x 轴上的 M 个发射阵元以及 y 轴上的 N 个接收阵元组成,x 轴上不同颜色的圆点代表不同的子阵。其基本思想是先对 x 轴的发射阵作均匀不重叠的子阵分割,子阵分割数目为 $K(1 \leqslant K \leqslant M)$,每个子阵包含相同数目的 $M_K = \dfrac{M}{K}$ 个阵元。

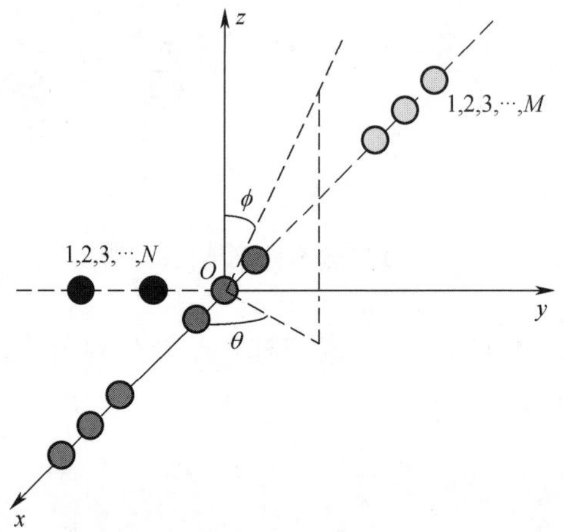

图 11.9 十字形二维稀疏混合 MIMO 相控阵雷达示意图(见彩图)

随后将 K 个子阵以每个子阵中心阵元作为等效发射子阵按照具有最小子阵间距 $M_K d$ 的共轭嵌套阵形式排列,子阵内阵元间隔 d 为半波长。则 K 个等效发射子阵的位置表示为

$$\{p_{T,k}\} = \{t_k M_K d \mid k = 1,2,\cdots,K\} \tag{11.30}$$

根据混合 MIMO 相控阵雷达信号模型,可定义第 k 个子阵的 $M \times 1$ 维发射导向矢量为

$$\boldsymbol{a}_k(\theta,\phi) \xlongequal{\text{def}} \boldsymbol{Z}_k \odot \boldsymbol{a}(\theta,\phi) \tag{11.31}$$

其中

$$\begin{aligned}\boldsymbol{a}(\theta,\phi) = [\, & \mathrm{e}^{\mathrm{j}2\pi\left(M_K t_1 - \frac{M_K-1}{2}\right) d\sin\theta\cos\phi} \cdots \mathrm{e}^{\mathrm{j}2\pi\left(M_K t_1 + \frac{M_K-1}{2}\right) d\sin\theta\cos\phi} \cdots \\ & \mathrm{e}^{\mathrm{j}2\pi\left(M_K t_K - \frac{M_K-1}{2}\right) d\sin\theta\cos\phi} \cdots \mathrm{e}^{\mathrm{j}2\pi\left(M_K t_K + \frac{M_K-1}{2}\right) d\sin\theta\cos\phi}\,]^{\mathrm{T}}\end{aligned} \tag{11.32}$$

为发射阵列的 $M \times 1$ 维发射导向矢量。

为了进一步对虚拟阵列进行扩展,将 y 轴接收阵的 N 个阵元同样按照共轭嵌套阵的形式排列,取最小阵元间距为 d, 如图 11.9 所示。则接收阵元的位置可以表示为

$$\{p_{R,n}\} = \{r_n d \mid n = 1,2,\cdots,N\} \tag{11.33}$$

接收导向矢量为 $N \times 1$ 维的 $\boldsymbol{b}(\theta,\phi) = [\,\mathrm{e}^{-\mathrm{j}\frac{2\pi}{\lambda}r_1 d\sin\theta\sin\phi} \cdots \mathrm{e}^{-\mathrm{j}\frac{2\pi}{\lambda}r_N d\sin\theta\sin\phi}\,]^{\mathrm{T}}$。

经过混合 MIMO 相控阵雷达信号模型的推导过程,可得匹配滤波后的接收虚拟数据矩阵:

$$\hat{\boldsymbol{y}} = [\boldsymbol{y}_1^{\mathrm{T}} \cdots \boldsymbol{y}_K^{\mathrm{T}}]^{\mathrm{T}} = \sum_{q=1}^{Q} \sqrt{\frac{M}{K}} \beta_q \boldsymbol{u}(\theta_q,\phi_q) + \hat{\boldsymbol{n}} \tag{11.34}$$

其中

$$\begin{aligned}\boldsymbol{u}(\theta,\phi) &= (\boldsymbol{c}(\theta,\phi) \odot \boldsymbol{d}(\theta,\phi)) \otimes \boldsymbol{b}(\theta,\phi) \\ &= (c_1(\theta,\phi)\mathrm{e}^{-\mathrm{j}\frac{2\pi}{\lambda}(M_K t_1 d\sin\theta\cos\phi + r_1 d\sin\theta\sin\phi)} \cdots c_1(\theta,\phi)\mathrm{e}^{-\mathrm{j}\frac{2\pi}{\lambda}(M_K t_1 d\sin\theta\cos\phi + r_N d\sin\theta\sin\phi)} \cdots \\ &\quad c_K(\theta,\phi)\mathrm{e}^{-\mathrm{j}\frac{2\pi}{\lambda}(M_K t_K d\sin\theta\cos\phi + r_1 d\sin\theta\sin\phi)} \cdots c_K(\theta,\phi)\mathrm{e}^{-\mathrm{j}\frac{2\pi}{\lambda}(M_K t_K d\sin\theta\cos\phi + r_N d\sin\theta\sin\phi)})^{\mathrm{T}}\end{aligned} \tag{11.35}$$

是十字形二维稀疏混合 MIMO 相控阵雷达的 $KN \times 1$ 维虚拟导向矢量。

类似于基于嵌套阵的一维混合 MIMO 相控阵雷达信号模型推导过程,为了降低计算复杂度,设发射权值矢量为

$$\boldsymbol{w}_k = \frac{\boldsymbol{a}_k(\theta,\phi)}{\|\boldsymbol{a}_k(\theta,\phi)\|}, \quad k = 1,2,\cdots,K \tag{11.36}$$

则发射相干处理增益为

$$\boldsymbol{c}(\theta,\phi) = \left[\frac{\boldsymbol{a}_1^{\mathrm{H}}(\theta,\phi)\boldsymbol{a}_1(\theta,\phi)}{\|\boldsymbol{a}_1(\theta,\phi)\|} \cdots \frac{\boldsymbol{a}_K^{\mathrm{H}}(\theta,\phi)\boldsymbol{a}_K(\theta,\phi)}{\|\boldsymbol{a}_K(\theta,\phi)\|}\right]^{\mathrm{T}} = [\sqrt{M_K} \cdots \sqrt{M_K}]^{\mathrm{T}} \tag{11.37}$$

将式(11.37)代入式(11.35)可得

$$\begin{aligned}\boldsymbol{u}(\theta,\phi)&=(\boldsymbol{c}(\theta,\phi)\odot\boldsymbol{d}(\theta,\phi))\otimes\boldsymbol{b}(\theta,\phi)\\&=(\sqrt{M_K}\mathrm{e}^{-\mathrm{j}\frac{2\pi}{\lambda}(M_Kt_1d\sin\theta\cos\phi+r_1d\sin\theta\sin\phi)}\cdots\sqrt{M_K}\mathrm{e}^{-\mathrm{j}\frac{2\pi}{\lambda}(M_Kt_1d\sin\theta\cos\phi+r_Nd\sin\theta\sin\phi)}\cdots\\&\quad\sqrt{M_K}\mathrm{e}^{-\mathrm{j}\frac{2\pi}{\lambda}(M_Kt_Kd\sin\theta\cos\phi+r_1d\sin\theta\sin\phi)}\cdots\sqrt{M_K}\mathrm{e}^{-\mathrm{j}\frac{2\pi}{\lambda}(M_Kt_Kd\sin\theta\cos\phi+r_Nd\sin\theta\sin\phi)})^{\mathrm{T}}\end{aligned}\tag{11.38}$$

由于此时所得十字形二维稀疏混合 MIMO 相控阵雷达的虚拟合阵不是一个均匀面阵,存在某些位置阵元的缺失,因此会影响后续的 DOA 估计算法精度。针对以上问题。对十字形二维稀疏混合 MIMO 相控阵雷达的虚拟阵列进行差异阵列处理得到虚拟阵元均匀分布的差异阵列,这不止解决了虚拟合阵不是均匀面阵的问题,而且极地程度地扩展了阵列孔径。

对式(11.34)两边同乘 $\sqrt{K/M}$,得到

$$\tilde{\boldsymbol{y}}=\sqrt{\frac{K}{M}}\boldsymbol{x}=\sum_{q=1}^{Q}\beta_q\boldsymbol{u}(\theta_q,\phi_q)+\sqrt{\frac{K}{M}}\hat{\boldsymbol{n}}=\boldsymbol{U\beta}+\sqrt{\frac{K}{M}}\hat{\boldsymbol{n}}\tag{11.39}$$

其中

$$\boldsymbol{U}=\sqrt{M_K}\begin{bmatrix}\mathrm{e}^{-\mathrm{j}\frac{2\pi}{\lambda}(M_Kt_1d\sin\theta_1\cos\phi_1+r_1d\sin\theta_1\sin\phi_1)}\cdots\mathrm{e}^{-\mathrm{j}\frac{2\pi}{\lambda}(M_Kt_1d\sin\theta_Q\cos\phi_Q+r_1d\sin\theta_Q\sin\phi_Q)}\\ \vdots\qquad\qquad\vdots\\ \mathrm{e}^{-\mathrm{j}\frac{2\pi}{\lambda}(M_Kt_1d\sin\theta_1\cos\phi_1+r_Nd\sin\theta_1\sin\phi_1)}\cdots\mathrm{e}^{-\mathrm{j}\frac{2\pi}{\lambda}(M_Kt_1d\sin\theta_Q\cos\phi_Q+r_Nd\sin\theta_Q\sin\phi_Q)}\\ \vdots\qquad\qquad\vdots\\ \mathrm{e}^{-\mathrm{j}\frac{2\pi}{\lambda}(M_Kt_Kd\sin\theta_1\cos\phi_1+r_1d\sin\theta_1\sin\phi_1)}\cdots\mathrm{e}^{-\mathrm{j}\frac{2\pi}{\lambda}(M_Kt_Kd\sin\theta_Q\cos\phi_Q+r_1d\sin\theta_Q\sin\phi_Q)}\\ \vdots\qquad\qquad\vdots\\ \mathrm{e}^{-\mathrm{j}\frac{2\pi}{\lambda}(M_Kt_Kd\sin\theta_1\cos\phi_1+r_Nd\sin\theta_1\sin\phi_1)}\cdots\mathrm{e}^{-\mathrm{j}\frac{2\pi}{\lambda}(M_Kt_Kd\sin\theta_Q\cos\phi_Q+r_Nd\sin\theta_Q\sin\phi_Q)}\end{bmatrix}\tag{11.40}$$

表示最初的虚拟阵列流形矩阵,大小为 $KN\times Q$。

根据差异阵列信号模型的推导过程,首先求取式(11.39)的协方差矩阵,其次将所得协方差矩阵矢量化可得差异阵列的数据矩阵,即

$$\hat{\boldsymbol{y}}=(\boldsymbol{U}^*\oplus\boldsymbol{U})\boldsymbol{p}+\frac{K}{M}\sigma_n^2\boldsymbol{I}\tag{11.41}$$

其中，差异阵列流形矩阵 $\boldsymbol{U}^* \oplus \boldsymbol{U}$ 可表示为

$$\boldsymbol{U}^* \oplus \boldsymbol{U} =$$

$$M_K\begin{pmatrix}
e^{-j\frac{2\pi}{\lambda}[M_K(t_1-t_1)d\sin\theta_1\cos\phi_1+(r_1-r_1)d\sin\theta_1\sin\phi_1]} & \cdots & e^{-j\frac{2\pi}{\lambda}[M_K(t_1-t_1)d\sin\theta_Q\cos\phi_Q+(r_1-r_1)d\sin\theta_Q\sin\phi_Q]} \\
\vdots & & \vdots \\
e^{-j\frac{2\pi}{\lambda}[M_K(t_1-t_1)d\sin\theta_1\cos\phi_1+(r_N-r_1)d\sin\theta_1\sin\phi_1]} & \cdots & e^{-j\frac{2\pi}{\lambda}[M_K(t_1-t_1)d\sin\theta_Q\cos\phi_Q+(r_N-r_1)d\sin\theta_Q\sin\phi_Q]} \\
\vdots & & \vdots \\
e^{-j\frac{2\pi}{\lambda}[M_K(t_K-t_1)d\sin\theta_1\cos\phi_1+(r_1-r_1)d\sin\theta_1\sin\phi_1]} & \cdots & e^{-j\frac{2\pi}{\lambda}[M_K(t_K-t_1)d\sin\theta_Q\cos\phi_Q+(r_1-r_1)d\sin\theta_Q\sin\phi_Q]} \\
\vdots & & \vdots \\
e^{-j\frac{2\pi}{\lambda}[M_K(t_K-t_1)d\sin\theta_1\cos\phi_1+(r_N-r_1)d\sin\theta_1\sin\phi_1]} & \cdots & e^{-j\frac{2\pi}{\lambda}[M_K(t_K-t_1)d\sin\theta_Q\cos\phi_Q+(r_N-r_1)d\sin\theta_Q\sin\phi_Q]} \\
\vdots & & \vdots \\
e^{-j\frac{2\pi}{\lambda}[M_K(t_1-t_K)d\sin\theta_1\cos\phi_1+(r_1-r_N)d\sin\theta_1\sin\phi_1]} & \cdots & e^{-j\frac{2\pi}{\lambda}[M_K(t_1-t_K)d\sin\theta_Q\cos\phi_Q+(r_1-r_N)d\sin\theta_Q\sin\phi_Q]} \\
\vdots & & \vdots \\
e^{-j\frac{2\pi}{\lambda}[M_K(t_1-t_K)d\sin\theta_1\cos\phi_1+(r_N-r_N)d\sin\theta_1\sin\phi_1]} & \cdots & e^{-j\frac{2\pi}{\lambda}[M_K(t_1-t_K)d\sin\theta_Q\cos\phi_Q+(r_N-r_N)d\sin\theta_Q\sin\phi_Q]} \\
\vdots & & \vdots \\
e^{-j\frac{2\pi}{\lambda}[M_K(t_K-t_K)d\sin\theta_1\cos\phi_1+(r_1-r_N)d\sin\theta_1\sin\phi_1]} & \cdots & e^{-j\frac{2\pi}{\lambda}[M_K(t_K-t_K)d\sin\theta_Q\cos\phi_Q+(r_1-r_N)d\sin\theta_Q\sin\phi_Q]} \\
\vdots & & \vdots \\
e^{-j\frac{2\pi}{\lambda}[M_K(t_K-t_K)d\sin\theta_1\cos\phi_1+(r_N-r_N)d\sin\theta_1\sin\phi_1]} & \cdots & e^{-j\frac{2\pi}{\lambda}[M_K(t_K-t_K)d\sin\theta_Q\cos\phi_Q+(r_N-r_N)d\sin\theta_Q\sin\phi_Q]}
\end{pmatrix} \tag{11.42}$$

从式(11.42)可以看出，差异阵列流形矩阵 $\boldsymbol{U}^* \oplus \boldsymbol{U}$ 大小为 $K^2N^2 \times Q$，而最初的虚拟阵列流形矩阵 $\boldsymbol{U}$ 大小为 $KN \times Q$，并且差异阵列流形矩阵中出现了阵元位置差，这一变化表明了阵列的有效孔径得到了大幅度的扩展。由于共轭嵌套阵的差异阵列是一个均匀线阵，因此所提雷达系统最终形成的差异阵列为均匀矩形面阵，从 $\boldsymbol{U}^* \oplus \boldsymbol{U}$ 也可得出这一结论。在阵列流形矩阵的变化中还可得出相干处理增益变大的结论，每个发射子阵的相干处理增益由 $\sqrt{M_K}$ 变为了 M_K。

图 11.10~图 11.12 分别展示了一个具有 12 个发射阵元，4 个接收阵元，子阵个数为 4 的十字形二维稀疏混合MIMO相控阵雷达的实际阵元分布，虚拟合阵以及差异阵列的示例。可以看出在收发端阵元总数为 15 的情况下（收发端共用了一个阵元，所以阵元总数由 16 变为 15），通过对十字形二维稀疏混合 MIMO 相控阵雷达的虚拟合阵进行差异阵列处理可以得到一个拥有更多虚拟阵元的差异阵列。从这个例子可看出利用两个线阵就可形成一个二维的均匀矩形面阵，在降低硬件成本的基础上极大程度的扩展了阵列孔径。

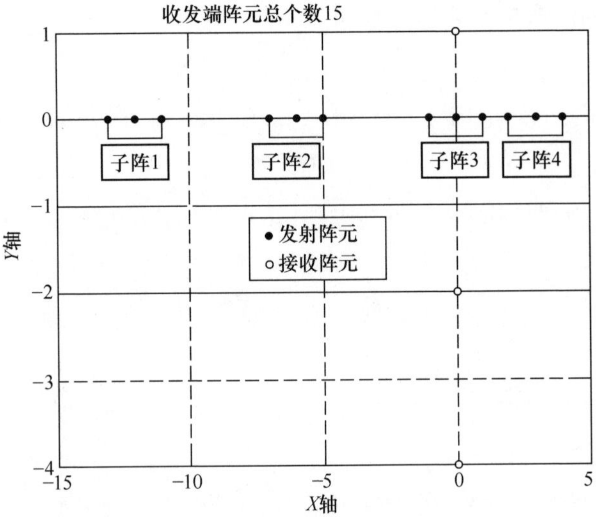

图 11.10　十字形二维稀疏混合 MIMO 相控阵雷达的实际阵元分布

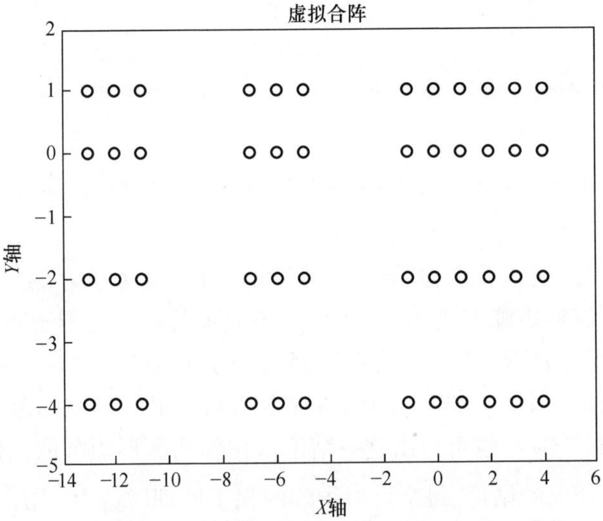

图 11.11　十字形二维稀疏混合 MIMO 相控阵雷达的虚拟合阵

13.3.2.2　十字形二维稀疏混合 MIMO 相控阵雷达 DOA 估计算法

对接收信号进行差异阵列处理后所得差异阵列的等效信源被认为是相干信源，因此本节先采用空间平滑算法构建一个秩增强的空间平滑矩阵，实现对等效相干信源的解相干，其次再应用 MUSIC 算法进行 DOA 估计，即空间平滑 MUSIC 算法。

$\boldsymbol{U}^* \oplus \boldsymbol{U}$ 的列矢量中存在大量的冗余元素，并且元素排列不连续，因此会降

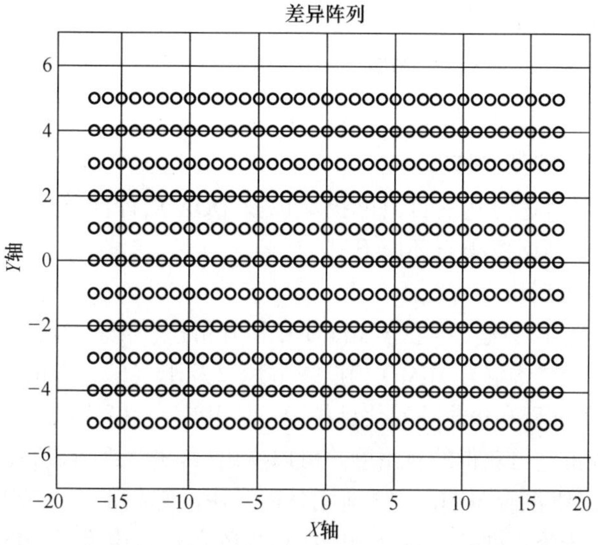

图 11.12 十字形二维稀疏混合 MIMO 相控阵雷达的差异阵列

低 DOA 估计的效果，去除这些冗余元素，并且将剩余元素按序排列。则当 K、N 都为偶数时，新的虚拟阵列流形矩阵变为了 $\left(\frac{K^2-2}{2}+K\right)\left(\frac{N^2-2}{2}+N\right)\times Q$ 维的矩阵 $\boldsymbol{U}^D$（对于 K,N 不都为偶数时，通过表 11.3 同理可得其他类似结果），则

$$\hat{\boldsymbol{y}}=\boldsymbol{U}^D\boldsymbol{p}+\frac{K}{M}\sigma_n^2\boldsymbol{I}^D \tag{11.43}$$

式中：$\boldsymbol{I}^D$ 为 $\boldsymbol{I}^D$ 去除冗余元素对应位置的值后形成的列矢量。

经过差异阵列处理后，虚拟阵元数目虽然得到了大幅度的增长，但差异阵列数据矩阵 $\hat{\boldsymbol{y}}$ 的协方差矩阵的秩变为了 1，等效于雷达单次快拍数据。因此，基于子空间的 DOA 估计算法不能直接应用。为了解决这个问题：首先应用空间平滑算法对式（11.43）进行处理解决信号矩阵秩亏损的问题；其次对得到的空间平滑协方差矩阵应用 MUSIC 算法进行 DOA 估计。具体做法如下。

将 $\boldsymbol{U}^D$ 从第一行到最后一行按行划分为 $KK=\left(\frac{K^2}{4}+\frac{K}{2}\right)\left(\frac{N^2}{4}+\frac{N}{2}\right)$ 个行元素均匀重叠的子流形矩阵，每个子流形矩阵包含 $\boldsymbol{U}^D$ 的 $KK=\left(\frac{K^2}{4}+\frac{K}{2}\right)\left(\frac{N^2}{4}+\frac{N}{2}\right)$ 行元素，定义第一个子流形矩阵为 $\boldsymbol{U}_1^D$，则可得空间平滑协方差矩阵为

$$\hat{\boldsymbol{R}}=\frac{1}{\sqrt{KK}}\left(\boldsymbol{U}_1^D\boldsymbol{R}_{ss}\boldsymbol{U}_1^{DH}+\sigma_n^2\boldsymbol{I}_{\left(\frac{K^2}{4}+\frac{K}{2}\right)\times\left(\frac{N^2}{4}+\frac{N}{2}\right)}\right) \tag{11.44}$$

式中：$\boldsymbol{R}_{ss}=\boldsymbol{p}\boldsymbol{p}^{\mathrm{H}}$ 为信源功率协方差矩阵。

可以看出，$\hat{\boldsymbol{R}}$ 是一个满秩矩阵，因此可直接使用 MUSIC 算法对该矩阵进行 DOA 估计。

11.3.3 仿真实验与分析

本节主要对所述雷达的自由度提高以及 DOA 估计性能的提升进行了仿真验证。实验均在高斯白噪声环境下进行。

11.3.3.1 自由度对比

表 11.4 对比了传统二维混合 MIMO 相控阵雷达、传统二维稀疏混合 MIMO 相控阵雷达、十字形二维混合 MIMO 相控阵雷达以及十字形二维稀疏混合 MIMO 相控阵雷达在发射阵元和接收阵元数目相同，且子阵分割模式以及子阵个数都相同的情况下，三种雷达可获得的自由度。可以看出，传统二维稀疏混合 MIMO 相控阵雷达与十字形二维混合 MIMO 相控阵雷达的自由度都高于传统二维混合 MIMO 相控阵雷达，其中传统二维稀疏混合 MIMO 相控阵雷达自由度提升的本质在于接收阵列的稀疏优化设计带来的虚拟孔径大幅扩展，十字形二维混合 MIMO 相控阵雷达自由度提升的本质则在于十字形收发阵列空间位置的优化设计。

表 11.4 雷达自由度对比

雷达类别	自由度
传统二维混合 MIMO 相控阵雷达	$O(K)+O(N)$
传统二维稀疏混合 MIMO 相控阵雷达	$O(K)+O(N^2)$
十字形二维混合 MIMO 相控阵雷达	$O(K)O(N)$
十字形二维稀疏混合 MIMO 相控阵雷达	$O(K^2)O(N^2)$

此外，从表 11.4 还可看出相较于其他三种雷达，十字形二维稀疏混合 MIMO 相控阵雷达具有最高的自由度，这是因为十字形二维稀疏混合 MIMO 相控阵雷达在十字形二维混合 MIMO 相控阵雷达的基础上，对收发阵列皆进行了稀疏优化设计，从而极大程度地提高了二维混合 MIMO 相控阵雷达的自由度。

11.3.3.2 DOA 估计性能分析

为了验证收发端阵元稀疏形成的虚拟阵元数目扩展以及自由度增加对 DOA 估计性能的影响，在接收端阵元数目为 4，发射端阵元数目为 12，子阵个数为 4，且子阵分割模式都为不重叠的均匀分割情况下。对图 11.10 所示的十字形二维稀疏混合 MIMO 相控阵雷达、传统二维混合 MIMO 相控阵雷达以及收发端都为一维均匀线阵的十字形二维混合 MIMO 相控阵雷达的 DOA 估计性能作比较，主要从可估计信源个数以及 DOA 估计精度两个方面进行比较。设蒙特卡罗仿真次数为 100，快拍数为 500。

首先,假设空间存在位于 $(10i°,10i°)$,$i=1,3,5,6,7,8$ 的 6 个不相干信源,SNR 设为 10dB。图 11.13 比较了上段所提三种雷达系统对 6 个信源的 MUSIC 空间谱估计,由图可以看出,三种雷达系统都可以成功估计出 6 个目标的空间位置,但十字形二维稀疏混合 MIMO 相控阵雷达的空间谱效果图最好,MUSIC 谱估计的信源角度范围最窄,谱峰冲击度最高。其次是十字形二维混合 MIMO 相控阵雷达,传统二维混合 MIMO 相控阵雷达 MUSIC 谱的估计信源角度范围最宽,效果图最差。这一现象表明仅仅将十字形阵应用于二维混合 MIMO 相控阵雷达也可一定程度地提升雷达 DOA 估计的性能。

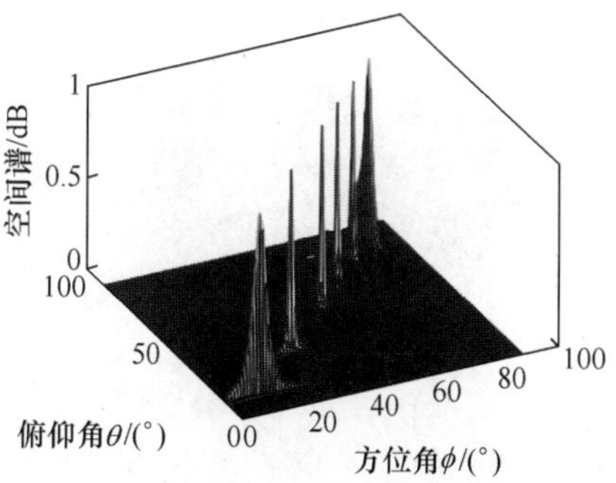

(a) 传统二维混合MIMO相控阵雷达的空间谱

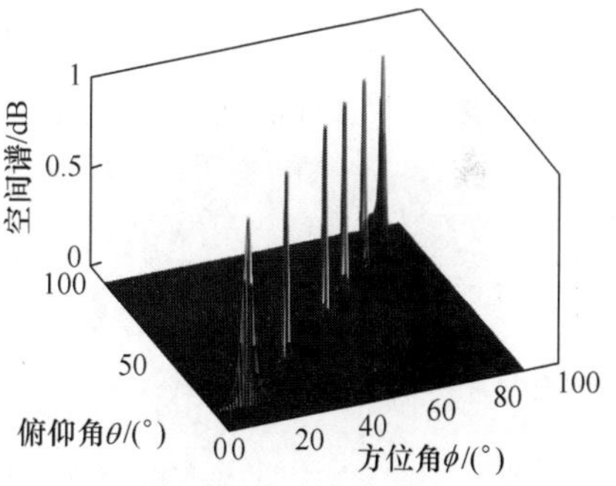

(b) 十字形二维混合MIMO相控阵雷达的空间谱

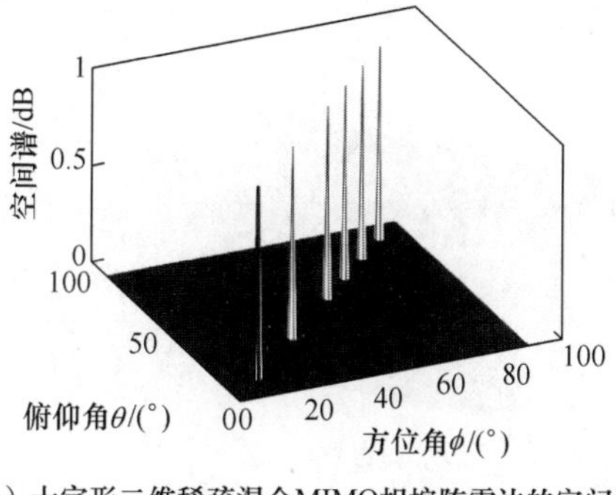

(c) 十字形二维稀疏混合MIMO相控阵雷达的空间谱

图 11.13 空间存在 6 个信源时的空间谱比较(见彩图)

为了验证自由度对可估计信源个数的影响,将信源个数增加到 18 个,其他客观条件不变时,假设 18 个信源的空间位置分别为 $\{(10i°,10i°)(i=1,2,\cdots,8)$,$(10i°,10(i+1)°)(i=1,2,\cdots,7)$、$(80°,70°)$、$(30°,10°)$ 和 $(40°,60°)\}$。图 11.14 比较了三种雷达系统对 18 个信源的空间谱估计,可以看出,当信源个数增加的时候,传统二维混合 MIMO 相控阵雷达 MUSIC 谱杂乱无章,根本无法估计出信源的空间位置;十字形二维混合 MIMO 相控阵雷达 MUSIC 谱较为清晰,但存在信源位置估计错误的问题;而十字形二维稀疏混合 MIMO 相控阵雷达 MUSIC 谱谱峰清晰可辨,可以准确地估计出所有信源的位置。原因在于十字形二维稀疏混合 MIMO 相控阵雷达从收发端入手极大程度地提高了雷达的自由度,而自由度又影响着可检测的信源个数。因此,在同等条件下,十字形二维稀疏混合 MIMO 相控阵雷达可以检测到更多的信源。

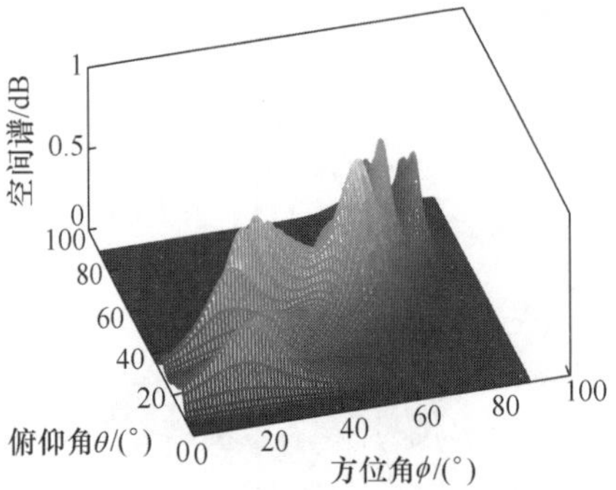

(a) 传统二维混合MIMO相控阵雷达的空间谱

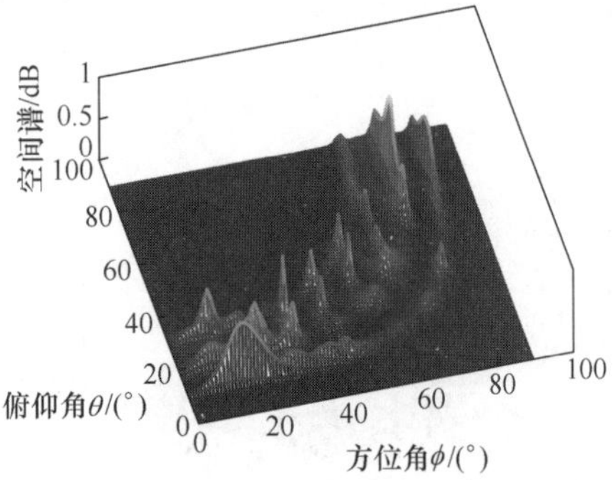

(b) 十字形二维混合MIMO相控阵雷达的空间谱

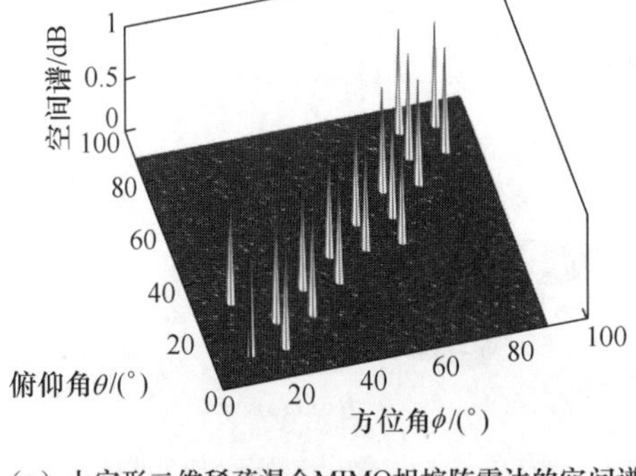

(c) 十字形二维稀疏混合MIMO相控阵雷达的空间谱估计

图 11.14　空间存在 18 个信源时的空间谱比较(见彩图)

除了比较可检测信源个数,对 DOA 估计的精度对比也是必不可少的。以图 11.13中的 6 个信源为例,SNR 从−15dB 以 5dB 递增到 15dB,比较三种雷达系统对 6 个信源空间位置的估计均方根误差。图 11.15 和图 11.16 分别展示了俯仰角与方位角对应的估计均方根误差与 SNR 的关系。由图可以看出,三种雷达系统估计均方根误差均随着 SNR 的增加而减小，但明显在信噪比相同的条件下，十字形二维稀疏混合 MIMO 相控阵雷达俯仰角与方位角的估计均方根误差最小，估计精度最高；其次是十字形二维混合 MIMO 相控阵雷达，传统二维混合 MIMO 相控阵雷达估计均方根误差最高，估计精度最低。

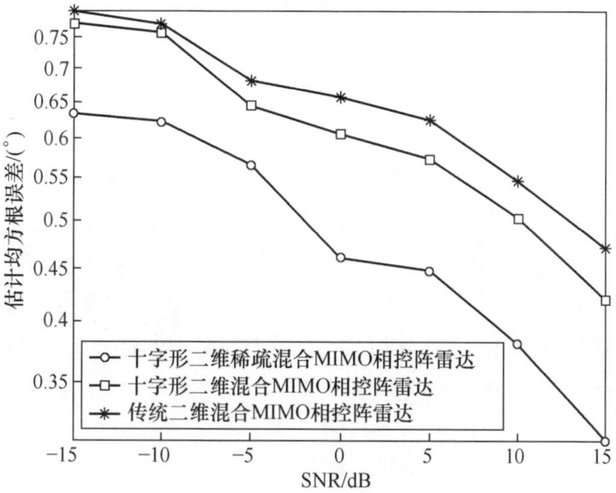

图 11.15　俯仰角均方根误差与 SNR

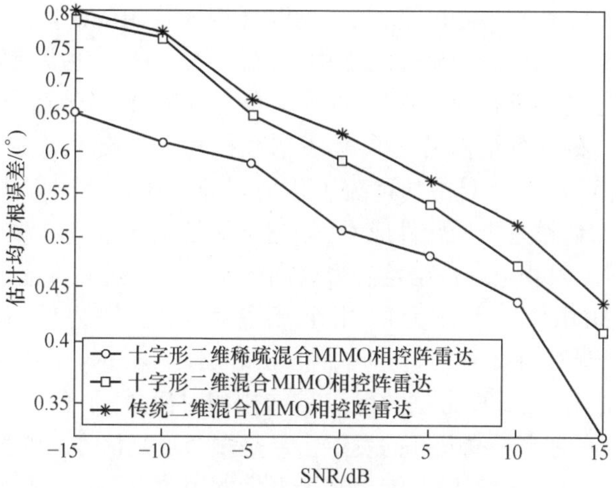

图 11.16　方位角均方根误差与 SNR

综合以上仿真实验及结果，可以认为相同环境下，十字形二维混合 MIMO 相控阵雷达相较于传统二维混合 MIMO 相控阵雷达的 DOA 估计性能有所提升，这是因为将十字形阵应用于二维混合 MIMO 相控阵雷达扩展了雷达虚拟阵列孔径大小。而十字形二维稀疏混合 MIMO 雷达通过对十字形二维混合 MIMO 相控阵雷达收发端阵列的阵元分布稀疏并进行差异阵列处理得到差异阵列,进一步扩展了虚拟阵列孔径,使得十字形二维稀疏混合 MIMO 相控阵雷达 DOA 估计性能进一步得到了提升。也验证了十字形阵列的应用以及收发端阵列的稀疏在一定程度上弥补了子阵分割带来的自由度损失,使得可估计信源个数增加,同时提高了 DOA 估计精度。

本小节基于十字阵与共轭嵌套阵列提出了十字形二维稀疏混合 MIMO 相控阵雷达,实现了二维混合 MIMO 相控阵雷达收发阵列结构的稀疏优化设计,其中十字形收发阵列的设计为以后二维雷达收发阵列的结构设计复杂度降低提供了一条新途径。结合混合 MIMO 相控阵雷达信号模型及共轭嵌套阵列结构推导了十字形二维稀疏混合 MIMO 相控阵雷达信号模型,进一步对其 DOA 估计算法具体步骤进行了推导。仿真实验分析证明,十字形二维稀疏混合 MIMO 相控阵雷达有效扩展了虚拟阵列孔径,提高了雷达系统自由度,从而得到了更好的 DOA 估计性能。

11.4 卷积神经网络方法

本节我们采用卷积神经网络方法,对混合相控阵 MIMO 雷达进行交错稀疏阵列设计的介绍。在已有的研究工作中,文献[153-154]将发射阵列划分为几个具有相同孔径的不重叠的子阵列,即均匀分割方法,相当于几个相控阵列并行工作。虽然这样的阵列结构很简单,但发射孔径利用率较低,发射相干处理增益损失较大。文献[155-156]中的稀疏子阵列划分方法与上述方法相似,它通过减少天线元件的数量来降低硬件成本,但它不能解决非重叠方法中的孔径损耗问题,这也会对发射相干处理增益有很大的影响。为了进一步优化这种结构,将混合相控阵 MIMO 雷达分为的几个重叠均匀子阵列(Equal Subarrays, PMR-ES)[157-158]和重叠非均匀子阵列(Unequal Subarrays, PMR-US)[12]。与非重叠划分方法相比,这些方法的优点是结构相对简单、子孔径更大、传输相干增益更高。然而,每个天线元件的发射信号是多个正交信号的线性叠加,每个单元传输的信号不同,这给射频系统带来了很大的困难。因此,混合相控阵 MIMO 雷达需要一种大孔径、低成本的子阵列设计方法来解决上述矛盾。

在传统的相控阵领域,共享孔径的交错稀疏阵列已经研究了很多年,它是指子阵中元素稀疏且子阵在同一孔径上交错排列,该阵列结合了非重叠子阵方法的低成本和重叠子阵方法的高孔径利用率。文献[159]和[160]中的研究表明,稀疏子阵列结构对 DOA 估计和信干噪比(Signal to Interference plus Noise Ratio,SINR)性能有积极影响。因此,交错稀疏阵列形式是混合相控阵 MIMO 雷达的理想阵列结构。利用遗传算法实现的交错稀疏线性阵列,由于模式优化函数的复杂性和多维非线性约束问题,导致其计算量巨大且容易陷入局部最优解。在前面我们提到,虽然循环差集(Cyclic Differenc Set,CDS)和几乎差集(Almost Difference Set,ADS)实现多子阵列交错稀疏结构可以有效降低时间成本和复杂度,但现有的“差分集”序列有限,使得该方法缺乏灵活性,极大地限制了其应用。文献[161]在大规模 MIMO 系统中引入稀疏互素阵列结构以减轻相互耦合并增加自由度,但稀疏互素子阵列的设计灵活性不够,这取决于特殊的阵列结构。文献[162]提出了存在多个感兴趣源(Sources Of Interest,SOI)的情况下最大化 SINR 的最佳稀疏结构方法,它利用泰勒级数近似和序列凸规划(Sequential Convex Programming,SCP)技术将初始非凸 SINR 优化问题转换为凸问题。同时,增加了雷达对目标的探测概率,降低了通信中的误码率,但也存在计算复杂度高,易陷入局部最优的问题。

于是学者们将机器学习技术应用于天线选择和其他移动通信场景。文献[163]首次尝试将机器学习与无线通信结合。文献[164-165]构建卷积神经网络(Convolutional Neural Network,CNN)作为多类分类框架来稀疏天线阵列。文献[166]提出了一种用于 MIMO 通信系统的多标签 CNN 辅助天线选择方案。文献[167]考虑将深度学习(Deep Learning,DL)应用于 MIMO 系统中的禁忌搜索检测。在文献[168]中,提出了一种基于深度 Q 网络(Deep Q-Network,DQN)的移动人群感知系统来加速学习过程,从而提高针对自私用户的 MCS 性能。以上文献针对的是相控阵雷达或 MIMO 通信,通过机器学习选择稀疏阵列,不能直接应用于 MIMO 相控阵雷达,不适合大量样本的交错稀疏方法。

阵列流形与阵列结构密切相关,影响阵列的综合性能。作为阵列输出最重要的指标之一,SINR 也受阵列结构和流形的影响。许多研究人员将 SINR 值作为阵列设计的重要参考指标[159-161]。因此,可以将 SINR 值作为阵列的评价指标。通过一种无监督的深度学习方法,可以在阵列流形矩阵和输出的 SINR 之间建立对应关系,从而使神经网络可以判断哪种阵列结构更好。因此,本节首次将 DL 方法与混合 MIMO 相控阵雷达阵列设计相结合,提出了一种基于 DL 的交错稀疏混合 MIMO 相控阵雷达阵列设计方法[112],该方法以 SINR 作为标记和分类的基础。在本节中,阵列结构的设计被认为是一个分类问题,阵列流形矩阵是神经网络的输入样本数据:针对大样本数据:首先在尽可能少损失样本特征的前提下,通过我们提出的雷达数据降维方法来减少训练样本的数量。然后,将降维后的流形矩阵输入到我们提出的轻量化 CNN 中进行训练。最后,经过训练的

CNN 通过分类输出最优的阵列流形矩阵和阵列结构。这种 DL 方法可以最大化每个子阵的孔径,提高分类精度,降低波束图的旁瓣水平,提高 DOA 估计精度。同时,可以使发射能量聚焦,从而增加发射相干处理增益。

11.4.1 系统模型及相关工作

11.4.1.1 二维混合相控阵 MIMO 雷达面阵系统模型

如图 11.17 所示,我们考虑了一个混合 MIMO 相控阵雷达面阵系统,它由一个 $M_t \times N_t$ 均匀矩形发射阵列和一个 $N_r \times 1$ 均匀线型接收阵列组成,阵元间距为半波长 $d_m = d_n = \lambda/2$。发射阵列被分成 K 个子阵列。设第 k 个子阵的选择矩阵 $\boldsymbol{\Phi}_k(k = 1,2,\cdots,K)$ 只包含"1"和"0","1"表示子阵列中对应位置存在一个元素,"0"表示不存在。θ 和 ϕ 分别是俯仰角和方位角。对于远场目标,可以认为共址 MIMO 混合相控阵雷达的发射和接收角度相同。我们将 $\boldsymbol{\mu}(\theta,\phi)$ 和 $\boldsymbol{v}(\theta,\phi)$ 定义为:

$$\boldsymbol{\mu}(\theta,\phi) = [1, e^{j2\pi d_m \sin\theta\cos\phi}, \cdots, e^{j2\pi(M_t-1)d_m\sin\theta\cos\phi}]^{T} \tag{11.45}$$

$$\boldsymbol{v}(\theta,\phi) = [1, e^{j2\pi d_n \sin\theta\sin\phi}, \cdots, e^{j2\pi(N_t-1)d_n\sin\theta\sin\phi}]^{T} \tag{11.46}$$

第 k 个发射导向矢量可以表示为

$$\boldsymbol{a}_k(\theta,\phi) = \mathrm{vec}(\boldsymbol{\Phi}_k \circ [\boldsymbol{\mu}(\theta,\phi)\boldsymbol{v}^{T}(\theta,\phi)]), \quad k = 1,2,\cdots,K \tag{11.47}$$

式中:vec(·) 表示矩阵的矢量化;"∘"表示 Hadamard 积。

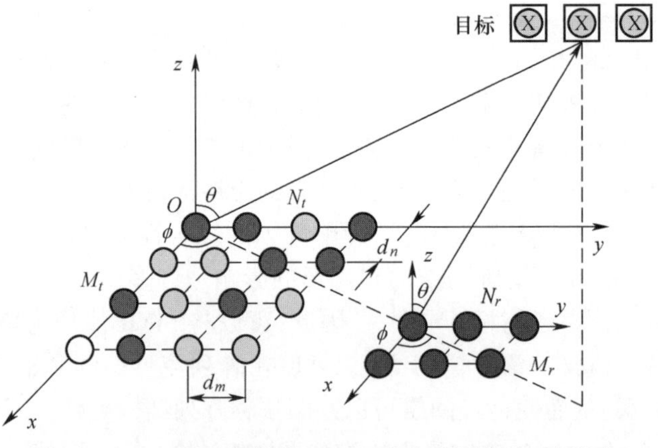

图 11.17 2D 混合相控阵 MIMO 雷达系统模型(见彩图)

假设 $\{\boldsymbol{w}_k\}_{k=1}^{K}$ 是发射波束权值矢量,因此 $K \times 1$ 发射相干处理矢量和波形分集矢量:

$$\boldsymbol{c}(\theta,\phi) = [\boldsymbol{w}_1^{H}\boldsymbol{a}_1(\theta,\phi), \cdots, \boldsymbol{w}_K^{H}\boldsymbol{a}_K(\theta,\phi)]^{T} \tag{11.48}$$

$$\boldsymbol{d}(\theta,\phi) = [e^{-j\tau_1(\theta,\phi)}, \cdots, e^{-j\tau_K(\theta,\phi)}]^{T} \tag{11.49}$$

式中：$\tau_k(\theta,\phi)$ 为信号通过发射阵列的第一个元素和第 k 个子阵列的第一个元素之间的距离所需的时间。

虚拟导向矢量 $\boldsymbol{u}(\theta,\phi)$ 可以写成

$$\boldsymbol{u}(\theta,\phi)=\boldsymbol{c}(\theta,\phi)\circ\boldsymbol{d}(\theta,\phi)\otimes\boldsymbol{b}(\theta,\phi) \tag{11.50}$$

式中：$\boldsymbol{b}(\theta,\phi)$ 为接收导向矢量；"$\otimes$"代表 Kronecker 积，因此阵列流形矩阵可以构造为 $\boldsymbol{U}_S=[\boldsymbol{u}_1(\theta_1,\phi_1),\boldsymbol{u}_2(\theta_2,\phi_2),\cdots,\boldsymbol{u}_J(\theta_J,\phi_J)]$；$J$ 为目标的数量。

波形矢量 $\boldsymbol{\varphi}(t)=[\varphi_1(t),\cdots,\varphi_K(t)]^{\mathrm{T}}$，$\int_{T_0}\boldsymbol{\varphi}(t)\boldsymbol{\varphi}^{\mathrm{H}}(t)\mathrm{d}t=\boldsymbol{I}_{K\times K}$，其中 T_0 是雷达脉冲宽度。第 k 个子阵输出信号的复包络可建模为 $\boldsymbol{s}_k(t)=\sqrt{M_tN_t/K}\varphi_k(t)\boldsymbol{w}_k^*$，反射信号可表示为

$$\begin{aligned}r(t,\theta,\phi)&=\sqrt{M_tN_t/K}\boldsymbol{\beta}(\theta,\phi)\sum_{k=1}^{K}\boldsymbol{w}_k^{\mathrm{H}}\boldsymbol{a}_k(\theta,\phi)\mathrm{e}^{-\mathrm{j}\tau_k(\theta,\phi)}\varphi_k(t)\\&=\sqrt{M_tN_t/K}\boldsymbol{\beta}(\theta,\phi)[\boldsymbol{c}(\theta,\phi)\circ\boldsymbol{d}(\theta,\phi)]^{\mathrm{T}}\boldsymbol{\varphi}(t)\end{aligned} \tag{11.51}$$

式中：$\boldsymbol{\beta}(\theta,\phi)$ 是反射系数矢量。

对于位于 (θ_s,ϕ_s) 处的目标和 D 个干扰，接收信号可表示为

$$\boldsymbol{x}(t)=r(t,\theta_s,\phi_s)\boldsymbol{b}(\theta_s,\phi_s)+\sum_{i=1}^{D}r(t,\theta_i,\phi_i)\boldsymbol{b}(\theta_i,\phi_i)+\boldsymbol{n}(t) \tag{11.52}$$

式中：$\boldsymbol{n}(t)$ 为无线通信信道对接收信号的噪声矩阵。

对正交波形 $\varphi_k(t)$ 进行匹配滤波后，噪声项 $\hat{\boldsymbol{n}}=\int_{T_0}\boldsymbol{n}(t)\boldsymbol{\varphi}^*(t)\mathrm{d}t$ 的噪声功率为 σ_n^2，协方差矩阵为 $\boldsymbol{R}_n=\sigma_n^2I_{KN_r}$。因此，接收到的虚拟数据矩阵可以表示为

$$\boldsymbol{y}=\int_{T_0}\boldsymbol{x}(t)\boldsymbol{\varphi}^*(t)\mathrm{d}t=\sqrt{M_tN_t/K}\boldsymbol{\beta}(\theta,\phi)\boldsymbol{u}(\theta,\phi)+\hat{\boldsymbol{n}} \tag{11.53}$$

11.4.1.2 稀疏表示、稀疏子空间聚类和局部投影保持

假设数据矩阵 $\boldsymbol{G}=(g_{j,i})\in\mathbf{R}^{NUM\times l}$，$g_{j,i}$ 是第 i 个样本的第 j 个特征。如果降维后的数据矩阵为 $\boldsymbol{Z}=(z_{j,i})\in\mathbf{R}^{num\times l}$，则表示将 NUM 维数据降维为 num 维数据。$\boldsymbol{Z}=\boldsymbol{P}^{\mathrm{T}}\boldsymbol{G}$，其中 $\boldsymbol{P}$ 是高维数据到低维数据的投影矩阵，z_i 是降维后的第 i 个特征。

稀疏表示是指，用所有的样本组合重构第 i 个样本，并在重构系数上加上 l_0 范数正则项 $\boldsymbol{s}_i$，这要求系数是稀疏的。在线性子空间中，$\boldsymbol{s}_i$ 中的非零元素表示与样本 $\boldsymbol{s}_i$ 在同一个子空间中的样本在重构样本中的贡献。在线性子空间中，$\boldsymbol{s}_i$ 中的非零元素表示重构样本时样本在与样本相同的子空间中的贡献。稀疏表示的表达式为

$$\begin{cases}\min \|s_i\|_0, \\ \text{s.t. } g_i = Gs_i\end{cases} \tag{11.54}$$

上式(11.54)的解是一个非确定性多项式困难问题。一般用 l_1 范数逼近 l_0 范数,所以上式(11.54)可以改写为

$$\begin{cases}\min\limits_{s_i} \|s_i\|_1, \\ \text{s.t. } g_i = Gs_i\end{cases} \tag{11.55}$$

稀疏表示的重建系数用作邻接矩阵系数。当子空间相互独立时,邻接矩阵 $\boldsymbol{S}$ 具有稀疏块对角结构,每个块对应一个子空间。稀疏子空间聚类假设子空间与数据的聚类结构一一对应,因此可以利用稀疏表示来寻找子空间,从而发现数据的聚类结构,得到聚类结果。

用稀疏表示得到 $\boldsymbol{S}=(s_{i,j})\in\mathbf{R}^{l\times l}$ 后,用 $\boldsymbol{A}=|\boldsymbol{S}|+|\boldsymbol{S}|^{\mathrm{T}}$ 定义邻接图,得到 Laplace 矩阵 $\boldsymbol{L}=\boldsymbol{D}^*-\boldsymbol{A}$,其中 $a_{i,j}$ 是 $\boldsymbol{A}$ 的矩阵元素;$\boldsymbol{D}^*$ 是元素为 $d_{i,i}=\sum_{j=1}a_{i,j}$ 的度矩阵,$d_{i,i}$ 越大,$\boldsymbol{z}_i$ 对应的越重要。然后使用 k^*-means(与子阵的个数 k 区别)聚类算法,对 $\boldsymbol{L}$ 的最小特征值对应的特征矢量进行聚类。

局部投影保留[125]的目的是在高维空间挖掘局部邻居信息,并将其保留在低维空间。高维数据的邻居信息以邻接矩阵为特征,算法步骤如下。

(1) 构造邻接矩阵 $\boldsymbol{S}=(s_{i,j})\in\mathbf{R}^{l\times l}$。如果两个样本 $\boldsymbol{g}_i$ 和 $\boldsymbol{g}_j$ 相似,则节点 i 和节点 j 通过边连接,不同样本之间的边权重 s_{ij} 不同。具体方法为

$$s_{ij}=\begin{cases}\mathrm{e}^{-\frac{\|g_i-g_j\|^2}{\frac{1}{l}\sum\limits_{i=1}^{l}\|g_i\|^2}}, & \boldsymbol{g}_i\in N_{k^*}(\boldsymbol{g}_j)\text{ 或 }\boldsymbol{g}_j\in N_{k^*}(\boldsymbol{g}_i) \\ 0, & \text{其他}\end{cases} \tag{11.56}$$

式中:$N_{k^*}(\boldsymbol{g}_j)$ 是 $\boldsymbol{g}_j$ 的第 k^* 近邻。

(2) 特征映射:由于高维空间中数据的邻域信息需要在投影的低维空间中保持,目标函数为

$$\sum_{i=1}^{l}\sum_{j=1}^{l}\|\boldsymbol{g}_i-\boldsymbol{g}_j\|_2^2 s_{ij} \tag{11.57}$$

将式(11.57)最小化后,该式等价于

$$\min_{\boldsymbol{P}}\boldsymbol{P}^{\mathrm{T}}\boldsymbol{GLG}^{\mathrm{T}}\boldsymbol{P} \tag{11.58}$$

添加约束 $\boldsymbol{z}_i^{\mathrm{T}}\boldsymbol{D}^*\boldsymbol{z}_i=1\Rightarrow\boldsymbol{P}^{\mathrm{T}}\boldsymbol{GD}^*\boldsymbol{G}^{\mathrm{T}}\boldsymbol{P}=1$,局部保留投影的最终优化问题为

$$\begin{cases}\min\limits_{\boldsymbol{P}}\boldsymbol{P}^{\mathrm{T}}\boldsymbol{GLG}^{\mathrm{T}}\boldsymbol{P}, \\ \text{s.t. } \boldsymbol{P}^{\mathrm{T}}\boldsymbol{GD}^*\boldsymbol{G}^{\mathrm{T}}\boldsymbol{P}=1\end{cases} \tag{11.59}$$

11.4.1.3 MovileNet-V2 中的轻量化卷积结构

为了在保证精度的前提下减少神经网络的计算参数,使网络模型能够部署在移动和嵌入式设备中,Andrew 等[126]提出了轻量化 CNN 模型 MobileNet-V1 和 MovileNet-V2。与传统的卷积结构相比,MobileNet 通过深度可分离的卷积操作大大减少了网络参数和运行时间。MobileNet-V2 的卷积结构如图 11.18 所示,在 MobileNet-V1 的基础上引入了残差学习,并在残差块中增强了特征维度。

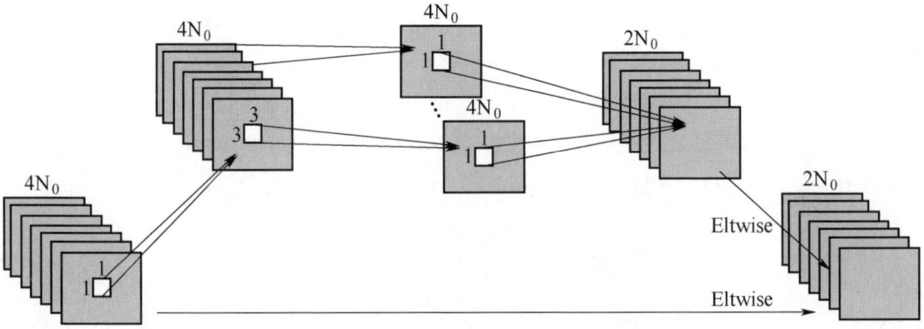

图 11.18 MobileNet-V2 卷积结构

11.4.2 基于 CNN 的交错稀疏设计方法

我们提出了一种基于 DL 的方法来设计最佳交错稀疏混合 MIMO 相控阵结构。由于阵列结构和流形矩阵是一一对应的,可以使用流形矩阵作为输入数据。

首先,生成每个阵列结构对应的所有流形矩阵;然后,根据流形矩阵计算 SINR。根据 SINR 值,首先为这些样本流形矩阵生成标签,并构造样本-标签对 $(\boldsymbol{U}_s, v)$。然后通过 $(\boldsymbol{U}_s, v)$ 生成数据矩阵 $\boldsymbol{G}$。其次通过提出的针对混合 MIMO 相控阵雷达训练数据的降维方法(Dimensionality Reduction Method for Phased-MIMO Radar Data, DRR)降低矩阵 $\boldsymbol{G}$ 的维数以获得矩阵 $\boldsymbol{Z}$,并从矩阵 $\boldsymbol{Z}$ 恢复新的样本标签对 $(\boldsymbol{U}_s^*, v^*)$。最后,将新的样本标签对 $(\boldsymbol{U}_s^*, v^*)$ 输入到 CNN 中进行训练,训练后的 CNN 对所有阵列流形矩阵进行分类并输出最优阵列结构。CNN 将输出几个满足要求的最优阵列结构。我们在输出结果中再次计算 SINR 值以选择最佳阵列结构。

11.4.2.1 生成流形矩阵和训练数据

要生成训练数据,需要计算与阵列结构对应的阵列流形及其 SINR 值。对于混合 MIMO 相控阵雷达,可以使用传统和自适应波束成形。在发射端,上行波束赋形权矢量可以定义为

$$\boldsymbol{w}_k = \frac{a_k(\theta_s, \phi_s)}{\| a_k(\theta_s, \phi_s) \|} \tag{11.60}$$

在接收端，干扰和噪声的协方差矩阵定义为

$$\boldsymbol{R}_{i+n} = \mathbb{E}\{\boldsymbol{y}_{i+n}\boldsymbol{y}_{i+n}^{\mathrm{H}}\} = \sum_{i=1}^{D} \frac{M}{K}\sigma_i^2 \boldsymbol{u}(\theta_i,\phi_i)\boldsymbol{u}^{\mathrm{H}}(\theta_i,\phi_i) + \sigma_n^2\boldsymbol{I} \tag{11.61}$$

式中：σ_i^2 为第 i 个干扰反射系数的协方差，$\sigma_i^2 = \mathcal{E}\{|\beta_i|^2\}$，$\beta_i\sigma_i^2$ 为干扰反射系数。

假设每个干扰信号具有相等的功率 σ_i^2。根据矩阵求逆公式，得到 $\boldsymbol{R}_{i+n}^{-1}$ 的逆矩阵

$$\boldsymbol{R}_{i+n}^{-1} = \frac{1}{\sigma_n^2}\left[\frac{K\cdot\sigma_n^2}{M\cdot\sigma_i^2}\boldsymbol{I}_n - \boldsymbol{U}_I(\boldsymbol{I}+\boldsymbol{U}_I\boldsymbol{U}_I^{\mathrm{H}})\boldsymbol{U}_I^{\mathrm{H}}\right] \tag{11.62}$$

使用自适应波束成形器，即最小方差无失真响应（Minimum Variance Distortionless Response，MVDR）算法，然后下行波束成形权矢量可表示为

$$\boldsymbol{w}_R = \frac{\boldsymbol{R}_{i+n}^{-1}\boldsymbol{u}(\theta_s,\phi_s)}{\boldsymbol{u}^{\mathrm{H}}(\theta_s,\phi_s)\boldsymbol{R}_{i+n}^{-1}\boldsymbol{u}(\theta_s,\phi_s)} \tag{11.63}$$

因此，输出 SINR 和归一化的混合 MIMO 相控阵雷达波束方向图 $F(\theta,\phi)$：

$$\mathrm{SINR} = \frac{M/K\cdot\sigma_s^2\ |\boldsymbol{w}_R^{\mathrm{H}}\boldsymbol{u}(\theta_i,\phi_i)|^2}{\boldsymbol{w}_R^{\mathrm{H}}\boldsymbol{R}_{i+n}\,\boldsymbol{w}_R} \tag{11.64}$$

$$F(\theta,\phi) = \frac{|\boldsymbol{w}_d^{\mathrm{H}}\boldsymbol{u}(\theta,\phi)|^2}{|\boldsymbol{w}_d^{\mathrm{H}}\boldsymbol{u}(\theta_s,\phi_s)|^2} = \frac{|\boldsymbol{u}^{\mathrm{H}}(\theta_s,\phi_s)\boldsymbol{u}(\theta,\phi)|^2}{\|\boldsymbol{u}(\theta_s,\phi_s)\|^4} \tag{11.65}$$

由式（11.64）可以看出，SINR 受 $\boldsymbol{u}(\theta_i,\phi_i)$ 和 $\boldsymbol{R}_{i+n}$ 的影响，这意味着阵列结构决定了接收端的 SINR。换句话说，阵列流形和 SINR 之间存在数学关系，这就是为什么我们可以在阵列结构和 SINR 之间建立联系。

此外，流形矩阵受目标和干扰位置的影响，因此需要确定其方向。在确定了发射阵元 $M_t * N_t$、接收阵元 N_r 和子阵 K 的总数后，我们首先通过排列组合生成所有可能的阵列结构，总数记为 NUM。得到所有的阵列结构后，可以通过每个阵列结构计算对应的流形矩阵和 SINR 值。在本节中，阵列流形矩阵就是我们需要训练的样本。根据 SINR 值，我们为这些样本流形矩阵生成相应的 NUM 标签，并构建样本-标签对 $(\boldsymbol{U}_s, v)$。标注时，需要对每个阵列结构的 SINR 值进行排序。SINR 值越大，对应的标签值也越大；SINR 值越小，对应的标签值越小。事实上，如果值很小，可以直接将这些样本-标签对输入到 CNN 中进行训练。

但是，如果该 NUM 值很大，则说明样本数量过大，会给神经网络的训练带来很大压力。因此，需要生成数据矩阵 $\boldsymbol{G}$ 以压缩大量的样本数据。我们将样本标签对 $(\boldsymbol{U}_s, v)$ 矢量化，得到一个新的矢量 $(\mathrm{vec}\,(\boldsymbol{U}_s)^{\mathrm{T}}, v)$，并假设矢量化后每个样本标签对的维度为 $l * 1$。将 NUM 矢量逐行放入矩阵中，最终得到 $NUM * l$

数据矩阵 $\boldsymbol{G}$。

生成数据矩阵 $\boldsymbol{G}$ 后,我们将在后面中降低海量数据的维数。生成训练数据的具体算法如下:

输入:发射阵元数 M_tN_t ,接收阵元数 N ,子阵数 K ,目标和干扰的方位角 θ 和俯仰角 ϕ, 训练信噪比 SNRtrain,干扰功率 σ_n^2

输出:样本标签对 $(\boldsymbol{U}_s, v)$ 和数据矩阵 $\boldsymbol{G}$

(1) 通过排列组合得到所有可能的 NUM 个 phased-MIMO 阵列结构。

(2) 选择目标角度 θ_s 、ϕ_s ,干扰角 θ_i 、ϕ_i 。

(3) 计算每个阵列结构的虚拟导向矢量 $\boldsymbol{u}_s(\theta, \phi)$ 和流形矩阵 $\boldsymbol{U}_S$ 。

(4) 计算每个流形矩阵的 SINR 并生成样本-标签对 $(\boldsymbol{U}_s, v)$ 。

(5) 生成包含所有样本-标签对 $(\boldsymbol{U}_s, v)$ 的数据矩阵 $\boldsymbol{G}$ 。

结束

11.4.2.2 针对混合 MIMO 相控阵雷达训练数据的降维方法

我们需要对混合 MIMO 相控阵雷达的训练数据进行降维。令 $N_r * K = l/2$、$M_t * N_t = M$ 、$M/K = M_K$ 。假设存在 NUM 非重复排列组合:

$$NUM = \frac{C_M^{M_K} \cdot C_{M-2}^{M_K} \cdots C_{M_K}^{M_K}}{A_K^K} \tag{11.66}$$

与稀疏阵列设计或天线选择不同,无论是使用智能优化算法还是深度学习算法,二维交错稀疏子阵列设计都是一个巨大的数字。因此,需要一种高效的算法来降低数据维度并尽可能多地保留原始数据特征。$\boldsymbol{G}$ 是包含所有样本标签对 $(\boldsymbol{U}_s, v)$ 的数据矩阵,然后我们将减少它的维度。这里,使用 DRR 降维方法来减少深度学习的训练时间,同时尽可能少地丢失流形矩阵数据信息。

我们降维的目的是在保持数据特征的同时对数据进行降维:一方面,将稀疏子空间聚类思想应用于降维,利用子空间学习挖掘的数据分布的全局信息来指导降维;另一方面,在降维中引入局部保持投影(Local Preserving Projection, LPP),将子空间学习和降维统一为一个框架,完成数据分布全局和局部信息挖掘与降维的相互指导过程。目标函数可以表示为

$$f(\boldsymbol{P}, \boldsymbol{S}) = \sum_{i=1}^{l} \left(\| \boldsymbol{g}_i - \boldsymbol{G} \cdot \boldsymbol{s}_i \|_2^2 + \alpha \| \boldsymbol{s}_i \|_1 \right) + \gamma \sum_{i=1}^{l} \sum_{j=1}^{l} \left(\| \boldsymbol{P}^{\mathrm{T}} \boldsymbol{g}_i - \boldsymbol{P}^{\mathrm{T}} \boldsymbol{g}_j \|_2^2 s_{i,j} \right) \tag{11.67}$$

式中：α 为稀疏表示中重构误差和稀疏正则化项的平衡参数；γ 为用于平衡全局和局部信息的参数。

目标函数式(11.67)的第一项是目标函数的稀疏表示,用于挖掘数据分布的全局信息;第二项是利用稀疏表示的系数矩阵构造邻接图,使降维后的样本保持图的平滑性,即降维后图上的相似样本相似。为避免平凡解,加入约束项 $\boldsymbol{P}^{\mathrm{T}}\boldsymbol{G}\boldsymbol{H}\boldsymbol{G}^{\mathrm{T}}\boldsymbol{P}=\boldsymbol{I}$,约束降维后的特征线性无关; $\boldsymbol{H}=\boldsymbol{I}-(1/l)\hat{\boldsymbol{F}}\hat{\boldsymbol{F}}^{\mathrm{T}}$ 是一个集中矩阵,并且 $\hat{\boldsymbol{F}}$ 是一个元素全部为 1 的 $l\times 1$ 矢量。为了使稀疏表示的系数矩阵更好地反映样本之间的相似性,通过对除样本外其余样本的凸组合重构目标样本。凸组合系数具有自然的概率意义,稀疏性能直观地反映了数据分布的局部信息。在降维过程中,如果样本对 $(\boldsymbol{g}_i,\boldsymbol{g}_j)$ 是邻居的概率很高,则希望降维后的样本对是邻居 $(\boldsymbol{z}_i,\boldsymbol{z}_j)$ 。同时,降维后的样本也指导相似度矩阵的学习,即如果 $(\boldsymbol{z}_i,\boldsymbol{z}_j)$ 距离较远,则希望样本对的相似度较小。因此,最终的优化模型为

$$\begin{cases}\min\limits_{\boldsymbol{P},\boldsymbol{S}} f(\boldsymbol{P},\boldsymbol{S})=\sum\limits_{i=1}^{l}(\|\boldsymbol{g}_i-\boldsymbol{G}\cdot\boldsymbol{s}_i\|_2^2+\alpha\|\boldsymbol{s}_i\|_1)\\ \qquad\qquad +\gamma\sum\limits_{i=1}^{l}\sum\limits_{j=1}^{l}(\|\boldsymbol{P}^{\mathrm{T}}\boldsymbol{g}_i-\boldsymbol{P}^{\mathrm{T}}\boldsymbol{g}_j\|_2^2 s_{i,j})\\ \text{s. t. } \boldsymbol{P}^{\mathrm{T}}\boldsymbol{G}\boldsymbol{H}\boldsymbol{G}^{\mathrm{T}}\boldsymbol{P}=\boldsymbol{I}\\ \quad s_{i,i}=0,\quad i=1,2,\cdots,n\\ \quad s_{i,j}\geqslant 0,\quad i,j=1,2,\cdots,n\\ \quad \sum\limits_{i=1}^{l}s_{i,j}=1,\quad j=1,2,\cdots,n\end{cases} \tag{11.68}$$

交替优化方法可用于解决优化问题。

(1) 固定 $\boldsymbol{S}$ 来优化 $\boldsymbol{P}$,那么优化问题可以写成:

$$\begin{cases}\min\limits_{\boldsymbol{P}} f(\boldsymbol{P})=\gamma\sum\limits_{i=1}^{l}\sum\limits_{j=1}^{l}(\|\boldsymbol{P}^{\mathrm{T}}\boldsymbol{g}_i-\boldsymbol{P}^{\mathrm{T}}\boldsymbol{g}_j\|_2^2 s_{i,j})\\ \text{s. t. } \boldsymbol{P}^{\mathrm{T}}\boldsymbol{G}\boldsymbol{H}\boldsymbol{G}^{\mathrm{T}}\boldsymbol{P}=\boldsymbol{I}\end{cases} \tag{11.69}$$

它可以等同于

$$\begin{cases}\min\limits_{\boldsymbol{P}} f(\boldsymbol{P})=\mathrm{tr}[\boldsymbol{P}^{\mathrm{T}}\boldsymbol{G}\boldsymbol{L}(\boldsymbol{P}^{\mathrm{T}}\boldsymbol{G})^{\mathrm{T}}]\\ \text{s. t. } \boldsymbol{P}^{\mathrm{T}}\boldsymbol{G}\boldsymbol{H}\boldsymbol{G}^{\mathrm{T}}\boldsymbol{P}=\boldsymbol{I}\end{cases} \tag{11.70}$$

上述优化问题对应一个广义特征值分解问题:

$$\boldsymbol{X}\boldsymbol{L}\boldsymbol{X}^{\mathrm{T}}\boldsymbol{p}=\delta\boldsymbol{X}\boldsymbol{H}\boldsymbol{X}^{\mathrm{T}}\boldsymbol{p} \tag{11.71}$$

式中:$\boldsymbol{p}$ 为特征值对应的特征矢量 δ。

式(11.71)的最优解 $\boldsymbol{P}^*$ 是由 d 个最小广义特征值对应的特征矢量组成的矩阵,具体构建过程可参见文献[125]。

(2) 固定 $\boldsymbol{P}$ 来优化 $\boldsymbol{S}$,则优化模型可写为

$$\begin{cases}\min\limits_{\boldsymbol{S}} f(\boldsymbol{S}) = \sum\limits_{i=1}^{l}(\|\boldsymbol{g}_i - \boldsymbol{G}\cdot\boldsymbol{s}_i\|_2^2 + \alpha\|\boldsymbol{s}_i\|_1) + \gamma\sum\limits_{i=1}^{l}\sum\limits_{j=1}^{l}(\|\boldsymbol{z}_i - \boldsymbol{z}_j\|_2^2 s_{i,j}) \\ \text{s. t. } s_{i,i} = 0, \quad i = 1,2,\cdots,n \\ \quad s_{i,j} \geqslant 0, \quad i,j = 1,2,\cdots,n \\ \quad \sum\limits_{i=1}^{l} s_{i,j} = 1, \quad j = 1,2,\cdots,n \end{cases} \tag{11.72}$$

式中:$\boldsymbol{Z}_i = \boldsymbol{P}^{\mathrm{T}}\boldsymbol{G}_i$ 为第 i 个样本的低维表示。

假设矩阵 $\boldsymbol{Q} = (q_{j,i}) \in \mathbf{R}^{l\times l}$,$q_{j,i} = \|\boldsymbol{z}_j - \boldsymbol{z}_i\|_2^2$,$\boldsymbol{q}_i$ 是 $\boldsymbol{Q}$ 的第 i 列,则优化问题可写为

$$\begin{cases}\min\limits_{\boldsymbol{S}} f(\boldsymbol{S}) = \sum\limits_{i=1}^{l}(\|\boldsymbol{g}_i - \boldsymbol{G}\cdot\boldsymbol{s}_i\|_2^2 + \alpha\|\boldsymbol{s}_i\|_1) + \gamma\sum\limits_{i=1}^{l}\sum\limits_{j=1}^{l}(\boldsymbol{q}_{i,j}s_{i,j}) \\ \text{s. t. } s_{i,i} = 0, \quad i = 1,2,\cdots,n \\ \quad s_{i,j} \geqslant 0, \quad i,j = 1,2,\cdots,n \\ \quad \sum\limits_{i=1}^{l} s_{i,j} = 1, \quad j = 1,2,\cdots,n \end{cases} \tag{11.73}$$

将目标函数化简,可得

$$f(\boldsymbol{S}) = \sum_{i=1}^{l}(\boldsymbol{s}_i^{\mathrm{T}}\boldsymbol{G}^{\mathrm{T}}\boldsymbol{G}\boldsymbol{s}_i) + \sum_{i=1}^{l}\boldsymbol{s}_i^{\mathrm{T}}\boldsymbol{s}_i + \sum_{i=1}^{l}(\alpha\hat{\boldsymbol{F}}^{\mathrm{T}} + \gamma\boldsymbol{q}_i^{\mathrm{T}} - 2\boldsymbol{g}_i^{\mathrm{T}}\boldsymbol{G})\boldsymbol{s}_i \tag{11.74}$$

式中:$\hat{\boldsymbol{F}}$ 是一个元素全为 1 的 $l\times 1$ 维矢量;$\boldsymbol{S}$ 的每一列都可以单独优化。

对于第 i 列 $\boldsymbol{s}_i$,去除目标函数中不相关的常数后,可得:

$$\begin{cases}\min\limits_{\boldsymbol{S}} f(\boldsymbol{s}_i) = (\boldsymbol{s}_i^{\mathrm{T}}\boldsymbol{G}^{\mathrm{T}}\boldsymbol{G}\boldsymbol{s}_i) + (\alpha\hat{\boldsymbol{F}}^{\mathrm{T}} + \gamma\boldsymbol{q}_i^{\mathrm{T}} - 2\boldsymbol{g}_i^{\mathrm{T}}\boldsymbol{G})\boldsymbol{s}_i \\ \text{s. t. } s_{i,i} = 0, \quad i = 1,2,\cdots,n \\ \quad s_{i,j} \geqslant 0, \quad i,j = 1,2,\cdots,n \\ \quad \sum\limits_{i=1}^{l} s_{i,j} = 1, \quad j = 1,2,\cdots,n \end{cases} \tag{11.75}$$

上述优化问题是一个凸二次规划问题,可通过求解二次规划的算法解

决[127]。雷达数据降维方法的具体步骤可以表示为如下算法：

输入：数据矩阵 $\boldsymbol{G} \in \mathbf{R}^{NUM \times l}$、超参数 α 和 γ，缩减矩阵维数 num

输出：$\boldsymbol{Z} \in \mathbf{R}^{num \times l}$ 的低维表示

---

(1) 初始化 $\boldsymbol{S} = 0$；

(2) 迭代优化变量：

当收敛条件（连续两次迭代中目标函数值之差的绝对值小于 10^{-5}）不满足时：求解广义特征值问题的变量 $\boldsymbol{P}$；求解凸二次规划问题对应的更新矩阵 $\boldsymbol{S}$ 的每一列；当满足收敛条件时结束迭代。

(3) 计算：$\boldsymbol{Z} = \boldsymbol{P}^{\mathrm{T}}\boldsymbol{G}$。

结束

通过该算法，我们得到降维后的数据矩阵 Z，取出每一行并还原得到稀疏表示后的新样本-标签对。我们将新的 num 样本标签对表示为 $(\boldsymbol{U}_s^*, v^*)$。$\boldsymbol{U}_s^*$ 是新的流形矩阵，v^* 是新的标签。

(3) 随机选择降维后的样本-标签对的 90%进行训练，剩余的 10%用于测试训练后的 CNN 的分类准确率。

11.4.3 轻量化卷积神经网络

CNN 不仅仅是一个具有很多隐藏层的深度神经网络，它还是一个模仿大脑视觉皮层进行图像处理和图像识别的深度网络。CNN 可以在样本 RGB 图像矩阵上提取特征。与图像类似，特征阵列结构也存在于阵列流形矩阵中。因此，phased-MIMO 阵列结构设计问题可以看作是一个分类问题。

如果具有 $M_t \times N_t$ 发射天线、K 交错稀疏发射子阵列和 N_r 接收天线的混合 MIMO 相控阵雷达系统，其流形矩阵通常由复阵列成。但是 CNNS 只能处理真实数据，所以我们应该从 $\boldsymbol{U}_s^*$ 中提取实部和虚部。因此，我们的 CNN 需要两个通道来训练样本数据。

在实际的运算过程中，每个 $\boldsymbol{U}_s^*$ 矩阵生成后，我们将它们拆分为实部矩阵 $\boldsymbol{U}_{\mathrm{re}}$ 和虚部矩阵 $\boldsymbol{U}_{\mathrm{im}}$，将它们矢量化为两个 $1 \times l/2$ 行矢量 $\boldsymbol{u}_{\mathrm{re}}$ 和 $\boldsymbol{u}_{\mathrm{re}}$，然后将它们组合成一个 $1 \times l$ 行矢量 $[\boldsymbol{u}_{\mathrm{re}}, \boldsymbol{u}_{\mathrm{im}}]$，接下来将所有 NUM 行矢量排列成一个 $NUM \times 1$ 总样本矩阵并将其输入到 CNN 中。在训练 CNN 时，只需要将每一行重新转换为矩阵。

1. 并行轻量化结构

图 11.18 中的 MobileNet-V2 卷积结构可以减少计算参数的数量。为了进

一步缩小模型并加快计算速度,我们提出了一种并行轻量化结构(Parallel Lightweight structure,PL-module)。首先将特征矩阵输入到两个分支中,一个使用3×3卷积核进行特征提取,另一个使用5×5卷积核进行特征提取;其次采用1×1卷积核进行通道融合,将两个分支的特征矩阵通过加法运算融合,形成新的特征矩阵;最后通过1×1的卷积核进行卷积,使得代表新特征矩阵的信息更加充分。当神经网络层数较浅时,使用PL-module提取不同尺度的图像矩阵可以有效提高精度。可以减少模型参数的计算量,并行使用多个卷积核,增加网络特征提取的多样性。

不同结构的参数计算过程如下。

(1) 假设图11.18和图11.19中 $N_0=128$,即网络有256个特征矩阵。传统CNN模型P1的参数量 $=256\times3\times3\times256=589824$。

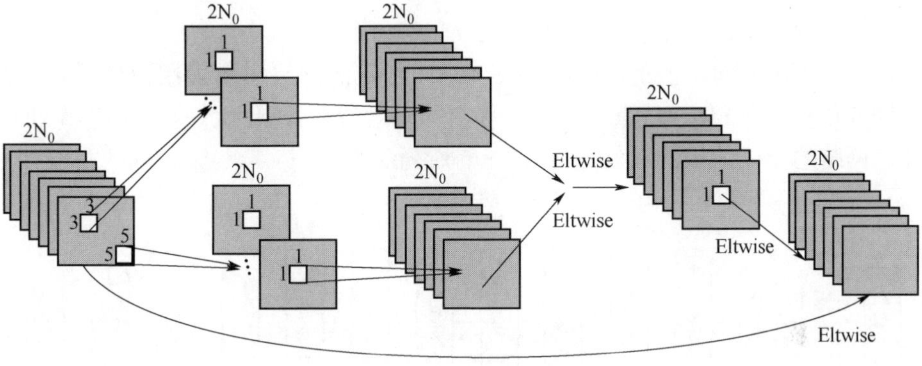

图11.19 PL-Module结构

(2) 在MobileNet-V2结构中:首先使用1×1卷积核增加特征矩阵的维数;然后使用3×3卷积核进行特征提取;最后通过1×1卷积核降维,因此其参数量 $P2=256\times1\times1\times512+512\times3\times3+512\times1\times1\times256=266752$。

(3) 在我们的PL-module结构中:首先将输入的256个特征矩阵发送到两个通道,使用不同尺度的3×3和5×5卷积核进行深度可分离卷积;然后使用1×1卷积核进行逐点卷积和融合操作;最后使用1×1卷积运算进行特征融合,因此其参数量 $P3=256\times3\times3+256\times1\times1\times256+256\times5\times5+256\times1\times1\times256+256\times1\times1\times256=205312$。

由此可知,PL-module减少了模型参数的计算量,并行使用了多个卷积核,增加了网络特征提取的多样性。

2. 降尺度卷积结构

为了将更多的特征信息传递到网络中,提出了一种降尺度卷积结构(Scale

Reduced-module,SR-module),它采用 3×3 深度可分离卷积和 1×1 逐点卷积的串联结构代替池化操作来达到特征矩阵的目的降维和特征提取。SR-module 结构如图 11.20 所示。

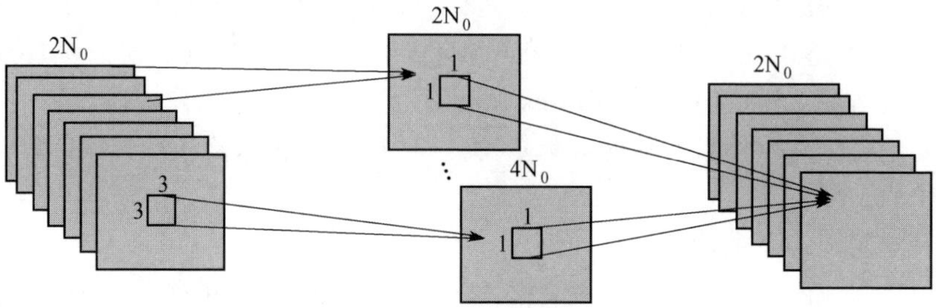

图 11.20　SR-Module 结构

3. 整体结构及参数设置

我们提出的网络的整体结构如图 11.21 所示。网络模块采用模块化设计,由轻量化模块和 SR 模块重复组成。提出的网络清晰,泛化性好,便于应用和扩展。网络的整体结构参数设置如表 11.5 所列。

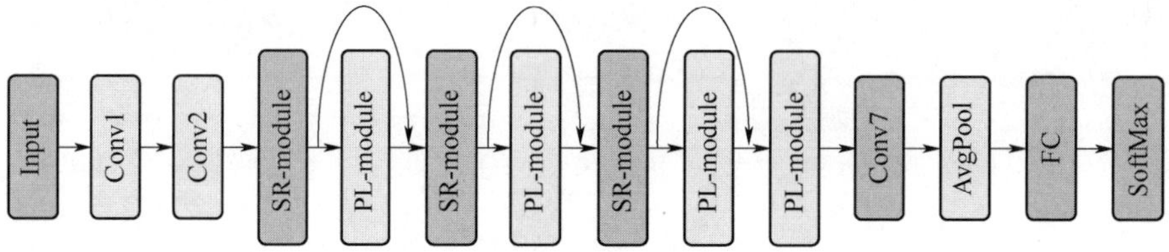

图 11.21　用于 Phased-MIMO 交错稀疏发射子阵分割设计的整体 CNN 结构

表 11.5　整体结构参数设置

输入类型	大小/步长/宽度	输出维度
Input		227×227×3
Conv1/BN	3×3/2/0	113×113×32
Conv2/BN	3×3/2/0	56×56×64
SR-module	$3\times3d_w/2/0$	28×28×64
PL-module	$\begin{cases}3\times3d_w/1/1,\ 1\times1/1/0\\5\times5d_w/1/2,\ 1\times1/1/0\end{cases}$	28×28×128
SR-module	$3\times3d_w/2/0$	14×14×128

输入类型	大小/步长/宽度	输出维度
PL-module	$\begin{cases}3\times 3d_w/1/1,\ 1\times 1/1/0\\ 5\times 5d_w/1/2,\ 1\times 1/1/0\end{cases}$	14×14×256
SR-module	$3\times 3d_w/2/0$	7×7×384
PL-module	$\begin{cases}3\times 3d_w/1/1,\ 1\times 1/1/0\\ 5\times 5d_w/1/2,\ 1\times 1/1/1\end{cases}$	7×7×384
PL-module	$\begin{cases}3\times 3d_w/1/1,\ 1\times 1/1/1\\ 5\times 5d_w/1/2,\ 1\times 1/1/1\end{cases}$	7×7×384
Conv7/BN	1×1/1/0	7×7×256
AvgPooling		1×1×256
FC		256/101

在实际应用中,没有必要像本节那样计算所有的阵列流形矩阵。我们可以执行多个循环训练,其中每个循环只需要处理流形矩阵的一小部分。例如,首先随机生成一定数量的阵列结构(每个循环中的一定数量可以根据实际阵列大小确定);然后使用11.3节中提出的方法得到第一个训练好的CNN。重复上述操作,直到损失函数值满足我们的要求,停止循环。作为损失函数,我们使用分类交叉熵损失。经过多次循环训练,雷达不断产生动态数据,训练好的CNN就可以进行分类了。最后,将所有的阵列流形矩阵输入到CNN中,可以得到最优的阵列结构。

我们将整个方法简称为DRRDL,可以概括为如下总体算法:

输入:发射阵元数 M_t,N_t,接收阵元数 N,子阵数 K,目标和干扰的方位角 θ 和俯仰角 ϕ,训练信噪比SNRtrain,干扰功率 σ_n^2。

输出:最佳交错稀疏阵列结构。

当CNN的损失函数值不符合要求时:

(1) 随机生成一定数量的阵列结构,计算它们的阵列流形矩阵和SINR值;

(2) 对于步骤(1)中生成的流形矩阵,通过算法1构造样本-标签对 $(\boldsymbol{U}_s, v)$ 和数据矩阵 $\boldsymbol{G}$;

(3) 矩阵 $\boldsymbol{G}$ 输入算法2得到降维后的训练数据,即新的样本标签对 $(\boldsymbol{U}_s^*, v^*)$;

(4) 将新的样本标签对 $(\boldsymbol{U}_s^*, v^*)$ 输入CNN进行训练并计算其损失函数值,当损失函数值符合要求时结束;

(5) 将所有流形矩阵输入训练良好的神经网络进行分类,得到最优的阵列流形和阵列结构。
结束

当结束循环是为了减少神经网络的训练时间,每个循环只需要训练样本标签对的一小部分而不是全部。

11.4.4 仿真实验与分析

本小节在发射端设置 $M_t \times N_t$ 全向单元,用 K 个子阵列,在接收端设置 N_r 单元。发射端基带信号波形 $\{\varphi_k(t)=\sqrt{1/T_0}\,\mathrm{e}^{\mathrm{j}2\pi(k/T_0)t}\}_{k=1}^{K}$,加性噪声建模为复高斯零均值白随机序列。所有实验均基于 500 个雷达快照进行模拟。CNN 的偏置矢量和权重矩阵设置为随机,迭代次数设置为 1000 次,初始学习率设置为 0.001,动量设置为 0.9,权重衰减设置为 0.005,批大小设置为 16,训练 epoch 设置为 1000。CNN 运行环境为 IntelXeonE 5-2643v3@ 3.40GHz CPU,64GB RAM,NvidiaQuadroM 4000GPU,8GB 显存,CUDAToolkit 9.0,Matlab 2019a,Windows 1064 位操作系统。具体参数见表 11.6。

表 11.6 网络训练参数

参数	值	备　注
批大小	16	以合理的速度计算梯度
初始学习率	0.001	学习一组更优的权重
训练 epoch	1000	确保网络训练良好
初始权重	随机	不受预训练权重的影响
动量	0.9	控制模块的优化速度
权重衰减	0.005	减轻网络过拟合

11.4.3.1 一维均匀线性阵列

我们分析了混合 MIMO 相控阵线性阵列中不同子阵列划分方法的 SINR 性能。假设 $M_t=1$、$N_t=12$、$K=2$、$N_r=12$,目标方位角 $\theta_s=10°$,两个干扰源位于 $-30°$和$-10°$。输入信噪比和干扰噪声比均设置为 10dB。

由于本实验的样本数量较少,将降维设置为 $num=NUM$,超参数 $\alpha=0.010$,$\gamma=100$。作为比较,我们对具有 10 个初始值的 SCP 方法[162]和传统的均匀分区方法[155]进行了实验。

如图 11.22 所示,我们提出的基于 DL 的阵列结构与基于 SCP 的阵列结构略有不同,它们的元素是分散的。并且它们的元素大致均匀地分散在整个光圈中。从图 11.23 可以看出，与均匀分区阵列结构相比，它们具有近 3dB 的 SINR 性能优势。

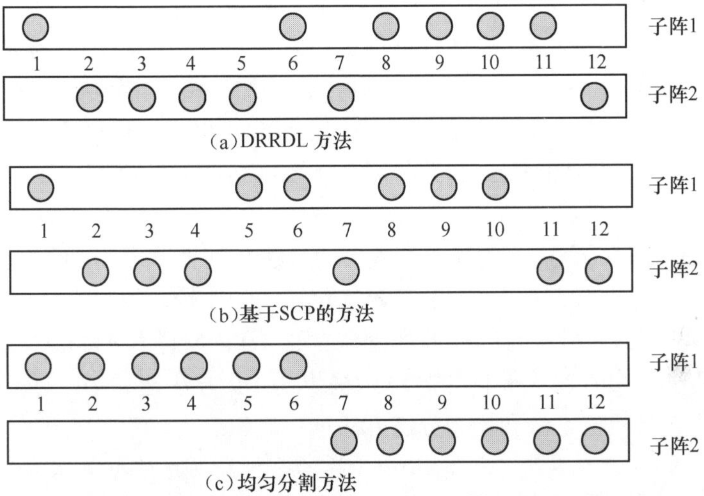

图 11.22　三种 12 元的 ULA 的混合 MIMO 相控阵雷达结构

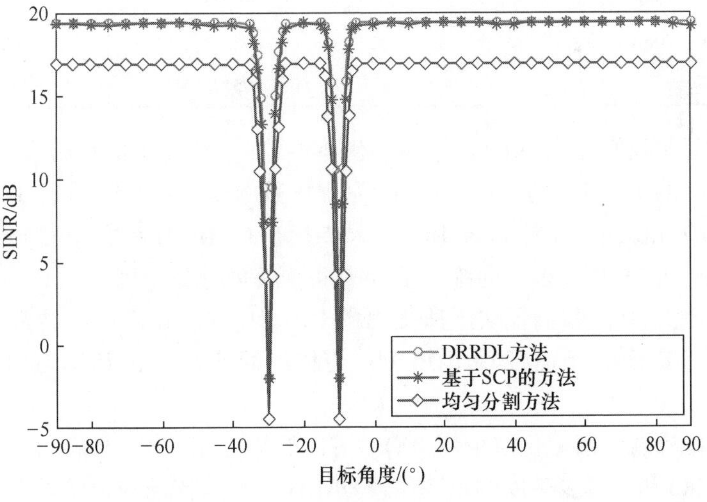

图 11.23　三种阵列结构的输出信噪比随目标方位角的变化

11.4.3.2　二维均匀矩形阵列

本节提出的 DL 方法也适用于二维混合 MIMO 相控阵雷达阵列。接下来，我们考虑一个 $M_t = 3$、$N_t = 7$ 和 $N_r = 12$ 的 URA，并将发射阵列划分为三个交错的稀疏子阵列。目标方位角 $\theta_s = 0°$、俯仰角 $\phi_s = 90°$、两个干扰源分别位于 $\theta_{i,1} = -30°$、$\phi_{i,1} = 40°$ 和 $\theta_{i,2} = -10°$、$\phi_{i,1} = 70°$。

对于给定的具有 M 阵元的发射阵列,我们将每个阵列结构的流形矩阵矢量化为 $1 \times l$ 矢量,并将所有 NUM 行矢量排列为 $NUM \times l$ 矩阵 $\boldsymbol{U}^*$。$\boldsymbol{v}$ 是 $NUM \times l$ 标签矢量。让 $\boldsymbol{G} = [\boldsymbol{U}^*, \boldsymbol{v}]$,所以我们可以使用雷达数据降维方法来降低 $\boldsymbol{G}$ 的维数。其中,$M = 21$, $l = 36$, $NUM = 66,512,160$。将超参数设置为 $\alpha = 0.010$, $\gamma = 100$。所有包含 RMSE、分类准确度和计算复杂度的数字都基于 100 次蒙特卡罗试验。

仿真分为两个部分,分别是我们提出的方法与其他基于 DL 的方法的比较,以及我们提出的方法与没有 DL 的传统优化算法的比较。第一部分(表 11.7)将提出的轻量化 CNN 结构与其他神经网络(如 MobileNets 和 ShuffleNets)进行比较;第二部分(图 11.24~图 11.27)将所提出的 DL 方法与非 DL 的传统优化算法,即 SCP 交错稀疏方法和均匀分区方法进行比较。

表 11.7　具有不同 SNRtrain 的三个神经网络的分类精度

Method	MobileNets/%	ShuffleNets/%	DRRDL/%
SNRtrain = 10dB	86. 19	86. 82	88. 16
SNRtrain = 15dB	95. 82	96. 48	97. 95
SNRtrain = 20dB	95. 48	96. 17	97. 41
SNRtrain = 25dB	94. 90	95. 38	96. 13

为了证明我们提出的 CNN 结构的优越性,在本节提出的稀疏表示算法下,我们将提出的 DRRDL 方法与 ShuffleNet[128] 和 MobileNet[126] 进行了比较。当 SNRtrain = 15dB 时,如表 11.7 所示,本节提出的 DRRDL 方法可以在 10dB、15dB、20dB 和 25dB 的多个训练 SNR 下获得更高的分类精度。

在上述实验中,我们证实了所提出的 DRRDL 方法在降维和神经网络方面的优越性。接下来,下面将 DRRDL 方法与传统的 SCP 方法和均匀划分方法进行比较。

下面将从输出归一化波束图、DOA 估计的均方根误差(Root-Mean-Square Error,RMSE)和计算复杂度的角度比较 DRRDL 方法、传统 SCP 方法和均匀分割方法之间的性能。在 DRRDL 方法中,DL 是在样本矩阵维数降低到 $num = 0.1NUM$ 后执行的。信噪比设置为 15dB。

每种方法设计的最佳阵列结构如图 11.24 所示。每个圆表示一个阵列元素,三种不同的颜色表示三个正交子阵列。

由于矩形阵列的三维波束图不易比较,我们取其 90°仰角的横截面进行比

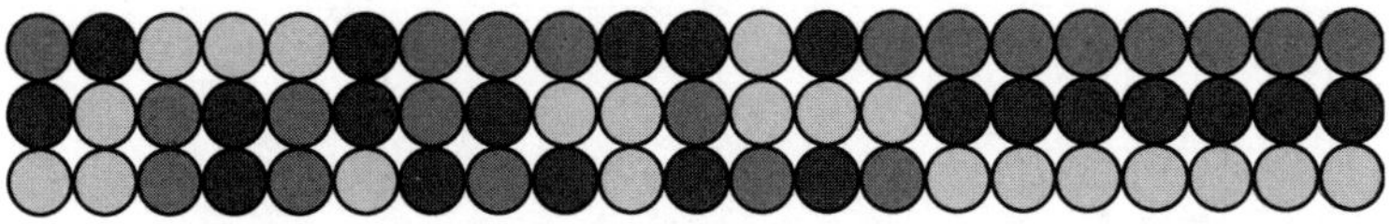

图 11.24　URA 的三种 phased-MIMO 阵列结构(见彩图)

较。如图 11.25 所示,我们提出的 DRRDL 方法的波束图峰值旁瓣仅比 SCP 方法高约 1dB。与均匀分布方法相比,本节提出的 DRRDL 方法的峰值旁瓣电平降低了约 5dB;并且主瓣宽度较窄。这是因为交错稀疏阵列的每个子阵都具有全孔径,因此主瓣随着子阵孔径的增加而变窄。交错稀疏阵列的阵元间距可以扩展到半波长以上,大大降低了阵元间的相互干扰,有效地降低了密集阵元排列引起的旁瓣电平。

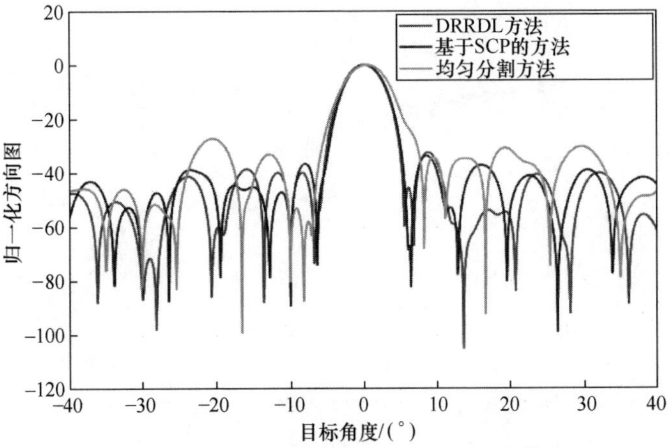

图 11.25　三种 phased-MIMO 阵列结构的波束图截面(见彩图)

如图 11.26 所示。对于目标方位角 $\theta_s = 0°$、俯仰角 $\phi_s = 90°$,我们使用 MUSIC算法计算三种混合 MIMO 相控阵列结构 DOA 估计的 RMSE。该方法具有与 SCP 方法相似的 DOA 估计精度。与均匀分割阵列结构相比,交错稀疏阵列结构具有更低的波达方向估计的 RMSE,这也是孔径扩展的优势。

图 11.27 显示了不同数量子阵列的输出 SINR 值(当子阵列数量不能被整除时,每个子阵列中的元素数量可以不同)。随着子阵数量的增加,SINR 逐渐降低,波束图的旁瓣电平会增加,不利于能量聚焦,DOA 估计性能会下降。同时,由于子阵之间传输的正交波形数量增加,阵列自由度提高,有利于检测更多目标。因此,在交错稀疏混合相控阵 MIMO 雷达中,子阵数量应根据实际需要灵活选择。

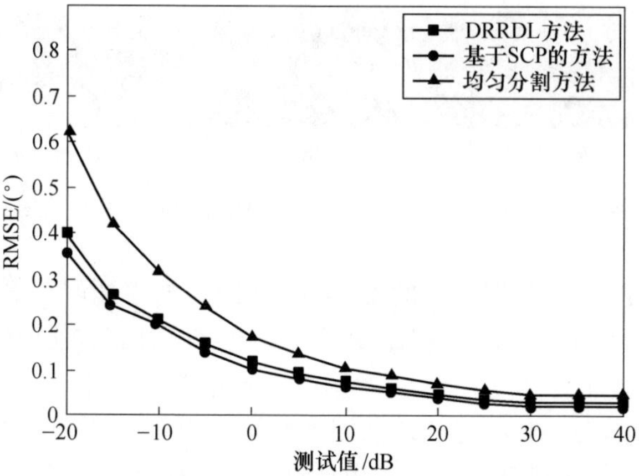

图 11.26　三种 phased-MIMO 阵列结构 DOA 估计的均方根误差(见彩图)

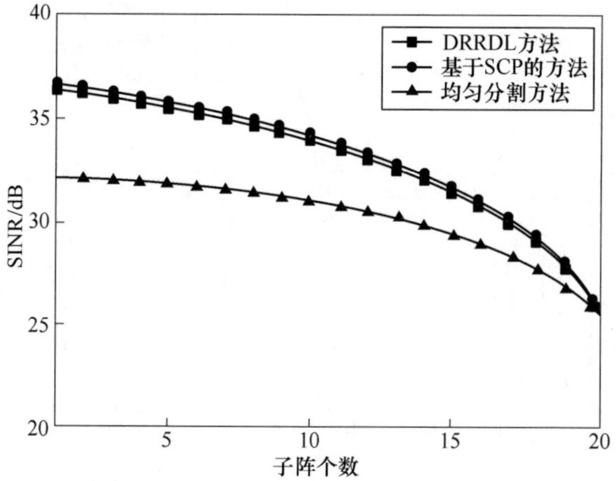

图 11.27　提出的 DRRDL 方法在不同数量的子阵列下的输出 SINR(见彩图)

表 11.8 显示了上述不同方法的计算时间。基于以上比较分析,可以得出结论,我们提出的 DRRDL 方法在波束图、DOA 估计的 RMSE 和输出 SINR 值方面与 SCP 方法非常接近,远优于均匀划分方法。但是,DRRDL 方法的计算时间明显短于 SCP 方法,这是 DL 方法与传统优化算法相比的优势。

表 11.8　SNRtrain =15dB 时不同 phased-MIMO 阵列分割方法的计算时间

方法	计算时间
DRRDL	0.9551s
MobileNets	0.8902s

续表

方法	计算时间
ShuffleNets	1.0497s
RSDL	0.9273s
SCP	37.1864s

本小节提出了一种基于 DL 的混合相控阵 MIMO 雷达交错稀疏发射子阵划分方法。在对样本矩阵进行稀疏表示后，将降维数据送入轻量化 CNN 进行训练和分类，以获得最优的交错稀疏阵列结构。仿真结果表明，该方法在降维和 CNN 结构方面都有很好的性能，可以获得与传统 SCP 方法相似的波束图性能和 DOA 精度，甚至可以大大减少运算时间和成本。

11.5 小　　结

在混合 MIMO 雷达和相控阵雷达各自优缺点的基础上，混合 MIMO 相控阵雷达具有完备 MIMO 雷达性能优势并且兼具相控阵雷达发射相干增益优势。本章通过对收发阵列进行合理的子阵划分，使得每个子阵工作在相控阵模式，在空间形成波束聚焦，增加系统的发射相干增益；同时，子阵间发射不同的正交信号，实现相干 MIMO 雷达的波形分集增益，在接收端实现虚拟阵列的孔径扩展。三种混合 MIMO 相控阵雷达设计方法总结如下。

（1）将嵌套阵列引入接收阵列设计，通过对接收信号的协方差矩阵进行 Khatri-Rao 乘积处理，形成了虚拟阵元数目的扩展，在一定程度上弥补了二维混合 MIMO 相控阵雷达虚拟孔径的损失。在此基础上，结合酉 ESPRIT 算法对二维嵌套混合 MIMO 相控阵雷达进行 DOA 估计，该方法能够在扩展二维混合 MIMO 相控阵雷达虚拟孔径的基础上有效提高 DOA 估计的精度。

（2）将十字形阵列引入收发阵列设计。通过将十字形阵的横轴线阵作为二维混合 MIMO 相控阵雷达的发射端，纵轴线阵作为接收端，由此形成的十字形二维混合 MIMO 相控阵雷达虚拟阵列为一个二维面阵，达到了利用两个线阵就可形成二维混合 MIMO 相控阵雷达的目的。该方法可以扩展虚拟阵列孔径，提高雷达系统自由度，从而得到了更好的 DOA 估计性能。

（3）稀疏子阵列结构对 DOA 估计和 SINR 性能有一定影响。因此，交错稀疏阵列形式是混合 MIMO 相控阵雷达的理想阵列结构。介绍了一种将 DL 与混合 MIMO 相控阵雷达阵列设计相结合的交错稀疏结构方法，以 SINR 作为标记和分类的基础，以阵列流形矩阵为神经网络的输入样本数据。首先通过一种雷达数据降维方法来减少训练样本的数量;然后将降维后的流形矩阵输入到轻量化 CNN 中进行训练;最后分类输出最优的阵列流形矩阵和阵列结构。该方法可以最大化每个子阵的孔径,提高分类精度,降低波束图的旁瓣水平,提高 DOA 估计精度。

参考文献

[1] Kummer W H. "Special Issue on Conformal Arrays," IEEE Transactions on Antennas and Propagation,1974,22(1).

[2] Boeringer D W, Werner D H. Efficiency-constrained particle swarmoptimization of a modified bernstein polynomial for conformal array excitation amplitude synthesis[J]. IEEE Transactions on Antennas and Propagation, 2005, 53: 2662-2673.

[3] Josefsson L, Persson P. Conformal array antenna theory and design [M]. Wiley-IEEE Press, 2006.

[4] Vaskelainen L I. Constrained least-squares optimization in conformal array antenna synthesis [J]. IEEE Transactions on Antennas and Propagation, 2007, 55(3): 859-867.

[5] Comisso M, Vescovo R. 3D power synthesis with reduction of near-field and dynamic range ratio for conformal antenna arrays[J]. IEEE Transactions on Antennas and Propagation, 2011, 59(4): 1164-1174.

[6] Oliveri G, Bekele ET, Robol F, et al. Sparsening conformal arrays through a versatile BCS-based method [J]. IEEE Transactions on Antennas and Propagation, 2014, 62(4): 1681-1689.

[7] Li L J, Wang B. Reducing the number of elements in a pattern reconfigurable antenna array by the multi-task learning[J]. IET Radar, Sonar & Navigation, 2016, 10(6): 1127-1135.

[8] 李龙军, 王布宏, 夏春和. 稀疏共形阵列天线方向图综合[J]. 电子学报, 2017, 45(1): 104-111.

[9] 李龙军, 王布宏, 夏春和, 等. 基于多任务学习方向图可重构稀疏阵列天线设计[J]. 系统工程与电子技术, 2010, 37(12): 2669-2676.

[10] Hemi C, Dover R T, Vespa A, et al. Advanced shared aperture program (ASAP) array design[C]//Proceedings of 1996 IEEE International Symposium on Phased Array Systems and Technology, Boston, MA, 1996: 278-283.

[11] Bergin J, McNeil S, Fomundam L, et al. MIMO phased-array for SMTI radar[J]. Proc. IEEE Aerospace Conf. ,2008:1-7.

[12] Khan W. Hybrid Phased MIMO Radar with Unequal Subarrays[J]. IEEE Antennas and Wireless Propagation Letters, 2010, 14:1234-1238.

[13] Pozar D M, Targonski S D. A shared-aperture dual-band dual-polarized microstrip array[J]. IEEE Transactions on Antennas and Propagation, 2001, 49(2):150-157.

[14] Bellman R. Introduction to matrix analysis [M]. New York: McGrwa Hill, 1960.
[15] Taylor T T. Design of line source antennas for narrow beamwidth and low side-lobe[J]. IRE Transactions on Antennas and Propagation, 1955,3(1):16-28.
[16] Shore R A. A proof of the odd-symmetry of the phases for minimum weight perturbation phased-only null synthesis [J]. IEEE Transactions on Antennas and Propagation, 1984, 32(5):528-530.
[17] Steyskal H, Shore R A, Haupt R L. Mtheods for null control and their effects on the radiation-pattern[J]. IEEE Transactions on Antennas and Propagation,1986,34(3):404-409.
[18] 刘昊,郑明,樊德森,等. 遗传算法在阵列天线赋形波束综合中的应用[J]. 电波科学学报,2002,17(5):539-548.
[19] 范瑜,金荣洪,耿军平,等. 基于差分进化算法和遗传算法的混合优化算法及其在阵列天线方向图综合中的应用[J]. 电子学报,2004,32(12):1997-2000.
[20] Yeo B K. Array Failure correction with a genetic algorithm[J]. IEEE Transactions on Antennas and Propagation,1999,47(5):823-828.
[21] Haupt R L. Thinned arrays using genetic algorithms [J]. IEEE Transactions on Antenna and Propagation,1994,42(7):993-999.
[22] Mahanti G K, Pathak N N, Mahanti P K. Synthesis of thinned linear antenna arrays with fixed sidelobe level using real-coded genetic algorithm [J]. Progress in Electromagnetics Research,2007,75:319-328.
[23] Haupt R L. Optimized element spacing for low sidelobe concentric ring arrays [J]. IEEE Transactions on Antenna and Propagation,2008,56(1):266-268.
[24] Mandal D. , Majumdar A. , Kar R. ,Ghoshal S P. Thinned concentric circular array antennas synthesis using genetic algorithm [C]. IEEE Student Conference on Research and Development,2011,194-198.
[25] Deligkaris K V, Zaharis Z D, Kampitaki D G,et al. Thinned planar array design using boolean PSO with velocity mutation [J]. IEEE Antenna and Propagation Magazine,2009,45(3):1490-1493.
[26] Wang J, Yang B, Wu S H,et al. A novel binary particle swarm optimization with feedback for synthesizing thinned planar arrays [J]. Journal of Electromagnetic Waves and Applications, 2011, 25(14-15): 1985-1998.
[27] Mandal D, Kar R, Ghoshal S P. Thinned concentric circular array antenna synthesis using particle swarm optimization with constriction factor and inertia weight approach [C]//International Conference on Recent Trends in Information Systems, 2011: 77-81.
[28] Pathak N N, Mahanti G K, Singh S K, et al.Synthesis of thinned planar circular planar circular array antennas using modified particle swam optimization [J]. Journal of the Progress in Electromagnetics Research Letter, 2009, 12: 87-97.
[29] Quevedo-Teruel O, Rajo-Iglesias E. Ant colony optimization in thinned array synthesis with

minimum sidelobe level [J]. IEEE Antennas and Wireless Propagation Letters, 2006, 5: 349-352.
[30] Ghosh P, Das S. Synthesis of thinned planar concentric circular antenna arrays—a differential evolutionary approach [J]. Journal of the Progress in Electromagnetics Research B. 2011, 29:63-82.
[31] Zaman M A, Matin M A. Nonuniformly spaced linear antenna array design using firefly algorithm [J]. International Journal of Microwave Science and Technology, 2012:1-8.
[32] Singh U, Rattan M. Design of thinned concentric circular antenna arrays using firefly algorithm [J]. IET Microwaves, Antenna & Propagation, 2014, 8(12): 894-900.
[33] Singh U, Kamal T S. Synthesis of thinned planar concentric circular antenna arrays using biogeography-based optimization [J]. IET Microwaves, Antenna & Propagation, 2012, 6(7): 822-829.
[34] Singh U, Singh D, Singh P. Concentric circular antenna array design using hybrid differential evolution with biogeography-based optimization [C]//IEEE International Conference on Computational Intelligence and Computing Research, 2013:1-6.
[35] Bucci O M, Isernia T, Morabito A F. A deterministic approach to the synthesis of pencil beams through planar thinned arrays [J]. Progress in Electromagnetics Research, 2010, PIER 101:217-230.
[36] Ishimaru A. Unequally Spaced Arrays Based on the Poisson Sum Formula [J]. IEEE Transactions on Antennas and Propagation, 2014, 62(4):1549-1554.
[37] Leeper D G. Isophoric arrays-massively thinned phased arrays with well-controlled sidelobes [J]. IEEE Transactions on Antennas and Propagation, 1999, 47(12): 1825-1835.
[38] Oliveri G, Donelli M, Massa A. Linear array thinning exploiting almost difference sets [J]. IEEE Transactions on Antennas and Propagation, 2009, 57(12):3800-3812.
[39] Oliveri G, Manica L, Massa A. ADS-Based guidelines for thinned planar arrays [J]. IEEE Transactions on Antennas and Propagation, 2010, 58(6):1935-1948.
[40] Kopilovich L E. Square array antennas based on hadamard difference sets [J]. IEEE Transactions on Antennas and Propagation, 2008, 56(1):263-266.
[41] Oliveri G, Caramanica F, Fontanari C, et al. Rectangular thinned arrays based on mcfarland difference sets [J]. IEEE Transactions on Antennas and Propagation, 2011, 59(5): 1546-1552.
[42] Donelli M, Oliveri G, Massa A. On the robustness to element failures of linear ADS-thinned arrays [J]. IEEE Transactions on Antennas and Propagation, 2011, 59(12): 4849-4853.
[43] Keizer W P M N. Low-sidelobe pattern synthesis using iterative Fourier techniques coded in MATLAB [J]. IEEE Antennas and Propagation Magazine, 2009, 51(2): 137-150.
[44] Keizer W P M N. Linear array thinning using iterative FFT techniques [J]. IEEE Transactions on Antennas and Propagation, 2008, 56(8):2757-2760.

[45] Keizer W P M N. Large planar array thinning using iterative FFT techniques [J]. IEEE Transactions on Antennas and Propagation,2009,57(10): 3359-3362.

[46] Keizer W P M N. Amplitude-only low sidelobe synthesis for large thinned circular array antennas [J]. IEEE Transactions on Antennas and Propagation,2012,60(2):1157-1161.

[47] Keizer W P M N. Synthesis of thinned planar circular and square arrays using density tapering [J]. IEEE Transactions on Antennas and Propagation,2014,62(4):1555-1563.

[48] Tohidi E, Sebt M A, Nayebi M M. Linear array thinning using iterative FFT plus soft decision [C]. International Radar Symposium,2013,1:304-306.

[49] Plessis W P P. Weighted thinned linear array design with the iterative FFT technique [J]. IEEE Transactions on Antennas and Propagation, 2011,59(9):3473-3477.

[50] Wang X K, Jiao Y C, Tan Y Y. Gradual thinning synthesis for linear array based on iterative Fourier techniques [J]. IEEE Transactions on Antennas and Propagation, 2012, 123: 299-320.

[51] Wang X K, Jiao Y C, Tan Y Y. Synthesis of large thinned planar arrays using a modified iterative Fourier technique [J]. IEEE Transactions on Antennas and Propagation, 2014,62 (4):1564-1571.

[52] Nai S E,Ser W, Yu Z L,et al. Beampattern Synthesis for linear and planar arrays with antenna selection by convex optimization [J].IEEE Transactions on Antenna and Propagation, 2010,58(12):3923-3930.

[53] Du Y, Hu F, Liu X,et al.Planar sparse array synthesis for sensor selection by convex optimization with constrained beam pattern [J]. Wireless Personal Communication, 2016, 89: 1147-1163.

[54] Donelli S M, Martini A, Massa A. A hybrid approach based on PSO and hadamard difference sets for the synthesis of square thinned arrays [J]. IEEE Transactions on Antennas and Propagation,2009,57(8): 2491-2495.

[55] Oliveri G, Massa A. Genetic algorithm (GA)-enhanced almost difference set (ADS)-based approach for array thinning [J]. IET Microwave, Antennas & Propagation,2011,5(3): 305-315.

[56] Sartori D, Oliveri G, Manica L, et al.Hybrid design of non-regular linear arrays with accurate control of the pattern sidelobes [J]. IEEE Transactions on Antennas and Propagation, 2013, 61(12): 6237-6242.

[57] Andrea T, Vitttorio M. Stochastic optimization of linear sparse arrays [J]. IEEE Journal of Oceanic Engineering,1999,24(3):291-299.

[58] 刘家州. 稀疏阵列综合及 DOA 估计方法研究[D]. 成都:电子科技大学,2014.

[59] Nongpiur R C,Shpak D J. Synthesis of linear and planar arrays with minimum element selection [J]. IEEE Transactions on Signal Processing,2014,62(20):5398-5410.

[60] Cen L, Ser W, Yu Z L,et al. Linear sparse array synthesis with minimum number of sensors

[J]. IEEE Transactions on Antenna and Propagation, 2010, 58(3):720-726.
[61] Bucci O, Perna S, Pinchera D. A hybrid approach to the synthesis of reconfigurable sparse circular arrays [C]//European Conference on Antennas and Propagation, 2014: 1503-1506.
[62] Pinchera D, Migliore M D, Lucido M, et al. On the comparison and evaluation of sparse array synthesis methods [C]//International Applied Computational Electromagnetics Society Symposium, 2017:1-2.
[63] Liu J, Zhao Z, Yuan M, et al. The filter diagonalization method in antenna array optimization for pattern synthesis [J]. IEEE Transactions on Antennas and Propagation, 2014, 62(12): 6123-6130.
[64] Bencivenni C, Ivashina M V, Maaskant R, et al. Synthesis of maximally sparse arrays using compressive sensing and full-wave analysis for global Earth coverage [J]. IEEE Transactions on Antennas and Propagation, 2016, 64(11):4872-4877.
[65] Morabito A F. Synthesis of maximum-efficiency beam arrays via convex programming and compressive sensing [J]. IEEE Antennas and Wireless Propagation Letters, 2017, 16: 602-611.
[66] Yan F, Yang P, Yang F, et al. Synthesis of planar sparse arrays with multiple patterns using perturbed compressive sampling framework [C]//IEEE Asia-Pacific Conference on Antennas and Propagation, 2016: 397-398.
[67] Yan F, Yang P, Yang F, et al. Synthesis of pattern reconfigurable sparse arrays with multiple measurement vectors FOCUSS method [J]. IEEE Transactions on Antennas and Propagation, 2017, 65(2): 602-611.
[68] Unz H. Linear arrays with arbitrarily distributed elements [J]. IRE Transactions on Antennas and Propagation, 1960, 8(2): 222-223.
[69] King D D, Packard R F, Thomas R K. Unequally-spaced, broad-band antenna arrays [J]. IRE Transactions on Antennas and Propagation, 1960, 8(4): 380-384.
[70] Harrington R F. Sidelobe reduction by nonuniform element spacing [J]. IRE Transactions on Antennas and Propagation, 1961, 9(2): 187-192.
[71] Andreasen M G. Linear arrays with variable interelement spacings [J]. IRE Transactions on Antennas and Propagation, 1962, 10(2): 137-143.
[72] Ishimaru A. Theory of unequally-spaced arrays [J]. IRE Transactions on Antennas and Propagation, 1962, 10(6): 691-702.
[73] Ma M. Another method of synthesizing nonuniformly spaced arrays [J]. Antennas and Propagation, IEEE Transactions on, 1965, 13(5): 833-4.
[74] Stutzman W L. Shaped-beam synthesis of nonuniformly spaced linear arrays [J]. IEEE Transactions on Antennas and Propagation, 1972, 20(4): 499-501.
[75] Streit R. Sufficient conditions for the existence of optimum beam patterns for unequally spaced

linear arrays with an example [J]. IEEE Transactions on Antennas and Propagation, 1975, 23(1): 112-115.
[76] Schjaer-Jacobsen H, Madsen K. Synthesis of nonuniformly spaced arrays using a general nonlinear minimax optimization method [J]. IEEE Transactions on Antennas and Propagation, 1976, 24(4): 501-506.
[77] Elmikati H, Elsohly A A. Extension of projection method to nonuniformly linear antenna arrays [J]. IEEE Transactions on Antennas and Propagation, 1984, 32(5): 507-512.
[78] Jarske P, Saramaki T, Mitra S K, et al. On properties and design of nonuniformly spaced linear Arrays [J]. IEEE Transactions on Antennas Propagation, 1988, 36(3): 372-380.
[79] 张玉洪, 保铮. 最佳非均匀间隔稀布阵列的研究 [J]. 电子学报, 1989, 17(4): 81-87.
[80] 张玉洪. 非均匀间隔稀布阵列的旁瓣电平限制 [J]. 西安电子科技大学学报, 1992, 19(4): 45-49.
[81] Hua Y, Sarkar T K. Matrix pencil method for estimating parameters of exponentially damped/undamped sinusoids in noise [J]. Acoustics, Speech and Signal Processing, IEEE Transactions on, 1990, 38(5): 814-24.
[82] Sarkar T K, Pereir O. Using the matrix pencil method to estimate the parameters of a sum of complex exponentials [J]. IEEE Antenna and Propagation Magazine, 1995, 37(1): 48-55.
[83] Liu Y, Nie Z, Liu Q H. Reducing the number of elements in a linear antenna array by the matrix pencil method [J]. IEEE Transactions on Antenna and Propagation, 2008, 56(9): 2955-2962.
[84] Yepes L F, Covarrubias D H, Alonso M A, et al. Hybrid sparse linear array synthesis applied to phased antenna arrays [J]. IEEE Antennas and Wireless Propagation Letters, 2014, 13: 185-188.
[85] Liu Y, Liu Q H, Nie Z. Reducing the number of elements in the synthesis of shaped-beam patterns by the forward-backward matrix pencil method [J]. IEEE Transactions on Antenna and Propagation, 2010, 58(2): 604-608.
[86] Shen H, Wang B, Li X. Shaped-Beam Pattern Synthesis of Sparse Linear Arrays Using the Unitary Matrix Pencil Method [J]. IEEE Antennas and Wireless Propagation Letters, 2017, 16: 1098-1101.
[87] 刘颜回, 聂在平. 非均匀阵列赋形功率方向图综合方法研究 [J]. 电子学报. 2011, 39(9): 2087-2089.
[88] Liu Y, Nie Z, Liu Q H. A new method for the synthesis of non-uniform linear arrays with shaped power patterns [J]. Progress in Electromagnetics Research, 2010, 107: 349-363.
[89] Yang K, Zhao Z, Liu Y. Synthesis of sparse planar arrays with matrix pencil method [C]. Proceeding International Conference on Computational Problem Solving (ICCP). 2011: 82-85.

[90] Yepes L F, Covarrubias D H, Alonso M A, et al. Synthesis of two-dimensional antenna array using independent compression regions [J]. IEEE Transactions on Antenna and Propagation, 2013, 61(1): 449-452.

[91] Yepes L F, Covarrubias D H, Alonso M A, et al. Corrections to "Synthesis of two-dimensional antenna array using independent compression regions" [J]. IEEE Transactions on Antenna and Propagation, 2014, 62(8): 4436-4436.

[92] Shen Haiou, Wang Buhong. Two-dimensional unitary matrix pencil method for synthesizing sparse planar arrays[J]. Digital Signal Processing, 2018, 73: 40-46.

[93] 沈海鸥,王布宏. 基于酉变换-矩阵束的稀布线阵方向图综合[J],电子与信息学报, 2016, 36(10): 2667-2673.

[94] Gies D, Rahmat-samii Y. Particle swarm optimization for reconfigurable phase differentiated array design [J]. Microwave and Optical Technology Letters, 2003, 38(4): 168-175.

[95] Bucca O M, Mazzarella G, Panariello G. Reconfigurable arrays by phase-only control [J]. IEEE Trans. on Antennas and Propagation, 1991, 39(7): 919-925.

[96] Mahanti G K, Das S, Chakraborty A. Design of phase-differentiated reconfigurable array antennas with Minimum Dynamic Range Ratio [J], IEEE Antennas and Wireless Propagation Letters, 2006, 14(5): 262-264.

[97] Subhashini K, Kumar R P, Lalitha K. Reconfigurable array antennas with side lobe level control by genetic modulation [C]//Students' Technology Symposium, 2011 IEEE. 2011: 14-16.

[98] 陈国虎,雷雪,陈紫阳. 矩形环可重构天线的建模和仿真研究[J]. 信息与工程大学学报,2014, 15(1): 57-61.

[99] 郑如萍,施展,瞿颜. 五元印刷单极子方向图可重构阵列天线[J]. 微博学报,2013, 29(3): 23-27.

[100] 陈国虎,曹凯,江桦. 用于认知无线电的自适应可重构天线研究[J]. 电波科学学报, 2013, 28(6): 1139-1144.

[101] 曹凯,陈国虎,江桦. 基于遗传算法的可重构天线系统研究与实现[J]. 信息与工程大学学报,2013, 14(5): 557-562.

[102] Dolph C L. A current distribution for broadside arrays which optimizes the relationship between beamwidth and side-lobe level[J]. Proc IRE, 1946, 34(5): 335-348.

[103] 沈海鸥,王布宏. 基于多任务贝叶斯压缩感知的稀疏可重构天线阵的优化设计[J],电子学报,2016, 44(9): 2168-2174.

[104] Shen Haiou, Wang Buhong. An Effective Method for Synthesizing Multiple-Pattern Linear Arrays with a Reduced Number of Antenna Elements [J]. IEEE Transaction on Antennas and Propagation, 2017, 65(5): 2358-2366.

[105] 沈海鸥,王布宏. 扩展酉矩阵束算法实现稀疏可重构天线阵的优化设计[J],航空学报,2016, 37(12): 3811-3820.

[106] Shen Haiou, Wang Buhong, Longjun Li. Effective approach for pattern synthesis of sparse reconfigurable antenna arrays with exact pattern matching [J]. IET Microwaves, Antennas & Propagation, 2016, 10(7): 748-755.

[107] Shen Haiou, Wang Buhong, Li Longjun. Variational Sparse Bayesian Learning for Optimal Design of Interleaved Linear Arrays with Region Constraint [J]. IET Radar Sonar and Navigation, 2016, 10(8): 1458-1467.

[108] Li L J, Wang B. Design of wideband multifunction antenna array based on multiple interleaved subarrays[J]. International Journal of Antennas and Propagation 2016 (2016).

[109] 李龙军, 王布宏, 夏春和. 基于改进迭代 FFT 算法的均匀线阵交错稀疏布阵方法[J]. 电子与信息学报, 2016, 38(4): 970-977.

[110] 李龙军, 王布宏. 共享孔径多功能宽带阵列天线研究[J]. 西安电子科技大学学报, 2016, 43(4): 147-153.

[111] 李龙军, 王布宏, 夏春和, 等. 基于子阵激励能量匹配的多子阵交错阵列设计[J]. 北京航空航天大学学报, 2016.

[112] Cheng T, Wang B, Wang Z, et al. Lightweight CNNs based Interleaved Sparse Array Design of Phased-MIMO Radar [J]. IEEE Sensors Journal. 2021, 21 (12): 13200-13214.

[113] 马汉清, 褚庆昕, 郑会利. 一种两宽带天线共口径设计[J]. 电子学报 2009, 37(5): 966-969.

[114] 王玲玲, 方大纲. 运用遗传算法综合稀疏阵列[J]. 电子学报, 2003, 31(12): 2135-2138.

[115] Hassanien A, Vorobyov S A. Phased-MIMO radar: A tradeoff between phased-array and MIMO radars[J]. IEEE Transactions on Signal Processing, 2010, 58(6): 3137-3151.

[116] Li H, Himed B. Transmit subaperturing for MIMO radars with co-located antennas[J]. IEEE Journal of Selected Topics in Signal Processing, 2010, 4(1): 55-65.

[117] Hassanien A, Vorobyov S A. Transmit energy focusing for DOA estimation in MIMO radar with colocated antennas[J]. IEEE Transactions on Signal Processing, 2011, 59(6): 2669-2682.

[118] Khawar A, Abdelhadi A, Clancy T C, et al. Overlapped-MIMO radar and MIMO cellular system[J]. Spectrum Sharing Between Radars and Communication Systems: A MATLAB Based Approach, 2018: 75-98.

[119] Hu X, Feng C, Wang Y, et al. Adaptive waveform optimization for MIMO radar imaging based on sparse recovery[J]. IEEE Transactions on Geoscience and Remote Sensing, 2019, 58(4): 2898-2914.

[120] Wang L, Zhu W, Zhang Y, et al. Multi-target detection and adaptive waveform design for cognitive MIMO radar[J]. IEEE Sensors Journal, 2018, 18(24): 9962-9970.

[121] Li X, Cheng T, Su Y, et al. Joint time-space resource allocation and waveform selection for

the collocated MIMO radar in multiple targets tracking[J]. Signal Processing, 2020, 176: 107650.

[122]Zhang W, Hu J, Wei Z, et al. Constant modulus waveform design for MIMO radar transmit beampattern with residual network[J]. Signal Processing, 2020, 177: 107735.

[123]Zhou Q, Li Z, Shi J, et al. Robust cognitive transmit waveform and receive filter design for airborne MIMO radar in signal - dependent clutter environment [J]. Digital Signal Processing, 2020, 101: 102709.

[124]Chang G, Liu A, Yu C, et al. Orthogonal waveform with multiple diversities for MIMO radar [J]. IEEE Sensors Journal, 2018, 18(11): 4462-4476.

[125]He X, Niyogi P. Locality preserving projections[J]. Advances in neural information processing systems, 2003,16(1):186-197.

[126]Howard A G, Zhu M, Chen B, et al. Mobilenets: Efficient convolutional neural networks for mobile vision applications[J]. arXiv preprint arXiv:1704.04861, 2017.

[127]Boyd S P,Vandenberghe L. Convex optimization[M]. Cambridge university press, 2004.

[128]Zhang X, Zhou X, Lin M, et al. Shufflenet: An extremely efficient convolutional neural network for mobile devices[C]//Proceedings of the IEEE conference on computer vision and pattern recognition. 2018: 6848-6856.

[129] Wang Buhong, Hui Hon Tat,Leong Mook Seng. Global and fast receiver antenna selection for MIMO systems[J]. IEEE Transactions on Communications, 2010, 58(9): 2505-2510.

[130] Wang Buhong,Hui Hon Tat,. Investigation on the FFT-based antenna selection for compact uniform circular arrays in correlated MIMO channels[J]. IEEE transactions on signal processing, 2010, 59(2): 739-746.

[131] Tyrtyshnikov E E. Incomplete cross approximation in the mosaicskeleton method[J]. Computing,2000,64(4),367-380.

[132] Oseledets I V, Savostianov D V, Tyrtyshnikov E E. Tucker dimensionality reduction of three-dimensional arrays in linear time[J]. SIAM Journal on Matrix Analysis and Applications, 2008, 30(3): 939-956.

[133] Gharavi-Alkhansari M, Gershman A B. Fast antenna subset selection in MIMO systems[J]. IEEE transactions on signal processing, 2004, 52(2): 339-347.

[134] Paulraj A J, Papadias C B. Space-time processing for wireless communications[J]. IEEE signal processing magazine, 1997, 14(6): 49-83.

[135] Sayeed A M. Deconstructing multiantenna fading channels[J]. IEEE Transactions on Signal processing, 2002, 50(10): 2563-2579.

[136] Veeravalli V V, Liang Y, Sayeed A M. Correlated MIMO wireless channels: capacity, optimal signaling, and asymptotics[J]. IEEE Transactions on information theory, 2005, 51 (6): 2058-2072.

[137] Molisch A F, Zhang X. FFT-based hybrid antenna selection schemes for spatially correlated

MIMO channels[J]. IEEE Communications Letters, 2004, 8(1): 36-38.
[138] Longstaff I D, Chow P E K, Davies D E N. Directional properties of circular arrays[C]// Proceedings of the Institution of Electrical Engineers. IET Digital Library, 1967, 114(6): 713-718.
[139] Mathews C P, Zoltowski M D. Eigenstructure techniques for 2-D angle estimation with uniform circular arrays [J]. IEEE Transactions on signal processing, 1994, 42(9): 2395-2407.
[140] 王布宏, 程天昊, 李夏, 等. 混合 MIMO 相控阵雷达的交错稀疏阵列设计[J]. 控制与决策, 2021, 36(4): 959-966.
[141] 刘帅琦, 王布宏, 李龙军,等. 二维混合 MIMO 相控阵雷达的 DOA 估计算法[J]. 西安电子科技大学学报, 2017, 44(03): 157-164.
[142] 刘帅琦, 王布宏, 李夏,等. 二维混合 MIMO 相控阵雷达收发波束空间设计[J]. 系统工程与电子技术, 2017, 39(10): 2221-2227.
[143] 刘帅琦, 王布宏, 李夏,等. 二维嵌套混合 MIMO 相控阵雷达接收阵列设计[J]. 航空学报, 录用.
[144] 程天昊, 王布宏, 蔡斌, 等. 二维混合 MIMO 相控阵雷达的嵌套阵列结构设计[J]. 系统工程与电子技术. 2019,41(003):541-548.
[145] 王布宏, 刘巧鸽, 刘帅琦, 等. 十字形二维稀疏混合 MIMO 相控阵雷达收发阵列设计[J]. 控制与决策, 2020, 35(12): 2875-2882.
[146] Kirschner A, Siart U, Guetlein J, et al. A Design-algorithm for MIMO Radar Antenna Setups with Minimum Redundancy[C]//2013 IEEE International Conference on Microwaves, Communications, Antennas and Electronic Systems (COMCAS 2013). IEEE, 2013: 1-5.
[147] Pal P, Vaidyanathan P P. Nested arrays: A Novel Approach to Array Processing with Enhanced Degrees of Freedom[J]. IEEE Transactions on Signal Processing, 2010, 58(8): 4167-4181.
[148] 周成伟. 互质阵列信号处理算法研究[D]. 杭州:浙江大学,2018.
[149] Zhu C, Chen H, Shao H. Joint Phased-MIMO and Nested-array Beamforming for Increased Degrees-of-freedom[J]. International Journal of Antennas and Propagation, 2015, 2015.
[150] Ke S, Wang B, Huang H, et al. Plasmonic absorption enhancement in periodic cross-shaped graphene arrays[J]. Optics express, 2015, 23(7): 8888-8900.
[151] 赵天青, 孙迪峰, 梁旭斌, 等. 基于十字形声阵列的宽带信号 DOA 估计[C]//中国声学学会 2017 年全国声学学术会议论文集. 2017.
[152] 王丽萍,董阳阳. 一种非均匀 L 阵及其快速二维 DOA 估计算法[J]. 西安邮电大学学报,2017,22(06):66-72.
[153] Wang W Q, Zheng Z. Hybrid MIMO and phased-array directional modulation for physical layer security inmmWave wireless communications[J]. IEEE journal on selected areas in communications, 2018, 36(7): 1383-1396.
[154] La Manna M, Fuhrmann D R. Cramér-Rao lower bounds comparison for 2D hybrid-MIMO and MIMO radar[J]. IEEE Journal of Selected Topics in Signal Processing, 2016, 11(2): 404-413.

[155] Hassanien A, Vorobyov S A. Research on 2D Sparse Array Optimization Algorithms for Multiple Transmit Beam and Multiple Receive Beam Radar—Phased-MIMO Radar with Limited Number of Transmit Power Amplifiers[R]. Yongin: Samsung Thales Co. Ltd., 2014: 1-22, 2014.

[156] Deligiannis A, Chambers J A, Lambotharan S. Transmit beamforming design for two-dimensional phased-MIMO radar with fully-overlapped subarrays[C]//2014 Sensor Signal Processing for Defence (SSPD). IEEE, 2014: 1-4.

[157] Sur S N, Bera R, Maji B. Phased-MIMO radar in low SNR regime[C]//Advances in Communication, Devices and Networking: Proceedings of ICCDN 2018. Springer Singapore, 2019: 357-362.

[158] Alieldin A, Huang Y, Saad W M. Optimum partitioning of a phased-MIMO radar array antenna[J]. IEEE Antennas and Wireless Propagation Letters, 2017, 16: 2287-2290.

[159] Qin G, Amin M G, Zhang Y D. DOA estimation exploiting sparse array motions[J]. IEEE Transactions on Signal Processing, 2019, 67(11): 3013-3027.

[160] Nosrati H, Aboutanios E, Smith D. Multi-stage antenna selection for adaptive beamforming in MIMO radar[J]. IEEE Transactions on Signal Processing, 2020, 68: 1374-1389.

[161] Zheng W, Zhang X, Wang Y, et al. Extended coprime array configuration generating large-scale antenna co-array in massive MIMO system[J]. IEEE Transactions on Vehicular Technology, 2019, 68(8): 7841-7853.

[162] Deligiannis A, Amin M, Lambotharan S, et al. Optimum sparse subarray design for multitask receivers[J]. IEEE Transactions on Aerospace and Electronic Systems, 2018, 55(2): 939-950.

[163] Joung J. Machine learning-based antenna selection in wireless communications[J]. IEEE Communications Letters, 2016, 20(11): 2241-2244.

[164] Elbir A M, Mishra K V. Joint antenna selection and hybrid beamformer design using unquantized and quantized deep learning networks[J]. IEEE Transactions on Wireless Communications, 2019, 19(3): 1677-1688.

[165] Elbir A M, Mishra K V, Eldar Y C. Cognitive radar antenna selection via deep learning[J]. IET Radar, Sonar & Navigation, 2019, 13(6): 871-880.

[166] An W, Zhang P, Xu J, et al. A novel machine learning aided antenna selection scheme for MIMO Internet of Things[J]. Sensors, 2020, 20(8): 2250.

[167] Nguyen N T, Lee K. Deep learning-aided tabu search detection for large MIMO systems[J]. IEEE Transactions on Wireless Communications, 2020, 19(6): 4262-4275.

[168] Xiao L, Li Y, Han G, et al. A secure mobile crowdsensing game with deep reinforcement learning[J]. IEEE Transactions on Information Forensics and Security, 2017, 13(1): 35-47.

第三部分　阵列误差校正算法

在主动防御系统中，为了实现对敌有效的攻击，需要确定敌目标方位，以组织火力实施精确打击，争取战场的主动权。为了达到对目标有效攻击的目的，要求雷达系统、声呐系统、电子战中的侦收系统、弹载制导系统具有良好的角度分辨力，并可对敌目标方位快速、准确地加以识别。在这类系统中方位估计的速度越快、精度越高、可以分辨的目标数目越多，其性能越好。随着智能天线技术的迅速发展，阵列误差校正技术是智能天线系统中上行链路多用户分离接收和下行链路多波束形成实现的关键，从某种程度上讲，移动用户方位信息估计的精度越高，阵列天线的空间分辨力越强，移动通信系统的通信容量就越大，对干扰的抑制能力也越强。

目前，阵列天线的探测环境更加复杂多变，为了获得更好的性能，往往采用特殊的阵列结构和信号形式，在某些情况下还具有特殊的误差条件。因此，研究基于阵列天线的高精度、高分辨力和高稳健性的阵列误差校正算法具有重要的理论意义和实际价值。本部分紧密围绕误差校正关键技术，提出了有效的阵列误差校正方法和误差稳健的阵列信号处理方法，并对算法的性能进行了验证。

在阵列校正技术方面，提出一种利用辅助阵元来对阵列误差进行自校正的方法；针对雷达接收天线阵列的互耦补偿问题，提出阵列宽带互耦模型并引入“系统辨识”的思想以完成宽带互耦补偿和校正；针对米波雷达超分辨测高算法对目标回波阵列模型的依赖性，借鉴匹配场处理的思想，提出使用抛物线波动方程传播模型代替通常使用的平面波传播模型，建立较准确的、实用化的，适用于米波雷达多径传播条件下的目标回波阵列模型；在信号处理算法性能的验证方面，利用均匀线阵互耦矩阵的带状、对称 Toeplitz 特性，基于子空间原理，提出了一种均匀线阵互耦条件下的稳健 DOA 估计及互耦矩阵估计算法。

第 12 章　阵列误差校正的辅助阵元法

12.1　引　言

人们研究发现各种高分辨的空间谱估计算法对误差的稳健性能很差，对模型误差往往很敏感[1-8]，微小的模型扰动往往会带来方位估计性能的急剧恶化。因此，简便有效的阵列校正方法在实际工程应用中具有重要的意义。现有参数类的阵列校正方法大都采用了方位无关的阵元幅相误差模型，但这往往与实际的阵列误差特性并不符合。在实际工程应用中，我们遇到的几乎都是方位依赖的阵列误差。首先，当阵元的方向图不一致或阵元不满足各向同性时，我们都需要用方位依赖的阵元幅相误差来进行建模；其次，通常情况下阵列会同时存在多种误差形式，(如阵元幅相、阵元位置、阵元互耦等)，它们对阵列的综合影响也需要用一个方位依赖的阵元幅相误差来进行描述。如何对方位依赖的阵列误差进行校正一直以来都是阵列校正技术中的难题，相关的研究成果报道的很少。由于阵列扰动与方位有关，通过增加辅助信源已不能增加扰动参数估计可利用的信息量，所以我们考虑通过增加辅助阵元来提供扰动参数估计可利用的信息量。基于这一思想，本章我们提出一种利用辅助阵元对方位依赖的阵元幅相误差进行自校正的新方法——辅助阵元法(Instrumental Sensor Method，ISM)。通过引入少量精确校正的辅助阵元，ISM 方法可以在多源情况下对信源方位和其对应的阵元幅相误差进行无模糊联合估计。该方法适用于任意的阵列几何结构(包括均匀线阵)；而且其运算量小，只需要参数的一维搜索，不存在参数联合估计的局部收敛问题。此外，该方法无须以前阵列校正方法中经常使用的阵列误差的微扰动假设，更加符合实际的误差模型。

12.2　方位依赖阵元幅相误差校正的辅助阵元法

12.2.1　辅助阵元法的描述

既然 N 元阵列中有 P 个阵元是精确校正的，在幅相扰动矩阵 $\boldsymbol{\Gamma}(\theta_i)$ 中它们对应的对角元素应为 1。我们将 $\boldsymbol{a}(\theta)$ 和 $\boldsymbol{\Gamma}(\theta)$ 进行如下的分块：

$$\boldsymbol{a}(\theta)=[\boldsymbol{a}_1^{\mathrm{T}}(\theta) \quad \boldsymbol{a}_2^{\mathrm{T}}(\theta)]^{\mathrm{T}} \tag{12.1}$$

$$\boldsymbol{\Gamma}(\theta)=\mathrm{diag}[\mathbf{1}_{1\times P} \quad [\mathrm{vecd}(\boldsymbol{\Gamma}_2(\theta))]^{\mathrm{T}}] \tag{12.2}$$

式中：$P\times 1$ 矢量 $\boldsymbol{a}_1(\theta)$ 由 $\boldsymbol{a}(\theta)$ 中 P 个精确校正阵元对应的元素构成，而 $K\times 1$ 矢量 $\boldsymbol{a}_2(\theta)$ 由 $\boldsymbol{a}(\theta)$ 中存在扰动的 K 个阵元对应的元素构成。

同理，$K\times K$ 对角矩阵 $\boldsymbol{\Gamma}_2(\theta)$ 的对角元素由 K 个扰动阵元的幅相误差构成。vecd[·] 表示由矩阵提取其对角元素构成列矢量。扰动后的导向矢量 $\boldsymbol{W}(\theta)$ 可以重新表示为

$$\boldsymbol{W}(\theta)=\boldsymbol{\Gamma}(\theta)\boldsymbol{a}(\theta)=\begin{bmatrix}\boldsymbol{a}_1(\theta) & \mathbf{0}_{P\times K}\\ \mathbf{0}_{(N-P)\times 1} & \mathrm{diag}[\boldsymbol{a}_2^T(\theta)]\end{bmatrix}\begin{bmatrix}1\\ \mathrm{vecd}(\boldsymbol{\Gamma}_2(\theta))\end{bmatrix}=\widetilde{\boldsymbol{\alpha}}(\theta)\boldsymbol{\delta}(\theta) \tag{12.3}$$

式中：$\widetilde{\boldsymbol{\alpha}}(\theta)$ 为 $N\times(K+1)$ 矩阵；$\boldsymbol{\delta}(\theta)$ 为 $(K+1)\times 1$ 列矢量。

由子空间原理，有

$$\boldsymbol{W}^{\mathrm{H}}(\theta)\boldsymbol{E}_N\boldsymbol{E}_N^{\mathrm{H}}\boldsymbol{W}(\theta)=0,\theta=\theta_1,\theta_2,\cdots\theta_M \tag{12.4}$$

将式(12.3)带入式(12.4)可得

$$\boldsymbol{\delta}^{\mathrm{H}}(\theta)\widetilde{\boldsymbol{\alpha}}^{\mathrm{H}}(\theta)\boldsymbol{E}_N\boldsymbol{E}_N^{\mathrm{H}}\widetilde{\boldsymbol{\alpha}}(\theta)\boldsymbol{\delta}(\theta)=0 \tag{12.5}$$

$$\boldsymbol{\delta}^{\mathrm{H}}(\theta)\boldsymbol{Q}(\theta)\boldsymbol{\delta}(\theta)=0 \tag{12.6}$$

$$\boldsymbol{Q}(\theta)=\widetilde{\boldsymbol{\alpha}}^{\mathrm{H}}(\theta)\boldsymbol{E}_N\boldsymbol{E}_N^{\mathrm{H}}\widetilde{\boldsymbol{\alpha}}(\theta) \tag{12.7}$$

由于 $\boldsymbol{\delta}(\theta)\neq\mathbf{0}$，式(12.6)成立的充要条件是 $(K+1)\times(K+1)$ 矩阵 $\boldsymbol{Q}(\theta)$ 奇异或出现秩损现象。当 $K+1\leqslant N-M$ 或 $P\geqslant M+1$，且扰动后的阵列导向矢量无秩 $N-1$ 模糊时，矩阵 $\boldsymbol{Q}(\theta)$ 出现秩损。当且仅当 $\theta=\theta_i(i=1,2,\cdots,M)$，即只有在信源真实方位处矩阵 $\boldsymbol{Q}(\theta)$ 奇异，否则信号子空间的维数将超过 M。基于上述思想可以将信源方位和方位依赖的阵元幅相误差进行联合但“去耦”估计，表示如下：

$$\hat{\boldsymbol{Q}}(\theta)=\widetilde{\boldsymbol{\alpha}}^{\mathrm{H}}(\theta)\hat{\boldsymbol{E}}_N\hat{\boldsymbol{E}}_N^{\mathrm{H}}\widetilde{\boldsymbol{\alpha}}(\theta) \tag{12.8}$$

$$\hat{\theta}=\arg\max_{\theta}\frac{1}{\lambda_{\min}[\hat{\boldsymbol{Q}}(\theta)]} \quad \text{或} \quad \hat{\theta}=\arg\max_{\theta}\frac{1}{\det(\hat{\boldsymbol{Q}}(\theta))} \tag{12.9}$$

$$\hat{\boldsymbol{\delta}}(\hat{\theta})=\boldsymbol{e}_{\min}[\hat{\boldsymbol{Q}}(\hat{\theta})],\ e_{\min}(1)=1 \tag{12.10}$$

式中：$\hat{\boldsymbol{E}}_N$ 为噪声子空间正交基矢量的样本估值；$\lambda_{\min}[\cdot]$ 为求矩阵的最小特征值；$\boldsymbol{e}_{\min}[\cdot]$ 为求矩阵最小特征值对应的特征矢量。

12.2.2 算法性能讨论与分析

通过 12.2.1 节对算法的原理描述，可以得出如下结论。

(1) 算法基于方位依赖的阵元幅相误差模型,可以在多源情况(non-disjoint sources)下,实现对多种阵列误差的同时自校正(包括阵元幅相误差、位置误差、互耦等)。可以重复在空间不同方位设置辅助信源(不必精确已知其方位,且可以同时设置多个信源),运用本节算法对信源方位及其对应的阵列误差矢量 $\boldsymbol{\Gamma}(\theta)$ 进行估计,然后通过某种内插机制来实现阵列观测空间内(如-60°~60°)阵列流形的校正。

(2) 由于辅助阵元引入的误差自由度约束,本节算法克服了通常均匀线阵阵列校正中的模糊问题。由于均匀线阵理想的导向矢量为范德蒙矢量,当幅相误差矢量 $\mathrm{vecd}[\boldsymbol{\Gamma}(\theta)]$ 也具有范德蒙特性时,方位估计与幅相误差的估计就会出现模糊,导致方位估计的偏差。在本节算法中,由于引入了精确校正的辅助阵元,阵列扰动矢量 $\mathrm{vecd}[\boldsymbol{\Gamma}(\theta)]$ 的前 P 个元素均为 1,它不可能具有范德蒙性(除非阵元无扰动, $\mathrm{vecd}[\boldsymbol{\Gamma}(\theta)]$ 的元素均为 1)。所以,本节算法消除了通常均匀线阵扰动参数估计时由方位参数与扰动参数耦合引起的模糊问题。

(3) 算法的运算量小,只需要方位参数的一维搜索,避免了高维、多模非线性搜索问题和局部收敛问题。而且对于均匀线阵,利用其理想导向矢量的范德蒙特性,还可以根据 ROOT-MUSIC 的思想,将式(12.9)的一维方位搜索转化为求解单位圆附近 $2P-2$ 阶多项式 $\det[\boldsymbol{Q}(x)]=0$ 根的相角来实现,从而进一步减少运算量。

(4) 算法的实现中没有使用扰动导向矢量的一阶泰勒近似来对参数估计问题进行简化,所以我们无须对阵列误差进行微扰动假设,更加符合实际的误差模型。

(5) 扰动阵元数 K 对算法性能的影响不明显,算法适合于对大型相控阵方位依赖的幅相误差进行校正。

12.2.3 参数估计统计一致性的证明

当阵列快拍数 $T\to\infty$时,样本协方差矩阵趋近于真值:

$$\hat{\boldsymbol{R}}=\frac{1}{T}\sum_{t=1}^{T}\boldsymbol{X}(t)\,\boldsymbol{X}^{\mathrm{H}}(t)\to\boldsymbol{R}\tag{12.11}$$

相应的噪声子空间投影矩阵的估值 $\hat{\boldsymbol{E}}_N\,\hat{\boldsymbol{E}}_N^{\mathrm{H}}$ 将趋近于真值:

$$\hat{\boldsymbol{E}}_{\mathrm{N}}\,\hat{\boldsymbol{E}}_{\boldsymbol{N}}^{\mathrm{H}}\to\boldsymbol{E}_N\,\boldsymbol{E}_{\boldsymbol{N}}^{\mathrm{H}}\tag{12.12}$$

相应的方位参数估计问题可以表示为:

$$\hat{\theta}=\arg\min_{\theta}\lambda_{\min}[\boldsymbol{Q}(\theta)]\tag{12.13}$$

$$\boldsymbol{Q}(\theta)=\widetilde{\boldsymbol{\alpha}}^{\mathrm{H}}(\theta)\,\boldsymbol{E}_{\boldsymbol{N}}\,\boldsymbol{E}_N^{\mathrm{H}}\widetilde{\boldsymbol{\alpha}}(\theta)\tag{12.14}$$

由式(12.13)可见，只有当 $\boldsymbol{Q}(\theta)$ 为奇异矩阵时，代价函数式(12.13)才可以取最小值0。于是只要证明 $\boldsymbol{Q}(\theta)$ 秩损的充分必要条件为：θ 的取值为某一信源的真实方位矢量 $\boldsymbol{\theta}_i(i = 1,2,\cdots,M)$，便可以证明方位参数估计的一致性。即

$$\boldsymbol{\theta} = \boldsymbol{\theta}_i \Leftrightarrow \lambda_{\min}(\boldsymbol{Q}(\theta)) = 0 \tag{12.15}$$

充分条件可由式(12.6)直接得出；必要条件可以使用反证法来证明。若与信源方位相异的 θ_{M+1} 使 $\boldsymbol{Q}(\theta)$ 秩损 $(M + 1 \leqslant N)$，即

$$\breve{\boldsymbol{\delta}}^{\mathrm{H}}(\theta_{M+1})\,\widetilde{\boldsymbol{\alpha}}^{\mathrm{H}}(\theta_{M+1})\,\boldsymbol{E}_N\,\boldsymbol{E}_N^{\mathrm{H}}\widetilde{\boldsymbol{\alpha}}(\theta_{M+1})\breve{\boldsymbol{\delta}}(\theta_{M+1}) = 0 \tag{12.16}$$

所以矢量 $\widetilde{\boldsymbol{a}}(\theta_{M+1})\breve{\boldsymbol{\delta}}(\theta_{M+1})$ 应位于阵列协方差矩阵的信号子空间中，由子空间基与矢量的线性表示关系，有

$$L[\widetilde{\boldsymbol{a}}(\theta_1)\boldsymbol{\delta}(\theta_1),\widetilde{\boldsymbol{a}}(\theta_2)\boldsymbol{\delta}(\theta_2),\cdots,\widetilde{\boldsymbol{a}}(\theta_M)\boldsymbol{\delta}(\theta_M)] = \widetilde{\boldsymbol{a}}(\theta_{M+1})\breve{\boldsymbol{\delta}}(\theta_{M+1}) \tag{12.17}$$

式中：$L[\cdot]$ 为某一线性算子。

式(12.17)表明有 $M + 1$ 个阵列导向矢量线性相相关，而且 $M + 1 \leqslant N$ 这与我们对阵列流形无秩 $N - 1$ 模糊的假设相矛盾。由此，我们证明了方位估计的一致性。

下面对方位依赖的阵元幅相误差估计的统计一致性进行证明：由于方位估计的统计一致性，阵元幅相误差的估计在快拍数 $T \to \infty$时可以表示为

$$\hat{\boldsymbol{\delta}}(\theta_i) = \boldsymbol{e}_{\min}[\boldsymbol{Q}(\theta_i)] \text{ 且 } \boldsymbol{e}_{\min}(1) = 1 \tag{12.18}$$

为了证明阵元幅相误差估计的统计一致性，对任意首1的 $(K + 1) \times 1$ 列矢量 $\breve{\boldsymbol{\delta}}$，我们需要证明：

$$\breve{\boldsymbol{\delta}} = \boldsymbol{\delta}(\theta_i) \Leftrightarrow \breve{\boldsymbol{\delta}}^{\mathrm{H}}\boldsymbol{Q}(\theta_i)\boldsymbol{\delta} = 0, \quad i = 1,2,\cdots,M \tag{12.19}$$

式(12.19)的充分条件可以式(12.6)直接得出。式(12.19)必要条件的成立只需证明矩阵 $\boldsymbol{Q}(\theta_i)(i = 1,2,\cdots,M)$ 的零空间的维数均为1，且它们零特征值对应的首1的特征矢量等于相应的阵元幅相误差矢量 $\boldsymbol{\delta}(\theta_i)$。下面用反证法来证明：如果矩阵 $\boldsymbol{Q}(\theta_i)(i = 1,2,\cdots,M)$ 的零空间的维数为 L_i，且 $L_i > 1$，即有下式成立：

$$\breve{\boldsymbol{\delta}}_{k_i}^{\ \mathrm{H}}\,\widetilde{\boldsymbol{a}}^{\mathrm{H}}(\theta_i)\,\boldsymbol{E}_N\,\boldsymbol{E}_N^{\mathrm{H}}\widetilde{\boldsymbol{a}}(\theta_i)\,\breve{\boldsymbol{\delta}}_{k_i} = 0, k_i = 1,2,\cdots,L_i; i = 1,2,\cdots,M \tag{12.20}$$

同样，有 $\sum\limits_{i=1}^{M} L_i$ 个导向矢量 $\widetilde{\boldsymbol{a}}(\theta_i)\,\breve{\boldsymbol{\delta}}_{k_i}$ 位于信号子空间中。基于对阵列流形

的无秩 $N-1$ 模糊的假设，式(12.20)成立当且仅当

$$L_i = 1 \text{ 且 } \breve{\boldsymbol{\delta}}_{k_i} = \boldsymbol{\delta}(\theta_i), i = 1,2,\cdots,M; k_i = 1,2,\cdots,L_i \tag{12.21}$$

由此我们证明了阵元幅相误差估计的统计一致性。

12.2.4 方位估计与方位依赖阵元幅相误差估计的 CRB

参数估计的 CRB 给出了无偏参数估计协方差矩阵的下界。12.2.3 节对本节算法方位估计与阵元幅相误差估计的统计一致性进行了证明，下面我们给出方位与阵元幅相误差联合估计对应的 CRB 表达式。

为了简化推导过程，假设噪声方差归一化为 1，且信源协方差矩阵 $\boldsymbol{R}_{\mathrm{S}}$ 已知，则阵列协方差矩阵 $\boldsymbol{R}$ 包含的未知实参数有 $M+2KM$ 个。分别为 M 个信源方位、KM 个阵元增益误差、KM 个阵元相位误差。用矢量 $\boldsymbol{\rho}$ 表示如下：

$$\begin{aligned}\boldsymbol{\rho}^{\mathrm{T}} = & [\theta_1,\theta_2,\cdots\theta_M,\mathrm{abs}(\boldsymbol{\delta}^{\mathrm{T}}(\theta_1)(2:K+1)),\mathrm{abs}(\boldsymbol{\delta}^{\mathrm{T}}(\theta_2)(2:K+1)),\cdots,\\ & \mathrm{abs}(\boldsymbol{\delta}^{\mathrm{T}}(\theta_M)(2:K+1)),\mathrm{angle}(\boldsymbol{\delta}^{\mathrm{T}}(\theta_1)(2:K+1)),\mathrm{angle}(\boldsymbol{\delta}^{\mathrm{T}}(\theta_2)(2:K+1)),\cdots,\\ & \mathrm{angle}(\boldsymbol{\delta}^{\mathrm{T}}(\theta_M)(2:K+1))]\end{aligned} \tag{12.22}$$

则方位参数与阵元幅相误差联合估计的 CRB 由下式给出：

$$E\{(\hat{\boldsymbol{\rho}}-\boldsymbol{\rho}_0)(\hat{\boldsymbol{\rho}}-\boldsymbol{\rho}_0)^{\mathrm{T}}\} \geqslant \mathrm{CRB} \tag{12.23}$$

$$\mathrm{CRB} = \boldsymbol{F}^{-1} \tag{12.24}$$

$(M+2KM)\times(M+2KM)$ 阶 Fisher 信息矩阵 $\boldsymbol{F}$ 可以分块表示为

$$\boldsymbol{F} = \begin{bmatrix} \boldsymbol{F}_{\theta\theta} & \boldsymbol{F}_{\theta \mathrm{G}} & \boldsymbol{F}_{\theta \mathrm{P}} \\ \boldsymbol{F}_{\mathrm{G}\theta} & \boldsymbol{F}_{\mathrm{GG}} & \boldsymbol{F}_{\mathrm{GP}} \\ \boldsymbol{F}_{\mathrm{P}\theta} & \boldsymbol{F}_{\mathrm{PG}} & \boldsymbol{F}_{\mathrm{PP}} \end{bmatrix} \tag{12.25}$$

式中：$\boldsymbol{F}_{\theta\theta}$ 为方位估计块；$\boldsymbol{F}_{\mathrm{GG}}$ 为阵元增益估计块（G 表示增益 gain）；$\boldsymbol{F}_{\mathrm{PP}}$ 为阵元相位估计块（P 表示相位 phase）；其余为相应的参数估计的互相关块。

Fisher 矩阵的第 m 行 n 列元素 $\boldsymbol{F}_{mn}$ 可以表示为[13-14]

$$\boldsymbol{F}_{mn} = -E\left\{\frac{\partial^2 L}{\partial \boldsymbol{\rho}_m \partial \boldsymbol{\rho}_n}\right\} = T\cdot \mathrm{tr}\left(\boldsymbol{R}^{-1}\frac{\partial \boldsymbol{R}}{\partial \boldsymbol{\rho}_m}\boldsymbol{R}^{-1}\frac{\partial \boldsymbol{R}}{\partial \boldsymbol{\rho}_n}\right) \tag{12.26}$$

$$\boldsymbol{F}_{mn} = 2T\cdot \mathrm{Re}\{\mathrm{tr}\{\boldsymbol{D}_m \boldsymbol{R}_S \boldsymbol{A}^{\mathrm{H}} \boldsymbol{R}^{-1} \boldsymbol{A} \boldsymbol{R}_S \boldsymbol{D}_n^{\mathrm{H}} \boldsymbol{R}^{-1}\} + \mathrm{tr}\{\boldsymbol{D}_{\mathrm{m}} \boldsymbol{R}_{\mathrm{S}} \boldsymbol{A}^{\mathrm{H}} \boldsymbol{R}^{-1} \boldsymbol{D}_n \boldsymbol{R}_S \boldsymbol{A}^{\mathrm{H}} \boldsymbol{R}^{-1}\}\} \tag{12.27}$$

其中

$$\boldsymbol{D}_m = \frac{\partial \boldsymbol{A}}{\partial \boldsymbol{\rho}_m} \tag{12.28}$$

$$\boldsymbol{A} = [\boldsymbol{W}(\theta_1),\boldsymbol{W}(\theta_2),\cdots,\boldsymbol{W}(\theta_M)] = [\widetilde{\boldsymbol{a}}(\theta_1)\boldsymbol{\delta}(\theta_1),\widetilde{\boldsymbol{a}}(\theta_2)\boldsymbol{\delta}(\theta_2),\cdots\widetilde{\boldsymbol{a}}(\theta_M)\boldsymbol{\delta}(\theta_M)] \tag{12.29}$$

12.2.5 辅助阵元法用于阵元位置误差的校正

作为辅助阵元法的应用特例,本节讨论阵元位置误差的校正。阵元的位置扰动可以用等价的方位依赖的相位误差进行等价描述,所以当阵元仅仅存在由阵元位置扰动引起的相位误差时(可以同时存在方位依赖的阵元增益扰动,这里为分析方便,略去),我们可以很容易地将本节算法用于阵元位置误差的估计。可以用两个方位未知的信源和 $P=3$ 个精确校正(坐标已知或以它们为坐标参考)的辅助阵元来完成阵元的位置误差校正。此时,方位依赖的阵列扰动矩阵可以表示为

$$\boldsymbol{\Gamma}(\theta_i)=\mathrm{diag}\left(\left[1,\ \exp\left(\mathrm{j}\frac{2\pi}{\lambda}\Delta d_{i2}\right),\ \cdots,\exp\left(\mathrm{j}\frac{2\pi}{\lambda}\Delta d_{iN}\right)\right]\right),i=1,2 \tag{12.30}$$

其中

$$\Delta d_{ij}=[\Delta x_j,\Delta y_j]\ [\sin(\theta_i)\ \ \cos(\theta_i)]^{\mathrm{T}},j=1,2,\cdots N \tag{12.31}$$

式中:$[\Delta x_j\ \Delta y_j]$ 为第 j 个阵元对应的坐标扰动,$\Delta x_j=0(j=1,2,3)$ 和 $\Delta y_j=0$ $(j=1,2,3)$。

阵元位置校正算法可表示如下:

$$\hat{\boldsymbol{Q}}(\theta)=\widetilde{\boldsymbol{\alpha}}^{\mathrm{H}}(\theta)\ \hat{\boldsymbol{E}}_N\ \hat{\boldsymbol{E}}_N^{\mathrm{H}}\widetilde{\boldsymbol{\alpha}}(\theta) \tag{12.32}$$

$$\hat{\theta}=\arg\ \max_{\theta}\frac{1}{\lambda_{\min}[\hat{\boldsymbol{Q}}(\theta)]}\ 或\quad \hat{\theta}=\arg\ \max_{\theta}\frac{1}{\det[\hat{\boldsymbol{Q}}(\theta)]} \tag{12.33}$$

$$\hat{\boldsymbol{\delta}}(\hat{\theta})=\boldsymbol{e}_{\min}\ [\hat{\boldsymbol{Q}}(\hat{\theta})]\ ,\boldsymbol{e}_{\min}(1)=1 \tag{12.34}$$

$$\mathrm{vecd}(\hat{\boldsymbol{\Gamma}}_2(\hat{\theta}))=[\hat{\boldsymbol{\delta}}(2)\ \ \hat{\boldsymbol{\delta}}(3),\cdots,\hat{\boldsymbol{\delta}}(K+1)]^{\mathrm{T}} \tag{12.35}$$

$$[\Delta\boldsymbol{X}\ \ \Delta\boldsymbol{Y}]=[\boldsymbol{P}(\hat{\theta}_1)\ \ \boldsymbol{P}(\hat{\theta}_2)]\begin{bmatrix}\sin\hat{\theta}_1 & \sin\hat{\theta}_2\\ \cos\hat{\theta}_1 & \cos\hat{\theta}_2\end{bmatrix}^{-1} \tag{12.36}$$

$$\Delta\boldsymbol{X}=[\Delta x_4\ \Delta x_5\cdots\Delta x_N]^{\mathrm{T}} \tag{12.37}$$

$$\Delta\boldsymbol{Y}=[\Delta y_4\ \Delta y_5\cdots\Delta y_N]^{\mathrm{T}} \tag{12.38}$$

$$\boldsymbol{P}(\theta_i)=\frac{\lambda}{2\pi}\mathrm{angle}[\mathrm{vecd}(\hat{\Gamma}_2(\hat{\theta}_i))]\ ,i=1,2 \tag{12.39}$$

当然,也可以用两次单源校正和 $P=2$ 个精确校正的辅助来实现阵元位置误差的校正,只是需要将两次单源校正的结果组合成如式(12.36)中的形式。

值得注意的是,虽然在算法的推导过程中我们没有对阵元位置的扰动幅度进行微扰动假设,但阵列的扰动也不能过大,以免式(12.39)中的相角取值出现 2π 模糊[15],这一假设在通常是很容易满足的。

12.2.6 仿真实验与分析

12.2.6.1 方位依赖的阵元幅相误差的校正

$K=8$ 元均匀线阵，阵元间距为 $\lambda/2$，它存在可能由阵元幅相误差、阵元位置扰动、阵元互耦等误差因素综合引起的方位依赖的阵元幅相随机扰动（仿真中阵元增益扰动服从 $[0,2]$ 之间的均匀分布，相位扰动服从 $[0,2\pi]$ 之间的均匀分布），$P=3$ 个精确校正的辅助阵元与它构成 $N=11$ 元均匀线阵。在空间中远场，以阵列法线方向为参考的 $-5°$ 和 $10°$ 处有两个等功率信源，快拍数 $T=200$。信源数假设已知。当 SNR 从 -10dB 变化到 30dB 时，我们对本节提出的方位估计与阵元幅相误差估计进行了 200 次的蒙特卡罗仿真实验，并将本节算法的方位估计与只使用精确校正辅助阵元的 MUSIC 算法进行了比较。在蒙特卡罗实验中，当方位估计可以同时分辨出两个信源，并且估计值与真实值的偏差小于 2°时我们认为估计成功。图 12.1 给出了本节方位估计算法与利用 $P=3$ 个精确校正的辅助阵元进行 MUSIC 方位估计的成功概率的比较曲线。图 12.2 给出了方位估计方差的比较曲线。表 12.1 和表 12.2 分别给出了阵元 4（第一个扰动阵元）的方位依赖的增益和相位的估计，并与相应的 CRB 进行了比较。

通过仿真实验可以看出，在低信噪比时，本节的方位估计算法与只使用辅助阵元的 MUSIC 相比，其性能要好，但其估计性能的改善并不是因为阵列孔径的增加，当我们增加 K 值时，其方位估计性能并没有明显的改善。从另一个侧面讲，K 值的增加也不会对本节阵元幅相扰动估计方法的性能产生明显的影响。当未校正阵列较大时，本节算法具有较大的优越性，通常的参数联合估计方法在此时由于参数空间的膨胀，性能会严重恶化。

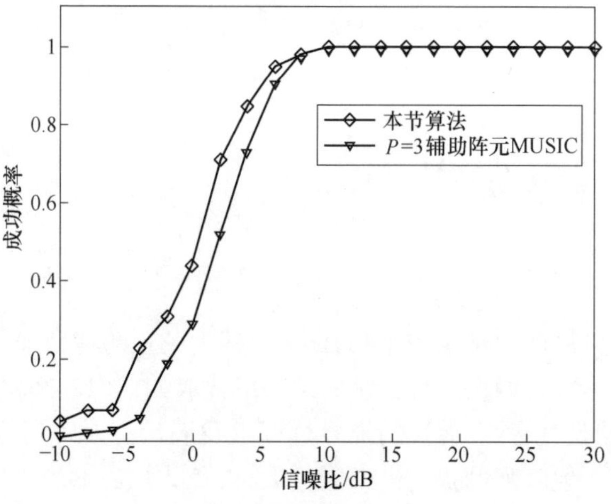

图 12.1 提出的方位估计算法与只使用辅助阵元的 MUSIC 算法估计成功概率的比较

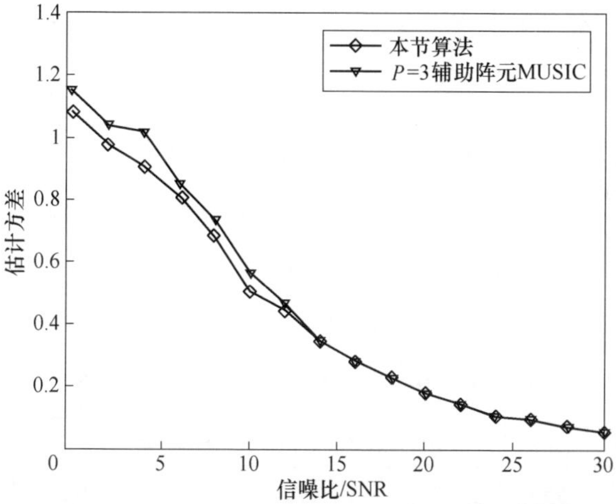

图 12.2　提出的方位估计算法与只使用辅助阵元的 MUSIC 算法估计方差的比较

表 12.1　实验一中阵元 4 方位依赖的幅相扰动估计(方位:−5°)
(增益真值为 1.5427　相位真值为　3.3282rad)

信噪比/dB	增益均值	增益方差	理论 CRB	相位均值	相位方差	理论 CRB
0	1.5503	0.0195	0.0026	3.4223	0.0251	0.0043
4	1.5575	0.0114	0.0017	3.3419	0.0057	0.0020
8	1.5418	0.0066	0.0012	3.3308	0.0033	0.0010
12	1.5435	0.0023	8.3241e−004	3.3310	0.0014	5.8079e−004
16	1.5449	9.7191e−004	5.1064e−004	3.3297	5.5219e−004	3.1397e−004
20	1.5444	3.6332e−004	2.6785e−004	3.3303	2.1674e−004	1.5485e−004
24	1.5440	1.3405e−004	1.2355e−004	3.3294	7.1519e−005	6.9486e−005
30	1.5428	4.0640e−005	3.3831e−005	3.3283	2.0390e−005	1.8752e−005

表 12.2　实验一中阵元 4 方位依赖的幅相扰动估计(方位:10°)
(增益真值为 0.7221　相位真值为　3.6371rad)

信噪比/dB	增益均值	增益方差	理论 CRB	相位均值	相位方差	理论 CRB
0	0.7397	0.0112	0.0032	3.6084	0.0103	0.0064

续表

信噪比/dB	增益均值	增益方差	理论 CRB	相位均值	相位方差	理论 CRB
4	0.7308	0.0080	0.0017	3.6303	0.0047	0.0026
8	0.7221	0.0041	9.9048e-004	3.6318	0.0021	0.0011
12	0.7220	0.0018	6.0491e-004	3.6347	9.5240e-004	4.9518e-004
16	0.7224	6.8584e-004	3.4559e-004	3.6349	3.0450e-004	2.1974e-004
20	0.7237	2.3808e-004	1.7517e-004	3.6365	1.2879e-004	9.5463e-005
24	0.7226	1.1796e-004	7.9579e-005	3.6361	5.9279e-005	4.0084e-005
30	0.7217	3.0526e-005	2.1616e-005	3.6366	1.4259e-005	1.0412e-005

12.2.6.2 阵元位置的校正

对一个 16 阵元的均匀线阵，理想的阵元间距为 0.5λ，其阵元位置存在扰动，且 X 轴方向的扰动在 $\pm 0.25\lambda$ 范围内随机选取，Y 轴方向的扰动在 $\pm 0.5\lambda$ 范围内随机选取，使用 $P = 3$ 个辅助阵元与其构成 $N = 19$ 的阵列。阵列坐标参考，理想的阵元形状及实际扰动的阵元形状如图 12.3 所示。在阵列远场中，以理想线阵法线为参考方向，有 30°和 40°两个等功率的窄带信源入射。信噪比 20dB，快拍数 200。表 12.3 和表 12.4 分别给出 100 次阵元 X 坐标和 Y 坐标估计的估计值。从实验结果可以看出，本节方法给出了令人满意的阵元位置的估计。

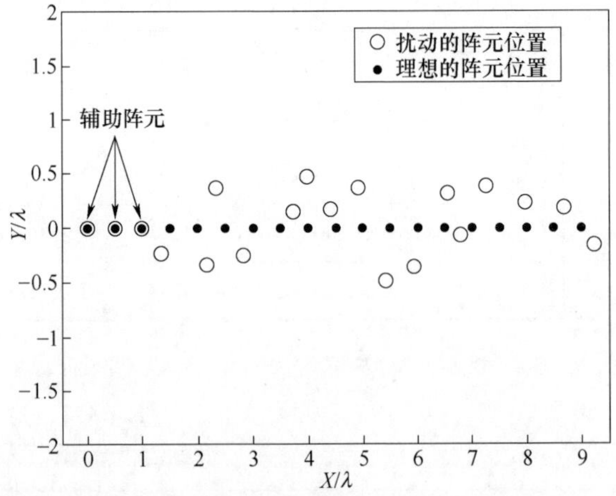

图 12.3　扰动阵列形状与理想的阵列形状

表 12.3 X 坐标的估值

坐标	理想值	实际值	估计值
X_4	1.5	1.3454	1.3460
X_5	2.0	2.1719	2.1733
X_6	2.5	2.3370	2.3380
X_7	3.0	2.8354	2.8373
X_8	3.5	3.7471	3.7500
X_9	4.0	3.9699	3.9729
X_{10}	4.5	4.4200	4.4224
X_{11}	5.0	4.9071	4.9101
X_{12}	5.5	5.4325	5.4347
X_{13}	6.0	5.9466	5.9479
X_{14}	6.5	6.5458	6.5470
X_{15}	7.0	6.8099	6.8104
X_{16}	7.5	7.2691	7.2696
X_{17}	8.0	7.9793	7.9792
X_{18}	8.5	8.6849	8.6854
X_{19}	9.0	9.2171	9.2185

表 12.4 Y 坐标的估值

坐标	理想值	实际值	估计值
Y_4	0	−0.2356	−0.2361
Y_5	0	−0.3397	−0.3408
Y_6	0	0.3729	0.3720
Y_7	0	−0.2621	−0.2634
Y_8	0	0.1458	0.1439
Y_9	0	0.4669	0.4648
Y_{10}	0	0.1649	0.1633
Y_{11}	0	0.3704	0.3684
Y_{12}	0	−0.4901	−0.4916
Y_{13}	0	−0.3630	−0.3637
Y_{14}	0	0.3188	0.3180
Y_{15}	0	−0.0698	−0.0701
Y_{16}	0	0.3903	0.3900
Y_{17}	0	0.2349	0.2350
Y_{18}	0	0.1873	0.1869
Y_{19}	0	−0.1539	−0.1549

12.2.6.3 辅助阵元的校正精度对算法阵列校正精度的影响

$K=8$ 元均匀线阵，阵元间距为 $\lambda/2$，它存在可能由阵元幅相误差、阵元位置扰动、阵元互耦等误差因素综合引起的方位依赖的阵元幅相随机扰动(仿真中阵元增益扰动服从 $[0,2]$ 之间的均匀分布，相位扰动服从 $[0,2\pi]$ 之间的均匀分布)，$P=3$ 个精确校正的辅助阵元与它构成 $N=11$ 元均匀线阵。在空间中远场，以阵列法线方向为参考的 10°和 40°处有两个等功率信源。快拍数 $L=200$，信噪比固定在 20dB。我们定义阵列增益校正误差和相位校正误差分别为

$$\frac{\sum_{i=1}^{M}\sum_{j=1}^{K}|\hat{g}_{ij}-g_{ij}|}{MK} \text{和} \frac{\sum_{i=1}^{M}\sum_{j=1}^{K}|\hat{\Phi}_{ij}-\Phi_{ij}|}{MK} \tag{12.40}$$

式中：$\hat{g}_{ij}$、g_{ij}、$\hat{\Phi}_{ij}$ 和 Φ_{ij} 分别为 j 个扰动阵元对应于第 i 个信源的方位依赖的增益与相位误差的估值和真值。

当对精确校正阵元的增益和相位分别注入 0.5%~3%的随机幅相扰动(阵

元增益在 1 左右随机扰动、阵元相位在 0 左右随机扰动)时,对本节阵列校正算法进行了 200 次的蒙特卡罗实验。图 12.4 和图 12.5 给出了阵列增益校正误差、相位校正误差与辅助阵元误差百分比的关系曲线。从实验结果可以看出,在上述的实验条件下,当辅助阵元存在误差时,本节的增益校正对辅助阵元的幅相扰动具有较强的稳健性,但相位校正的稳健性较差。在实际工作中,为了达到良好的相位校正效果(校正误差小于 3°),辅助阵元的随机扰动应保持在 1%左右。

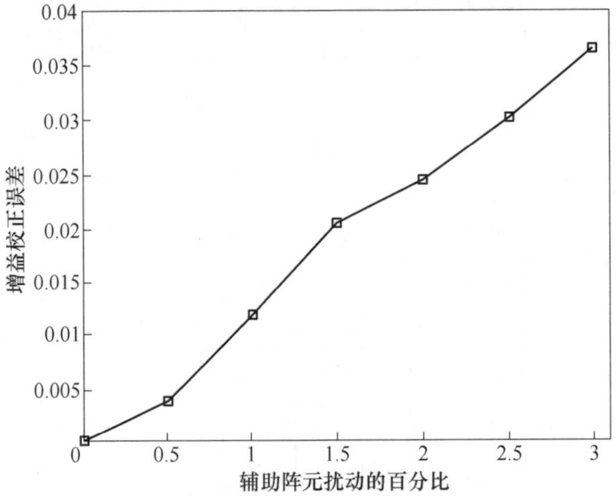

图 12.4 辅助阵元扰动与增益校正误差的关系曲线

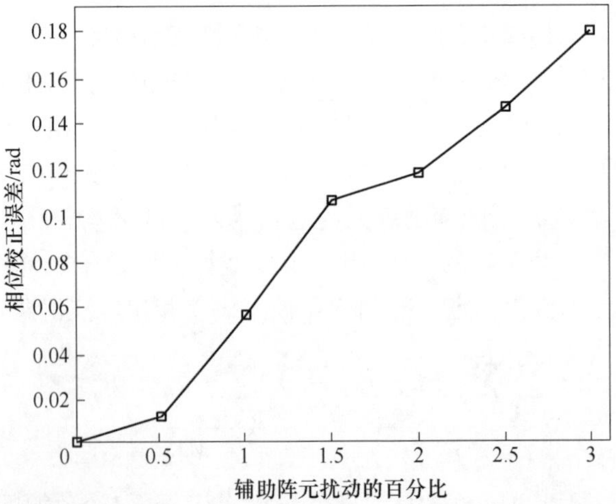

图 12.5 辅助阵元扰动与相位校正误差的关系曲线

12.3 共形阵列天线互耦校正的辅助阵元法

由于天线单元之间和单元与载体之间的相互作用,共形阵列天线的互耦效应通常都很严重。而且,共形阵列天线的互耦矩阵通常已经不再具有特殊的矩阵结构,因此现有的利用特殊矩阵结构的互耦校正方法失效,这在很大程度上限制了共形阵列天线的实际应用。共形阵列天线的互耦校正技术是目前国内外共形阵列天线研究领域的一个突出难题。

本节针对共形阵列天线高分辨 DOA 估计中互耦校正的难题,提出了共形阵列天线互耦校正的辅助阵元法。推导了阵列互耦与方位依赖幅相误差的等价关系,建立了互耦系数、导向矢量元素以及与互耦等价的方位依赖幅相误差之间的函数表达关系。借鉴 12.2 节方位依赖幅相误差校正的辅助阵元法[11],在对校正信源方位和由互耦引入的方位依赖幅相误差进行有效估计的基础上,通过多次单源校正实验数据的整合和线性方程组的求解最终获得了互耦系数的有效估计。

12.3.1 互耦情况下共形阵列天线阵列数据模型

对任意三维共形阵列,空间信源的导向矢量 $\boldsymbol{a}(\theta,\phi)$ 可由式(12.41)~式(12.43)表示:

$$\boldsymbol{a}(\theta,\varphi)=\begin{bmatrix} g_1(\theta,\varphi)\exp(\mathrm{j}k_0\,\boldsymbol{r}_1\cdot\boldsymbol{v}) \\ g_2(\theta,\varphi)\exp(\mathrm{j}k_0\,\boldsymbol{r}_2\cdot\boldsymbol{v}) \\ \vdots \\ g_N(\theta,\varphi)\exp(\mathrm{j}k_0\,\boldsymbol{r}_N\cdot\boldsymbol{v}) \end{bmatrix} \tag{12.41}$$

$$\boldsymbol{v}=[\sin(\theta)\cos(\phi)\quad \sin(\theta)\sin(\phi)\quad \cos(\theta)]^{\mathrm{T}} \tag{12.42}$$

$$\boldsymbol{r}_i=[x_i\quad y_i\quad z_i]\qquad k_0=2\pi/\lambda_0 \tag{12.43}$$

式中:$g_i(\theta,\phi)$ 为第 i 个阵元在 (θ,ϕ) 处的单元方向图;“ · ”为矢量点积;$\boldsymbol{r}_i$ 为阵元 i 的坐标矢量;$\boldsymbol{v}$ 为信源空间方位矢量。

当阵列存在互耦时,导向矢量 $\tilde{\boldsymbol{a}}(\theta,\phi)$ 可以表示为

$$\tilde{\boldsymbol{a}}(\theta,\phi)=\boldsymbol{Z}\boldsymbol{a}(\theta,\phi) \tag{12.44}$$

其中

$$\boldsymbol{Z}=\begin{bmatrix} z_{11} & z_{12} & z_{13} & \cdots & z_{1N} \\ z_{21} & z_{22} & z_{23} & \cdots & z_{2N} \\ \vdots & \vdots & \vdots & \ddots & \vdots \\ z_{N1} & z_{N2} & z_{N3} & \cdots & z_{NN} \end{bmatrix} \tag{12.45}$$

式中:矩阵 $\boldsymbol{Z}$ 为复对称的互耦矩阵,$z_{ii}=1$,$z_{im}=z_{mi}$。

$\boldsymbol{A}(\boldsymbol{\theta},\boldsymbol{\varphi})$ 为阵列的流形矩阵：

$$\boldsymbol{A}(\boldsymbol{\theta},\boldsymbol{\varphi}) = [\boldsymbol{a}(\theta_1,\phi_1) \quad \boldsymbol{a}(\theta_2,\phi_2)\cdots \quad \boldsymbol{a}(\theta_M,\phi_M)] \tag{12.46}$$

阵列协方差矩阵 $\boldsymbol{R}$ 可定义为

$$\boldsymbol{R} = E[\boldsymbol{X}(t)\ \boldsymbol{X}^{\mathrm{H}}(t)] = \boldsymbol{A}\boldsymbol{R}_S\,\boldsymbol{A}^{\mathrm{H}} + \sigma^2\boldsymbol{I} \tag{12.47}$$

式中：$\boldsymbol{R}_S = E[\boldsymbol{S}(t)\ \boldsymbol{S}^{\mathrm{H}}(t)]$ 为信源协方差矩阵；$\boldsymbol{I}$ 为噪声协方差矩阵的单位阵；σ^2 为噪声功率。

将阵列协方差矩阵 $\boldsymbol{R}$ 进行特征分解：

$$\boldsymbol{R} = \sum_{i=1}^{M}\lambda_i\,\boldsymbol{e}_i\,\boldsymbol{e}_i^{\mathrm{H}} + \sum_{i=M+1}^{N}\lambda_i\,\boldsymbol{e}_i\,\boldsymbol{e}_i^{\mathrm{H}} = \boldsymbol{E}_S\,\boldsymbol{\Lambda}_S\,\boldsymbol{E}_S + \boldsymbol{E}_N\,\boldsymbol{\Lambda}_N\,\boldsymbol{E}_N \tag{12.48}$$

式中：$\{\lambda_i; i=1,2,\cdots,N; \lambda_i \geqslant \lambda_{i+1}\}$ 和 $\{\boldsymbol{e}_i; i=1,2,\cdots,N\}$ 为降序排列的矩阵 $\boldsymbol{R}$ 的特征值与相应的特征矢量。

矩阵 $\boldsymbol{R}$ 的信号子空间和噪声子空间分别由式(12.49)和式(12.50)的列张成：

$$\boldsymbol{E}_S = [\boldsymbol{e}_1\boldsymbol{e}_2\boldsymbol{e}_3 \cdots \boldsymbol{e}_M] \tag{12.49}$$

$$\boldsymbol{E}_N = [\boldsymbol{e}_{M+1}\boldsymbol{e}_{M+2}\boldsymbol{e}_{M+3} \cdots \boldsymbol{e}_N] \tag{12.50}$$

在有限快拍数 L 的情况下，阵列协方差矩阵 $\boldsymbol{R}$ 的统计一致估计为

$$\hat{\boldsymbol{R}} = \frac{1}{L}\sum_{t=1}^{L}\boldsymbol{X}(t)\ \boldsymbol{X}^{\mathrm{H}}(t) \tag{12.51}$$

相应地，$\hat{\boldsymbol{R}}$ 对应的特征分解表示为

$$\hat{\boldsymbol{R}} = \hat{\boldsymbol{E}}_S\,\hat{\boldsymbol{\Lambda}}_S\,\hat{\boldsymbol{E}}_S + \hat{\boldsymbol{E}}_N\,\hat{\boldsymbol{\Lambda}}_N\,\hat{\boldsymbol{E}}_N \tag{12.52}$$

12.3.2 阵列互耦与方位依赖幅相误差的等价关系

阵列存在互耦时，$\tilde{\boldsymbol{a}}(\theta,\phi)$ 可以表示为

$$\tilde{\boldsymbol{a}}(\theta,\phi) = \boldsymbol{Z}\boldsymbol{a}(\theta,\phi) = \boldsymbol{\Gamma}(\theta,\phi)\boldsymbol{a}(\theta,\phi) \tag{12.53}$$

其中

$$\boldsymbol{\Gamma}(\theta,\phi) = \mathrm{diag}([\mathit{\Gamma}_1\ \mathit{\Gamma}_2 \cdots \quad \mathit{\Gamma}_N]) \tag{12.54}$$

$$\mathit{\Gamma}_i(\theta,\phi) = \sum_{m=1}^{N}\frac{a_m(\theta,\phi)}{a_i(\theta,\phi)}z_{mi} \tag{12.55}$$

式中：对角阵 $\boldsymbol{\Gamma}(\theta,\phi)$ 为互耦引入的、与互耦等价的方位依赖的阵元幅相误差矩阵，它的第 j 个对角元素对应第 j 个阵元的幅相误差；$a_i(\theta,\phi)$ 为导向矢量 $\boldsymbol{a}(\theta,\phi)$ 的第 i 个元素；z_{mi} 为互耦矩阵 $\boldsymbol{Z}$ 第 m 行，第 i 列的元素。

由式(12.55)可见，互耦引入的方位依赖的阵元幅相误差可以表示成阵列导向矢量元素 $a_i(\theta,\phi)$ 和阵列互耦系数 z_{mi} 的函数关系。因此，如果可以获得校正信源方位和由互耦引入的方位依赖的阵元幅相误差 $\boldsymbol{\Gamma}(\theta,\phi)$ 的估计，根据

12.2.1 节共形阵列天线阵列流形 $\boldsymbol{a}(\theta,\phi)$ 的数学模型,通过不同空间信源方位对应的式(12.55)构建相应的方程组,在满足自由度约束条件下,通过求解该方程组便可以获得互耦系数的估计值,从而实现阵列互耦的校正。

12.3.3 共形阵列天线互耦校正的辅助阵元法

通过引入少量精确校正的辅助阵元,方位依赖幅相误差校正的辅助阵元法[13]可以在多源情况下对信源方位及其对应的阵元幅相误差进行无模糊联合估计。首先借鉴 12.3.2 节中辅助阵元法的思想,通过引入远离共形阵列的辅助阵元(互耦效应可以忽略),来对校正信源的方位和由互耦引入的方位依赖的阵元幅相误差进行估计。

假设 N 元阵列由 K 个存在互耦的共形阵列单元和 P $(P = N-K)$ 个远离共形阵列且各自相距较远的辅助阵元构成。由于距离较远, P 个辅助阵元之间和辅助阵元与共形阵列单元之间的互耦效应可以忽略不计。由此,互耦矩阵可表示为

$$\boldsymbol{Z} = \begin{pmatrix} \boldsymbol{I}_P & \boldsymbol{0}_{P\times K} \\ \boldsymbol{0}_{K\times P} & \overline{\boldsymbol{Z}}_{K\times K} \end{pmatrix} \tag{12.56}$$

其中

$$\overline{\boldsymbol{Z}}_{KK} = \begin{bmatrix} 1 & z_{P+1,P+2} & \cdots & z_{P+1,N} \\ z_{P+1,P+2} & 1 & \cdots & z_{P+2N} \\ \vdots & \vdots & \ddots & \vdots \\ z_{P+1,N} & z_{P+2,N} & \cdots & 1 \end{bmatrix} \tag{12.57}$$

将式(12.57)代入式(12.55)可得

$$\Gamma_1 = \Gamma_2 = \cdots = \Gamma_P = 1 \tag{12.58}$$

则

$$\widetilde{\boldsymbol{a}}(\theta,\phi) = \boldsymbol{\Gamma}(\theta,\phi)\boldsymbol{a}(\theta,\phi) = \boldsymbol{T}[\boldsymbol{a}(\theta,\phi)]\widetilde{\boldsymbol{\Gamma}}(\theta,\phi) \tag{12.59}$$

其中

$$\boldsymbol{T}[\boldsymbol{a}(\theta,\phi)] = \begin{bmatrix} a_1 & 0 & 0 & \cdots & 0 \\ \vdots & 0 & 0 & \cdots & 0 \\ a_P & \vdots & 0 & \cdots & 0 \\ 0 & a_{P+1} & \vdots & \ddots & 0 \\ 0 & 0 & a_{P+2} & 0 & 0 \\ \vdots & \vdots & \vdots & \ddots & \vdots \\ 0 & 0 & 0 & \cdots & a_N \end{bmatrix} \tag{12.60}$$

$$\widetilde{\boldsymbol{\Gamma}}(\theta,\phi) = [1 \quad \Gamma_{P+1} \quad \Gamma_{P+2}\cdots \quad \Gamma_N]^{\mathrm{T}} \tag{12.61}$$

式(12.59)建立的导向矢量扰动模型与12.1节相同,由12.1节中的自校正算法可得

$$[\hat{\theta},\hat{\phi}] = \arg\max_{\theta,\phi} \frac{1}{\lambda_{\min}[\hat{\boldsymbol{C}}(\theta,\phi)]} \tag{12.62}$$

和

$$\widetilde{\hat{\boldsymbol{\Gamma}}}(\hat{\theta},\hat{\phi}) = \boldsymbol{e}_{\min}[\hat{\boldsymbol{C}}(\hat{\theta},\hat{\phi})] \quad 和 \quad \boldsymbol{e}_{\min}(1) = 1 \tag{12.63}$$

其中

$$\hat{\boldsymbol{C}}(\theta,\phi) = \boldsymbol{T}^{\mathrm{H}}[\boldsymbol{a}(\theta,\phi)]\hat{\boldsymbol{E}}_N\hat{\boldsymbol{E}}_N^{\mathrm{H}}\boldsymbol{T}[\boldsymbol{a}(\theta,\phi)] \tag{12.64}$$

在由式(12.62)、式(12.63)获得校正源方位和由互耦引入的方位依赖幅相误差的估计后,通过不同空间信源方位对应的式(12.55)构建相应的以互耦系数为参数的方程组,在满足自由度约束条件下,通过求解该方程组便可以获得互耦系数的估计值,从而实现阵列互耦的校正。

12.3.4 仿真实验与分析

仿真实验采用 $N=8$ 元柱面共形阵列天线,阵列坐标结构如图12.6所示。其中,$\theta_0 = 30°$,阵元间距为 $0.5\lambda_0$。不失一般性,单元方向图假设为 $(\cos\theta)^p$ $(p=2)$。假设辅助阵元为全向天线,为了尽可能减小系统代价,采用单源实验,辅助阵元的个数 $p=3$。为方便分析,固定校正信源的俯仰角(假设为90°),仅考虑校正信源的方位角。

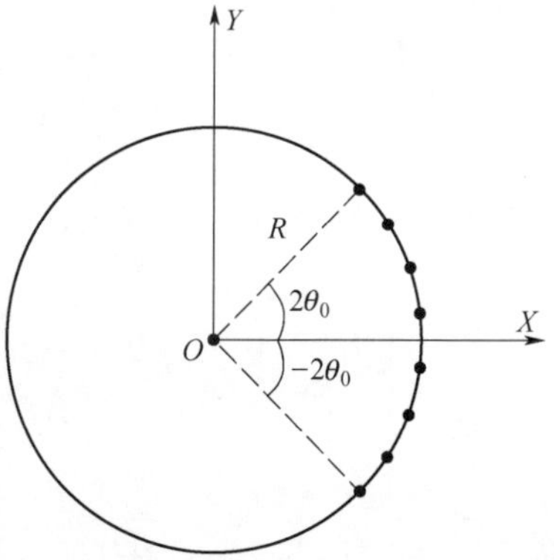

图12.6 圆柱面共形阵列天线的 XOY 平面示意图

12.3.4.1 辅助阵元的设置与模糊角度估计

当辅助阵元的位置与共形阵列成几何对称时,单源校正实验中的方位估计会出现模糊估计。假设三个辅助阵元的设置均位于 X 轴,与原共形阵列构成了

几何对称关系，如图 12.7 所示。任选校正源方位为 3°，辅助阵元法方位估计的空间谱如图 12.8 所示。由于已知单源校正，将在 3°和-3°之间产生模糊。构成方位模糊估计的根本原因是单源情况下，阵列的秩-1 模糊：

$$\boldsymbol{\Gamma}_1 \boldsymbol{a}(\theta_1, \phi_1) = k \cdot \boldsymbol{\Gamma}_2 \boldsymbol{a}(\theta_2, \phi_2) \tag{12.65}$$

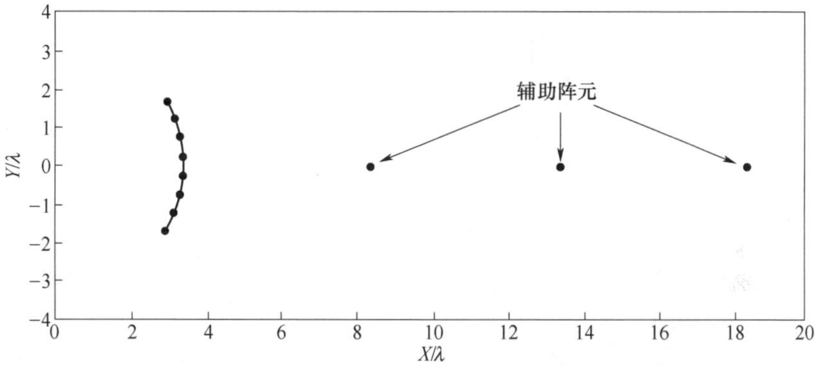

图 12.7　几何对称阵列结构示意图

当选择了错误的方位估计时，每次的单源实验并不保证都能获得真实的幅相误差估计，最终会导致辅助阵元法的互耦估计错误。而且，图 12.8 的空间谱中，在其他方位还出现了极值[-37°，37°]，在低信噪比的条件下，噪声的影响也会给校正信源的方位估计带来错误。大量仿真实验表明，任意选择辅助阵元的位置时，避免几何对称的阵列结构可有效地避免方位的模糊估计。如果任选校正源方位为 3°，选择如图 12.9 所示的阵列结构设置，辅助阵元法方位估计的空间谱如图 12.10 所示。从空间谱图可以看出，在校正信源处获得了唯一的空间谱峰，保证了多次单源实验后获得正确的阵列互耦估计。

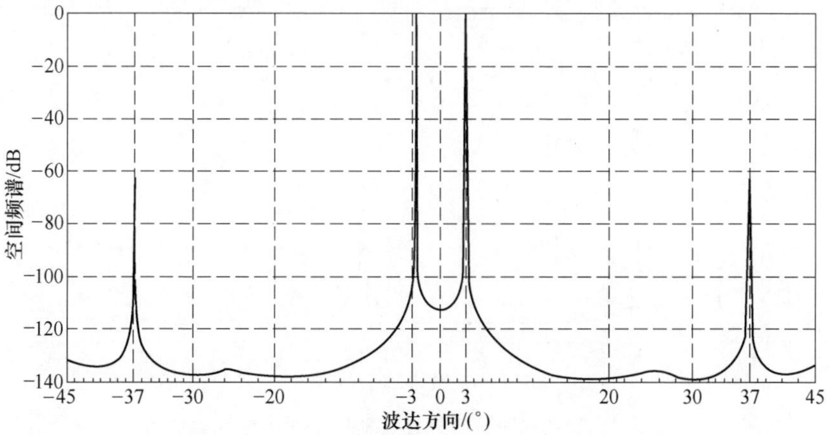

图 12.8　几何对称阵列结构对应空间谱估计示意图

12.3.4.2 辅助阵元法的互耦校正性能

辅助阵元与原共形阵的相对位置任意设置如图 12.9 所示。采用 $M = 6$ 次单源实验来获得互耦系数的估计值。不同信噪比条件下,1000 次快拍数据估计阵列协方差矩阵,500 次蒙特卡罗统计实验结果如表 12.5 所列。当信噪比固定为 30dB 时,不同快拍数条件下,500 次蒙特卡罗统计实验结果如表 12.6 所列。从上述的计算机蒙特卡罗统计实验结果可以看出,在较高的信噪比(20~30dB)和较多快拍数(5000 快拍以上)的校正实验条件下,获得了满意的互耦校正结果。事实上,对于离线的阵列校正,可以通过提高校正信源的功率来获得较高的信噪比,通过增加快拍数据的积累时间来增加快拍数。

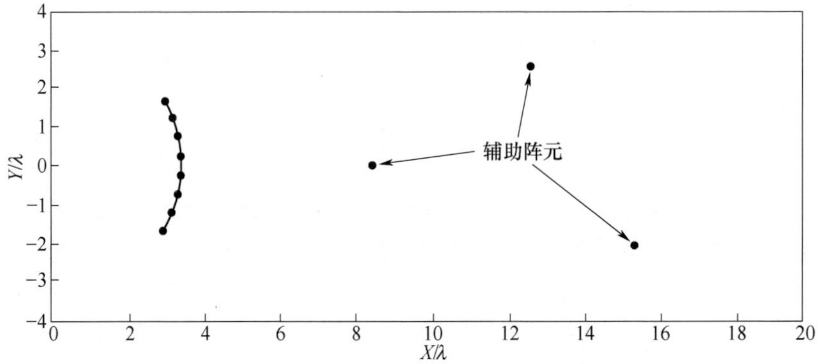

图 12.9 非几何对称阵列结构示意图

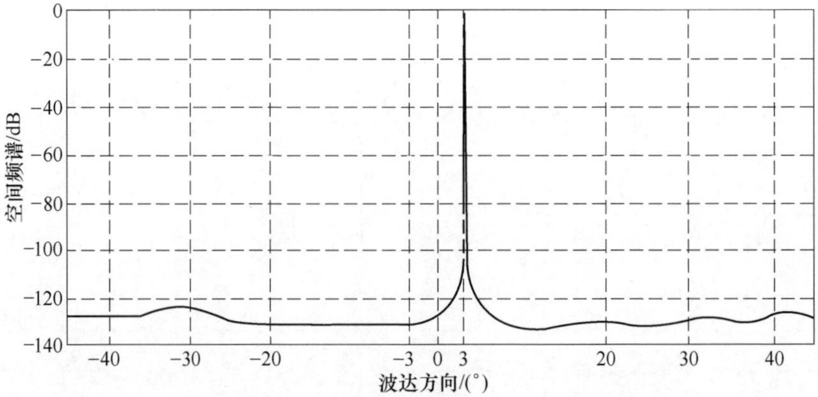

图 12.10 非几何对称阵列结构对应空间谱估计示意图

表 12.5 不同信噪比条件下辅助阵元法互耦系数估计统计结果

互耦系数	真值	$SNR=10dB$	$SNR=20dB$	$SNR=30dB$
$z_{4,5}$	0.3104 + 0.7733j	0.3109 + 0.7731j	0.3104 + 0.7735j	0.3105 + 0.7733j
$z_{4,6}$	0.3974 + 0.6187j	0.3986 + 0.6230j	0.3973 + 0.6166j	0.3970 + 0.6200j
$z_{4,7}$	0.0729 + 0.7158j	0.0665 + 0.7033j	0.0723 + 0.7243j	0.0745 + 0.7116j
$z_{4,8}$	0.6580 + 0.2889j	0.6645 + 0.3133j	0.6690 + 0.2765j	0.6522 + 0.2941j
$z_{4,9}$	0.5012 + 0.3727j	0.5151 + 0.3450j	0.4847 + 0.3675j	0.5091 + 0.3746j
$z_{4,10}$	0.4576 + 0.0503j	0.4359 + 0.0458j	0.4543 + 0.0590j	0.4583 + 0.0455j
$z_{4,11}$	0.4102 + 0.1495j	0.4072 + 0.1554j	0.4115 + 0.1512j	0.4091 + 0.1489j
$z_{5,6}$	0.3253 + 0.7672j	0.3190 + 0.7653j	0.3279 + 0.7695j	0.3244 + 0.7655j
$z_{5,7}$	0.3518 + 0.7539j	0.3881 + 0.7621j	0.3361 + 0.7348j	0.3573 + 0.7644j
$z_{5,8}$	0.4880 + 0.6565j	0.4111 + 0.6113j	0.4906 + 0.7167j	0.4889 + 0.6288j
$z_{5,9}$	0.6589 + 0.0201j	0.6858 + 0.1359j	0.7227 − 0.0145j	0.6302 + 0.0373j
$z_{5,10}$	0.1003 + 0.4913j	0.1757 + 0.4516j	0.0791 + 0.4518j	0.1136 + 0.5081j
$z_{5,11}$	0.3919 + 0.2897j	0.3850 + 0.2651j	0.3803 + 0.2904j	0.3973 + 0.2875j
$z_{6,7}$	0.3286 + 0.7658j	0.3037 + 0.7708j	0.3439 + 0.7758j	0.3222 + 0.7607j
$z_{6,8}$	0.2351 + 0.7630j	0.3468 + 0.7874j	0.2069 + 0.6893j	0.2461 + 0.7968j
$z_{6,9}$	0.6527 + 0.4367j	0.5709 + 0.2713j	0.5711 + 0.5286j	0.6879 + 0.3944j
$z_{6,10}$	0.3407 + 0.1636j	0.2313 + 0.2519j	0.4100 + 0.2203j	0.3068 + 0.1425j
$z_{6,11}$	0.2616 + 0.1726j	0.2815 + 0.2111j	0.2841 + 0.1595j	0.2530 + 0.1806j
$z_{7,8}$	0.5074 + 0.6611j	0.4615 + 0.6431j	0.5151 + 0.6946j	0.5046 + 0.6460j
$z_{7,9}$	0.4175 + 0.4799j	0.4470 + 0.6122j	0.4903 + 0.4147j	0.3870 + 0.5088j
$z_{7,10}$	0.4197 + 0.4289j	0.5374 + 0.3830j	0.3532 + 0.3651j	0.4498 + 0.4534j
$z_{7,11}$	0.1390 + 0.5323j	0.1342 + 0.4900j	0.1112 + 0.5469j	0.1497 + 0.5248j
$z_{8,9}$	0.5945 + 0.5840j	0.6113 + 0.5517j	0.5668 + 0.5885j	0.6057 + 0.5817j
$z_{8,10}$	0.7517 + 0.1560j	0.6961 + 0.1309j	0.7637 + 0.2022j	0.7463 + 0.1377j
$z_{8,11}$	0.0552 + 0.6460j	0.0372 + 0.6648j	0.0759 + 0.6470j	0.0470 + 0.6458j
$z_{9,10}$	0.8332 + 0.0139j	0.8318 + 0.0251j	0.8393 + 0.0076j	0.8307 + 0.0163j
$z_{9,11}$	0.5755 + 0.2592j	0.5834 + 0.2634j	0.5719 + 0.2532j	0.5767 + 0.2614j
$z_{10,11}$	0.7192 + 0.4209j	0.7199 + 0.4198j	0.7186 + 0.4215j	0.7194 + 0.4207j

表 12.6 不同快拍数条件下辅助阵元法互耦系数估计统计结果

互耦系数	真值	500 快拍	5000 快拍	10000 快拍
$z_{4,5}$	0.3104 + 0.7733j	0.3109 + 0.7727j	0.3106 + 0.7733j	0.3104 + 0.7734j
$z_{4,6}$	0.3974 + 0.6187j	0.3927 + 0.6272j	0.3962 + 0.6200j	0.3982 + 0.6189j
$z_{4,7}$	0.0729 + 0.7158j	0.0926 + 0.6870j	0.0767 + 0.7122j	0.0698 + 0.7150j
$z_{4,8}$	0.6580 + 0.2889j	0.6000 + 0.3143j	0.6495 + 0.2904j	0.6620 + 0.2927j

续表

互耦系数	真值	500 快拍	5000 快拍	10000 快拍
$z_{4,9}$	0.5012 + 0.3727j	0.5552 + 0.4106j	0.5066 + 0.3790j	0.5020 + 0.3674j
$z_{4,10}$	0.4576 + 0.0503j	0.4763 + 0.0170j	0.4605 + 0.0470j	0.4548 + 0.0505j
$z_{4,11}$	0.4102 + 0.1495j	0.4036 + 0.1425j	0.4097 + 0.1488j	0.4102 + 0.1502j
$z_{5,6}$	0.3253 + 0.7672j	0.3211 + 0.7532j	0.3250 + 0.7648j	0.3242 + 0.7680j
$z_{5,7}$	0.3518 + 0.7539j	0.3712 + 0.8456j	0.3513 + 0.7681j	0.3587 + 0.7494j
$z_{5,8}$	0.4880 + 0.6565j	0.5675 + 0.4508j	0.5062 + 0.6313j	0.4691 + 0.6569j
$z_{5,9}$	0.6589 + 0.0201j	0.3976 + 0.0631j	0.6241 + 0.0166j	0.6711 + 0.0380j
$z_{5,10}$	0.1003 + 0.4913j	0.1436 + 0.6523j	0.1000 + 0.5119j	0.1096 + 0.4825j
$z_{5,11}$	0.3919 + 0.2897j	0.4363 + 0.2914j	0.3967 + 0.2914j	0.3903 + 0.2870j
$z_{6,7}$	0.3286 + 0.7658j	0.2942 + 0.7106j	0.3259 + 0.7563j	0.3252 + 0.7704j
$z_{6,8}$	0.2351 + 0.7630j	0.2237 + 1.0400j	0.2231 + 0.8014j	0.2575 + 0.7550j
$z_{6,9}$	0.6527 + 0.4367j	1.0295 + 0.2391j	0.7107 + 0.4244j	0.6252 + 0.4143j
$z_{6,10}$	0.3407 + 0.1636j	0.1742 − 0.0935j	0.3297 + 0.1237j	0.3276 + 0.1843j
$z_{6,11}$	0.2616 + 0.1726j	0.1758 + 0.1959j	0.2498 + 0.1716j	0.2661 + 0.1776j
$z_{7,8}$	0.5074 + 0.6611j	0.5286 + 0.5464j	0.5147 + 0.6454j	0.4975 + 0.6629j
$z_{7,9}$	0.4175 + 0.4799j	0.1156 + 0.5848j	0.3701 + 0.4823j	0.4351 + 0.5005j
$z_{7,10}$	0.4197 + 0.4289j	0.5383 + 0.6971j	0.4246 + 0.4723j	0.4369 + 0.4114j
$z_{7,11}$	0.1390 + 0.5323j	0.2360 + 0.5228j	0.1531 + 0.5354j	0.1353 + 0.5251j
$z_{8,9}$	0.5945 + 0.5840j	0.6773 + 0.6079j	0.6061 + 0.5916j	0.5940 + 0.5765j
$z_{8,10}$	0.7517 + 0.1560j	0.7813 + 0.0170j	0.7624 + 0.1357j	0.7392 + 0.1576j
$z_{8,11}$	0.0552 + 0.6460j	0.0034 + 0.6150j	0.0482 + 0.6390j	0.0540 + 0.6513j
$z_{9,10}$	0.8332 + 0.0139j	0.8091 + 0.0208j	0.8290 + 0.0143j	0.8345 + 0.0159j
$z_{9,11}$	0.5755 + 0.2592j	0.5744 + 0.2779j	0.5746 + 0.2625j	0.5772 + 0.2587j
$z_{10,11}$	0.7192 + 0.4209j	0.7210 + 0.4209j	0.7197 + 0.4211j	0.7192 + 0.4207j

12.4 共形阵列天线阵元位置误差校正的辅助阵元法

由于天线阵制造、安装和维修等实际因素的影响,阵元位置误差不可避免。阵元实际位置与标称位置间的偏差,严重影响着常规阵列测向算法的性能。目前,国内学者对此类问题已进行了大量有效的工作。但是,针对共形阵列天线的大尺度三维阵元位置误差的校正问题尚未见诸报道,正是基于此,本节通过设置精确校正的辅助阵元,对共形阵列天线阵元三维位置误差进行校正。

12.4.1 共形阵列天线阵元位置误差模型及其描述

建立如图 12.11 所示的阵列坐标系,其中,θ 为空间信源的俯仰角,ϕ 为空间信源的方位角。任意几何结构的 N 元阵列的第 i 个阵元在 (θ,ϕ) 处的单元方向图为 $g_i(\theta,\phi)$，它可以分解为两个正交的极化矢量 $\boldsymbol{g}_{i\widetilde{\theta}}$ 和 $\boldsymbol{g}_{i\widetilde{\varphi}}$ 。

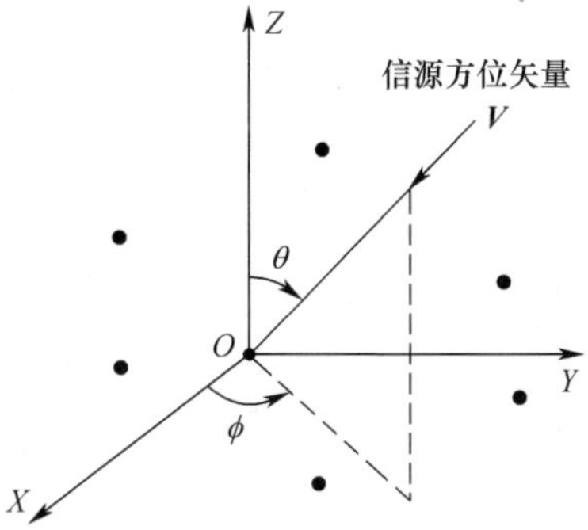

图 12.11　三维阵列坐标系示意图

根据共形阵列天线在没有阵元位置误差条件下的阵列流形的数学模型，其空间信源的导向矢量 $\boldsymbol{a}(\theta,\varphi)$ 可表示为

$$\boldsymbol{a}(\theta,\varphi)=\begin{bmatrix} g_1(\theta,\varphi)\exp(\mathrm{j}k_0\,\boldsymbol{r}_1\cdot\boldsymbol{v}) \\ g_2(\theta,\varphi)\exp(\mathrm{j}k_0\,\boldsymbol{r}_2\cdot\boldsymbol{v}) \\ \vdots \\ g_N(\theta,\varphi)\exp(\mathrm{j}k_0\,\boldsymbol{r}_N\cdot\boldsymbol{v}) \end{bmatrix} \tag{12.66}$$

和

$$\boldsymbol{v}=[\sin(\theta)\cos(\phi)\quad \sin(\theta)\sin(\phi)\quad \cos(\theta)]^{\mathrm{T}} \tag{12.67}$$

其中

$$g_i(\widetilde{\theta},\widetilde{\phi})=g_{i\widetilde{\theta}}(\widetilde{\theta},\widetilde{\phi})\,u_{\widetilde{\theta}}(\widetilde{\theta},\widetilde{\phi})+g_{i\widetilde{\varphi}}(\widetilde{\theta},\widetilde{\phi})\,u_{\widetilde{\phi}}(\widetilde{\theta},\widetilde{\phi}) \tag{12.68}$$

式中：$\boldsymbol{r}_i=[x_i,y_i,z_i]$，$k_0=2\pi/\lambda_0$；“ · ”为矢量点积；$\boldsymbol{r}_i$ 为阵元 i 的坐标矢量；$\boldsymbol{v}$ 为信源空间方位矢量；$\widetilde{\theta}$ 为单元局部坐标系内单元方向图的俯仰角；$\widetilde{\phi}$ 为单元局部坐标系内单元方向图的方位角。

当阵元位置存在误差时，共形阵列天线的导向矢量重新修正为

$$\boldsymbol{W}(\theta,\varphi)=\boldsymbol{\Gamma}(\theta,\varphi)\boldsymbol{a}(\theta,\varphi) \tag{12.69}$$

其中

$$\boldsymbol{\Gamma}(\theta,\varphi)=\mathrm{diag}([\exp(\mathrm{j}k_0\Delta\boldsymbol{r}_1\cdot\boldsymbol{v})\quad \exp(\mathrm{j}k_0\Delta\boldsymbol{r}_2\cdot\boldsymbol{v})\quad\cdots\quad \exp(\mathrm{j}k_0\Delta\boldsymbol{r}_N\cdot\boldsymbol{v})]) \tag{12.70}$$

式中：阵元 i 的位置误差矢量为 $\Delta\boldsymbol{r}_i=[\Delta x_i,\Delta y_i,\Delta z_i]$，表示由行矢量为对角元素构成对角矩阵；对角矩阵 $\boldsymbol{\Gamma}(\theta,\varphi)$ 为共形阵列天线阵元位置误差导致的方位依

赖的阵元幅相误差矩阵。通过设置不同方位的校正信源,利用辅助阵元法获得若干校正方位对应的幅相误差估计后,在满足自由度约束的条件下获得三维阵列的位置误差校正。

12.4.2 共形阵列天线阵元位置误差的辅助阵元校正法

由于共形阵列天线阵元位置存在三维误差,需要三个方位未知的校正信源才能估计出阵元位置误差。又因为辅助阵元法要求辅助阵元个数多于校正信源个数,故需要引入四个精确校正(坐标已知或以它们为坐标参考)的辅助阵元。本节借鉴辅助阵元法的思想,通过设置四个精确校正的辅助阵元对校正信源的方位和由阵元位置误差引入的方位依赖的幅相误差进行联合估计。假设 N 元共形阵列由四个位置精确已知的辅助阵元和 $N-4$ 个存在位置误差的阵元构成,此时存在位置误差的阵列扰动矩阵 $\boldsymbol{\Gamma}(\theta,\varphi)$ 中与精确校正的辅助阵元对应的对角元素为 1。将 $\boldsymbol{a}(\theta,\varphi)$ 和 $\boldsymbol{\Gamma}(\theta,\varphi)$ 进行如下的分块:

$$\boldsymbol{a}(\theta,\varphi)=[a_1^{\mathrm{T}}(\theta,\varphi) \quad a_2^{\mathrm{T}}(\theta,\varphi)]^{\mathrm{T}} \tag{12.71}$$

和

$$\boldsymbol{\Gamma}(\theta,\varphi)=\mathrm{diag}\left[1_{1\times 4} \quad [\mathrm{vecd}(\boldsymbol{\Gamma}_2(\theta,\varphi)]^{\mathrm{T}}\right] \tag{12.72}$$

式中:4×1 的矢量 $\boldsymbol{a}_1(\theta,\varphi)$ 由 $\boldsymbol{a}(\theta,\varphi)$ 中四个精确校正阵元对应的元素构成,而 $(N-4)\times 1$ 的矢量 $\boldsymbol{a}_2(\theta,\varphi)$ 由原 $\boldsymbol{a}(\theta,\varphi)$ 中存在位置误差的 $N-4$ 个阵元对应的元素构成。

同理,$(N-4)\times(N-4)$ 的对角矩阵的对角元素由存在位置误差的 $N-4$ 阵元的等效幅相误差构成。表示由矩阵提取其对角元素构成列矢量。

经过上述分块划分后,扰动后的阵列导向矢量重新表示为

$$\begin{aligned}\boldsymbol{W}(\theta,\varphi)&=\boldsymbol{\Gamma}(\theta,\varphi)\boldsymbol{a}(\theta,\varphi)\\&=\begin{bmatrix}\boldsymbol{a}_1(\theta,\varphi) & \boldsymbol{0}_{4\times(N-4)}\\ \boldsymbol{0}_{(N-4)\times 1} & \mathrm{diag}[\boldsymbol{a}_2(\theta,\varphi)]\end{bmatrix}\begin{bmatrix}1\\ \mathrm{vecd}(\boldsymbol{\Gamma}_2(\theta,\varphi))\end{bmatrix}\\&=\widetilde{\boldsymbol{a}}(\theta,\varphi)\boldsymbol{d}(\theta,\varphi)\end{aligned} \tag{12.73}$$

式中:$\widetilde{\boldsymbol{a}}(\theta,\varphi)$ 为 $N\times(N-3)$ 矩阵;$\boldsymbol{d}(\theta,\varphi)$ 为 $(N-3)\times 1$ 列矢量。

由子空间原理可知:

$$\boldsymbol{W}^{\mathrm{H}}(\theta_i,\varphi_i)\,\boldsymbol{E}_N\,\boldsymbol{E}_N^{\mathrm{H}}\boldsymbol{W}(\theta_i,\varphi_i)=0,\quad i=1,2,3 \tag{12.74}$$

将式(12.73)代入式(12.74)可得

$$\boldsymbol{d}^{\mathrm{H}}(\theta_i,\varphi_i)\,\widetilde{\boldsymbol{a}}^{\mathrm{H}}(\theta_i,\varphi_i)\,\boldsymbol{E}_N\,\boldsymbol{E}_N^{\mathrm{H}}\widetilde{\boldsymbol{a}}(\theta_i,\varphi_i)\boldsymbol{d}(\theta_i,\varphi_i)=0\,,\quad i=1,2,3 \tag{12.75}$$

$$\boldsymbol{d}^{\mathrm{H}}(\theta_i,\varphi_i)\boldsymbol{Q}(\theta_i,\varphi_i)\boldsymbol{d}(\theta_i,\varphi_i)=0,\quad i=1,2,3 \tag{12.76}$$

$$\boldsymbol{Q}(\theta_i,\varphi_i)=\widetilde{\boldsymbol{a}}^{\mathrm{H}}(\theta_i,\varphi_i)\boldsymbol{E}_N\boldsymbol{E}_N^{\mathrm{H}}\widetilde{\boldsymbol{a}}(\theta_i,\varphi_i) \tag{12.77}$$

由于 $\boldsymbol{d}(\theta_i,\varphi_i)\neq 0$，式(12.75)成立的充要条件是 $(N-3)\times(N-3)$ 矩阵 $\boldsymbol{Q}(\theta_i,\varphi_i)$ 奇异或出现秩损现象。当且仅当 $(\theta,\varphi)=(\theta_i,\varphi_i)(i=1,2,3)$，即只有在信源真实方位处矩阵 $\boldsymbol{Q}(\theta_i,\varphi_i)$ 奇异。因此，校正信源方位估计如下：

$$(\theta,\varphi)=\arg\max_{\theta,\varphi}\frac{1}{\lambda_{\min}[\boldsymbol{Q}(\theta,\varphi)]} \tag{12.78}$$

和

$$\hat{\boldsymbol{d}}(\theta,\varphi)=e_{\min}[\hat{\boldsymbol{Q}}(\theta,\varphi)],e_{\min}(1)=1 \tag{12.79}$$

阵元位置误差估计如下：

$$\boldsymbol{P}(\theta_i,\varphi_i)=-\frac{\lambda}{2\pi}\mathrm{angle}[\mathrm{vecd}(\hat{\boldsymbol{\Gamma}}_2(\hat{\theta}_i,\hat{\varphi}_i))],\quad i=1,2,3 \tag{12.80}$$

$$\begin{bmatrix}\Delta\boldsymbol{X}\\\Delta\boldsymbol{Y}\\\Delta\boldsymbol{Z}\end{bmatrix}^{\mathrm{T}}=\begin{bmatrix}\boldsymbol{P}(\hat{\theta}_1,\hat{\varphi}_1)\\\boldsymbol{P}(\hat{\theta}_2,\hat{\varphi}_2)\\\boldsymbol{P}(\hat{\theta}_3,\hat{\varphi}_3)\end{bmatrix}^{\mathrm{T}}\begin{bmatrix}\sin(\hat{\theta}_1)\cos(\hat{\phi}_1) & \sin(\hat{\theta}_2)\cos(\hat{\phi}_2) & \sin(\hat{\theta}_3)\cos(\hat{\phi}_3)\\\sin(\hat{\theta}_1)\sin(\hat{\phi}_1) & \sin(\hat{\theta}_2)\sin(\hat{\phi}_2) & \sin(\hat{\theta}_3)\sin(\hat{\phi}_3)\\\cos(\hat{\theta}_1) & \cos(\hat{\theta}_2) & \cos(\hat{\theta}_3)\end{bmatrix}^{-1} \tag{12.81}$$

其中

$$\begin{cases}\Delta\boldsymbol{X}=[\Delta x_5\quad \Delta x_6\quad \cdots\quad \Delta x_N]^{\mathrm{T}}\\\Delta\boldsymbol{Y}=[\Delta y_5\quad \Delta y_6\quad \cdots\quad \Delta y_N]^{\mathrm{T}}\\\Delta\boldsymbol{Z}=[\Delta z_5\quad \Delta z_6\quad \cdots\quad \Delta z_N]^{\mathrm{T}}\end{cases} \tag{12.82}$$

由此可见，采用辅助阵元法实现了共形阵列天线校正信源来波方位和阵元位置误差估计的联合“去耦”估计。需要说明的是，在对方位和俯仰角进行二维搜索时，可先进行粗搜索，大致确定校正信源来波方位范围，然后精搜索，获得校正信源来波方位更精确的估计，以减小运算量，提高搜索速度。

12.4.3 仿真实验与分析

在仿真实验中，采用图 12.12 所示结构的柱面共形阵列天线，阵元个数 $N=25$，如图中参数 $R=4.3\lambda$ 、$d=\lambda/2$ 和 $\theta_0=30°$ 。四个辅助阵元的位置坐标 (X,Y,Z) 分别为 (4,6,0.5) 、(8,5,0.5) 、(12,6,−0.5) 和 (9,−2,−1) ，辅助阵元假定为全向性阵元。阵元位置误差参数通过随机产生，在 X 、Y 和 Z 轴方向的扰动在 $(-\lambda/4,\lambda/4)$ 范围内随机生成。理想的阵列形状、实际扰动的阵列形状和辅助阵元设置如图 12.14 所示。SNR = 30dB，快拍数 $L=5000$。假设校正信源来波方位分别为 (15°,30°) 、(20°,35°) 和 (25°,40°) 。

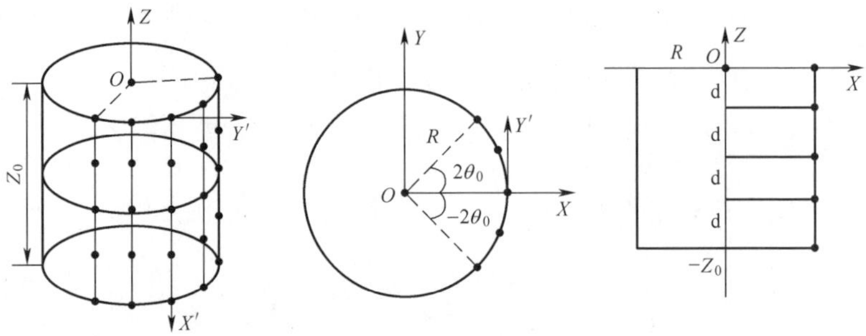

（a）圆柱面共形天线示意图　（b）圆柱面共形天线的 X-Y 切面示意图　（c）圆柱面共形天线的 X-Z 切面示意图

图 12.12　圆柱面共形阵列天线示意图

天线单元采用微带贴片单元，单元方向图的两个分量可以表示如下[16]。

当 $0 \leqslant \theta \leqslant \pi/2$ 时，有

$$\boldsymbol{g}_{\theta}(\theta,\phi)=\{\mathrm{J}_2(\pi d\sin(\theta)/\lambda)-\mathrm{J}_0(\pi d\sin(\theta)/\lambda)\}(\cos\phi+\mathrm{j}\sin\phi) \tag{12.83}$$

和

$$\boldsymbol{g}_{\phi}(\theta,\phi)=\{\mathrm{J}_2(\pi d\sin(\theta)/\lambda)+\mathrm{J}_0(\pi d\sin(\theta)/\lambda)\}\times\cos\theta(\sin\phi-\mathrm{j}\cos\phi) \tag{12.84}$$

式中：J_0 为零阶第一类贝塞尔函数；J_2 为二阶第一类贝塞尔函数。

当 $\theta>\pi/2$ 时，有

$$\boldsymbol{g}_{\theta}(\theta,\phi)=0,\boldsymbol{g}_{\phi}(\theta,\phi)=0 \tag{12.85}$$

图 12.13 为方位角和俯仰角均为（10°，60°）范围内的二维功率谱，通过搜索得到三个未知校正信源的方位和俯仰角估计。然后，联合估计得到的方位俯仰角和对应的最小特征矢量，计算求得阵元三维位置误差估计值。

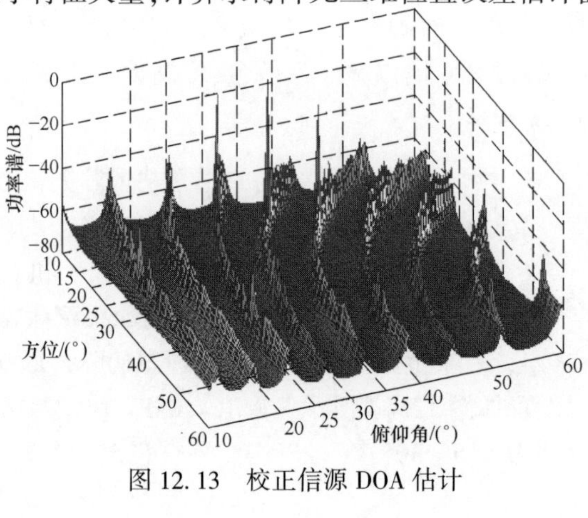

图 12.13　校正信源 DOA 估计

表12.7和图12.14给出了阵元理想位置、实际位置和估计位置,实验结果表明该方法实现了共形阵列天线的三维阵元位置误差的自校正。

表12.7　阵元理想、实际和估计位置

编号	理想位置	实际位置	估计位置	编号	理想位置	实际位置	估计位置	编号	理想位置	实际位置	估计位置
X_1	4.1841	3.9379	3.9300	Y_1	-0.9916	-0.8367	-0.8282	Z_1	0	-0.0999	-0.0970
X_2	4.2709	4.3480	4.3287	Y_2	-0.4992	-0.2819	-0.2616	Z_2	0	0.2490	0.2567
X_3	4.3000	4.5226	4.5167	Y_3	0	-0.1856	-0.1772	Z_3	0	-0.0296	-0.0278
X_4	4.2709	4.3276	4.3255	Y_4	0.4992	0.5926	0.5952	Z_4	0	-0.2469	-0.2462
X_5	4.1841	4.3256	4.3014	Y_5	0.9916	0.8902	0.9127	Z_5	0	-0.1040	-0.0938
X_6	4.1841	3.9357	3.9350	Y_6	-0.9916	-0.9179	-0.9156	Z_6	-0.5	-0.4041	-0.4042
X_7	4.2709	4.4194	4.4115	Y_7	-0.4992	-0.5173	-0.5099	Z_7	-0.5	-0.5036	-0.5004
X_8	4.3000	4.3709	4.3612	Y_8	0	0.2114	0.2216	Z_8	-0.5	-0.7083	-0.7044
X_9	4.2709	4.1102	4.1100	Y_9	0.4992	0.3700	0.3709	Z_9	-0.5	-0.6521	-0.6523
X_{10}	4.1841	4.1988	4.2063	Y_{10}	0.9916	1.0716	1.0634	Z_{10}	-0.5	-0.2612	-0.2641
X_{11}	4.1841	4.0435	4.0491	Y_{11}	-0.9916	-1.0754	-1.0819	Z_{11}	-1	-1.0669	-1.0691
X_{12}	4.2709	4.2950	4.2928	Y_{12}	-0.4992	-0.5108	-0.5090	Z_{12}	-1	-1.1803	-1.1795
X_{13}	4.3000	4.0791	4.0750	Y_{13}	0	-0.0156	-0.0136	Z_{13}	-1	-1.2426	-1.2405
X_{14}	4.2709	4.3147	4.3138	Y_{14}	0.4992	0.6021	0.6035	Z_{14}	-1	-0.9297	-0.9295
X_{15}	4.1841	4.1422	4.1643	Y_{15}	0.9916	0.8615	0.8403	Z_{15}	-1	-0.8811	-0.8904
X_{16}	4.1841	4.0273	4.0138	Y_{16}	-0.9916	-0.8830	-0.8706	Z_{16}	-1.5	-1.7366	-1.7309
X_{17}	4.2709	4.0529	4.0776	Y_{17}	-0.4992	-0.3166	-0.3421	Z_{17}	-1.5	-1.6989	-1.7090
X_{18}	4.3000	4.0874	4.0750	Y_{18}	0	-0.0445	-0.0322	Z_{18}	-1.5	-1.3033	-1.2982
X_{19}	4.2709	4.1759	4.1809	Y_{19}	0.4992	0.4615	0.4573	Z_{19}	-1.5	-1.3681	-1.3703
X_{20}	4.1841	4.4062	4.4138	Y_{20}	0.9916	1.2187	1.2118	Z_{20}	-1.5	-1.4587	-1.4621
X_{21}	4.1841	4.4245	4.4571	Y_{21}	-0.9916	-0.8009	-0.8326	Z_{21}	-2	-1.9073	-1.9210
X_{22}	4.2709	4.2985	4.2979	Y_{22}	-0.4992	-0.3999	-0.3993	Z_{22}	-2	-1.7664	-1.7662
X_{23}	4.3000	4.5443	4.5480	Y_{23}	0	-0.0973	-0.1019	Z_{23}	-2	-1.9748	-1.9762
X_{24}	4.2709	4.3667	4.3735	Y_{24}	0.4992	0.6638	0.6569	Z_{24}	-2	-1.8614	-1.8640
X_{25}	4.1841	4.0549	4.0547	Y_{25}	0.9916	1.2269	1.2265	Z_{25}	-2	-1.9448	-1.9446

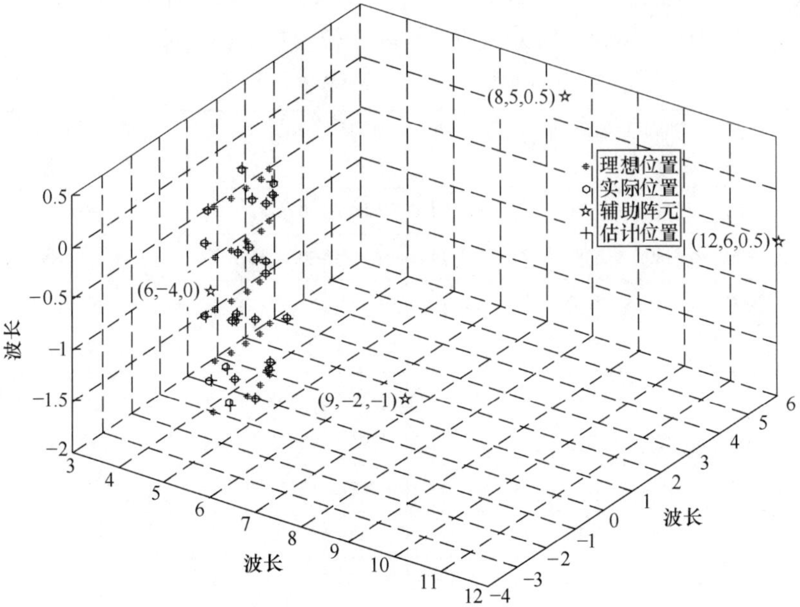

图 12.14　理想、扰动和估计阵列形状

12.5　小　　结

本章提出了用于方位依赖阵元幅相误差校正的辅助阵元法 ISM、共形天线互耦校正的辅助阵元法、共形阵列天线阵元位置误差校正的辅助阵元法三种误差校正方法。ISM 方法通过引入少量精确校正的辅助阵元,可以在多源情况下对信源方位和其对应的阵元幅相误差进行无模糊联合估计。基于方位依赖的误差模型,通过在扰动阵列中引入少量的精确校正的辅助阵元,基于子空间原理,提出了方位依赖误差自校正的辅助阵元法。由于 ISM 方法使用了方位依赖的阵列误差模型,它可以对多种误差源(阵列幅相误差、阵元位置误差、互耦等)同时存在下的阵列进行校正。辅助阵元的引入避免了通常自校正算法的参数模糊估计,ISM 方法适用于任意的阵列几何结构(包括均匀线阵);而且其运算量小,只需要参数的一维搜索,不存在参数联合估计的局部收敛问题。此外,该方法无需以前阵列校正算法中经常使用的阵列误差的微扰动假设,更加符合实际的误差模型。

第 13 章　宽带误差校正的系统辨识方法

13.1　引　　言

在阵列天线的实际应用中不可避免地存在互耦问题,其会导致阵列孔径上理想相位关系的扭曲和多数阵列信号处理算法性能的下降。在宽带阵列的应用中,对有效的宽带互耦补偿算法进行研究是非常有必要的。

13.2　宽带校正中的系统辨识方法

本章首先提出阵列宽带互耦模型,然后将“系统辨识”的思想和方法用于宽带互耦补偿和校正[17]。天线阵列的互耦及宽带补偿网络如图 13.1 所示。

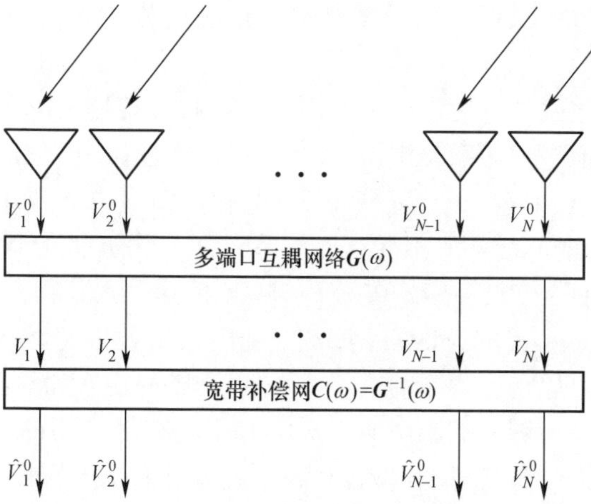

图 13.1　天线阵列的互耦及宽带补偿网络示意图

我们从获取用于识别过程输入的频域数据出发,使用系统辨识的方法[18-19]确定阵列的宽带补偿网络 $\boldsymbol{C}(\omega)$ 。这些输入数据是在带宽上的不同采样频率 ω_i 下获得的互耦补偿矩阵 $\boldsymbol{C}(\omega_i)$ 的集合。为了计算补偿矩阵,使用了文献[20-21]中提出的接收互阻抗法,该方法对于接收阵列中的互耦特性的描述更为精确,则具有互耦效应的实际天线终端电压与理想的非耦合终端电压之间的关系通过以下的阻抗矩阵给出:

$$\begin{bmatrix} 1 & -\frac{Z_t^{12}}{Z_L} & \cdots & -\frac{Z_t^{1N}}{Z_L} \\ -\frac{Z_t^{21}}{Z_L} & 1 & \cdots & -\frac{Z_t^{2N}}{Z_L} \\ \vdots & \vdots & \ddots & \vdots \\ -\frac{Z_t^{N1}}{Z_L} & -\frac{Z_t^{N2}}{Z_L} & \cdots & 1 \end{bmatrix} \begin{bmatrix} V_1 \\ V_2 \\ \vdots \\ V_N \end{bmatrix} = \begin{bmatrix} \hat{V}_1^0 \\ \hat{V}_2^0 \\ \vdots \\ \hat{V}_N^0 \end{bmatrix} \tag{13.1}$$

式中:$Z_t^{ij}(i,j = 1,2,\cdots,N)$ 且 $i \neq j$ 为接收互阻抗;Z_L 为终端负载阻抗。

接收互阻抗方法在许多场景下得到了应用,如 DOA 估计和自适应零陷形成[22]。

本章提出的宽带互耦补偿方法的适用性基本上不受天线所考虑的频带宽度的影响,只要能在整个频带内准确地获得频域数据。在本研究中,考虑比单极天线的可用带宽更宽的带宽是为了证明所提出的互耦补偿方法的宽带性能。

一般来说,纯电磁理论无法给出不同频率下接收互阻抗之间数学关系的解析表达式。然而,通过使用系统辨识方法,可以确定近似表达式。宽带互耦补偿网络 $\boldsymbol{C}(\omega)$ 的确定可视为一个黑箱辨识问题,在该问题中,根据得到的频域数据估计出一个有限阶的非结构时不变有理传递函数。现有的具有频域数据的系统辨识方法都需要首先知道系统的频率响应(传递函数)。在单输入单输出(Single-Input Single-Output,SISO)网络中,利用输出数据与输入数据的快速傅里叶变换的比值,可以得到频率响应。然而,由于各种输入和输出端口之间可能存在耦合,一般多端口网络的频率响应矩阵并不是直接可用的。在天线阵列存在互耦的情况下,由于每一对端口的输入和输出的阻抗矩阵能够被单独计算出来,因此相应的多端口网络辨识可以简化为一系列的 SISO 系统的辨识,故传递函数矩阵 $\boldsymbol{C}(\omega)$ 中的每个传递函数,如 $Z_t^{12}(\omega)$,可以使用 SISO 系统辨识的方法单独辨识。

对于一个 6 元均匀圆阵,假设一个如下的 6×6 多端口补偿网络 $\boldsymbol{C}(\omega)$:

$$
\boldsymbol{C}(\omega)=\begin{bmatrix}
1 & -\frac{Z_t^{12}(\omega)}{Z_L} & -\frac{Z_t^{13}(\omega)}{Z_L} & -\frac{Z_t^{14}(\omega)}{Z_L} & -\frac{Z_t^{13}(\omega)}{Z_L} & -\frac{Z_t^{12}(\omega)}{Z_L} \\
-\frac{Z_t^{12}(\omega)}{Z_L} & 1 & -\frac{Z_t^{12}(\omega)}{Z_L} & -\frac{Z_t^{13}(\omega)}{Z_L} & -\frac{Z_t^{14}(\omega)}{Z_L} & -\frac{Z_t^{13}(\omega)}{Z_L} \\
-\frac{Z_t^{13}(\omega)}{Z_L} & -\frac{Z_t^{12}(\omega)}{Z_L} & 1 & -\frac{Z_t^{12}(\omega)}{Z_L} & -\frac{Z_t^{13}(\omega)}{Z_L} & -\frac{Z_t^{14}(\omega)}{Z_L} \\
-\frac{Z_t^{14}(\omega)}{Z_L} & -\frac{Z_t^{13}(\omega)}{Z_L} & -\frac{Z_t^{12}(\omega)}{Z_L} & 1 & -\frac{Z_t^{12}(\omega)}{Z_L} & -\frac{Z_t^{13}(\omega)}{Z_L} \\
-\frac{Z_t^{13}(\omega)}{Z_L} & -\frac{Z_t^{14}(\omega)}{Z_L} & -\frac{Z_t^{13}(\omega)}{Z_L} & -\frac{Z_t^{12}(\omega)}{Z_L} & 1 & -\frac{Z_t^{12}(\omega)}{Z_L} \\
-\frac{Z_t^{12}(\omega)}{Z_L} & -\frac{Z_t^{13}(\omega)}{Z_L} & -\frac{Z_t^{14}(\omega)}{Z_L} & -\frac{Z_t^{13}(\omega)}{Z_L} & -\frac{Z_t^{12}(\omega)}{Z_L} & 1
\end{bmatrix} \tag{13.2}
$$

其中,我们利用均匀圆阵的传递函数矩阵的循环性质来减少 $\boldsymbol{C}(\omega)$ 中不同传递函数的数目。在单输入单输出系统的接收互阻抗传递函数 $Z_t^{1i}(\omega)(i=1,2,3,4)$ 的辨识中,我们使用下列系统函数对辨识集中的频域数据进行拟合,它实际上是具有实系数的有理多项式:

$$
H_i(z)=\frac{B(z)}{A(z)}=\frac{b_{0i}+b_{1i}z^{-1}+\cdots+b_{mi}z^{-m}}{a_{0i}+a_{1i}z^{-1}+\cdots+a_{mi}z^{-m}},\quad i=2,3,4 \tag{13.3}
$$

其中, $H_i(z)$ 是决定 $Z_t^{1i}(\omega)$ 的系统函数,同时用 (m,n) 来表示该系统的阶数。通过求解如下优化问题对多项式参数集 $\boldsymbol{\theta}_i=[b_{0i},b_{1i},L,b_{mi},a_{0i},a_{1i},L,a_{ni}]$ 进行估计,即

$$
\hat{\boldsymbol{\theta}}=\arg\min_{\theta}\boldsymbol{D}(\boldsymbol{\theta}) \tag{13.4}
$$

其中

$$
\begin{gathered}
\boldsymbol{D}_i(\boldsymbol{\theta})=\sum_{k=1}^{N}|H_i(\omega_k)-Z_t^{1i}(\omega_k)|^2 \\
H_i(\omega_k)=H_i(z)|_{z=e^{j\omega k}},\quad i=2,3,4
\end{gathered} \tag{13.5}
$$

在系统特性的先验知识较少的情况下,最小二乘法通常是最简单、最有效的解。为了确定系统的阶数[23-24],我们利用互阻抗函数是随频率缓慢变化的函数(没有明显的极点和零点)这一事实,采用了一种启发式的过程。首先假设可能的最低阶;然后逐步增加系统阶数,直到拟合误差小到可以忽略的程度。在系统辨识的实现中,首先测试了移动平均系统的实现($n=0$),发现阻抗函数需要

m = 16 才能与给定的频域数据完全匹配。这种实现方法产生的阶数显然太高了，利用自回归滑动平均（Auto-Regressive Moving Average，ARMA）系统实现方法可以实现较小的系统阶数。为了进一步降低对系统参数的存储要求，我们进一步采用了基于 ARMA 的更有效的系统实现方法。在确定了所有的传输函数 $H_2(\omega)$、$H_3(\omega)$ 和 $H_4(\omega)$ 之后，就能求得用于互耦补偿的多端口补偿网络 $\boldsymbol{C}(\omega)$。在已识别的宽带多端口互耦补偿网络的实际应用中，系统存储器中只需存储个别频率传递函数的少量实系数 $\boldsymbol{\theta}_i = [b_{0i}, b_{1i}, L, b_{mi}, a_{0i}, a_{1i}, L, a_{ni}]$。通过实时计算这些工作频率下的传递函数矩阵 $\boldsymbol{C}(\omega)$，可以在线进行不同工作频率下的互耦补偿。这种方法比在不同频率下重复计算阻抗矩阵 Z_t 更有效且更快速。

13.3 仿真实验与分析

为了测试系统辨识宽带多端口补偿网络 $\boldsymbol{C}(\omega)$ 的有效性，我们将其用于在宽带 DOA 估计实验中解耦 UCA 阵列快拍数据。考虑的 UCA 如图 13.2 所示。

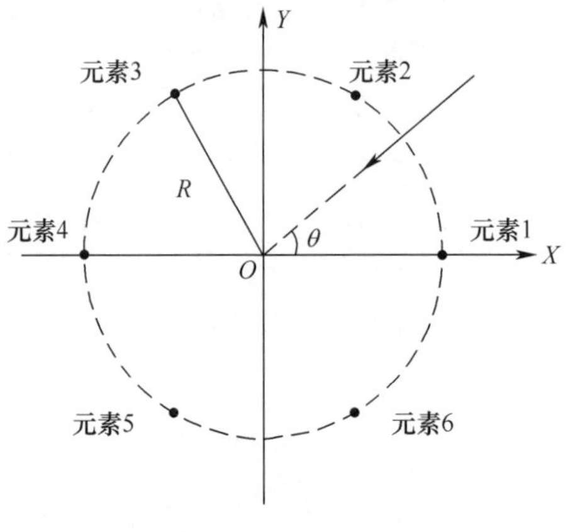

图 13.2　UCA 示意图

将用该 UCA 通过基于 MUSIC 的 DOA 估计算法检测来自 θ_1 = 10° 和 θ_2 = 30° 的两个宽带不相关信号。以辨识网络 $\boldsymbol{C}(\omega)$ 进行频率相关互耦补偿前后的 MUSIC 算法空间谱如图 13.3 所示。接收信号的 SNR 设为 20dB。互耦补偿后 MUSIC 空间谱的两个谱峰充分说明了所提系统辨识宽带补偿网络的有效性。

图 13.4 给出了互耦补偿前后利用 500 个快拍数据进行阵列协方差矩阵估计的 DOA 估计结果，进行了 200 次蒙特卡罗实验。由图可见，经过互耦补偿后，

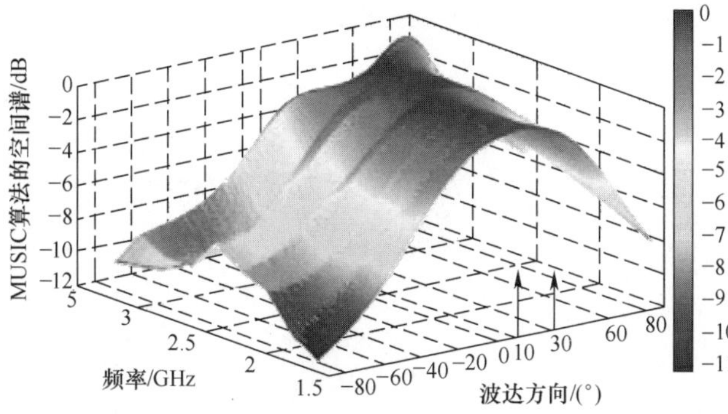

(a)

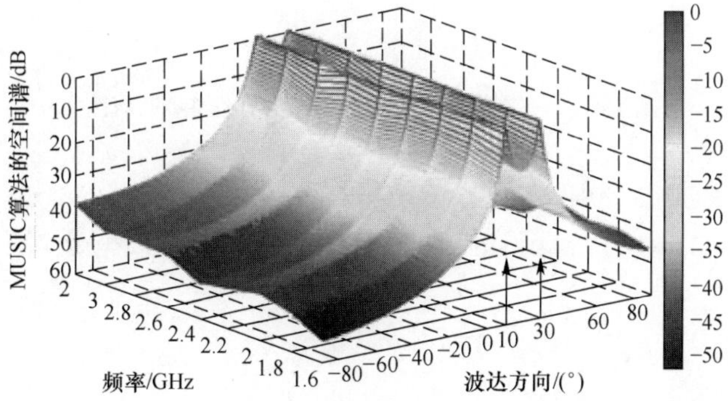

(b)

图 13.3 互耦补偿前后的 MUSIC 空间谱(见彩图)

在不同频率下均能得到误差很小的 DOA 估计结果。

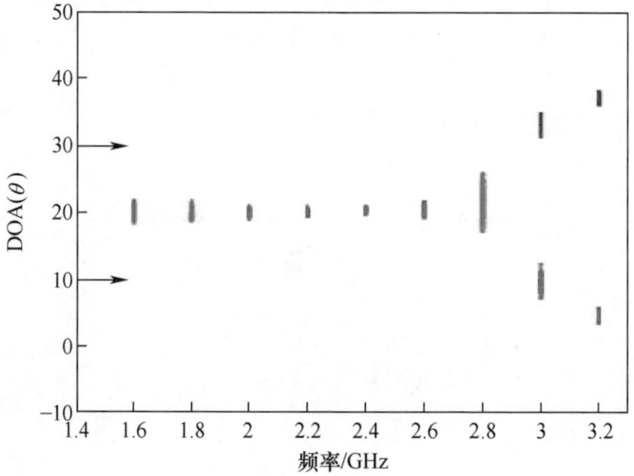

(a)

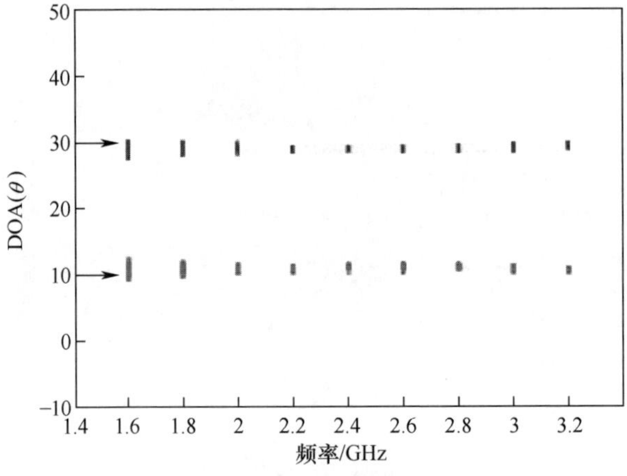

(b)

图 13.4　互耦补偿前后的 DOA 估计结果(见彩图)

最后,在图 13.5 中给出了 2.4GHz 下窄带互耦补偿的 DOA 估计结果。由图可见仅在 2.4GHz 下才能获得准确的 DOA 估计结果,这再一次说明了宽带互耦补偿的重要性。

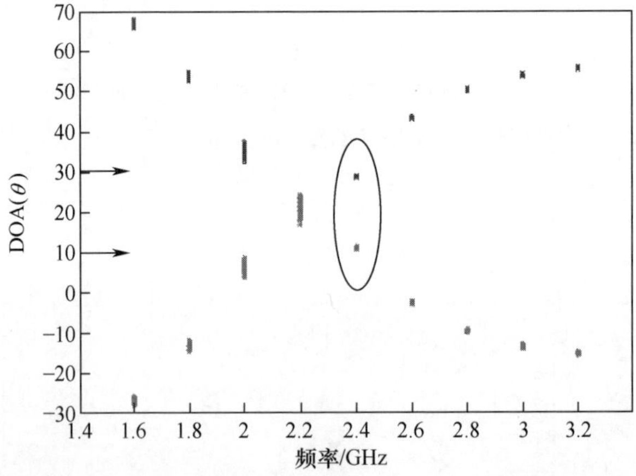

图 13.5　窄带互耦补偿的 DOA 估计结果(见彩图)

13.4 小　　结

我们将“系统辨识”的思想方法应用于接收阵列的宽带互耦补偿和校正。计算阵列天线在不同频率下的接收互阻抗,得到用于宽带互耦补偿的多端口补偿网络,该网络的传递函数矩阵能够对频率相关的互耦效应进行精确补偿。

第 14 章　阵列误差校正匹配场处理

14.1　引　言

针对米波雷达超分辨测高算法对目标回波阵列模型的依赖性，本章借鉴匹配场处理的思想，提出使用抛物线波动方程传播模型代替通常使用的平面波传播模型，建立较准确的、实用化的，适用于米波雷达多径传播条件下的目标回波阵列模型。本章将匹配场处理的方法应用到米波雷达回波阵列模型的建立中，在阵列导向矢量的数学建模中，用电磁波动方程的求解代替通常的平面波假设。该方法结合具体的环境和气象参数，与传统的平面波模型相比，可以建立更加准确的雷达回波模型。而且对于机动的米波雷达，由于将地形、环境因素与测高算法分离，可以很好地缓解地形和环境对测高算法性能的影响。本章的研究对于超分辨测高算法的实用化具有重要的意义[25]。

14.2　二元镜像模型及计算机仿真实验

在镜像反射条件下，雷达天线可以接收到四条路径的回波信号：① $A \Rightarrow T \Rightarrow A$；② $A \Rightarrow T \Rightarrow X \Rightarrow A$；③ $A \Rightarrow X \Rightarrow T \Rightarrow A$；④ $A \Rightarrow X \Rightarrow T \Rightarrow X \Rightarrow A$。

镜像反射回波模型如图 14.1 所示，镜像反射的四条传播路径如图 14.2 所示。

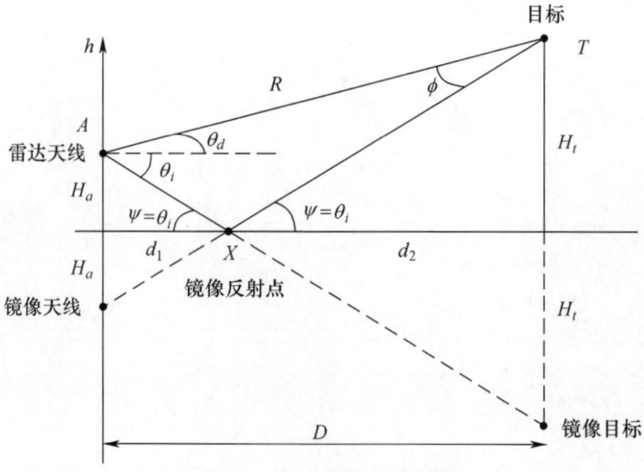

图 14.1　镜像反射回波模型

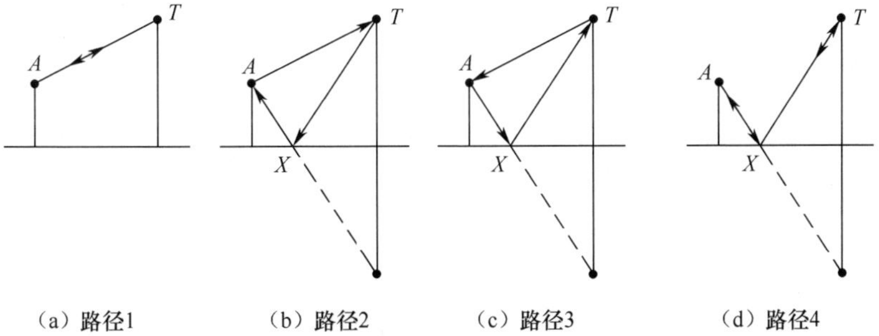

图 14.2　镜像反射的四条传播路径

相应地,各条传播路径的回波信号表示如下:

$$X_1(t) = S_0(t)\,[F(-\theta_d)]^2 K_1 \tag{14.1}$$

$$X_2(t) = S_0(t)F(-\theta_d)K_2\rho F(\theta_i)\exp\left(-\mathrm{j}\frac{2\pi}{\lambda}\delta\right) \tag{14.2}$$

$$X_3(t) = S_0(t)F(\theta_i)\rho K_3 F(-\theta_d)\exp\left(-\mathrm{j}\frac{2\pi}{\lambda}\delta\right) \tag{14.3}$$

$$X_4(t) = S_0(t)\,[F(\theta_i)]^2\rho^2 K_4\exp\left(-\mathrm{j}\frac{4\pi}{\lambda}\delta\right) \tag{14.4}$$

式中: $S_0(t)$ 为雷达的发射信号; $F(\theta)$ 为雷达天线的方向图; K_1、K_2、K_3、K_4 为各条路径的目标对雷达信号的反射系数; ρ 为镜像反射系数; λ 为信号波长; δ 为单程直达路径与单程反射路径的波程差, $\delta = AX + XT - AT$,且 $\delta = \dfrac{2H_a H_T}{D}$ 。

至此,雷达天线接收的回波信号可以表示为

$$X(t) = \sum_{i=1}^{4} X_i(t) \tag{14.5}$$

由于 $\phi = \dfrac{2H_a}{D}$ 且 $H_a \ll D$,通常 $K_1 \approx K_2 \approx K_3 \approx K_4$。另外,为了分析方便,假设天线为无方向性天线,则式(14.5)可简化为

$$X(t) = GS_0(t)\left[1 + \rho\exp\left(-\mathrm{j}\frac{2\pi}{\lambda}\delta\right)\right]^2 \tag{14.6}$$

式中: G 为常量, $G = [F(\theta)]^2 K_1$。

从空间上讲,雷达天线接收的信号可以分为两个部分。

直达路径($T\Rightarrow A$)回波,有

$$X_d(t) = X_1(t) + X_3(t) = GS_0(t)\left[1 + \rho\exp\left(-\mathrm{j}\frac{2\pi}{\lambda}\delta\right)\right] \tag{14.7}$$

反射路径（ $T\Rightarrow X\Rightarrow A$ ）回波，有

$$\begin{aligned} X_i(t) &= X_2(t) + X_4(t) \\ &= GS_0(t)\rho\exp\left(-\mathrm{j}\frac{2\pi}{\lambda}\delta\right)\left[1 + \rho\exp\left(-\mathrm{j}\frac{2\pi}{\lambda}\delta\right)\right] \\ &= X_d(t)\rho\exp\left(-\mathrm{j}\frac{2\pi}{\lambda}\delta\right) \end{aligned} \tag{14.8}$$

由式(14.8)雷达天线接收的回波信号可以表示为

$$X(t) = X_d(t)\left[1 + \rho\exp\left(-\mathrm{j}\frac{2\pi}{\lambda}\delta\right)\right] \tag{14.9}$$

从上面的分析可以看出，镜面反射条件下，雷达发射波经过二次干涉形成了如式(14.9)所示的干涉表达式 $X_d(t)$（本身也是一次干涉的结果），式(14.9)是我们回波信号分析的基础。

对于将进行的句容信标实验，可以将四路径模型用式(14.9)表示的两路径模型等效，只考虑一次干涉效应，而将 $X_d(t)$ 对应的一次干涉效应等效为目标回波的闪烁。

通常大气折射会使电波传播路径发生弯曲，通常引入的等效地球半径来进行修正，采用等效半径后，可以认为电波仍按直线传播。等效地球半径的计算公式为

$$R_\mathrm{e} = R_0\left(1 + R_0\frac{\mathrm{d}N}{\mathrm{d}h}\right)^{-1} \tag{14.10}$$

式中：R_0 为地球半径；$\frac{\mathrm{d}N}{\mathrm{d}h}$ 为大气折射梯度。

通常在无线电通信、传播工程和雷达中广泛使用的等效地球半径为

$$R_\mathrm{e} = \frac{4}{3}R_0 = 8493.3\mathrm{km} \tag{14.11}$$

对于地球曲率的修正，图 14.3 给出了考虑地球曲率的多径传播模型。

考虑地球曲率后，等效的雷达天线和目标高度的计算公式为

$$H_a' \approx H_a - \frac{d_1^2}{2R_\mathrm{e}} \tag{14.12}$$

$$H_t' \approx H_t - \frac{(D - d_1)^2}{2R_\mathrm{e}} \tag{14.13}$$

反射点到天线距离 d_1 的计算通过求解下面的联立方程组：

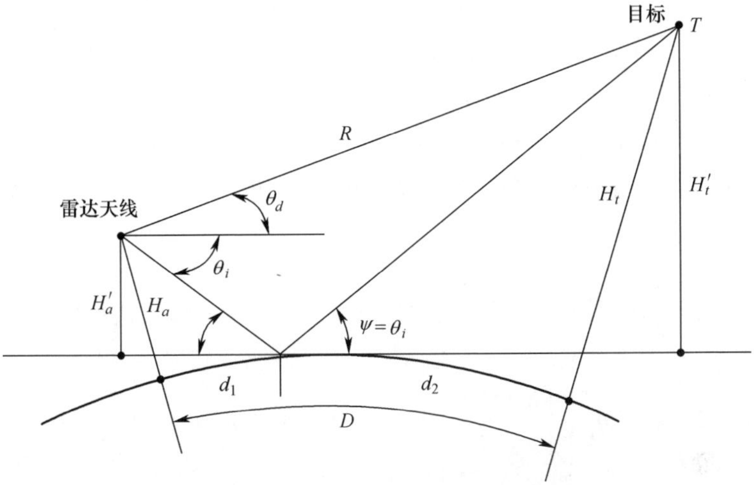

图 14.3　考虑地球曲率的镜像反射模型

$$2d_1^3 - 3Dd_1^2 + [D^2 - 2R_e(H_a + H_t)]d_1 + 2R_eH_aD = 0 \tag{14.14}$$

$$d_1 = \frac{D}{2} - p\sin(\xi/3) \tag{14.15}$$

$$p = (2/\sqrt{3})\sqrt{R_e(H_a + H_t) + (D/2)^2} \tag{14.16}$$

$$\xi = \arcsin[2R_eD(H_t - H_a)/p^3] \tag{14.17}$$

对于我们考虑的阵列天线情况,如图 14.4 所示,我们还需要考虑不同天线接收高度的波程差。对于通常的窄带雷达,我们只需要用阵列天线上的相位差,等效波程差。我们以阵元一处的阵列法线为参考,顺时针方向为正角度,逆时针为负角度。当以阵列第一阵元接收信号为参考时,阵列天线接收的快拍数据可由表示为

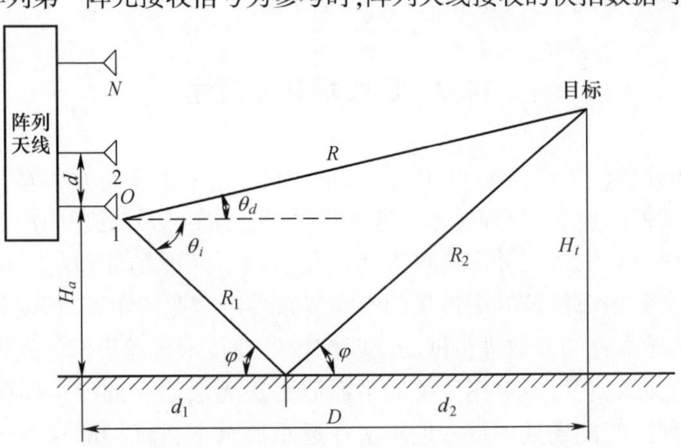

图 14.4　阵列天线的镜像多径接收

$$\boldsymbol{X}(t)=\boldsymbol{A}(\boldsymbol{\theta})\boldsymbol{S}(t)+\boldsymbol{N}(t) \tag{14.18}$$

式中：$\boldsymbol{X}(t)$为$N\times1$快拍数据矢量，$\boldsymbol{X}(t)=[x_1(t),\cdots,x_N(t)]^{\mathrm{T}}$；$\boldsymbol{N}(t)$为$N\times1$阵列阵元噪声矢量，$\boldsymbol{N}(t)=[n_1(t),\cdots,n_N(t)]^{\mathrm{T}}$；$\boldsymbol{S}(t)$为信号矢量，$\boldsymbol{S}(t)=[s_1(t)\ \ s_2(t)\cdots s_M(t)]^{\mathrm{T}}$；$\boldsymbol{A}(\theta)$为阵列的流形矩阵，$\boldsymbol{A}(\boldsymbol{\theta})=[\boldsymbol{a}(\theta_1)\ \ \boldsymbol{a}(\theta_2)\cdots\ \boldsymbol{a}(\theta_M)]$，其列矢量由阵列导向矢量$\boldsymbol{a}(\theta_k)=[1,\mathrm{e}^{-\mathrm{j}\beta_k},\cdots\mathrm{e}^{-\mathrm{j}(N-1)\beta_k}]^{\mathrm{T}}\quad(k=1,2)$构成，$\beta_k=\dfrac{2\pi}{\lambda}d\sin(\theta_k)$。

由于目标直达回波与多径回波之间的相干性，因此阵列快拍数据矢量可进一步表示为

$$\boldsymbol{X}(t)=[\boldsymbol{a}(\theta_d)\ \ \boldsymbol{a}(-\theta_i)]\begin{bmatrix}S_d(t)\\S_i(t)\end{bmatrix}+\boldsymbol{N}(t)=[\boldsymbol{a}(\theta_d)\ \ \boldsymbol{a}(-\theta_i)]\begin{bmatrix}1\\\boldsymbol{\Psi}\end{bmatrix}S_d(t)+\boldsymbol{N}(t) \tag{14.19}$$

其中

$$\boldsymbol{\Psi}=\rho\exp\left(-\mathrm{j}\frac{2\pi}{\lambda}\delta\right) \tag{14.20}$$

式中：参数$\boldsymbol{\Psi}$表示直达路径与多径路径之间的相干常数，它包含两部分：由于波程差δ引起的相对相移：$\exp\left(-\mathrm{j}\dfrac{2\pi}{\lambda}\delta\right)$；多径反射面引入的反射系数$\rho$，对于低角情况和水平极化，反射系数$\rho$通常可以用−1近似。

式(14.19)和式(14.20)为我们建立的阵列天线的回波模型。

基于我们建立的目标回波模型式(14.19)和式(14.20)，阵列接收的回波相位随反射系数、目标高度、目标距离的改变在阵列孔径上应呈现不同的周期性变化，其变化关系由式(14.19)和式(14.20)给定。

14.3 匹配场处理概述

匹配场处理(Matched Field Processing，MFP)是采用波动方程模型代替平面波模型的一种阵列信号处理技术。匹配场处理是水声信号处理中声源定位和环境测量经常使用的方法，并即将进入实用化阶段。匹配场处理是一种广义波束形成方法，它利用海洋波导中声场的空间复杂性对声源的距离、深度和方位进行估计或对波导本身的参数进行推断。匹配场处理技术得益于信号处理技术与水声物理学的交叉，它可以对用传统的平面波方法无法研究的海洋环境复杂性进行研究。因此，匹配场处理技术近年来在远距离水下目标检测和被动定位方面

的应用受到广泛的关注。

匹配场处理的本质是在阵列天线导向矢量建模的过程中使用波动方程的求解来代替通常的平面波模型。因此,对于复杂传播环境的建模往往比通常的平面波模型要精确得多。借鉴水声匹配场处理的方法,可以在大气对流层内,通过对雷达阵列天线各单元处波动方程的求解来建立导向矢量的模型,从而可以进一步提高雷达回波模型的精度。

匹配场处理方法可以用逆问题的思想来解释。由环境参数、目标参数和电波传播模型决定了米波雷达的回波数据。需要做的是在获得阵列回波数据后,根据先验的传播模型,通过数据拟合的思想来对目标参数,甚至环境参数进行估计求解。因此,在匹配场处理中,有效的传播模型的建立是最重要和最本质的问题(图 14.5)。

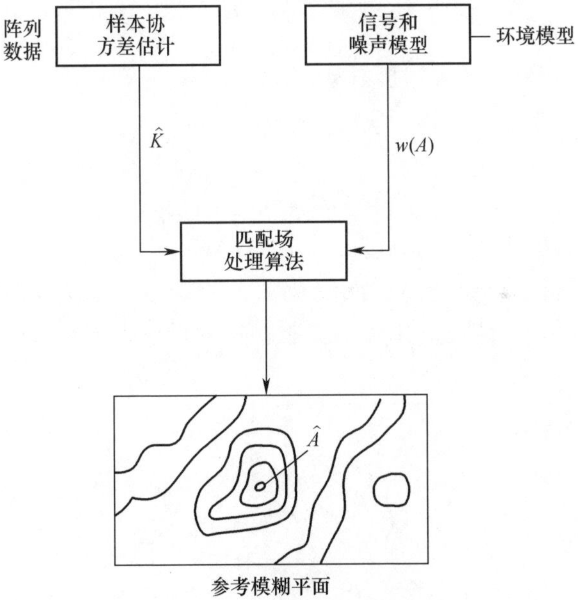

图 14.5　匹配场处理示意图

从信号参数反演的角度讲,阵列超分辨算法本质上也是完成一种相关匹配处理[26]。接收到的阵列数据可以看作具有某种参数的空间点源作用于电波传播模型,在阵列上形成的响应,目标参数估计的过程可以看作由阵列响应(接收数据)和已知的电波传播模型来反演目标参数。阵列流形是阵列天线对不同方位(或俯仰)的空间单位功率点源响应的集合,阵列流形的本质就代表了点源到阵列天线传播路径上的电波传播模型,阵列超分辨算法发挥优良性能的前提条件是对阵列流形具有准确的先验知识。

14.4 米波雷达面临的特殊的大气条件

14.4.1 对流层中的大气折射现象

折射率定义为电磁波在自由空间的传播速度与在介质中的传播速度之比。在大气的对流层部分，折射率 n 是温度、压力和水蒸气等气象变量的函数，即

$$(n-1)\times 10^{-6}=N=\frac{77.6p}{T}+\frac{3.73\times 10^{5}e}{T^{2}} \tag{14.21}$$

式中：T 为空气温度（K）；p 为大气压力（mbar）；e 为水蒸气的部分压力（mbar）；N 为折射率的单位。

由于气压和水蒸气的含量 e 随高度的增加而迅速下降，所以折射率通常随高度的增加而下降。

考虑地球曲率修正的大气折射率，有

$$M=(n-1+z/a)\times 10^{-6} \tag{14.22}$$

或

$$M\approx N+0.157z \tag{14.23}$$

式中：n 为大气折射指数；z 为高度；a 为地球半径。

根据对流层折射指数随高度的变化关系（梯度），可以将大气折射现象分为：亚折射、标准折射、超折射和捕获折射。各种折射现象对应的射线弯曲现象如图 14.6 所示。

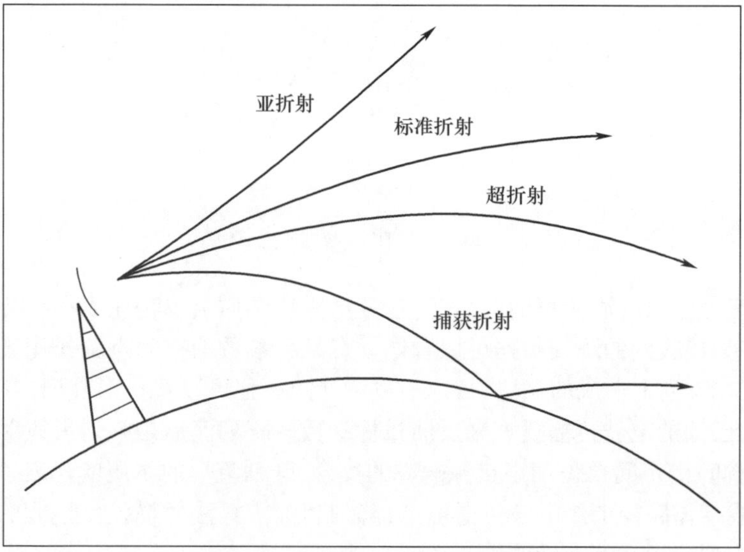

图 14.6　对流层的大气折射现象

14.4.2 对流层中的大气波导现象

所谓的大气波导现象(捕获折射现象),就是当大气折射指数 M 呈现负梯度时,在大气边界层尤其是在近地层中传播的电磁波,受大气折射的影响,其传播轨迹弯向地面。当曲率超过地球表面时,电磁波会部分地陷获在一定厚度的大气层内,就像电磁波在金属波导管中传播一样。对流层波导是影响工作在 30MHz 以上无线电系统工作性能的一种反常大气环境。全国波导气候区分为四大波导频繁区。波导频繁区是波导的年出现概率高于 5%的地区。①以香港为代表的南部沿海地区;②以我国台湾省为代表的东南沿海地区(这里波导出现最频繁,接近 30%);③以我国上海为代表的东部沿海地区;④以哈密为代表的西北地区。

大气波导效应严重影响着雷达等无线电系统的工作状态。对流层波导会捕获频率、仰角合适的无线电波,改变其能量的空间分布,使之以自由空间的衰减量级沿波导传播。大气波导对雷达探测的影响主要表现在:大气波导可使雷达实现超视距探测;在波导顶形成一个电磁盲区;对基于表面的波导条件下在近地面区形成跳跃盲区;增加雷达测高、测距、测速、测角的误差;增强雷达杂波等。

14.4.3 大气波导现象的分类

根据波导层折射指数 M 随高度的变化关系及其产生机理,可以将大气波导现象分为表面波导、提升波导和蒸发波导。波导产生的原因大致可分为两类:一类是空气由于大气环流中如平流、下沉、辐射冷却等过程引起自身状态变化产生的波导;另一类是大面积水体上的蒸发波导,水分的蒸发使接近水面处是近乎饱和的湿空气、而在不高的高度上是湿度较低的自由大气从而形成了这种波导。前者往往有着较大的垂直尺度,可由常用的探空仪器测到,而后者的厚度往往较薄一般气象仪器无法测到。

表面波导的一种情况是波导层与地表为下边界,地表对应的折射指数小于波导层顶部的折射指数。另外的一种表面波导情形是地表到波导顶层的折射指数 M 梯度先正后负,而且地表对应的折射指数大于波导层顶部的折射指数,称为表面基波导。从发生的概率来看,表面波导大于表面基波导。表面波导的形成有助于超视距雷达探测。当波导层顶部的折射指数 M 大于地表的折射指数 M 时对应的是提升波导。蒸发波导主要在海洋表面形成,其折射指数 M 单位的梯度在波导层内是变化的,其在海面上的持久性较强,对于海上雷达、通信有较大的影响。根据电磁波陷获的频率特征,受蒸发波导影响的电磁波频率较高,频率一般高于 3GHz。受常见的表面波导影响的电磁波是米波(100~300MHz)、分米波(0.3~3GHz)和厘米波(3~30GHz)。在米波段我们主要考虑表面波导。

14.4.4 大气波导传播形成的条件

对流层电磁波若要形成波导传播必须满足四个基本条件。

(1) 对流层某一高度处必须存在大气波导。

(2) 电磁波的波长必须小于最大捕获波长(频率必须高于最低捕获频率)。波导捕获频率的估计公式如下:

$$\lambda_{\mathrm{H}} = 0.25n_T\left(\frac{\Delta N}{n_T\Delta h} - \frac{10^6}{R_{\mathrm{e}} + h_T}\right)^{\frac{1}{2}}\Delta h^{\frac{3}{2}} \tag{14.24}$$

$$\lambda_{\mathrm{V}} = 0.75n_T\left(\frac{\Delta N}{n_T\Delta h} - \frac{10^6}{R_{\mathrm{e}} + h_T}\right)^{\frac{1}{2}}\Delta h^{\frac{3}{2}} \tag{14.25}$$

$$f_c = \frac{4\Delta h^{-\frac{3}{2}}}{n_T\left(\frac{\Delta N}{n_T\Delta h} - \frac{10^6}{R_{\mathrm{e}} + h_T}\right)^{\frac{1}{2}}} \times 10^{10} \tag{14.26}$$

式中:下标 H 和 V 分别代表水平极化波和垂直极化波; n_T 为波导层底部的折射指数; ΔN 为波导层折射指数的变化量; Δh 为波导层的高度; R_{e} 为地球半径; h_t 为波导底部对应的高度。

(3) 电磁波发射源必须位于大气波导层内。对于提升波导,有时电磁波发射源位于波导底下方时,也可形成波导传播,但此时发射源必须距波导底不远,并且波导必须非常强。

(4) 电磁波的发射仰角必须小于某一个临界仰角。其临界仰角 θ_c 的计算公式如下:

$$\theta_c = \sqrt{2\left(\frac{\Delta N}{n_T\Delta h} \times 10^{-6} - \frac{1}{R_{\mathrm{e}} + h_T}\right)\Delta h} \tag{14.27}$$

$$\Delta N = |\Delta M| + \frac{\Delta h}{R_{\mathrm{e}}} \times 10^6\ ,\ n_T \approx 1, h_T \ll R_{\mathrm{e}} \tag{14.28}$$

$$\theta_c \approx \sqrt{2 \times |\Delta M|} \times 10^{-3} \tag{14.29}$$

14.5 抛物线波动方程传播模型概述

抛物线动波方程(Parabolic Wave Equation,PWE)传播模型是在前向传播和低仰角传播条件下对亥姆霍兹(Helmholtz)全波方程的一种有效近似[27]。PWE 模型能处理每一距离高度点均相互独立的大气折射率结构,是目前能以一致的方式同时计算大范围地面影响(从视距到超视距)和折射影响的唯一方法。同时,PWE 方法还可以处理电波传播中其他各种传播机制,如地面多径反射、地球表面衍射等。PWE 模型对电波传播机制强大的建模能力,使它逐步取代射线跟踪和波导模理论,成为大气对流层中有效的电波传播模型。目前,抛物线波动方程模型已成为美国军方,特别是美国海军实验室广泛使用的对流层电波传播模型,并已在雷达系统性能评估和仿真等方面得到成功的应用,大量的实测数据也证明了 PWE 模型的统计有效性[28]。

在使用抛物线波动方程模型对电波传播进行求解时,我们只需要阵地处的大气折射结构和雷达警戒范围内的数字地图数据(地形的起伏状况),这两个先验信息越准确,回波模型也就越准确。大气的折射结构我们可以通过与当地的气象部门的合作来获取,数字地图数据我们可以通过我国的测绘部门来获取。目前,Internet 上有美国国防部公布的数字地形高程数据(Digital Terrain Elevation Data,DTED)数字地图数据。共分三级,level 0 是 1000m 分辨力、level 1 是 100m 分辨力,level 2 是 30m 分辨力,其中 level 0 的数据可以任意下载。特别值得提出的是,对于机动的米波三坐标雷达,根据实际阵地的地形数据和大气数据,我们可以在雷达架设完毕之间,完成雷达回波模型的建立,为随后的测高算法提供可靠准确的模型。

抛物线方程(Parabolic Equation, PE)方法最早被用于模拟球面地球的电波绕射传播,同时在声呐传播的水下声通信中得到发展。抛物线波动方程是在前向传播和低仰角传播条件下对亥姆霍兹全波方程的一种有效近似。它逐步取代射线跟踪和波导模理论,成为大气对流层中有效的电波传播模型。它能处理每一距离高度点均相互独立的大气折射率结构,是目前能以一致的方式同时计算从视距到超视距区的大范围地面和折射影响的唯一方法。抛物线波动方程数字求解有两大类方法:有限差分(Finite Difference,FD)方法和分步傅里叶(Fourier Split-Step,FSS)方法。FD 方法可以比较容易地实现复杂的边界条件,但其对距离步长的分割要求较苛刻,计算量很大。而 FSS 算法的稳定性可以使其实现大步长的抛物线波动方程的求解,大大地减少了运算量、加快了求解的运算速度,但其需要在变换空间内实现边界条件。

抛物线波动方程模型为我们提供了对流层准确的电波传播模型,结合匹配场处理的思想,以抛物线波动方程模型取代阵列天线导向矢量建模中常用的平面波模型。结合具体的阵地表面起伏,在综合考虑对流层折射和可能的波导效应的前提下,通过对流层内点源抛物线波动方程的求解,对米波雷达的阵列导向矢量进行电磁计算,可以建立更加准确的阵列信号模型。

14.6 抛物线波动方程的推导

抛物线方程推导的假设条件。

(1) 二维假设,场量 ψ 不随方位变化:$\frac{\partial \psi}{\partial \phi}=0$;

(2) 平坦地球变换,修正的折射指数补偿;

(3) 前向传播假设(忽略后向传播);

(4) 传播角在 X 轴附近均方根的一阶泰勒近似和 $\left|\frac{\partial^2 \psi}{\partial x^2}\right| \ll 2k\left|\frac{\partial \psi}{\partial x}\right|$。

远场假设:$k_0 x \gg 1$,场点距发射源的距离远远大于波长。

抛物线方程推导使用的球面坐标系如图 14.7 所示。

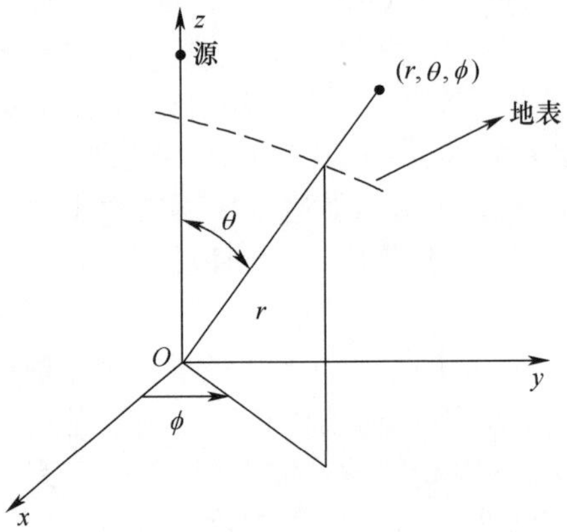

图 14.7 抛物线方程推导使用的球面坐标系(地心为原点)

对于时谐场因子 $e^{-j\omega t}$,标量场 $\psi(x,z)$ 的二维标量亥姆霍兹方程为

$$\frac{\partial^2 \psi}{\partial x^2}+\frac{\partial^2 \psi}{\partial z^2}+k^2 n^2 \psi=0 \tag{14.30}$$

式中:n 为折射随距离和高度变化的折射指数;$k=\omega/c$ 为自由空间的波数。

由变量代换(取幅度变化),有

$$u(x,z)=e^{-jkx}\psi(x,z) \tag{14.31}$$

则

$$\frac{\partial^2 u}{\partial x^2}+\frac{\partial^2 u}{\partial z^2}+2jk\frac{\partial u}{\partial x}+k^2(n^2-1)u=0 \tag{14.32}$$

式(14.32)可以分解为前向传播分量和后向传播分量:

$$\left\{\frac{\partial}{\partial x}+jk(1-Q)\right\}\cdot\left\{\frac{\partial}{\partial x}+jk(1+Q)\right\}u=0 \tag{14.33}$$

式中:Q 为伪微分算子,可表示为

$$Q(Q(u))=\frac{1}{k^2}\frac{\partial^2 u}{\partial z^2}+n^2uQ=\sqrt{\frac{1}{k^2}\frac{\partial^2}{\partial z^2}+n^2} \tag{14.34}$$

式中：$\left\{\frac{\partial}{\partial x}+\mathrm{j}k(1-Q)\right\}=0$ 代表前向传播分量；$\left\{\frac{\partial}{\partial x}+\mathrm{j}k(1+Q)\right\}u=0$ 代表后向传播分量。

抛物线波动方程忽略后向传播分量：

$$\frac{\partial u}{\partial x}=\mathrm{j}k(-1+Q)u=\mathrm{j}k\left(-1+\sqrt{1+Z}\right)u \tag{14.35}$$

$$Z=\frac{1}{k^2}\frac{\partial^2}{\partial z^2}+n^2-1 \tag{14.36}$$

式(14.35)在距离上的推进算法可表示为

$$u(x+\Delta x,z)=\exp\left\{\mathrm{j}k\Delta x\left(\sqrt{1+Z}-1\right)\right\}\cdot u(x,z) \tag{14.37}$$

14.6.1 标准抛物线波动方程

假设电磁波的传播方向在传播轴线的±10°之间时平方根用其一阶泰勒近似表示，即

$$\sqrt{1+Z}=\frac{Z}{2} \tag{14.38}$$

所以，抛物线波动方程可以近似为

$$\frac{\partial u}{\partial x}=\frac{\mathrm{j}kZ}{2}u \tag{14.39}$$

$$2\mathrm{j}k\frac{\partial u}{\partial x}=-\left\{\frac{\partial^2}{\partial z^2}+k^2(n^2-1)\right\}u \tag{14.40}$$

考虑地球曲率修正的大气折射指数：

$$m(x,z)=n(x,z)\exp(z/a)\approx n+z/a,0\leqslant n-1\ll 1,\quad z\ll a \tag{14.41}$$

抛物线方程变化为

$$2\mathrm{j}k\frac{\partial u}{\partial x}=-\left\{\frac{\partial^2}{\partial z^2}+k^2(m^2-1)\right\}u \tag{14.42}$$

$$\frac{\partial^2 u}{\partial z^2}+2\mathrm{j}k\frac{\partial u}{\partial x}+k^2(m^2-1)u=0 \tag{14.43}$$

14.6.2 考虑复杂地形抛物线方程的推导

定义坐标变换：

$$\chi=x \tag{14.44}$$

$$\zeta = z - T(x) \tag{14.45}$$

$$T(x) = t(x) - \frac{x^2}{2a} \tag{14.46}$$

式中：$T(x)$ 为地形真实的地形函数。

将场量表示为

$$u(x,z) = \Psi(\chi,\zeta)\mathrm{e}^{\mathrm{j}\vartheta(\chi,\zeta)} \tag{14.47}$$

将式(14.47)代入标准的抛物线方程可得

$$\frac{\partial^2 \Psi}{\partial \zeta^2} + 2\mathrm{j}\left(\frac{\partial \vartheta}{\partial \zeta} + k\frac{\partial \zeta}{\partial \chi}\right)\frac{\partial \Psi}{\partial \zeta} + 2\mathrm{j}k\frac{\partial \Psi}{\partial \chi} + \left[k^2(n^2 - 1) - 2k\frac{\partial \vartheta}{\partial \chi} - 2k\frac{\partial \vartheta}{\partial \zeta}\frac{\partial \zeta}{\partial \chi} + \mathrm{j}\frac{\partial^2 \vartheta}{\partial \zeta^2} - \left(\frac{\partial \vartheta}{\partial \zeta}\right)^2\right]\Psi = 0 \tag{14.48}$$

将式(14.48)整理可得

$$\frac{\partial^2 \Psi(\chi,\zeta)}{\partial \zeta^2} + 2\mathrm{j}k\frac{\partial \Psi(\chi,\zeta)}{\partial \chi} + k^2[n^2(\zeta + T(\chi)) - 1 - 2\zeta T''(\chi)]\Psi(\chi,\zeta) = 0 \tag{14.49}$$

其中

$$\Psi(\chi,\zeta) = u(x,z)\exp(-\mathrm{j}[k_0\zeta T'(\chi) + 3/2k_0\int_0^{\chi}[T'(\alpha)]^2\mathrm{d}\alpha]) \tag{14.50}$$

即

$$\vartheta = k_0\zeta T'(\chi) + 3/2k_0\int_0^{\chi}[T'(\alpha)]^2\mathrm{d}\alpha \tag{14.51}$$

得到考虑地形变化的抛物线方程式为

$$\frac{\partial^2 \Psi(\chi,\zeta)}{\partial \zeta^2} + 2\mathrm{j}k\frac{\partial \Psi(\chi,\zeta)}{\partial \chi} + k^2\left[n^2(\zeta + T(\chi)) - 1 - 2\zeta\left\{t''(\chi) - \frac{1}{a}\right\}\right]\Psi(\chi,\zeta) = 0 \tag{14.52}$$

14.6.3 抛物线波动方程求解的分步傅里叶算法

抛物线方程的分步 Marching 解法如图 14.8 所示。

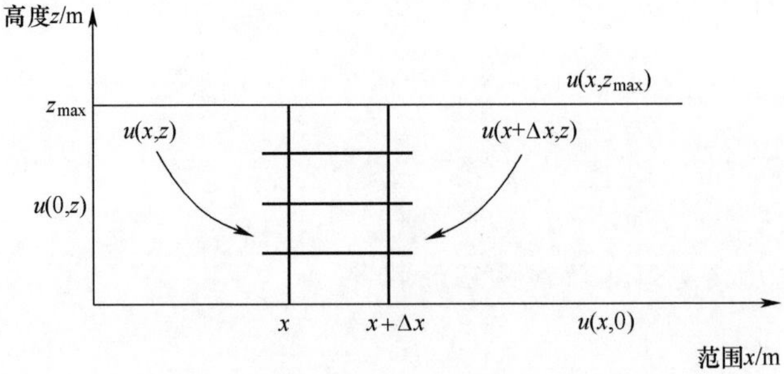

图 14.8 抛物线方程的分步 Marching 解法示意图

将标准抛物线方程分解为

$$\frac{\partial u(x,z)}{\partial x} = \mathrm{j}[A(x,z) + B(z)]u(x,z) \tag{14.53}$$

$$A(x,z) = \frac{k}{2}[m^2(x,z) - 1] \tag{14.54}$$

$$B(z) = \frac{1}{2k}\frac{\partial^2}{\partial z^2} \tag{14.55}$$

假设修正的大气折射指数为常数,对式(14.55)进行傅里叶变换可得

$$-p^2 U + 2\mathrm{j}k\frac{\partial U}{\partial x} + k^2(m^2 - 1)U = 0 \tag{14.56}$$

$$U(x,p) = F[u(x,z)] = \int_{-\infty}^{+\infty} u(x,z)\mathrm{e}^{-\mathrm{j}pz}\mathrm{d}z \tag{14.57}$$

$$\frac{\partial U(x,p)}{\partial x} = -\left(\frac{-p^2 + k^2(m^2 - 1)}{2\mathrm{j}k}\right)U(x,p) \tag{14.58}$$

$$U(x,p) = \mathrm{e}^{-\mathrm{j}x(p^2/(2k))} \cdot \mathrm{e}^{\mathrm{j}x(k(m^2-1)/2)} \tag{14.59}$$

$$U(x + \Delta x,p) = \mathrm{e}^{-\mathrm{j}\Delta x(p^2/(2k))} \cdot \mathrm{e}^{\mathrm{j}\Delta x(k(m^2-1)/2)}U(x,p) \tag{14.60}$$

对式(14.60)进行傅里叶逆变换可得

$$u(x + \Delta x,z) = \mathrm{e}^{\mathrm{j}\frac{k}{2}(n^2-1)\Delta x} \cdot F^{-1}\{\mathrm{e}^{-\mathrm{j}\frac{p^2}{2k_0}\Delta x}U(x,z)\} \tag{14.61}$$

式中:$p = k\sin\theta$ 为 Z 轴方向的空间频率;θ 为以 X 轴为参考传播角。

虽然在上面的推导中假定了折射指数 m 为常数,但为了简化运算我们通常还使用上式进行前向场的求解。误差项与 Δx 、频率和折射率梯度 m 的变换有关系。通常我们 Δx 取为波长的数百倍。

为了满足 Z 轴方向的采样定理。FFT 的阶数(Z 方向的采样点数)计算如下:

$$N_z = \frac{Z_{\max}}{\Delta z} \tag{14.62}$$

$$\Delta z \leqslant \frac{\pi}{p_{\max}} = \frac{\pi}{k\sin(\theta_{\max})} = \frac{\lambda}{2\sin(\theta_{\max})} \tag{14.63}$$

式中:$\theta_{\max}$ 为 X 轴方向最大的传播角。

同理,这里给出考虑地形时的分步 PE 算法:

$$\begin{aligned}&\Psi(\chi + \Delta\chi,\zeta)\\ =\ &\exp(\mathrm{j}k_0\Delta\chi[10^{-6}M(\zeta) - \zeta t''(\chi)])F^{-1}\{\exp(\mathrm{j}\Delta\chi[\sqrt{k_0^2 - p^2} - k_0]) \cdot F\{\Psi(\chi,\zeta)\}\}\end{aligned} \tag{14.64}$$

$$\overline{\Psi}(\chi,p)=F\{\Psi(\chi,\zeta)\}=\int_{-\zeta_{\max}}^{\zeta_{\max}}\Psi(\chi,\zeta)\exp(-\mathrm{j}p\zeta)\mathrm{d}\zeta \tag{14.65}$$

$$\Psi(\chi,\zeta)=F^{-1}\{\overline{\Psi}(\chi,p)\}=\frac{1}{2\pi}\int_{-p_{\max}}^{p_{\max}}\overline{\Psi}(\chi,p)\exp(\mathrm{j}p\zeta)\mathrm{d}p \tag{14.66}$$

14.6.4 抛物线波动方程求解初值和边界条件

可以根据天线方向的 IFFT 得到天线孔径上的电场分布来确定抛物线方程的初值：

$$U(x,p)=F[u(x,z)]=\int_{-\infty}^{\infty}u(x,z)\,\mathrm{e}^{-\mathrm{j}pz}\mathrm{d}z \tag{14.67}$$

式中：$U(x,p)$ 可以看作天线的方向图；$u(x,z)$ 可以看作天线口径的场分布。天线口径场分布的傅里叶变换就是天线的方向图函数如下。

边界条件的确定如下：

$$\frac{\partial u}{\partial z}\Big|_{z=0}+\alpha u=0 \tag{14.68}$$

$$\alpha_{\mathrm{V}}=\frac{\mathrm{j}k}{\sqrt{\varepsilon_e}} \tag{14.69}$$

$$\alpha_{\mathrm{H}}=\mathrm{j}k\sqrt{\varepsilon_e} \tag{14.70}$$

式中：下标 V 和 H 分别表示垂直极化和水平极化方式。

14.7 仿真实验与分析

在本节中，分别使用镜面多径数据模型和 PWE 方法对阵列数据进行了仿真。在仿真中，假设在米波频段（145MHz）处使用 8 元素垂直阵列，传感器之间间隔半个波长、天线高度 $H_a=16\mathrm{m}$、目标高度 $H_t=5\mathrm{km}$，目标范围 $D=200\mathrm{km}$，镜面多径数据模型中的复反射系数 $\rho=0.95\mathrm{e}^{\mathrm{j}0.3\pi}$。图 14.9 描绘了 PWE 方法模拟的地形高度数据，并使用了标准大气的折射率。镜面多径数据模型方法绘制的不同传感器（不同高度）的阵列数据如图 14.10 所示，PWE 方法绘制的阵列数据如图 14.11 所示。

两个阵列数据模型模拟的阵列数据之间存在巨大差异，在一定程度上说明了用更实际的阵列数据模型代替传统平面波模型的必要性。验证阵列模型最有效的方法是将模拟数据与实测数据进行比较，这将是今后工作的重点。

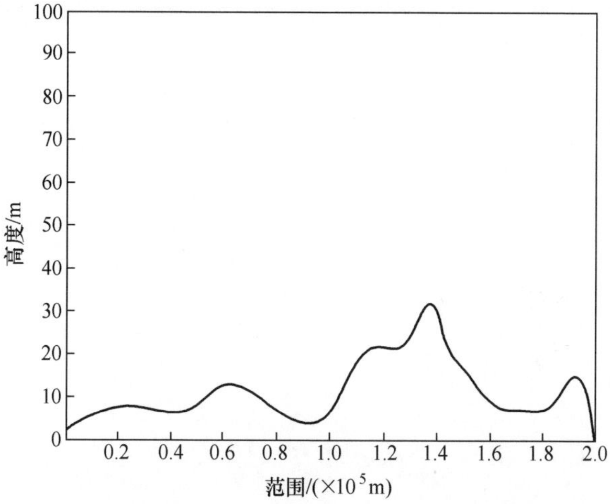

图 14.9　PWE 方法模拟的地形高度数据

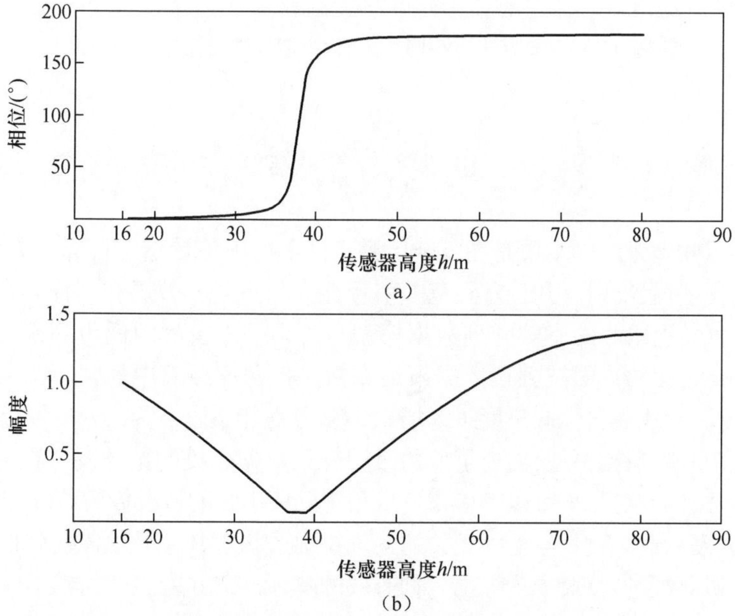

图 14.10　镜面多径数据模型方法下不同传感器的模拟阵列数据

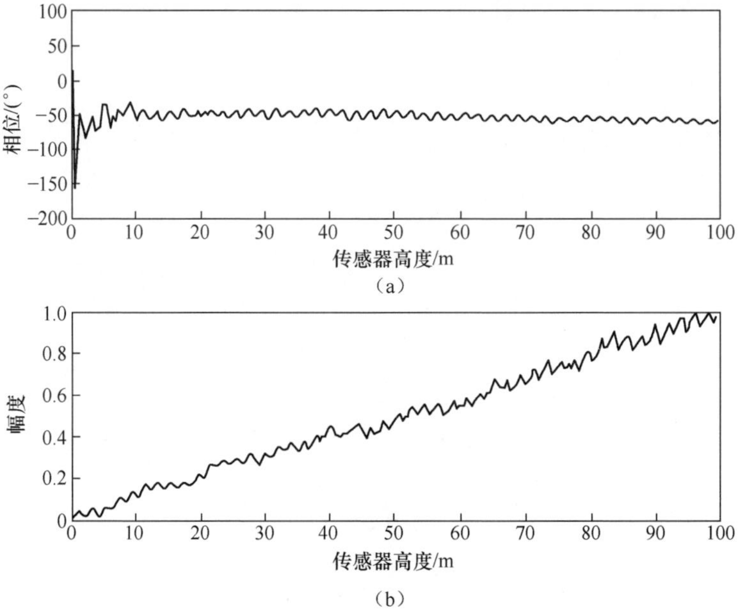

图 14.11　PWE 方法下不同传感器/不同高度的模拟阵列数据

14.8　小　　结

雷达低角度跟踪的本质是在复杂传播条件下准确估计指定目标的高度,包括镜面多径传播、漫反射、衍射传播、范围依赖性大气折射率分层和其他异常传播条件。用于低角度跟踪的有效阵列数据模型是许多基于模型的低角度跟踪算法的先决条件。常用的平面波到达数据模型在雷达低角度跟踪中通常不能考虑上述的异常传播,导致在实际低角度跟踪场景中服务性能下降。为了建立更实际的雷达低角跟踪阵列数据模型,提出了低角跟踪阵列数据建模的抛物波方程电磁匹配场处理方法,该方法几乎可以考虑雷达低角跟踪所面临的所有传播条件,包括镜面多径传播、漫反射、衍射、与范围相关的大气折射层积对其他异常传播(如管道)的影响。针对匹配场处理,本章提出一种有效的阵列标定方法,以三维空间传感器位置抛物线波动方程的数值解替代传统的平面波到达数据模型。利用现场试验数据验证所提出的阵列数据模型是今后工作的主要重点。回波模型有效性的最终判定,在于与实际回波数据的拟和程度。句容实验场地录取相应高度的回波数据,对本章建立的回波模型进行修正和验证具有重要的实用意义。

第 15 章　误差稳健的阵列信号处理方法

15.1 引　　言

在早期的研究中,互耦的校正和补偿一般都是先对互耦进行电磁测量或通过矩量法对互耦进行电磁计算[29-30];然后通过互耦的测量值或计算值来对 DOA 估计算法进行修正。但是,互耦的电磁测量值和计算值的精度往往并不能满足实际的工程应用;而且,当我们用有误差的互耦测量值或计算值对互耦效应进行补偿时,往往会使阵列参数估计性能更加恶化。更为重要的是,阵元互耦还会随环境和阵元电磁参数的变化而变化,在实际工作中还要常常对互耦的测量值和计算值进行不断的修正。对于某些特殊的阵列结构(如均匀圆阵、均匀线阵等),可以利用其互耦矩阵的特殊结构来降低参数估计的维数、减少参数估计的运算量。例如,对于均匀线阵的互耦效应,可以近似用一带状、对称托普利兹(Toeplitz)矩阵进行建模。本章利用均匀线阵互耦矩阵的带状、对称托普利兹特性,基于子空间原理,提出了一种均匀线阵互耦条件下的稳健 DOA 估计及互耦矩阵估计算法[31]。算法的方位估计与互耦参数估计相“去耦”,不需要任何互耦矩阵信息,估计精度高、分辨力强,估计性能与互耦已知时 MUSIC 算法相似。基于信源方位的精确估计,此算法还可以精确地估计出互耦矩阵,从而实现阵列互耦的自校正。此外,基于秩降低理论(Rank Reduction Theory,RARE),提出了俯仰依赖稳健的二维(2D)DOA 估计算法[32],方位角估计与俯仰角估计解耦,无须相互耦合的确切知识即可实现。在基于搜索的俯仰角估计过程中,有效地补偿了俯仰依赖的相互耦合效应。虽然该方法的俯仰估计计算量高于原有的 UCA-RARE 方法,但该方法在有效补偿俯仰依赖的相互耦合效应、不要求空间源结构先验知识、对 2D DOA 估计的稳健性等方面的优点远远超过了其缺点,是一种适用于小型 UCA 2D DOA 估计的方法。

15.2 稳健 DOA 估计与互耦矩阵估计算法

15.2.1 算法原理描述

对于互耦存在时的阵列导向矢量 $\boldsymbol{a}_Z(\theta,z)$ 通过矩阵运算可以表示为

$$\boldsymbol{a}_Z(\theta,z) = \boldsymbol{Z}\boldsymbol{a}(\theta) = \boldsymbol{T}[\boldsymbol{a}(\theta)]z \tag{15.1}$$

其中，$N \times p$ 矩阵 $\boldsymbol{T}[\boldsymbol{a}(\theta)]$ 可以表示为

$$\boldsymbol{T}[\boldsymbol{a}(\theta)] = \boldsymbol{T}_1[\boldsymbol{a}(\theta)] + \boldsymbol{T}_2[\boldsymbol{a}(\theta)] \tag{15.2}$$

$$[\boldsymbol{T}_1]_{i,j} = \begin{cases} \boldsymbol{a}_{i+j-1}, & i+j \leqslant N+1 \\ 0, & 其他 \end{cases} \tag{15.3}$$

$$[\boldsymbol{T}_2]_{i,j} = \begin{cases} \boldsymbol{a}_{i-j+1}, & i \geqslant j \geqslant 2 \\ 0, & 其他 \end{cases} \tag{15.4}$$

由子空间原理有

$$\boldsymbol{a}_Z^{\mathrm{H}}(\theta,z)\,\boldsymbol{E}_N\,\boldsymbol{E}_N^{\mathrm{H}}\,\boldsymbol{a}_Z(\theta,z) = 0, \quad \theta = \theta_1, \theta_2, \cdots \theta_M \tag{15.5}$$

所以可以定义如下优化问题来对方位参数和互耦系数进行联合估计：

$$[\hat{\boldsymbol{\theta}}, \hat{z}] = \arg\min_{\theta,z} \boldsymbol{a}_Z^{\mathrm{H}}(\theta,z)\hat{\boldsymbol{E}}\hat{\boldsymbol{E}}^{\mathrm{H}}\,\boldsymbol{a}_Z(\theta,z) \tag{15.6}$$

我们注意到，式(15.6)表示的优化问题是一个 $M+2p-2$ 维的优化问题。如果直接用遗传算法或高斯-牛顿梯度类算法进行高维参数搜索求解，其庞大的运算量令人生畏，而且当初始值与真值偏离较远时，会出现局部收敛问题。但是，如果我们将式(15.1)代入式(15.5)，则有

$$z^{\mathrm{H}}\,\boldsymbol{T}^{\mathrm{H}}[\boldsymbol{a}(\theta)]\,\boldsymbol{E}_N\,\boldsymbol{E}_N^{\mathrm{H}}\boldsymbol{T}[\boldsymbol{a}(\theta)]z = 0 \tag{15.7}$$

$$z^{\mathrm{H}}\boldsymbol{C}(\theta)z = 0 \tag{15.8}$$

$$\boldsymbol{C}(\theta) = \boldsymbol{T}^{\mathrm{H}}[\boldsymbol{a}(\theta)]\,\boldsymbol{E}_N\,\boldsymbol{E}_N^{\mathrm{H}}\boldsymbol{T}[\boldsymbol{a}(\theta)] \tag{15.9}$$

我们注意到，由于互耦系数不全为0，$z \neq \boldsymbol{0}$，式(15.8)成立的充要条件是矩阵 $\boldsymbol{C}(\theta)$ 为奇异矩阵。当 $p \leqslant N-M$，且阵列导向矢量 $\boldsymbol{a}_Z(\theta,z)$ 满足无秩 $N-1$ 模糊时，通常情况下 $p \times p$ 矩阵 $\boldsymbol{C}$ 是满秩 p 的。当且仅当 θ 取为信号的真实方位时才会出现秩损，使其变为奇异矩阵（证明见下面算法统计一致性的分析）。基于此原理，可以得到一种将方位估计与互耦系数估计“去耦”的参数联合估计方法：

$$\hat{\theta} = \arg\max_{\theta} \frac{1}{\lambda_{\min}[\hat{\boldsymbol{C}}(\theta)]} \tag{15.10}$$

或

$$\hat{\theta} = \arg\max_{\theta} \frac{1}{\det[\hat{\boldsymbol{C}}(\theta)]} \tag{15.11}$$

$$\hat{z} = \boldsymbol{e}_{\min}[\hat{\boldsymbol{C}}(\hat{\theta})], \boldsymbol{e}_{\min}(1) = 1 \tag{15.12}$$

式中：$\lambda_{\min}[\cdot]$ 为求矩阵最小特征值的算子；$\boldsymbol{e}_{\min}[\cdot]$ 为求矩阵最小特征值对应特征矢量的算子。

15.2.2 算法步骤描述

（1）计算阵列协方差矩阵的估值 $\hat{\boldsymbol{R}}$。

（2）计算 $\widehat{\boldsymbol{R}}$ 的特征分解，构造噪声子空间 $\widehat{\boldsymbol{E}}_N$ 。

（3）根据式（15.2）~式（15.4），式（15.10）或式（15.11）构造空间谱估计器：

$$F(\theta)=\frac{1}{\lambda_{\min}[\hat{\boldsymbol{C}}(\theta)]} \tag{15.13}$$

或

$$F(\theta)=\frac{1}{\det[\hat{\boldsymbol{C}}(\theta)]} \tag{15.14}$$

将空间谱 $F(\theta)$ 的 M 个最高峰值对应的空间方位作为信源方位的估值 $\hat{\boldsymbol{\theta}}=[\hat{\theta}_1,\hat{\theta}_2,\cdots\hat{\theta}_M]$。

（4）由信源方位的估值得到互耦系数的估计：

$$\hat{\boldsymbol{z}}=\boldsymbol{e}_{\min}[\hat{\boldsymbol{C}}(\hat{\theta}_i)],\quad \boldsymbol{e}_{\min}(1)=1 \tag{15.15}$$

或为了减少估计方差取互耦系数的估计为

$$\hat{\boldsymbol{z}}=\frac{1}{M}\sum_{i=1}^{M}\boldsymbol{e}_{\min}[\hat{\boldsymbol{C}}(\hat{\theta}_i)],\quad \boldsymbol{e}_{\min}(1)=1 \tag{15.16}$$

本节算法的参数估计不需要求解高维的非线性优化问题，而只需要一维的参数搜索过程。为了进一步减少运算量，还可以借鉴 ROOT-MUSIC[33] 的思想，利用均匀线阵理想导向矢量的范德蒙特性，将一维方位搜索转化为求解单位圆附近 $2(N-1)\times p$ 阶多项式 $\det(\boldsymbol{C}(x))=0$ 根的相角来实现。

另外，当互耦矩阵的自由度取 p 为 1 时，这时的互耦矩阵退化为单位矩阵 $\boldsymbol{I}$，对应阵列无互耦的情况。相应地，此时的 $\boldsymbol{z}=[1]^{\mathrm{T}}$，$\boldsymbol{T}[\boldsymbol{a}(\theta)]=\boldsymbol{a}(\theta)$，矩阵 $\boldsymbol{C}(\theta)$ 退化为一常量，本节的算法将退化为 MUSIC 算法[34]。

15.2.3 算法性能讨论

15.2.3.1 参数估计统计一致性的证明

当阵列快拍数 $T\to\infty$时，样本协方差矩阵趋近于真值：

$$\hat{\boldsymbol{R}}=\frac{1}{T}\sum_{i=1}^{T}\boldsymbol{X}(i)\,\boldsymbol{X}^{\mathrm{H}}(i)\to\boldsymbol{R} \tag{15.17}$$

相应的噪声子空间投影矩阵的估值 $\hat{\boldsymbol{E}}_N\,\hat{\boldsymbol{E}}_N^{\mathrm{H}}$ 将趋近于真值：

$$\hat{\boldsymbol{E}}_N\,\hat{\boldsymbol{E}}_N^{\mathrm{H}}\to\boldsymbol{E}_N\,\boldsymbol{E}_N^{\mathrm{H}} \tag{15.18}$$

相应的方位参数估计问题可以表示为

$$\hat{\theta} = \arg \min_{\theta} \lambda_{\min}[\boldsymbol{C}(\theta)] \tag{15.19}$$

其中

$$\boldsymbol{C}(\theta) = \boldsymbol{T}^{\mathrm{H}}[\boldsymbol{a}(\theta)] \boldsymbol{E}_N \boldsymbol{E}_N^{\mathrm{H}} \boldsymbol{T}[\boldsymbol{a}(\theta)] \tag{15.20}$$

由式(15.20)可见,只有当 $\boldsymbol{C}(\theta)$ 为奇异矩阵时,代价函数式(15.19)才可以取最小值0。于是,只要证明 $\boldsymbol{C}(\theta)$ 秩损的充分必要条件为:θ 的取值为某一信源的真实方位矢量 $\theta_i(i=1,2,\cdots,M)$,便可以证明方位参数估计的一致性,即

$$\theta = \theta_i \Leftrightarrow \lambda_{\min}(\boldsymbol{C}(\theta)) = 0 \tag{15.21}$$

充分条件可由式(15.8)直接得出。必要条件使用反证法来证明。若与信源方位相异的 θ_{M+1} 使 $C(\theta)$ 秩损 $(M+1 \leqslant N)$,即

$$\tilde{z}^{\mathrm{H}} \boldsymbol{T}^{\mathrm{H}}[\boldsymbol{a}(\theta_{M+1})] \boldsymbol{E}_N \boldsymbol{E}_N^{\mathrm{H}} \boldsymbol{T}[\boldsymbol{a}(\theta_{M+1})] \tilde{z} = 0 \tag{15.22}$$

所以矢量 $\boldsymbol{T}[\boldsymbol{a}(\theta_{M+1})]\tilde{z} = \tilde{\boldsymbol{Z}}\boldsymbol{a}(\theta_{M+1})$ 应位于阵列协方差矩阵的信号子空间中,由子空间基与矢量的线性表示关系,有

$$L[\boldsymbol{Za}(\theta_1), \boldsymbol{Za}(\theta_2), \cdots, \boldsymbol{Za}(\theta_M)] = \tilde{\boldsymbol{Z}}\boldsymbol{a}(\theta_{M+1}) \tag{15.23}$$

式中:$L[\cdot]$ 为某一线性算子。

式(15.23)表明有 $M+1$ 个阵列导向矢量线性相关,而且 $M+1 \leqslant N$ 这与我们对阵列流形无秩 $N-1$ 模糊的假设相矛盾。由此我们证明了方位估计的一致性。

下面对互耦系数估计的统计一致性进行证明。由于方位估计的统计一致性,互耦系数的估计在快拍数 $T \to \infty$ 时可以表示为

$$\hat{\boldsymbol{z}} = \boldsymbol{e}_{\min}[\boldsymbol{C}(\theta_i)], \ \boldsymbol{e}_{\min}(1) = 1 \tag{15.24}$$

为了证明互耦系数估计统计的一致性,我们需要证明:矩阵 $T \to \infty$ 的零空间的维数均为1,且它们零特征值对应的首一特征矢量相同且等于互耦系数矢量。下面用反证法来证明:如果矩阵 $\boldsymbol{C}(\theta_i)(i=1,2,\cdots M)$ 的零空间的维数为 L_i,且 $L_i > 1$,则

$$\tilde{z}_{k_i}^{\mathrm{H}} \boldsymbol{T}^{\mathrm{H}}[\boldsymbol{a}(\theta_i)] \boldsymbol{E}_N \boldsymbol{E}_N^{\mathrm{H}} \boldsymbol{T}[\boldsymbol{a}(\theta_i)] \tilde{z}_{k_i} = 0, k_i = 1,2,\cdots,L_i; i = 1,2,\cdots M \tag{15.25}$$

同样,有 $\sum_{i=1}^{M} L_i$ 个导向矢量 $\boldsymbol{T}[\boldsymbol{a}(\theta_i)]\tilde{z}_{k_i} = \tilde{\boldsymbol{Z}}_{k_i}\boldsymbol{a}(\theta_i)$ 位于信号子空间中。基于我们对阵列流形的无秩 $N-1$ 模糊的假设,式(15.25)成立当且仅当

$$L_i = 1 \text{ 且 } \tilde{z}_{k_i} = \boldsymbol{z}, \quad i = 1,2,\cdots,M; k_i = 1,2,\cdots,L_i \tag{15.26}$$

由此我们证明了互耦系数估计的统计一致性。

15.2.3.2 参数估计无模糊的必要条件及对互耦自由度 p 的讨论

15.2.3.1 节参数估计统计一致性的证明是基于互耦条件下的阵列流形无秩 $N-1$ 模糊这一前提条件的。阵列流形是阵列对空域观察区间内单位功率信源响应的集合，它与阵列几何结构和阵列的各种电磁参数有密切的关系，是阵列本身固有的一种性质。参数估计的模糊问题归根到底是由于数据模型本身的参数模糊性造成的，具体算法对于这类参数的模糊估计是无能为力的。为了解决这类参数的模糊问题，只有通过阵列结构的优化设计或对电磁参数进行某种数值约束。对于理想的均匀线阵，在无互耦和其他参数扰动的情况下，其导向矢量是一理想的范德蒙矢量，它满足阵列流形无模糊的充要条件是阵列间距小于等于 $\lambda/2$[35]。当互耦存在时，由于互耦参数与理想导向矢量的耦合，阵列流形的几何性质发生了变化。此时阵列流形无模糊的条件很难进行理论分析。下面给出经过大量仿真实验得出的一点结论。

假设空间中在阵列法线两侧对称的方位上存在 q（q 可以为 0）组信源，若互耦矩阵自由度 p 的选取满足下式时，方位估计无模糊，即

$$p \leqslant \left\lceil \frac{N}{2} \right\rceil - q \tag{15.27}$$

式中：符号「·」表示向 $+\infty$ 取整。

在图 15.1～图 15.4 中，给出了当 $N=8$，SNR = 10dB，空间方位为[−10°，35°，40°]时互耦矩阵自由度为 $p=2,3,4,5$ 时多项式 $\det(\boldsymbol{C}(x))=0$ 的根的分布图（单位圆上根的相角对应的是空间信源的空间频率 β）。当 $p=2,3,4$ 时在单位圆上出现了与信号方位相对应的三个唯一的两阶零点。但当 $p=5$ 时，如图 15.4 所示，单位圆上出现了与信号真实方位不一致的模糊估计：

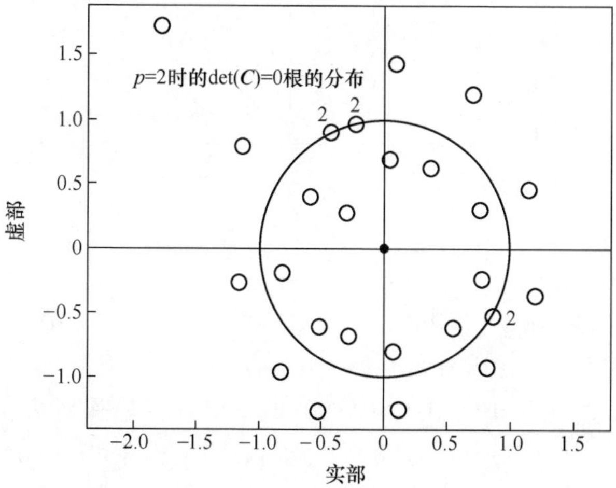

图 15.1 方位为[−10°，35°，40°]、$p=2$ 时多项式 $\det(\boldsymbol{C})=0$ 根的分布情况

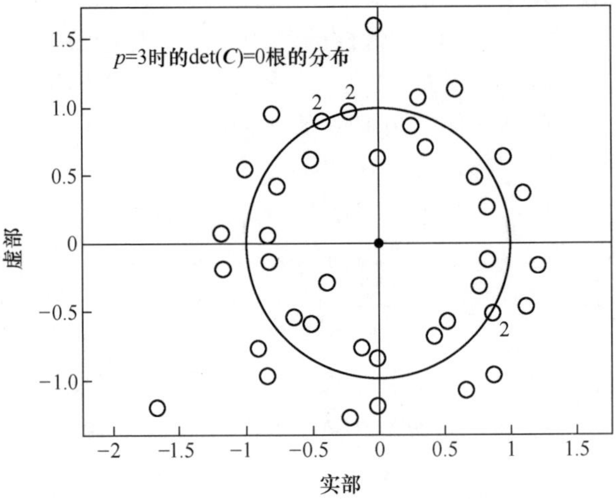

图 15.2　方位为[-10°,35°,40°]、$p = 3$ 时多项式 $\det(\boldsymbol{C}) = 0$ 根的分布情况

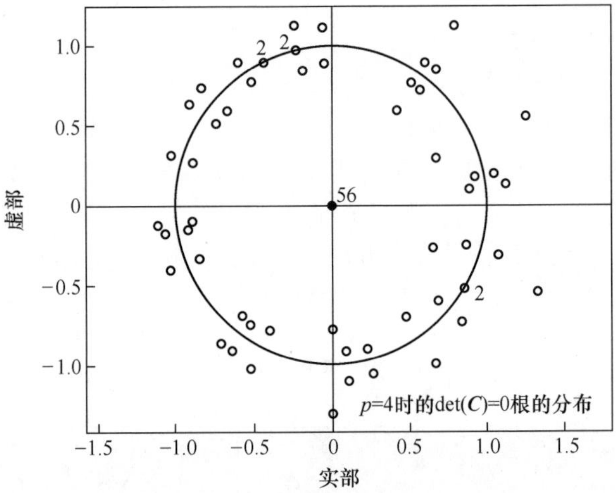

图 15.3　方位为[-10°,35°,40°]、$p = 4$ 时多项式 $\det(\boldsymbol{C}) = 0$ 根的分布情况

[-90°, -48.5904°, -30°, -14.4775°,0°,14.4775°,30°,48.5904°,90°]
(对应的信源波数 $\beta = [0\ \pm\pi/4\ \pm\pi/2\ \pm 3\pi/2 \pm \pi]$)

当空间方位变为[-10°,10°,40°]时,由于出现了与阵列法线对称的方位,当 $p = 4$ 时,如图 15.5 所示就出现了方位估计的模糊角度[-90°,0°,90°]。另外,我们还注意到模糊角度的方位只与阵元数、互耦矩阵自由度及信源的方位有

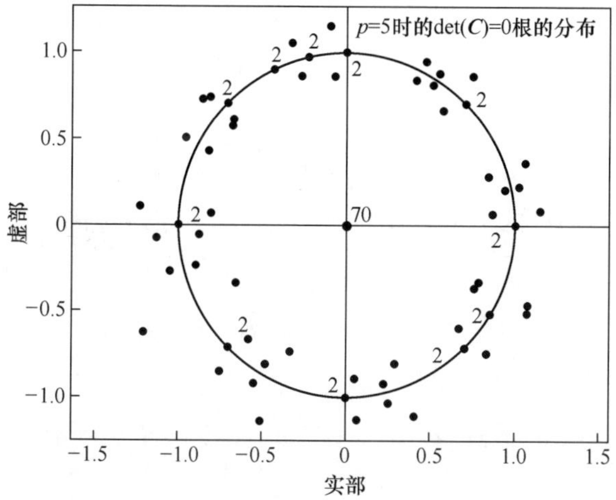

图 15.4　方位为[−10°,35°,40°]、$p = 5$ 时多项式 $\det(\boldsymbol{C}) = 0$ 根的分布情况

关,在互耦矩阵自由度 p 一定时,与互耦系数矢量的选取无关。但互耦矩阵的不同选择会使多项式 $\det(\boldsymbol{C}(x)) = 0$ 的根在单位圆附近的分布不同。当在单位圆附近的根较多时,在有限快拍和有限信噪比的情况下,由于误差的原因,容易出现方位的错误估计,对方位估计的分辨力有一定的影响。

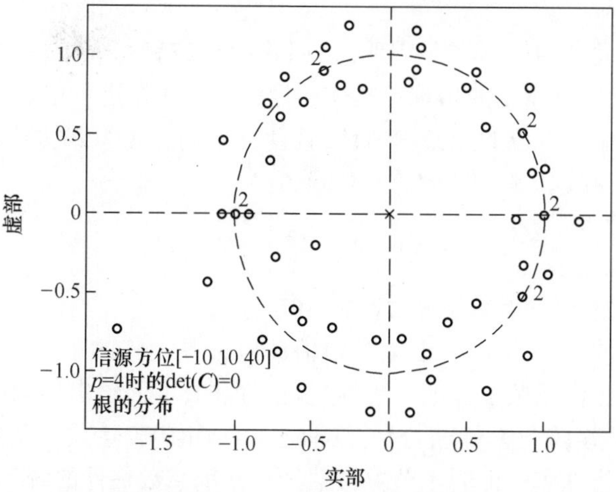

图 15.5　方位为[−10°,10°,40°]、$p = 4$ 时多项式 $\det(\boldsymbol{C}) = 0$ 根的分布情况

这里的角度模糊估计正是阵列流形 $\{\boldsymbol{a}_Z(\theta,z):-\pi/2 \leqslant \theta \leqslant \pi/2, z \in \boldsymbol{C}^p, z(1) = 1\}$ 模糊性的表现。

(1) 存在某些角度 $\breve{\theta}$ 使 $\tilde{z}T[a(\breve{\theta})]=\mathbf{0}$ 且 $\tilde{z}(1)=1$,它作为零元素存在于信号子空间中。如在上面的例子中,当方位为[10°,35°,40°],且 $p=5$ 时,有下式成立:

$$\tilde{z}T[a(48.5904°)]=\mathbf{0},\quad \tilde{z}=[1\ 0\ 0\ 1]^{\mathrm{T}}$$

所以,在48.5904°的方位上产生了模糊方位估计,同样在方位[-90°,-48.5904°,-30°,-14.4775°,0°,14.4775°,30°,90°]也存在上面的模糊关系。

(2) 存在某些角度 $\breve{\theta}$ 使 $L(ZA(\theta))=T[a(\breve{\theta})]\tilde{z}$。如在上面的例子中,当方位为[-10°,10°,40°],且 $p=4$ 时,有下式成立:

$$[T[a(-10°)]zT[a(10°)]zT[a(40°)]z]\boldsymbol{\zeta}=T[a(0°)]\tilde{z}$$

其中

$z=[1\ -0.6459-0.1652\mathrm{i}\ -0.4272-0.1227\mathrm{i}\quad 0.0897-0.2824\mathrm{i}]^{\mathrm{T}}$(对应真实的互耦系数矢量)

$\boldsymbol{\xi}=[-0.0701\quad -0.5194\mathrm{i}\quad 0.3800+0.3609\mathrm{i}\quad 0]^{\mathrm{T}}$

$\tilde{z}=[1\quad -0.2745+0.2091\mathrm{i}\quad -0.0552+0.0462\mathrm{i}\quad 0.1415-0.2115\mathrm{i}]^{\mathrm{T}}$(对应伪的互耦系数矢量)

所以,在0°时产生了模糊方位估计。同样在[-90° 90°]也存在上面的模糊关系。

我们经过大量的仿真实验表明,按照式(15.27)合理选择互耦矩阵的自由度 p,可以消除模糊角度的出现。具体的理论证明还在进行中。

所以为了保证方位的无模糊估计,且使互耦简化模型最大限度地与真实的互耦模型逼近,互耦矩阵的自由度的选取应为

$$p=\min\left[N-M,\left[\frac{N}{2}\right]-q\right]\tag{15.28}$$

15.2.3.3 方位估计与互耦矩阵估计的 CRB

参数估计的 CRB 给出了无偏参数估计协方差矩阵的下界。上面我们对算法方位估计与互耦系数估计的一致性进行了证明,下面给出均匀线阵带状、对称的 Toeplitz 互耦矩阵与方位联合估计对应在的 CRB 表达式。下面通过 15.2.4 节的蒙特卡罗仿真实验证明本节方位估计与互耦系数估计的统计有效性。

假设噪声方差归一化为1,且信源协方差矩阵 $\boldsymbol{R}_S$ 已知,则阵列协方差矩阵包含的未知的实参数有 $M+2p-2$ 个(分别为 M 个信源方位、$p-1$ 个互耦系数的实部、$p-1$ 个互耦系数的虚部)。我们用矢量 $\boldsymbol{\rho}$ 表示为

$$\boldsymbol{\rho}^{\mathrm{T}}=[\theta_1,\theta_2,\cdots\theta_M,\mathrm{Re}(z^{\mathrm{T}}(2:p)),\mathrm{Im}(z^{\mathrm{T}}(2:p))]\tag{15.29}$$

则方位参数与互耦参数联合估计的 CRB 由下式给出：

$$E\{(\hat{\boldsymbol{\rho}}-\boldsymbol{\rho}_0)(\hat{\boldsymbol{\rho}}-\boldsymbol{\rho}_0)^{\mathrm{T}}\} \geqslant \mathrm{CRB} \tag{15.30}$$

其中

$$\mathrm{CRB}=\boldsymbol{F}^{-1} \tag{15.31}$$

$(M+2p-2)\times(M+2p-2)$ 阶 Fisher 信息矩阵 $\boldsymbol{F}$ 可以分块表示为[36]：

$$\boldsymbol{F}=\begin{bmatrix}\boldsymbol{F}_{\theta\theta} & \boldsymbol{F}_{\theta R} & \boldsymbol{F}_{\theta I}\\ \boldsymbol{F}_{R\theta} & \boldsymbol{F}_{RR} & \boldsymbol{F}_{RI}\\ \boldsymbol{F}_{I\theta} & \boldsymbol{F}_{IR} & \boldsymbol{F}_{II}\end{bmatrix} \tag{15.32}$$

其中

$$\boldsymbol{F}_{mn}=-E\left\{\frac{\partial^2 L}{\partial\boldsymbol{\rho}_m\partial\boldsymbol{\rho}_n}\right\}=T\cdot\mathrm{tr}\left(\boldsymbol{R}^{-1}\frac{\partial\boldsymbol{R}}{\partial\boldsymbol{\rho}_m}\boldsymbol{R}^{-1}\frac{\partial\boldsymbol{R}}{\partial\boldsymbol{\rho}_n}\right) \tag{15.33}$$

$$\left.\begin{aligned}\boldsymbol{F}_{mn}=2T\cdot\mathrm{Re}\{&\mathrm{tr}\{\boldsymbol{D}_m\boldsymbol{R}_S\boldsymbol{A}^{\mathrm{H}}\boldsymbol{Z}^{\mathrm{H}}\boldsymbol{R}^{-1}\boldsymbol{Z}\boldsymbol{A}\boldsymbol{R}_S\boldsymbol{D}_n^{\mathrm{H}}\boldsymbol{R}^{-1}\}\\ &+\mathrm{tr}\{\boldsymbol{D}_m\boldsymbol{R}_S\boldsymbol{A}^{\mathrm{H}}\boldsymbol{Z}^{\mathrm{H}}\boldsymbol{R}^{-1}\boldsymbol{D}_n\boldsymbol{R}_S\boldsymbol{A}^{\mathrm{H}}\boldsymbol{Z}^{\mathrm{H}}\boldsymbol{R}^{-1}\}\}\end{aligned}\right) \tag{15.34}$$

$$\boldsymbol{D}_m=\frac{\partial\boldsymbol{Z}\boldsymbol{A}}{\partial\boldsymbol{\rho}_m} \tag{15.35}$$

基于均匀线阵带状、对称 Toeplitz 互耦矩阵模型，有

$$\frac{\partial\boldsymbol{Z}\boldsymbol{A}}{\partial\mathrm{Re}(i)}=(\mathrm{diag}[i,\mathrm{ones}(N-i,1)]+\mathrm{diag}[-i,\mathrm{ones}(N-i,1)])\boldsymbol{A} \tag{15.36}$$

$$\frac{\partial\boldsymbol{Z}\boldsymbol{A}}{\partial\mathrm{Im}(i)}=j(\mathrm{diag}[i,\mathrm{ones}(N-i,1)]+\mathrm{diag}[-i,\mathrm{ones}(N-i,1)])\boldsymbol{A} \tag{15.37}$$

式中：$\mathrm{Re}(i)$ $(i=1,2,\cdots p)$ 为第 i 个互耦系数的实部；$\mathrm{Im}(i)$ $(i=1,2,\cdots p)$ 为第 i 个互耦系数的虚部。

式(15.36)和式(15.37)等号右边采用了通用的 Matlab 符号。

当互耦系数已知时，相应的方位估计的 CRB_θ 由下式给出：

$$CRB_\theta=[\boldsymbol{F}_{\theta\theta}]^{-1} \tag{15.38}$$

15.2.4 仿真实验与分析

我们使用 8 阵元的均匀线阵，阵元间距为 λ/2（波束宽度为 16.4°），在空间中以阵列法线方向为参考的 -10°、35°和 40°的方位上有三个等功率相互独立的平稳、零均值高斯随机信源。信源功率为 σ_s^2。阵列噪声协方差矩阵为 $\sigma_n^2\boldsymbol{I}$。信噪比定义为：$\mathrm{SNR}=10\lg(\sigma_s^2/\sigma_n^2)$。我们取均匀线阵互耦矩阵的自由度为 3（认为阵元间距大于 λ 时阵元互耦可以忽略）。随机选取互耦系数矢量 $\boldsymbol{z}=[1,$

0.5791 + 0.3303i, 0.3566 + 0.2653i]。

15.2.4.1 算法空间谱的比较

在信噪比为20dB、快拍数500的条件下时，图15.6给出了互耦已知的MUSIC算法、不考虑互耦的MUSIC算法和式(15.13)和式(15.14)算法空间谱曲线的比较图。

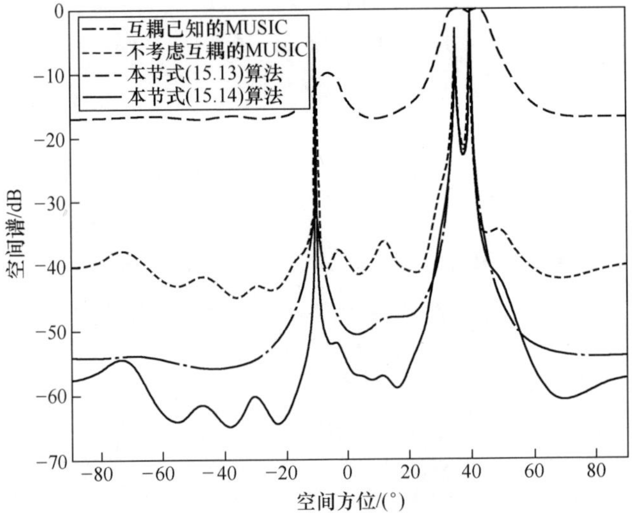

图15.6 空间谱的比较曲线

15.2.4.2 估计性能与信噪比的关系

空间两信源方位为35°和40°、快拍数500、信噪比从−10dB变化到50dB，间隔为2dB。对互耦已知的MUSIC算法、不考虑互耦的MUSIC算法和本文式(15.13)和式(15.14)算法进行了200次蒙特卡罗统计实验。实验结果表明，在该实验条件下，未考虑互耦的MUSIC算法完全失效，根本无法对信源进行方位估计，不同信噪比情况下的成功概率均为0。式(15.13)和式(15.14)算法的估计性能基本相同，而且当SNR较大时，其性能与互耦已知的MUSIC算法基本相当。图15.7~图15.9中给出了式(15.13)算法和互耦已知的MUSIC算法的估计成功概率、35°方位的估计偏差和估计方差的比较曲线，并在方差比较的图15.9中绘出了相应的CRB理论曲线。(在蒙特卡罗实验中角度搜索的间隔为0.01°，且当算法可以同时分辨出两个信源，并且估计值与真实值的偏差小于1.5°时我们认为估计成功)。另外，在表15.1中我们给出了式(15.13)算法对应的互耦系数$z(2)$估计的均值和方差，并与方位互耦联合估计时的理论CRB进行了比较。

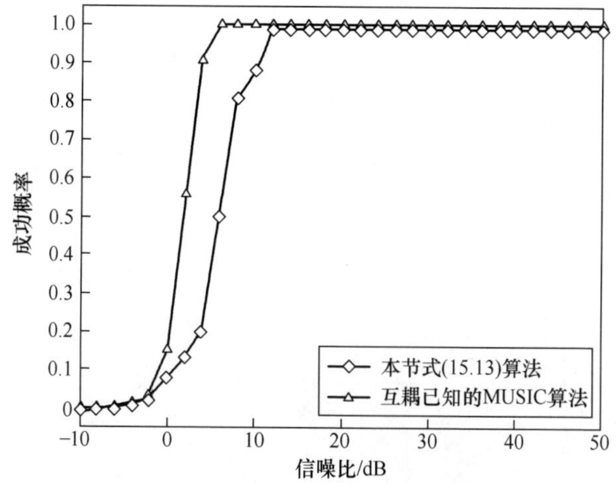

图 15.7　仿真二中成功概率的比较曲线

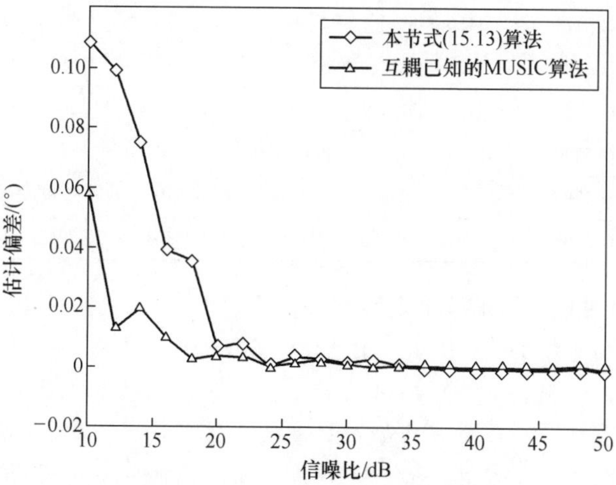

图 15.8　仿真二中估计偏差的比较曲线

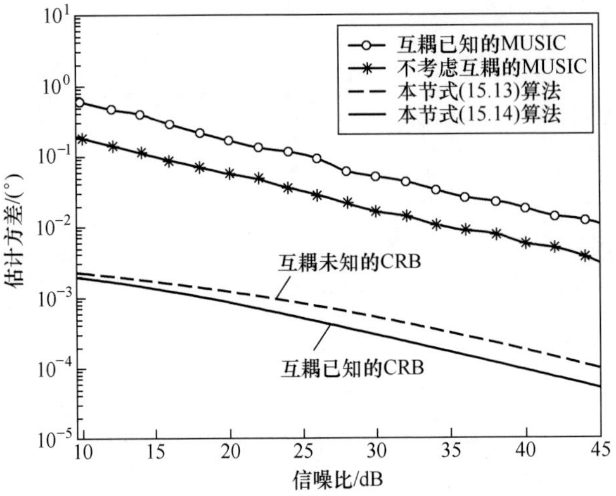

图 15.9　仿真二中估计方差的比较曲线

表 15.1　仿真一中对应的互耦系数 $z(2)$ 的估计(真值为 0.5791 + 0.3303i)

信噪比/dB	实部均值	实部方差	实部 CRB	虚部均值	虚部方差	虚部 CRB
10	0.5776	3.852e-005	3.6868e-005	0.3351	9.5204e-005	3.5060e-005
12	0.5779	2.7415e-005	2.3027e-005	0.3340	7.0258e-005	2.3402e-005
14	0.5783	1.8928e-005	1.4454e-005	0.3328	3.6876e-005	1.5707e-005
16	0.5787	1.2179e-005	9.1082e-006	0.3318	3.5023e-005	1.0642e-005
20	0.5790	4.8131e-006	3.6480e-006	0.3307	1.1841e-005	5.0433e-006
30	0.5792	4.692e-007	3.7558e-007	0.3303	9.2288e-007	7.3060e-007
50	0.5791	5.566e-009	3.7932e-009	0.3303	1.2742e-008	8.0347e-009

15.2.4.3　估计性能与快拍数的关系

空间两信源方位为 35°和 40°,信噪比 20dB,快拍数从 100 变化到 3000,间隔为 200。对式(15.13)、式(15.14)算法、不考虑互耦的 MUSIC、互耦已知的 MUSIC 算法进行了 200 次蒙特卡罗统计实验。实验中,不考虑互耦的 MUSIC 算法的成功概率在各次快拍下均为 0,而其他三种算法的成功概率均为 1,式(15.13)、式(15.14)算法的性能基本相同。在图 15.10 和图 15.11 中给出了式(15.13)算法和互耦已知的 MUSIC 算法的估计偏差、估计方差和理论 CRB 的比较曲线。在表 15.2 中给出了式(15.13)算法对应的互耦系数 $z(2)$ 估计的均值和方差,并与方位互耦联合估计时的理论 CRB 进行了比较。

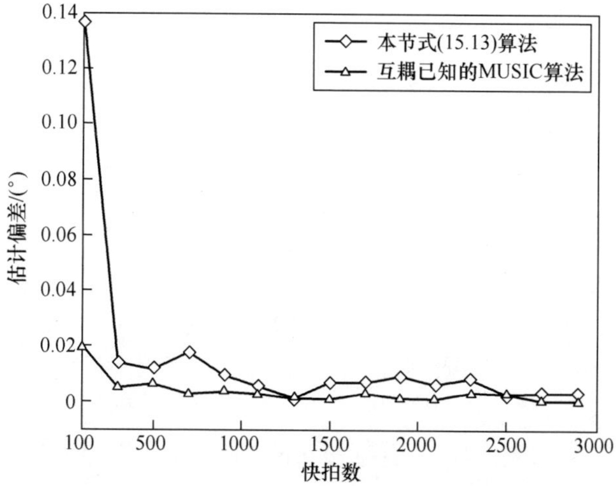

图 15.10 仿真三中估计偏差的比较曲线

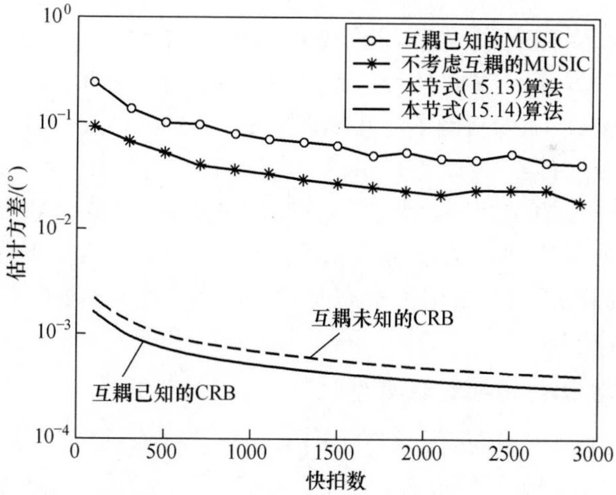

图 15.11 仿真三中估计方差的比较曲线

表 15.2 仿真二中对应的互耦系数 $z(2)$ 的估计(真值为 0.5791+0.3303i)

快拍数	实部均值	实部方差/($\times10^{-4}$)	实部 CRB/($\times10^{-4}$)	虚部均值	虚部方差($\times10^{-4}$)	虚部 CRB($\times10^{-4}$)
100	0.5784	0.1864	0.1824	0.3341	0.4788	0.2522
500	0.5789	0.0430	0.0365	0.3307	0.1040	0.0504
1100	0.5793	0.0178	0.0166	0.3304	0.0466	0.0229

续表

快拍数	实部均值	实部方差/(×10⁻⁴)	实部 CRB/(×10⁻⁴)	虚部均值	虚部方差(×10⁻⁴)	虚部 CRB(×10⁻⁴)
2100	0.5792	0.0129	0.0087	0.3305	0.0267	0.0120
2900	0.5792	0.0090	0.0063	0.3304	0.0172	0.0087

从仿真实验结果可见,由于阵列互耦的存在,不考虑互耦的 MUSIC 算法在此时已经完全失效,但本节提出的方位估计算法不需要利用任何互耦信息,即可达到了较好的估计性能,与互耦已知时的 MUSIC 算法相比,在小信噪比和少快拍数的情况下,两者的成功概率、估计偏差和方差有较小的差异,但随着信噪比和快拍数的提高两者的性能基本相当。另外在方位精确估计的同时,我们还可以得到精确的互耦矩阵估计,实现阵列互耦的自校正。

15.3 俯仰依赖稳健的 2D DOA 估计算法

本节基于秩降低理论(Rank Reduction Theory,RARE),提出一种俯仰依赖的互耦紧凑均匀圆阵列 DOA 估计算法。在存在互耦合的情况下使用波束空间阵列流形的新公式,无须精确了解互耦即可使方位角估计值与俯仰角估计值解耦。对于俯仰角估计,对每个方位角估计在俯仰角空间中进行一维参数搜索,有效补偿了俯仰依赖的相互耦合效应。虽然与原有的 UCA-RARE 算法相比,所提出的方法增加了俯仰角估计的计算量,但一维参数搜索克服了 UCA-RARE 算法的大部分固有缺点。实现了可靠的 2D DOA 估计,有效地补偿了俯仰依赖的相互耦合效应。

15.3.1 存在互耦的阵列数据模型

考虑一个由 N 个相同元素组成的 UCA,这些元素均匀分布在 XOY 平面中半径为 r 的圆的圆周上。假设有 L 个窄带源,带有 $k=2\pi/\lambda$ 个波数,从不同方向 $\boldsymbol{\Theta}_i=[\theta_i,\phi_i](i=1,2,\cdots,L)$ 作用于阵列,其中 $\theta_i\in[0,\pi/2]$ 是从 Z 轴向下测量的俯仰角,$\phi_i\in[0,2\pi)$ 是从 X 轴逆时针测量的方位角。在没有互耦效应的情况下,广泛使用的数组数据模型可以描述为

$$\boldsymbol{X}(t)=\boldsymbol{A}(\boldsymbol{\Theta})\boldsymbol{S}(t)+\boldsymbol{\eta}(t) \tag{15.39}$$

式中:$\boldsymbol{X}(t)$ 为 $N\times1$ 噪声损坏的阵列快照矢量;$\boldsymbol{S}(t)$ 为 $L\times1$ 的信号矢量;$\boldsymbol{\eta}(t)$ 是 $N\times1$ 的噪声矢量。

数组流形矩阵 $\boldsymbol{A}(\boldsymbol{\Theta})$ 是一个 $N\times L$ 矩阵,其列是导向矢量 $\boldsymbol{a}(\theta_i,\phi_i)(i=1,2,\cdots L)$,则

$$\boldsymbol{A}(\boldsymbol{\Theta}) = [\boldsymbol{a}(\theta_1,\phi_1),\boldsymbol{a}(\theta_2,\phi_2),\cdots,\boldsymbol{a}(\theta_L,\phi_L)] \tag{15.40}$$

其中

$$\boldsymbol{a}(\theta_i,\phi_i) = [\mathrm{e}^{\mathrm{j}kr\sin\theta_i\cos(\phi_i-\beta_1)},\mathrm{e}^{\mathrm{j}kr\sin\theta_i\cos(\phi_i-\beta_2)},\cdots,\mathrm{e}^{\mathrm{j}kr\sin\theta_i\cos(\phi_i-\beta_N)}]^{\mathrm{T}} \tag{15.41}$$

$$\beta_j = \frac{2\pi}{N}(j-1),\quad j = 1,2,\cdots,N \tag{15.42}$$

UCA 的模态空间变换通常通过元素空间式(15.41)中导向矢量的离散傅里叶变换完成,即

$$\boldsymbol{b}(\theta,\phi) = \boldsymbol{W}\boldsymbol{a}(\theta,\phi) \approx \boldsymbol{J}(\theta)\boldsymbol{d}(\phi) \tag{15.43}$$

其中

$$\boldsymbol{W} = [\boldsymbol{w}_{-M},\boldsymbol{w}_{-M+1},\cdots \boldsymbol{w}_{-1},,\boldsymbol{w}_0,\ \boldsymbol{w}_1,\cdots,\boldsymbol{w}_{M-1}\ \boldsymbol{w}_M]^{\mathrm{T}} \tag{15.44}$$

$$\boldsymbol{w}_m = \frac{1}{N}[\mathrm{e}^{\mathrm{j}m\beta_1},\mathrm{e}^{\mathrm{j}m\beta_2},\cdots,\mathrm{e}^{\mathrm{j}m\beta_N}] \tag{15.45}$$

$$\boldsymbol{J}(\theta) = \mathrm{diag}[\Lambda_{-M,}\Lambda_{-M+1,}\cdots,\Lambda_0,\cdots,\Lambda_{M-1},\Lambda_M] \tag{15.46}$$

$$\Lambda_m = \mathrm{j}^m J_m(kr\sin\theta) \tag{15.47}$$

$$\boldsymbol{d}(\phi) = [\mathrm{e}^{-\mathrm{j}M\phi},\mathrm{e}^{-\mathrm{j}(M-1)\phi},\cdots,\mathrm{e}^{-\mathrm{j}\phi},1,\mathrm{e}^{\mathrm{j}\phi},\cdots,\mathrm{e}^{\mathrm{j}(M-1)\phi},\mathrm{e}^{\mathrm{j}M\phi}]^{\mathrm{T}} \tag{15.48}$$

在上述方程中,是 $\boldsymbol{b}(\theta,\phi)$ 是一个波束空间中 $(2M+1)\times 1$ 的导向矢量,$\boldsymbol{W}$ 是一个 $(2M+1)\times N$ DFT 矩阵,$J_m(\cdot)$ 是第一类 m 阶的贝塞尔函数。对于 UCA 来说,只有处于 $M \approx 2\pi r/\lambda$ 的相位模式才能以合理的强度激励[37]。为了使残差可以忽略不计,UCA 中的元素数需要满足条件 $N > 2M$,等效于相邻数组元素之间的圆周间距应小于 0.5λ,这导致 UCA 的给定孔径具有严重的相互耦合效应。

在存在互耦的情况下,$N\times 1$ 导向矢量 $\tilde{\boldsymbol{a}}(\theta,\phi)$ 可以建模为

$$\tilde{\boldsymbol{a}}(\theta,\phi) = \boldsymbol{Z}(\theta)\boldsymbol{a}(\theta,\phi) \tag{15.49}$$

式中:$N\times N$ 矩阵 $\boldsymbol{Z}(\theta)$ 是 UCA 的互耦合矩阵 MCM。

本节考虑了相互耦合效应的俯仰角依赖性,使 MCM 随俯仰角 θ 而变化。对于一个固定的俯仰角,复对称循环矩阵为 UCA 的 MCM 提供了满意的模型[38]。

15.3.2 相互耦合效应的俯仰依赖性

开路电压法[39]是一种广泛接受的互耦补偿方法,它将存在相互耦合的天线端电压与开路电压相关联。开路电压法的一个主要缺点是,开路电压(即隔离元件接收的电压)实际上并没有像期望的那样非相互耦合。除此之外,开路

电压方法本质上与输入源的方向无关。这是因为无论源方向如何，互阻抗都会被定义[40]。还有其他更准确的互耦合分析方法[41-43]。然而，由于与开路电压法相同的缺点、不切实际的近似值以及复杂的实现过程，使它们在接收阵列中的实际应用受到限制。

Hui[44]提出的接收互阻方法可以更准确地模拟接收阵列的互耦情况，在计算互阻抗时可以同时考虑天线终端负载和外部信号源的影响。与开路电压法不同，接收互阻抗法通过新定义的接收互阻抗 Z_t^{ij} 将测量的端电压与去耦的端电压联系起来[44]。该方法已应用于许多情况[45-46]，并且已经证明了比开路电压法更好的去耦性能。考虑冲击源方向变化的情况下，本节利用该方法计算了 UCA 的俯仰角相关接收互阻抗。然后使用这些接收互阻抗来去耦与俯仰相关的互耦效应。

例如，考虑一个 $N = 8$ 单极子紧凑的 UCA 被调谐到 $f_0 = 2.4\text{GHz}$ 的频率上。UCA 的半径设置为 $r = 0.3\lambda$。单极天线的长度为 0.24λ，单极线的直径为 0.6mm。该单极阵列安装在一个大的导电平面上。为了构建复循环 MCM 矩阵，针对 $Z_t^{1i}(i = 2,\cdots,5)$ 撞击源的不同仰角，采用接收互阻法[44]计算了表 15.3 所示的接收互阻抗。为了进行比较，用开路电压法计算的相应的常规互阻抗 Z_{1i} $(i = 2,\cdots, 5)$，如表 15.3 的底行所列。

表 15.3 不同仰角处的接收互阻抗与撞击源的角度

角度/(°)	Z_t^{12} /Ω	Z_t^{13} /Ω	Z_t^{14} /Ω	Z_t^{15} /Ω
5	−12.5897 + 8.4285j	0.5633 +10.6240j	6.2231 + 6.1821j	7.1714 + 4.0816j
10	−12.6099 + 8.4304j	0.5672 +10.6234j	6.2202 + 6.1780j	7.1664 + 4.0790j
20	−12.6645 + 8.4001j	0.5606 +10.6339j	6.2152 + 6.1800j	7.1596 + 4.0815j
30	−12.7182 + 8.3282j	0.5281 +10.6550j	6.2087 + 6.2001j	7.1570 + 4.0989j
40	−12.7545 + 8.2354j	0.4728 +10.6717j	6.1929 + 6.2353j	7.1517 + 4.1323j
50	−12.7722 + 8.1450j	0.4118 +10.6756j	6.1659 + 6.2719j	7.1375 + 4.1710j
60	−12.7785 + 8.0704j	0.3602 +10.6711j	6.1369 + 6.3001j	7.1190 + 4.2035j
70	−12.7797 + 8.0169j	0.3233 +10.6649j	6.1139 + 6.3188j	7.1032 + 4.2261j
80	−12.7795 + 7.9850j	0.3015 +10.6606j	6.0998 + 6.3295j	7.0933 + 4.2392j
90	−12.7793 + 7.9744j	0.2943 +10.6591j	6.0951 + 6.3330j	7.0900 + 4.2435j
开路电压法对应的常规互阻抗				
	Z_{12} /Ω	Z_{13} /Ω	Z_{14} /Ω	Z_{15} /Ω
	21.2374 −18.3845j	−3.9266 −18.9104j	−12.6913 − 9.3988j	−13.8352 − 5.4502j

虽然如表 15.3 所示的接收互阻抗随俯仰角的变化似乎不是很显著，但这些

接收互阻抗所显示的互耦效应的变化实际上对 DOA 估计具有显著影响。这可以从图 15.12 所示的 2D-MUSIC 算法的空间光谱等值线图看出,该算法用于检测 $[\theta_1=60°, \phi_1=120°]$ 和 $[\theta_2=30°, \phi_2=80°]$ 处的两个撞击源。可以看出,开路电压法和单俯仰角接收互阻法($\theta=45°$)的互耦补偿都无法分辨两个源。然而,当通过俯仰角相关接收互阻方法补偿互耦效应时,可以准确地检测到两个源。结果表明,高分辨率 DOA 估计算法对阵列流形模型随仰角变化的相互耦合效应引起的畸变具有敏感响应。同时也说明了在 2D DOA 估计中采用俯仰依赖互耦合补偿方法的必要性。

在实际应用中,我们可以预先计算出不同仰角的接收互阻抗,并为实时应用建立查找表。如果相互耦合的仰角依赖性不是特别明显,可以在一个仰角范围内压缩一个接收相互阻抗的查表数据,如 10°区间,在这个区间内,相互耦合的变化可以忽略不计。利用建立的不同仰角接收互阻抗查找表,可以更有效、准确地补偿相互耦合效应。当它与 15.3.3 节开发的新的 2D DOA 估计算法相结合时,可以实现更准确和高效的 2D DOA 估计,特别是在使用紧凑的天线阵列时。

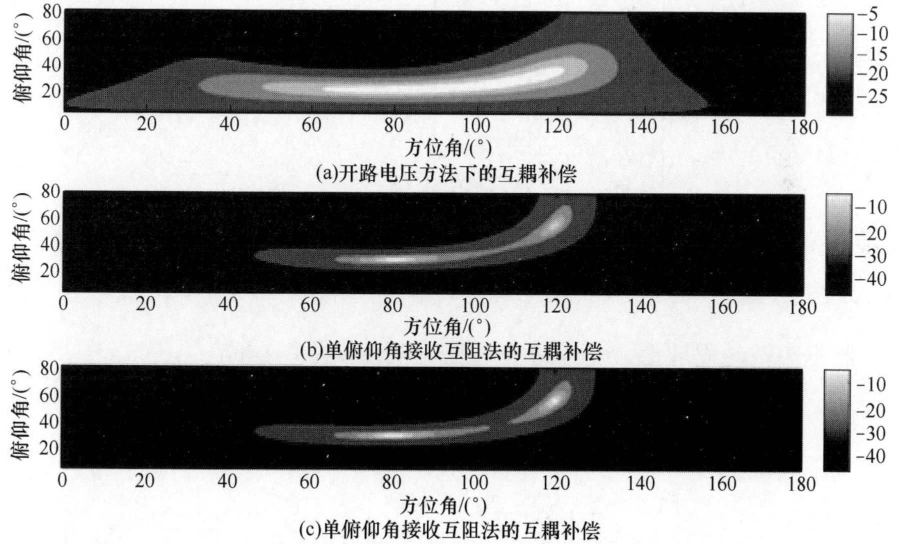

(a)开路电压方法下的互耦补偿

(b)单俯仰角接收互阻法的互耦补偿

(c)单俯仰角接收互阻法的互耦补偿

图 15.12 用不同的相互耦合补偿方法得到 2D MUSIC 空间光谱的等高线图

15.3.3 解耦方位角估计

本节提出的算法源于原始的 UCA-RARE 算法[47]。尽管具有将方位角估计与俯仰角估计解耦的吸引力,但仍需要在以下几点上进行改进:①互耦,特别是俯仰角相关互耦在原始的 UCA-RARE 算法中没有考虑用于 2D DOA 估计;

②对固有的伪 DOA 估计或信号抵消现象以及相应的解决措施没有进行详细的分析;③俯仰角估计需要对源结构的先验知识,即具有相同方位角的源的数量。下面提出的新算法可以克服原有 UCA-RARE 算法的上述缺点。

从 $\tilde{\boldsymbol{a}}(\theta,\phi)$ 存在相互耦合的导向矢量开始。由于 UCA 的循环 MCM 和循环矢量 $\boldsymbol{z}(\theta)$（MCM 的第一行)的对称结构,可以观察到, $\tilde{\boldsymbol{a}}(\theta,\phi)$ 本质上是理想导向矢量 $\boldsymbol{a}(\theta,\phi)$ 与循环矢量 $\boldsymbol{z}(\theta)$ 的周期性卷积,即

$$\tilde{\boldsymbol{a}}(\theta,\phi)=\boldsymbol{Z}(\theta)\boldsymbol{a}(\theta,\phi)=\boldsymbol{a}(\theta,\phi)\otimes\boldsymbol{z}(\theta) \tag{15.50}$$

式中:“ $\otimes$ ”表示离散序列的周期性卷积。

这种性质大大有助于 $\tilde{\boldsymbol{a}}(\theta,\phi)$ 的模态空间变换制定。模空间变换矩阵 $\boldsymbol{W}$ 本质上是 DFT 或 IDFT(逆离散傅里叶变换),可以重新表述为

$$\boldsymbol{W}=\begin{bmatrix}\boldsymbol{w}_{-M}\\ \boldsymbol{w}_{-M+1}\\ \vdots\\ \boldsymbol{w}_{-1}\\ \boldsymbol{w}_{0}\\ \boldsymbol{w}_{1}\\ \vdots\\ \boldsymbol{w}_{M-1}\\ \boldsymbol{w}_{M}\end{bmatrix}=\begin{bmatrix}\boldsymbol{w}_{-M}\\ \boldsymbol{w}_{-M+1}\\ \vdots\\ \boldsymbol{w}_{-1}\\ \boldsymbol{w}_{0}\\ \hline \boldsymbol{w}_{1}\\ \boldsymbol{w}_{2}\\ \vdots\\ \boldsymbol{w}_{M-1}\\ \boldsymbol{w}_{M}\end{bmatrix}\left[\frac{\mathrm{DFT}_{(M+1:-1:1)}[\cdot]}{\mathrm{IDFT}_{(2:M+1)}[\cdot]}\right] \tag{15.51}$$

式中: $\mathrm{DFT}_{(M+1:-1:1)}[\cdot]$ 表示 DFT 的 $(M+1:-1:1)$ 元素; $\mathrm{IDFT}_{(2:M+1)}[\cdot]$ 表示 IDFT 的 $(2:M+1)$ 元素。

根据离散卷积理论, $\tilde{\boldsymbol{a}}(\theta,\phi)$ 的模态空间变换可以写成

$$\begin{aligned}\tilde{\boldsymbol{b}}(\theta,\phi)&=\boldsymbol{W}\tilde{\boldsymbol{a}}(\theta,\phi)\\&=\boldsymbol{W}(\boldsymbol{a}(\theta,\phi)\otimes\boldsymbol{z}(\theta))\\&=\left[\frac{\mathrm{DFT}_{(M+1:-1:1)}[\boldsymbol{a}(\theta,\phi)]}{\mathrm{IDFT}_{(2:M+1)}[\boldsymbol{a}(\theta,\phi)]}\right]\circ\left[\frac{\mathrm{DFT}_{(M+1:-1:1)}[\boldsymbol{z}(\theta)]}{\mathrm{N}\cdot\mathrm{IDFT}_{(2:M+1)}[\boldsymbol{z}(\theta)]}\right]\\&=\boldsymbol{W}\boldsymbol{a}(\theta,\phi)\circ\left[\frac{\mathrm{DFT}_{(M+1:-1:1)}[\boldsymbol{z}(\theta)]}{\mathrm{N}\cdot\mathrm{IDFT}_{(2:M+1)}[\boldsymbol{z}(\theta)]}\right]\\&=\boldsymbol{W}\boldsymbol{a}(\theta,\phi)\circ\left[\frac{\boldsymbol{m}_1(\theta)}{\boldsymbol{m}_2(\theta)}\right]\\&=\boldsymbol{W}\boldsymbol{a}(\theta,\phi)\circ\boldsymbol{m}(\theta)\end{aligned} \tag{15.52}$$

式中:“ ∘ ”表示矢量的哈达玛(Hadamard)积。

根据文献[47]中使用的导向矢量的公式,即

$$\boldsymbol{b}(\theta,\phi)=\boldsymbol{W}\boldsymbol{a}(\theta,\phi)=\boldsymbol{T}(\phi)\boldsymbol{g}(\theta) \tag{15.53}$$

其中

$$[\boldsymbol{g}(\theta)]_k=\mathrm{j}^k J_k(kr\sin\theta),\quad k=1,2,\cdots,M+1 \tag{15.54}$$

$$\boldsymbol{T}(\phi)=\begin{bmatrix}\boldsymbol{Q}(z) & \boldsymbol{0}\\ \boldsymbol{0} & 1\\ \boldsymbol{\Pi}\boldsymbol{Q}(1/z) & \boldsymbol{0}\end{bmatrix} \tag{15.55}$$

$$\boldsymbol{Q}(z)=\mathrm{diag}\{z^{-M},z^{-M+1},\cdots,z^{-2},z^{-1}\} \tag{15.56}$$

$$z=\mathrm{e}^{\mathrm{j}\phi} \tag{15.57}$$

在式(15.55)中,Π 是 $M\times M$ 逆对角线单位矩阵,在式(15.54)中,$\boldsymbol{g}(\theta)$ 假设为全向元素。

在存在互耦的情况下,式(15.53)可以改写为

$$\begin{aligned}\widetilde{\boldsymbol{b}}(\theta,\phi)&=\boldsymbol{W}\widetilde{\boldsymbol{a}}(\theta,\phi)=\boldsymbol{W}\boldsymbol{a}(\theta,\phi)\circ\boldsymbol{m}(\theta)\\&=\boldsymbol{T}(\phi)\boldsymbol{g}(\theta)\circ\boldsymbol{m}(\theta)\\&=\mathrm{diag}[\boldsymbol{m}(\theta)]\boldsymbol{T}(\phi)\boldsymbol{g}(\theta)\end{aligned} \tag{15.58}$$

由于 $\boldsymbol{z}(\theta)$ 的特殊结构,有

$$\mathrm{DFT}[\boldsymbol{z}(\theta)]=\mathrm{N}\cdot\mathrm{IDFT}[\boldsymbol{z}(\theta)] \tag{15.59}$$

即

$$\boldsymbol{m}_1[1:M]=\boldsymbol{m}_2[M:-1:1] \tag{15.60}$$

$$\boldsymbol{m}[1:M]=\boldsymbol{m}[2M+1:-1:M+2] \tag{15.61}$$

也就是说,矢量 $\boldsymbol{m}(\theta)$ 是一个中心对称矢量,为 $\widetilde{\boldsymbol{b}}(\theta,\phi)$ 提供了更简洁的表达式:

$$\begin{aligned}\widetilde{\boldsymbol{b}}(\theta,\phi)&=\mathrm{diag}[\boldsymbol{m}(\theta)]\boldsymbol{T}(\phi)\boldsymbol{g}(\theta)\\&=\boldsymbol{T}(\phi)(\boldsymbol{m}_1(\theta)\circ\boldsymbol{g}(\theta))\\&=\boldsymbol{T}(\phi)\boldsymbol{g}'(\theta)\end{aligned} \tag{15.62}$$

和

$$\boldsymbol{g}'(\theta)=\boldsymbol{m}_1(\theta)\circ\boldsymbol{g}(\theta) \tag{15.63}$$

现在,通过修改原始 UCA-RARE 算法中 $\boldsymbol{g}(\theta)$ 为 $\boldsymbol{g}'(\theta)=\boldsymbol{m}_1(\theta)\circ\boldsymbol{g}(\theta)$ 来解释与俯仰角相关的相互耦合效应,其中对于不同的震源,$\boldsymbol{m}_1(\theta)$ 可以使用文献[44]中的接收互阻抗法计算仰角。基于 RARE 理论,可以在没有精确了解互耦的情况下实现方位角估计。这是由于阵列协方差矩阵 $\boldsymbol{R}$ 的噪声子空间和信号

子空间之间的正交性,即

$$[g'(\theta)]^{\mathrm{H}} \boldsymbol{T}^{\mathrm{H}}(\phi) \boldsymbol{E}_N \boldsymbol{E}_N^{\mathrm{H}} \boldsymbol{T}(\phi) g'(\theta) = 0 \tag{15.64}$$

与 UCA-RARE 类似,用于方位角估计的空间频谱函数可以构造为

$$f(\phi) = \arg \min_{\phi} \det[\boldsymbol{T}^{\mathrm{H}}(\phi) \boldsymbol{E}_N \boldsymbol{E}_N^{\mathrm{H}} \boldsymbol{T}(\phi)] \tag{15.65}$$

或

$$f(\phi) = \arg \min_{\phi} \frac{\det[\boldsymbol{T}^{\mathrm{H}}(\phi) \boldsymbol{E}_N \boldsymbol{E}_N^{\mathrm{H}} \boldsymbol{T}(\phi)]}{\det[\boldsymbol{E}_S^{\mathrm{H}} \boldsymbol{T}(\phi) \boldsymbol{\Delta} \boldsymbol{T}^{\mathrm{H}}(\phi) \boldsymbol{E}_S]} \tag{15.66}$$

$$\boldsymbol{\Delta} = [\boldsymbol{T}^{\mathrm{H}}(\phi) \boldsymbol{T}(\phi)]^{-1} \tag{15.67}$$

文献[47]中建议使用式(15.66)的分母,以消除与俯仰角($\theta_i = \theta_j$)相同的撞击源在 $(\phi_i + \phi_j)/2$ 处的错误方位角估计。由于式(15.56) $\boldsymbol{Q}(z)$ 的范德蒙德结构,在原始 UCA-RARE 方法中开发的基于多项式根的方法仍然可以用于在存在互耦合的情况下来获得方位角估计,但它的实现不需要了解互耦。此外,对于 $\phi_i < \pi$ 时的 $\phi_i + \pi$ 和对于 $\phi_i > \pi$ 时的 $\phi_i - \pi$ 也是对来自式(15.65)的谱函数进行伪方位角估计,这些估计在原始 UCA-RARE 算法的开发中没有进行阐述,并且不能被式(15.66)的分母抵消。

为了获得给定方位角估计的俯仰角估计,在原始 UCA-RARE 算法中提出了一种专门设计的类似于 UCA-ESPRIT 的闭式算法。尽管它的实现是无搜索的,但也有一些缺点使其不适合实际应用。

(1) 在嘈杂条件下或具有一些特殊源结构的情况下,使用原始 UCA-RARE 算法进行密集和大量模拟,如具有方位角 ϕ 和 $\phi + \pi$ 同时存在的源(矩阵 $\boldsymbol{\Psi}(\phi) = \boldsymbol{T}^{\mathrm{H}}(\phi) \boldsymbol{E}_N \boldsymbol{E}_N^{\mathrm{H}} \boldsymbol{T}(\phi)$ 的秩将小于具有相同方位角的源的数量),式(15.65)的单位圆上的根的多重性(文献[47]中的 m_l)并不总是等于具有相同方位角的源的数量。因此,为了准确获得最终的俯仰角估计值,通常需要源结构的精确先验知识,即具有相同方位角的源的数量,以构建后续的 UCA-ESPRIT-like 算法中使用的子空间拟合的线性关系。这在实际的 2D DOA 估计中是不现实的。

(2) 在随后的俯仰角估计中没有考虑伪方位角估计(如 $\phi_i < \pi$ 时 $\phi_i + \pi$ 或 $\phi_i > \pi$ 时 $\phi_i - \pi$)。这将导致最终配对俯仰角估计值出现错误。

(3) 如果使用式(15.66)处的分母来抵消 $(\phi_i + \phi_j)/2$ 处的杂散方位角估计值,则当源正好位于 $(\phi_i + \phi_j)/2$ 时,在 $(\phi_i + \phi_j)/2$ 处将出现信号消除。所有这些伪方位角估计都将在我们的仿真示例中得到证明。

需要注意的是,由于 $\boldsymbol{m}_1(\theta)$ 的俯仰角依赖性,原 UCA-RARE 算法中提出的用于俯仰角估计的封闭式 UCA-ESPRIT-like 算法不能再应用了。这是因为 $\boldsymbol{g}'(\theta)$ 与贝塞尔函数矩阵之间的常数矩阵无法推导出来[47],递归关系 $J_{m-1}(x)$

$+J_{m+1}(x)=(2m/x)J_m(x)$ 不能再用来来构造 UCA-ESPRIT-like 算法。

15.3.4 基于互耦补偿的俯仰估计算法

为了获得存在俯仰角依赖性互耦合效应下的俯仰角估计,我们提出了一种基于矩阵 $\boldsymbol{\Psi}(\phi)=\boldsymbol{T}^{\mathrm{H}}(\phi)\boldsymbol{E}_N\boldsymbol{E}_N^{\mathrm{H}}\boldsymbol{T}(\phi)$ 零空间分析的搜索算法。虽然这将需要比原始 UCA-RARE 算法更大的计算量,但可以原始 UCA-RARE 算法固有的缺点。以下准则为我们的新的俯仰角依赖的估计算法奠定了理论基础。

在存在相互耦合的无歧义阵列流形的假设如下。

(1) 对于伪方位角估计,找不到 $\boldsymbol{g}'(\theta)$ 属于矩阵 $\boldsymbol{\Psi}(\phi)$ 的零空间。

(2) 只有与真实俯仰角相关的方位角 $\boldsymbol{g}'(\theta)$ 属于真实方位角矩阵 $\boldsymbol{\Psi}(\phi)$ 的零空间。

假设相互耦合的阵列流形不存在 $L-1$ 级模糊,可以很容易地通过矛盾来完成对上述准则的证明,为了简洁起见,这里省略了证明过程。准则(Ⅰ)保证在后续的俯仰角估计中可以全部抵消伪方位角估计值,如 $\phi\leqslant\pi$ 时 $\pi+\phi$ 和 $\phi>\pi$ 时 $\phi-\pi$,因为找不到与这些伪方位角估计值配对的俯仰角估计值。准则(Ⅱ)保证所有与相同方位角配对的俯仰角估计都能被准确估计。有趣的是,在原始 UCA-RARE 算法中,对于源具有相同俯仰角情况下的伪估计所使用的度量(式(15.66)的分母)不再是必要的。这是因为在俯仰角估计的搜索过程中,由于没有与之配对的俯仰角估计,$(\phi_i+\phi_j)/2$ 处的伪方位角将从最终的方位角估计中抵消掉。同时,这也避免了上面提到的信号抵消现象。由于俯仰角搜索范围相对较小,$[0,\pi/2]$ 与 $[0,2\pi]$ 的方位角相比,考虑到参数搜索对伪方位估计的稳健性,在实际应用中由于参数搜索而产生的额外计算负载仍然是可以接受的。

基于上述考虑,所提出的解耦 2D DOA 估计算法的步骤可以总结如下。

(1) 通过接收互阻抗法[44]计算不同俯仰角下的循环互耦矢量 $\boldsymbol{z}(\theta)$,并构建查找表 $\boldsymbol{g}'(\theta)$,即

$$\boldsymbol{g}'(\theta)=\boldsymbol{m}_1(\theta)\circ\boldsymbol{g}(\theta) \tag{15.68}$$

其中

$$[\boldsymbol{g}(\theta)]_k=\mathrm{j}^kJ_k(kr\sin\theta),\quad k=1,2,\cdots,M+1 \tag{15.69}$$

$$\boldsymbol{m}_1(\theta)=\mathrm{DFT}_{(M+1:-1:1)}[\boldsymbol{z}(\theta)] \tag{15.70}$$

(2) 使用与 UCA-RARE 类似的方法从空间频谱函数中获取方位角估计值:

$$f(\phi)=\arg\min_{\phi}\det[\boldsymbol{T}^{\mathrm{H}}(\phi)\boldsymbol{E}_N\boldsymbol{E}_N^{\mathrm{H}}\boldsymbol{T}(\phi)] \tag{15.71}$$

使用上述空间频谱函数,而不是式(15.66),以防出现 $(\phi_i+\phi_j)/2$ 处源的抵消。在此步骤中,所有可能的伪方位估计值仍然存在,但将最终配对的 2D DOA 估计中通过下一步俯仰角参数搜索消除。

(3) 对于每个方位角估计,包括伪估计,计算矩阵 $\boldsymbol{\Psi}(\phi)$ 并为其零空间构建基矩阵 $\boldsymbol{\Gamma}(\theta)$,如通过执行 Matlab 函数 $\boldsymbol{\Gamma}(\phi) = \mathrm{null}(\boldsymbol{\Psi}(\phi))$ 。

(4) 使用一维俯仰角参数在 $0° \leqslant \theta < 90°$ 范围内搜索,找到所有俯仰角,使其对应的 $\boldsymbol{g}'(\theta) = \boldsymbol{m}_1(\theta) \odot \boldsymbol{g}(\theta)$ 属于零空间 $\boldsymbol{\Psi}(\phi)$ 。

这些是给定方位角估计值的对应俯仰角估计值。两个子空间之间的相关性可以通过 Matlab 函数 subspace($\boldsymbol{g}'(\theta)$, $\boldsymbol{\Gamma}(\phi)$) 来评估,例如,如果没有 $\boldsymbol{g}'(\theta)$ 属于 $\boldsymbol{\Psi}(\phi)$ 的零空间,则给定的方位角估计值被视为伪估计值,并最终将从配对的 2D DOA 估计中删除。在一维俯仰角参数搜索过程中发现的成对 2D DOA 估计值将作为最终的 2D DOA 估计。特别重要的是,在此步骤中,依赖俯仰角的互耦合效应可以被 $\boldsymbol{m}_1(\theta)$ 有效补偿。

需要进一步说明的是,在上述解耦 2D DOA 估计算法的公式中,全向元模式被假设为 $\boldsymbol{g}(\theta)$ 。将该算法直接扩展到定向元素模式,可以通过在原始 UCA-RARE 算法中使用相应的定向元素模式的傅立叶系数修正 $\boldsymbol{g}(\theta)$ 来实现。

15.3.5 仿真实验与分析

15.3.5.1 原始 UCA-RARE 算法的伪方位角估计

考虑由 $N = 19$ 具有半径 $r = \lambda$ 的单元组成的 UCA。该阵列已在文献[47]中进行了研究,并且假定这些元件是理想的传感器,它们之间没有相互耦合。与原始 UCA-RARE 算法相关的模糊场景在以下 2D DOA 估计例子中进行了演示。

(1) 对于两个冲击源分别在 [$\theta_1 = 30° \quad \phi_1 = 20°$] 和 [$\theta_2 = 30° \quad \phi_2 = 60°$] (具有相同的俯仰角)的情况,图 15.13 和图 15.14 分别描绘了式(15.66)的分子和分母在单位圆附近的根分布。如图 15.13 所示,在 $\phi_3 = 40°$ 、$\phi_4 = 20° + 180° = 200°$ 、$\phi_5 = 40° + 180° = 220°$ 和 $\phi_6 = 60° + 180° = 240°$ 处总共有四个假根。但对于式(15.66)的分母,在单位圆上只有 $\phi_3 = 40°$ 和 $\phi_5 = 40° + 180° = 220°$ 两个对应的信号根,如图 15.14 所示。这导致在最初的 UCA-RARE 算法中在 $\phi_4 = 200°$ 和 $\phi_6 = 240°$ 处的最终伪方位角估计,意味着式(15.66)的分母不能消除在 $\phi_4 = 200°$ 和 $\phi_6 = 240°$ 处的伪方位角估计。

(2) 对于源位于 [$\theta_1 = 30° \quad \phi_1 = 20°$] 、[$\theta_2 = 30° \quad \phi_2 = 60°$] 和 [$\theta_3 = 80° \quad \phi_3 = 40°$] 的三种情况,第一个源和第二个源的仰角相同,但与第三个源的仰角不同。第三个源的方位角正好在 $\phi_3 = (20° + 60°)/2 = 40°$ 。类似地,在这种情况下,式(15.66)的根分布中出现了 $\phi_4 = 20° + 180° = 200°$ 、$\phi_5 = 40° + 180° = 220°$ 和 $\phi_6 = 60° + 180° = 240°$ 处的三个伪根,式(15.66)分母的单位圆上有 $\phi_3 = 40°$ 和 $\phi_5 = 220°$ 处的信号根。这导致在方位角 $\phi_3 = 40°$ 处实现了最终信号消除。此外,伪方位角估计在 $\phi_4 = 200°$ 和 $\phi_6 = 240°$ 处仍然存在。

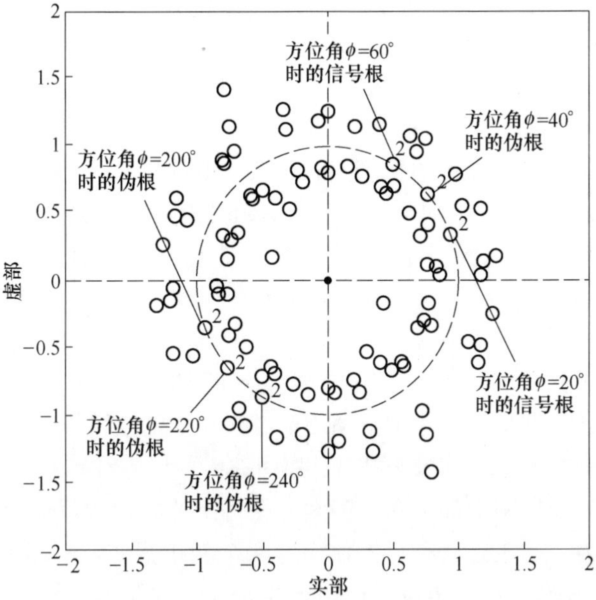

图 15.13　式(15.66)的分子的根分布,其中两个冲击源位于[$\theta_1 = 30°$　$\phi_1 = 20°$]和[$\theta_2 = 30°$　$\phi_2 = 60°$]

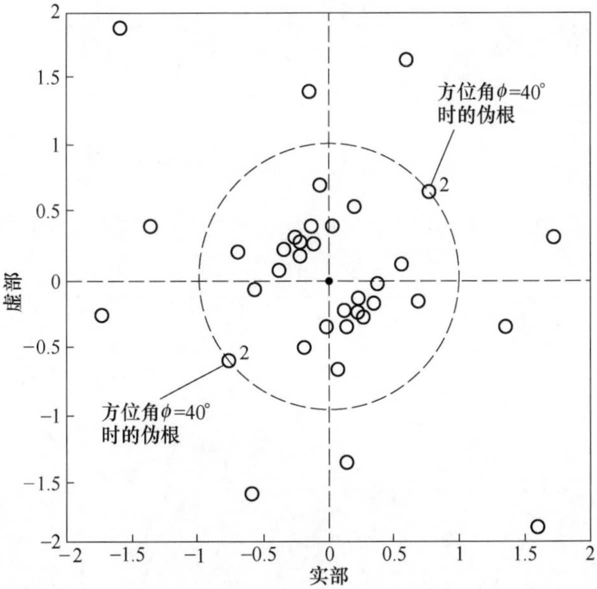

图 15.14　图 15.13 的情况下,式(15.66)分母的相应根分布

(3) 在原始UCA-RARE算法中,另一种导致错误俯仰角估计的情况是当冲击源的方位角满足 $\phi_2 = \phi_1 + \pi$ 关系时,这会导致 $\boldsymbol{\Psi}(\phi)$ 更严重的秩损耗,并使原始UCA-RARE算法中后续的俯仰角估计不可用。上述伪估计和信号抵消问题都可以通过俯仰角空间中的一维搜索方法来避免。

15.3.5.2 基于新算法的2D DOA估计的蒙特卡罗模拟

考虑半径 $r = 0.3\lambda$ 且有16个单极子单元的紧凑型UCA($N = 16$)。对于这种结构紧凑的阵列,利用著名的矩量法得到了包含相互耦合效应的全电磁响应[48]。在 ($\theta_1 = 10°\quad \phi_1 = 30°$) 和 ($\theta_2 = 60°\quad \phi_1 = 60°$) 处的两个不相关的撞击源也被建模为两个平面波源。

图15.15~图15.17显示了使用SNR = 5dB的新算法和 $K = 1000$ 快照数进行2D DOA估计的结果。这些结果利用100次独立的蒙特卡罗模拟来对新算法进行实现。仿真中的信号和噪声被假设为平稳、零均值和不相关的高斯随机过程。噪声在空间和时间上都是白噪声的。在每次的蒙特卡罗模拟中, Matlab中生成两个均值为零的正态分布随机数。这两个随机数用于表示两个信号,然后利用两个平面波激励,通过矩量法计算天线元件上的终端电压。还生成 N 个独立且正态分布的随机数来表示天线终端的随机噪声。天线终端处接收到的信号通过式(15.39)中的信号模型获得。式(15.66)中的矢量 $\hat{\boldsymbol{E}}_N$ 是根据估计的协方差矩阵 $\hat{\boldsymbol{R}}$ 计算得出的。图15.15显示了通过俯仰角相关接收互阻抗方法对互耦

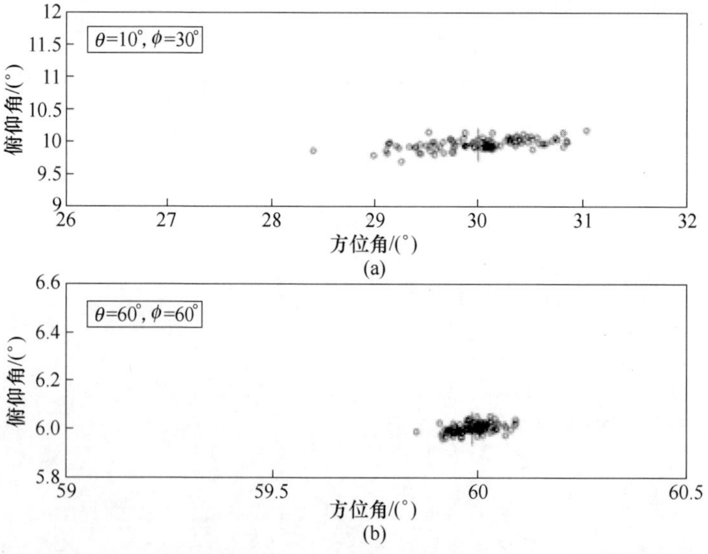

图15.15 使用新算法进行2D DOA估计,通过俯仰角依赖的接收互阻抗方法进行互耦补偿

进行补偿时的结果。图 15. 16 显示了通过单俯仰角接收互阻抗方法补偿互耦时的结果,其中俯仰角为 45° 。图 15. 17 为用开路电压法补偿互耦的结果。从这些结果中可以看到,即使在如此低的信噪比下,方位角估计值仍然分布在 30°和 60°的真实值附近。然而,对于俯仰角估计值,图 15. 15 中与俯仰角相关的接收互阻抗方法的结果比其他两种补偿方法更准确。最坏的情况如图 15. 17 所示,它对应于开路电压法。

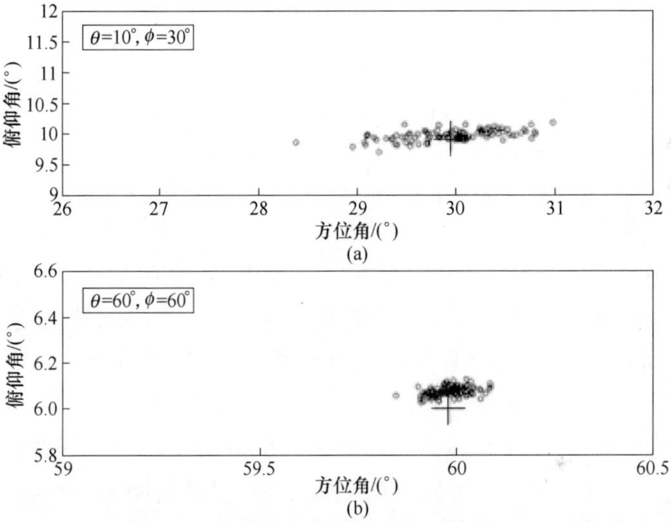

图 15. 16　采用单仰角接收互阻抗法补偿互耦合的 2D DOA 估计,在仰角为 45°时获得接收互阻抗

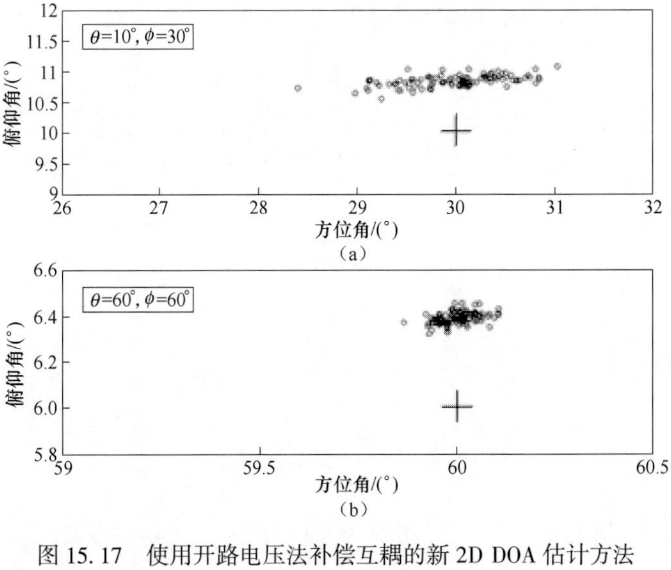

图 15. 17　使用开路电压法补偿互耦的新 2D DOA 估计方法

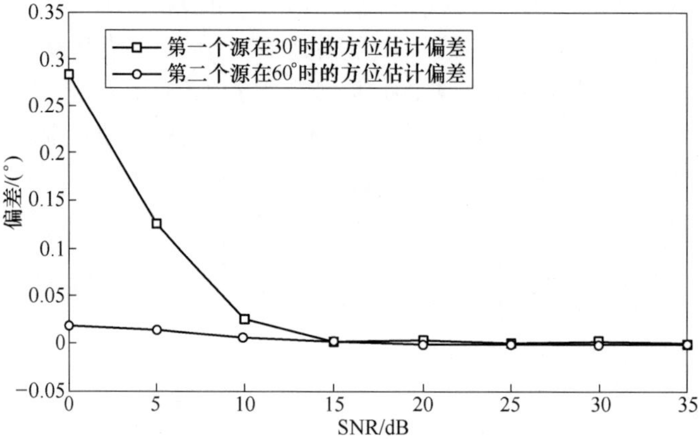

图 15.18　利用新算法估计信噪比对方位估计偏差的影响

为了进一步验证新方法的统计效率和准确性，在信噪比 0 ~ 35dB 范围内进行了 500 次独立蒙特卡罗模拟。两个源的方位角估计的偏差和方差如图 15.18 和图 15.19 所示。相应的 CRB 也被描述在图 15.19 中。从图 15.19 可以看出，新算法得到的方位角估计的方差遵循相应 CRB 的变化趋势。图 15.20 描述了上述模拟对应的两个源的俯仰角估计的平均偏差，并对三种不同的相互耦合补偿方法的结果进行了比较。可以清楚地注意到，依赖俯仰角的接收互阻抗法再次提供了最准确的俯仰角估计。图 15.20 中可以发现，俯仰角估计对信噪比的变化具有很好的稳健性。但是，从图 15.20 也可以看出，在新方法中，使用精确的相互耦合补偿方法对俯仰角估计是非常重要的。

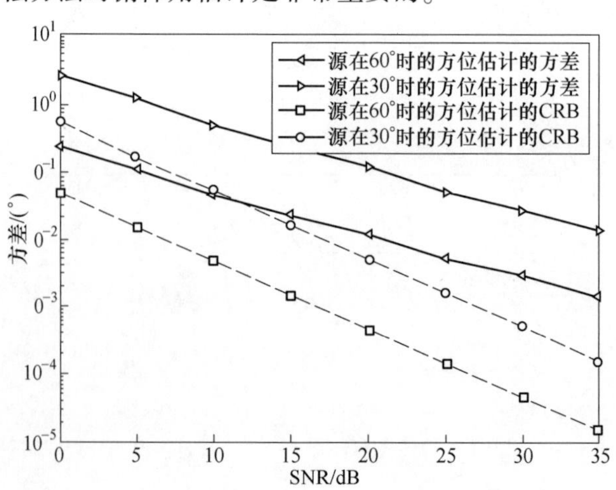

图 15.19　利用新算法估计方位估计值随信噪比的变化

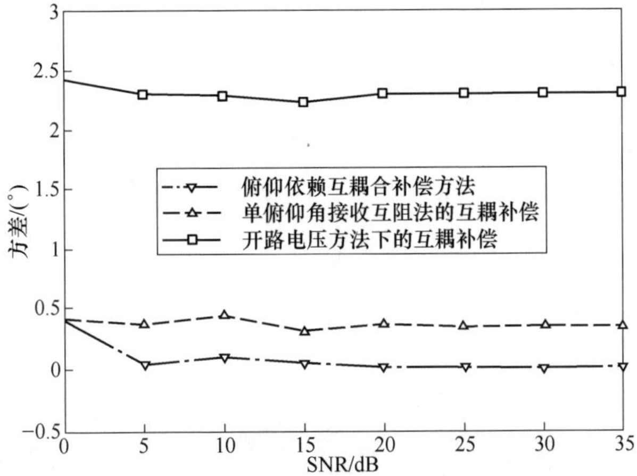

图 15.20　利用新算法计算俯仰角估计的平均偏差与信噪比的关系

最后,应该注意的是,原始 UCA-RARE 算法中的俯仰角估计方法和文献[49]中的方法都是免搜索过程。所提出的 2D DOA 估计算法是通过在 $\boldsymbol{\Psi}(\phi)$ 的零空间中对 $\boldsymbol{g}'(\theta)$ 进行频谱搜索,在 $0° \leqslant \theta < 90°$ 范围内获得俯仰角估计。在一台 2400MHz 的 Pentium IV 处理器的个人计算机上,搜索步长为 0.1°的频谱搜索 CPU 时间约为 0.3268s,(使用 Matlab 的'tic '和' toc'运行),而文献[49]中传统 Root-MUSIC 类算法的 CPU 时间约为 0.11s。因此,俯仰角依赖的相互耦合补偿和无歧义的方位角估计的代价是计算效率的损失。

15.3.5.3　存在平台效应时的性能

据文献[49],由于近距离物体的近场散射造成的平台效应影响了具有偶极子元件的 UCA 的性能。为了证明新算法在平台效应存在的情况下的性能,在上面考虑的 UCA 的中心增加了一个额外的短单极子。在相同的模拟条件下,新算法执行 100 次蒙特卡罗模拟的结果如图 15.21 所示。由图可以看到,2D DOA 估计的偏差有所增加。这可能是由于中心单极子单元引入的散射效应具有方位角变化分量,该分量未通过式(15.49)中互耦合矩阵精确建模。这个例子表明,新算法需要进一步修改阵列数据模型,以考虑可能发生的平台效应。

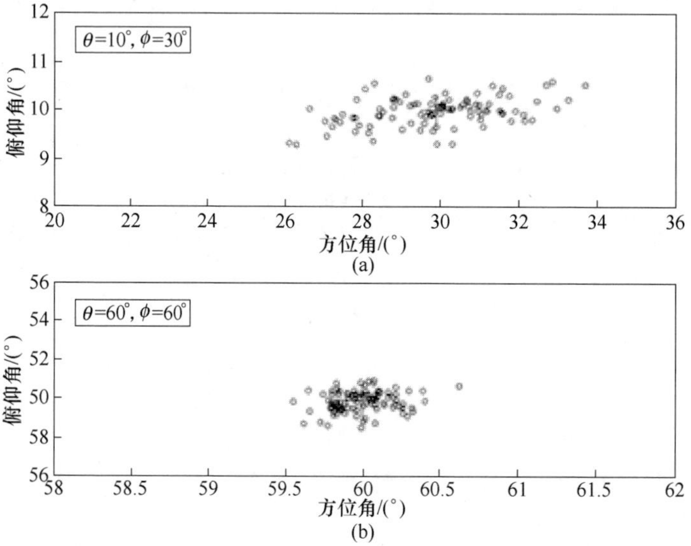

图 15.21　使用具有平台效应(UCA 中心的短元素)的新算法进行 2D DOA 估计

15.4　小　　结

本章利用均匀线阵互耦矩阵的对称托普利兹特性和带状特性,基于子空间原理,提出了一种互耦条件下的稳健方位估计及互耦校正算法。利用 ULA 互耦矩阵的对称托普利兹特性和带状特性,基于子空间原理提出了一种互耦条件下的稳健方位估计算法。算法的方位估计不需要阵列互耦的任何信息,估计精度高、分辨力强;另外,算法在方位估计的同时,还可以精确地估计出均匀线阵的互耦系数,从而实现阵列互耦的自校正。本章的方位与互耦联合估计算法不涉及高维的非线性优化搜索,只需一维搜索或多项式求根。它将方位的稳健估计与简便有效的阵列互耦校正有机地结合起来,具有实际意义。此外本章还基于 RARE 提出了俯仰依赖稳健的 2D DOA 估计算法,无须相互耦合的确切知识,即可实现方位角估计与俯仰角估计解耦。在基于搜索的俯仰角估计过程中,有效地补偿了俯仰依赖的相互耦合效应,是一种适用于小型 UCA 的稳健的 2D DOA 估计方法。

参 考 文 献

[1] Weiss A J, Friedlander B. Effects of modeling errors on the resolution threshold of the MUSIC

algorithm[J]. IEEE Transactions on Signal Processing, 1994, 42(6):1519-1526.
[2] Hamza R, Buckley K. An analysis of weighted eigenspace methods in the presence of sensor errors[J]. IEEE Transactions on Signal Processing, 1995, 43(5):1140-1150.
[3] Li F, Vaccaro R J. Sensitivity analysis of DOA estimation algorithms to sensor errors[J]. Aerospace & Electronic Systems IEEE Transactions on, 1992, 28(3):708-717.
[4] Swindlehurst A L, Kailath T. A Performance Analysis of Subspace-Based Methods in the Presence of Model Errors -- Part I: The MUSIC Algorithm[J]. IEEE Transactions on Signal Processing, 1992, 40(7):1758-1774.
[5] Swindlehurst A, Kailath T. A Performance Analysis of Subspace-Based Methods in the Presence of Model Errors -- Part II: Multidimensional Algorithms[J]. 1996,41(9):2882-2890.
[6] Friedlander B. Sensitivity analysis of the maximum likelihood direction-finding algorithm[J]. IEEE Transactions on Aerospace & Electronic Systems, 1990, 26(6):953-968.
[7] 苏卫民,顾红,倪晋麟,等. 通道幅相误差条件下 MUSIC 空域谱的统计性能[J]. 电子学报,2000, 28(6):111-113.
[8] 苏卫民,倪晋麟,刘国岁,等. 通道失配对 MUSIC 空间谱及分辨率的影响[J]. 电子学报,1998(09):142-145.
[9] 侯青松,郭英,王布宏,等. 共形天线阵元位置误差校正的辅助阵元法[J]. 电讯技术,2010, 50(11):5.
[10] 王布宏,侯青松,郭英,等. 共形阵列天线互耦校正的辅助阵元法[J]. 电子学报,2009, 37(6):1283-1288.
[11] 王布宏,王永良,陈辉,等. 方位依赖阵元幅相误差校正的辅助阵元法[J]. 中国科学:技术科学,2004, 34(008):906-918.
[12] Barabell A J . Improving the resolution performance of eigenstructure-based direction-finding algorithms[C]// IEEE International Conference on Acoustics, Speech, & Signal Processing. IEEE, 1983.
[13] Friedlander B. Self Calibration Techniques For High-Resolution Array Processing[J]. Proceedings of SPIE - The International Society for Optical Engineering, 1989.
[14] Friedlander B, Weiss A J . Direction Finding In The Presence Of Mutual Coupling[C]// Twenty-second Asilomar Conference on Signals. IEEE Computer Society, 1991: 273-284.
[15] Marple T H J,S L , et al. Observability conditions for multiple signal direction finding and array sensor localization[J]. IEEE Transactions on Signal Processing, 1992, 40(11): 2641-2650.
[16] Vaskelainen L I. Iterative least-squares synthesis methods for conformal array antennas with optimized polarization and frequency properties[J]. IEEE Transactions on Antennas and Propagation, 1997, 45(7): 1179-1185.
[17] Wang B H, Hui H T. Wideband mutual coupling compensation for receiving antenna arrays using the system identification method[J]. Iet Microwaves Antennas & Propagation, 2011, 5

(2):184-191.

[18] Pintelon R, Guillaume P, Rolain Y, et al. Parametric identification of transfer functions in the frequency domain-a survey[J]. IEEE transactions on automatic control, 1994, 39(11): 2245-2260.

[19] Levy E C. Complex-curve fitting[J]. IRE transactions on automatic control, 1959 (1): 37-43.

[20] Hui H T. Improved compensation for the mutual coupling effect in a dipole array for direction finding[J]. IEEE Transactions on Antennas and Propagation, 2003, 51(9): 2498-2503.

[21] Hplht H, Zhang T T, Lu Y L. Receiving Mutual Impedance between Two Normal-Mode Helical Antennas[J]. IEEE Antenna and Propagation Magazine, 2006, 48(4): 92-96.

[22] Hui H T. A practical approach to compensate for the mutual coupling effect in an adaptive dipole array [J]. IEEE Transactions on Antennas and Propagation, 2004, 52 (5): 1262-1269.

[23] Choi B S. ARMA model identification [M]. New York: Springer Science & Business Media, 2012.

[24] Rolain Y, Schoukens J, Pintelon R. Order estimation for linear time-invariant systems using frequency domain identification methods [J]. IEEE Transactions on Automatic Control, 1997, 42(10): 1408-1417.

[25] Wang B H, Meng LQ, Cao XM. Array calibration for radar low-angle tracking based on electromagnetic matched field processing[C]//2008 8th International Symposium on Antennas, Propagation and EM Theory. IEEE, 2008: 1406-1409.

[26] Bosse E, Turner R, Riseborough E S. Model-based multifrequency array signal processing for low-angle tracking[J]. IEEE Trans. on Aerospace and Electronic Systems. 1995, 31: 194-210.

[27] Levy M. Parabolic Equation Methods for Electromagnetic Wave Propagation[M]. London: IET, 2000.

[28] Dockery G D. Development and use of electromagnetic parabolic equation propagation models for U. S. Navy applications[J]. Johns Hopkins APL Technical Digest, 1998, 19(3): 283-292.

[29] Gupta I, Ksienski A. Effect of mutual coupling on the performance of adaptive arrays[J]. IEEE Transactions on Antennas and Propagation, 1983, 31(5): 785-791.

[30] Yeh C C, Leou M L. Bearing estimations with mutual coupling present[J]. IEEE Transactions on Antennas & Propagation, 1989, 37(10):1332-1335.

[31] Wang B H, Wang Y L, Chen H, et al. Robust DOA estimation and array calibration in the presence of mutual coupling for uniform linear array[J]. Science in China Series: Information Sciences, 2004, 47:348-361.

[32] Wang B H, Hui H T, Leong M S. Decoupled 2D direction of arrival estimation using compact

uniform circular arrays in the presence of elevation-dependent mutual coupling[J]. IEEE Transactions on Antennas and Propagation, 2009, 58(3): 747-755.

[33] Svantesson T. The effects of mutual coupling using a linear array of thin dipoles of finite length[C]// Statistical Signal and Array Processing, 1998. Proceedings. Ninth IEEE SP Workshop on. IEEE, 1998.

[34] Barabell A. Improving the resolution performance of eigenstructure-based direction-finding algorithms[C]//ICASSP'83. IEEE International Conference on Acoustics, Speech, and Signal Processing. IEEE, 1983, 8: 336-339.

[35] Tan K C, Goh S S, Tan E C. A study of the rank-ambiguity issues in direction-of-arrival estimation[J]. IEEE Transactions on Signal Processing, 1996, 44(4): 880-887.

[36] Friedlander B, Weiss A J. Direction finding in the presence of mutual coupling[J]. IEEE transactions on antennas and propagation, 1991, 39(3): 273-284.

[37] Longstaff I D, Chow P E K, Davies D E N. Directional properties of circular arrays[C]// Proceedings of the Institution of Electrical Engineers. IET Digital Library, 1967, 114(6): 713-718.

[38] Friedlander B, Weiss A J. Direction finding in the presence of mutual coupling[J]. IEEE transactions on antennas and propagation, 1991, 39(3): 273-284.

[39] Gupta I, Ksienski A. Effect of mutual coupling on the performance of adaptive arrays[J]. IEEE Transactions on Antennas and Propagation, 1983, 31(5): 785-791.

[40] Jordan E C, Balmain K G. Electromagnetic waves and radiating systems[M]. Vpper Saddle River: Prentice-Hall, 1968.

[41] Steyskal H, Herd J S. Mutual coupling compensation in small array antennas[J]. IEEE Transactions on Antennas and Propagation, 1990, 38(12): 1971-1975.

[42] Lau C K E, Adve R S, Sarkar T K. Minimum norm mutual coupling compensation with applications in direction of arrival estimation [J]. IEEE Transactions on Antennas and Propagation, 2004, 52(8): 2034-2041.

[43] Wallace J W, Jensen M A. Mutual coupling in MIMO wireless systems: A rigorous network theory analysis [J]. IEEE transactions on wireless communications, 2004, 3 (4): 1317-1325.

[44] Hui H T. Improved compensation for the mutual coupling effect in a dipole array for direction finding[J]. IEEE Transactions on Antennas and Propagation, 2003, 51(9): 2498-2503.

[45] Hui H T. A practical approach to compensate for the mutual coupling effect in an adaptive dipole array [J]. IEEE Transactions on Antennas and Propagation, 2004, 52 (5): 1262-1269.

[46] Hui H T, Li B K, Crozier S. A new decoupling method for quadrature coils in magnetic resonance imaging [J]. IEEE transactions on biomedical engineering, 2006, 53 (10): 2114-2116.

[47] Pesavento M, Bohme J F. Direction of arrival estimation in uniform circular arrays composed of directional elements[C]//Sensor Array and Multichannel Signal Processing Workshop Proceedings, 2002. IEEE, 2002: 503-507.
[48] Harrington R F, Harrington J L. Field computation by moment methods[M]. ONford: Oxford University Press, Inc., 1996.
[49] Goossens R, Rogier H. A hybrid UCA-RARE/Root-MUSIC approach for 2D direction of arrival estimation in uniform circular arrays in the presence of mutual coupling[J]. IEEE Transactions on Antennas and Propagation, 2007, 55(3): 841-849.

第 16 章　总结与展望

16.1　本书工作总结

阵列流形的优化设计从根本上决定着阵列天线的探测定位性能,而阵列流形的误差校正是阵列信号处理算法优良性能的前提和保证,对复杂条件下的阵列流形进行精确建模是进行阵列结构优化设计与误差校正的基础,提高阵列信号处理算法对误差的稳健性有助于进一步提升阵列天线的性能。本书的工作可以归纳为以下三个方面。

(1) 特殊阵列流形建模分析。阵列流形与阵列结构、阵列误差、信号形式等因素有关,对复杂结构与特殊条件下的阵列流形进行精确建模是进行 DOA 的高分辨估计及阵列误差校正的基础。我们对特殊条件及特殊阵列结构下的阵列流形进行建模及相应分析,为后续进行阵列结构优化设计与稳健算法的设计打下基础。

(2) 阵列天线优化设计。阵列天线的结构优化设计有利于提高天线孔径利用率、增强天线方向图的赋形能力,同时在不降低阵列性能的前提下尽可能缩减成本,具有重要的现实意义。我们从共形阵列、稀疏与稀布阵列、可重构阵列天线、交错稀疏阵列、混合 MIMO 相控阵与阵列天线选择等 6 个独特角度出发,应用 CNN、酉矩阵束、多任务学习、差集等多种先进方法,全面研究了阵列结构的优化设计方法,极大地增强了阵列天线的方向图赋形能力,提升了阵列天线的测向及信干噪比性能。

(3) 阵列误差校正算法研究。阵元间互耦、阵元位置等带来的误差会对 DOA 的估计性能造成极大的影响,阵列流形的误差校正是阵列信号处理算法优良性能的前提和保证。针对该问题:首先提出阵列误差校正的辅助阵元法,对共形阵列及均匀线阵的互耦与阵元位置误差进行校正;然后将系统辨识的思想用于阵列天线宽带误差校正;最后提出米波雷达的阵列协方差矩阵与快拍数据的校正准则并设计 DOA 与阵列误差的联合估计算法,从校正方法与联合估计算法两个角度展开创新,在阵列误差校正领域取得了长足的进展。

16.2 未来研究展望

本书着眼阵列天线的结构优化设计与误差校正展开研究，取得了一定的研究成果，但随着阵列信号处理技术与电路元器件的迅猛发展，阵列天线的发展日新月异，阵列天线的结构优化设计与误差校正出现了新的亟待解决的问题。我们将其归纳为以下三个方面。

(1) 大规模阵列天线与可重构智能表面(Reconfigurable Intelligence Surface, RIS)为阵列结构优化设计与误差校正带来的机遇与挑战。一方面，大规模阵列天线能够带来所谓信道硬化的优势并提高阵列的空间分辨率，RIS 能够通过低能耗的反射对无线信道进行人为重构，还具有安装简便、系统复杂度低等优点，引起了学者们的广泛关注；另一方面，大规模阵列天线需要将阵元布置得很近，阵元之间的互耦效应将无法忽略，因而在进行大规模阵列天线的结构优化设计时还需要考虑互耦效应。现有的 RIS 一般仅考虑均匀的平面布阵，如何在飞行载体等表面不平整的平台上布置 RIS 是需要进一步研究的问题。

(2) 本书中大量使用了压缩感知、多任务学习等优化算法，但这些算法是典型的离线算法，随着阵列天线实时探测需求在当今电子战等背景下的凸显，无法满足实时性处理的需求。如何在所建立的模型与提出的算法的基础上发展能够满足实时处理需求的算法，具有十分重要的研究价值和实际应用意义。近年来，深度学习理论得到了长足发展，本书也对利用深度学习解决混合 MIMO 相控阵雷达子阵分割问题做出了有益尝试。此外，深度学习还能够对阵元等器件的本质特点进行表征，在误差校正领域也有用武之地。因此，深度学习有望成为阵列结构在线优化与误差在线校正算法的可选技术。

(3) 仿真实验平台的搭建。本书主要以阵列天线优化设计方法的理论研究为主，在此基础上结合了计算机仿真验证，尚未涉及实际阵列的加工测试。所提出的阵列结构优化设计与误差校正算法需要在仿真平台上实际运行以检测其真实性能，并根据实际情况进行调整优化。因此，下一步将在本书研究成果的基础上，搭建仿真平台，围绕实际阵列设计的流程展开相关工作，包括基本天线单元的设计选择、利用本书优化结果进行阵列结构设计和馈电、通过全波仿真对阵元位置和激励进行适当修正、最后验证阵列误差校正算法的性能。

附　　录

附录 A　主要缩略语表

缩略语	英文全称	中文含义
MIMO	Multiple-Input Multiple-Output	多输入多输出
SISO	Single-Input Single-Output	单输入单输出
DOA	Direction of Arrival	波达方向
MUSIC	Multiple Signal Classification	多重信号分类
ESPRIT	Estimation of Signal Parameters via Rotational Invariance	旋转不变子空间算法
ULA	Uniform Linear Array	均匀线性阵列
FIR	Finite Impulse Response	有限长单位冲激响应
CODE	Criterion of Decorrelation	去相关准则
SF	Spatial Filters	空域滤波
WSS	Weighted Spatial Smoothing	加权空间平滑算法
FSS	Forward Spatial Smoothing	前向空间平滑
FBSS	Forward-Backward Spatial Smoothing	前后向空间平滑
WFSS	Weighted Forward Spatial Smoothing	前向加权空间平滑算法
DWFSS	Diagonally Weighted FSS	对角加权前向空间平滑
SNR	Signal-to-Noise-Ratio	信噪比
RCS	Radar Cross-Section	雷达散射截面积

续表

缩略语	英文全称	中文含义
CAA	Conformal Array Antennas	共形阵列天线
CTR	Current Taper Ratios	锥度比
IFT	Iterative Fourier Technique	迭代傅里叶技术
MPM	Matrix Pencil Method	矩阵束方法
SVD	Singular Value Decomposition	奇异值分解
EVD	EigenValue Decomposition	广义特征值分解
FBMPM	Forward-Backward Matrix Pencil Method	前后向矩阵束方法
ICR	Independent Compression Regions	独立压缩区域
UMP	Unitary Matrix Pencil	酉变换-矩阵束
2D-UMP	Two Dimensional-Unitary Matrix Pencil	二维酉矩阵束
EUMP	Extended Unitary Matrix Pencil	扩展酉矩阵束
BCS	Bayesian Compressive Sensing	贝叶斯压缩感知
MT-BCS	Multi-Task Bayesian Compressed Sensing	多任务贝叶斯压缩感知
ML	Maximum Likelihood	最大似然
RC-BCS	Region Constraint-Bayesian Compressed Sensing	区域约束贝叶斯压缩感知
DFT	Discrete Fourier Transform	离散傅里叶变换
IDFT	InverseDFT	逆离散傅里叶变换
DOF	Degrees of Freedom	自由度
UCAs	Uniform Circular Arrays	均匀圆形阵列
CSI	Channel State Information	信道状态信息

续表

缩略语	英文全称	中文含义
AWGN	Additive White Gaussian Noise	加性高斯白噪声
i. i. d.	independent and identically distributed	独立同分布
SOI	Signalof Interest	感兴趣信号
SOI	Sources of Interest	感兴趣源
MCM	Mutual Coupling Matrix	互耦合矩阵
HPMR	Hybrid Phased-MIMO Radar	混合 MIMO 相控阵雷达
PMR-ES	Equal Subarrays	均匀子阵列
PMR-US	Unequal Subarrays	非均匀子阵列
SINR	Signal to Interference Plus Noise Ratio	信干噪比
CDS	Cyclic Difference Set	循环差集
ADS	Almost Difference Set	几乎差集
SCP	Sequential Convex Programming	序列凸规划
CNNs	Convolutional Neural Networks	卷积神经网络
DL	Deep Learning	深度学习
DQN	Deep Q-network	深度 Q 网络
DRR	Dimensionality Reduction Method for Phased-MIMO Radar Data	混合 MIMO 相控阵雷达训练数据的降维方法
MVDR	Minimum Variance Distortionless Response	最小方差无失真响应
LPP	Local Preserving Projection	局部保持投影
PL-module	Parallel Lightweight Structure	并行轻量化结构
SR-module	Scale Reduced-Module	降尺度卷积结构
RMSE	Root-Mean-Square Error	均方根误差

续表

缩略语	英文全称	中文含义
ISM	Instrumental Sensor Method	辅助阵元法
MFP	Matched Field Processing	匹配场处理
PWE	Parabolic Wave Equation	抛物线动波方程
DTED	Digital Terrain Elevation Data	数字地形高程数据
PE	Parabolic Equation	抛物线方程
FD	Finite Difference	有限差分
FSS	Fourier Split-Step	分步傅里叶
SPE	Standard Parabolic Equation	标准抛物线波动方程
RIS	Reconfigurable Intelligence Surface	可重构智能表面
3D	Three-Dimensional	三维
2D	Two-Dimensional	二维
RARE	Rank Reduction Theory	秩降低理论
ARMA	Auto-Regressive Moving Average	回归滑动平均

附录B 常用符号表

符号	含义	符号	含 义
M	信源数目	$\vert x\vert$	x 的模
N	阵元数目	$\Vert \boldsymbol{x}\Vert_0$	矢量 $\boldsymbol{x}$ 的 l_0 范数
$\boldsymbol{A}$	阵列流形矩阵	$\Vert \boldsymbol{x}\Vert_2$	矢量 $\boldsymbol{x}$ 的二范数
$\boldsymbol{a}(\theta)$	导向矢量	$\Vert \boldsymbol{X}\Vert_F$	矩阵 $\boldsymbol{X}$ 的费罗贝尼乌斯范数
$\boldsymbol{Z}$	互耦阻抗矩阵	$\boldsymbol{I}_m$	m 阶单位矩阵
$\boldsymbol{s}$	发送数据矢量	$\boldsymbol{X}^*$	矩阵 $\boldsymbol{X}$ 的共轭矩阵
$\boldsymbol{n}$	接收噪声矢量	$\boldsymbol{X}^{\mathrm{T}}$	矩阵 $\boldsymbol{X}$ 的转置矩阵
δ_n^2	接收噪声方差	$\boldsymbol{X}^{\mathrm{H}}$	矩阵 $\boldsymbol{X}$ 的共轭转置矩阵
$\boldsymbol{x}$	接收数据矢量	$\boldsymbol{X}^{-1}$	矩阵 $\boldsymbol{X}$ 的逆矩阵
$\boldsymbol{R}$	阵列协方差矩阵	$\boldsymbol{X}^{+}$	矩阵 $\boldsymbol{X}$ 的穆尔-彭罗斯伪逆
$\widetilde{\boldsymbol{R}}$	加权空间平滑后的等价阵列协方差矩阵	$\boldsymbol{X}_{i,j}$	位于矩阵 $\boldsymbol{X}$ 第 i 行第 j 列的元素
$\widetilde{\boldsymbol{R}}^{\mathrm{WSS}}_{\mathrm{s}}$	WSS 平滑后等价的信源协方差矩阵	$\det(\boldsymbol{X})$	矩阵 $\boldsymbol{X}$ 的行列式
$\boldsymbol{\Gamma}(\theta_m)$	方位依赖的阵元幅相扰动矩阵	$\mathrm{diag}(\boldsymbol{X})$	由矩阵 $\boldsymbol{X}$ 的对角元素构成的矢量
$\boldsymbol{J}_m$	m 阶置换矩阵	$\mathrm{tr}(\boldsymbol{X})$	矩阵 $\boldsymbol{X}$ 的迹
θ	俯仰角	$\mathrm{rank}(\boldsymbol{X})$	矩阵 $\boldsymbol{X}$ 的秩
ϕ	方位角	$\mathrm{span}(\boldsymbol{X})$	由矩阵 $\boldsymbol{X}$ 的列张成的空间
d	阵元间距	$\mathrm{Re}(\boldsymbol{X})$	取矩阵 $\boldsymbol{X}$ 的实部
λ	中心频率对应的波长	$\mathrm{Im}(\boldsymbol{X})$	取矩阵 $\boldsymbol{X}$ 的虚部
$F(\theta,\phi)$	方向图函数	$\boldsymbol{X}\circ\boldsymbol{Y}$	矩阵 $\boldsymbol{X}$ 与矩阵 $\boldsymbol{Y}$ 的哈达玛积
$\boldsymbol{u}(\theta,\phi)$	虚拟导向矢量	$\boldsymbol{X}\otimes\boldsymbol{Y}$	矩阵 $\boldsymbol{X}$ 与矩阵 $\boldsymbol{Y}$ 的克罗内克积
$\boldsymbol{c}(\theta,\phi)$	相干处理矢量	$\boldsymbol{U},\boldsymbol{\Sigma},\boldsymbol{V}$	矩阵 $\boldsymbol{X}$ 奇异值分解的左奇异矩阵、奇异值矩阵、右奇异值矩阵
$\mathbb{R}$	实数集合	$\boldsymbol{d}(\theta,\phi)$	波形分集矢量
$\mathbb{C}$	复数集合		

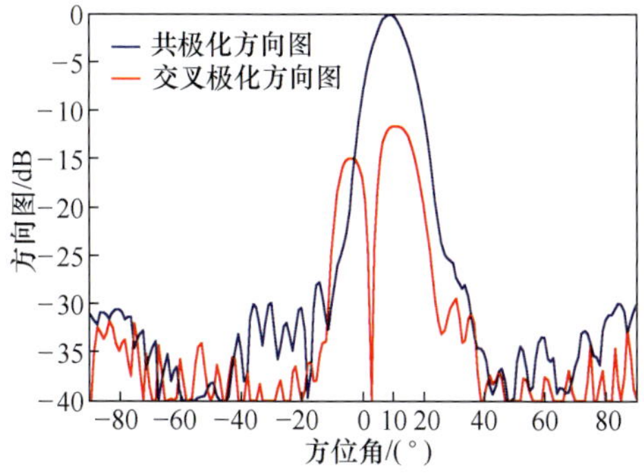

（a）单极化加权实验1

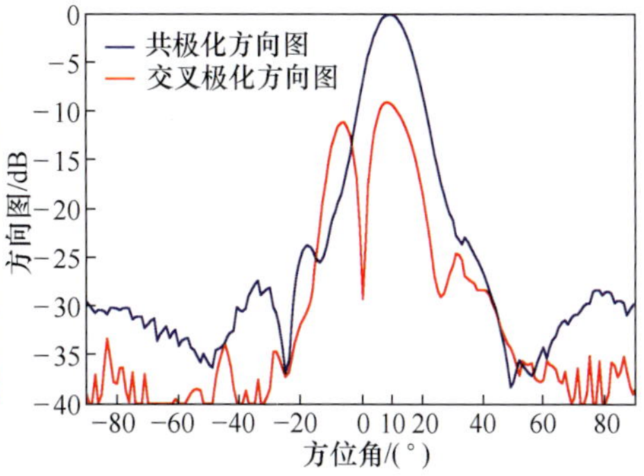

（b）单极化加权实验2

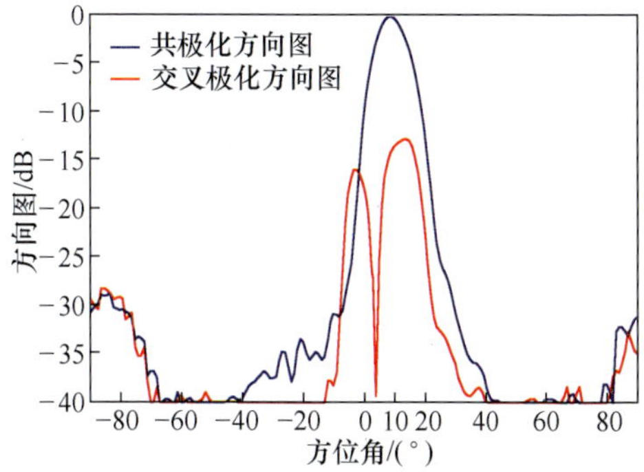

（c）单极化加权实验3

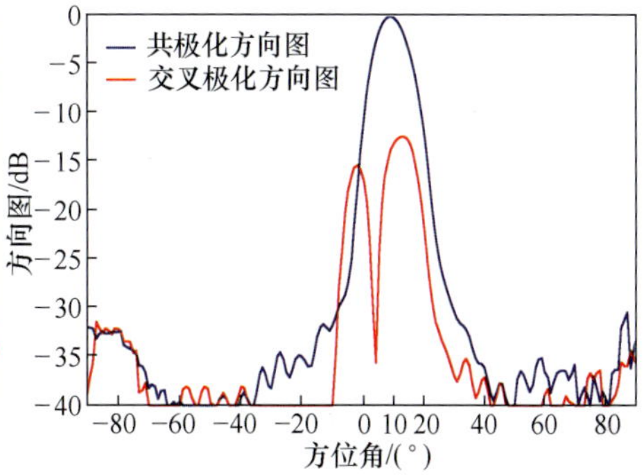

（d）单极化加权实验4

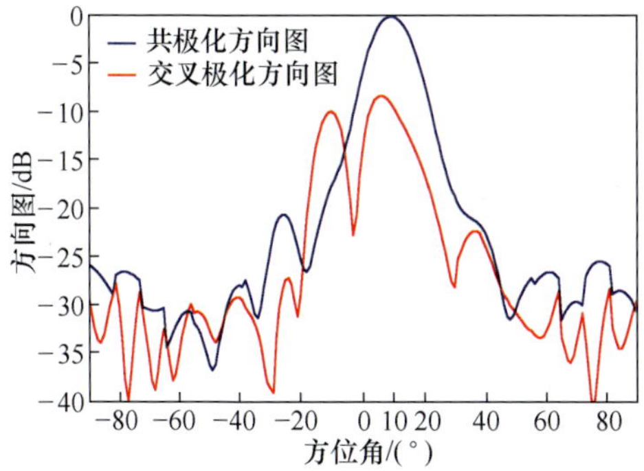

（e）单极化加权实验5

图 6.5　柱面共形天线方位面的方向图

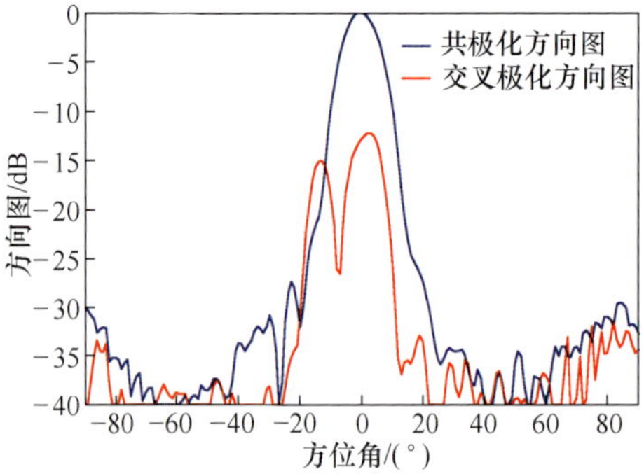

（a）单极化加权实验6

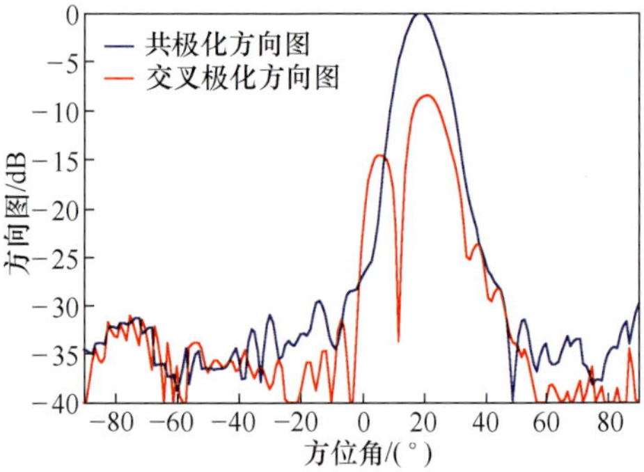

（b）单极化加权实验7

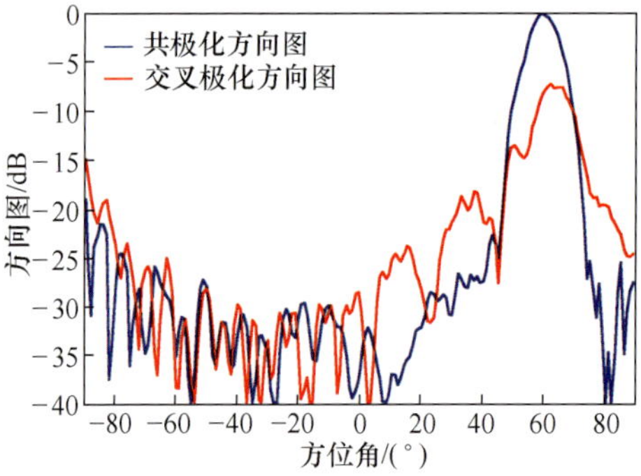

（c）单极化加权实验8

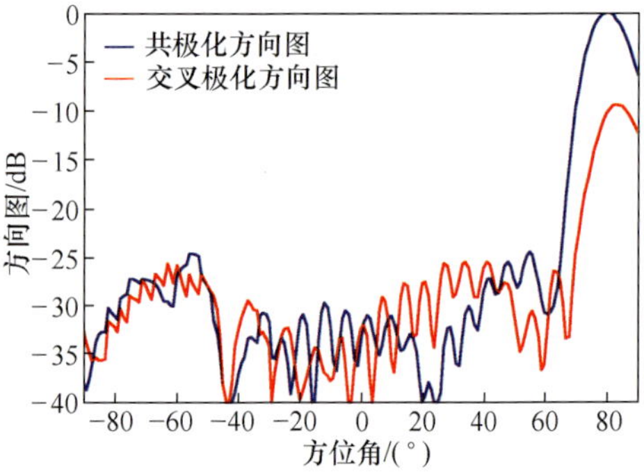

（d）单极化加权实验9

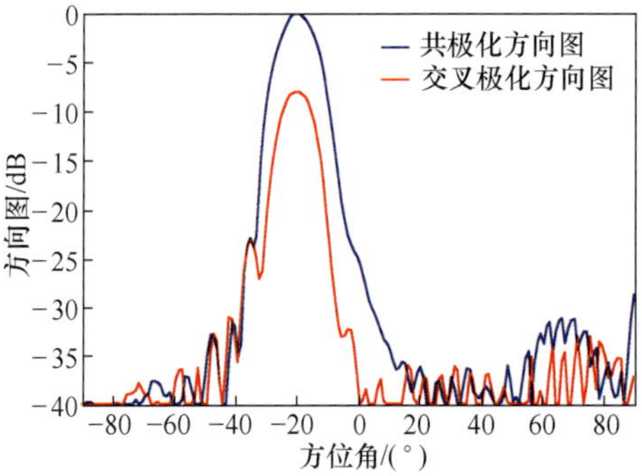

（e）单极化加权实验10

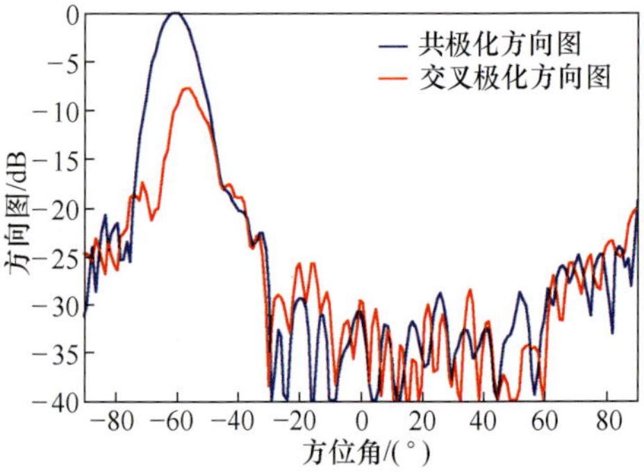

（f）单极化加权实验11

图 6.6　不同扫描角的天线方向图

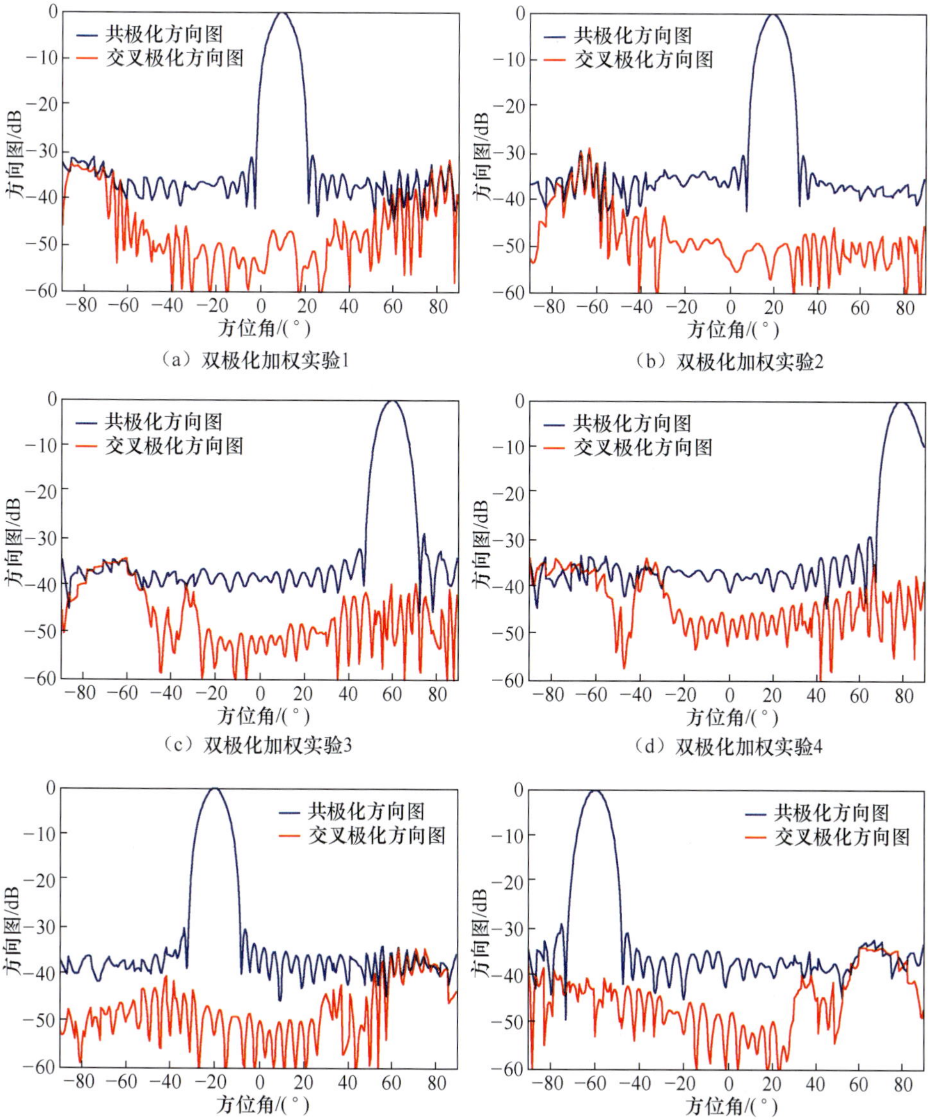

（a）双极化加权实验1

（b）双极化加权实验2

（c）双极化加权实验3

（d）双极化加权实验4

（e）双极化加权实验5

（f）双极化加权实验6

图 6.7　对天线两种极化分量分别采用不同的权值

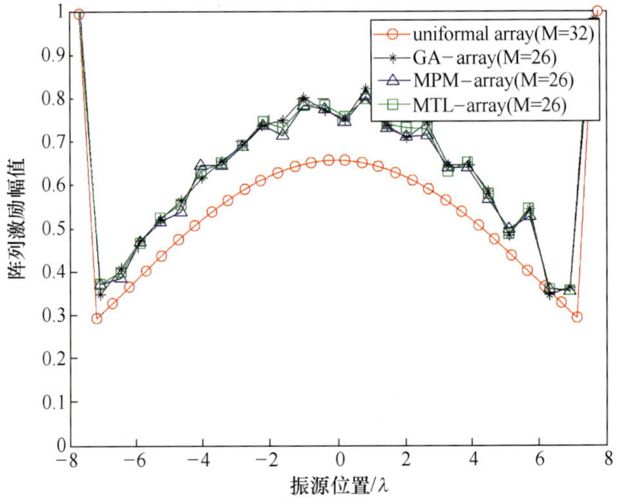

（a）基于不同方法切比雪夫阵激励幅值及其位置

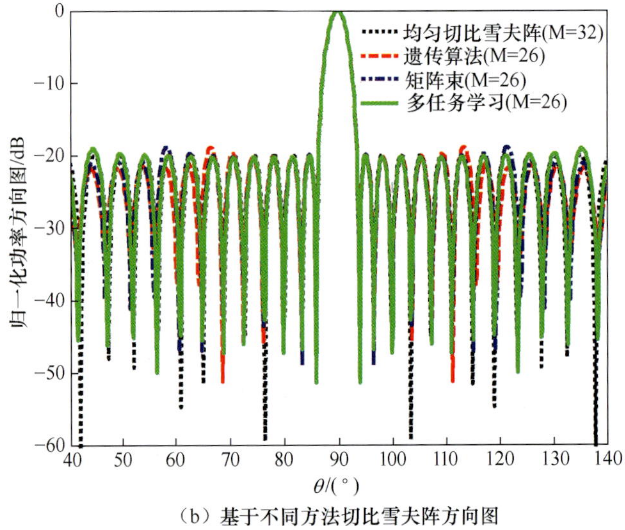

（b）基于不同方法切比雪夫阵方向图

图 6.10　基于不同方法切比雪夫阵列天线阵元激励及其方向图

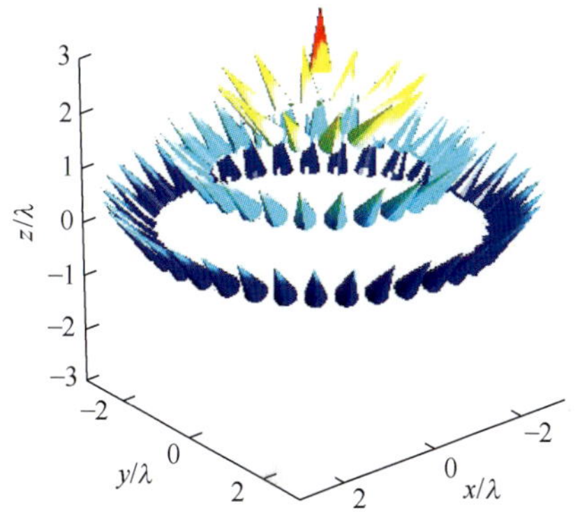

（a）均匀圆锥阵列天线结构

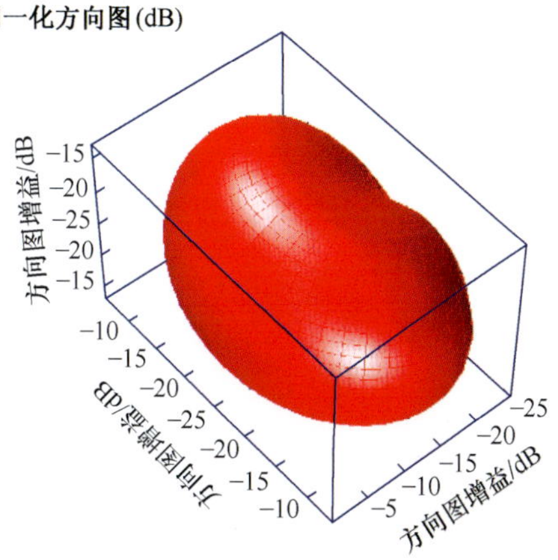

（b）单元天线方向图

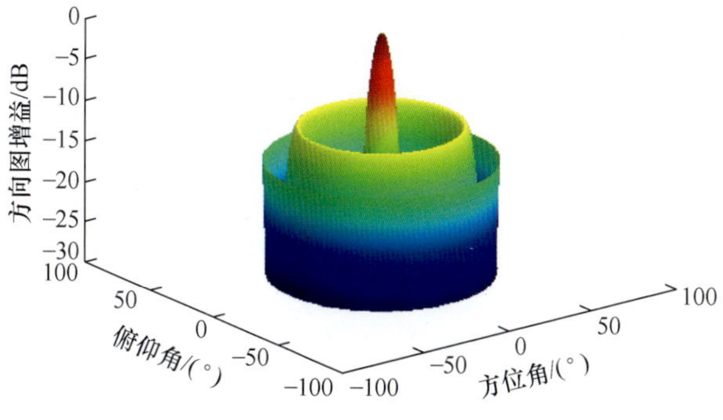

（c）均匀圆锥阵列天线方向图

图 6.12　均匀圆锥阵列天线机构及其方向图

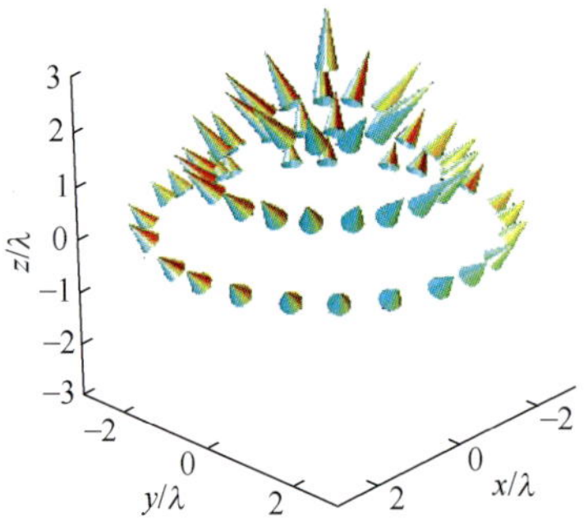

（a）稀疏圆锥阵列天线结构

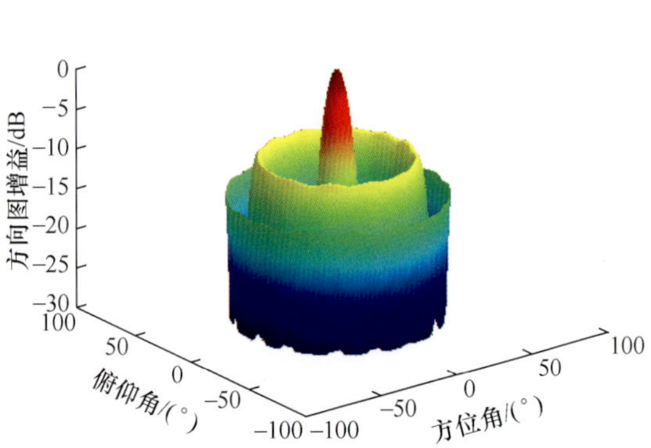

（b）稀疏圆锥阵列天线方向图

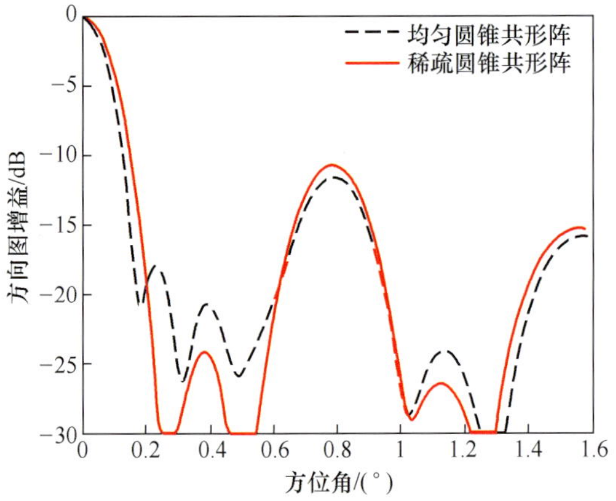

（c）俯仰角为0°时的圆锥阵列天线方向图

图 6.13　稀疏圆锥阵列天线结构及其方向图

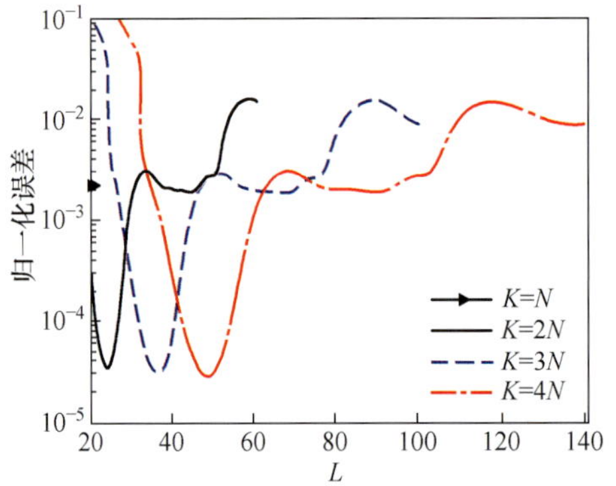

（a）归一化误差关于L的变化趋势

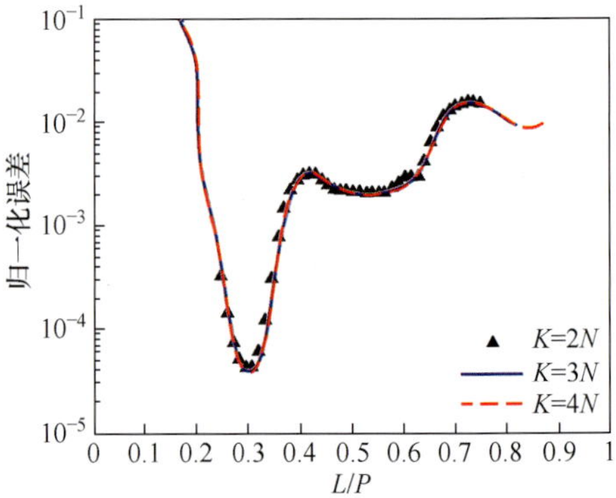

（b）归一化误差关于L/P的变化趋势

图 7.2　不同 K 值下归一化误差关于 L 和 L/P 的变化趋势

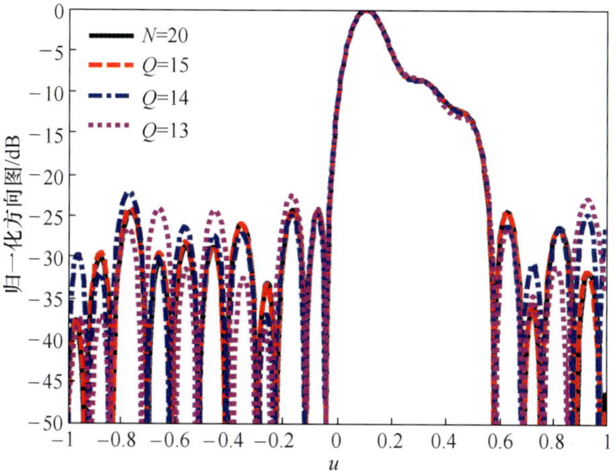

图 7.3　不同 Q 值下稀布线阵的方向图

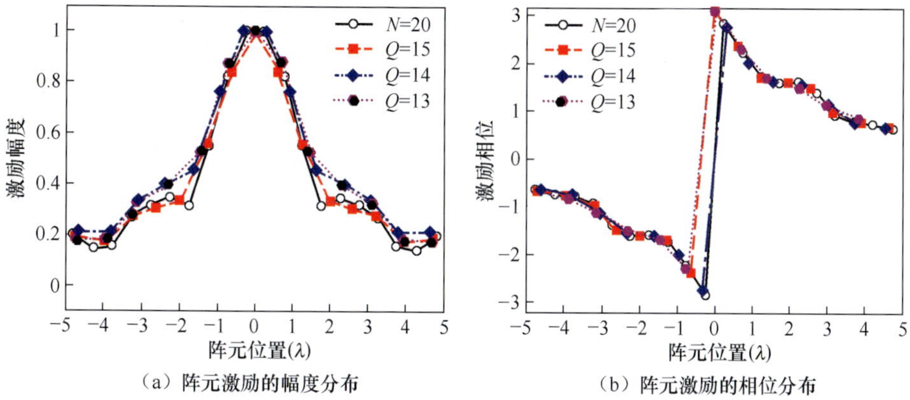

图 7.4　不同 Q 值下稀布线阵的阵元位置和激励

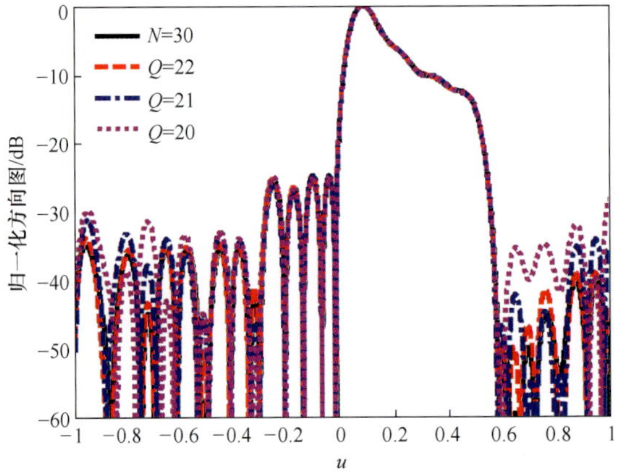

图 7.6　不同 Q 值下的方向图

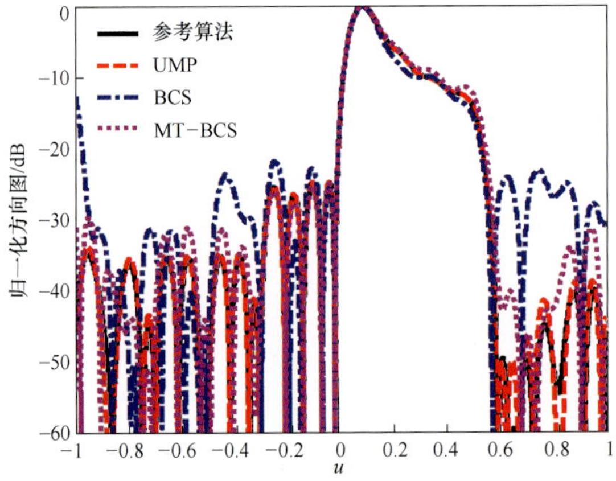

（a）与BCS和MT-BCS方法的比较

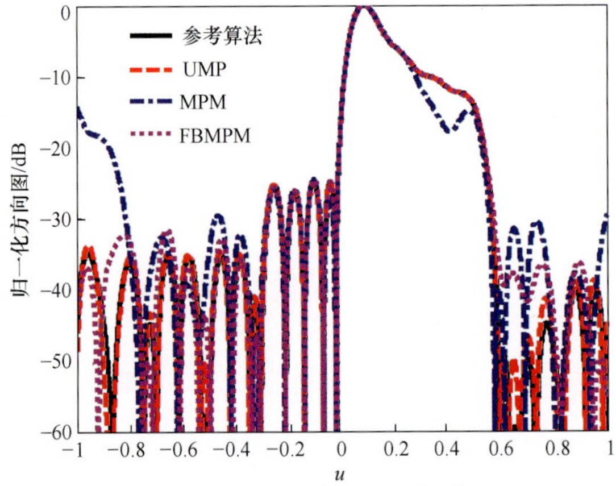

（b）与UMP和FBMPM的比较

图 7.8　不同方法的方向图比较

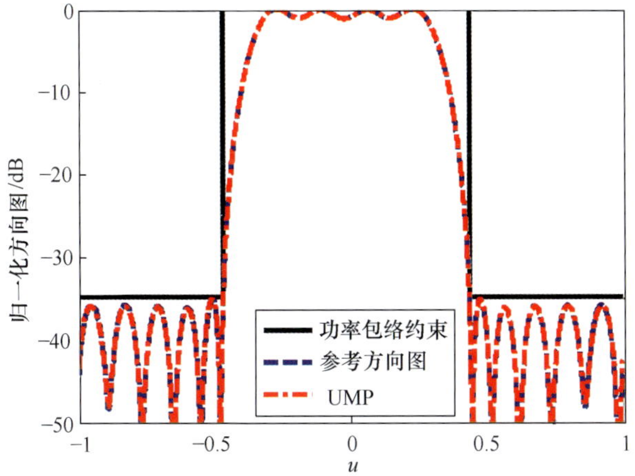

图 7.12　归一化方向图比较

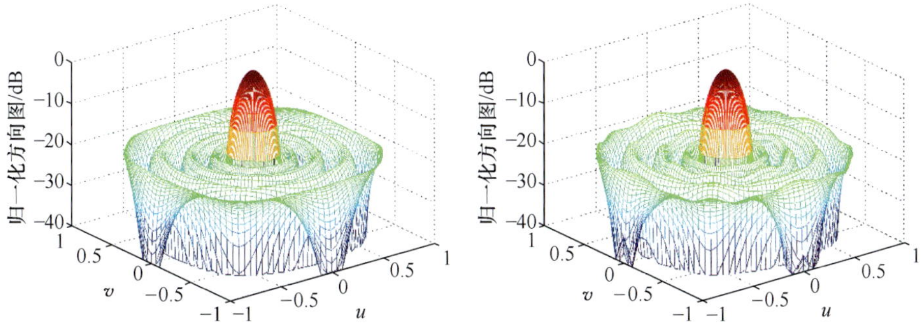

（a）均匀平面阵的方向图

（b）稀布平面阵的方向图

图 7.13　均匀平面阵和稀布平面阵的方向图比较

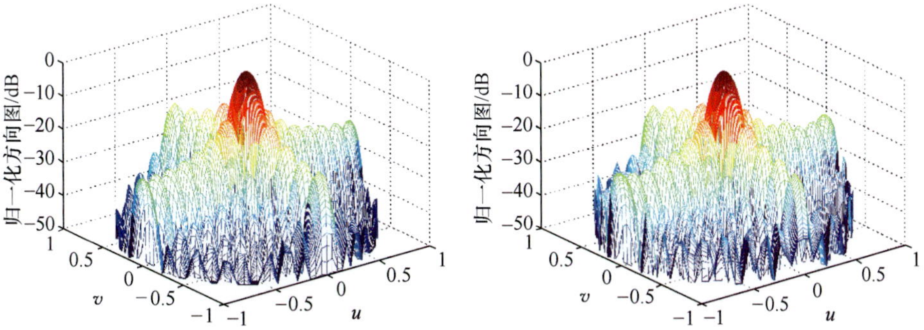

（a）均匀平面阵的方向图

（b）稀布平面阵的方向图

图 7.16　均匀平面阵和稀布平面阵的方向图比较

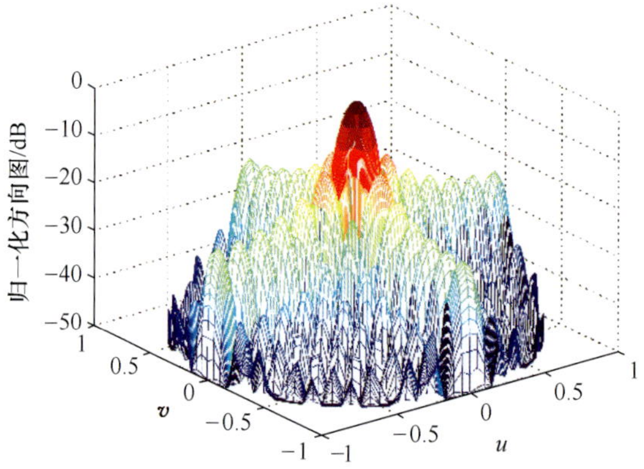

（a）均匀平面阵的方向图

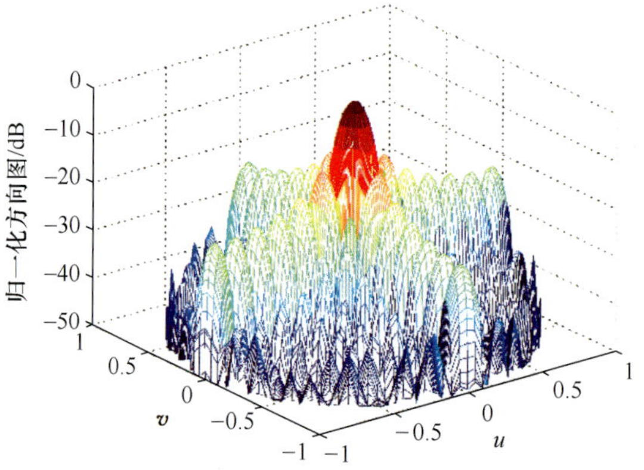

（b）稀布平面阵的方向图

图 7.19　均匀平面阵和稀布平面阵的方向图比较

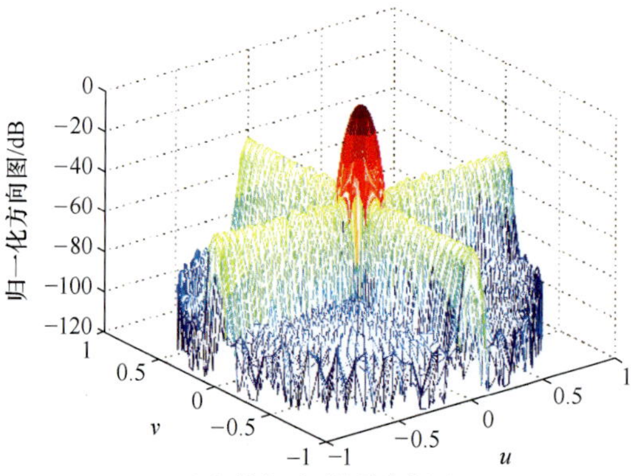

（a）均匀平面阵的方向图

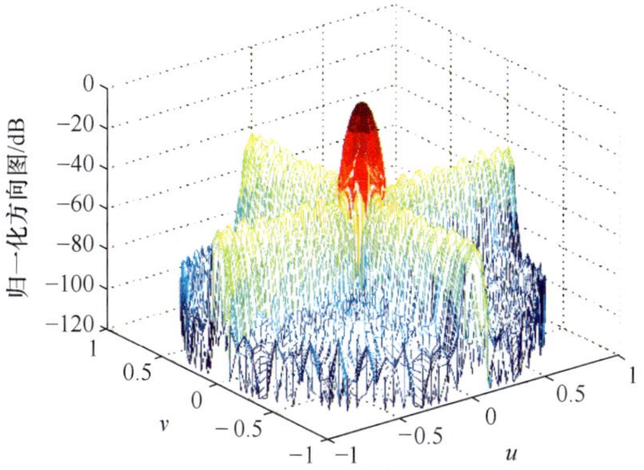

（b）稀布平面阵的方向图

图 7.22　均匀平面阵和稀布平面阵的方向图比较

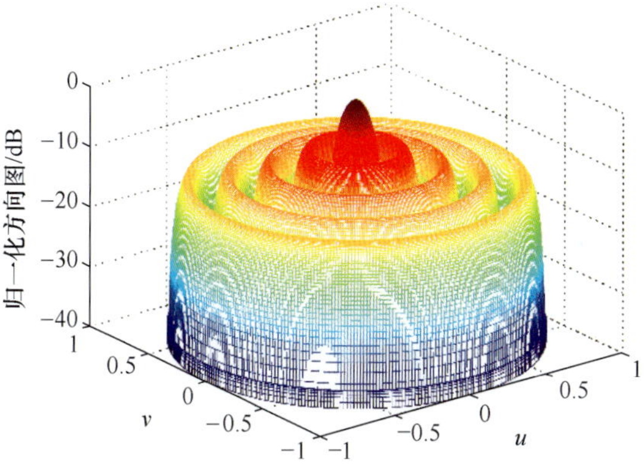

（a）均匀单层圆环阵的方向图

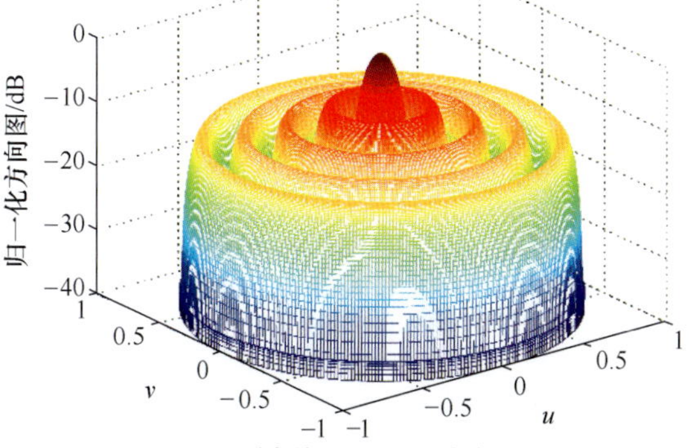

（b）稀布单层圆环阵的方向图

图 7.25　均匀单层圆环阵和稀布单层圆环阵的方向图比较

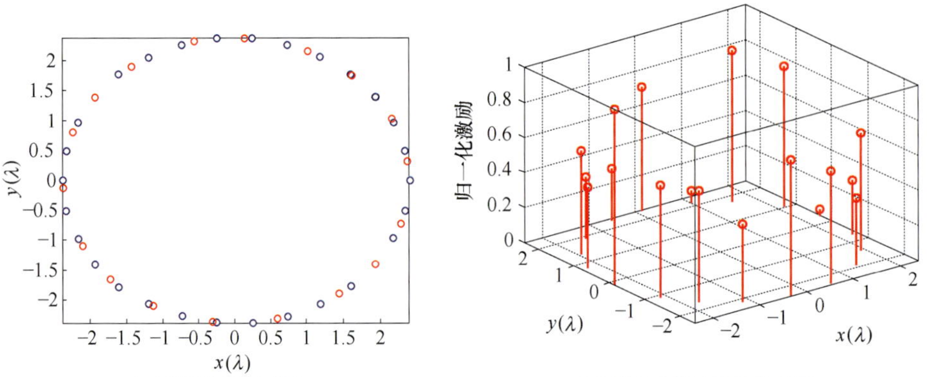

（a）阵列结构示意图　　　　（b）阵元位置和激励分布图

图 7.27　稀布单层圆环阵的阵列结构及阵元位置和激励

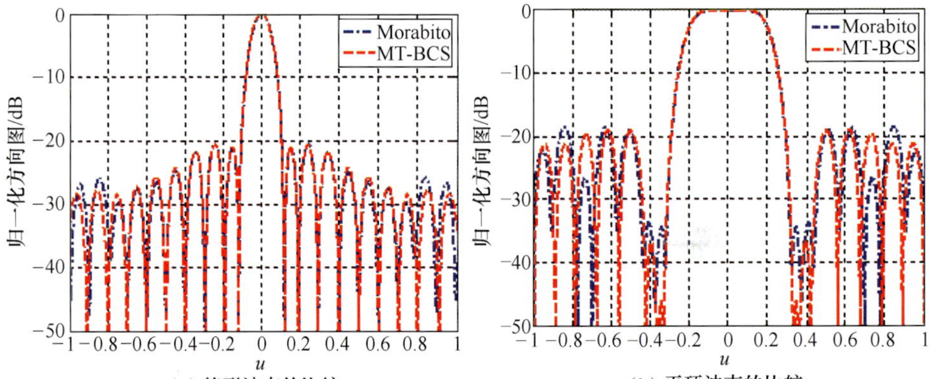

（a）笔形波束的比较　　　　（b）平顶波束的比较

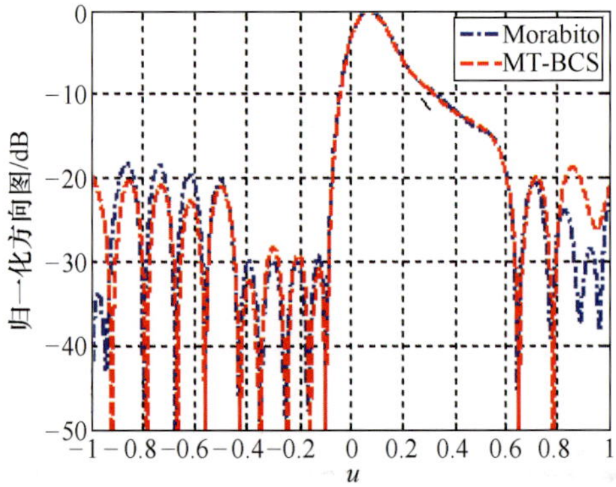

（c）余割波束的比较

图 8.4　两种方法综合得到方向图的比较

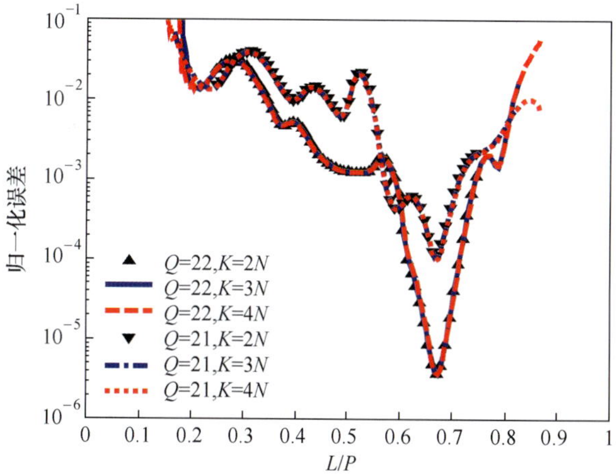

图 8.5　不同 K 值下归一化误差关于 L/P 的变化趋势

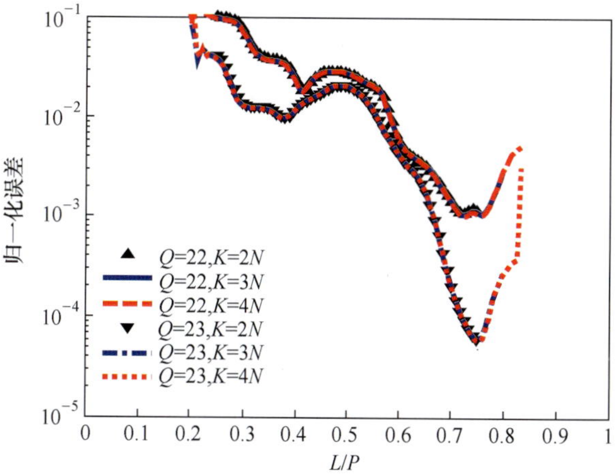

图 8.9　不同 K 值下归一化误差关于 L/P 的变化趋势

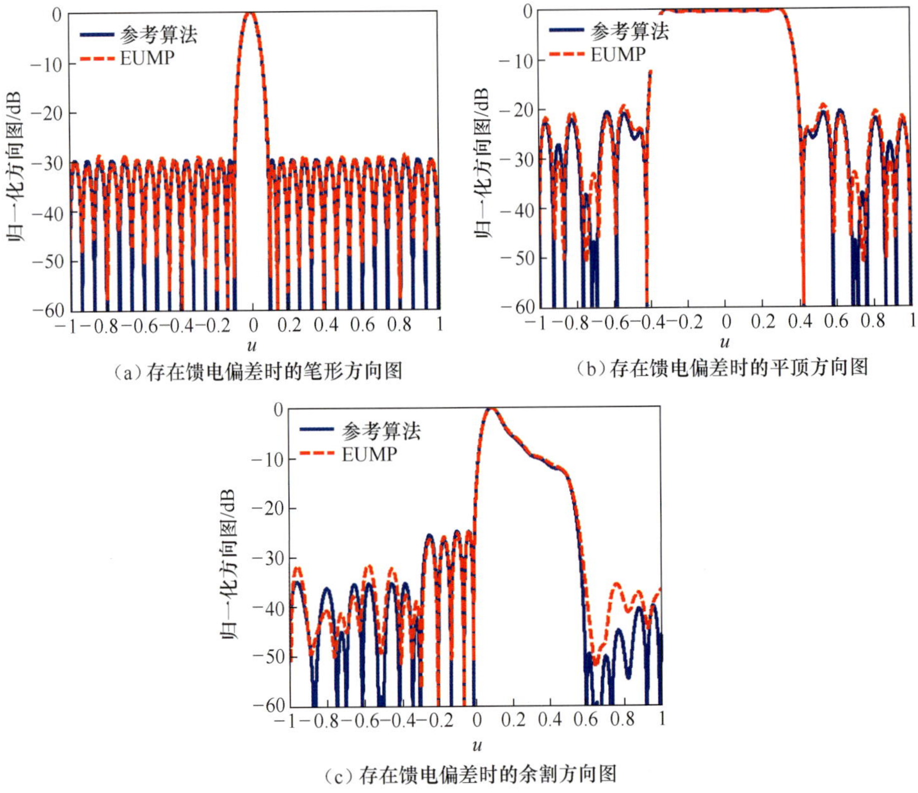

图 8.14　存在馈电偏差时的方向图

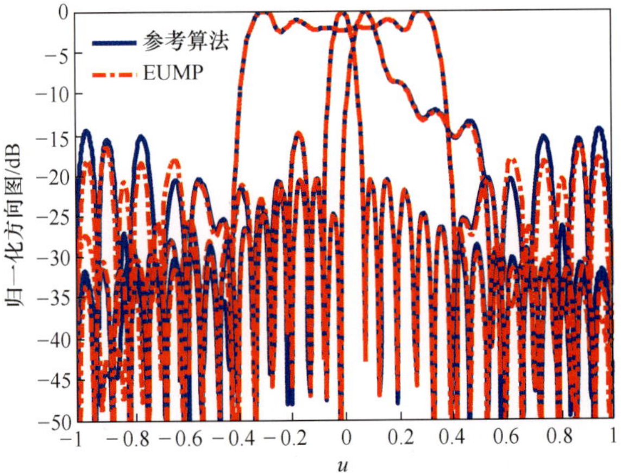

图 8.15　全波仿真的方向图比较

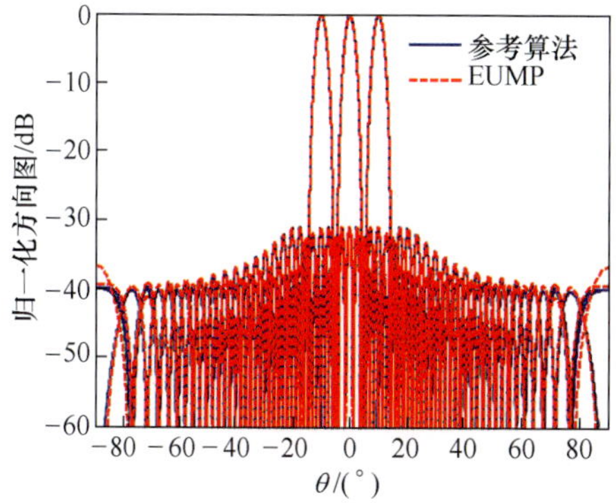

(a) ±10°扫描范围的稀布电扫阵方向图

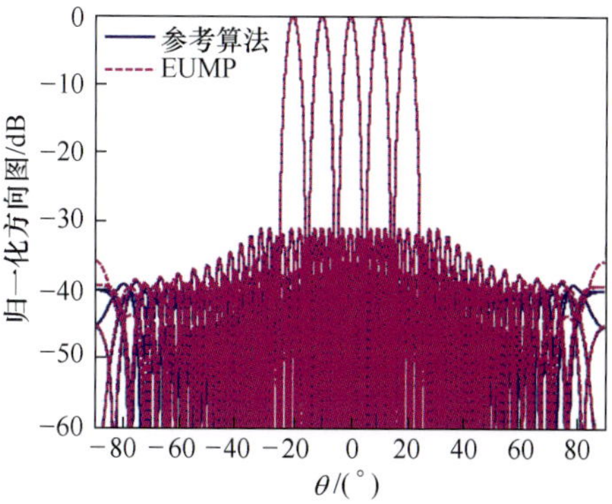

(b) ±20°扫描范围的稀布电扫阵方向图

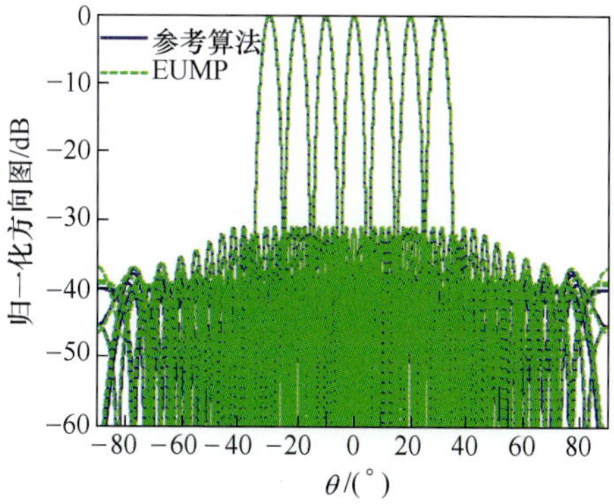

(c) ±30°扫描范围的稀布电扫阵方向图

图 8. 16　不同扫描范围的稀布电扫阵方向图

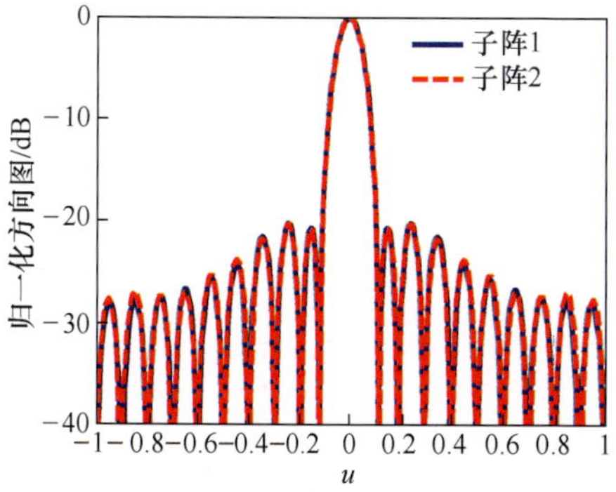

(a) 两交错稀布子阵的方向图

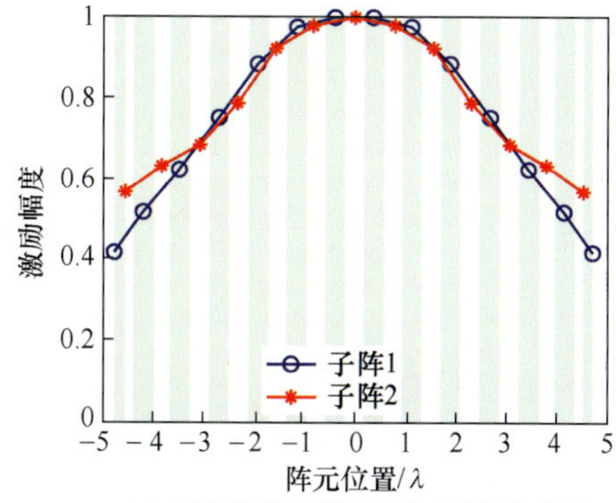

(b) 两交错稀布子阵的阵元位置和激励

图 9. 12　综合 Taylor 方向图时两交错稀布子阵性能

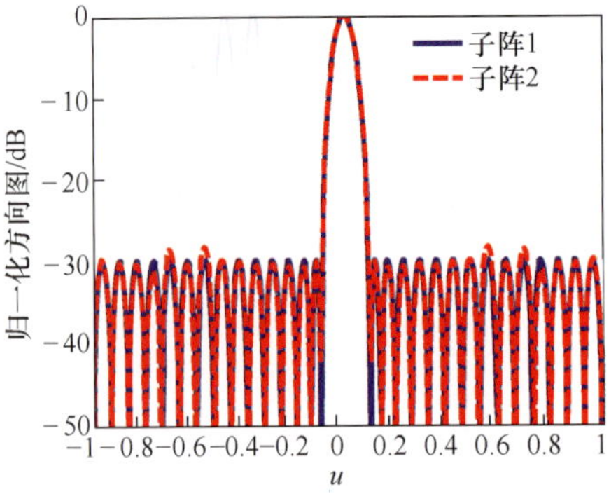

(a) 两交错稀布子阵的方向图

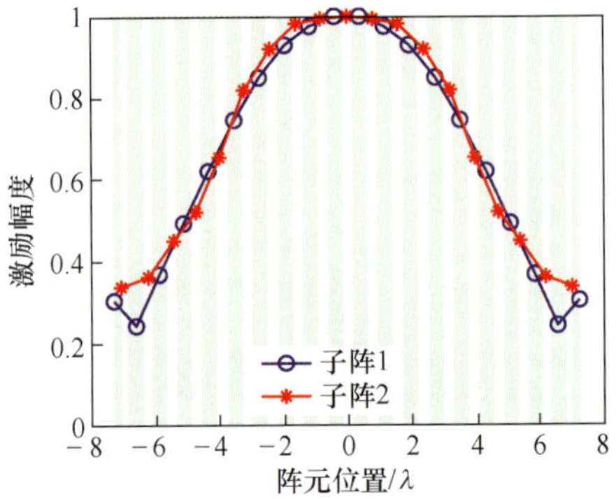

(b) 两交错稀布子阵的阵元位置和激励

图 9.13　综合多尔夫-切比雪夫方向图时两交错稀布子阵性能

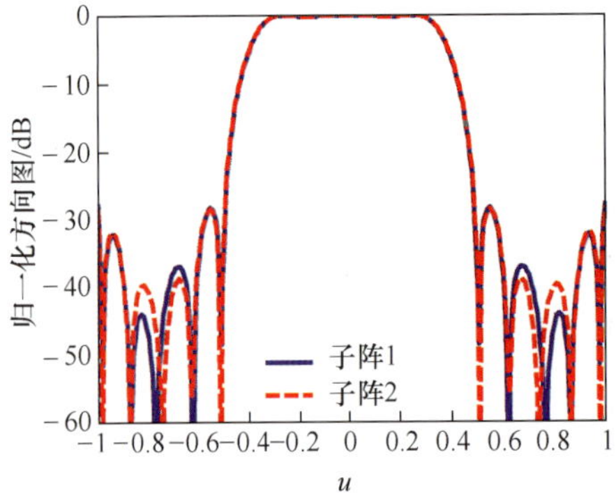

(a) 两交错稀布子阵的方向图

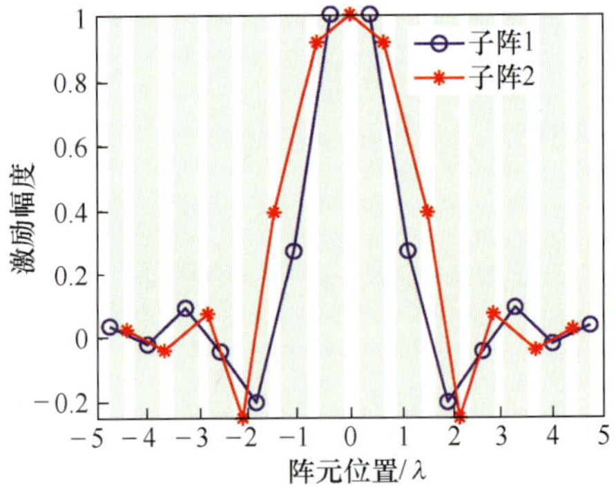

(b) 两交错稀布子阵的阵元位置和激励

图 9.14　综合平顶方向图时两交错稀布子阵性能

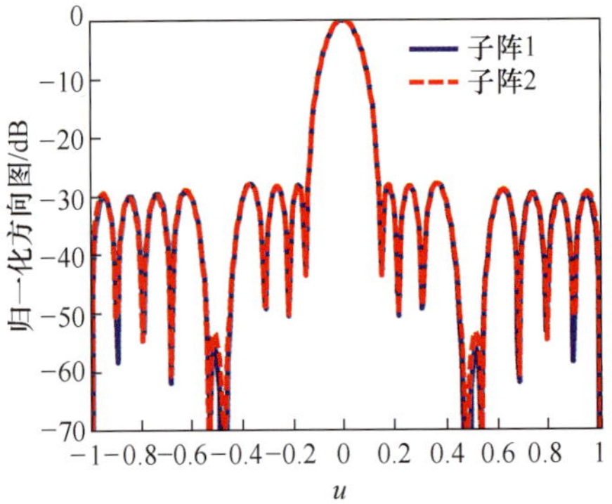

(a) 两交错稀布子阵的方向图

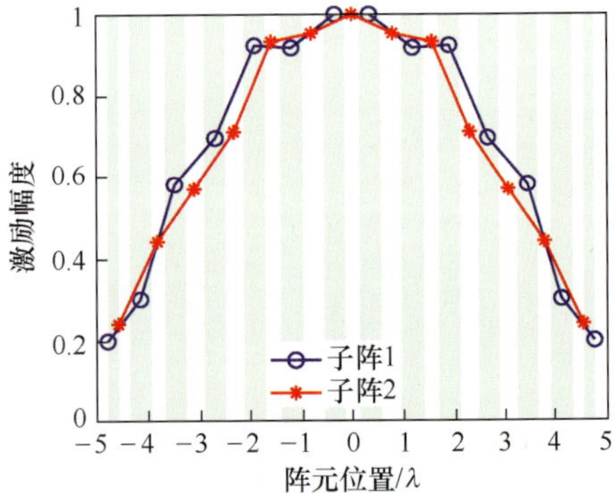

(b) 两交错稀布子阵的阵元位置和激励

图 9.15　RC-BCS 算法实现两交错稀布子阵的性能

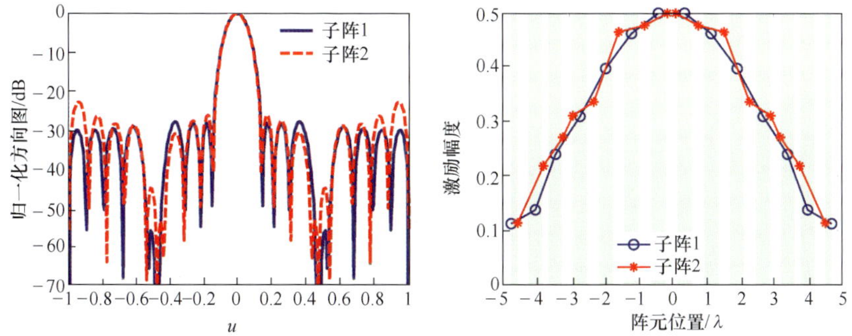

（a）两交错稀布子阵的方向图　　（b）两交错稀布子阵的阵元位置和激励

图 9.16　CS 算法实现两交错稀布子阵的性能

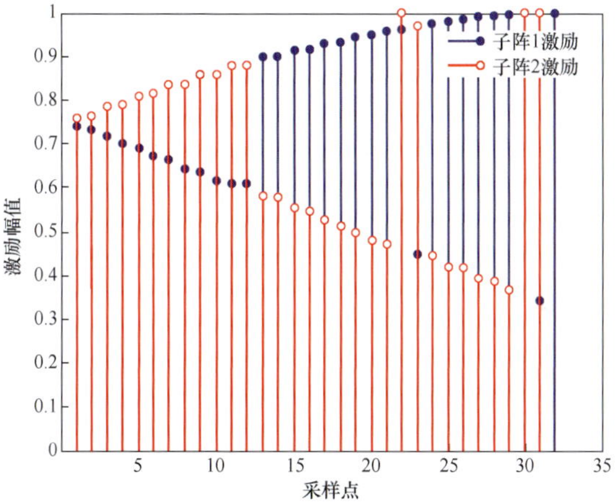

（a）子阵1和子阵2的激励分布

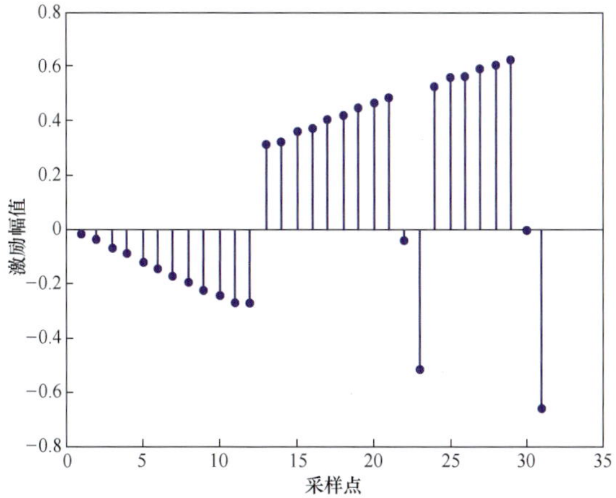

（b）Δlnc的值的分布

图 9.20　阵列激励分布

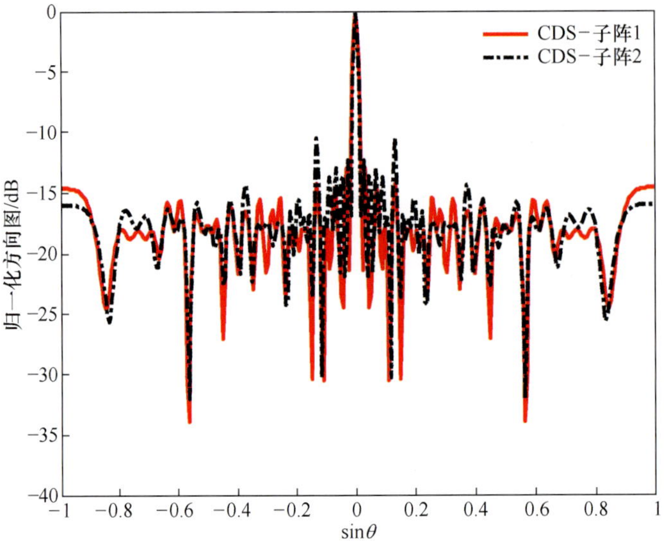

图 9.24　基于差集 $D(63,32,16)$ 稀疏交错线阵的方向图

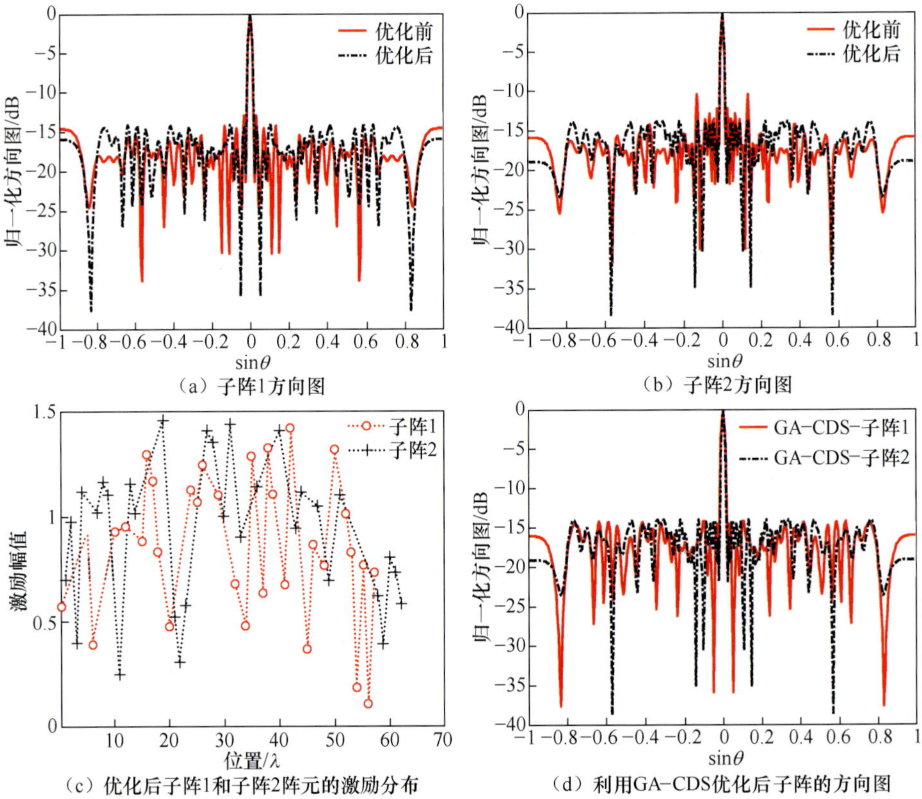

图 9.25　利用遗传算法优化后稀疏交错线阵的特性

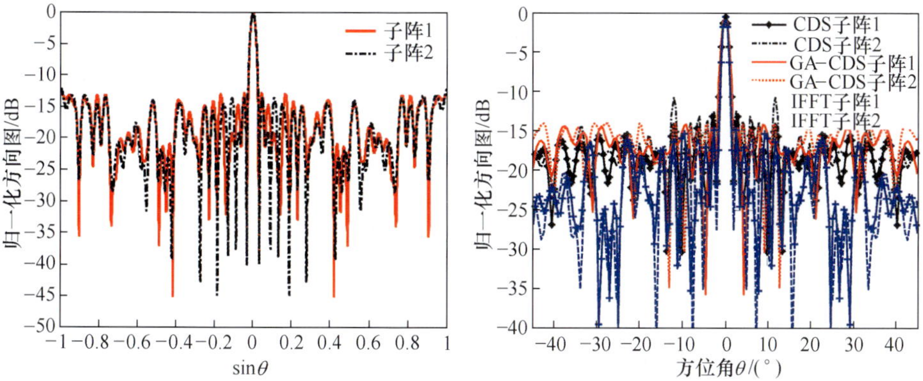

（a）旁瓣约束值为-20dB阵列方向图　　（b）旁瓣约束值为-25dB时不同方法的方向图

图 9. 27　稀疏交错线阵的天线方向图

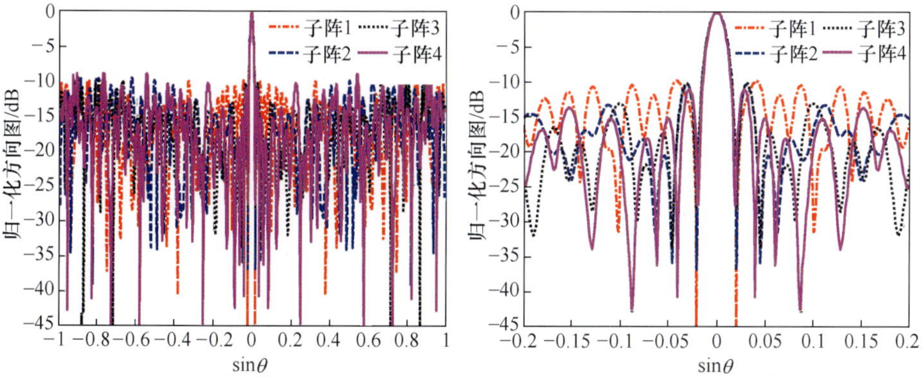

（a）交错子阵方向图　　（b）方向图的局部缩略图

图 9. 31　四子阵交错的直线阵列天线方向图

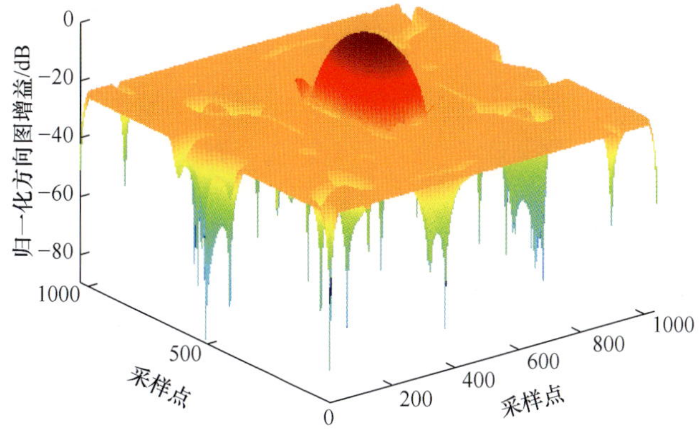

图 9. 35　约束后的方向图

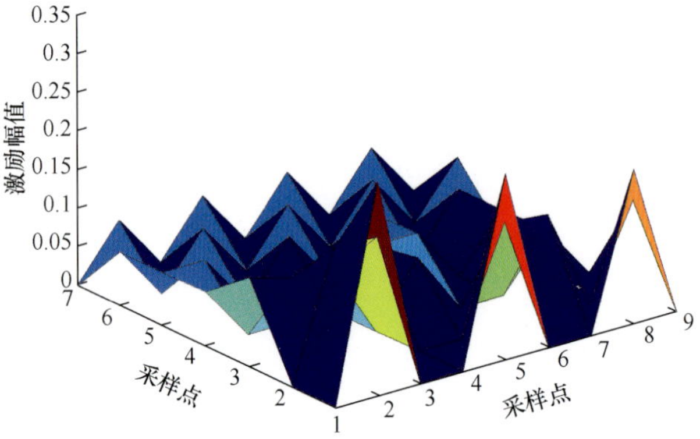

（a）子阵1对应的激励点值

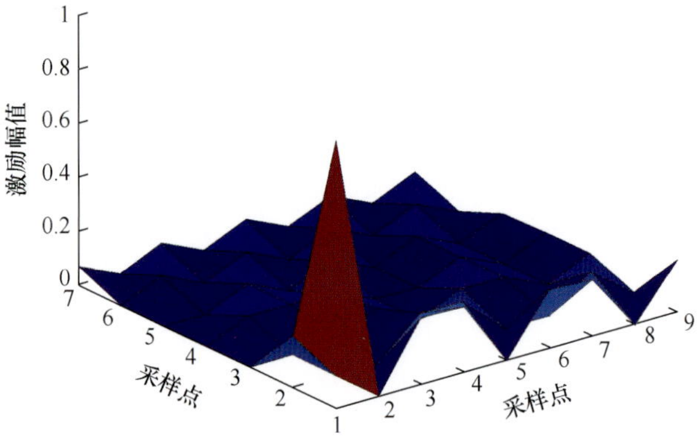

（b）子阵2对应的激励点值

图 9.37　交错子阵激励点值分布

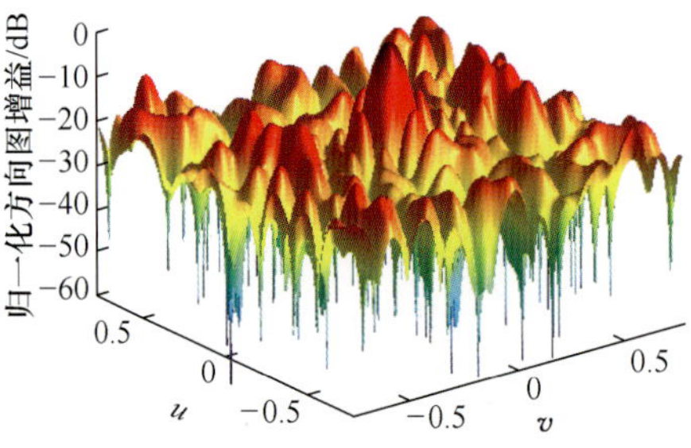

（a）子阵1三维方向图

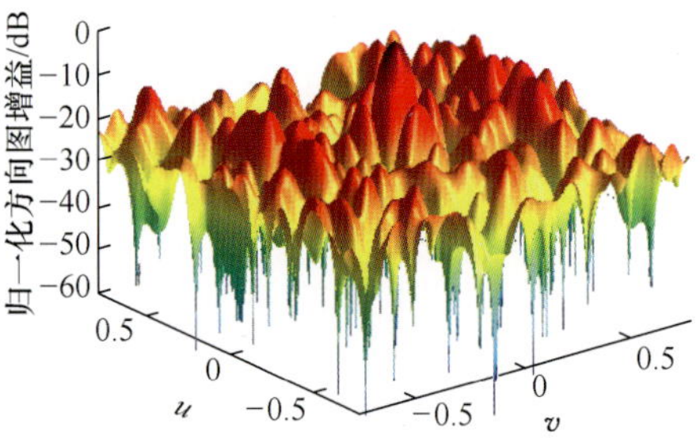

（b）子阵2三维方向图

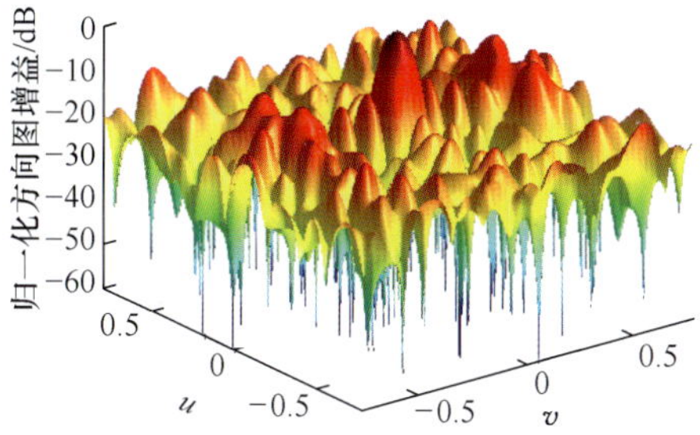

（c）子阵3三维方向图

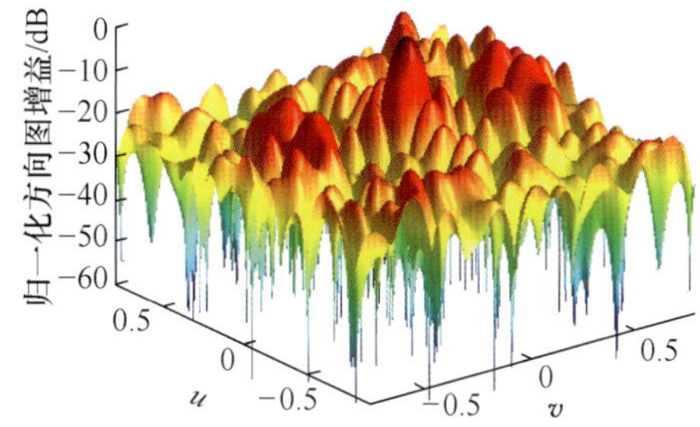

（d）子阵4三维方向图

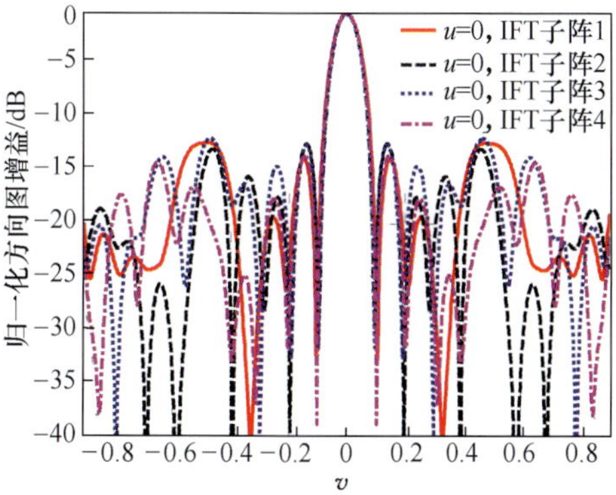

（e）$u=0$，IFT截面方向图

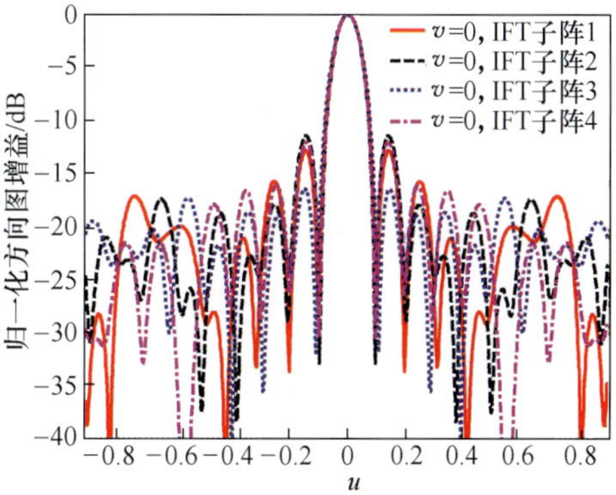

（f）$v=0$，IFT截面方向图

图 9.42　四子阵交错的平面阵列天线方向图

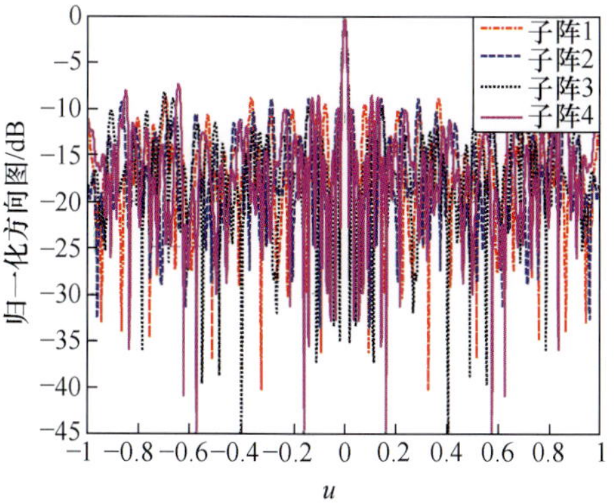

（a）四个子阵天线方向图

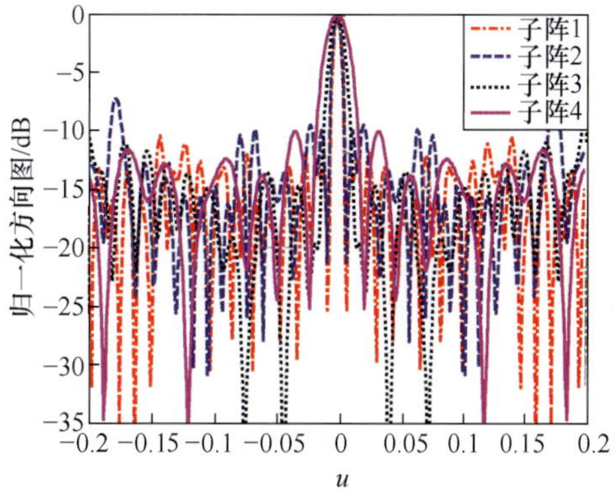

（b）交错子阵天线方向图缩略图

图 9.44　不同工作频率下稀疏交错线阵的方向图

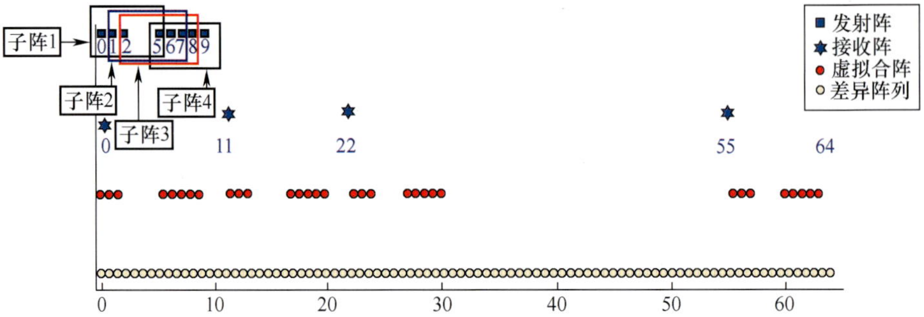

图 11.3　$M = 8$、$K = 4$、$N = 4$ 的基于嵌套阵的一维 MIMO 相控阵雷达

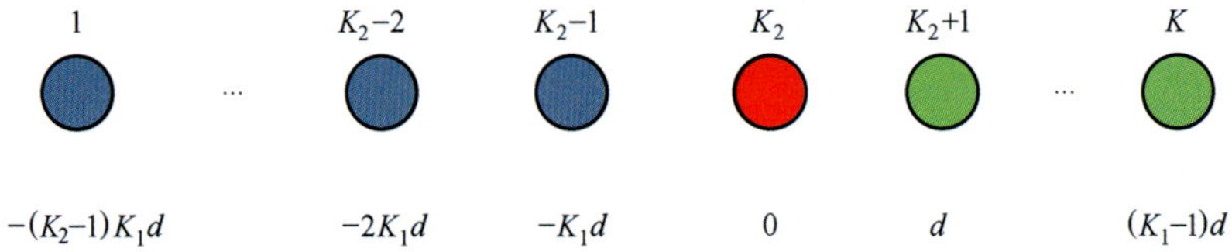

图 11.8　共轭嵌套阵列结构

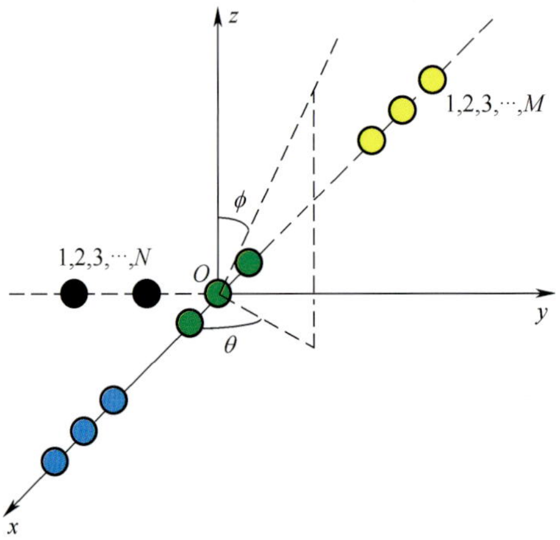

图 11.9　十字形二维稀疏混合 MIMO 相控阵雷达示意图

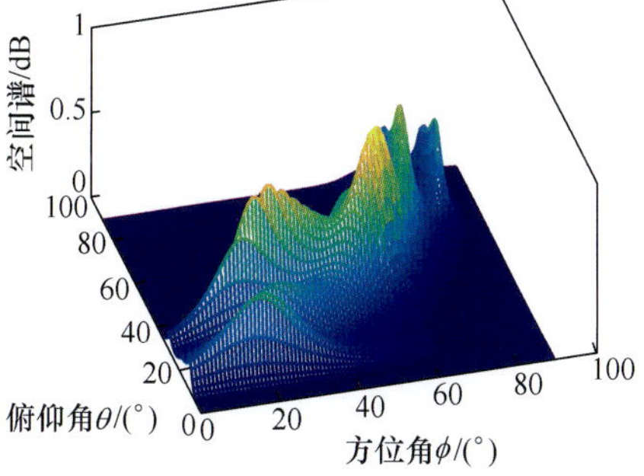

（a）传统二维混合MIMO相控阵雷达的空间谱

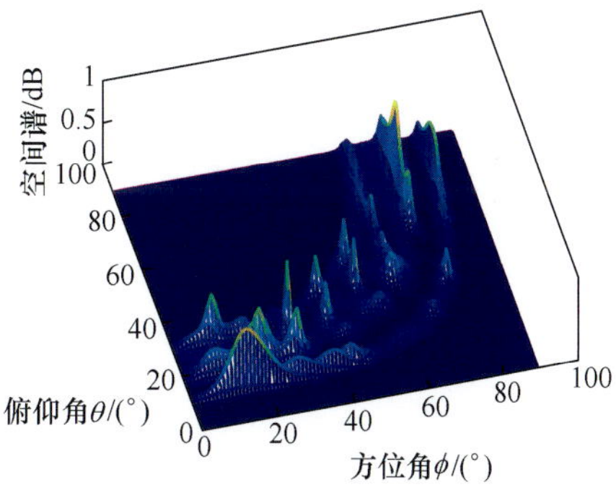

（b）十字形二维混合MIMO相控阵雷达的空间谱

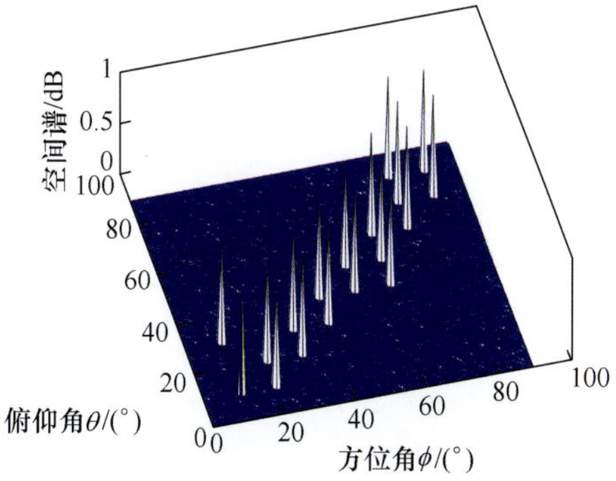

（c）十字形二维稀疏混合MIMO相控阵雷达的空间谱估计

图 11.14　空间存在 18 个信源时的空间谱比较

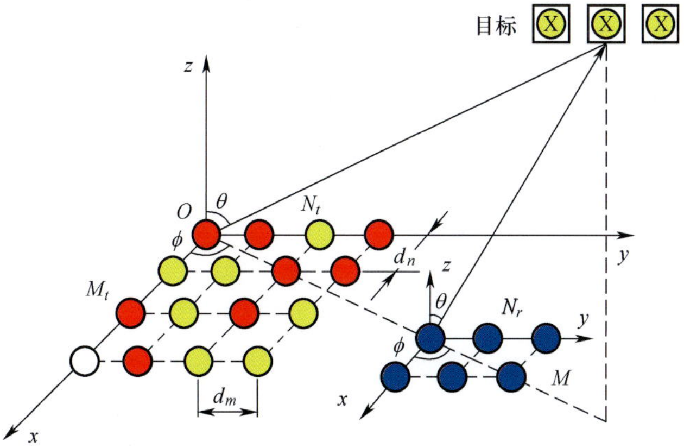

图 11.17　2D 混合相控阵 MIMO 雷达系统模型

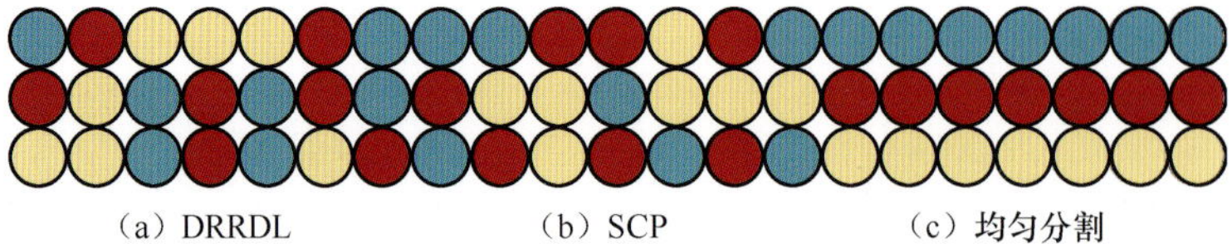

图 11.24　URA 的三种 phased-MIMO 阵列结构

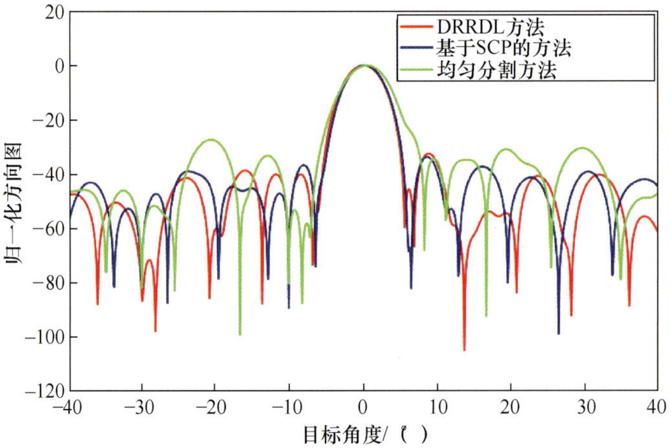

图 11.25　三种 phased-MIMO 阵列结构的波束图截面

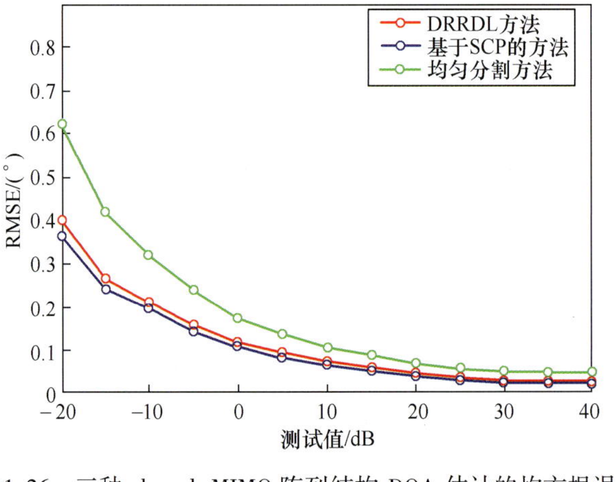

图 11.26　三种 phased-MIMO 阵列结构 DOA 估计的均方根误差

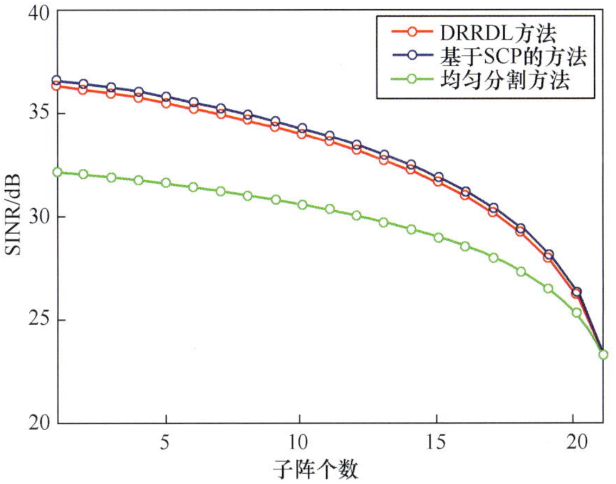

图 11.27　提出的 DRRDL 方法在不同数量的子阵列下的输出 SINR

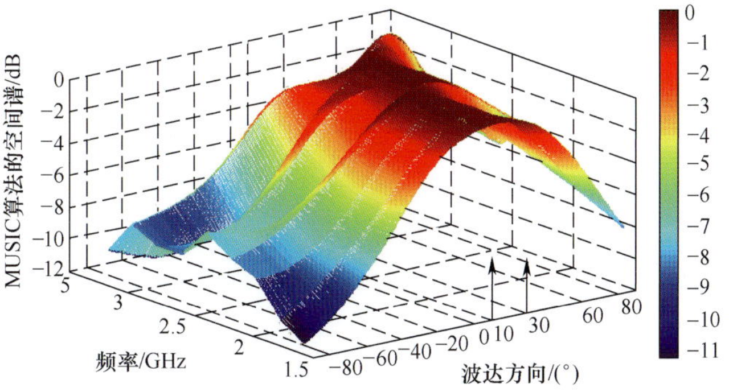

(a)

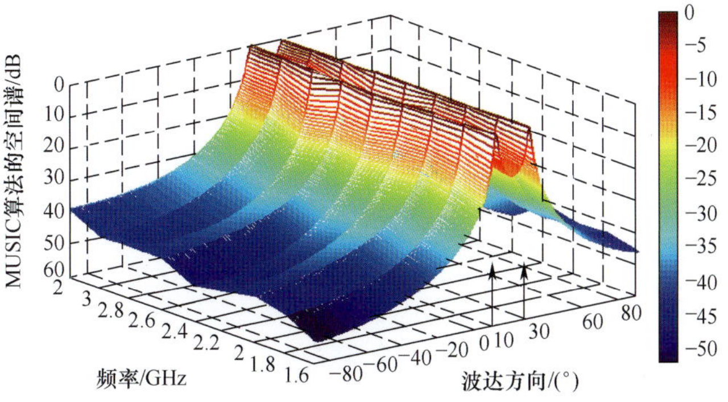

(b)

图 13.3　互耦补偿前后的 MUSIC 空间谱

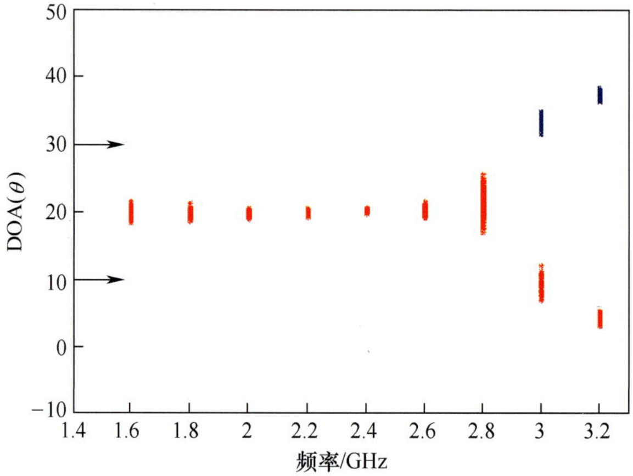

（a）

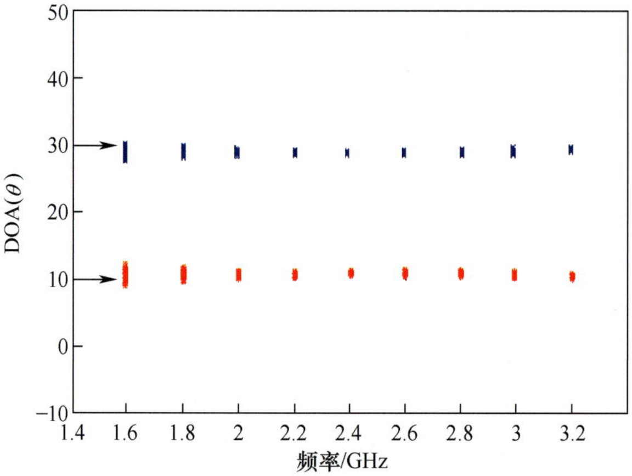

（b）

图 13.4　互耦补偿前后的 DOA 估计结果

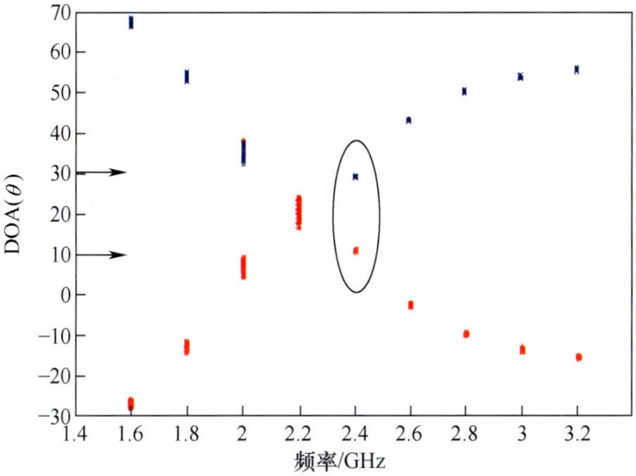

图 13.5　窄带互耦补偿的 DOA 估计结果